科学技术与文明传承

王锦光先生学术文存

王才武　林秀英　编

ZHEJIANG UNIVERSITY PRESS
浙江大学出版社

王锦光先生

才武百天纪念(1946年1月)

全家福(温州,1948年6月)

青年教师王锦光(1950年)

全家杭州团聚合影(1960年8月)

与同事韶山留影(1955年8月)

天安门留影(1964年5月)

王锦光与洪震寰（1981年11月）

与薄忠信、闻人军、戴念祖等留影（杭州，1981年）

王锦光与徐规（1982年2月）

与潘永祥等在安徽科大答辩（1982年5月）

第二届国际中国科技史研讨会专家合影（香港大学，1983年12月）

参加《中国大百科全书》编写专家留影
（北京,1983 年 4 月）

李约瑟与胡道静、王锦光
（北京,1984 年 8 月）

中国古代物理学史学术讨论会（杭州,1984 年 9 月）

哈佛大学 G.霍尔顿教授来杭州大学讲学（1985 年 5 月）

美国宾州大学席文教授访问杭州大学（1986年秋）

美国博物馆专家威廉姆斯博士来杭州大学讲学
（1987年10月）

参加国际科技史会议与王铃教授合影
（美国，1988年8月）

刘秉正、薄树人、王锦光、刘广定、陆敬严
（美国，1988年8月）

与席文教授在美国海滨
（1988年8月）

1987年春节在杭州大学校门口留影　　在鄞县中学作物理讲座(1987年3月)

杭州大学物理系欢送四位老教师退休(右二王锦光,1987年4月)

与沙孟海等专家教授参加博士论文答辩会(1988年12月)

与程贞一在杭州西湖三潭印月(1988年10月)　　与程贞一、胡道静等合影(1988年11月)

与研究生们在杭州大学校门口(1989年6月)

与柏林工业大学维快教授　　　　82岁时给研究生上课(2001年11月)
(西柏林国会大厦,1989年9月)

杭大新村家阳台上金婚留念(1994年)　　　　　2000年国庆节于黄龙公园

王锦光80岁华诞
(2000年10月10日)　　　　与兴无一家合影(2001年8月)

与家人合影(2006年7月)

编者的话

  王锦光先生是中国物理学史研究与教学领域的开拓者和奠基人之一,著名的中国物理学史家。他勤奋执着地从事了六十多年的物理学、物理学史、科技史的教学和研究工作,是深受同行尊重和学生爱戴的物理学教授。他以书为友,以学生为友,以物理学史研究为终生奋斗目标,贡献了自己毕生的智慧和精力。他生前曾说:"科学给人们知识,科学史给人们智慧,研究和发掘中国物理学史史料,是弘扬中华民族的智慧结晶,是极重要的科学研究工作。我为能在这个研究领域的开拓和发展贡献自己的智慧与力量而感到无比高兴。"凭着不畏艰难、勤奋拼搏的精神,王锦光先生的学术研究取得了令人瞩目的丰硕成果。

  早在2008年王锦光先生刚离开我们时,浙江大学物理学系就有一些老师提出了出版纪念文集的建议。大家一致赞同。十多年来,我们也一直在努力收集他历年的著述和照片,准备在条件成熟时出版文集。今天我们终于编成了这本《科学技术与文明传承:王锦光先生学术文存》。这本文存以发表先后为序,收录了王锦光先生物理学史和科技史研究的主要著述,这既是作为对他的纪念,也希望它的出版能为中国物理学史和科技史的研究及未来发展贡献绵薄之力。这项工作得到了我国物理学史和科技史界的前辈,王锦光先生的亲友、同事及学生们的大力支持,他们纷纷从不同的角度撰写纪念文章,为这本文集增色,同时也让读者可以更全面地了解王锦光先生。在此衷心地感谢他们的情意。

  本书的编撰,最终能够克服重重困难,得以问世,首先要由衷感谢关心和支持此书出版的浙江大学物理学系、浙江大学科技与社会发展研究所以及浙江大学出版社的领导和编辑,感谢美国宾夕法尼亚大学席文教授和浙江大学叶高翔教授、闻人军教授的热情支持。同时感谢李志超、陈茂定、薄忠信、王兴无、张子文、余健波、李磊、童杰传、沈志华等教授、专家和老师的具体指导和帮助,感谢王锦光先生家人和亲友的关心帮助。

  在文存的编辑过程中,由于王锦光先生从事学术研究和著述时间跨度大,从20世纪50年代到90年代,不同时期的文章行文风格多有差异,不能完全按照现在的文字标准加以大幅度修改,故而在一些必要的修饰之后,尽量保持了文章的原来样貌;且不同时期专业论文写作的体例标准要求也大不相同,亦很难在这本文集中加以统一，我们只能勉为其难地对一些明显缺失的注释、文献和图片以现在手头上能够找到的资料加以补缀。由此带来的阅读和理解上的不便，敬请广大读者原谅。

文存的编辑是一项艰巨的工作，虽然编者付出了很大的努力，但由于水平所限，书中遗留的错误必定还有不少，切盼读者和专家们指正。

序一

叶高翔

得知《科学技术与文明传承：王锦光先生学术文存》一书即将出版，由衷欣慰，可喜可贺！

1978 年，伴随着改革开放的春风，我有幸考入了杭州大学物理系，老师们高深的学术造诣以及对大学生精心培育和负责任的态度，给我留下了深刻印象，王锦光先生和师母林秀英先生就是其中的代表。

在大学生时代，由于当时我所学的专业是理论物理，与王先生交往并不很多。不过从他的学术报告和师生交流过程中，我了解到了部分王先生在科技史方面的突出成就。1982 年我留校任教，与王先生有了较多的接触机会；而且，当时我被安排在物理系的近代物理实验室，协助林先生从事物理实验工作，一方面，林先生成了我的实验物理启蒙老师，另一方面，也给了我了解王先生的诸多机会。

王先生是我国著名科技史学家，不仅在物理学史，而且在中国科技史、古汉语、西方科学史等方面，都有很深的造诣。当时他的相关论文涉及面很广，有些是介绍物理学发展进程中重要人物的启发性故事，包括西方和我国的著名科学家，例如伽利略、王充、沈括、赵友钦等；有些是解读我国历史上著名的科学著作，如《墨经》《论衡》《梦溪笔谈》等；更多的则是论述中国古代不同时期对人类物理学的贡献，例如我国古代科学家对静磁学、静电学、几何光学、声学、原子理论等方面曾经作出的重要贡献。尤其是在论文中他所提出并证明的一些新见解，改变了人们对中国科技史的固有认识。例如王先生撰写的有关中国杆秤起源时间一文，用有力事实证明了"我国杆秤在春秋战国时期已经出现"，彻底改变了史学界一直认为的"杆秤的发明是在魏以后，南朝梁天监以前二百三十七年间（公元 265－502 年）"。又如王先生关于我国古代"验湿器"以及材料随环境湿度变化的独特见解，之前很少有学者系统地研究相关问题，等等。在此次出版的文集中，共收录他一百余篇论文，每一篇均是他的心血和力作。

王先生的学术成就受到了学术界的普遍赞誉，被很多相关著作引用，影响深远。许多国内外高校邀请他去参加学术会议和作学术报告。我记得，王先生是改革开放以后杭州大学第一位受香港中文大学等高校邀请赴香港访问并作学术报告的教授，备受学术界的关注。

1

此外，王先生和林先生一样，对人十分温和诚恳，平易近人，没有任何架子；他对待工作孜孜不倦，对学生平等相待、诲人不倦，作为研究生导师，他耐心指导每一位学生，从不训斥学生。我曾经与李磊教授等王先生的多位研究生共事，他们对王先生在做人和做学问方面同样一致高度评价。

当前，我国正大力弘扬中华优秀传统文化，强调文化自信。本书的出版，一定能让更多人了解我国古代在科学技术方面的辉煌历史和突出贡献，也必将鼓励更多青年学者挖掘和研究我国古代科技史，进而对我国现在和将来科技强国战略的实施起到推动作用。

2018 年 5 月 25 日
于浙江大学物理学系

序二

南森·席文 *

1977 年，我第一次访问中国，当时是随同一个政府交流代表团去参观中国的天文观测台，但此次没有能够去到杭州。后来，1981 年 10 月中旬，我和宾州大学一个植物学团体访问杭州，见到了王锦光教授和他的儿子王兴无。在谈话中，他们告诉我怎样游览葛岭。传说中，葛岭曾是葛洪炼长生不老丹药之地。

以后我又多次访问杭州，和王锦光教授熟识后，了解到他在科技史研究上的广泛贡献，深感他是一位著名的科技史家和物理学史家。当时大多数中国学者只研究天文史、数学史和医学史，而只有极少数学者研究中国古代物理学史，他就是其中之一。

像很多物理学家一样，他也常和他人合作发表文章。他的副手包括闻人军和洪震寰，合作者则有同代著名的博学家胡道静及历史学家徐规，后面两位也是研究沈括的专家。

从 1952 年起，王锦光教授就开始撰写关于中国古代学者及其普通物理、化学、光学、磁学和热学研究的文章，特别是关于沈括和他的《梦溪笔谈》，以及黄履庄、方以智、孙云球、黄履、燕肃、宋应星等几十位知名度次于沈括的人物。他也向中国读者介绍海外研究中国科技史的学者同道，如何丙郁和我。

20 世纪 60 年代以后，他持续在学术杂志上发表论文，并鼓励各个国家的历史学者打开视野去了解中国，他是为中国与欧美的中国科技史研究和交流架起桥梁的先驱之一。

以他科技史研究的杰出成就，以他作为先驱者的功绩，我相信，王锦光教授将得到后学者的敬仰。

2018 年 5 月 2 日

---

* 席文（Nathan Sivin）博士是美国宾夕法尼亚大学中国文化和科学史名誉教授，国际科学史研究院院士，美国文理科学院院士，国际著名科学史家，美国中国科技史学界的代表人物。

Foreword

Nathan Sivin

In 1977, when I first visited China, it was with an official exchange delegation to visit astronomical observatories, which did not visit Hangzhou. I met Professor Wang Jinguang and his son Wang Xingwu in the middle of October 1981, when I visited Hangzhou in a group from the University of Pennsylvania's Arboretum Department. Among other things, they told me how to visit Ge Ling, where according to legend Ge Hong had prepared an elixir of immortality.

As I got to know Prof. Wang during several visits to Hangzhou, I came to realize the scope of his contribution to the history of science. He is well known in history of science and physics. In China at the time, most scholars were pursuing the history of mathematical astronomy, mathematics, or medicine. He was one of the few scholars who studied early physics.

As was frequent among physicists, he tended to publish with a collaborator, often nurturing his disciples such as Wenren Jun and Hong Zhenhuan, or working with colleagues of his own generation such as Hu Daojing, the famous polymath, or Xu Gui, the expert on Shen Kuo.

From 1952 he wrote about the work of a number of figures who had contributed to such fields as general physics or chemistry, optics, magnetism, and heat. These included a couple of dozen inquirers less well known than Shen Kuo, including Huang Luzhuang, Fang Yizhi, Sun Yunqiu, Huang Lu, Yan Su, and Song Yingxing. He also introduced to Chinese readers several foreign scholars who had been studying topics similar to his, such as Ho Peng-yoke and myself.

From the 1960's on, he was one of the earliest scholars who were bridging the gap between Chinese and Euro-American research on Chinese science, encouraging historians everywhere to read widely in current publications.

For this as well as his own writings, he deserves to be honored by his successors.

目　录

一、著　述

古代中国物理学的成就——《梦溪笔谈》读后记* …………………（3）

关于我国历史上物理学的成就的参考文件（一）…………………（10）

祖国古代在光学上的成就 …………………………………………（15）

祖国古代在磁学上的成就 …………………………………………（22）

我国古代伟大科学家——沈括 ……………………………………（26）

《梦溪笔谈》中关于磁学与光学的知识 ……………………………（31）

关于我国历史上物理学的成就的参考文件（二）…………………（43）

《永嘉发现元代蒙文印考释》的一点补充 …………………………（49）

我国 17 世纪青年科技家黄履庄 …………………………………（50）

帕斯卡及其在物理学上的成就——纪念帕斯卡逝世三百周年 …（55）

明末爱国科学家方以智 ……………………………………………（59）

中国人早期对蒸汽机、火轮船的研究与制造 ……………………（63）

清初光学仪器制造家孙云球 ………………………………………（69）

清代女科学家黄履 …………………………………………………（75）

唐代机械制造家李皋 ………………………………………………（78）

中国秤的史话 ………………………………………………………（81）

清初火器制造家戴梓 ………………………………………………（84）

我国古代的湿度计（摘要）…………………………………………（86）

近代实验科学的创始人伽利略（物理学方面的贡献）……………（87）

中国石油史话 ………………………………………………………（89）

中国古代共鸣史话 …………………………………………………（92）

水压机史话 …………………………………………………………（95）

机车史话 ……………………………………………………………（99）

---

*　本文副标题前原有序数"Ⅱ"，此处删去。

我国古代对大气湿度的测定法 …………………………………… （103）

我国古代色散史话 ………………………………………………… （108）

宋代科学家燕肃 …………………………………………………… （111）

关于我国古代用凸透镜向日取火的问题 ………………………… （117）

我国古代的衡器 …………………………………………………… （121）

中国早期蒸汽机和火轮船的研制 ………………………………… （125）

我国历史上的冰透镜 ……………………………………………… （138）

The Knowledge of Physics in *Bao Pu Zi*（《抱朴子》中的物理知识）……… （141）

Discrimination and Research for *Shih Huei*（十辉考辨） ……………… （143）

Age of *Kao Gong Ji* & Scientific Explanation on Some Contents

　（《考工记》的成书年代及其若干内容的科学解释） ……………… （145）

赵友钦和他的光学实验 …………………………………………… （147）

对《温度计的发明与温标的演变》的补充 ……………………… （150）

中国古代物理学史话 ……………………………………………… （153）

墨海书馆 …………………………………………………………… （195）

李善兰和他在物理方面的译著——纪念李善兰逝世一百周年 … （198）

中国古代测温术简史 ……………………………………………… （200）

我国古代对虹的色散本质的研究 ………………………………… （205）

狄拉克的科学成就及其思想特色 ………………………………… （211）

张荫麟先生的科技史著作述略 …………………………………… （215）

《考工记》 ………………………………………………………… （219）

物质波理论的创始人——德布罗意 ……………………………… （222）

中国古代的热学知识 ……………………………………………… （225）

史学家张荫麟的科技史研究 ……………………………………… （228）

如果我是一个物理学史研究生 …………………………………… （234）

《考工记解》后记 ………………………………………………… （242）

张福僖和《光论》 ………………………………………………… （244）

关于"红光验尸" ………………………………………………… （250）

宋代军事家陈规事迹考 …………………………………………… （253）

漫谈国内外物理学史研究和教学概况 …………………………… （262）

赵友钦及其光学研究 ……………………………………………… （267）

赵友钦和郑复光对小孔成像的研究 ……………………………… （277）

纪念尼·波尔诞辰一百周年 ……………………………………… （283）

沈括的科学成就与贡献 …………………………………………… （286）

席文对中国科技史的研究 …………………………………………… （325）

德布罗意之路 ………………………………………………………… （331）

对冷光的认识和应用 ………………………………………………… （335）

北宋科学家杨惟德 …………………………………………………… （338）

中国科技史简介 ……………………………………………………… （342）

《费隐与知录》内容提要 ……………………………………………… （348）

光的反射性质的利用 ………………………………………………… （349）

何丙郁对中国科技史的研究 ………………………………………… （360）

《谭子化书》中的物理学知识 ………………………………………… （365）

我国古代"静电"知识的初步研究 …………………………………… （371）

赵友钦科学思想和科学方法初探 …………………………………… （376）

试论清末物理学的传播和普及 ……………………………………… （384）

喜读《我与李约瑟》 …………………………………………………… （393）

沈括研究的过去、现在和将来 ……………………………………… （395）

读《镜子的世界》 ……………………………………………………… （399）

读《考工记》——闻人军《〈考工记〉导读》序 …………………… （400）

中国古代对海市蜃楼的认识 ………………………………………… （402）

《中国大百科全书》条目（德布罗意、帕斯卡、考工记、丁拱辰、孙云球、

　　黄履庄、赵友钦、邹伯奇、沈括） ……………………………… （406）

博明和他的光学知识 ………………………………………………… （414）

Optics in China Based on Three Ancient Books

　　（《墨经》《梦溪笔谈》《革象新书》三本中国古书中的光学） ………… （422）

清代著名光学家郑复光 ……………………………………………… （430）

《论衡》司南新考和复原方案 ………………………………………… （436）

程贞一与中国科技史 ………………………………………………… （445）

浙江集会纪念化学史家王琎教授诞辰一百周年 …………………… （447）

中国古代颜色科学 …………………………………………………… （448）

《世界经典物理学简史》序 …………………………………………… （454）

张福僖 ………………………………………………………………… （455）

纪念宋应星诞辰 400 周年及《天工开物》初刊 350 周年 ………… （459）

无线电知识在我国的最早介绍 ……………………………………… （469）

丁铎尔及其物理学著作传入中国 …………………………………… （471）

中国古代光学史简介 ………………………………………………… （477）

中国古代热学小史 …………………………………………………… （479）

中国古代对晕的认识 ……………………………………………………（491）

米制及国际单位制计量是何时传入我国的 ………………………（497）

郑复光《费隐与知录》中的光学知识 …………………………………（501）

Optics in Chinese Science（中国古代光学）……………………………（506）

中国古代物理学史纲 ……………………………………………………（510）

二、纪　念

锦光鸿福　室堂卷香——记王公与科大及我的友谊 …………… 李志超（525）

忆锦光先生 …………………………………………………… 潘永祥（528）

回忆与祝贺 …………………………………………………… 陈茂定（531）

怀念恩师王锦光先生 ………………………………………… 薄忠信（533）

吾师锦光 ………………………………………………………… 李　磊（535）

清泪两行忆先生 ……………………………………………… 李胜兰（541）

奖掖青年 提携后进 倾心栽培——纪念王锦光教授 ………… 张子文（545）

王锦光先生在龙泉分校两年学习生活述略 ………………… 许高渝（550）

相伴永远——深情回忆我的丈夫王锦光 …………………… 林秀英（555）

我的父亲——一位勤奋、执着的中国物理学史研究的开拓者

　　…………………………………………………………… 王才武（560）

忆白塔岭铁道知青专列 ……………………………………… 王岳洛（564）

朋友眼中的父亲 ……………………………………………… 王筱武（566）

父亲王锦光的背影 …………………………………………… 王维洛（568）

父亲对我教育生涯的影响 …………………………………… 王兴无（573）

永远缅怀敬爱的姐夫 ……………………… 黄福麟　林明新（575）

堂叔王锦光先生记忆 ………………………………………… 王长春（577）

三、附　录

王锦光生平 …………………………………………………………（581）

忆朱自清先生 ………………………………………………………（583）

恩泽铭心 ……………………………………………………………（584）

后　记 …………………………………………………………… 闻人军（585）

一、著　述

古代中国物理学的成就
——《梦溪笔谈》读后记

一

《梦溪笔谈》是一部富有科学知识的书,由北宋的伟大科学家沈括所著。沈括的简历,现在根据《宋史·沈括传》[①]与燕羽作《沈括——宋代的渊博的科学工作者》[②]等文略述如下:

沈括(1031—1095),字存中,号梦溪,钱塘人。初随父担任沭阳主簿,注意水利,把沭阳的沭水疏为百渠九堰,因得上等肥田七千顷。成进士后,编校昭文馆书籍,校勘删定三司条例。著《南郊式》一书,简化"郊祭"办法,使费用大为节省。更因他天文知识很丰富,就被任为提举司天监(管理天文观测的官——笔者注)。他重造浑仪、玉壶、浮漏、铜表等仪器[③],并请卫朴[④]造新历。沈括又曾主张废朔望月,以节气定月分,以立春为元旦,这种历法虽非常合理,但未获得施行。[⑤]又当时北方辽国(契丹)派使臣来商议划界事,企图夺取黄嵬地区。宋派他交涉,他就很仔细

---

① 《沈括传》在宋史第三百三十一卷,附"沈遘传"下。

② 本篇是《中国历史上科技人物》中的一篇,原书由上海群联出版社发行。

③ 《梦溪笔谈》卷八"象数二"最后一条记载:"司天监铜浑仪景德中历官韩显符所造……失于过简略。天文院浑仪皇佑中冬官舒易简所造……颇为详备,失于难用。熙宁中更造浑仪,并创为玉壶、浮漏、铜表,皆置天文院,别设官领之。天文院旧铜仪送朝服法物库收藏,以备讲求。"

④ 卫朴,天文学家,清阮元撰《畴人传》(商务印书馆出版的《国学基本丛书》中有该书)卷二十有卫朴传。《梦溪笔谈》提到卫朴有好几次,例如卷十八"技艺"第十一条为:"淮南人卫朴精于历术,一行(唐代的天文学家——笔者注)之流也。春秋日蚀三十六,诸历通验密者不过得二十六七,唯一行得二十九,朴乃得三十五……"依据张钰哲著《中国天文事业的古代成就和近代情况》(《科学通报》1953 年 3 月号)一文,春秋传记载了三十七次日蚀,其中三十三次都得到后代推算的证明。可见沈括记错一次,卫朴多得二次。又卫朴所造新历为奉元历,见同书卷七"象数二"第二十二条。

⑤ 关于沈括所主张的新历在《梦溪补笔谈》中有记载,详见本文之"五"。

地工作，先到枢密院检查档案，得知过去所议定的边界，是以古长城为境，现在所争的地方已超过三十里。于是拿图给使臣看，使臣知道理屈，但不敢作主。宋遂派沈括赴契丹专办这事。契丹使宰相与他商议，他事先叫随员熟记划界资料，契丹宰相每次所问，随员马上答辩，连谈几日，都是这样。契丹宰相看到辩论不通，便威胁道："几里地方不肯给我们而轻易地断绝两国的友好吗？"沈括答道："师直为壮，曲为老。现在你们背弃以前的大信，以武力威吓人，并不见得就对我们不利啊！"这样会议六次，契丹知道不可强迫夺取，就作了让步，放弃黄嵬，改请大池。在出使途中，他注意人情风俗，山川道路，除记录外，并作木图①。

后来他以龙图阁待制外放管理延州（今陕西延安）。延州是宋代边疆重镇。他在那里练兵防敌，颇有成绩。

晚年被免官，退居林下，他就整理了平日的言谈见闻，写成极有价值的《梦溪笔谈》一书②。

二

《梦溪笔谈》分二十六卷：艺文三卷，故事、辨证、乐律、书画、技艺、器用、神奇、异事、谬误、讥谑与药议等各一卷；另有《补笔谈》三卷：故事、辨证与乐律合为一卷，异事、杂记、药议合为一卷；又《续笔谈》十一篇，内容多艺文，缺科学知识。我所读的《梦溪笔谈（正编）》是四部丛刊本，廿六卷、分装四册，商务印书馆出版；《补笔谈》《续笔谈》是大关唐氏刊本，合装一册。

三

《梦溪笔谈》关于光学的知识记载很多，而且都很精彩，今选录如下：

（1）卷三"辨证一"第三条说明针孔倒像、凹面镜造像与焦点问题，它的记载是：

"……若鸢飞空中，其影随鸢而移，或中间为窗隙所束，则影与鸢遂相违，鸢东则影西，鸢西则影东。又如窗隙中楼塔之影，中间为窗所束，亦皆倒垂……"

"……阳燧面洼，以一指迫而照之则正，渐远则无所见，过此遂倒……"

"……阳燧面洼，向日照之，光皆聚向内，离镜一二寸，光聚为一点，大如麻菽，着物则火发……"

上述三段都是实验的忠实记录。第一段是描写光线直进的针孔倒像的实验，他的实验是在纸窗上打一个小孔而使窗外飞鸢与楼塔的影成于室内的纸屏的上面。第二段中阳燧就是取火于日的镜子，这一段是说明物与像的位置关系及顺立

---

① 关于沈括作木图事，在《梦溪笔谈》中有记载，详见本文之"七"。
② 依据倪德基等著《数学辞典》，沈括除作《梦溪笔谈》外还有《修城法式》二卷。

4

与倒立问题。第三段是描写凹面镜取火于日的实验,由这段叙述,除使我们知道他观察到焦点外,也可以推想到他所用的凹面镜已经相当精致了;并且从此看出当时祖国的制镜技术也已相当高明。

此条原系批判唐人段成式所著的《酉阳杂俎》,故列于"辨证"中。

(2)卷十九"器用"第九条:"古人铸鉴,鉴大则平,鉴小则凸。凡鉴洼则照人面大,凸则照人面小。小鉴不能全观人面,故令微凸,收人面令小,则鉴虽小而能全纳人面,仍复量鉴之小大,增损高下,常令人面与鉴大小相若。……"

鉴是照人用的镜子,这一条把凹面镜、凸面镜与平面镜用于照人时所成像的大小的特点都写出来,并且非常清楚。如果我们讲到球面镜造像的课题,就把这故事结合上去,可以培养学生的爱国精神,同时可以丰富教材,提高学习兴趣。

(3)卷七"象数一"第十四条为:

"又问予以日月之形,如丸耶?如扇也?……予对曰:'日月之形如丸。何以知之?以月盈亏可验也。月本无光犹银丸,日耀之乃光耳。光之初生,日在其旁。故光侧而所见线如钩,日渐远,则斜照,而光稍满。如一弹丸,以粉涂其半,侧视之,则粉处如钩,对视之则正圆,此有以知其如丸也。'……"

同卷第十五条为:

"又问日月之行,日一合一对,而有蚀、不蚀,何也?予对曰:'黄道与月道如二环相叠而小差,日月同在一度相遇,则日为之蚀,正一度相对,则月为之亏,虽同一度而月道与黄道不相近,自不相侵,同度而又近黄道月道之交,日月相值,乃相凌掩,正当其交处则蚀,而既不全当交道,则随其相犯浅深而蚀……交道每月退一度余,凡二百四十九交而一期……'"

这两条记录极为珍宝,尤其后者。由此可见沈括对月的盈亏的道理与日月蚀的原因都有了解。

(4)卷二十一"异事"第一条为:

"……熙宁中,予使契丹,至其极北黑水境永安山下卓帐。是时,新雨霁,见虹下帐前涧中,予与同职扣涧观之,虹两头皆垂涧中,使人过涧隔虹对立,相去数丈,中间如隔绡縠,自西望东则见,盖夕虹也。立涧之东西望,则为日所铄,都无所睹,久之稍稍正东,逾山而去。次日行一程,又复见之。孙彦先云:虹,雨中日影也,日照雨则有之。"

孙彦先是怎样的人,待考。这条告诉我们他是怎样观察虹的,而且他已发现观察虹须有一定的方向。

四

《梦溪笔谈》有关于磁针的记录,卷二十四"杂志一"第十七条是:

"方家(道士一类人——笔者注)以磁石磨针锋,则能指南,然常微偏东,不全南也。水浮多荡摇,指爪及碗上皆可为之,运转尤速,但坚滑易坠;不若缕悬为最善,其法:取新纩中独茧缕,以芥子许蜡,缀于针腰,无风处悬之,则针常指南;其中有磨而指北者,予家指南北者皆有之……"

又《补笔谈》卷三第十八条也有关于磁针的记载:

"以磁石磨针锋,则锐处常指南,亦有指北者,恐石性亦不同……未深考耳。"

从以上两条可以看出下列几点:第一点,沈括已发现地磁偏角,他由实验得知磁针不是正指南方而微略偏东。地磁偏角的发现,真是十分难得的事情! 在卡约黎(Florian Cajori)著《物理学史》上也有记载:磁针不指正南北方向,中国人早在11世纪已经知道,至于各地偏角之有不同,直至1492年哥伦布在首次航行中才发现。第二点,他知道磁针有四种支挂方法(1.浮于水面,2.放在指爪上,3.放在碗上,4.以线悬挂),并提出以线悬挂的方法为最好,他这样钻研支悬方法和提出最好的支悬方法,也很不容易。第三点,他由针锋有指南的也有指北的,进而推出这种不同可能是由于所用磁石性质不同所致,这样的推断是很科学的,可惜未能做出磁石有南北两极的肯定结论。总之,沈括对于磁针的贡献应该占据世界物理学史上很灿烂的一页。

五

沈括是伟大的天文学家,所以《梦溪笔谈》中关于天象、历数方面的知识的记载很多,该书中有"象数"二卷,占全书八分之一,《补笔谈》中也有九条。[①] 从本文三(3)条所摘录的关于日月盈亏与日月蚀的记载,已经可以看出他是怎样精通天象的。今再举一例来说明他观测天象的辛勤与认真:

原书卷七"象数一"十一条:

"……熙宁中,予受诏典领历官,杂考星历,以玑衡求极星,初夜在窥管中,少时复出,以此知窥管小,不能容极星游转,乃稍稍展窥管候之,凡历三月,极星方游于窥管之内,常见不隐,然后知天极不动处远极星犹三度有余。每极星入窥管别画为一图,图为一圆规,乃画极星于规中,具初夜、中夜、后夜所见,各图之,凡三百余图。极星常循圆规之内,夜夜不差,予于熙宁历奏议中叙之甚详。"

由此除看出他观测天象是怎样的辛勤与认真外,也可以看出他记录的精详。

以下再摘录他在历数方面的成就的一个例子:

《补笔谈》卷二"象数"第四条有关于他自己对历法的改良的主张的叙述:

"今为术莫若用十二气为一年,更不用十二月。直以立春之日为孟春之一日,

---

① 关于沈括在天文上及数学上的成就的资料,可参阅清阮元撰《畴人传》卷二十"沈括"。

惊蛰为仲春之一日,……永无闰余。十二月常一大一小相间,纵有两小相并,一岁不过一次。……今此历论尤当取怪怒攻骂,然异时必有用予之说者。"

这种废弃朔望月、以太阳在黄道上的移动来定月份、立春为元旦的月份划分方法,非常合理。竺可桢先生认为是世界上最合科学的历法,可称彻底的阳历[①]。

他在气象方面也有许多贡献,他很留心天气的预告。例如原书卷二十五"杂志二"第十一条"江湖间唯畏大风,冬月风作有渐,船行可以为备;唯盛夏风起于顾盼间,往往罹难。曾闻江国贾人有一术,可免此患。大凡夏月风景须作于午后,欲行船者五鼓初起,视星月明洁,四际至地皆无云气,便可行,至午时即止。如此,无复与风相遇矣。国子博士李元规云,平生游江湖,未尝遇风,用此术"。竺可桢在《中国过去气象学上的成就》[②]一文中也提到这件事,并说"直至如今四川、贵州各村镇的小客栈门前纸灯上,家家都写着'未晚先投宿,鸡鸣早看天'的对子,也还是沈括的遗风"。

六

《梦溪笔谈》中关于工业技术记载很多,分散在"技艺""器用""杂志"和"辨证"等卷。今举关于钢铁及石油的二例于下:

"世间所谓钢铁者,用柔铁屈盘之,乃以生铁陷其间,泥封锁之,锻令相入,谓之团钢,亦谓之灌钢。此乃伪钢耳,暂假生铁以为坚;二三炼,则生铁自熟,乃是柔铁。然而天下莫以为非者,盖非识真钢耳。予出使至磁州(今河北磁县——笔者注),锻坊观炼铁,方识真钢。凡铁之有钢者,如面中之有筋,濯尽柔面,则筋面乃见。炼钢亦然,但取精铁,锻之百余火,一锻一轻,至累锻而斤两不减,则纯钢也,虽百炼不耗矣。……"

对于这一段,李恒德在《中国历史上钢铁冶金技术》[③]中有这样的评述:

"这段叙述,乍看起来似乎有点迂阔;实际上却是很合冶金学的道理的。从'凡铁之有钢者,如面中之有筋,濯尽柔面,则筋面乃见'及'一锻一轻,至累锻而斤两不减,则纯钢也'等看起来,可推测当日锻工所用的料是相当于今日的熟铁。因为熟铁中含有渣子,所以沈括说'濯尽柔面,则筋面乃见',而且'一锻一轻',实际上无非是相当于柔面的渣子被锤打去。今日四川一带的毛铁含渣常达 30%,只有这样的料才能够由当时的秤觉出'一锻一轻'的。……又值得注意的,是宋时中国人已经掌握了'团钢'和'灌钢'的制作技巧,知道把强度高的生铁嵌在熟铁里,锻成一种兼有韧性与硬度的制成品。……"

---

① 见《科学画报》第十四卷第二期(1948 年 2 月)竺可桢著《阳历和阴历》。

② 该文刊登在《科学大众》第九卷第三、四期合刊(1951 年 5 月)。

③ 该文刊登在《自然科学》一卷七期(1951 年 12 月)。

上面所说的锻是属于今日的熟作，又原书卷十九第二十五条有关于冷作的记载。

"青堂羌善锻甲，铁色青黑，莹澈可鉴毛发，以麝皮为綖旅之，柔薄而韧。……凡锻甲之法，其始甚厚，不用火，冷锻之，比元厚三分减二，乃成。其末留筋头许不锻，隐如瘊子，欲以验未锻时厚薄，如浚河留土笋也。谓之瘊子甲。今人多于甲扎之背，隐然伪为瘊子，虽置瘊子，但元非精钢，或以火锻之，皆无补于用，徒为外饰而已。"

对这一段李恒德在同文中有这样的赞扬："沈括这里明确地指出来冷作比热作的长处，他科学地说明了瘊子甲留有瘊子的冶金意义。原来瘊子的意义是表示锻前和锻后厚度的区别，用实物记下冷作的程度，和今日欧美人用缩减数来表示轧钢经过冷作的程度的一样道理。"

又关于石油的记载，可见原书卷二十四"杂志一"第二条：

"鄜、延（今陕西鄜县、延安县——笔者注）境内有石油，旧说高奴县（今延安县东——笔者注）出脂水，即此也。生于水漈，砂石与泉水相杂，惘惘而出，土人以雉尾裛之，乃采入缶中。颇似淳漆，燃之如麻，但烟甚浓，所沾帷幕皆黑。予疑其烟可用，试扫其煤，以为墨，黑光如漆，松墨不及也。遂大为之，其识文为'延川石液'者是也。此物后必大行于世，自予始为之，盖石油至多，生于地中无穷，不若松木有时而竭，今齐鲁间松林尽矣，渐至太行、京西、江南，松木太半皆童矣。造煤人盖未知石烟之利也。……"

石油，我国在汉代即已发现，班固注《汉书·地理志》关于高奴县说，有洧水（源出安塞县），水上浮肥膏，可烧火①。文中"旧说高奴县出脂水"想即指此说。又这一段叙明当时陕西鄜县、延安一带的劳动人民，如何采取石油，到他才把石油的烟开始做成墨，以代松墨。从这里及其他各处都可看出他十分重视日常用品及劳动人民的智慧和成就。

此外，在这里值得一提的，原书卷十八"技艺"第十条记载毕昇的活字版印刷术，文中详细介绍它的操作方法及说明这方法的优点，末提到在毕昇死后毕昇的活字印版模型是由他家得到保存起来。毕昇是当时的一个"布衣"，他能在他的著作中介绍毕昇的印刷术，保存毕昇的印刷模型，真非容易！

七

《梦溪笔谈》所记载的知识范围极广，除关于光学、电磁学、天文、气象与工业技术外，其他关于数学、医药、生物、地理、历史、语文、音乐、绘画……各方面都有极有

---

① 见范文澜主编《中国通史简编》。

价值的记录。今因本文性质及篇幅关系,这里再举一个与地理有关系的例子说明于下,其余从略。

原书卷二十五"杂志二"第二十二条:

"予奉使按边,始为木图,写其山川道路。其初偏履山川,旋以面糊木屑,写其形势于木案上。未几寒冻,木屑不可为,又熔蜡为之,皆欲其轻易赍故也。至官所,则以木刻上之,上召辅臣同观,乃诏边州皆为木图,藏于内府。"

从这段文字也可以看出他对事物的仔细观察,反复钻研,忠实记录的科学精神,与对祖国河山的热爱。

八

沈括,《宋史》说他:"博学善文,于天文、方志、律历、音乐、医药、卜算无所不通。"日本算学家三上义夫在《中国算学史的特色》一书中也极度赞扬他的多才多艺。的确,我们现在单从《梦溪笔谈》来看,他的知识之广博和精通,就使我们觉得十分惊奇和敬佩。我们以祖国曾经有过这样一位伟大杰出的学者而自豪。他重视劳动成果和自然现象,他对于一切自然现象都能认真地观察、刻苦地研究、忠实地记录,而且把他研究的成果结合到实际的应用上去。这种重视劳动、联系实际的精神正是我国人民优良传统之一,是值得我们学习,而且需要加以继续发扬光大的。当然,由于时代的关系,他在科学上的成就是有一定限度的,他的知识多是零星的,未能整理成有系统的科学理论。他的著作《梦溪笔谈》是一部有着丰富的真实知识的记录,而且具有许多独到精辟的见解,虽然是片段零星的,其中有少部分带有迷信的色彩(例如卷二十"神奇"),但这些缺点都妨碍不了他在世界自然科学古籍中所应占的地位。

(原文载于《物理通报》,1954 年第 9 期)

关于我国历史上物理学的成就的参考文件(一)

我们的祖国有着悠久的历史与高度发达的文化，在物理学上也有着无比光辉的成就。这些成就的原始材料散见在千千万万本的古书上，而且在目前尚缺已经整理过的有系统的完整的著作，要找到这方面的参考资料确是很困难的。但是关于某一部分、某一件事，或某一科学家的文件现在还可以找到一些。在这些文件中，有的质量较好，内容丰富，观点正确，有参考的价值，但也有不少质量很低，时常过分渲染，牵强附会，缺乏科学性，不能作为认真的参考资料。现在仅就物理教学上的需要，在已出版的文件中的名称，加以摘录，而以目前全国各地较易得到的和较好的文件为选择的范围。凡出版过早，及仅发表于报章而没有单行本的文件，都没有摘录。限于笔者的见闻，选择可能很不妥当，更难周全，希望其他读者提出意见，俾得补充修正。并且在所列文件中，如认为有欠妥的地方，希望能向原作者提出，或写出专文讨论。最后更希望专家们能写出一套较完整的参考资料，使我们在物理教学中能够更好地进行爱国主义教育，提高教学质量。底下的摘录按照力学、分子物理学与热学、声学、电学、光学与科学家小史等部门分类；并为便利叙述起见，凡与物理学有密切联系的天文、气象、机械、建筑等等科学均列在关系最近的部门内(例如机械列在力学中，气象列在分子物理学与热学中)。

(一)力学

钱临照："中国古代物理学的成就——I.论墨经中关于形学、力学与光学的知识"
　　　　(《物理通报》一卷三期，1951年7月)
曾昭安："世界最古的几何学"
　　　　(《数学通讯》总第33期 1954年元月号，中国数学学会武汉分会出版)
　　　　该文有论及墨经中关于力学与光学的知识。

度量衡方面

钱宝琮："度量衡的十进制"①
　　　　(《中国的世界第一》第三册，上海《大公报》出版，1952年)

---

① 该文初版发表于1951年4月23日《大公报》。

伍特公:"乐律"①

  (《中国的世界第一》第三册,上海《大公报》出版,1952 年)

天文方面

张钰哲:"中国天文事业的古代成就与近代情况"

  (《科学通报》,1953 年 3 月)

竺可桢:"中国古代在天文学上的贡献"

  (《科学通报》,1951 年 3 月)

陈遵妫:"从天文学看伟大祖国的可爱"

  (《科学大众》,1951 年 5 月)

钱伟长:《我国历史上的科学发明》②中的"天文和历法"一章

  (中国青年出版社,1953 年)

机械方面

钱伟长:《我国历史上的科学发明》中的"机械"与"指南针与指南车"两章

  (中国青年出版社,1953 年)

孔祥瑛:"我国古代的机械发明"

  (《科学大众》,1954 年 2 月)

程溯洛:"中国水车历史的发展"

  (《历史教学》,1952 年 7 月)

程溯洛:"中国古代鼓风炉的发明"

  (《历史教学》,1953 年 10 月)

建筑方面

梁思成:"中国建筑与中国建筑师"

  (《文物参考资料》,1953 年 10 期)

钱伟长:《我国历史上的科学发明》中的"建筑"一章

  (中国青年出版社,1953 年)

---

① 该文初版发表于 1951 年 6 月 1 日《大公报》。

② 《光明日报》的"史学"双周刊上评论本书的文章有两篇:(1)"史学"第 32 号(1954 年 6 月 10 日)唐兆明作"关于灵渠——钱伟长《我国历史上的科学发明》一书中有关'灵渠'部分的商榷";(2)"史学"第 38 号(1954 年 9 月 2 日)燕羽作"钱伟长的《我国历史上的科学发明》中几个问题的商榷"。

楼庆西："天坛"

  （《科学大众》,1954 年 7 月）

水利方面

张含英：《我国水利科学的成就》

  （中华全国科学技术普及协会主编,1954 年）

钱伟长：《我国历史上的科学发明》中的"水利工程"一章

  （中国青年出版社,1953 年）

郑肇经：《中国的水利》

  （商务印书馆,1951 年）

朱偰："中国古代伟大的工程之一———海塘"

  （《新建设》,1954 年 6 月）

廖吕刚、骆客："灵渠"

  （《科学大众》,1954 年 8 月）

罗农："伟大的都江堰"

  （《科学大众》,1954 年 7 月）

（二）分子物理学和热学

物质的理论方面

袁翰青："我国古代哲学中有关物质的理论"

  （《化学通报》,1954 年 3 月）

燃料方面

钱伟长：《我国历史上的科学发明》中的"燃料与其他机械"一章

  （中国青年出版社,1953 年）

王锦光："古代中国物理学的成就———Ⅱ.《梦溪笔谈》读后记"

  （《物理通报》,1954 年 9 月）

气象方面

竺可桢："中国过去气象学上的成就"

  （《科学大众》,1951 年 5 月）

王锦光："古代中国物理学的成就———Ⅱ.《梦溪笔谈》读后记"

  （《物理通报》,1954 年 9 月）

（三）声学

乐律方面

伍特公："乐律"

  （《中国的世界第一》第三册，上海《大公报》出版，1953年）

戴友莼："十二平均律"①

  （《中国的世界第一》第三册，上海《大公报》出版，1953年）

建筑声学方面

汤定元："天坛中几个建筑物的声学问题"

  （《物理通报》，1953年2月）

（四）电学

摩擦起电方面

可参考《辞海》中"琥珀"条

  （中华书局，1948年）

磁铁与罗盘

钱伟长：《我国历史上的科学发明》中的"指南针与指南车"

  （中国青年出版社，1953年）

王锦光："古代中国物理学的成就——Ⅱ.《梦溪笔谈》读后记"

  （《物理通报》，1954年9月）

（五）光学

钱临照："中国古代物理学的成就——Ⅰ.论墨经中关于形学、力学与光学的知识"

  （《物理通报》，1951年7月）

曾昭安："世界最古的几何学"

  （《数学通讯》，1954年1月）

王锦光："古代中国物理学的成就——Ⅱ.《梦溪笔谈》读后记"

  （《物理通报》，1954年9月）

---

① 该文初版发表于1951年6月2日《大公报》。

皮影剧

孙楷第:《傀儡戏考原》中的"宋之影戏"一节
　　　　（上杂出版社,1952年）

（六）科学家小史①

承新:《中国古代大科学家》②
　　　　（少年儿童出版社,1954年）
　　　　书内介绍李冰、张衡、祖冲之、李时珍四位科学家的小史。
张钰哲:"后汉天文学家——张衡"
　　　　（《科学大众》,1952年1月）
赖家度:"汉代的伟大科学家——张衡"
　　　　（《历史教学》,1954年5月）
许莼舫:"中国的伟大科学家——祖冲之"
　　　　（《科学大众》,1953年5月）
许莼舫:"多才多艺的数学家——沈括"
　　　　（《科学大众》,1953年11月）
启循:"宋代卓越科学家——沈括"
　　　　（《历史教学》,1954年6月）
王锦光:"古代中国物理学的成就——Ⅱ.《梦溪笔谈》读后记"
　　　　（《物理通报》,1954年9月）
赖家度:"《天工开物》的作者——宋应星"
　　　　（《历史教学》,1951年9月1日）

（原文载于《物理通报》,1955年第1期）

---

①　《光明日报》的"哲学研究"第1期(1954年3月24日)有张岱年作《墨子的阶级立场与中心思想》。
②　《光明日报》的"图书评论"第37期(1954年8月26日)有曾次亮作《摘评"中国古代大科学"》。

祖国古代在光学上的成就

　　祖国在光学方面的成就是巨大的。早在两千多年前的春秋战国时代,墨子对光的直线进行、小孔成像、平面镜的反射以及凹面镜的性质等等已有很精辟的见解。在西汉末年(大约公元79—139年)张衡又发现日月蚀和月的盈亏的初步原理。到北宋沈括集前人大成,无论在光线直线进行、凹镜取火、月的盈亏、日月食、彩虹等方面都有进一步的见解。

　　现在将我所知道的一些比较重要而易懂的材料向读者介绍一下。当然,他们在实际上的贡献一定更辉煌、更伟大!

墨经中的光学常识

　　在春秋末年(大约在公元前5世纪的前半期)出了一位名叫墨翟的大学问家,后人又称他为墨子。他不但是一位大哲学家,同时也是中国最早的科学家,他对于几何学、力学、光学都有空前的成就。他所著的《墨经》不仅全面总结了当时有关社会和生产的重要知识,而且也记载了许多自然科学知识,其中最完整、最有条理、最有价值的就是光学。《墨经·经下》第十八条到第二十五条就是"光学八条",依照科学的次序排列着,每条都是观察与实验的记录。但《墨经》文字非常难读,现参考钱临照先生所著的《论墨经中关于形学、力学与光学的知识》与《我国古代光学与力学的知识》,特别是《我国先秦时代的科学著作——墨经》等文对《墨经》中光学八条的解释,编写于下(《墨经》分"经"与"经说"两部分:经是正文,是定义和定律;"经说"是"经"的补充说明,是墨翟讲经时,他学生的笔录):

　　第一条说明影子生成的道理。书中大意是:光所照到的地方,没有影子。如果有影子,那是因为影子所在的地方没有照到光;如果光源、物体与屏幕相对位置永久不变动,那么屏幕上的影子也就永久不变动。

　　第二条说明光源与影子的关系。书中的大意是:光源有两个,影子也有两个;光源有一个,影子也就只有一个。

　　第三条说明光的直线进行的针孔照相匣的实验(小孔成像的实验)。"经"说:小孔的像所以会上下颠倒,因为光线穿过小孔而成光束的缘故。"经说"解释说:光线就好比射出的箭那样;因为从下面照到人身上的像在高处,反之从高处照到人身上的像在下面(图1上)。针孔照相匣的实验是证明光直线进行的最好方法之一。

光直线进行的原理是光学最基本的原理之一。西方最早的光学要算欧几里得著的《光学》。欧氏的《光学》中说："我们假想光是作直线进行的，光线从物体到达人的眼睛，形成一个锥体（图 1），锥顶在眼睛，锥底在物体，只有光线碰到的某些东西，才会被我们看见，没有碰到的就看不见了。"像这样讨论光的直线前进，纯是揣度的口气，主观的叙述，找不出任何实验根据。欧氏是公元前 300 年左右的人，约比墨子迟一百多年，他所说的也不过如此。所以我们可以说，墨子是第一个发现光直线进行的人。

第四条说明光有反射的特性。"经"说：对太阳放着一面镜子，在镜前站着一个人，那么人的影子就会在向着太阳的那一边。"经说"说：人站在太阳与镜子的中间，太阳光从镜子反射到人身上，那么人影子就在太阳和人的中间（图 2）。

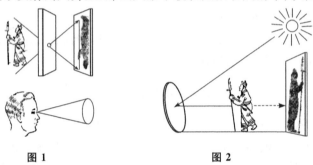

图 1　　　　　　　　　　　图 2

第五条论述从物体和光源地位的关系确定影子的大小。"经"说：木杆投在地上的影子的大小，决定于木杆与光线斜交或正交和离开光源的远近。"经说"说：木杆与光线斜交，影子就短而深；木杆与光线正交，影子就长而淡。如果影子投在墙上，光源比木杆小，影子就比木杆大；光源比木杆大，影子就比木杆小；木杆离开光源远些，影子就短些深些，木杆离开光源近些，影子就长些淡些。

第六条说明物体与平面镜中像的关系。"经"说：把平面镜平放，人站在镜边向下看，镜中的像是倒立的（这好像人站在河边，看见水里的人影子倒立的道理一样）。"经说"说：平面镜只有一个不变的像，这像的形状、颜色、斜直程度，都跟影子不一样。人走近镜子，像也走近镜子；人离开镜子，像也离开镜子，人与像的方向老是相反。

第七条说明凹面镜（图 3）的现象。"经"说：照镜子（凹面镜）的人在凹面镜的"中"点之外，他所看见自己的像是倒像，比人小；照镜子的人在"中"点之内，他所看见自己的像是正像，比人大。"经说"说：人站在"中"点之内，他所看见自己的像总是正立的，他从"中"点向镜面移动，离"中"点越近像越大，离"中"点越远越小；人在"中"点之外呢，他所看见自己的像总是倒立的，从"中"点向外移，离"中"点越近像越大，离"中"点越远像越小。依照现代科学的解释，这"中"点应该是指凹面镜的焦点。

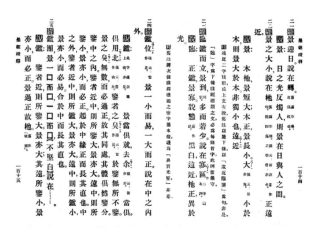

图 3 《墨经校释》中关于光学的后五条原文

第八条说明凸面镜反射现象。"经"说：凸面镜只有一种像。"经说"说：照镜子（凸面镜）的人离开凸面镜近些，他的像就大些；离开凸面镜远些，他的像就小些。

这八条完整而有条理地叙述了光学的基本知识。墨经中的光学部分实在是世界上最早的完整的光学文献，在科学史中应占极其崇高的地位！

凹面镜和透镜的向日取火

我们知道凹面镜对着太阳，太阳光经镜子反射后聚于一点，如果把容易着火的东西放在这点上就可能着火，这一点叫做焦点。公元前4世纪，在我国一部最早记载古代工艺的《考工记》上就有用凹面镜取火的记载。曾有"金锡半谓之鉴燧之齐"这句话，鉴、燧是镜子，齐是合金。原意是镜子是由金锡各占一半的合金制成的；"燧"字原意是取火的工具，把凹镜叫做燧，这说明已经利用凹镜做取火的工具。公元前2世纪（西汉）的《淮南子》上有了更详细的记载。在它的"天文训"一篇中说，"阳燧见日而然（燃）为火"。这里阳燧就是凹面镜，因它向着太阳能取火，所以叫做"阳燧"，又因为当时的阳燧是用金属制造的，所以又叫做"金燧"。

比《淮南子》更迟的书如《论衡》（公元1世纪作品）、《艺文类聚》（公元7世纪作品）等书也有关于凹面镜向日取火的记载。《艺文类聚》说得更详细，曾提到当太阳离地三四丈高时，凹面镜对着太阳，再把烘干的艾放在离开镜面一寸多的地方，一会儿艾变焦了，对着它吹就得到火。这里对凹面镜的形状、向日取火的时间与经过情形，特别是焦距大小都有了记载。（原文"阳燧见日则然为火"下注云："阳燧，金也。取金楹无缘日高三四丈，持以向日；燥艾承之寸余，有顷焦，吹之得火。"）

明代方以智著的《物理小识》的"空中取火"条（图4）中提到《尔雅》（中国古代的词典，汉代作品）及晋张华著的《博物志》（公元3世纪作品）记载了削冰成凸透镜取火的事情（《博物志》原文："削冰令圆，举以向日，以艾承其影，则得火。"）。可见得至迟在公元3世纪已经知道利用透镜向日取火了。

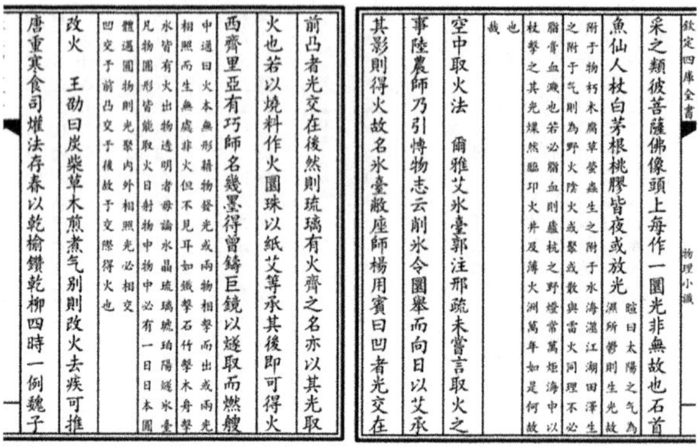
欽定四庫全書　　物理小識

采之類彼菩薩佛像頭上每作一圓光非無故也石首
魚仙人杖白茅根桃膠皆夜或放光暄曰太陽之气為濕所鬱則生光故
附于物朽木腐草螢蟲生之附于水海溢江湖田澤生之附于气則為野火陰火或聚或散與雷火同理不必
腦骨血磯也若必腦血則盧杭之野燈常萬炬海中以杖擊之其光爍然臨邛火井及薄火洲萬年如是何故
也哉
空中取火法　爾雅艾冰臺郭注邢疏未嘗言取火之
事陸農師乃引愽物志云削冰令圓舉而向日以艾承
其影則得火故名冰臺敝座師楊用賓曰凹者光交在
前凸者光交在後然則琉璃有火齊之名亦以其光取
火也若以燒料作火圓珠以紙艾等承其後即可得火
西齊里亞有巧師名幾墨得曾鑄巨鏡以燧取而燃艘
中通曰火本無形藉物發光或兩物相擊而出或兩光相照而生無處非火但不見耳如鐵擊石竹擊木舟擊
水皆有火出物透明者毋論水晶琉璃琥珀陽燧冰臺凡物圓形皆能取火日射物中物中必有一日日本圓
體遇圓物則光聚內外相照光必相交凹交于前凸交于後故于交際得火也
改火　王劭曰炭柴草木煎煮气別則改火去疾可推
唐重寒食司爟法存春以乾榆鑽乾柳四時一例魏子

图4　《物理小识》卷二中“空中取火”条

《梦溪笔谈》中的光学知识

北宋时候（公元960年到1127年），封建经济高度发展，手工业特别是矿冶与日用品手工业进步很快，在这基础上，科学知识渐渐丰富起来，我国历史上许多重要的科学发明，有部分就是在那个时候完成的。沈括（1031—1095）是那时候一位卓越的多才多艺的科学家，他的著作《梦溪笔谈》是把当时许多自然科学及其他知识加以记录与研究。书中包括的范围极广，关于自然科学的有数学、物理学（光学、声学与电磁学）、天文、气象、工业技术、生物、医药、地理、地质等知识，内容大都是观察与实验的忠实记录，是一部极有价值的著作。现在简要地谈一下这本书中与光学有关的部分，这部分记录归纳起来可分下列各方面：

一、光的直线进行和球面镜

沈括对光线直线进行和凹面镜成像有进一步解释，《梦溪笔谈》曾有一段记载（图6右），原意是这样：

用阳燧（凹面镜）照物体，所成的像是倒的。因为物体与凹面镜之间有“碍”的缘故。什么叫做碍呢？可以用光线穿过小孔成像来说明，打个譬喻，鸢在空中飞，照在地面的影子跟着飞着的鸢移动；这就是说影子移动的方向和鸢飞的方向是一致的（图5右）。但假如光线照到鸢身上，再穿过窗子小孔，鸢和影子的方向就相反（图5左）。鸢儿原来向东，影子便向西；鸢儿向西，影子便向东。又如窗外的楼塔，由于光线穿过窗上小孔，它所成的影子也是倒的。凹面镜所以照出倒像，它的道理是一样的，若用手指对着镜面并从镜面向远处移动，当手指靠近镜面时，像是正的，当手指渐渐移远，像就没有了，再远一些，镜子里却出现了倒立的像。上面说过手指移到某一地方,镜子里就没有像。这种地方正好像窗上的孔、腰鼓的腰(这里腰鼓是两头大腹部小的细腰鼓,与现在腰鼓形状不同)一样。这就是上面所说的"碍"。算家把研究这一现象的学问叫做格术。原文注解说得更明白,它说阳燧的镜面是凹的,对着太阳照的时候,反射的光都向内聚集在离镜面一二寸的地方,形成一个有芝麻或豆子那么大小的小点,东西放在那里就会烧起来。这也是腰鼓最细的地方。

从这里,可以看出沈括进一步发展了《墨经》中的针孔照相匣实验与凹面镜的焦点及造像。他具体地用腰鼓的腰等例子来比喻凹面镜的焦点与照相匣的针孔,把小孔成像及和凹面镜成像这两件光学上不同的现象联系起来,并且说明所以成像是由于光线穿过"碍"(小孔与焦点)形成"光束"的道理。

图 5

此外,《梦溪笔谈》更详细地论述到照人面的镜子的大小与它的曲度的关系(图6中)。书中卷十三有一条曾提到:

古人造镜子,大镜子造得平一些,小镜子造得凸一些,因为凹面镜所照的像比人面大,凸面镜所照的像比人面小,所以小的平面镜里照不出整个人面的像,必须造得稍微凸一些使像缩小,这样镜子虽小却可照出整个面像;所以造镜子时可由镜子的大小,来决定镜子的曲度,使人面(的像)恰巧和镜子一样大小。

沈括从古人造镜的规格,进而研究像的大小与曲度的关系,结果得出了古人造镜时对于镜的大小与曲度间的法则。这不是一种容易的事,由此可见他研究事物的认真与细致!

二、月的盈亏与日月食

早在东汉末年,张衡(公元 78—139 年)就对月的盈亏和月食提出初步说明。他认为月亮的光是由太阳光照到月亮上面产生的("月光生于日之所照"),月亮上黑影子是日光照不到的地方("魄生于日之所蔽")。所以月亮正对着太阳的时候就是满月("故当日光则盈")。同时他提出当月亮正对着太阳的时候射到月亮的日光被地球遮住,月亮经过这遮住的地方就发生月食现象("当日之冲""蔽于地""月过则食")。到了北宋,沈括进一步发展了张衡与张子信(南北朝天文学家)等的学说,在《梦溪笔谈》中曾提到（图6左）：日月的形状好像弹丸；月亮本来是不发光的，好像一颗银制的弹丸，日光照着它才使它光亮。月亮初生时（即阴历月初的月亮），太阳在它旁边，月光生在月亮的一侧，被我们看见的就好像一个钩（图7中）。太阳离开月亮渐渐远起来，日光斜照着月亮。月光就渐渐显得圆满（图7右）。譬如弹丸，一半涂了粉。从旁看去，那有粉的地方看起来就像钩形，要从正面看去，那才看到正圆形。所以月亮形状很像弹丸。

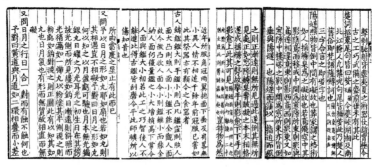

图6　《梦溪笔谈》中关于凹镜成像、镜的曲度及月的盈亏的记载

图7　关于月的盈亏的实验说明

桌子当中放一个圆球，桌子边放一个电筒，电筒与圆球在同一平面上，电筒所放出的光线正对着圆球。我们站在桌子边看圆球，我们与电筒成直角时，所看到的球只有一半有光；我们与电筒成钝角时，看到的圆球上有光部分像一只钩子；我们与电筒在一起时，就看到整个半球都有光。

这里对月的形状、月光的来源和盈亏的关系都有了进一步的说明。至于太阳在月球旁边，与事实不符的；但月的盈亏道理大体上符合于现代天文理论。尤其是他所用的譬喻，直观明显，生动易懂，十分恰当，现在的通俗书籍还时常引用着。

沈括对日月食的道理也有精辟的解释，他提出月道（即白道，是在地球上每个月份中所看到的月球所走的轨道）与黄道（是在地球上每个年份中所看到的太阳所走的轨道）二平面有交角而交角甚小（据现代天文学的知识，知道交角约为$4°51'\sim 5°9'$）；他更提出月道与黄道的交点每月后退的度数（"一度余"），这个度数与现代天文学上推算而得的数值相同（每月$1°6'$），这种成就实在太惊人了。

三、虹与蒙气差

沈括对于虹及大气中的折射现象也有特殊研究,他认为虹的位置与太阳的位置是相对的,傍晚的虹出现在东方,需要在一定的方向来观察它;他并且提到当时另一位科学家孙彦先的见解("虹,雨中日影也,日照雨则有之"),这见解基本上是与现代的科学理论相符合的。

当太阳的光线通过地球的大气(即蒙气)到达地面时,因为光线在大气中折射的缘故,所以观察到的太阳的方向与实际的不一致,所观察到的太阳高度较实际高度大,这两个高度的差叫做蒙气差(图8)。太阳愈近地平,蒙气差也愈大。这件事是他在使用当时天文仪器"景表"(景即影)而发现的,而因他创造了新的"候景"方法,这实在是件伟大的贡献!

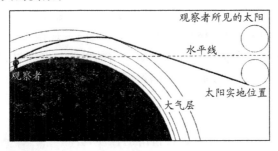

图 8

(原文载于《科学画报》,1955 年第 5 期)

祖国古代在磁学上的成就

祖国古代在磁学上的成就是巨大的。

我们祖先在很早就发现了磁铁与它的吸铁性，到了战国末年（公元前 3 世纪），许多书本有关于这方面的记载，那时把天然磁铁称为"慈石"（后来改写为磁石），意思就是慈爱的石头，这是多么富有诗意的名称！当时的《吕氏春秋》更把"磁石吸铁"比作"慈母怀子"呢！我们的祖先在发现磁石以后，曾对它作种种的应用，例如用于指示方向、医药、军事、炼丹与魔术等等方面。把磁石用于指示方向具有特别重大的意义，指南针是磁学上极重要的仪器，是祖国古代四大发明之一，是祖国古代人民送给世界文化总库的一种伟大贡献。它的发明与发展过程是祖国每个人民应该知道的，所以本文把这方面加以比较详细的介绍。

从司南到指南针

在 2200 多年前已经发现了磁石指南的性质，并且利用这一性质制成一种指示方向的仪器，这种仪器当时叫做司南（图 1）。根据当时出版的《韩非子》上的记载：司南有两部分，一部分是天然磁石做成的勺子，一部分是方形铜盘。勺子放在铜盘上就是司

图 1

南。勺子的形状大小与现在用的汤匙相似。不过汤匙是平底，磁勺的底却是呈半球形。铜盘也有用坚硬木头制成的，中央的平面很光滑，盘的四周刻有分度，共分二十四个方向，其标明方向不是用东南西北，而是八卦、天干、地支等符号；天干是表示变化顺序的一组文字，即"甲、乙、丙、丁、戊、己、庚、辛、壬、癸"十个字，盘上无戊、己，只用了其他八个字，因为戊、己两字向来是表示中央的；地支是表示变化顺序的另一组文字，即"子、丑、寅、卯、辰、巳、午、未、申、酉、戌、亥"十二个字。磁勺放在铜盘中央平面上，应用时将磁勺旋转，由于磁勺是半球形，只有一点与铜盘接触，摩擦力很小，因此能在光滑的平面上自由旋转。等到磁勺停止的时候，由于地磁场的作用，勺柄就指向南方，勺头指向北方。从铜盘四周数字，就可认出东南西北的方向。这种仪器在秦朝以前叫做司南，汉朝叫做指南，这就是后代罗盘的起源。

大约在 11 世纪，我们祖先利用钢铁被磁石吸了后也具有磁性的原理，又发明把钢铁放在磁场里，磁化为人造磁铁。这种用人工制造磁石的方法是一重大发明。

同时也正由于人造磁铁的发明,可以把钢片做成磁铁,因而又创制了把磁化钢片浮在水面上指南的方法。由于钢片做成鱼形,所以把这种指南仪器叫做指南鱼。根据宋朝(约 1044 年左右)《武经总要》(当时的军事大全)的记载:鱼形磁铁片有二寸长、五分阔,腹部略向下凹,很像一只小船。放在没有风的地方的水碗里,鱼片就浮在水面(图 2)。由于物体浮在水面上可以自由旋转,鱼头就指向南方,鱼尾指向北方。由于液体对物体的摩擦力比固体小,所以这个方法比司南灵敏、准确。

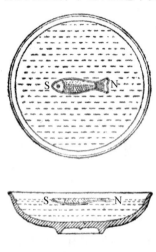

图 2

以后,又发明用磁石来磨钢针的尖端,制成磁针指南的方法。这样又比指南鱼来得准确。用针来指示方向是一个很大的进步。

指南针的几种支持方法

支持悬挂指南针的方法也在逐步改进。根据宋朝大科学家沈括(11 世纪末叶)所著的《梦溪笔谈》的记载:

方士(道士一类人)用磁石来磨针锋,针锋就能指向南方,把它浮在水上,可是摇荡不定;也可以把它搁置在手指甲上或碗边上,虽然运转更快,但是容易滑落;不若用丝线悬起来为最好。它的方法是:拿一条新的单股的细长的丝线,用与芥子差不多大小的一点蜡,把线粘附在针腰上,挂在没有风的地方,针锋就会指南。1116年寇宗奭编的《本草衍义》除摘录了《梦溪笔谈》外,又提出指南针横穿过灯芯草浮在水面的方法。

根据上面记载,可见当时已经有四种支挂方法:(1)指南针横穿灯芯草浮在水面上(图 3 左);(2)指南针搁在碗边上(图 3 右);(3)指南针中部搁在手指甲上,使指南针保持平衡(图 4 左);(4)拿一条新的单股细线粘一点蜡,粘附于针腰上,挂在

23

没有风的地方(图4右)。这四种方法要算悬挂的方法最好。因为第一种方法水面摇荡不定,浮在水面上的磁针也就不可能很准确。第二、第三种方法搁在手指上或碗边上,方法虽然很简单,磁针也容易停下来指示方向,但不大稳定,很容易滑落下来,而且碗边手指与磁针接触的地方总有点摩擦力,所以也并不准确。第四种悬挂的方法就灵敏很多,不但由于悬挂办法基本上比较方便,而且用单股细丝线,不用粗股棉线,用蜡把线贴在针上,也不用线扎针,这样使指南针更加准确。

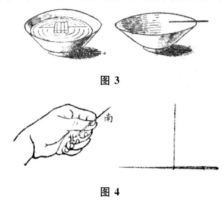

图 3

图 4

到了13世纪以前(宋朝末年),又发明了现代枢轴承托式(顶针式)支持指南针的方法。根据宋朝末年陈元靓所著的《事林广记》的记载:他曾经用木头刻一个鱼和一个龟,肚子里都暗藏磁石,木头鱼浮在水面,头部就指着南方(图5)。木龟腹部下面刻一小凹槽,用竹筷子顶住凹槽。龟就在竹筷上转动,一直转到磁石指南为止。他把这个龟叫做指南龟(图6)。到元朝就利用这个方法来支持指南针做成罗盘。

图 5

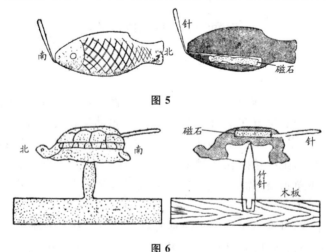

图 6

我们祖先在指南仪器的装置上创造了许多方法,越来越精致,越来越容易使用。到 15 世纪，支挂磁针的各式各样的方法已经齐备了。

磁偏角

我们祖先不但发现磁铁指南的特性，而且还更精确地发现了指南针并不指向正南，而稍微偏东一点（也就是说发现了磁偏角）。11 世纪沈括著的《梦溪笔谈》里就提到磁针老是稍微偏向东方，不指向正南。12 世纪初出版的《本草衍义》更指出指南针南极向东偏的角度不到 15°。也就是说磁偏角比 15°小。根据宋朝末年及明朝的纪录，更精确地指出全国各地有不同的磁偏角，而且磁偏角几乎都是 5°以内。各地有不同的磁偏角这一点，西洋是在哥伦布第一次横渡大西洋时（1492 年）才发现的，这要比我国迟上好多年了。

指南针应用到航海方面

指南针的应用到宋朝已相当广泛，11 世纪《武经总要》就曾经提到在阴晦的时候，用指南鱼辨别方向。这说明已经把它应用在军事方面。同时也普遍地应用在航海方面。宋朝宋或在《萍洲可谈》这本书里提到 1099—1102 年间在航海中碰到天气不好的时候就观察指南针的事，那时的指南针是用水碗浮针的办法。到了元朝又进一步用支柱支持指南针腰部的办法，当时叫做支柱罗经。

在欧洲和阿拉伯的文献中，关于指南针的记录，最早也是公元 1200 年左右。当时中阿交通非常发达，阿拉伯人使用指南针就是从我国学去的，他们学去的是指南鱼与浮针两种方法。指南针在航海方面的使用，克服了人类远航重洋的困难，对世界文化的交流与发展，是有极其伟大的意义的。

（原文载于《科学画报》，1955 年第 8 期）

我国古代伟大科学家——沈括

沈括是北宋(960—1127 年)的伟大科学家,他在天文、气象、数学、物理、化学、地理、生物、医药、工业技术、音乐、绘图……上都有很多的贡献。像沈括这样卓越的多才多艺的科学家,是不可多得的。现在把他的生平和贡献扼要地介绍一下。

他的生平

沈括(1031—1095),浙江杭州人,青年时曾做过江苏沭阳县的主簿(管理文书簿籍的官吏),把年久失修的沭水加以疏浚,灌溉农田,因而得到上等肥田 7000 顷。29 岁时,做安徽宁国县官,建筑"万春圩"(水高于田,筑堤防水,这种堤叫做圩),圩中有田 1270 顷,出产丰富;万春圩造得很坚固,后来遇有水灾,别的圩沉没很多,万春圩没有沉没,仍可保护圩中田亩。31 岁时,他考取进士,就编校"照文馆"书籍,在这段时间内,职务工作不很多,他就尽量利用空闲时间,辛勤地研究天文。后来由于天文知识的丰富,他就被任命做"提举司天监"(管理天文观察的官吏)。他重新制造各种天文仪器如浑仪(图 1)、浮漏(图 2)、景表(图 3)等,并曾经主张改良历法,但没有得到实行。以后,他曾到浙江办理农田水利。也曾察访淮南水灾,除发放常平仓的钱粮救灾外,并且疏浚沟渎,整理废田,防止水患。由于他注意水利,实际参加工作,故对水利工程有进一步认识。42 岁后又做河北西路"察访使"。为了巩固边防,他认为必须加强武器的制造、兵士的精练与战术的考究,提出了三十一项关于这方面的建议,在当时国防力量的加强上起了一定的作用。在他 43 岁时,北方辽国企图夺取黄嵬地区,派使臣来商议划界的事情。政府派他交涉,他先到枢密院检查档案,得知过去所议定的边界,是以古长城为境,现在所争的地方已超过三十里,遂根据地图与辽国宰相力争。辽国宰相看到辩论不通,便威胁道:"几里地方不肯给我们而轻易断绝两国的友好吗?"沈括理直气壮地答道:"师,直为壮,曲为老。现在你们背弃以前的大信,以武力威吓人,并不见得对我们不利啊!"这样会议六次,辽知道不能强迫夺取,就只得让步,放弃黄嵬。在出使途中,他注意山川道路、人情风俗,除记录外,并画了图,送给政府。

图 1　浑天仪

我国古代研究天文的仪器,自汉
代以后每个朝代都有创造。上
图的浑仪是明正统年间(公元
1437—1442 年)制造。

图 2　浮漏

我国古代计算时间的仪器,自周
代起每个朝代都有创造,上图是
元延祐三年(公元 1316 年)造。

图 3　景表

我国古代利用日影来测定一年长度
与时刻的仪器

　　50 岁时,他到陕西延安做官,延安是宋时边疆要地,他在那里练兵防外,很有
成绩。

　　晚年免官,迁住江苏镇江,写了《梦溪笔谈》《长兴集》《灵苑方》等几部书。特别
值得注意的是《梦溪笔谈》,这是他整理了平日的研究记录所写成的。这本书非但
提供了沈括自己在科学上的成就,更告诉我们当时劳动人民在科技上的贡献,它确
实是世界自然科学史书的珍宝!

　　沈括在科学上成就很多,这里限于篇幅只能分天文、气象、数学、物理等几方面
举例重点介绍。

在天文与气象上的贡献

　　1.天文——他主张废除用朔望定月份的阴历,改用二十四节气来定月份,一年
只有 12 个月,没有闰月,以立春为元旦,这实在是彻底革新的阳历,很合乎农业生

27

产的需要。但是当时受到统治阶级的怒骂反对，而未被采用。沈括对于他们的怒骂，并不屈服，他说这种历法将来总会有用的。的确，在 1930 年左右，英国气象局局长萧纳伯有同样的主张，不过把元旦放在立冬节，现在英国统计农业气候与生产时就用萧氏的历法。

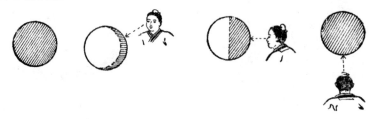

图 4　月的盈亏

从左到右，最左面是涂粉的弹丸，第二图侧面偏后一点看到的涂粉部分是钩形，
第三图侧面看到的是半圆形，第四图正对涂粉部分看到的是正圆形。

他对月的盈亏也有精辟的见解。他认为月亮好像银丸，本来不发光，太阳光照到它才有光亮。他又拿一半涂粉的弹丸来譬喻月亮受到日光照到的地方，认为阴历月初时所看到的月亮好像在弹丸涂粉的侧面所看到的涂粉部分，恰巧是钩形。到了月中所看到的月亮好像在涂粉正面看到的涂粉部分，才是正圆（图 4）。又如为了测定天北极——天北极是天球与地轴延长的交点（图 5），说明天北极在地轴延长线上——用了 3 个多月的时间，夜夜观察，画了 200 多张图，测定了那时天北极离开北极星 3°多一些，并且把这种事详细写成文章。由此可看出他观察天象是怎样辛勤与认真，他怎样注意记录。

图 5　天北极

2.气象——沈括对气象也很有研究，他很留心气象预告，他的气象预告也很精确。例如他总结了许多常在外面旅行的经验，提出旅行时应五更起身，看看星月皎洁，空中无云，才可启程，到中午以前便要住下。这样做法，就可能不会碰到风了。有人以为：直到现在，四川、贵州各村镇有些小客栈门的纸灯上，还写着："未晚先投

宿,鸡鸣早看天。"也是沈括的遗风。

在数学与物理上的贡献

1. 数学——沈括看到酒店里的坛堆,堆积的方法是:底层的酒坛排成一个长方形,以上各层长宽方面都少了一个酒坛,堆成一个"长方台垛",他想计算出酒坛的总数,他觉得以前已有的计算公式不够,他在已有公式的基础上,创立了一个新的计算公式。他的公式原来是用言语来表达的,现在把它译成用符号来表示的式子(图6):假设底层的长度方面有 A 个酒坛,宽度方面有 B 个酒坛,顶层长度方面有 C 个酒坛,宽度方面有 D 个酒坛,高 H 层,酒坛的总数为 S 个。那么:

$$S = \frac{H}{b}[(2A+C)B+(2C+A)D+(B-D)]$$

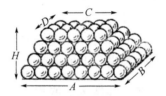

图 6 堆积法

读者可以用棋子或弹(子)堆积起来算算看,如果将来碰到这类的堆积,便可照这个公式计算。这是级数中的一个很重要的公式,后来我国一些学者由这个公式推出了一些另外的级数和公式,这些公式组成了"堆垛术"。后世西洋数学中的"积弹"即与"堆垛术"类似,沈括就是"堆垛术"的创始者,在世界数学史上占着光荣的一页。又如,他研究田亩测量问题,创立了求弧长的近似公式(叫做"会圆术"),实用价值很大,为"弧矢割圆术"开了头,这也是数学史上所少见的成就。此外,他在"招差术"、指数等等方面也有贡献。

2. 物理——沈括在磁学上贡献很大,他提出磁针四种支撑方法:(1)浮在水面,(2)搁置在手指甲上,(3)搁置在碗边上,(4)以线悬挂,并批判前三种的缺点而指出第四种为最好。的确,这种悬挂方法是很进步的,既便于使用,又有实用价值。他又发现了地磁偏角,这是世界上最早的发现,在世界物理学史上占重要的一页。此外,他在光学(参阅本刊1955年5月号)与声学上也有辉煌的成就。

在化学、生物、地质与地理上的贡献

在这几方面,沈括也有很大的贡献,现在举出几件事来说明:

1. 在《梦溪笔谈》里,记载着这样一件事:江西省铅山县有一个泉水,流下来成为一条小河,河里的水味道是很苦的,把水取来熬干以后,就可以得到胆矾。如果用铁锅来熬的话,铁锅也渐渐变成铜。这段话很合乎科学原理,河水中含有溶解的硫酸铜（$CuSO_4$），硫酸铜的溶液熬干后变成硫酸铜结晶，就是胆矾（$CuSO_4 \cdot 5H_2O$）。硫酸铜与铁起作用就得到铜：$CuSO_4 + Fe \rightarrow FeSO_4 + Cu \downarrow$ 这就是用硫酸铜里的铜被铁所取代而制得铜的方法；金属取代作用，在化学上是很重要的，所以这是我国化学知识与化学工业上的一项巨大成就。从这里可以看出他对自然现象的留心观察与记录。

2. 沈括遍游南北，时时研究自然现象，他主要的论点是：(1)地势增高，温度降低，植物开花日期延迟；(2)同一种植物有不同的品种，有不同的发育时期；(3)南北气候不一，植物生长有早晚；(4)植物的生长发育，虽受气候影响，而有一定周期，但人们可以利用栽培技术加以变改，如注意施肥，提前种植，可使植物早熟。

3. 他实地考察研究了乐清雁荡山，提出雁荡山的生成情况，他对水的侵蚀、搬运与沉积等已很明了。他因公事过太行山北麓，由于他发现海生生物的化石（螺蚌壳皮）与卵形石子的带状堆积层，经过研究，他来推论海陆的变迁，已知道华北原由冲积而成，初步接触到地质学原理。他在出使边疆时，用浆糊木屑或蜡制成地形模型，这不仅在我国历史上是首创，在世界上也是首创。

在工业技术上的贡献

沈括很注意工业技术方面的知识，《梦溪笔谈》中关于工业技术的记录约有30条。例如他注意到钢铁的冶炼，曾经参观过炼钢，详细研究过炼钢的方法，并指出"冷作"比"热作"的长处。又如他研究过石油，他指出石油的用途及重要性，以引起后人的注意，实在"石油"二字的使用也由他开始（以前叫做石脂水、石漆等）。此外，他在建筑、水利、机械等方面的贡献也很大，在建筑方面，他能筑城，并著有《修城法式》一书；水利方面，他能治河筑堤；机械方面，他能造车；等等。

沈括的成就是一时说不尽的。此外如音乐、医药、考古……只得从略。沈括在政治上是开明进步的，在外交、军事上充分表现出他的爱国主义精神；在科学上学识既渊博又精确。我们应以祖国曾经有过这样一位杰出的学者而自豪。他重视生产实践与自然现象，对它们认真地观察，刻苦地研究，忠实地记录，而且他把研究的成果结合到实际的应用中去。这种重视生产、联系实际、刻苦钻研的精神是我国人民的优良传统，是值得我们学习和需要加以继续发扬光大的。

（原文载于《科学画报》，1956 年第 5 期）

《梦溪笔谈》中关于磁学与光学的知识

北宋(960—1127)结束了唐末五代以来的割据混战的局面,建立了统一的国家,由于农民与手工业生产者的辛勤艰苦的劳动,农业很快地恢复与发展起来,手工业特别是矿冶、纺织、瓷器、造船、造纸、印刷、制茶等工业,无论在技术方面、组织与分工方面,也都有显著提高与发展,商业也跟着繁荣起来,国外贸易(海上贸易)也很发达。当时我国是世界上经济最发达的国家[①]。在这经济高度发展的基础上,特别是手工业技术进步的基础上,科学迅速地发展起来,在天文学、气象学、物理学、化学、生物学、地质学、建筑学,机械学、医学等等方面都有一些成就,而且出现了一批伟大的科学家,我国历史上许多重要的科学发现,有一部分就是那时候完成的。沈括(1031—1095)[②]就是当时最杰出的科学家,他的著作很多,达数十种,惜大半失传[③],《梦溪笔谈》(以下或简称《笔谈》)是他晚年的著作(在 1086—1093年所写,大部是 1088 年以后所写),也是他最著名的一部著作,书中有不少科学技术知识,内容不只是记录了他自己的科学创见,而且给当时在科学技术上的一些成就作了传达,是一部极有价值与极为重要的著作。本文拟把《梦溪笔谈》中关于磁学与光学的知识,作一初步的研讨。

一、关于磁学的知识

《梦溪笔谈》中关于磁学的知识的记录,有下列二条[④]:

(1)卷二十四"杂志一"第十七条:

"方家以磁石磨针锋,则能指南,然常微偏东,不全南也。水浮多荡摇;指爪及

---

① 见《评〈中国通史纲要〉》,苏联弗·尼·尼基甫洛夫著,魏越译(《教学与研究》1956 年 3 月号)。

② 沈括的生死年代,各说稍有出入,今从张荫麟与胡道静的说法(见《〈梦溪笔谈〉校证》第999 页)。关于沈括的简历和《梦溪笔谈》的一般内容,可参考胡道静校注的《〈梦溪笔谈〉校证》的"引言",或拙著《〈梦溪笔谈〉读后记》(《物理通报》1954 年 9 月号)与《祖国古代的伟大科学家——沈括》(《科学画报》1956 年 5 月号)。

③ 详细书目可参考胡道静校注的《〈梦溪笔谈〉校证》中的"沈括著述考略"。

④ 现存《梦溪笔谈》有许多刊本,其中每条原文间有数字不同,今参考各种校勘记,再依前后文意选择较妥当者录之。(我读到的校勘记有:陶福祥校字记;林思进补校;钱宝琮校勘记(未刊);胡道静校证。)

碗唇上皆可为之，运转尤速，但坚滑易坠；不若缕悬为最善。其法：取新纩中独茧缕，以芥子许蜡，缀于针腰，无风处悬之，则针常指南。其中有磨而指北者。予家指南、北者皆有之。磁石之指南，犹柏之指西，莫可原其理。"

（2）《补笔谈》卷三的"药议"部分第六条：

"以磁石磨针锋，则锐处常指南，亦有指北者。恐石性亦不同。如夏至鹿角解，冬至麋角解。南北相反，理应有异，未深考耳。"

关于以上二条，分作下列五方面来讨论：

第一，磁针的支挂法：在汉以前，我国指南的仪器，是从天然磁琢磨而成勺形的"司南"，放在地盘上转动，以指示方向。在 11 世纪的前半叶指南仪器已有用鱼形的人造磁铁浮在水面上来使用的"指南鱼"，作为行军指向用具。到了沈括的时候已改进为针形的指南针，《笔谈》提出四种指南针支挂的方法：①浮在水面，②搁置在手指甲上，③搁置在碗边上，④以丝悬挂。并且详细介绍了第四种以丝悬挂的方法。他又叙述了前三种的缺点而指出第四种为最好。的确，这种以丝悬挂方法是很进步的，既易于使用而且灵敏度很大，他所以采用新绵中的单股的细长的茧丝，而不用旧的合股的粗短的棉线，与他把丝用一点蜡粘附到针上，而不以丝结纽到针上，目的都在减小丝当磁针转动时所产生的弹力，以增加磁针指向的正确。这种悬挂式的指南针，已有很大的实用价值。关于把针浮在水面的方法，《梦溪笔谈》缺乏详细的描绘，但比《笔谈》稍迟的《本草衍义》（1116 年寇宗奭编撰），有类似的记录，除摘录了《梦溪笔谈》的说法外，它更把磁针浮在水面的方法加以补充，它的方法是把磁针横穿过几根连在一处的灯芯草，浮在水面①，这种方法是比较好的，宋时曾用以航海②。王振铎先生根据《梦溪笔谈》再参考了《本草衍义》与《三柳轩杂记》（南宋末年郑榮著，约在 1276—1279 年成书）③把《笔谈》的四种支挂方法复原起来，如图 1 所示。

---

① 《本草衍义》卷五第十一条"磁石下"云："磨针锋，则能指南，然常偏东，不全南也。其法取新纩中独缕，以芥子许蜡，缀于针腰，无风处垂之，则针常指南；以针横贯灯心，浮水上，亦指南，常偏丙位。盖丙为大火，庚辛金受其制，故如是，物理相感耳。"

② 见本文以下"第五，指南针与航海"一段中的讨论。

③ 《三柳轩杂记》记指南针云："阴阳家以磁石引针定南北，每有子午丙壬之理。按本州'沽义'，磁石磨针锋，则能指南，然常偏东，不全南也。其法取新纩中独缕，以半芥于蜡，缀于针腰，无风处垂之，则针常指南；以针横贯灯心，浮水上，亦指南，然微偏丙位。盖丙为大火，庚辛金其制，故知是物类惑耳。"转引自王振铎："司南、指南针与罗经盘"（中），《中国考古学报》第 4 册，1949 年 12 月。

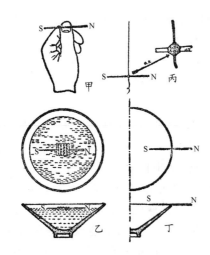

图 1 《梦溪笔谈》中磁针的四种支挂方法

甲.搁置在指甲上,乙.浮在水面上,丙.以丝悬挂,丁.搁置在碗边上

关于上述的指南针,除指南针本身外,有否附有指向盘(分度盘)的问题,根据《笔谈》及其他现有史料,与指南仪器的发展经过,目前还难下肯定结论,但附有指向盘的可能是很大的,而且当时方向的分法,该是 24 向的分法,即他在《补笔谈》中"飞鸟图"条的 24 至:"以十二支,甲、乙、丙、丁、庚、辛、壬、癸八干,乾、坤、艮、巽四卦名之"①。

第二,磁偏角:我国关于磁偏角的记录,就现有的史料,以《梦溪笔谈》的记录为最早,《笔谈》记载指南针不指向正南方而稍微偏东,亦即它的北极不指正北而稍微偏西,也就是他观察磁针所在的地点的磁偏角是偏西的微小角度。《本草衍义》更定量地指出了偏角的大小,它说偏在丙位,就是说磁针南极指向正南与南15°东之间。这正好作《梦溪笔谈》的补充说明。当时沈括观察磁针地点的偏角精确数值,现在无法得知,即观察地点也无法确定②。根据现知的我国历代各地的磁偏角的记录③,长江流域、黄河流域及南方诸省的磁偏角几乎在5°以内,很少比5°稍大,所

---

① 《补笔谈》卷三"杂记"部分第四条:"地图之书,古人有'飞鸟图'不知何人所为。……予尝为'守令图',虽以二寸折百里为分率……图成,得方隅远近之实,始可施此法,分四至八到,为二十四至,以十二支,甲、乙、丙、丁、庚、辛、壬、癸八干,乾、坤、艮、巽四卦名之。使后世图虽亡,得予此书,按二十四至以布郡县,立可成图,毫发无差矣。"

② 因为沈括所到的地方极多,虽然《梦溪笔谈》是在江苏镇江写的,最多我们只能够说观察地点可能在镇江。

③ 王振铎著"司南、指南针与罗经盘(中)"(《中国考古学报》第 4 册,1949 年)表六为"同治以前中国地磁偏角记录"。

以沈括观察地点当时的偏角很可能只有几度，由此推知当时用的指南针灵敏度之大及我国祖先观察事物的精细与认真了。卡约里著的《物理学史》及弓场重泰著的《物理学史》都有这样的记载：磁针不指正南北方向，中国早在 11 世纪已知道，至于各地偏角之有不同，直至 1492 年哥伦布在第一次横渡大西洋的时候才发现的。这比《梦溪笔谈》的著作时候约迟四百年。

第三，磁石的极性及人造磁铁：他观察到用永久磁石磨过的缝衣针，针锋有指南的也有指北的，进而推出这种不同可能是由于所用磨针的磁石的性质不同所致，这种推断是合理的，但是可惜他未再深入研究，作出每一磁石都有南北两极的肯定结论（磁石的两极性，到 1269 年法人伯利格利纽斯（Peregrinus）才有明确的认识[1]），并且因此使他对磨得的针锋的极性没有把握，也就是对于永久磁铁通过摩擦使之磁化的知识上尚未完具。关于人造磁铁的磁化方法，《笔谈》以前的文献很少记载。在宋仁宗（1023—1063）时的《武经总要》（至迟约在 1044 年成书）中的指南鱼的记载中，缺乏磁化过程的记载，仅有"以密器收之"一语似与磁化有关，这可能是把鱼形铁片与永久磁铁放置在一个盒中，使之磁化[2]。从《笔谈》中可以看出，发明永久磁石磨铁针使之磁化的方法的年代比 11 世纪后半叶应早一些，因为他是把它作为方家久已应用的方法来介绍的，文中没有加以任何注释。

第四，磁石指极性的原因：关于这个问题，沈括以正确的科学态度，坦白地表示还未深入钻研，未能寻出它的道理，把它作疑难问题提出，的确，这个原因的正确推求是远远超出当时的科学水平的。在物理学史上最早把地球当作磁体来解释磁针的指极性要算吉柏（William Gilbert，1540-1603），这些知识他发表在他的《关于磁铁、物体的磁性与地球大磁铁》上（该书发表于 1600 年[3]）。

第五，指南针与航海：《笔谈》中没有把磁针应用到航海的记录，显然，这并不能作为指南针在那时没有用于航海的证据，相反地从它的记录中，已经很明白地告诉我们：当时的人们对磁针的指极性已不陌生，对磁针的支挂方法已很有经验而获得一定的成就；当时的磁针的灵敏度已经很大，使用也很便利，实用价值很高（根据《笔谈》这二条及《补笔谈》卷三"杂志"部分第四条，当时已很可能把指南针应用到测绘地图上去），已经可以用到航海上去。这也就是说当时我们祖先所造的指南针的性能及我们祖先对指南针指极性的认识已使指南针有用到航海上去的可能性。

---

① 见卡约里《物理学史》（F. Cajori，*A History of Physics*，p. 26，1933）。

② 见王振铎"司南、指南针与罗经盘（中）"（《中国考古学报》第 4 册，1949 年）。但刘秉正"我国古代关于磁现象的发见"（《物理通报》1956 年 8 月号）指出系将指南鱼以地磁方向放置，使之磁化，颇属可能。

③ 见《苏联大百科全书》（*Большая Советская Энциклопедия*）的"磁学"条（第 25 卷，第610—616 页）。

同时,在唐代以后,特别是宋代以后,航海事业有巨大的发展,这个时期我国的造船业及船的驾驶术比波斯人和阿拉伯人高明得多,外国人来往我国的也多乘我国的船舶。沈括死后 24 年,即 1119 年(北宋宣和元年),朱彧作《萍洲可谈》,记 11 世纪后半叶广州中国航海的船的情形,他说:"舟师识地理,夜则观星,昼则观日,阴晦观指南针。"又 1123 年由海路出使高丽的徐兢,在他的《宣和奉使高丽图经》中说:"若阴冥用指南浮针,以揆南北。"可见当时指南针在我国已用在航海上(徐兢所记载的指南浮针可能就是《笔谈》中的把磁针浮在水面上的方法)。这是全世界关于指南针使用于航海的最早的两种记录,比其他各国的记录早约一百年[1]。美国哥伦比亚大学前中文教授夏德(F. Hirth)著《中国古代史》,片面引用《笔谈》这条记录及把《萍洲可谈》所记的舟师乱认为阿拉伯人,他说:"沈括是杭州人,那时杭州正与阿拉伯和波斯人贸易很盛。阿拉伯与波斯的商人既然看到邻近各处的风水先生使用指南针,他们就从中国学到他的制造法。……辗转变化,造成罗盘,终用于航海,又带回中国。其发展的历史,可以说与火药的经历,完全相同;中国制造火药可以说是很早了;但他知道应用在枪炮上,乃又是后来从欧人学来的。"[2]哈佛大学教授乔治·沙汤(George Sarton)著《世界科学史》附和其说[3]。卡约里的《物理学史》也引用此说[4]。对这种谬说的错误,已由英人维烈亚力、日人桑原隲藏[5]与我国王振铎先生[6]等指出。另一方面,无可讳言的,从《笔谈》及别的文献都可看到,磁针在宋时,特别是在宋以后,除用在航海外,由于当时封建社会流行着风水的迷信,还多用在踏勘坟地等处,这样影响了磁学的发展,由此可见科学的发展与社会制度的关系。

此外,他注意到观察或使用磁针的条件,他指出使用磁针时须在无风的地方。这说明了他使用仪器是注意条件的,这种科学的工作方法也是他获得伟大成就的原因之一,值得学习。

《笔谈》告诉我们,磁针来自"方家",从别的文献也可以得到人造磁体发明于道

---

① 阿拉伯文献上指南针之最初使用约在 13 世纪的初期,欧洲文献上也在 12 世纪末、13 世纪的初期,再也不能上推(见桑原隲藏著、陈裕青译《蒲寿庚考》第 89 页,1954 年)。当时阿拉伯人所用的指南针其装置与《笔谈》的水面浮针法相同(见 F. Cajori, *A History of Physics*, p. 26, 1933)。

② 夏德著的《中国古代史》关于指南针部分,蒋荫楼已行译出,刊登在前国立中山大学《语言历史研究所周刊》第三集第二十九期(1928 年 5 月 16 日),题目为"中国的指南针考"。本文引文即引自该译文。

③ 见竺可桢"指南针应用于航海"(《中国的世界第一》,第 2 册第 71 页,上海《大公报》出版,1951 年)。

④ 见该书第 25 页。

⑤ 见桑原隲藏著、陈裕青译《蒲寿庚考》第 99 页(1954 年)。

⑥ 见王振铎著"司南、指南针与罗经盘"(中)第六节"指南针与早期航海术"。

家的结论。目前由天然磁体的司南演变至人造磁体的指南鱼、指南针中间的过程尚未发掘，如果在道藏等文献中进行研究，或有结果。

二、关于光学的知识

关于光学较重要的记录，归纳起来可分下列三方面：

1. 光的直线前进与球面镜

(1)《笔谈》卷三"辨证一"第三条：

"阳燧照物皆倒，中间有碍故也。算家谓之'格术'。如人摇橹，臬为之碍故也。若鸢飞空中，其影随鸢而移。或中间为窗隙所束，则影与鸢相违：鸢东则影西，鸢西则影东。又如窗隙中楼塔之影，中间为窗所束，亦皆倒垂。与阳燧一也。阳燧面洼，向日照之，光皆聚向内，离镜一、二寸，光皆聚于一点，大如麻菽，著物则火发，此腰鼓最细处也。……《酉阳杂俎》谓'海翻则塔影倒'，此妄说也。影入窗隙则倒乃其常理。"

这条是《笔谈》中关于光学的最重要的一条。它叙述了两种不同的实验：Ⅰ. 小孔成像的实验；Ⅱ. 凹面镜的实验。小孔成像是这样做的：他先直接观察空中飞鸟与它的影子的位置，他看到影子跟着鸢儿移动；次把窗上穿上一个小孔，使窗外的飞鸟与楼塔的像成于房间里的壁上，他看到它们的倒像。关于凹面镜的实验，他做了"凹面镜成像"与"凹面镜向日取火"的两个实验。在凹面镜成像的实验中，他把手指当作镜前实物，先把手指迫近镜面，以后再把手指逐渐移远，去观察它的像的变化，他先看见正立的像，次当手指放在焦点时像看不见了（像在无穷远），当手指离开焦点再向外移，他看见倒立的像。依沈括的记录，可列表如下：

表 1　阳燧（凹面镜）成像

物（手指）的位置	像的情况
在碍（焦点）与镜面之间	正立
在碍（焦点）上	像看不见
在碍（焦点）之外	倒立

在凹面镜向日取火的实验中，他把凹面镜对着太阳，利用阳光经凹面镜反射后会聚于焦点，使放在焦点上的东西发火。

小孔成像的实验及凹面镜成像的实验，《墨经》（约公元前 5 世纪作品）中有两条各自独立的记录①，但《墨经》对凹面镜的焦点是没有记录的。因为《墨经》中的凹面镜成像的实验，把人面作为镜前的实物，这个人自己的眼睛为观察像的仪器，那么当人离开镜面远处，走向镜面，可以看见自己的缩小的倒立的像迎面而来；当人接近球心时，因像离开人的眼睛小于人的眼睛的明视距离，像就逐渐模糊，以致不可辨；当人在球心时，像也在球心上，像当然看不见；当人走过球心再向焦点走去，正立放大的像出现于镜后。所以人在球心与焦点之间，没有像看到，他就把这段（球心到焦点）混称为"中"。用这样的实验，就不可能有焦点的记录。但是沈括是用手指为镜前的实物，人的眼睛与手指的距离可以变改，即观察像的仪器与实物分开。只当手指在焦点上，看不到像，此外都能观察到像，不过因手指在焦点内与焦点外所成的像正立与倒立不同而已，这样以手指为凹面镜前的实物，在镜中成像，而且发现了焦点，的确是一件很有价值的记录。无疑可以看作把《墨经》的记录发展与补充起来。至于用凹面镜向日取火，《墨经》中没有记录，但在《淮南子》（公元前 2 世纪作品）、《论衡》（1 世纪作品）等书中已有简单的记载②，沈括的记录把这些加以充实与发展。在他的记录中，除叙述阳燧的形状外，更叙述了阳光经阳燧反射后聚焦情况，焦距的长短与焦点的大小，都加以描绘，更以当时的细腰鼓的腰来作譬喻③。特别难得的是把小孔成像与凹面镜的聚焦这两件光学上不同的现象联系起来，归纳于光线通过"碍"（小孔或焦点）而成"光束"的道理，他并以橹的支点、细腰鼓的腰等具体实例来作说明的譬喻，形象地描绘出光线通过"碍"（小孔或焦点）的情况。这也是很有价值的记录。这里我们更应该注意的是他提出当时算家把研究这些现象的学问叫做"格术"。由此可知当时的学者对光学是有研究的，而且把它作为当时算学中的一门④（或许宋以前也已有"格术"），可惜以后失传，否则祖国古代光学的成就很可能更伟大，而且我们更能清楚地了解古代光学的内容与发展概况。清邹伯奇（1819—1869）以西洋光学知识来推测"格术"的内容，作出《格术补》，以补古算家的格术，以后殷家隽引《墨经》光学记录与西洋光学知识为《格术补》作补充与解释。

这条原来是沈氏批判《酉阳杂俎》的谬说"海翻则塔影倒"，沈氏说："影入窗隙

---

① 《墨经》中关于这方面的记录，可参考钱临照："中国古代物理学的成就：I. 论墨经中关于形学、力学与光学的知识"（《物理通报》1951 年 7 月号），或"我国先秦时代的科学著作——墨经"（《科学大众》1954 年 12 月号）。

② 《淮南子》的"天文训"说："阳燧见日而然为火。"《论衡》的"率性篇"说："今妄以刀剑之钩月，摩拭明白，仰以向日，亦得火矣。"

③ 《通典》："近代有腰鼓，大者瓦，小者木，皆广首而纤腹。"

④ 《梦溪笔谈》卷十八"技艺"第九条说到"算术多门"，近人严敦杰在他的"宋元算学丛考"一文中（该文刊登在《科学》第二十九卷第四期，1947 年 4 月号），把当时算学的门类加以考证。

则倒,乃其常理。"后人引用此说颇多,例如宋陆游(12 世纪人)的《老学庵笔记》、明方以智的《物理小识》(1643 年)与清郑复光(？—1862)的《镜镜诠痴》等。关于小孔倒像,元赵友钦(大约是 14 世纪人)更以较复杂的实验作深入一步的研究①。

总之,沈括这一条记录在中国光学史上应占很重要的地位。

对于球面镜成像的大小,见下面一条：

(2)卷十九"器用"第九条：

"古人铸鉴,鉴大则平,鉴小则凸。凡鉴洼则照人面大,凸则照人面小。小鉴不能全观人面,故令微凸,收人面令小,则鉴虽小而能全纳人面。仍复量鉴之大小,增损高下,常令人面与鉴大小相若。此工之巧智,后人不能造。比得古鉴,皆刮磨令平,此师旷所以伤知音也。"

这条所讨论的像是指一个人用镜子来照自己脸孔的像而言。在这里他首先研究了"古镜"的大小与它们应具的曲度间的定性关系,大的平,小的凸；再研究凸面镜、凹面镜所造像的特点,结果推出"古人"造镜的一条法则,最后指出了当时削磨镜子使平的错误,并替制造者惋惜。

(3)《笔谈》卷十九"器用"第十二条：

"世有透光鉴,鉴背有铭文,凡二十字,字极古,莫能读。以鉴承日光,则背文及二十字皆透在屋壁上,了了分明。人有原其理,以谓铸时薄处先冷,唯背上差厚而后冷,而铜缩多,文虽在背,而鉴面隐然有迹,所以于光中现。予观之,理诚如是。然予家有三鉴,又见他家所藏,皆是一样文画无纤异者,形制其古,唯此一样光透,其他鉴虽至薄者,皆莫能透。意古人别自有术。"

我国制镜技术,是受世界人民所重视的。"透光镜"是我国古代制镜技工的智慧创作,然而当时学者不知道它的制造过程,对透光镜问题作不正确的解释。沈括用同样外形的透光镜与非透光镜做实验来验证当时的解释并不正确,而提出"古人自有别术"的意见。因而启发了后来学者的研究,例如金麻知几、元吾邱衍、明方以智、清郑复光等。最早解释的是吾邱衍,他亲自看到制镜方法而得到"铜有清浊"这样一种解释②。

---

① 见《革象新书》卷五"小罅光景"条或银河著"我国十四世纪科学家赵友钦的光学实验"(《物理通报》1958 年 4 月号)一文。

② 明何子元著《余冬序录》云："透光镜日中映之,背上文字花样尽存影中,宋沈括《笔谈》载以为奇。金麻知几赋透光镜诗,见《中州集》,莫明其理,元吾子行云:镜对日射影于壁,镜背文藻,影中一一皆见,磨之愈明,盖是铜有清浊之故。镜背铸作盘龙,亦于镜面窍刻作龙,如背所状,后以稍浊之铜填补铸入,削平镜面,加铅其上,举以向日,影光相射,随铜清浊分明也。吾子行自谓亲见人碎此镜,如其言云。"(转引自《格致镜原》)。

2.月相与日月交食

《笔谈》中关于月相与日月交食的记录,主要的有下列两条:

(1)卷七"象数一"第十四条:

"又问予以日月之形①如丸耶?如扇耶?若如丸,则相遇岂不相碍?予对曰:'日月之形如丸。何以知之?以月盈亏可验也。月本无光犹银丸,日耀之乃光耳。光之初生,日在其旁,故光侧而所见才如钩,日渐远则斜照而光稍满。如一弹丸,以粉涂其半,侧视之,则粉处如钩,对视之,则正圆,此有以知其如丸也。日月气也有形而无质,故相值而无碍。'"

(2)同卷第十五条:

"又问日月之行,日一合一对,而有蚀、不蚀,何也?予对曰:'黄道与月道二环相叠而小差,日月在同一道相遇,则日为之蚀,正一度相对,则月为之亏。虽同一度而月道与黄道不相近,自不相侵,同度而近黄道月道之交,日月相值,乃相凌掩,正当其交道则蚀,而既不全当交道,则随其相犯深浅而蚀。……交道每月退一度有余,凡二百四十九交为期。……"

第二条原文中"日月之行,日一合一对",按日月之行,方向相合为朔,相对为望,一月之中,常一合一对。故原文应为"日月之行,月一合一对"②。

在第一条中,指出日月的形状好比弹丸一样,就是说日月是球形,并提出由月的盈亏来证验月的形状,以及月球本来不会发光,太阳照着它会使它光亮,都是合理的。关于太阳在月球旁边,与事实不合。"日月气也,有形而无质,故相值而无碍"是完全错误的解释,这是由于他误将黄道与白道(即月道)视为太阳与月球的真正运行的轨道而实在叠交于交点而引起。但盈亏的道理大体符合现代天文学的理论;特别是所用的譬喻,直观明显,生动易懂,十分恰当,就是今天许多通俗书籍与科学普及演讲讲到月相时也采用这一类的例子。

在第二条中,用黄道与白道相叠而小差(现在我们知道这两平面的交点平均值为$5°9'$)的说法来解释所提出的问题:"日月之行,月一合一对,而有蚀、不蚀,何也?"这是合于现代天文学的理论的。这条又指出黄道与白道的交点每月退一度多,凡二百四十九交为一周期,这些数字也与现代天文学所推算的相合。

在这里必须指出,以上这些见解,非沈括创始。关于这方面我国古代很早就有研究,日月食的记录在世界上以我国为最早,交食的预测在汉代已开始,历代的预

---

① 这一条是沈括在编校"照文馆"书籍时,回答长官关于天文上的问题,下一条也同。这大概在1068年附近。

② 见钱宝琮《梦溪笔谈》校勘记(未刊)。

测方法都有改进；东汉张衡(79—139)[①]、魏杨伟[②]、后秦姜岌[③]、北齐张子信[④]等天文学家对这些问题都有贡献。沈括综合与发展了他们的学说，给以明确的概括性的叙述，来解释一些当时在天文学上的疑难问题。但也要注意的，沈括的解释发表后，学者很重视，例如宋朱熹(1130—1200)就说："日月之盈亏，惟近世沈括之法得之。"[⑤]程大昌(1122—1195)在他的《演繁露》(1180 年成书)中说沈括关于月相用比喻的说法最为精审。当然，他对天体的看法是以地球为中心的[⑥]，这是由于当时科学水平所限制。

3. 虹及其他

《笔谈》卷二十一"异事"第一条：

"世传虹能入溪涧饮水，信然。熙宁中，予使契丹，至其极北黑水境永安山下卓帐。是时新雨霁，见虹下帐前涧中，予与同职扣涧观之，虹两头皆垂涧中。使人过涧隔虹对立，相去数丈，中间如隔绡縠，自西望东则见，盖夕虹也。立涧之东西望，则为日所铄，都无所睹。久之稍稍正东，踰山而去。次日行一程，又复见之。孙彦先云：虹乃雨中日影也，日照雨则有之。"

孙彦先即孙思恭，也是当时著名的科学家，精于天文历算，著《尧年至熙宁长历》[⑦]。

后汉刘熙作《释名》，卷一"释天"对虹有这样的解释："虹阳气之动也。……其见每于在西而见于东，啜饮东方之水气也。见于西方日升，朝日始升而出见也。"可见《笔谈》这条或许承受《释名》而加以观察。"世传虹能入溪涧饮水，信然。"这是他的错误结论。"自西望东则见，盖夕虹也。立涧之东西望，则为日所铄，都无所睹。"是正确的记录。这条中值得特别注意的是所提到孙彦先对虹的解释，认虹是雨中日影，日光照着雨滴而发生的，虽然这与现代完整的解释尚有较大的距离，但在当时(九百年前)能提出这样的见解，真不容易！当然，这是十分有价值的见解。后来

---

① 张衡《灵宪》："……月光生于日之所照，魄生于日之所蔽；当日则光盈，就日则光尽也。……当日之冲，光常不合者，蔽于地也；是谓'闇虚'，……月过则食。……"

② 魏明帝时代(公元 230 年前后)杨伟造"景初历"，才发现黄道与月道的交点，每年有移动，并知道交食不一定在交点，月朔在交点附近，可生日食，月望在交点附近，也可发生月食；遂定交会迟疾之差，就是现今所说的食限(录自陈遵妫著《中国古代天文学简史》)。

③ 姜岌造"三纪历"才开始推算日食分数(见陈遵妫著《中国古代天文学简史》)。

④ 张子信说："合朔月在日道则日食，若在日道之外虽交不亏。月望值交则亏，不向表里。"(引自阮元《畴人传》卷十一)。

⑤ 见《张横渠集》的"正蒙参"两篇引。

⑥ 西洋推翻地球中心说最早的为哥白尼(1473—1543)，他在 1543 年发表"地动说"。

⑦ 见《宋史》卷三百二十二"孙思恭"传。

朱熹把这个说法加以发展，来批判"虹能截雨"颠倒因果的谬说，他指出"虹非能止雨也，而雨气至是已薄，亦是日色射散雨气"（《朱子语类》）[1]。在欧洲古代，对于虹有许多神话式的解释，例如认为虹是连接天地的桥梁[2]；中世纪著名科学家培根（Roger Bacon，1214—1294）以为虹是空中无数水滴所致（比孙彦先迟约二百年，比朱熹迟约一百年）[3]；直到17世纪虹才得到较严正的解释[4]。

又卷二十一"异事"第十六条论及海市蜃楼的现象[5]。他由于了解这现象非但可发生在海滨，也可以发生于大陆，所以对当时"蛟蜃之气所为"的解释，发生疑问，加以否定。但可惜对这现象的成因，尚未能提出。

此外，还应该提到在他著的《长兴集》的"景表议"中有论及蒙气差[6]，我国最早发现及解释蒙气差的是后秦姜岌（5世纪人），沈括加以发展而应用之。西洋讲解蒙气差的道理以第谷（16世纪人）为最早[7]。

在沈括的时候，欧洲正处在"黑暗时代"，科学上没有什么成就，但是在亚洲，阿拉伯在这时科学发达，在光学上有许多成就，比沈括稍早的伊本·海赛姆（956—1039）为最杰出的一个，他在光学上贡献很大[8]。

总之，《笔谈》关于磁学与光学的知识，是无比珍贵的。虽然，因受时代的限制，它的知识是片段的，未能整理成有系统的科学理论，但它确为物理学史上不可多得的史料。而且我们还应该知道《笔谈》中关于度量衡与声学的知识也很丰富，热学与力学的也不少。的确，《笔谈》是我国物理学史上极其重要的宝藏之一，亟待整理与阐释，使它发出更多的光与热，鼓舞着我们物理工作者及全国人民在祖国社会主

---

[1]　转引自高泳源《我国古代对一些自然地理现象的认识》（《地理知识》1954年7月号）。

[2]　见《苏联大百科全书》（*Большая Советская Энциклопедия*）的"Радуга"条（卷35）。

[3]　见郑太朴著《物理学小史》第20页，1931年。

[4]　见《苏联大百科全书》（*Большая Советская Энциклопедия*）的"Радуга"条（卷35），或卡约里著《物理学史》（F. Cajori, *A History of Physics*, p. 96, 1933）。

[5]　原文："登州海中时有云气如宫室、台观、城堞、人物、车马、冠盖，历历可见，谓之'海市'。或曰：'蛟蜃之气所为。'疑不可然也。欧阳文忠曾出使河朔，过高唐县驿舍中，夜有鬼神自空中过，车马人畜之声，一一可辨，其说甚详，此不具记。闻本处父老云：'二十年前尝昼过县，亦历历见人物，土人谓之海市，与登州所见大略相类也。'"欧阳文忠一段带有迷信色彩，车畜人马之声必是误传。

[6]　景表议云："……然测景之地，百里之间，地之高下东西，不能无偏，其间又有邑屋山林之蔽，倘在人目之外，则与浊氛相杂，莫能知其所蔽，而浊氛又系其日之明晦风雨，人间烟气尘分，变作不常。臣在局候景，入浊出浊之节，日日不同，此又不足以考见出没之实，则晨夕景之短长未能得其极数。参考旧闻，别立新术。……"（《宋史》卷四十八引）

[7]　见阮元撰《畴人传》卷六"姜岌"条或卷四十一"第谷"条。

[8]　见马坚作"阿剌伯文化在世界文化史上的地位"（《历史教学》1956年1月号），或卡约里著《物理学史》（F. Cajori, *A History of Physics*, p. 21, 1933）。

义建设中更奋发地前进!

参考文献

[1]胡道静校注:《〈梦溪笔谈〉校证》(上海出版公司,1956 年)。

[2]尚钺主编:《中国历史纲要》(人民出版社,1955 年)。

[3]张荫麟:"沈括编年事辑"(《清华学报》第十一卷第二期,1936 年 4 月)。

[4]王振铎:"司南指南与罗经盘(中)"(《中国考古学报》第 4 册,1949 年 12 月)。

[5]桑原隲藏著,陈裕青译:《蒲寿庚考》(中华书局,1954 年)。

[6]程溯洛:"中国古代指南针的发明及其与航海的关系"(《中国科学技术发明与科学技术人物论集》,三联书店,1955 年)。

[7]钱临照:"中国古代的磁学知识"(《光明日报》1954 年 11 月 8 日"科学双周刊"第 16 期)。

[8]钱临照:"中国古代物理学的成就:Ⅰ.论墨经中关于形学力学与光学的知识"(《物理通报》一卷三期,1951 年 7 月)。

[9]唐擘黄:"阳燧取火与方诸取水"(《历史语言研究所集刊》第五本第二分,1935 年)。

[10]陈遵妫:《中国古代天文学简史》(上海人民出版社,1955 年)。

[11]胡道静:"沈括的科学成就的历史环境及其政治倾向"(《文史哲》1956 年 2 月号)。

[12]洪焕椿:"宋代中国人民在科学上的伟大成就"(《新建设》1956 年 1 月号)。

[13]*Большая Советская Энциклопедия* 中的"Китай"(第 21 卷)、"Магнетизн"(第 25 卷)、"Оптика"(第 31 卷)及"Радуга"(第 35 卷)条目。

[14]F. Cajori,*A History of Physics*,1933.

(原文载于《浙江师范学院学报》,1956 年第 2 期)

关于我国历史上物理学的成就的参考文件(二)

在本刊 1955 年 1 月号上曾刊登过笔者写的"关于我国历史上物理学的成就的参考文件"一文。在那篇文章里所介绍的文件是在 1954 年 9 月以前发表的,现在继续把从那时候以后发表的关于这方面的文件,加以搜集与选择,介绍在下面。选择的条件基本上与以前相同,就是就物理教学上的需要,而以目前全国各地较易得到与质量较高的文件为选择对象;但以前对于只在报纸上发表的文件没有摘录,现在也把它们加以摘录。限于笔者的见闻,可能选择得很不妥当,更难周全,请大家提出意见,俾得修正补充。

一、力学

我国古代光学与力学的知识(钱临照)

（《光明日报》,1954 年 10 月 25 日,"科学双周刊"第 15 期）

我国先秦时代的著作——墨经(钱临照)

（《科学大众》,1954 年 12 月）

曹冲称象的故事(乃学)

（《中学生》,1954 年 10 月）

怎样来称量大象(石青)

（《中国青年》,1956 年 17 期）

度量衡方面

我国历代尺度考(杨宽)

（商务印书馆,1955 年）

天文方面

我国古代天文学简史(陈遵妫)

（上海人民出版社,1955 年）

中国古代天文学的成就(陈遵妫)

（中华全国科学技术普及协会,1955 年）

中国古人对天象的几种看法(戴文赛)

（《科学大众》,1956 年 10 月）

清朝天文仪器解说(陈遵妫)

（中华全国科学技术普及协会，1956 年）

北京古观象台的新生（陈遵妫）

（《人民日报》，1956 年 11 月 18 日）

日食与日食的循环规律（陈遵妫）

（《科学画报》，1955 年 6 月）

中国的天文钟（李约瑟等著，席泽宗译）

（《科学通报》，1956 年 6 月）

汉代的科学发明（陈生玺）

（《新史学通讯》，1954 年 10 月）

宋代中国人民在科学上的伟大成就（洪焕椿）

（《新建设》，1956 年 1 月）

机械方面①

我国古代利用动力的成就（刘仙洲）

（《科学大众》，1956 年 11 月）

中国生产工具发达简史（荆三林）

（山东人民出版社，1955 年）

工具的故事（何寄梅编，芮光庭绘）

（北京书店，1954 年）

古代的铁农具

（《文物参考资料》，1954 年 9 月）

记里鼓车（金祖孟）

（《地理知识》，1955 年 1 月）

中国水车历史底发展（程溯洛）

（《中国科学技术发明和科学技术人物论集》，李光璧、钱君晔编，生活·读书·新知三联书店，1955 年）

中国古代关于深井钻掘机械的发明（燕羽）

（《中国科学技术发明和科学技术人物论集》，李光璧、钱君晔编，生活·读书·新知三联书店，1955 年）

中国古代冶铁鼓风炉与水力鼓风炉的发明（杨宽）

（《中国科学技术发明和科学技术人物论集》，李光璧、钱君晔编，生活·读书·新知三联书店，1955 年）

---

① 《西北大学学报（人文科学）》1957 年 1 月号载有冉照德的"从磨的演变看中国人民生活的改善与科学技术的发达"。

我国古代的水力机械（姜国宝）

（《科学画报》，1956 年 2 月）

中国古代科学发明

（《科学大众》，1954 年 10 月）

（这篇文章有地动仪、司南、记里鼓车与指南车的图及简短说明）

建筑方面

我国古代的水利工程（方槥）

（新知识出版社，1955 年）

战国时代水利工程的成就（杨宽）

（《中国科学技术发明和科学技术人物论集》，李光璧、钱君晔编，生活·读书·新知三联书店，1955 年）

一千三百年的大石桥（罗容）

（《科学大众》，1956 年 1 月）

中国古代的伟大工程——赵州大石桥（陈容）

（《光明日报》，1955 年 5 月 11 日）

运河的历史（朱偈）

（《旅行杂记》，1955 年 9 月）

二、分子物理学与热学

燃料方面[①]

中国人民对燃料的发现与使用（燕羽）

（《中国科学技术发明和科学技术人物论集》，李光璧、钱君晔编，生活·读书·新知三联书店

略谈中国人民对煤炭的发现与使用（燕羽）

（《历史教学》，1955 年 1 月）

中国古代的用煤（王琴希）

（《化学通报》，1955 年 11 月）

古代中国人民发现石油的历史（王仲荦）

（《文史哲》，1956 年 12 月）

关于中国古代最早记载石油的问题（鲁歌、王仲荦）

（《文史哲》，1957 年 2 月）

[①] 《北京矿业学院学报》总第 6 期（1956 年 6 月号）载有周兰田的"中国古代人民使用煤炭历史的研究"；《西北大学学报（人文科学）》（1957 年 1 月号）载有陈登原的"中国始用石炭考"。

谈"猛火油"（谭家骅、王仲荦）

    （《文史哲》,1957 年 2 月）

在高中有机化学中加入我国化学史科的建议（黄兰孙）

    （《化学通报》,1955 年 1 月）

    （这篇文章有介绍煤、天然气与石油的史料）

热机方面

火箭与导弹（史超礼）

    （《光明日报》,1956 年 10 月 8 日,"科学双周刊"第 64 期）

火箭的故事（徐克明）

    （《中国少年报》,1955 年 12 月 12 日）

喷气式航空发动机（徐子骏）

    （《科学画报》,1955 年 4 月）

气象方面

我国古代气象学的成就（来家鑫）

    （《科学画报》,1956 年 7 月）

宋代中国人民在科学上的伟大成就（洪焕椿）

    （《新建设》,1956 年 1 月）

三、声学

乐律与乐器方面

隋唐燕乐调研究（林谦三著,郭沫若译）

    （商务印书馆,1955 年）

中国音乐史纲（杨荫浏）

    （万叶书店,1953 年）

四、电学[①]

中国古代的磁学知识（钱临照）

    （《光明日报》,1954 年 11 月 8 日,"科学双周刊"第 16 期）

中国古代在磁学上的成就（王锦光）

    （《科学画报》,1955 年 8 月）

我国古代关于磁现象的发现（刘秉正）

---

① 《清华大学学报》第 1 期（1955 年 12 月号）载有王先冲的"中国人民在古代关于电与磁的贡献"；《浙江师范学院学报（自然科学）》第 2 期（1956 年 12 月号）载有王锦光的"《梦溪笔谈》中关于磁学与光学的知识"。

（《物理通报》,1956 年 8 月）

从罗盘到地磁（徐静明）

（《光明日报》,1956 年 9 月 10 日,"科学双周刊"第 62 期）

中国古代指南针的发明与其航海的关系（程溯洛）

（《中国科学技术发明和科学技术人物论集》,李光璧、钱君晔编,生活·读书·新知三联书店,1955 年）

汉代的科学发明（陈生玺）

（《新史学通讯》。1954 年 10 月）

宋代中国人民在科学上的伟大成就（洪焕椿）

（《新建设》,1956 年 1 月）

五、光学①

我国先秦时代的著作——墨经（钱临照）

（《科学大众》,1954 年 12 月）

祖国古代在光学上的成就（王锦光）

（《科学画报》,1955 年 5 月）

我国十四世纪科学家赵友钦的光学实验（银河）

（《物理通报》,1956 年 6 月）

六、科学家小史

墨子（任继愈）

（上海人民出版社,1956 年）

墨子（中国思想家人物志）（冯友兰）

（《中国青年》,1956 年 15 期）

为了和平（墨子救宋的故事）（谢吴）

（《中学生》,1955 年 1 月）

我国先秦时代的著作——墨经（钱临照）

（《科学大众》,1954 年 12 月）

张衡（赖家度）

（上海人民出版社,1956 年）

汉代的伟大科学家——张衡（李光璧、赖家度）

---

① 《浙江师范学院学报（自然科学）》第 2 期（1956 年 12 月号）载有王锦光的"《梦溪笔谈》中关于磁学与光学的知识"。

（《中国科学技术发明和科学技术人物论集》，李光璧、钱君晔编，生活·读书·新知三联书店，1955年）

中国古代的天文学家——张衡（韦明文、田芸图）

（《农村青年》，1955年第8期）

我国伟大的科学家（蒋兆和作像）

（张衡、祖冲之、僧一行（张遂）、李时珍四位科学家小史与画像）

祖冲之（李俨）

（《科学大众》，1956年9月）

伟大的科学家祖冲之（李希泌）

（《光明日报》，1956年9月24日，"科学双周刊"第63期）

我国古代伟大的大科学家——祖冲之（周清树）

（《中国科学技术发明与科学技术人物论集》，李光璧、钱君晔编，生活·读书·新知三联书店，1955年）

中国古代的天文学家——僧一行（黄宗甄）

（《文汇报》，1955年9月24日）

唐代卓越的科学家——僧一行（林端炤）

（《光明日报》，1956年1月16日，"科学双周刊"第46期）

宋代卓越的科学家——沈括（钱君晔）

（《中国科学技术发明与科学技术人物论集》，李光璧、钱君晔编，生活·读书·新知三联书店，1955年）

我国古代伟大科学家——沈括（王锦光）

（《科学画报》，1956年5月）

沈括的科学成就的历史环境及其政治倾向（胡道静）

（《文史哲》，1956年2月）

沈括和他的《梦溪笔谈》（钱君晔）

（《读书月报》，1956年8月）

我国古代大科学家郭守敬（李迪）

（《科学画报》，1957年1月）

《天工开物》及其作者宋应星（赖家度）

（《中国科学技术发明和科学技术人物论集》，李光璧、钱君晔编，生活·读书·新知三联书店，1955年）

介绍《天工开物》（刘仙洲）

（《读书月报》，1956年2月）

（原文载于《物理通报》，1958年第1期）

《永嘉发现元代蒙文印考释》的一点补充

　　你刊 1958 年第 1 期所载《永嘉发现元代蒙文印考释》一文中最后指出："从五品以下的印都是铜质,只有诸王的印才是金的。原报告所说'黄金印,成色颇纯'很有问题。因为还没有见到原物,不敢马上武断。但人们对古印未加审辨,夸大其事,也是很可能的。"我认为完全正确。1944 年我在永嘉中学(现在改为温州市二中)教书,当时学校在离发现"黄金印"的地方约二里的"岩头"。校中有一厨工因小孩受惊生病借来这颗金印煎汤饮服(当时当地很流行这种做法),我发觉这印的比重与黄金的比重相差很远,便应用阿基米德定律来测定它的比重,实验结果它的比重大约与黄铜的比重相合(黄铜的比重是每立方厘米 8.5 克重),与纯金的比重相距很远(纯金的比重每立方厘米 19.3 克重),而且从色泽来看,也是黄铜。我当时肯定它是黄铜,印文也曾由永嘉的金石家谢磊明鉴定,认为是蒙古文。今读蔡美彪同志一文,觉得考释甚对。由于我对这印的质料曾做过实验,所以很高兴作以上的补充。

读者　浙江师范学院物理系　王锦光

(原文载于《文物参考资料》,1958 年第 5 期)

我国 17 世纪青年科技家黄履庄

黄履庄(公元 1656 年——?)是我国清初的一位杰出的有许多创造发明的青年科技家。由于当时封建统治的不重视科学，以致他的生平活动和科学成就今天我们知道很少，他的著作《奇器目略》恐已散失；现在只能够从清代笔记《虞初新记》与《旷园杂记》等书中，了解他的一些事迹和他在科学上的贡献的一部分，而且只能限于在他在 28 岁以前的。又因为就在这些书里关于他所创造的"奇器"的原理片字不提，"奇器"的构造也介绍得很不够，所以现在我们就很难具体地详细地知道他所创造的"奇器"的原理和构造，只能经过一番探索而作出大致的推测，这是令人最惋惜的！

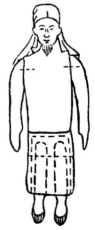

图 1

他在小的时候，就高兴自己创造些新颖的玩具。七、八岁时，用刀雕凿了一个木头人，长约一寸，"置案上能自行走，手足皆自动"。它的构造依笔者推测大致如图 1，把双手与双脚用栓拴在身躯上，手脚可以绕栓摆动。利用重心下降与惯性自行走动，先把它放在斜面上行走，然后，继续在平面上行走；与现在市上所卖的铁皮制的"企鹅"相似。十多岁时，父亲死亡，寄居外祖父家(江苏扬州)。后来，学习了几何、比例、力学、机械等的一些知识，他的制造技术更精进，制造了许多"奇器"。① 他制造"奇器"既没有老师指导，也不是按书照做，而都经自己反复钻研，深思细索做出来。他制造"奇器"时，经常碰到很大的困难，如果一时解决不了，则继日以夜来研究，直到完成为止。当他完成的时候，当然十分快乐，常常手舞脚踏地欢笑起来。

他的创造发明很多，依照《虞初新记》所摘录的《奇器目略》，可分六类：

(1)验器(测量仪表)；

(2)诸镜(光学仪器)；

(3)诸画(图画)；

(4)玩器(玩具)；

(5)水法(水车、喷泉等)；

---

① 当时由西洋翻译过来与国人吸收了西洋科学加以发展而著作的关于算学、物理与机械的书已不少，其中比较著名的有：《乾坤义理》《几何原本》《阐容较义》《测量法义》《测量全义》《测量异同》《勾股义》《同文算指》《远西奇器图说》《新制诸器图说》《远镜说》《泰西水法》，等等。

(6)造器之器(制造工具)。

除"诸画"因与物理关系不大,不行摘录与说明外,其余摘录与说明于后。这里应该指出,《虞初新记》中有这样几句话:"原本奇器目略颇详,兹偶录数条,以见一斑云。"可见,下面所举的"奇器",仅仅是他的创造发明的一些代表作品。

1.验器有"验冷热器"与"验燥湿器"。

验冷热器 "此器能诊试虚实,分别气候、证诸药之性情,其用甚广,另有专书"。验冷热器即温度计[①],可惜"专书"与实物都失传。

验燥湿器 "内有一针,能左右旋。燥则左旋,湿则右旋,毫发不爽,并可预证阴晴"。验燥湿器可能是湿度计。在湿度计的发明上,我们祖先有着光荣的历史:我国汉时,已有人用炭与铁挂在天平的两端,使天平平衡,冬天天气干燥,悬炭的一端高起来,悬铁的一端低下去;夏天空气潮湿,悬炭的一端低下去,悬铁的一端高起来。用这种方法来验证夏至与冬至的到来[②]。实在这就是湿度计的祖先。在欧洲 15 世纪才有人在天平的两端,一端悬羊毛,一端悬石头,来测量空气的潮湿与干燥[③];16 世纪中叶才有人用野雀麦的芒的长度的变化来测量空气的湿度[④];正式的毛发湿度计在 1783 年才成功[⑤]。其他露点湿度计、干燥球湿度计等等更晚。黄履庄的湿度计可能是天平式或毛发式。

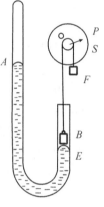

图 2

当然,也可能是气压计,如果是气压计,它的构造可能如图 2,把弯曲的玻璃管 AB 中盛水银,A 端真空,B 端开口通空气,在 B 端水银面上,放重物 E(例如钢块),在 E 上系一丝线,这一丝线绕过转轴 O,丝线的他端也悬一重物 F(F 的重量比 E 的重量稍稍小一点)。当气压变更时,B 端水银面的位置变更,E 的位置也变更,丝线及 F 的位置也跟着变更,因丝线运转牵动轴 O 转动,指针 P 就跟着转动,在刻度盘 S 上读出读数。这与在 1665 年英人胡克所制造的轮状气压计的原理相同。[⑥] 1885 年英人合信著的《博物新知》[⑦]所介绍的气压计,也有属于这一类的气压计(该书中称为"风雨表")。

---

① 欧洲在 1600 年左右发明空气温度计,在 1660 年左右才创制酒精温度计。

② 见《前汉书·李寻传》(卷七十五)。

③ 见 F. Cajori,*A History of Physics*,p. 53. 1928.

④ 见 F. Cajori,*A History of Physics* p. 54. 1928.

⑤ 见 Grimsehl 著、许国保译《热学与声学》,p. 105. 1950.

⑥ 见《人民日报》1958 年 5 月 29 日"伟大出于平凡"的"奇器家黄履庄"。关于胡克 1665 年所制造的轮状气压计,可见 A. Wolf,*A History of Science*,*Technology and Philosophy in the 16th and 17th Centuries*,pp. 95-97,1935. & Margaret Espinasse,*Robert Hooke*,pp. 49-50,1956.

⑦ 上海墨海书馆出版。

2.诸镜有千里镜、取火镜、临画镜、取水镜、显微镜、多物镜与瑞光镜等。

兹说明如下：

取火镜与取水镜　"取火镜，向太阳取火，取水镜，向太阴取水。"我国在春秋战国时代，已有向日取火与向月取水的说法；西汉《淮南子》说："阳燧见日而然为火，方诸见月则津为水"，阳燧是凹面铜镜，向日取火，这是大家熟悉的，"方诸见月则津为水"是怎样一回事呢？方诸是方形的珠石、水晶、云母或大蚌之类，月明之夜放在露天，露水结在它的上面①。黄履庄的取火镜与取水镜大概也是"阳燧"与"方诸"。当然，他的取火镜也可能是凸透镜，像在《博物志》《物理小识》与《镜镜诒痴》上都有利用凸面镜向日取火的记载。

多物镜　也称多面镜②，即多宝镜。《镜镜诒痴》（我国19世纪光学巨著）说："通光玻璃，一面平，一面碾成多隔，每隔俱为平面，则照一物，而每隔各照一物之景（景即像——笔者），成多景，名多宝镜。"又说："多宝镜，或七隔或十四隔无定。"③

瑞光镜　"制法大小等，大者径五、六尺，夜以灯照之，光射数里，其用甚巨。冬月人坐光中，遍体生温，如在太阳之下。"瑞光镜即反光镜，书中提到"夜以灯照之……"的装置已成为探照灯（光源是蜡烛④），能造成口径这样大、光射数里的探照灯，实不容易，这与当时制镜（铜镜）技术的高明分不开的。我国制造铜镜技术素来是发达的。在欧洲，在1765年，才有人把反光镜装到路灯上（叫做反光灯）⑤。在1779年，俄罗斯库里宾用反光镜放在光源后，制成了探照灯。所以，黄履庄的瑞光镜是世界上最早的探照灯⑥。

千里镜、显微镜与临画镜　千里镜即望远镜，当时也称为远镜。西欧在1608年发明；汤若望（德人）在1626年译《远镜说》介绍望远镜；1631年徐光启制造望远镜，这为中国第一架自制望远镜。黄履庄当然是在这些基础上设计而制造的。显微镜，有人以为是放大镜⑦，但笔者以为是复式显微镜比放大镜（单式显微镜）可能性大，理由是：(1)当时我国已自制复式显微镜（也称察微镜）与放大镜（也称存目镜）⑧；(2)西欧复式显微镜与望远镜差不多同时发明，当时复式显微镜可能也已传

---

① 见唐擘黄的"阳燧取火与方诸取水"（《历史研究所集刊》第五本第二部分，1935年）。

② 见《吴县志》卷七十五"孙云球"。

③ 见《镜镜诒痴》卷四。

④ 见非白"古灯琐记"（《人民日报》1959年7月26日）

⑤ 见伊林著、董纯才译《不夜天》。

⑥ 见 *Большая Советская Энциклопедия* 卷24"Кулибин"条；奥尔洛夫主编，沈曙东译，《俄罗斯电工技术史话》，第15页，中国青年出版社1954年版。

⑦ 张荫麟"中国历史上之'奇器'及其作者"（《燕京学报》第三期，359—381页）

⑧ 见《吴县志》卷七十五"孙云球"。

入中国;(3)复式显微镜的构造与望远镜相似,在制造望远镜的同时很可能发明了复式显微镜。而临画镜可能是临画片具有特殊装置的放大镜。现在画家也还有用装有螺丝底脚的放大镜临画。

制造望远镜等光学仪器,在当时,特别在长江下游,已有一些深入研究。例如,比黄履庄稍早的苏州的孙云球,就制造了望远镜、存目镜、察微镜、多面镜、幻容镜等几十种之多①。

3. 玩器有"真画""灯衢""自动戏""自行驱暑扇""木人掌扇"等。

真画 "人物鸟兽,皆能自动,与真无二。"这里告诉我们画(人或鸟兽)能自动,所以大概是利用"视觉暂留"而制成的"惊盘"一类的装置。西欧关于"惊盘"一类的装置在 19 世纪才发明,例如现在我们演示常用的"惊盘"在 1834 年才发明②,所以黄履庄的"真画"比西欧的"惊盘"早一百五十年左右。

灯衢 "作小屋一间,内悬灯数盏,人入其中,如至通衢大市,人烟稠杂,灯火连绵,一望数里。""灯衢"很可能是利用"光的多次反射"而制成。《镜镜诒痴》说,灯衢的构造是"于斗室中安六座大屏风镜于壁,施灯结彩,坐室内者视,若灯衢。外总一窗,安通光玻璃,或多宝镜,则窥户外者皆作灯衢观也"③。《镜镜诒痴》的推测很有道理。

自动戏 "内音乐俱备,不烦人力,而节奏自然",可能是"砧音盘"一类的构造。

自行驱暑扇 "不烦人力,而一室皆风"。自行驱暑扇及木人掌扇都是使空气流动成风取凉的装置,大概都是"法条"的(自动戏可能也用到"法条")。他有"造法条器"并列在"造器之器"中。

4. 水法。原文为:

"龙尾车,一人能转多车。一线泉,制法不等。柳枝泉,水上射复下,如柳枝然。山鸟鸣,声如山鸟。鸾凤鸣,声如鸾凤。报时水。瀑布水。"

"龙尾车"为"螺旋水车",《泰西水法》《农政全书》《远西奇器图说》等书都有记载,黄履庄接受了这些知识。他所制造的是多级的,几部螺旋水车用齿轮首尾"累接而上",用于岸过高与水过深的地方。

"一线泉"与"柳枝泉"是喷泉,"山鸟鸣"与"鸾凤鸣"是利用水力发声的玩具。"报时水"是"漏壶"一类的时计。

5. 造器之器有"方圆规矩""就小画大规矩""就大画小规矩""画八角六角规矩""造诸镜规矩""造法条器"等。

此外,在"小传"中还提到三个"自动"的装置:

---

① 见《吴县志》卷七十五"孙云球"。

② 见 *Большая Советская Энциклопедия* 卷 41"Стробоскоп"条。

③ 见《镜镜诒痴》卷五。

(1)"双轮小车",是利用"惯性"来行动的。"长三尺许,约可坐一人,不烦推挽能自行。行住,以手挽轴旁曲拐,则复行如初,随住随挽,日足行八十里"。

(2)"木狗",能"自动"吠叫:"置门侧,卷卧如常,惟人入户,触机则立吠不止,吠之声与真无二,虽黠者不辨其为真与伪也"。他制的木狗,得到当时人们的赞赏。例如,当时大科学家梅文鼎(1633—1721)曾以此事告诉友人①。

(3)"木鸟",想是利用"法条"的。"置竹笼中,能自跳舞飞鸣,鸣如画眉,凄越可听。"

（原文载于《杭州大学学报》,1960 年 1 月"物理专号"）

---

① 见《旷园杂志》。

帕斯卡及其在物理学上的成就

——纪念帕斯卡逝世三百周年

布莱斯·帕斯卡①(Blaise Pascal,1623—1662)——法国数学家、物理学家、哲学家。今年是他逝世300周年。他和俄国革命家、作家亚·伊·赫尔岑(1812—1870),我国诗人杜甫(712—770)等同是世界和平理事会所推荐的在今年纪念的世

布莱斯·帕斯卡(1623—1662)

界文化名人。帕斯卡在1623年6月19日生在法国奥汾涅省的克勒芒斐龙城。帕斯卡幼时,好学善问,对于数学物理特别感兴趣。到了16岁(1639年),他就在几何学上有了发现。他重视实验,既善于吸收科学上的既有成就,又敢于创新,在数学和物理学上都作出了卓绝的贡献。后期,从事研究哲学。1662年8月19日在巴黎病死,年仅39岁。

在物理学上,帕斯卡最大的成就可分两方面:关于液体静力学和大气压强。

关于液体静力学方面 在16世纪末期17世纪初期,液体静力学发展比较迅速。斯蒂文(Stevin,1548—1620)、伽利略(1564—1642)和帕斯卡等都在这方面有很大贡献。斯蒂文在他的"平衡原理"(1586年)中首先严格地确定了力学的"凝固原则",能把刚体静力学中的普通方法应用到液体静力学中去。他应用了这个原则

---

① 旧译"巴斯噶"。

很简单地证明了阿基米德定律对于任何形状的物体都能成立[①]。在这部著作里，他还用实验和理论证明了"液体的佯谬现象"——液体的压强跟容器形状无关。但是斯蒂文的著作是用荷兰文发表，所以伽利略和帕斯卡都没有知道这些成果。伽利略在他的《论在液体中物体》中应用了"虚位移原理"，指出物体的浮沉由物体的密度决定，驳斥了当时一种不正确的说法——物体的浮沉由物体的形状决定，因而恢复与发展了阿基米德定律。帕斯卡也应用虚位移原理进一步对液体静力学做了许多工作；1653 年他就作了论文《关于液体的平衡》(1663 年发表)。在这篇论文中，他提出一系列的液体的规律；他详尽无余地陈述关于液体压强的传递定律，即著名于世的"帕斯卡定律"。这是液体静力学中最基本的定律之一。同时他提出水压机原理：取大小两个活塞，压在封闭容器内的液体上，第一个活塞的面积是第二个活塞的面积的 100 倍。一个人在第二个活塞上所加的力可以平衡 100 个人在第一个活塞上所加的力。因此，这样的盛水的容器，体现了一个新的力学原理，它是一部把力增大到我们所要求的程度的机器[②]。这原理直至今天在生产技术上具有重大的意义。他又指出器壁上所受由于液体重量所产生的压强仅仅跟深度有关，他做过"液体的佯谬现象"的实验，取几个形状不同装有活动的底的容器，底的面积大小相等，活动底是利用通过杠杆他端的重量把它支持住。在各个容器中盛以等高度的水，水的底面总压力由杠杆他端的重量来平衡，实验指出各容器的底面总压力是相等的。同时他又通过压强的计算来解释这种现象。此外，他还指出了连通器原理。他的"帕斯卡定律"、水压机和连通器的原理，直到今天依旧是中学物理教本中的一个重要内容。

　　关于大气压强方面　在伽利略以前，一直流传着亚利斯多德的"自然憎恶真空"的说法。这种说法不是用自然界本身的规律来解释自然界的现象，从现在看来，显然是很不科学的，但是，古人用它来解释液体的若干种升降现象。例如吸水式抽水机中水的上升。由于那时只用吸水式抽水机吸取不太低的水，这种不科学的解释还没有暴露它的不正确性。到了 16 世纪，由于矿区抽水及城乡供水的需要，吸水式的抽水机的吸水管的长度是在逐步增加。传说在 1640 年，在意大利的佛罗伦萨城造成一座吸水式的抽水机，打算抽出深于 10 米的坑里的水，但是结果发现抽水机只能使水升高 10 米左右。无论怎样改善抽水机，也不能使水升得更高，于是，人们去请教伽利略，他表示惊异，只回答说，"自然的憎恶真空显然是有一定的限度的"。伽利略没有很好地解决这个问题。他的学生托里拆利(1608—

---

① 证法可参考 C. A. 阿尔柴贝谢夫著，钱尚武译：《物理学教程》第 1 卷第 1 分册，第 208 页，高等教育出版社 1954 年 9 月版。

② 见《帕斯卡全集》卷 3，p. 85，1866 年，巴黎。转引译自 F. Cajori, *A History of Physics*, p. 71，1928。

1647)继续研究这个问题,在1643年托里拆利开始用水银柱来做实验,即所谓"托里拆利实验",证实了大气压强的存在并具有一定的数值,彻底纠正了"自然憎恶真空"的谬误。他已认识到在不同条件下大气压强的变化,但还没有准确地度量出来,因为那时人们还不知道温度对水银密度的影响①。1646年,帕斯卡得知托里拆利实验的消息后,他自己就在巴黎的一个教堂的尖阁上重复地做了实验,而且推测大气压强随高度的增大而减小。为了得到更明显的结果,1647年他给姊夫佛洛兰·柏里耶(Florin Perier)写信说:"……这问题牵涉到一个有名的实验:管中盛水银,先在山麓实验,后在山顶实验,同日重复几次,看这两种情形中水银柱的高度是相同还是相异。……因为山麓的空气确比山顶浓厚些。"②柏里耶就依照他的嘱咐在奥汾涅省的蒲以得多姆(Puy de Dome)高山的山脚和山顶上分别做了实验,发现在多姆山顶上水银柱高32.2吋,而山麓的修道院花园里(约比山顶低一千米),水银柱高36.35吋。两种情形下,管里的水银柱高度的差数为3.15吋③。通过这样认真的实验,帕斯卡又想利用气压的变化来测定山的高度。其后1676年,马略特(1620—1684)就采用了这个途径,进而研究并解决了这个问题。帕斯卡又做了虹吸的实验,指出大气压强在虹吸原理中所起的重要作用;而且把虹吸中的水改用水银进行实验,结果,科学地证实了他的推理,引水的虹吸管短管的长不能超过10.3米。他又发现水银柱的高度跟天气有关,在气象学上有着重要的意义。他对大气压强的研究工作写在论文《论空气的重量》(发表于1663年)中。

帕斯卡在数学上研究的范围是很广泛的,对几何学、数论和概率论等都有贡献。在16岁时(即1639年),他作《圆锥曲线论》(1640年发表),继承和发展了法国数学家笛沙格(Desargues,1593—1662)的工作。在帕斯卡这篇论文中,论及"神秘的六角形"的问题,即所谓"帕斯卡定理",他又从这条定理推导出400多条系。帕斯卡定理为射影几何基本定理之一。1641年,他制成历史上第一架计算机。在31岁时(1654年),他提出二项式系数的三角形排列的方法,即所谓"帕斯卡三角形",也叫做"算术三角形",1665年发表在《算术三角形论》中(应该指出,这种方法是我国宋朝的杨辉于1261年最早提出的,比帕斯卡约早400年④)。他同时对组合和概

---

① 参考叶企孙:"托里拆利的科学工作及其影响"(《科学史集刊》第2期。第15页,1959年6月出版)。

② 参考莫奎:"卓越的意大利科学家E.托里拆利"(《科学史集刊》第2期,第22页,1959年6月出版)。

③ 参考莫奎:"卓越的意大利科学家E.托里拆利"(《科学史集刊》第2期,第22页,1959年6月出版)。

④ 详见李俨:"中算家的巴斯噶三角形研究"(李俨著《中算史论丛》第1集,第230—245页,1954年11月中国科学院出版)。

率论都有贡献。他跟法国科学家斐马（Fermat，1601—1665）同是概率论的奠基人。帕斯卡对摆线很有研究，摆线是当时数学上很有名的曲线之一，斐马、托里拆利等对它进行过研究。帕斯卡解决了摆线中一些疑难问题。他用分作无穷小的方法来计算摆线下的面积、摆线下的面积的重心，以及由摆线旋转起来得到的旋转体的体积及重心等。并且他提出许多无证明的定理向数学界挑战，引起了当时一些著名数学家的重视。这样非但大大地丰富了人们在摆线方面的知识，而且间接地促进了微分学的形成和发展。微分学发明人之一莱布尼兹（1646—1716）认为这是微分学来源之一。

在哲学上，帕斯卡著有《思想录》（1669年，死后发表）。1656—1657年在报纸上发表《致京外友人书》，反对耶稣会派，严厉批判他们的伪善的教义。他的文字婉约流利而有力，为世所称。他的许多名句，为后人所传诵，逐渐变成法国谚语。他对法国散文的发展起过促进的作用。今天我们纪念帕斯卡逝世三百周年的时候，应该学习他那样努力钻研，重视实验，善于吸收别人的成果，又敢于提出自己的创见的精神。

（原文载于《物理通报》，1962年第5期）

明末爱国科学家方以智

方以智（1611—1671）是明末清初的哲学家、自然科学家和爱国主义者。他对哲学、科学技术、文学和艺术等都很有研究，有不少成就。可惜这样一位学者过去被反动统治阶级仇视和蔑视，大部分著作未得刊行，竟埋没了三百年。直至新中国成立后，才得到党及政府的重视，积极组织各方力量，把他的著作广泛搜集整理，进行研究。

奋斗的一生

方以智字密之，号曼公，生于明万历三十九年（1611 年），安徽桐城人。他的曾祖父、祖父、父亲都是当时有学问的名士兼官吏，也是直接间接参加"东林党"的人物（"东林党"是当时政治集团，反对宦官把持朝政，反对箝制言论，反对重税重役）。他们（包括方以智的老师王虚舟在内）在学术上都很喜欢研究事物的道理（当时称为"物理"），这给方以智以很大的影响。他从小也就喜欢"物理"，并善于制作机械，在 19 岁时曾制过"木牛流马"。少年时他和陈贞慧、吴应箕、侯方域等很亲近，对国事愤慨，参加"复社"（继"东林党"而

起的政治团体，主张改善政治），进行政治活动。这四个人当时名气很大，有"四公子"之称。他的志气很高，在政治上，要纠集志士，改造黑暗世界，在学术上要把古今中外的知识熔于一炉。1640 年（30 岁），考上了进士，任翰林院里的"检讨"（修国史的官）。1644 年，李自成率领农民起义军进入北京，推翻了明王朝。接着清军入关，国内广大农民跟封建地主的尖锐矛盾，很快转变为汉族人民和清朝统治者相对抗的矛盾。方以智为了效忠明朝，逃出北京，跑到南京。这时南京的明朝官员拥立福王（弘光）做皇帝，巨奸马士英、阮大铖把持朝政，结党营私，公开卖官，搜括民财，政治非常腐败。复社人物跟他们作斗争，于是阮大铖等谋杀复社人物。方以智只得改变姓名，化装离开南京，向南方逃亡，隐居五岭，以卖药度日，生活十分艰苦。不久，明桂王（永历）在广东肇庆接帝位，任命方以智为东阁大学士、礼部尚书等职，因太监王坤专权而辞职，以行医卖字画为生，浪游桂林。1650 年，清兵攻入广东，

进兵桂林，下令搜捕方以智，他为了摆脱清兵的搜捕，为了永远不做清朝的官吏与顺民，遂剃了头发做和尚，改名为弘智，字无可。在广西平乐时，为清将马蛟麟所获，蛟麟恫吓他说："官服在左，刀剑在右，自己选择吧！"以智马上走到右边。蛟麟为这种正义行动所慑服，不敢杀他而释放他。他为省视阔别十年的老父，度岭北归。父死后，到江西宁都一带，访师问友，听讲学。1671年（清康熙十年），到江西吉安拜文天祥墓，路过万安时逝世，年61岁。

在他的一生中，大多过着流离逃亡的生活，但尽管生活艰难困苦，他一直都在孜孜不倦地进行科学研究和写作。他的学问很渊博，著作极丰。科学著作有《通雅》《物理小识》《医学会通》等，哲学著作有《药地炮庄》《东西均》《愚者智禅师语录》，史地著作有《青原山志》等，文学著作有《博依集》《浮山集》等。方以智在哲学上成就很大，他是一个以自然科学与哲学联盟为特征的学派的中坚。在他的哲学著作中闪烁着唯物主义和朴素辩证法的观点的光辉，充满着对唯心主义和神学的严肃斗争的精神。

《物理小识》

现在把他重要科学著作之一《物理小识》中的主要内容简单介绍一下。

《物理小识》原是附在《通雅》的后面，后来他的儿子把它分开独立成书。方以智在1631年开始着手编写，1643年写出自序，大致这时已写成一个初稿。大概到了1652年，此书完成，共约历时22年。这部书是方以智的早期作品，成于兵荒马乱之中。在方以智的时候，欧洲正在成长中的资本主义国家到处找寻殖民地，掠取财富。作为殖民帝国的先遣队——传教士也来到我国。他们企图以神权学说来麻醉我国人民，达到征服我国的目的。但我国是有高度文化的国家，纯粹散布宗教迷信是有困难的，于是传教士采取以介绍西洋哲学与科学技术作为散布神权思想的手段，来取得当时中国士大夫的欢心与信任，这就是所谓"西学"。当时士大夫对于这种"西学"，有人采取完全接受的态度，有人则完全反对。方以智并不如此，采取批判接受的态度。他一方面以正确的理论来批判传教士强加于科学的宗教胡说；另一方面他尽量搜集中国已有的科学技术与生产技术资料以及他自己的观察实验，来击破传教士贬低中国科学文化的阴谋诡计。这是他编写《物理小识》的主导思想。所以在《物理小识》中的科学技术有两个部分，一部分是中国已有的科学技术的综合记录，另一部分是批判地吸收当时由西方输入的科学技术。他很重视实验，他把研究科学技术称为"质测"，把研究哲学称为"通几"，在《物理小识》的"自序"中，他提出"质测"藏"通几"，即哲学藏在科学技术之中。他又指出："西学"详于"质测"（科学技术），拙于"通几"（哲学），就是"质测"（科学技术）也不完备。《物理小识》内容包括很广，除"卷首"外，分十二卷，有天类、历类、风雷雨旸类、地类、占候类、人身类、医药类、饮食类、衣服类、金石类、器用类、草木类、鸟兽类、鬼神方术类、异事类。对科学技术许多部分有所论述,这是一部"百科全书"。现在举例说明如下:

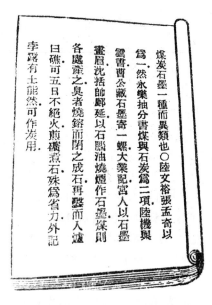

图 2 《物理小识》中关于焦炭的记载

图 3 冰透镜实验示意图

(1)关于"地动说"和"银河" 在 1543 年,波兰科学家哥白尼(1473—1543)发表了地动说,摧毁了陈腐的地球中心说。最早提到地动说的是传教士罗雅谷(1624年来华),他在《五纬历指》中说,有人以为日月五星的运行是由于地动而不是天动,理由是"以地之一行免天上之多行,以地之小周免天上之大周";但接着又说:"然古今诸士以为实非正解。"显然,他曲解了哥白尼的地动说,抹杀了这个学说的科学根据,强调不过是为了简化宇宙中的运动而已。最后又加上"实非正解"一句,来个一笔勾销。方以智在《物理小识》卷二"地类"中采用了中国古书《尚书·考灵曜》的地动说法:"地恒动不止,如人在舟坐,舟行而人不觉。"完全摒弃了教士们的陈言滥语别有用心的胡说。但是对"西学"有可取之处,即引用而发挥。例如对当时新发明而用途很大的光学仪器——望远镜,即在书中数处介绍。卷二"风雷雨旸类"中"天汉"条,就说明由望远镜测知银河是由许多星体组成,并引用中国古书所载银河是由星体组成的说法来充实它。

(2)关于光学 关于光学的记录,比较丰富。有关于光的理论,有反射、折射、光学仪器、大气光现象等,今举两条如下:卷二"风雷雨旸类"中"空中取火"条综合了古今中外用凹面镜与凸透镜取火的方法。这里提出我国古代一个很有趣的实

61

验，即用冰块做成透镜，使日光会聚取火，这实验至迟在晋时已有。可能有人怀疑这能成功吗？清代实验科学家郑复光为了解决这个疑问，曾在1819年亲自做过实验，是成功的。在这条中方以智更引用他的老师杨用宾的话："凹者光交在前，凸者光交在后"，即指凹透镜发散，凸透镜收敛。在卷八"器用类""阳燧倒影"条中，除引用宋科学家沈括解释针孔成像、凹面镜造像、凹面镜取火的实验以外，并叙述他在日常生活的观察中证实沈括的说法是正确的，并指出唐代段成式的"海翻影倒"的说法是不正确的。最可贵的是，他从日常观察中知道，有棱的宝石、"水晶压纸块"（三面的——实在就是三棱镜）等能把光分成"五色"，人在太阳下喷水也成"五色"，更由此推知"虹霓之彩、星月之晕、五色之云，皆同此理"。虽然方以智把光的色散成七色误说成五色，但这仍旧是科学史上一件了不起的事情，因为我们知道人们正确地发现色散是在1666年（牛顿发现），比方以智至少迟30年左右。

（3）关于"生产技术" 《物理小识》中的"饮食类""衣服类""金石类""器用类""草木类""鸟兽类"等充满着生产技术。他除记录了古来有关这方面的理论和经验外，还访问了劳动人民，记录了他们的经验，他还注意到少数民族对这方面的贡献。有时还把有特殊成就和出色艺术的工匠姓名记下来。例如卷六"饮食类"中"稻"条，叙述了稻的生长状态、耕种方法、种植区域、种类等，卷十"鸟兽类"中"豕"条，介绍了猪种、猪的饲养方法和疾病治疗方法等。又例如卷七"金石类"中叙述把煤炼成焦炭的事情。将煤炼成焦炭以供冶炼是煤的最大用途之一，焦炭的发现对冶金业的发展起有重要作用，欧洲最早制炼焦炭是在1771年。《物理小识》告诉我们，至迟在明末我国已经能制炼焦炭，可见比欧洲至少要早200年左右。这是科学史上很珍贵的记录。

《物理小识》除充满着极有光辉的记录外，也有不少无稽和迷信的记录，但是它的优点是主要的，特别表现在发扬和捍卫中华民族优秀的科学文化，跟殖民帝国的先遣队——传教士所传播以僧侣主义为中心的"西学"的斗争上。因此它仍不失为我国明末清初的一本有价值的科学著作。

（原文载于《科学画报》，1962年12月）

中国人早期*对蒸汽机、火轮船的研究与制造

一、中国古代造船技术

(1)中国的造船与航海技术从古就闻名于世

我国江河湖泽很多,海岸线有一万八千多公里长。毛主席曾说:"在这个广大的领土之上,……有很多的江河湖泽,给我们以舟楫与灌溉之利,有很长的海岸线,给我们以交通海外各民族的方便。"①面对着这样多的江湖与这样长的海岸线,我国人民自古以来就善于造船与航海。远在距今约 2200 年的战国以前,我们的祖先已经制造出许多种的船只与航海工具,完成了北起渤海南至广东一带的整个海上交通线的开辟;台湾等岛跟大陆之间的日益增进的紧密联系也已通过海上交通建立起来。至迟在公元 5 世纪时,中国的帆船已远航至东南亚各国,甚至横渡印度洋直达波斯湾。经隋、唐、宋、元、明各朝的发展,加以指南针的发明,促进了航海技术发展,中国船是世界上最有名的船,并且船舶式样最多。明郑和在1405—1433年间七次出使"西洋"(指今之南洋及印度洋沿岸),有一次出使时,带领的大舰队有 62 艘大渔船,最大的船长 44 丈,宽 18 丈,可容纳 1 千左右人,全部船舰共载 27800 人。总之,中国的造船与航海技术从古就闻名于世。

图 1

(2)轮船(车船)

中国的船非但用桨、橹与帆行驶,而且很早就用"轮"来行驶,在公元 483—493

63

年间，我国伟大科学家祖冲之（429—500）创制了"千里船"，放在新亭江（今南京西门外）试验，日行百余里；这是利用轮子激水前进，这样间歇的推动力（桨、橹等）变成持续的推动力（轮子）。它是轮船的始祖。唐李皋（733—792）也曾造过"轮船"，为两个明轮的木船，足踏轮前进，用于军事上，叫做"车船"，以后大都叫做"车船"。宋代车船很普通，主要用在军事上，例如宋代杨么起义军曾经造过车船，屡败官军；虞允文也用"车船"，击败金兵。而且也有把车船用作娱乐的游船，例如杭州的西湖就出现过这种车船。当时的车船已改进不少，例如杨么的车船大致是：在船身前后设有车轮，用来代桨，用脚踏轮，即可使船进退两驶。进退两驶是车船的一大优点，车轮的多少不等，有 9 个的，有 13 个的，也有 22 个的，等等。船舱上建有两层或三层的楼，大的船长 30 多丈，船头设有拍竿（一名横竿），上面装有巨石，下面装有辘轳，作为打击敌人的武器。正式用"轮船"的名称始于元朝（1260—1368）。

车船图

在西欧，在 18 世纪 80 年代才有"轮船"的试制。所以在轮船方面，我国有过光荣的历史，我国有世界上最早的轮船，这可能跟脚踏水车有关，我国发明与使用水车是较早与较普通的（我国在公元 220 年以前已发明水车）。轮船很可能从水车的构造上得到启发，把水车的一部分机构灵活地应用到船上去代替橹和桨，激水行舟。从我国的船的历史看，我国造船与航海技术是卓绝的，对制造"轮船"来说，也有着丰富的经验。但是，封建经济使我国的造船业不能在原有基础上作出更大的进展。

（3）鸦片战争时国人制造"轮船"

1766 年俄国巴祖诺夫造成蒸汽机，1784 年英国瓦特改进蒸汽机，西欧以蒸汽为动力的火轮船(汽船)成于18世纪末19世纪初。1835年英国的"渣甸号"驶入广州,为火轮船驶入中国之始。在鸦片战争时,英帝把火轮船用于战争,侵至我国沿海者约20艘,当时火轮船用于"探哨"及拖曳,最大功率不过400马力。我国比较开明的地主阶级知识分子,以林则徐、魏源等代表,提出"师夷之长技以制夷"的口号,竭力仿造火轮船。林则徐(1785—1850)在1839年到广州后,他注意了解外国情况,派人翻译外国书报,收集外国材料,编成《四洲志》草稿,后来他的友人魏源(1794—1856)根据《四洲志》扩充写成《海国图志》,在《海国图志》的"夷情备采二"中曾报道了1840年英国汽船入侵事,文中把汽船译为"火船"。其他文中有译为"火轮船"与"火轮舟",并介绍了火轮船的特点与构造。提倡制"火轮船",启发了国人对蒸汽机与火轮船的研究与制造。1840年6月,嘉兴县丞龚振麟(精于数理,善于钻研)调任宁波军营,他看到英帝的火轮船"以筒贮火,以轮激水",作测沙线、探形势的向导的船,能出没波涛。他"心有所会",他于是乎用中国原有"车船"的方法,又仿英国火轮船形造成水轮战舰,使中西洋技术结合,先与工人合作制成小样,在湖中试验,行驶迅捷,后依前式制造巨舰,越月而成,在海中行驶甚便。1841年3月林则徐来浙东协助军务,到浙后就帮助龚振麟制造炮舰,当时林则徐带有战船的图样八种,跟"车船"有关的是两种:一种是车轮船图,另一种是用桨或用轮。车轮船前后各舱,装车轮二辆,每辆六齿,齿与船底相平,车心六角,车舱长三尺,船内两人齐肩,把条用力,攀转则轮齿激水,其走如飞,或用脚踏转,如车水一般。……如船轻则用石压之,盖船底入水一尺,则轮齿亦入水一尺也。龚振麟所造的轮船,引起英国人的注意与惊异。他们不能不承认这种中西技术结合的新产物是成功的,中国是有较高技术的国家。

此外,批验所大使长庆"仿昔人两头船之法",也造过车船,"船身长六丈七尺,……两头安舵,两旁分设桨三十六把,中腰安水轮两个,制如车轮,内装机关,用十人脚旋转,轮之周围,安长板十二片,如车轮之辐,用以劈水"。可供"缉捕之用"。

二、鸦片战争前后中国人对蒸汽机、火轮船的研究

在鸦片战争前已有《东西洋考每月统记传》等介绍蒸汽机、火轮船,但都是很简单的。国人丁拱辰,福建晋江人,通数理,善于创造器械,后曾到外国做生意,因此有机会接触西洋资产阶级的物质文明,并且又进一步学习了当时的西方科学技术,对火炮、火箭、蒸汽机等很有研究,做了一些试制工作,著《演炮图说辑要》一书(在1841年即道光二十一年第一次写成,后又著《演炮图说后编》,在1851年印行),内有"西洋火轮车火轮船图说"谈及火轮船、火车与蒸汽机。这是国人自著关于蒸汽机、火轮船、火车等的第一部著作,内容比较详细,从制造角度出发来谈,切合实用,远胜过当时从西洋翻译过来的同类著作。他与工人配合,曾经造成火车头的雏型一架，长一尺九寸，宽六寸，载物三十余斤，这是我国第一架火车头雏形。又曾经造过火轮船，长四尺二寸，阔一尺一寸，放在河内试验，行驶颇快，可惜太小，蒸汽不能发生很多，不能远行，这是中国最早的火轮船雏形。文中又提到"惜粤东匠人，无制器之器，不能制造大只"。在1842年，广东"绅士"潘世荣（十三行中和行的老板）雇用中国工人，自制小火轮一只，这是中国工人自制的第一只火轮船（比日本早，日本在1857年）后来奕山、祈埇、旻宁（宣宗）等顽固派以为此船"不甚灵便"，"既不适用"，不要再造，本来初期制品，不甚灵便是通常的事情，没有什么，理应加以改进发展，实因顽固派故步自封，拒绝新鲜事物的输入，没有认识到火轮船在交通运输上的重要，错误地以为战事已结束，火轮船不需制造了。这样，对当时蒸汽机、火轮船的试制与研究起了很大的阻碍作用。在当时，中国工人中已有人掌握造火轮船技术，例如广东工匠何礼贵，原来是替外国人造船的工人，能造火轮船及其他各式战船，具有高度技术。在1843年旻宁（宣宗）把他调到湖北，制造长江水师的船舰，还特别命令湖北的统治者对他"密为看管，勿令与外人交换，或乘间脱逃"，可见统治阶级如何对待新技术与掌握新技术的人了。尽管如此，然而试制轮船的事情，并不因顽固派的阻挠完全停顿，例如1847年仍有人在广州进行小型汽船的试制，可惜没有成功。

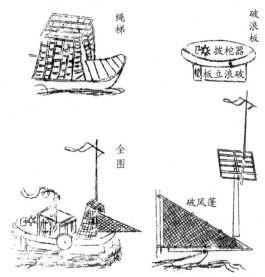

图2 《镜镜诊痴》中的火轮船图

比丁拱辰稍迟国人在火轮船有著作者首推安徽歙县郑复光，郑精于数理，特别是光学，善制造器械，有关数学与物理的著作甚多，张穆曾荐于当局，用以抗英，因"战事结束"未成。约在1840年前后，郑复光根据当时的《传钞》、小船样、蒸汽机图、《演炮图说》等，凭他已学的《奇器图说》等机械知识，向丁拱辰请教询问，与山东日照的丁守存讨论，深入钻研，写成《"火轮船图说"与"补正"》，附在他的光学巨著

《镜镜诊痴》(1847 年 2 月成书)之后。魏源辑的《海国图志》,也收有郑复光的《火轮船图说》,基本相同,唯文字稍有出入;《镜镜诊痴》中的"火轮船图说"比《演炮图说》的"西洋火轮车火轮船图说"更详细些,更切合实用。但未得到支持试制。其次要算浙江杭州的戴煦(1805—1860)及其甥王朝荣。戴煦与王朝荣是当时的数学家,戴煦因接伯兄戴熙(当时在广东)之信,谓"英人的战舰用火轮船,吾弟精思必得其制",因而钻研,著《船机图说》未成,王朝荣补成,凡三卷,已刊行,但未见其书。此外,浙江湖州的张福僖(? —1862)也精于数理,译《光论》,与戴煦、李善兰等有往来,对蒸汽机、火轮船也有研究,但有否专门著述待考。

三、19 世纪 60 年代徐寿、华衡芳等对蒸汽机、火轮船的研究与制造

在这里首先应该指出,太平天国干王洪仁玕(1822—1864)是提倡制造火轮船、火轮车的,他是太平天国后期领导人物之一,他曾到过香港,学习过天文历数,略通"机械工程",是农民革命队伍中受到西方资本主义影响的知识分子。在 1859 年,他提出了新的施政改革方案《资政新编》,在《资政新编》里,他提倡制造火轮船与火轮车,"中宝者以有用之物为宝,如火船、火车、钟镖(表)、电火表、寒暑表、日晷表、千里镜、量天尺、天球、地球等物,皆有夺造化之巧,足以广闻见之精,此正正堂堂之技,非妇儿掩饰(饰)之文,永古可行者也。""一兴车马之利,以利便轻捷为妙。倘有能造如外邦火轮车一日夜能行七八千里者,准自专其利,限满准他人仿做。若彼愿公于世,亦禀准遵行,免生别弊。""一兴舟楫之利,以坚固轻便捷巧为妙,或用火、用气、用力、用风,任乎智者自创;……兹有火船气船一日能行二千余里者,大商则搭客运货,国家则战守缉捕皆不数日而成功,其有裨于国焉。……"这些建议提出后,得到天王洪秀全的赞许,并作为官书颁布了。这非但是我国政府提倡制造火轮船、火轮车之始,而且从国计民生着想来提倡火轮船、火轮车决然不是当时腐败的满清政府所能够做到的。由于当时太平天国正处于艰危的革命战争时期,这个倡议无法实现。经过第二次鸦片战争,清政府中曾国藩、左宗棠等,一方面勾结帝国主义来镇压太平天国的革命,一方面认为火轮船等可以作为镇压太平天国的革命的工具。1861 年,湘军攻下安庆,便在安庆设立一个内军械所,招聘了一批当时认为懂科学技术的人员,制造枪炮弹药。1862 年决定试制火轮船,参加工作的有徐寿、华衡芳、徐建寅、吴加廉、龚云棠等知识分子与中国工人(并另有外国人参加)。最主要的是徐寿与华衡芳,徐寿负责制造机器方面,华衡芳负责绘图计算动力方面。徐寿(1818—1884)与华衡芳(1837—1902)都是江苏无锡人,原来是好朋友,精于格致,善于制器,互相研讨,亲做试验。他们在制造轮船之前参观安庆一只外国造小火轮,英教士傅兰雅等说他们参考的文献只有英教士合信著的《博物新编》一书中的略图,不能置信,因为徐寿对"凡与格致有涉者……莫不穷源委焉",故《演炮图

67

说》特别是《镜镜诊痴》,徐寿等在制造轮船时,不会没有参考的(《镜镜诊痴》在1847年出书,收在道光灵石杨氏《连筠簃丛书》内),傅等语是别有用心的。他们先试制小型蒸汽机,经过三个月的钻研,在1862年古历7月试制成功,"甚为得法"。蒸汽机的汽锅原料是跟锌相似的合金,模型的汽缸直径一又十分之七吋,飞轮转速每分钟二百四十次,对这个蒸汽机,曾国藩在日记中有这样的描述:"华衡芳、徐寿所作火轮之机来此试演,其法以火蒸水气贯入筒(即汽缸),筒中有三窍,闭前二窍,则气入前窍,其机自退而轮引上弦;闭后窍,其机自进而轮引下弦。火愈大则气愈盛;机之进退如飞,轮引亦如飞。"在蒸汽机试制成功以后,便进一步试制火轮船,到安庆长江中参观过小火轮。初拟制暗轮的船,在1883年制成,但是,在试车中只行驶了一里,由于蒸汽供应不上而呆滞不前。曾国藩在1868年的"新造轮船折"中曾经提到这艘轮船:"同治二年(1863)间,驻扎安庆,⋯⋯虽造成一小轮船,而行驶迟钝,不甚得法。"[①]徐寿等吸取了这次的失败教训,放弃了暗轮的汽船,转向试制明轮的汽船。1864年太平天国的南京已给曾国藩军攻陷,曾国藩把内军械所搬到南京,明轮试制工移到南京进行,在1865年3月,终于制成火轮船"黄鹄"号。"黄鹄"号为木壳船(铁壳船在世界上1850年才有),船重二十五吨,长五十五华尺,高压引擎,单汽缸,直径一吋,长二吋;轮船的回转轴长十四吋,直径二又五分之二吋,锅炉长十一吋,直径二吋六吋,锅管四十九条,长八吋,直径二吋,船舱设在回转轴的后面,而船的前面是机器房。船速约二十多里。[②] 这艘轮船除了回转轴、烟囱和锅炉所需的钢铁采用国外的原料外,其他一切原料、工具、设备完全采用本国的,由自己加工制造,全部费用(包括模型、工具与仪器设备等)约用八千两银子。但是这艘轮船制成后,就被曾家霸用,且因滥用缺修,三年后有人看到已是多处漏水,机件大大消耗了。"黄鹄"号瞬时就被人们忘记了。统治阶级曾国藩、李鸿章等看不起这些轮船,认为仿造轮已告失败,于是转靠"洋人"的帮助去办"江南制造局"了(江南制造局是1865年设立,1867年才开始造船)。

1864年左宗棠也在杭州觅工匠仿造小轮船,也得类似结果,"形模粗具,试之西湖,驶行不速,以示洋将德克碑、税务司日意格,据云,大致不差,惟轮机须从西洋购,乃臻捷便,因出法国制造船图册相示,并请为监造。"左宗棠就同意外人的看法,不再试制,1866年委托日意格创立"福州船政局"了。

(原文载于《杭大函授》物理版,1962年4月)

---

① 《曾文正公全集》"奏稿"卷二十七。

② 船速还有两个资料:一作约五十里,一作四十余里。

清初光学仪器制造家孙云球[*]

　　孙云球字文玉，又字泗滨，出生在明崇祯（1628—1644）初年，死在清康熙（1662—1735）初年，年33岁。父亲志儒，曾为福建漳州知府。母亲董如兰，通文艺。孙云球本是江苏吴江县人，寓居苏州虎丘。他小时非常聪明，13岁时为吴江县县学生。不久父亲死亡，家境衰落。又遇明朝灭亡、清军南下的灾难，困难更大，以卖草药来维持母亲和自己的生活。他喜欢制造器械，他所制造的器械很奇巧，人们佩服之至。他曾经自己设计创制"自然晷"来判定时刻，十分准确。他又创制眼镜，后来就以制造眼镜等为业。按我国眼镜发展的历史[5-6]，至迟宋时已用水晶映物。在元、明时，眼镜从外国输入，一路由陆路经甘肃、陕西等地输入，清初则主要是从广东输入，但数量并不很多，以远视眼镜为主，当时视为珍品。这些由外国输入的眼镜都是用玻璃制的。苏州①制造眼镜是孙云球始创[1-2]，他创造性地采用水晶为原料，用手工来磨制，他非但能制造远视眼镜，并且能制造近视眼镜。"以年别者老少花，以地分者远近光。"[3]"老少花"眼镜指老人用的远视眼镜，通常依年龄把眼镜粗分为"老花"（60岁以上人戴的）、"中花"（50岁人戴的）、"少花"（即"粗花"，40岁人戴的）②。"远近光"眼镜即指"远视眼镜"和"近视眼镜"。他又采用"随目对镜"的办法，所以能使患者配到合适的眼镜，需要的人愿出重价购买。孙云球在磨制凸透镜和凹透镜的基础上，制造出千里镜（即望远镜），他曾同浙江天台文康裔（患近视的），用望远镜在虎丘山上观察，清楚地看到苏州城内楼台塔院和天平、灵岩、穹窿等山，文君赞美为神技。[2]《吴门补乘》和《苏州府志》认为望远镜是他制造各种镜子中最奇绝的[2-3]。按望远镜当时除为千里镜外，也称"远镜""窥远镜""窥筒眼镜"等。欧洲约在1608年眼镜制造者利伯休（Hans Lippershe）发明望远镜，1609年伽利略制成望远镜，人们称他的望远镜为伽利略望远镜。中国书中提及望远镜最早的为葡人阳玛诺的《天问略》（1615年刊行），正式介绍望远镜的专书是1626年德人汤若望和国人李祖白共译的《远镜说》[8]（该书为1618年Francofarte

---

　　[*]　前言：孙云球是清初卓越的光学仪器制造家，在光学仪器上贡献很大。但目前已发掘的关于孙云球的资料很少。作者参考了有关资料，并作了一些初步的调查，写成本文，提出了一些很粗浅的意见，向学术界请教，并希望引起进一步的研究。

　　①　清初我国自制眼镜除苏州外还有广东，但较苏州为迟。

　　②　据杭州明远眼镜技师朱侍伯、王美荣两同志语。

刊行的 Girolamo Sirturi 著 *Telescopium* 的译本），全书只有 5000 字左右，内容简略，涉及造法的只有 200 字左右。后来从西洋带来少数望远镜实物。1629 年徐光启曾奏请拨工料制望远镜三具，究竟是否造成，现在无法考证。在 1631 年徐光启使用了望远镜观测日食。同年苏州人薄珏也曾用望远镜放置在大炮上[9]。后来李天经领导的"历局"也制造过望远镜。孙云球的望远镜的式样究竟怎样？有关资料虽无直接提到，但根据有关资料可以推知他所制造的望远镜是折射式伽利略望远镜，就是物镜为单一凸透镜、目镜为单一凹透镜的望远镜。从《吴县志》中提到孙云球用它来观察城市房屋和风景的记载看来，显然是得正像的望远镜（即地上望远镜，非天文望远镜）。《远镜说》所介绍的也是伽利略望远镜："用玻璃制一似平非平之圆镜，曰筒口镜，即前谓中高镜，所谓前镜也。制一小洼镜，曰靠眼镜，即前谓中洼镜，所谓后镜也。"[8]《镜镜诊痴》（在 1840 年前写成，1847 年刊行）："凡观象远镜亦止用两镜所谓一凸一凹者也。……远镜初出只凹凸一种。"[13] 又云："远镜刱于默爵，止传一凸一凹。厥后汤若望著《远镜说》、南怀仁撰《仪象志》皆无异辞。"[13] 薄珏所用的望远镜也是折射式地上望远镜，"每置一炮，即设千里镜，以侦'贼'之远近。镜筒两端嵌玻璃"[9]。在清初，苏州工商业很发达，孙云球原来又是个县学生，当然很可能读到《远镜说》，而且很可能看到望远镜实物。薄珏是他的同乡（薄珏虽曾寓居嘉兴，后来住苏州），也是个贫穷县学生，年龄比他稍大，性情和喜爱跟他很相近，孙云球很可能受到薄珏的直接影响。由上述理由可知孙云球所制造的望远镜显然是折射式伽利略望远镜。根据现有资料，我们可以这样说，我国民间独立制造望远镜当推孙云球为最早；在此以前历局虽曾制造望远镜，但有外国人参加[12]，不久以后（1673 年以前），黄履庄（1656—?）也制造了望远镜[10-11]。

孙云球除了制造眼镜和望远镜以外，还制造了七十种镜子，[1-2] 兹将现在知道名称的，分述如下。

（1）存目镜和察微镜

存目镜："百倍其明"[3]、"百倍光明、无微不瞩"[2]，存目镜就是现在的放大镜（或称简单显微镜）。上文已经提到我国至迟在宋时已用水晶映物[5]。明时已有"单照"[2]，这已是正式的放大镜了。

察微镜：或即"显微镜"。黄履庄也曾造过显微镜。察微镜系何物，实难定论，因关于孙云球的传记中没有片纸只字的介绍。但是显然不是简单的放大镜，因为简单的放大镜即存目镜已另为一种镜子。作者以为察微镜可能是"复式显微镜"，盖因欧洲的复式显微镜跟望远镜差不多同时发明[19]，当时复式显微镜也可能已传入中国。[4] 又复式显微镜的构造跟望远镜相似，在制造望远镜的时候有可能制造或发明复式显微镜。不过当时我国的社会情况，无论在天文、军事或日常生活中，需要望远镜远较复式显微镜为切，[18] 因而望远镜的输入和自制的数量较多。《镜镜诊痴》中介绍了另一种显微镜:"作显微镜。……
通光显微镜以观洋画,……其法:倒置画册于案,
侧置含光于上,立置显微于旁,目从显微上视含光
内画,画景自顺。如图(图1)。辰为含光镜,嵌入
木匡(框),镜面下向。甲乙处作轴,上套螺旋,连
于显微镜匡(框)上,可使斜地支撑收合而不脱。
丁为显微,己为镜柄,活入座柄,座柄之口,按螺
旋,使可伸缩。高低配定,则转螺旋以固之。丑寅
为画册,倒置之,使卯入乙,寅入丙,则乙为上,而

图 1 通光显微镜
采自《镜镜诊痴》,图中"己"字
应移至"丁"之下

丙为下,自丁窥之,上下自顺,惟左右必易位,故画上有字,须用左书。"(《丛书集成》
印本第 57—58 页)。"通光"就是"透光"或"透明","含光"就是"反光","含光镜"
(辰)就是"平面反射镜","显微"(丁)就是"凸透镜"。整个装置就是一个平面镜和
一个凸透镜组合而成。孙云球的察微镜也有可能是指这一类把放大镜跟其他镜子
配合使用的"显微镜"。《镜镜诊痴》介绍的通光显微镜的放大率并不比单一凸透镜
的放大率为大,然而,这样的装置在减轻观察者的劳动强度上起了作用。

(2)万花镜和多面镜

万花镜:"能化一物为数十者"[2],"能视一物化为数十"[2],万花镜单从它的名
称来看,好像应该是"万花筒",但从描述它的两句话来看,应该不是"万花筒"。外
国万花筒的发明是比较迟的,在 1817 年英国科学家布卢斯脱(David Brewster,
1781-1868)才发明万花筒[20-21],我国书中很明确介绍万花筒的根据作者所知算是
《镜镜诊痴》(《丛书集成》印本第 67—68 页)。看来万花镜可能还不是万花筒,而可
能是比万花筒较简单的利用多次反射成复像的装置,当然,具体的构造无法推测。
在清初西方来华教士有带"万象镜"来的[8],"万象镜"可能就是"万花镜"一类的
东西。

多面镜:可能就是"多宝镜",清初西洋也有此种镜传入中国。《澳门记略》
(1751 年作):"有多宝镜,合众小镜为之,远照一人作千百人。"[4]《镜镜诊痴》云:
"通光玻璃,一面平,一面辗成多隔,每隔俱为平面,则照一物而每隔各见一物之景,
成多景,名多宝镜。""多宝镜或七隔或十四隔无定。"(《丛书集成》印本第 66 页)可
见多宝镜也是利用多次反射成复像的装置。黄履庄也曾经造过多宝镜一类的东
西,叫做"多物镜"[11]。

由上可知,孙云球曾造过利用光的多次反射成复像的装置——万花镜和多宝
镜(至于两者的区别则无法推测)。

（3）放光镜和夜明镜

放光镜：疑即黄履庄的"瑞光镜"一类镜子。黄履庄的瑞光镜为："制法大小不等，大者五、六尺，夜以灯照之，光射数里，其用甚巨。冬月人坐光中，'遍体生温，如在太阳之下。'"[10-11]瑞光镜为探照灯一类装置。在外国 1779 年俄罗斯库里宾首先用凹面反光镜放在光源后制成探照灯。[16][20]如果放光镜即瑞光镜，那么，孙云球是世界上首创探照灯的人。

夜明镜：或许也是利用反光镜放在光源后面的装置，不过专作夜间的照明用。《镜镜诊痴》也提到这类的装置——地灯镜和诸葛灯镜："地灯镜即含光凹也。旧法锡为烛台，高三尺余，后作凹形镜各四只、六只、八只，演剧用之，亦颇助光。""地灯镜宜铜，愈大愈妙，至小尺余可也。须活安，固以螺旋，便于远近上下相对。"（《丛书集成》印本第 60 页）"含光凹"即"凹面镜"，地灯镜已跟现在舞台上照明所用的灯很相近。既云"旧法"，可见一定使用较早者。又诸葛灯镜："诸葛灯其果出自武侯与否不可知。今所见者皆洋制、广制耳。或麻苤铁或铜为之。形如园亭，作两层相套，……外层……中心作箭（如戊西），安通光凸镜（如申西）。……艮巽为含光内凹，安于内层

图 2　诸葛镫镜
采自《镜镜诊痴》

后壁之内。……""此灯旧有含光凹于内层后壁对前凸安之。"（《丛书集成》印本第 61 页）诸葛灯镜的主要构造为光源之后设凹面镜，光源之前设凸透镜[14]。孙云球的夜明镜疑为跟地灯镜和诸葛灯镜等基本相似，惟可能没有这样复杂。

总之，放光镜和夜明镜可能是在光源之后设凹面反光镜，惟夜明镜专用在夜里。

（4）幻容镜和鸳镜

幻容镜：疑即现在的"哈哈镜"一类的镜子，为利用曲面反射造成的。

鸳镜：应是照容用的微凸的凸面镜，很可能是铜制的，在镜背面刻有以鸳鸯为主的花纹，我国汉时已有之[15]。

此外尚有夕阳镜和半镜，不知何物，待考。

他制成的各种镜子，《吴县志》誉之"巧妙不可思议"[2]。的确，他能创造性地利用凹透镜、凸透镜和反射镜制造出许多种当时新奇的镜子，我们应该给以很高的评价。他又曾总结他的造镜经验，写成《镜史》一卷，当时"市坊依法制造，各处行之"[1-2]。《镜史》一书，虽经多方寻求，迄未获得，恐已失散。① 现在只知道他的母亲曾为《镜史》作过序文或序文中的几句话。[2]苏州眼镜业最初是集中在虎丘一带，

---

① 《镜史》已于 2007 年由孙承晟在上海图书馆发现。——编者注。

后来因太平天国革命和眼镜业本身发展的关系逐渐搬到阊门西中市专诸巷一带。当时眼镜业很多是跟珠、玉业并在一块①，后来逐渐单独开业。最近成立了"苏州眼镜厂"，规模很大。苏州制眼镜一向闻名全国，产品很多推销外地，而且有些店迁移到外地或在外地设分店，影响很大。据说上海闻名的良材眼镜公司即为苏州老店（成立于康熙五十八年，即公元1719年）分出的[6]。孙云球是苏州眼镜业的创始人，他的《镜史》又"各处行之"，所以说，孙云球在我国光学仪器发展史上应占有光荣的地位，很值得我们重视的。

参考文献

[1]同治《苏州府志》，卷二十，物产，"眼镜"。

[2]民国《吴县志》，卷五十一，物产二，"眼镜"；又卷七十五下，列传艺术二，"孙云球"。

[3]钱思元：《吴门补乘》，卷二，物产补，"善制眼镜孙云球传"。

[4]张汝霖、印光任：《澳门记略》，卷下，"澳蕃篇"，长恩阁抄本，第14页。

[5]赵翼：《陔余丛考》，卷三十三，商务印书馆，1957年版。

[6]聂崇侯："中国眼镜史考"，《中华眼科杂志》，八卷四期，1958年4月。

[7]李俨："明清之际西算输入中国年表"，《中算史论丛》，第3集，第10—68页，科学出版社，1956年版。

[8]汤若望等：《远镜说》，《丛书集成》第1308册。

[9]邹漪："薄文学传"，《启祯野乘》，一集，卷六，故宫博物院本。

[10]戴榕："黄履庄小传"，《虞初新志》，第92—96页，文学古籍刊行社，1954年版。

[11]王锦光："我国17世纪青年科技家黄履庄"，《杭州大学学报》，物理专号（一），1960年1月。

[12]费赖之著，冯承钧译："汤若望传"，《入华耶稣会士列传》，第194页，商务印书馆，1938年版。

[13]郑复光：《镜镜诊痴》，《丛书集成》第1040册。

[14]光源前设凸透镜使光远照的方法在清道光以前已有，参阅民国《福建通志》第九十三册，艺术传卷三，制造四，"赵彦衡"。

---

① 在苏州专诸巷周宣灵王庙内设有珠、晶、玉同业公会，"晶"就指"眼镜"。这段变迁事实是向江苏省博物馆徐澐秋先生、苏州文管会和周宣灵王庙近旁居民访问而得。又据杭州市明远眼镜厂老工人顾鉴清同志云：该庙神周王是眼镜业的祖师。但据《吴门表隐》卷三周宣灵王庙条："庙神姓周名雄，……一作姓嫪名宣。"并无提及制眼镜事。周宣灵王庙内同业公会碑文亦仅云："乃集醵资在专诸迤东周王庙街共营一庐，俾物以类聚而交易各得其所。"也无提及制眼镜事。

［15］徐元润：《甲戌丛编》第三册，"铜仙传"。

［16］奥尔洛夫主编，沈曙东译：《俄罗斯电工技术史话》，第 15 页。中国青年出版社，1954 年。

［17］合信：《博物新编》，初集，第 42 页，上海墨海书馆，1855 年版。

［18］傅兰雅：《格致丛书》第十册，"显微镜说"。

［19］F. Cajori, *A History of Physics*, 1928.

［20］*Большая Советская Энциклопедия*，卷 19，"Калейдоскоп"条；卷 24，"Кулибин"条。1953 年版。

［21］*The Encyclopaedia Britannica*，卷 13，"Kaleidscope"条，1956 年版。

（原文载于《科学史集刊》第五辑，1963 年 4 月）

清代女科学家黄履

　　黄履,是清代中叶卓绝的女科学家,生在 19 世纪初(嘉庆年间),浙江省杭州府(今杭州市)人,住在府城湖墅的枯树湾。由于她在学术上的成就受父亲的影响很大,而且她的部分工作就是父亲工作的继续,所以在这里先简要地介绍一下她的父亲。父亲黄超,原名桢,字铁年,曾做过萧山县的训导和金华县的教谕(训导、教谕都是县学里教师的称号),教学很认真,以身作则,教学效果很好,深受学生的爱戴。精通天文、数学、物理等自然科学,曾自制寒暑表(即温度计),十分精确。跟当时大科学家郑复光有来往,商讨科学上的问题,曾读过郑复光的光学著作《镜镜诊痴》的手稿,对这本书大加赞扬,打算替郑付印,因郑尚欲修改,没有答允他。黄超生平著作很多,有《太岁考》《黄庭经注》《参同契注》《群仙传》等,惜都已散失,今仅存解三角的题目一份。

图 1　黄履在制作千里镜(董天野图)

黄履从小好学,很会钻研,记忆力很强。在她父亲的教导下,通过她自己的不断努力,精通天文、数学、物理等自然科学,她还喜欢动手做实验,亲自制作仪器。她也曾制成寒暑表,还有千里镜(望远镜),她所制造的仪器都富有创造性。清陈文述写的《西泠闺咏》说她"作寒暑表、千里镜,与常见者迥别"。她制的温度计的种类与特点怎样,可惜书中没有只字介绍。现在我们对她制的温度计的特点,还无法探索,不过对温度计的种类可以作下面的推测:世界上最早的温度计为空气温度计(利用温度计泡内的空气跟温度变化而胀缩的原理造成),在 1600 年左右被意大利大科学家伽利略所发明。几十年后才传入中国,1673 年北京的观象台才造成这种仪器,1674 年才有书本正式介绍这种仪器。

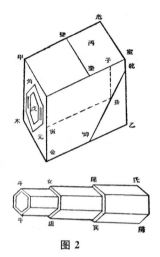

图 2

我国黄履庄(1656—?)也制过空气温度计。液体温度计在 1660 年左右才在欧洲创作,但是很粗糙的,直到 18 世纪初叶,德国人华氏才制成水银温度计,刻度采用华氏温标,在 18 世纪 40 年代后,才有摄氏温标。在黄履的时候,华氏水银温度计应该已经传入中国,所以黄履的温度计可能是液体温度计,刻度为华氏温标。在 1855 年出版的介绍西洋科学的书《博物新编》中叙述了华氏水银温度计(该书出版比黄履制温度计稍迟或同时)。她制造的千里镜是她的重要创作。《西泠闺咏》中说:"千里镜于方匣上布镜四,就日中照之,能摄数里之外之影,平列其上,历历如绘。"实在这是当时所谓的"取景器"("景"就是"影","取景器"就是没有装照相片的"照相机")与望远镜相结合的装置,能摄取远距离景物之象,已孕育了天文照相机的特点,为天文照相机的祖先。郑复光在《镜镜诊痴》中详细介绍了"取景器","取景器"的构造如图 2 和图 3,透镜、反射平面镜、附纸的玻璃(也有用毛玻璃的,当时毛玻璃称为玻璃纱)装在木匣内,摄取外面的景物于毛玻璃上,可供描绘用。这种装置在欧洲出现于 18 世纪,在 1839 年后演变成照相机。中国约在 1844 年至 1867 年之间,大科学家邹伯奇(1819—1869 年)把它去了反射镜,加上照相片、快门、光圈做成照相机。黄履可能看到《镜镜诊痴》等书上的"取景器",也可能看"取景器"的实物,得到启发。她创造性地把"取景器"跟"千里镜"结合起来(千里镜的历史可参阅本刊 1963 年 2 月号),能摄取远方景物,这种"千里镜"(实在应该叫"远程取景器")的构造及光路可能如图 4。它由两个透镜、一块平面镜、一块

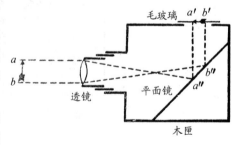

图 3

毛玻璃组成,两面透镜间的距离能够调整,能使远方景物清晰地摄取在平放的毛玻璃上。如把毛玻璃换以照相片,就可供天文摄影用。在欧洲,天文照相也只是1839年以后的事。所以黄履的千里镜(远程取景器)是当时一件新颖的创造发明,从中表现出她惊人的科学才能和高度的技术水平。她不愧为我国历史上一位卓绝的女科学家。

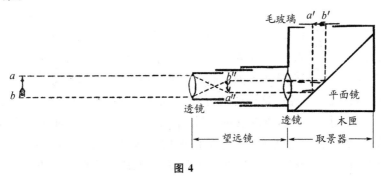

图 4

黄履是多才多艺的,她也很欢喜文学,诗词做得很好,为当时杭州有名的女诗人。又懂音乐,著有《诗词稿》和《琴谱》,可惜都已失散。

她生活在封建社会里,而能打破"女子无才便是德"的封建桎梏,刻苦钻研自然科学,亲自动手创制仪器,做实验,在学术上获得成就,确是一件难能可贵的事情。但也正因为生在重男轻女、漠视学术成就的旧社会里,因而她的生平事迹与科学活动,完全不见于史书,连专门介绍天文、数学、物理等科学家事迹的《畴人传》中也没有提到,只是零星地散见在笔记小说与诗话、诗钞等中,以致她的名字也很少人知道,竟埋没了一百多年。

(原文载于《科学画报》,1963 年 3 月)

唐代机械制造家李皋

李皋(733—792 年)，字子兰，唐朝宗室。曾任湖南观察使、江西节度使等职。在任中做过一些有益百姓的事情，例如兴水利、穿井、造桥、开仓赈济等。为人勤俭，知人疾苦。在机械制造方面贡献很大，最有名的为轮船和欹器。

（1）轮船。又名车船。这种船的行驶，不是靠普通的船桨打水前进，而靠轮形桨（图 3）来推动水而前进，所以也叫"桨轮船"。普通的船桨是间歇运动的，桨轮是持续转动的，桨轮船的速度比普通桨船的速度为大，效率大大提高，是造船业中的一个重要发明。这个发明也许是由南北朝的大科学家祖冲之（429—500 年）开始的，他造的"千里船"可能就是桨轮船，不过这只是推测。根据现有史料，桨轮船的创制应推李皋，这是科学史界所公认的。《旧唐书》中的"李皋传"说：李皋常常思索研究，造过战舰，每舰具有两个轮子，用脚踏之，舰就前进，行驶速度很快，比上帆船。设计制造简易，又坚固耐用。

这种轮船的行驶机构跟脚踏的"水车"（翻车）差不多，它的发明在翻车（汉代发明）之后，是受到翻车的影响。后来轮船又有发展，例如宋朝农民起义军领袖杨么的部下高宣曾制造许多轮船，其中最大的轮船，船长三十多丈，装有二十多个桨轮。明朝茅元仪的《武备志》绘图介绍，称为车轮舸（图 3）。轮船以后一直流传下来，在鸦片战争时龚振麟（？—1861 年）等还造轮船跟英军作战，保卫海防。也正是那个时候，中国人开始研究与自制以蒸汽为动力的蒸汽船，那时蒸汽船也用桨轮（明轮）推动，所以为跟人力推动的轮船区别起见，把蒸汽船叫做"火轮船"。我国人善于制造脚踏轮船，为制造"火轮船"带来一些便利。后来脚踏轮船逐渐消灭。不过在清末上海、广东等地的渡轮仍有用脚踏轮船（俗叫"木轮船"），这就是唐宋轮船的遗迹。

（2）欹器。欹器究竟是个什么东西？它的原理怎样？这真是一个有趣的谜。在《孔子家语》上载有这样一个故事：相传孔子有一次和他的儿子等到一个庙里游玩，看到庙里一个新奇的东西，不知道是什么，问守庙的人，守庙的人告诉他这叫做"宥坐之器"。"宥坐之器"孔子早听人说过，孔子便说："我听说这种宥坐之器，空着就会欹侧，盛水半满则正立，水太满就倾复。所以明君就把它放在坐侧，引以警戒。"接着就取水来做试验，结果确实如此。这种"宥坐之器"又叫"欹器"，后来有不少文献提及过这种欹器。相传三国刘晖曾作过《鲁史欹器图》，祖冲之、薛憕（538

年)、耿询(605 年)等都制成过欹器,但都失传。李皋也曾设计制成过欹器。《新唐诗》中"李皋传"说:"尝自创意为欹器,以黍木,上出五觚,下锐圆,为盂形。"这是现存的关于欹器形状较详细的记载。至于它的原理,所有古书中都没有合理的分析,所以引起人们作过各种的推测,甚至有人怀疑我国古代是否真有欹器这种东西。这个谜直到新中国成立后才彻底解开。不多年前,考古工作者在西安等地发掘新石器时代仰韶文化遗址,得到一种小口、尖底、双耳的陶瓶(图 1),耳环生在腹部稍偏下。如果用绳系住耳环,把瓶挂起来,瓶身是欹侧的;把水注入瓶中,水将满,瓶身便变正立,水全满,瓶便倾复。据研究,这种陶瓶无疑是古代的欹器。唐李皋制的欹器,外形跟这种陶瓶有的地方不同,不是小口。本文作者在浙江省图书馆善藏部看到一本明朝刻本《孔圣家语图》,内有一张"观周欹器图"(图 2),画着孔子等试验欹器,图中的欹器也是用两条绳挂着,口大而下部锐圆,跟李皋制的相似。可惜这张图根据什么设计,谁人设计,都不知道(这本书只有常熟五鳌题词,可能就是他作的)。这张图的设计是正确的。

图 1　出土的"小口尖底陶瓶"

图 2　观周欹器图

采自明刻本《孔圣家谱图》

欹器的原理其实就是平衡的稳度的问题,物体的稳度跟物体的重心位置有关,欹器就是用水来改变重心的位置,来要欹侧、正立、倾复的把戏。现在把这个谜用物理原理分析如下：当欹器空时，欹器的重心比两个支点（耳环系绳处）的中心稍稍高一点，也就是说上部分稍稍比下部分重一点，悬挂起来，欹器便有一定程度的倾斜（这道理跟我国杆秤一样，物体稍稍重一点，秤杆向上翘一点还可平衡）。把水注入欹器中，重心下移，形成稳定平衡，欹器变成正立，"虽动摇乃不复"。但由于欹器的特殊形状，所以当水满时，欹器的重心移到两个支点的中心以上，形成了不稳平衡，欹器就极易倾复了。又据研究，欹器实际上是太古时候人们所用的打水器兼盛水器。那么为什么制成这样奇形怪状呢？其中也大有道理。由于欹器具有上述或欹侧、或正立等特性，所以拿到河里取水时，一放到水里便会自动倾倒装水，等到水将满，又会自动正立，不必用人手扶正。不过它是尖底的，不便放置，所以要把它挂起来。因为原来欹器的重心较高，装上水以后，重心下移到耳环的下面，但离开支点不是很远，用水时只要轻轻扳一下欹器的上部即可，非常省力。这当然是从劳动中获得经验而设计的，力学的道理就隐藏其中。

图 3　我国古代桨轮图

（原文载于《科学画报》，1963 年 6 月）

中国秤的史话

在秤的发明和发展上，我国具有光荣的历史。传说黄帝曾经叫他的臣子伶伦造过秤的。如果这种传说可靠的话，那就是在三千六百多年以前，我国已有秤了。根据可靠的史料，到春秋战国（公元前770—221年）时，杆秤和天平在我国应用已经很普遍了。公元前5世纪的科学技术专书《考工记》说：使用秤可以知道物体的轻重。和《考工记》差不多同时的科学巨著《墨经》说：天平一臂加重物，一臂加砝

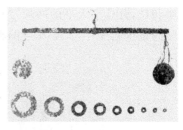

图1　战国时的天平

码，砝码和重物必须相等方得平衡。以秤称物，则提绳到重物的一臂短，标花一臂（即提绳到秤锤的一臂）长，如果重物和秤锤相等，那么秤锤就下坠。这是为什么呢？因秤锤过重。从这些叙述，我们可以知道当时人们非但使用秤，而且对杆秤和天平的一些原理已经知道了。近年湖南省长沙市出土的战国（公元前475—221年）末期的天平和砝码（图1）已是很精致。天平的大小跟现在一般常用的天平差不多，天平各部分的大小比例也是合适的。它的横梁是木制的，长27厘米；横梁的中点上有一丝线提纽，长13.5厘米。离开梁的两端0.7厘米处，用丝线各系一个铜盘，铜盘的直径是4厘米，线长9厘米。砝码是铜制的，共9个，大小各不同。最重的砝码重2.5市两（即125克），第二个砝码重1.24市两，第三个重0.625市两，……第六个重0.094市两，第七个重0.039市两，第八个重0.027市两，第九个重0.0162市两（即0.81克）。以砝码重量大小看来，它们的大小具有一定规律，从第一个砝码到第七个砝码，前者的重量约是后者的2倍，从第七个到第九个，前者的重量约是后者的1.5倍。这里读者可能发现两个问题：（1）为什么大小砝码之间的重量比不是整数倍而是近似整数倍？（2）为什么砝码的重量都不是整数，也不近似为整数？这两个问题的答案，依作者的推测大概是：（1）因为这些砝码的制作已在两千年以上，它的重量不可能没有细微的变化，所以大小砝码之间的重量比不是整数倍而是近似整数值。（2）根据上述理由砝码的重量应是近似整数，但是根据精密的测定，的确不是近似整数。这是因为古代的度量衡制度跟现在的不同，最重的砝码2.5市两（即125克）的那一个，很可能是当时的半斤的；因为曾有人以古币校

验,结果周代一斤合 238.863 克,秦代一斤合 258.238 克,可见最重的砝码(125 克),很可能为当时的半斤,其余 1/4 半斤,1/8 半斤,依此类推。这个天平和砝码组告诉我们:它已经可以测量很轻的东西,它的最小的读数可以不到 1 克重(即 1.62 市分)! 已经比现在的重力天平细致。它又告诉我们,当时的生产和科学技术已达到相当高的水平。当时的天平已用来称药物和珍贵的东西。

至迟在汉初,我们祖先利用天平来测空气的干燥或潮湿,造成天平式湿度计,为世界上最早的湿度计。它的方法是把两个重量相等而吸湿性不同的物体,例如炭和铁,分挂在天平的两端,当空气中湿度变化时,这两个物体吸入的水分不相同,因而重量起变化,天平发生偏转,这样就指出了空气的潮湿的程度。

图 2　清初的天平

图 3　秦代的秤锤

现在从古代遗留下来的天平,除一些实物外,还有一些图像。我国古书中详细地介绍天平构造的要算《清会要》,它介绍了清初(17 世纪)的天平。图 2 就是这本书的天平附图,横梁已不是木头而改为铁了。它的特点是装有指示天平是否平衡的零件,叫做"准","准"是两个尖齿形装在方铁环上组成。上齿固定在方铁框上,齿尖向下,恰在方铁框的中心不动;下齿固定在横梁上,齿尖向上,用轴装在方铁框上,当横梁摇摆时,下齿尖也跟横梁摇摆。当天平平衡时,即上下齿尖对准。实在下齿尖就相当于现在天平的指针尖,上齿尖就相当于标尺的零点。这种天平跟现在的天平更相近了。

测量笨重的物体,杆秤比天平更为适宜。如果在杆秤上装上两个或三个提纽,那么就有两种或三种量程,应用起来实在方便。我国是世界上发明杆秤最早的国家(天平是埃及发明最早),西方大约在公元前 200 年才有杆秤。现在我国还藏有秦代的秤锤(图 3)。大约在公元 1000 多年以前我们祖先在一般杆秤的基础上又新造了一种小杆秤,叫做"等子"(后来又叫"戥子"),杆长只有一市尺左右,可以代替天平,来称金银、药品等小量东西。这种"等子"后来又不断改进,一直留传下来,现在中药铺及金银首饰店里还都使用着。这种等子可以代替粗的物理天平(例

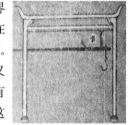

图 4　明《三才图会》中的杆秤

如中药铺里的"分等"可以测出老秤市厘即 0.03125 克），价钱比天平便宜，又可自制，所以适用于农村、小型工厂和中小学做一般实验用。

图5　二十八宿神像执秤(南北朝画)

（原文载于《科学画报》，1963 年 12 月）

清初火器制造家戴梓

戴梓，字文开，浙江仁和县（今杭州市）人。生于明末清初，即 17 世纪中叶。父亲戴苍，做明代"监军道"的官，为当时有名的画家。戴梓自小聪敏，喜欢学习，11 岁时就能作诗。后来博览群书，着重钻研有关军事书籍。康熙十三年（1674 年）参加军队。在军中，曾制造机械，把山上的木头运到山下。又创制过"连珠铳"（又称"连珠火铳"），形似琵琶，构造跟现代机关枪相像。背脊上放着火药和铅丸做成的子弹，有机轮开闭。铳机有两个，互相衔接，拨第一个铳机时，子弹自动落入铳筒中。同时第二个铳机也随着动起来。打动火石发火，点着火药把铅丸发射出去。这个铳一次可速射二十八发。这种连珠铳非但在我国算是首创，就是当时在世界上也可算是新颖的武器。这种武器当时虽曾一度采用，效果很好，但是未被当局重视，以至于"器藏于家"，乾隆（1763—1795 年）后就散失了。

康熙十九年（1608 年），他离军开队，到了北京。由于他除了有军事才能外，又通天文、算学、乐律、绘画等，康熙皇帝就命他做翰林院侍讲。适巧外国使臣进贡"蟠肠鸟枪"，以示新奇，康熙皇帝就叫戴梓仿造了十支，送还他们。珐琅制品当时我国还不会自造，自外国运入，康熙又叫戴梓仿造珐琅制品。戴梓在五天内试制成功。又比利时教士南怀仁对康熙皇帝说"子母炮"（又名"冲天炮"）出于他的国家，康熙叫他制造，一年也没造成；戴梓却在短期内试造成功，且试验结果很好。康熙把炮封为"威远将军"，并命令把制造者职名刻在炮上，以资纪念。后来把这炮用在战争上，效果也很好。按子母炮送子出，飞行空际，坠地可以爆裂，威力颇大，这种炮的性质跟榴弹相似。子母炮制成后，教士南怀仁等把戴梓看作眼中钉，设法陷害他。恰巧叛徒陈宏勋（张献忠的养子）投降清朝得官，向戴梓索诈，发生互殴，陈宏勋反告戴梓，造成诉讼。南怀仁等乘机造谣，诬蔑戴梓私通东洋，康熙大怒。结果戴梓含冤被判充军到关外。充军后，生活艰苦，靠卖书画维持生活。后来虽然遇赦还家，但是年老体衰，积劳成疾，竟死于归家的路途中，年七十八。

戴梓在科学技术上的贡献，除上述外，他还通水利，提出治河十策，后世仍有采用。据说他制作过铜鹤。铜鹤可能是自鸣钟，即所谓"鸟钟"，能按时发出信号，并利用法条的动力，通过一些机构，使鸟的双翼扇动、作飞行状。现在北京故宫博物院尚藏有一些清代的"鸟钟"，但不是戴梓所制造的，而是清代中期由英、法等国进口的。他还制作过木偶人，身着衣裙，客到，则捧茶献客。可惜，文献上记载过略，

84

不能探究它们的详细构造。不过根据当科学技术水平来推测,可能是利用法条为动力的一类自动机械装置。

（原文载于《科学大众》,1963 年 12 月）

我国古代的湿度计[*]

（摘要）

祖国农业有很悠久的历史，我们的祖先在跟天奋斗的漫长岁月中，创造了一些人类最早的气象仪器，湿度计就是其中一个。在 2100 多年以前，我国就发明了天平式的湿度计。《淮南子·说山训》说："悬羽与炭而知燥湿之气。"（《说林训》同，《天文训》和《泰族训》略同）后来又有了发展和理论的探讨。在欧洲 15 世纪才有人在天平的一端悬大量的羊毛，另一端悬石头来测量空气的干燥或潮湿。这比我国的天平式湿度计迟了 1600 来年。

至于悬弦式湿度计，我们祖先也早就注意到了，《淮南子·本经训》："风雨之变可以音律知。"这就是由于湿度变化而引起琴弦的长度和张力的转化。《论衡·变动篇》："故天且雨，蝼蚁徙、蚯蚓出、琴弦缓、痼疾发，此物为天所动之验也。"（重点符号系笔者所加），这说明了琴弦的长度随天晴天雨而改变，其实是孕育了悬弦式的湿度计。在欧洲，16 世纪中叶才有人利用鸟兽的肠因湿度变化而变形来测空气湿度。约在 1670 年左右这种湿度计传入中国，1673 年北京的观象台自行制造成功。在 1674 年，刘蕴德（1628—?）、孙有本、徐湖和比利时人南怀仁合著《新制灵台仪象志》，在这本书中的"验器说"部分介绍了这种仪器的原理和构造。它是以长约 2 尺、厚 1 分的鹿筋为悬弦。我国民间的黄履庄（1656—?）在 1683 年以前也自制了这种仪器。

天平式湿度计和悬弦式湿度计在现在还有使用着。

（原文载于《浙江省物理学会年会论文（摘要）》，1963 年 12 月）

---

* 本文与洪震寰合作。

近代实验科学的创始人伽利略

（物理学方面的贡献）

伽利略是伟大的物理学家、力学家和天文学家，也是近代实验物理学的倡导者。

伽利略在大学一年级时，有一天到教堂做祈祷，看到挂在那儿的摆动的灯，他默默地数着脉搏来计算时间，发现摆的摆幅的大小虽然一次一次地减小下去，但每次振动的时间却总是相等的。他把摆做成"脉搏计"，应用到测量病人的脉搏上去，受到医生们的欢迎。许多年以后，他进一步对摆作了仔细的实验，把结果写在他的名著《两种新科学的讨论》中，他指出，摆摆动的周期跟摆钟的质量和材料无关，而跟摆长的平方根成正比。晚年他在双目失明以后，曾指导他的儿子和学生来进行摆的研究工作，描绘了摆钟的图。1649 年，他的学生造了一个摆钟模型，但不久即失掉。直到 1656 年，荷兰科学家惠更斯发明了摆钟。所以说发明摆钟的光荣应归于伽利略和惠更斯等人。

1586 年伽利略写成了《小天平》（1655 年出版）一书，叙述了他所创制的能够迅速确定合金成分的流体静力学天平，以及固体重心的几何学方面的研究。1589 年，那时他还不到 26 岁，就到比萨大学任教。他在比萨大学这段时间（1589—1591 年）继续研究数学和物理。著名的比萨斜塔的落体实验传说就是这时候做的。当时科学界绝大多数迷信亚里士多德的学说，以为落体的速度跟它的重量成正比，伽利略对此深表怀疑，就以实验来解决问题。传说他选择了高 54.62 米的比萨斜塔为实验场地，并邀请了当时的教授和学者们来观看。他登上了塔顶，拿出两个球，一个重 100 磅，一个 1 磅，同时从塔顶自由落下，实验结果是两个球差不多同时落地。但是有些顽固的教授和学者们，仍不顾事实，不愿相信亚里士多德有什么错误，他们怀疑伽利略对重球施行了什么魔术。伽利略仍坚持事实，进行辩驳，但是没有使他们放弃错误的说法。因而受到学校当局与教授们妒忌、敌视和排挤。伽利略在愤怒之下，退出比萨大学，到巴都亚①大学教书，一直工作到 1610 年才离开。这段时期是他工作的极盛时期。他教学很出色，学识渊博，语言流利，词句优美，得到了崇高的赞誉。欧洲许多其他国家的学生也有跑到巴都亚大学听课的，以至于最后他要用一间能容纳两千学生的大教室来教课。在科学研究方面：他研究出自由落体的规律（自由落体的落下路程跟时间平方成正比）；研究了物体在斜面

---

① 今通译"帕多瓦"。——编者注。

上的运动和摆的等时性。由于造船方面提出一些问题,他开始从事材料力学的研究,他先到威尼斯兵工厂实地观察,并用简单的拉伸实验来研究材料的强度。他在一根杆子的一端挂上重物来研究杆子折断时的抗力。他对横梁、空心梁进行了研究,得出一些很有价值的结果。在巴都亚大学,他发表了一篇叙述"比例规"的论文(1606年),"比例规"可以计算数目的平方和立方根等,都很方便。伽利略的"比例规"的原理和实物,不久就传入我国。1630年北京印行的《比例规解》就介绍了这种比例规,现在故宫博物院还藏有这种比例规多件。

1609年,伽利略根据他所听到的荷兰发明望远镜的消息,用一个凹透镜和一个凸透镜制成一架可以放大3倍的望远镜并曾在威尼斯的一个塔楼上隆重地公开表演,引起人们很大的注意。以后他继续刻苦钻研,把望远镜的放大倍数由3倍提高到32倍。他虽然不是望远镜的发明者,但他首先有意识地把望远镜转向夜晚的天空,望远镜就成了揭露宇宙奥秘的武器。伽利略被教会迫害以后,仍从事科学研究,写出了最重要的著作《两种新科学的讨论》,1638年秘密地在荷兰出版。这部著作总结了伽利略在物理方面的研究,它已包含着动力学的基础,给牛顿力学铺平了道路。

在我们纪念这位伟大的科学家诞生400周年的时候,应该学习他那种热爱科学,重视实验,不怕强权,为真理奋斗的英勇精神。

(原文载于《科学画报》,1964年2月)

中国石油史话

最近,第二届全国人民代表大会第四次会议宣布:"我国需要的石油,过去绝大部分依靠进口,现在已经基本上自给了。"这是我国历史上的一件大事。在解放以前,由于我国的石油绝大部分依靠进口,因而石油被称为"洋油"。帝国主义分子为了使我们一直仰他们的鼻息,还捏造出一种荒谬的理论,说从地质结构来看,中国不会有石油。其实,我国古代很早就发现有石油,产地也很广泛,不可能没有石油资源。可是历来反动统治阶级却不去寻找、开发自己的石油资源,而大量从国外进口。这说明在反动统治时期,科学技术不可能得到发展,只有推翻了反动统治,在共产党领导下,执行自力更生的政策,才有可能大力进行勘探开发,充分利用祖国的资源。

现在,当我们庆幸石油自给的时候,回顾一下我国的石油史,是有深刻意义的。

我国古代的石油

石油在我国有悠久的历史,我们的祖先很早就发现了石油,使用石油也比较早。早在周朝初年一本叫做《易经》的书就有"泽中有火"的记载,这句话的意思是说"湖面上有火",很可能这是指石油在燃烧。

到了汉朝,石油的产地和应用在历史上已经有明确的记载。《汉书》中的《地理志》"高奴县"下有"有洧水,可蘸"的记载。"洧水"就是指石油,"蘸"是古"然"字,"然"是燃烧的意思。高奴县是现在陕西延长县一带。《后汉书》的《郡国志》中又提到酒泉郡延寿县产石油,可以用为照明的燃料,并且指出不可食用。从这二项记载看来,我国至少在汉代(公元前206年—公元220年)已经发现了石油,并对它的可燃性有一定认识。

北魏郦道元的《水经注》(大约是512—518年的作品),介绍了当时人们已从石油中提炼出润滑油,并且用来润滑机械。

到了578年,酒泉的居民在抵抗突厥族围攻时,就利用当地的石油火攻对方的攻城用具,保卫了酒泉城。到了五代(907—960年),石油在军事方面使用逐渐广泛,人们把石油叫做"火油"或"猛火油",如919年就有人将火油装在铁罐里,发射出去,烧毁敌船。到宋朝,军事上利用石油又进了一步。曾公亮在1044年著的《武经总要》中对于军事上利用猛火油有很详细的记载,并且介绍了猛火油燃烧器的构造和用法(图1)。康誉之的《昨梦录》是一本记载北宋(960—1127年)事情的书,还说在西北边城掘大池贮蓄猛火油，用来防御敌人。

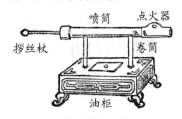

图 1　猛火油柜

猛火油柜是一种喷火器，宋代曾用作威力强大的武器。使用时，抽动拶丝杖，油便从卷筒中活门进入喷筒，再用力推送拶丝杖，就将油喷出喷筒，点火器一发火，石油变成一条火焰的长龙喷射出去。

后来，又进一步把石油加工成各种有用的东西。宋代大科学家沈括（1031—1095 年）在陕西时，看到当地开采的石油燃烧时，黑烟甚浓，亲做一些实验，试制成墨，并下了这样的推断："此物后必大行于世"（《梦溪笔谈》卷二十四）。这一推断现在已经证明是完全正确的。石油制墨实际上就是从石油生产炭黑，这在现在事实上已经大量生产了。石油这个名称也是由沈括首先提出的，一直流传到现在（图 2）。

欽定四庫全書
夢溪筆談卷二十四　宋 沈括 撰
雜誌一
延州今有五城說者以為舊有東西二城夾河對立高
萬典郡始展南北東三關城予因讀杜甫詩云五城
何迢迢迢迢隔河水延州秦北戶關防猶可倚乃知
天寶中已有五城矣
鄜延境內有石油舊說高奴縣出脂水即此也生於水
欽定四庫全書　夢溪筆談 卷二十四　一
際沙石與泉水相雜惘惘而出土人以雉尾裛之乃
採入缶中頗似淳漆燃之如麻但煙甚濃所霑幄幕
皆黑予疑其煙可用試掃其煤以為墨黑光如漆松
墨不及也遂大為之其識文為延州石液者是也此
物後必大行於世自予始為之蓋石油至多生於地
中無窮不若松木有時而竭今齊魯間松林盡矣漸
至太行京西江南松山大半皆童矣造煤人蓋未知
石煙之利也石炭煙亦大墨人衣予戲延州詩云二

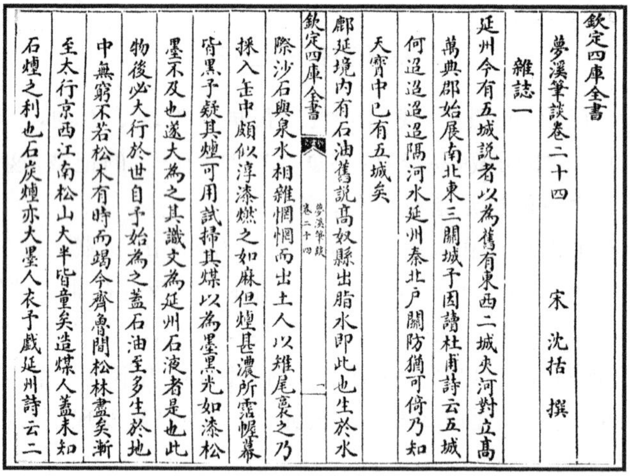

图 2　《梦溪笔谈》中关于"石油"的记载

宋朝陆游（1125—1209 年）的《老学庵笔记》也提到过石油，当时可能把原油加工成固体状态，专门用来照明，因此把它叫做石烛。到元朝，这种石油制烛工业已有相当规模，当时石烛价钱非常便宜，一支可以顶三支蜡烛用。虽然在 1270 年因元朝皇帝禁止制造而中断，但在二百年后明朝正德年间又恢复制造。此外，元朝还利用石油中提炼出的沥青来补缸。这些说明我国古代人民对石油的利用是多方面的。

我国历代对石油产地的记载也很多，除了西北地区陕西、甘肃等地外，南方多

处地方也都可能产油。

从"洋油"到石油自给

19世纪以后,石油在工业和交通运输方面的用处扩大了。但是从清朝一直到国民党反动统治时期,所有反动统治者都没有注意我国历史上应用石油的事实,设法开发自己的石油资源,而是依靠国外进口。鸦片战争以后,煤油就开始进口,从此石油也就叫做"洋油"。1886年煤油进口价值占总进口值的2.5%,到了1900年已上升到6.6%。此后,汽油、柴油和润滑油等也陆续进口。在整个国民党反动统治时期,"洋油"进口量最高的年份占全部进口物资的第三位。

新中国成立前一年,旧中国的石油工业只年产原油几万吨,产品也只有几种;根本没有石油机械制造工业,油矿和炼油厂的全部设备器材都从外国进口。

新中国成立后无论在勘探、采油和炼油方面,都取得巨大的进展,不仅发现了许多新油田,而且建成许多大型油矿,建立了一批大型炼油厂,建设了大型石油联合企业。同时,石油机械制造工业也建立起来,勘探、钻井、采油、炼油等方面的主要设备都能自己制造了。现在我国需要的石油已经基本自给,石油产品也生产了好几百种,其中还有许多高级石油产品。这是我们贯彻执行自力更生建设社会主义的方针的一项伟大胜利,也是我国工业的生产技术达到了一个新水平的标志之一。

(原文载于《科学画报》,1964年3月)

中国古代共鸣史话

"共鸣"就是两个频率一样的发声体，一个发声而引起另一个也发声，也就是由于声波作用而引起的共振，这是声学中的一个很重要的现象，在科学技术上有着广泛的应用。我国古代在声学上的贡献是闻名于世界的。共鸣的现象和原理，我们祖先早已知道。传说在三千多年前，有一个人叫做鲁遽，他把两个瑟(图1)分放在两个贴邻的房间里，他在一个房间里弹瑟，奇怪得很，忽然听到另外房间里的瑟也发声。这是什么缘故呢？有别人在弹吗？瞧一下，什么也没有，另一个瑟仍旧孤单地躺在那儿！再弹一下，另外房间里的瑟又发声音；仔细一听，非但发声，而且发出同样的声音，他弹"宫"音，另一个瑟也跟着发"宫"音("宫"音是我国古代五音之一。我国古代的音阶，只有五音，分别叫做宫、商、角、徵、羽)；他改弹"角"音，另一个瑟也跟着发"角"音。经过仔细反复的研究，他高兴地得出结论："这是由于音律相同的缘故。"如果这个传说是真实的话，那我国在公元前11世纪，就发现了共鸣现象，并用"音律相同"来说明。倘使这个传说不可靠，我们可以举出另一个很可靠的资料，那就是公元前3世纪的作品《吕氏春秋》，这本书上有这样一段话："种类相同的互相感召，气味相同的互相结合，声律属于比数的互相应和。弹动宫音而所有宫音都振动，弹动角音而所有角音都振动。"你看，这个说法更完整了，它闪烁出祖国3世纪前在共鸣上的成就的光辉！我们祖先对于共鸣的认识更有提高，《春秋繁露》已能指出共鸣不是由于神力所致，而是客观规律；并且提出共鸣不是自然产生，而是由于其他发声体的声音引起。这样唯物的正确的解释，是很珍贵的。在汉代，还有人用变更琴弦的长度来发出各种不同声音，使琴(图2)跟钟共鸣，来确定钟的音律。

图1　瑟

图2　琴

从魏、晋到唐代,特别是唐代,流传着许多关于共鸣的有趣的故事,现在选择几个来谈一下。

晋代学者张华(232—300年)学识十分广博,曾著一部《博物志》。在公元260年左右,洛阳宫殿前面的大钟,没有人打击它,突然响了起来,大家都很惊奇。有人去请教张华,张华说:"这不过是四川铜山崩裂,使钟共鸣而已。"不久,从四川方面送来报告,果然如此。后来又有一次,四川有人贮藏一个铜制澡盘,每日早晚都会自动发声,好像有人在打击一样。有人去请教张华,他说:"这盘跟洛阳的钟的音律相同,宫中早晚都撞钟,所以盘起共鸣而发声。可以把盘锉去一些,使盘变轻,那么音律就改变,就不会共鸣了。"主人就照张华的意见去做,把盘锉掉一些,灵验得很,果真共鸣停止了。

唐代音乐家曹绍夔(8世纪初人),精通乐律。洛阳有一个和尚,他的房间里有一个磬(图4),不管白昼黑夜,往往都会自动发声。这个和尚以为有妖精作怪,惧怕得很,竟而得病。就去聘请法师来作法除妖,虽然请了不少法师,作了不少法,但是丝毫没有效果,磬仍旧每天半夜发声。曹绍夔是这个和尚的老朋友,一天前往探病,和尚把生病的原因告诉他。恰在这时,外边击钟,磬自动发声。绍夔哈哈大笑说:"明天你请客,我为你除掉。"和尚虽然不相信他的话,但是希望或许会成功。第二天备了饭菜等他来,曹绍夔果然来了,吃了饭后,他别

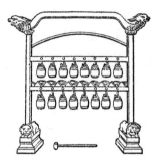

图3　编钟

的不做,单从怀中抽出一把锉刀,把磬锉去几个地方,从此磬就平安无事,不自动发声了。和尚要求他说出其中奥妙,他说:"这是因为磬的音律跟钟的音律相同,故打钟而磬共鸣。"和尚非常快乐,病当然好了。

唐代另一个音乐家宋沇,做管音乐的官,因为钟磬遗失很多,新补充的音律又不正确,很想找寻一些音律正确的钟磬。一天,因公到光宅佛寺去。忽听到塔上的钟声,他仔细听了再听,认为塔上许多钟中有一个古钟,并登塔把钟一一敲击试验,判定了一个是古钟。便去问和尚,和尚说:"往往在无风的时候,可以听到'洋洋'的声音,难道就是这个钟发出的声音吗?"宋沇说:"是呀,一定是祠祭时,打击'本悬钟',而引起共鸣。"就请和尚把这个古钟摘下来看。宋沇说:"这是'姑洗的编钟'(图3)。"他请和尚把这个钟单独挂在寺中的庭院里。回到衙门后,叫人打击"本悬钟",寺中的钟果然共鸣,就把寺中这个钟买了下来。

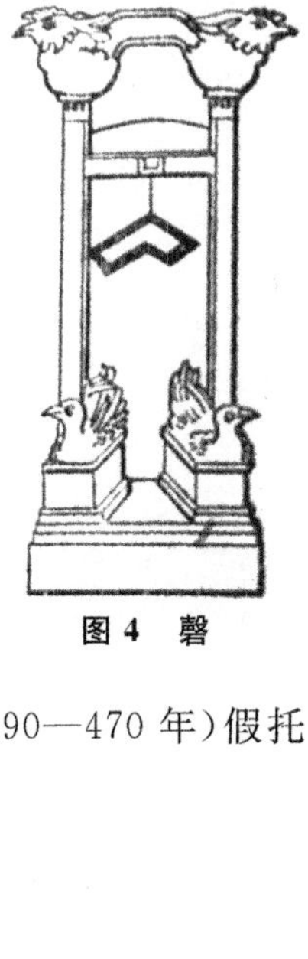

图4　磬

第一个故事,把距离夸大了。而且这段故事可能是刘敬叔(390—470年)假托

张华的话（故事出在刘敬叔所写的《异苑》里）。但至少说明，刘敬叔是明白共鸣现象的存在和防止共鸣的方法的，也就是说在 5 世纪初，我国已有少数人知道了防止共鸣的方法。

第二个、第三个故事，真实性较大，而且当时这样类似的故事很多，这说明在唐代我们祖先已较普遍知道防止与利用共鸣现象的方法。这跟现代科学技术上防止和利用共鸣或共振的原理相同。

宋代以后，我们祖先在共鸣现象的实验上也显示出智慧。宋代科学家沈括（1031—1095）在《梦溪笔谈》上记载一个很有趣的实验：他剪了一个小纸人，把它放在某根琴弦上。他又弹动与它同音调的其他琴弦（不管这两根琴弦在同一琴上或两个琴上），结果放有纸人的琴弦就共鸣了，纸人就跟着上下跳动；弹动与它非同音调的弦，纸人就不跳动。由纸人的跳动，很容易知道哪根琴弦与这根琴弦共鸣（共振），这是多么巧妙呀！现在物理教学上做共鸣的实验，为了增强直观性，就在一个音叉附近添挂一个小球，当它跟另一个音叉共鸣时，小球就摆起来。这跟沈括记载的方法相似。

（原文载于《科学画报》，1964 年 6 月）

水压机史话

原理的发现

16世纪末和17世纪初,由于生产的需要,特别是像对山洪的控制、矿井排水和城乡供水等需要,液体静力学比较迅速地发展起来。斯蒂文、伽利略和帕斯卡等人在这方面的贡献很大。帕斯卡对于液体的压强,用实验方法进行了系统的研究,他在1653年写出了《关于液体的平衡》这样一篇论文,该文在1663年发表。在这篇文章中,他提出了一系列液体的规律;陈述了关于液体压强的传递定律,那就是著名的"帕斯卡定律"。这一定律的内容是:外力加在液体上的压强,能够按照它原来的大小,由液体向各个方向传递。这是液体静力学中最基本的定律之一。他同时提出了水压机的原理,他说:取一容器,如(图1),用水装满,在两筒中水面上各装上一个活塞,做到密闭不漏水;如果第一个活塞的面积是第二个活塞面积的100倍,那么一个人加在第二个活塞上的力,可以抵挡一百个人加在第一个活塞上的力,也就是说净赢了九十九个人的力了。

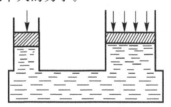

图1 帕斯卡定律

这一原理奠定了创制水压机的基础。

创制的开始

帕斯卡只提出了水压机原理,并没有制造出水压机。这是由于当时生产上对水压机并没有迫切的需要,同时在制造技术上也还存在着困难,因为它既要求活塞能在圆筒中上下移动,又要求容器密闭而不漏水,这在当时确实是一件不容易办到的事。但是,技术是在不断地发展,困难不久就被人们所克服,1795年(或作1796年),英国人约瑟·布莱曼(1748—1814年)创制成功了一架水压机,他的水压机的大圆筒筒壁有一条凹槽,槽里嵌进一条能自动调节密闭的皮圈,这样当活塞受到大压力时可不致漏水。布莱曼指出,这种机器一定会得到发展。

我国文献的记载

帕斯卡定律和水压机原理发表后,并没有很快地传入我国。根据目前的了解,最早介绍帕斯卡定律和水压机知识的中文文献是1855年出版的《博物新编》和1866年出版的《重学》。《博物新编》初集的《水质论》就介绍了这种知识。《博物新编》是英国医生合信写的,他的中文程度不好,他把"水压机"错误地译为"压水柜",把"水压"颠倒成为"压水"(图2)。书中讲到:"其(指水)均分之力,人都不及知之者"。《重学》是我国科学家李善兰(1811—1882年)和英人艾约瑟合译的,书中卷十八"论水橐籥"就是介绍这方面的知识。书中把图3的装置叫做"水橐籥",比较详细地分析了这个实验,并提出了可以在木板处抬起更大重量的三种方法:(1)增大木板的面积,(2)缩小水管的截面积,(3)增加水管的高度。后面还提出可以让人站在木板上,管子里不装水,而向管内吹气,也能够使人上升。《博物新编》中所讲"水的均分之力"就是指液体向各个方面传递的压强,也就是帕斯卡定律,但讲得很隐晦难懂。《博物新编》中介绍了水压机的用途,说这种机器可用来压棉花和纸料,还画出了结构图(图4、图5)和用法。当时我国正处在半封建半殖民地的地位,在三座大山的压迫下,生产力得不到发展,所以这些知识也不起什么作用,非但不能设计与制造水压机,就是连使用水压机的工厂也很少。

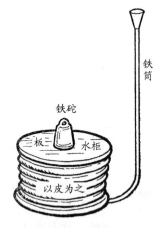

图2 《博物新编》中的水力均分图

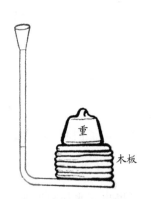

图3 《重学》中的水橐籥图

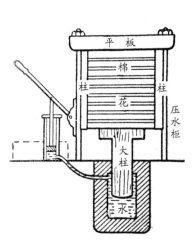

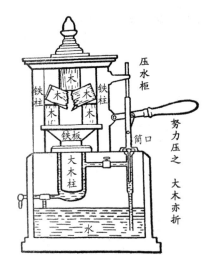

图 4　《博物新编》中水压机图一　　　　图 5　《博物新编》中水压机图二

自制水压机的诞生

随着生产发展的需要,水压机的压力越来越大,构造也越来越复杂,用途也日益广泛。现在,水压机不仅可以用来榨油、压纸和打包,而且还可以用来锻压金属,它在很多工业部门中得到广泛的应用,对于重型机械制造、航空工业、锅炉制造业、塑料及有色金属加工业等,水压机都是不可缺少的设备。因此水压机的制造和使用,往往标志着一个国家的工业水平。

新中国成立以后,随着社会主义建设的蓬勃发展,水压机的需要也日益增加,我国开始设计和制造水压机,陆续投入生产的有数百吨、数千吨和一万二千吨等水压机,吨位越来越大。1958 年沈阳重型机器厂制造了一台 2500 吨锻造水压机,它身高 16 米,重 473 吨,是一个硕大无朋的机器,赤热的 48 吨重的大钢锭,在这台水压机下,可以像揉面团一样,压成各种不同的形状。以后,1962年,江南造船厂制成了一万二千吨水压机。图 6是一万二千吨水压机的照片,它身高 23.6 米,有六、七层楼高,重 2200 吨,比上面一台重四倍多,它能够锻造 200 多吨的大钢锭,可以解决各工业部门锻造特大锻件的需要。这台水压机是在三面

图 6　我国自制的 12000 吨水压机

97

红旗的光辉照耀下诞生的，它的制造成功，是在不断实践，不断总结经验，坚决执行自力更生、土洋并举的方针下获得的。由于我国水压机制造技术的飞跃发展，从而有力地配合和促进了机械工业部门的发展。

（原文载于《科学画报》，1965 年 3 月）

机车史话

机车的家谱

机车是牵引列车前进的动力机,自从有了铁路以来,机车也获得了很大的发展,目前铁路上行驶的机车,主要有蒸汽机车、内燃机车和电力机车三种。

世界上最早出现的机车是蒸汽机车,它在17世纪就开始萌芽,出现过各式各样的车辆,由简单而逐渐完善。其中最早的是1680年牛顿设计的一辆,它利用向后喷射的蒸汽推动车辆前进(图1)。但是由于喷射蒸汽所产生的反冲力太小,而且蒸汽锅炉又很笨重,因而没有获得成功。1758年,瓦特等人也制造过蒸汽机车的模型,但是由于遇到很多困难而中途搁置。1769年,法国有人制造了一台蒸汽机车,行驶在普通道路上,它的速度几乎和人步行的速度相等,后来在试车的时候损坏。实际可以应用的蒸汽机车,一直到19世纪初方才出世。1801年,英国特勒维雪克制造了一辆蒸汽机车,行驶于普通道路,速度相当快。1804年,他和别人合作制造了一辆行驶于铁轨上的蒸汽机车(图2),这台机车总重量是5吨,每小时约行驶8公里。在这以后,有些人曾经担心机车在平滑的铁轨上行驶,车轮会打滑,产生空转现象,使车辆不能前进,因而制造了一种使用齿轮的蒸汽机车(图3),行驶在有齿的轨道上。这台机车常常由于轮齿损坏而抛锚。也有人制造过一种"步行式蒸汽机车"(图4),这台机车在锅炉后面连接有两条铁腿,机车就是依靠这两条铁腿前进,行动很不方便。其实,担心机车在铁轨上打滑是多余的,实践完全纠正了这一错误的想法,人们很快就把那些用齿轮、装铁腿的机车送进了博物馆。

图1 1680年牛顿设计的蒸汽动力车

图2 1804年特勒维雪克制造的蒸汽机车

图 3　使用齿轮的蒸汽机车

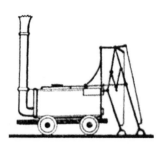

图 4　步行式蒸汽机车

蒸汽机车的制造，经过几十年的努力逐渐完善。1825 年，英国敷设的一条从斯多克顿到达林顿的铁路正式完工，开始采用司蒂芬逊制造的蒸汽机车来牵引车辆，载客运煤。1829 年 10 月，当利物浦到曼彻斯特的铁路完工的时候，曾经举行了一次机车竞赛会，司蒂芬逊制造的机车"火箭"号（图 5）参加了比赛，获得了第一名。

图 5　1829 年司蒂芬逊制造的"火箭"号机车

此后，蒸汽机车就逐渐发展，世界各国都先后采用。

蒸汽机车在我国

在我国，最早的一台蒸汽机车，要算是福建省晋江县人丁拱辰在 1831 年到 1840 年设计的蒸汽机车模型了，当时由技术高明的工匠制造成功一辆。这台机车模型长 1 尺 9 寸，阔 6 寸，载重 30 余斤，锅炉和机身都是用铜制成，叫做"小火轮车"。这台蒸汽机车的构造、使用方法等，他曾绘图说明（图 6），记载在他的著作《演炮图说辑要》一书中，这是我国最早介绍蒸汽机车的一本文献。后来，他的火轮车模型失传了，《演炮图说辑要》一书知道的人也很少。

图6 《演炮图说辑要》中的小火轮车

1880—1881年,我国工人利用煤矿起重机的锅炉改造成机车的锅炉,利用竖井架子的槽铁造成了机车的车架,并且用生铁铸成车轮,用钢搪(镗)成汽缸,制成了一辆蒸汽机车(图7),叫做"龙号",它是我国工人自己装配的第一辆机车。

**图7 我国自己装配的第一辆
"龙号"机车**

当然,这里所谈的第一辆蒸汽机车只是一个模型,第二辆仅是装配,根本谈不上制造。从20世纪开始一直到新中国成立前夕,在我国国土上行驶的蒸汽机车虽然日益增多,但都是外国制造的,顶多只是输入一些主要配件,在国内进行装配而已。我国的机车车辆工业支离破碎,只能修修配配,根本谈不上自己制造机车。新中国成立后,我国逐步建立了机车车辆制造工业,而且有了飞跃的进步和发展。1951年,我国制造了"解放"牌蒸汽机车,1956年又独立设计和建造了"和平"型蒸汽机车,以后又建造了"人民"型、"建设"型,而且都成批生产,在我国铁路上奔驰。

机车的新生力量

一百多年来,蒸汽机车由于构造简单、造价便宜,得到很大的发展,在铁路战线上立下了不少汗马功劳。现代的蒸汽机车,无论在功率、牵引重量和速度方面,都大大超过了最早的"火箭"号机车。但是,蒸汽机车也存在着一些不可克服的缺点,例如热效率很低,经常要上煤上水,铁路沿线要修建不少上水、上煤站,在沙漠或水质不好的地方行驶,就必须多带些水,装运货物的重量就大大减少。因此机车的动力必须进行彻底的革命。

内燃机车差不多是在19世纪末和汽车一起出现的。1888年德国制造了一台4马力的轨道汽车,行驶于工厂内拖拉小车。当然这实际上是汽车的变态,不能叫做机车。在20世纪初,有些国家开始设计内燃机车,没有取得成功。直到1924和1925年,实际应用的内燃机车才开始在铁路上出现,在20世纪40年代,才开始用来拖拉客车。其后内燃机车发展很快,许多国家都先后采用,它在铁路机车中的比例也日渐增多。

3年多以前,我国开始设计制造内燃机车,从1964年5月起,陆续进行运行考验,在我国铁路上行驶。我国自己制造的内燃机车共有三种,即2000马力电传动内燃机车,1200马力电传动内燃机车,600马力液力传动内燃机车。这些机车目前已进行成批生产,为我国逐步实现铁路牵引动力的内燃化提供了物质条件。

铁路牵引动力的电气化,和内燃化一样,也是铁路现代化的基础。电力机车是在19世纪末开始出现的,最初的是1895年制造的三台小功率货运电力机车。20世纪初,电力机车在不少国家获得了发展。

目前它也在我国广阔的田野上奔驰,为社会主义建设服务。

（原文载于《科学画报》,1965年8月）

我国古代对大气湿度的测定法*

一

湿度是影响生产（特别是农业生产）与生活的一个重要的自然因素。我国到了殷代，农业生产已有了一定的发展。那时，人们对于天气的晴雨燥湿就在注意。甲骨文中就有关于阴晴雨雾的记载。其中有的是天气情况的记录；也有不少是对未来天气的卜问或祈祷，尤以卜雨为最多。这说明了殷人已在期望能预知天气的晴雨。

大气的湿度和晴雨的关系是极为密切的，到了一定的时期必然为人们察知出来。西汉刘安的《淮南子·说林训》一篇中就明白地指出"湿易雨"的事实。由我国古代的阴阳五行学说的角度来看，潮湿与阴雨同属于"阴"，这是从理论上肯定湿和雨的联系。后来，人们总结出诸如"壁上自然生水者，天将大雨"，"石上津润出液，将雨数日"[①]等经验，更证明了我国古代人们对于潮湿和阴雨的联系确已有了相当的感性认识。

由于农业生产的需要，我国历史上对于测验大气干湿、预知天气晴雨的方法不断在发展。方法很多，归纳起来主要有三类：

第一，通过对天象的观察；

第二，通过对生物物候的观察；

第三，通过对无生物的一些物理现象的观察。

虽然，在我国历史上，第一与第二两类是主要的，但是第三类也不可忽视。尤其值得注意的是：根据一定的物理原理，可以制成测验大气干湿，预知天气晴雨的专门装置供人们使用，这是前两类方法所不能及的。这种装置我们叫它作"验湿器"，它是湿度计的先河。关于我国历史上在这方面的成就，过去似乎注意得不够。目前国内外虽然有少数文献偶涉及此，但均语焉未详。本文拟对此作一探讨，其中谬误或遗漏之处一定很多，祈读者指正。

---

* 本文与洪震寰合作。

① （唐）黄子发《相雨书》，丛书集成本，第714册。

二

大气湿度的变化，会引起各个物体体积与形状的变化，不同物质组成的物体的变化程度又有所不同。我国在西汉时期，人们对这一点就已有了感性的认识。班固的《前汉书·律历志》云："铜为物之至精，不为燥湿寒温变节，不为霜露风雨改形。"（《京房易传》等书略同。引文着重点系引者所加，下同。）这里的"燥湿"和寒、温、霜、露、风、雨等并提，当是指大气而言无疑。所以，古人制造重要而精密的器物时都留心到材料的选择。北宋沈括的《梦溪笔谈》云："铁性易缩……古人制器，用石与铜，取其不为风雨燥湿所移，未尝用铁者，盖有深意焉。"①量器最要求精密。战国以后，标准的度量衡器具每用铜制成，后世亦多遵此以行。唐代李商隐的《太仓箴》云："籥合斗斛，何以用铜？取其寒暑暴露不改其容。"上引这些都是符合于物理情况的。

一般器物的体积或形状随大气湿度的变化不很明显，不可能用以测定大气的干湿或预知晴雨。我们的祖先很早就能在经验的基础上挑选了较好的一种。《淮南子·本经训》云："风雨之变，可以音律知之。"东汉王充的《论衡》一书中的《变动篇》也说"琴弦缓"是"天且雨"之验。这些显然是根据：天气的晴雨干湿使琴弦的长度与张力变化，从而引起了琴弦音调的变化。人们能够有意识地从琴弦的长度变化（或通过音调的变化）预知天气的晴雨，这就可以说是已经孕育着悬弦式湿度计的基本原理了。西汉时代，能从音调变化推知天气的变化，固然是巧妙的，但就悬弦式湿度计原理的角度来看，还是比较间接的。到了东汉时代，就能直接把琴弦的长度和天气联系起来了，说明人们观察得更加接近了事物的本质，这是一个进步。

在欧洲，迟至第16世纪中叶才有人用鸟兽的肠制成的弦线（或野雀麦的芒）的长度变化来测知大气的湿度②。这种湿度计约于公元1670年左右传入我国，在《灵台仪象志》这书的"验器说"部分，介绍这种仪器的构造、用法与原理说："夫燥气之性，于凡物之所入即收敛，而固结之湿气之性反是。欲察天气燥湿之变，而万物中唯鸟兽之筋皮显而易见。故借其筋弦以为测器。见一百九图（图1）。法曰：用新造鹿角筋弦长约二尺，厚一分，以相称之斤两坠之，以通气之明架中横收之。上截架内紧夹之，下截以长表穿之。表之下，安地平盘，令表中心即筋弦垂线正对地平中心。本表以龙鱼之形为饰。验法曰：天气燥则龙表左转，气湿则龙表右转。气之燥湿加减若干，则表之左右转亦加减若干，其加减之度数，则于地平盘之左右边明画之，而其器备矣。……其度各有阔狭者，盖天气收敛，其筋弦有松紧之分，故其

---

① 胡道静校注本，上海出版公司，1956年，第916页。

② F. Cajori, *A History of Physics*, 1928, pp. 53-54.

度数有大小以应之。……"①在民间,黄履庄(公元1656年—?年)于1683年以前就曾研究制造成功一种所谓"验燥湿器"。据张潮的《虞初新志》载:"验燥湿器:内有一针,能左右旋,燥则左旋,湿则右旋,毫发不爽,并可预证阴晴。"②这条资料表明,黄履庄的湿度计是比较灵敏的。但书中没有记录它的原理,估计最大的可能是利用悬丝的扭转,构造跟《灵台仪象志》所介绍的相同或相似。这类湿度计直到现在还有应用,例如在格林姆歇尔(Grimsehl)的《热学与声学》一书中也还介绍了它③。

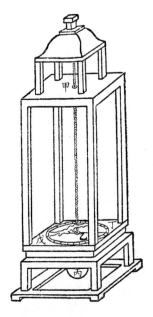

图1　毛发式湿度计
据《古今图书集成》历象汇编·历法典第九十五卷仪象部临绘

三

我国在西汉时代还有一种天平式验湿器。

《淮南子·泰族训》云:"湿之至也,莫见其形而炭已重矣。"可见,当时已经知道某些物质的重量能随大气干湿的变化而变化。天平式验湿器就是把吸湿能力不同

① 铜活字本,或见《古今图书集成》历象汇编·历法典中的《灵台仪象志》四,中华书局影印本,第33册,第24页。

② 参见王锦光:"我国十七世纪青年科技家黄履庄",《杭州大学学报(物理专号)》,1960年1月;或王锦光,"我国十七世纪发明家黄履庄",《科学大众》,1963年4月。

③ 见该书"湿度"节,许国保译,中华书局,1950年,106页。

的两种物质分别悬在天平两端而成。《淮南子·说山训》云："悬羽与炭而知燥湿之气。"（同书《说林训》略同）同书《天文训》还说："燥故炭轻，湿故炭重。"关于它的构造，《前汉书·李寻传》颜注引三国（220—280）人孟康的话说："《天文志》云：'县（悬）土炭也'，以铁易土耳。先冬夏至，县（悬）铁炭于衡，各一端，令适停。冬，阳气至，炭仰而铁低；夏，阴气至，炭低而铁仰。以此候二至也。"

从以上这些记载可见：

（1）我国至迟在公元前第 2 世纪，就已有了一种初具形制的验湿仪器[①]。

（2）这种验湿器是天平式的。它的构造与原理是这样的：把两个重量相等而吸湿能力不同的物体，分别悬挂在天平两端。当大气湿度变化时，这两个物体吸入的（或蒸发掉的）水分的多少互不相同，因而引起了两个物体重量的变化，使天平失掉平衡而偏转，这样就指示出大气的潮湿程度。

（3）这个仪器，在古代用以测验大气的燥湿。至于用以"候二至"，大约只是说说而已，显然是不适用的，因为大气的干湿程度并不是逢到二至日而必然有突变的。

（4）截至东汉时代，我们的祖先就已对这种仪器作了些探索与改进，所以有用羽与炭的，有用土与炭的，也有用铁与炭的，等等[②]。

汉时，也曾有人试图从理论上解释这种仪器的作用。例如《淮南子·天文训》在"燥故炭轻，湿故炭重"的前面就说："阳气为火，阴气为水。水胜故夏至湿，火胜故冬至燥。"又《后汉书·律历志》中的"候钟律"云："权土炭：冬至阳气应，黄钟通土，炭轻而衡仰；夏至阴气应，蕤宾通土，炭重而衡低。"这些解释虽然只是在阴阳五行学说的体系中，勉强地自圆其说，但也显示了阴阳五行学说的唯物一面。

在欧洲，这种天平式验湿器迟至公元第 15 世纪才有人在天平的一端悬挂大量的羊毛，另端悬挂等量的石头来测量空气的干湿[③]。这比我国同样的发明要迟了1600 多年！

这种仪器在我国不但发明得早，而且沿用颇久。汉以后，或见诸经史笔记，或见诸诗词题咏，几乎不绝。《论衡》《京房易传》《后汉书》等均还提到。《后魏书·律历志》说："测影清台悬炭之期或爽。"《隋书·律历志》也说："铁炭重轻，无失寒燠之宜。"宋代赞宁和尚的《感应类从志》一书中有"积灰知风，悬炭识雨"一条，也叙述了这种仪器。历代文人对这类仪器的题咏也不具引了。

---

① 《事物原始》"冬至"：《汉杂记》云：冬至阳气生而君道长，故贺。今冬至庆贺是汉始。至前三日，垂土炭于衡之两端，轻重适均。……"云云。这里也肯定"悬炭"始于汉代（转引自《古今图书集成》第 22 册，59 页，历象汇编·冬至）。

② 《后汉书·律历志》还载有"权土灰"，也许后来有用土与灰的。

③ F. Cajori, A *History of Physics*, 1928, p. 53.

这种天平式验湿器,具有简便易制的特点,而且也还相当灵敏。所以在我国农村中,今天还有用它作为土法预测天气的仪器。不过,所悬挂的东西已改进为:一端挂着用盐水浸过后又晒干的棉花球,它的吸湿性较强;另一端挂着用淡水浸过后又晒干的棉花球或其他吸湿性较弱的物[①]。一些气象哨也在利用它。当然,在构造上有些发展了,在天平的横梁上装有指针,在支柱上安有刻度盘,已成为一种定量性的湿度计[②]。两端所悬挂的东西更多样化了,譬如在浙江省温州一带,就用石子与吸湿性很强的咸海带,这样,它的灵敏度有所增加。

四

综上所述:我国西汉时代已有了天平式验湿器,比西欧同样的发明早了1600多年;在西汉时代已孕育着悬弦式湿度计的基本原理;在清初,相当准确的悬弦式湿度计不但在官府制造,也有民间自制的。在我国历史上一定还有别种的大气湿度估计法,有待于进一步发掘。[③]

(原文载于《科学史集刊》,1966年第4期)

---

① 见凌坚编:《土法测天》,农业出版社,1963年,第7页。

② 见浙江省气象局编:《气象哨预报工作手册》,浙江人民出版社,1960年,第14页。

③ 明徐光启的《农政全书》引有这样一首农谚:"檐头插柳青,农人休望晴;檐头插柳焦,农人好作娇。"按"作娇"指酿酒。檐头的柳枝如保持常青,说明水分难以蒸发,必是大气潮湿,天气不能放晴;柳枝如易枯焦,说明水分蒸发很快,必是大气干燥,天气易晴,气温升高,利于发酵酿酒。这说明我国古代劳动人民已有了以水分蒸发的快慢来测知晴雨的感性知识。这类经验就有待于发掘研究。

中国古代色散史话

夏天的傍晚，阵雨过后，东面的天空中，常常会出现一座彩色的"天桥"，如绚丽的"绸带"，这就是大家都知道的"彩虹"。彩虹可以发生在傍晚，也会发生在清晨，不过清晨的彩虹出现在西方。天空中所以发生彩虹，是因为在下雨之前或以后，空气里有许许多多水滴，太阳光射在这些小水滴上，就发生折射和反射，由于组成太阳光的七色光线折射程度不同，紫光最大，红光最小，所以天空中就现出七色的"虹"桥。当你站在阳光照射下的喷泉前面，有时也可以在溅起的水珠中发现小的彩虹。太阳光经过棱镜，也能把阳光分成七色。这种现象叫做色散。

我国彩虹史话

人类发现色散现象，是从彩虹和天然的棱柱形透明矿石开始的。远在三千多年以前，在殷墟甲骨文中，就有虹的记载，把"虹"字形象地写成 🐉 。周朝的前半期，即公元前 1066—403 年间，我们的祖先已经观察到这一天气现象的规律，这个规律是：早晨太阳从东方升起的时候，如果西方出现虹，天就要下雨了。他们并且把这一规律编为诗歌："朝隮于西，崇朝其雨"（见《诗经》），"隮"就是虹，"崇朝其雨"是说，早晨终了天就要下雨了。为什么可以预测天气呢？因为虹发生在太阳相反方向天空中下雨的云层里，西方出现虹，表示那里正在下雨；这个下雨的云层未来将随着盛行的西风朝东移动，因此这里不久就将下雨。

到了汉朝的时候，人们已经发现虹出现的必要条件、位置和时间。在蔡邕（133—192）写的《月令句章》里有着记载，意思是说："虹出现的必要条件有两个，一个是太阳，一个是云，两者缺一不可；虹的位置跟太阳相对，早晨的虹出现于西方，傍晚的虹出现于东方，色彩是青、赤等色；虹出现的季节是从春末到冬初。"

唐朝初年，大约在公元 618—907 年间，我们的祖先已经知道，虹是太阳光照射雨滴而产生的。孔颖达（574—648）写的《礼记注疏》中就记载着："若云薄漏日，日照雨滴则虹生。"这种说法已经粗略地揭示了虹的成因。当然，跟现代严密而完整的解释相比，尚有较大的距离，但是在 1300 多年前，我国人民就能提出这样有价值的解释，是足以引以为自豪的。在欧洲，直到英国科学家培根（1214—1294），才发现虹是由太阳照射雨滴反映在天空中形成的，比我国迟了 600 多年。直到 17 世纪，人们才能对虹作出比较严密的解释。

在这里,应当特别着重提出的是:我们的祖先非但很早就提出了关于虹的成因,而且还创造了一个"人造虹"的实验,来验证这个虹的成因的说法。在唐朝张志和写的《玄真子》一书(公元 772 年以前写成)里写着"背日喷乎水成虹霓之状",意思是说,背着太阳,向空中喷水,就可以看到虹和霓。这个实验和虹的成因说法,在后来的一些书中,例如宋代的《谭子化书》、《侯鲭录》和明代的《物理小识》中,都有着记载。现在的中学课本里和一些科普读物中,仍旧采用这个简单而容易做的实验。

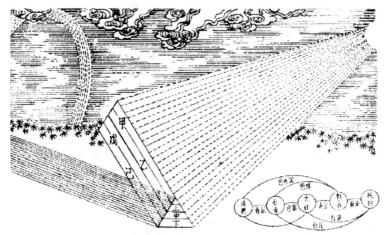

图 1　清《古今图书集成》一书中画的色散图

放出五色光的石头

以上是有关虹霓这一类自然现象的史话。另一方面,对于能够产生色散现象的矿石,我国人民也是很早就知道的。宋朝初年杨亿和黄鉴写的《杨文公谈苑》中有着这样一段记载:"嘉州峨嵋山有菩萨石,人多采得之,色莹白,若太山狼牙石、上饶州水晶之类,日光射之有五色……"菩萨石就是六棱的水晶(石英),因会使日光发生色散现象,所以又叫放光石。明朝李时珍(1518—1593)著的《本草纲目》里,对菩萨石有比较详细的记载,并且附了一张图。明朝陈文烛、王士性等人游峨嵋山时曾经看到菩萨石,他们指出:"放光石如水晶,大者径三、四分,其质六棱,从日隙照之,生五色如霓虹。"他们已经看出,虹的色光跟菩萨石的色光是相似的,这样就把棱镜色散所生成的色光和霓虹的色光联系起来。他们更进一步地提出,用穿过隙缝的太阳光来照射菩萨石,这就是使白光成为一束来照射,可以使出现的色散现象更为显著。现在我们在实验室中用棱镜做色散实验时,也是先让白光(例如太阳光)穿过狭缝,然后再射到棱镜上。

明末方以智(1611—1671)写的《物理小识》中,把我国古代的色散知识作了一个总结性的记载。记载中指出：凡是有几个棱的宝石，例如六棱的峨嵋放光石、三棱的水晶压纸块、三棱的玻璃块，日光透过都能形成五色；其中还说：山峡中的太阳光照射飞泉成五色，向日喷水，也成五色。书中还由此推出："虹霓之彩，星月之晕，五色之云，皆同此理。"

图 2　明《本草纲目》一书上所画
峨嵋山菩萨石

我国古代老早就发现日光色散成五色的现象，是科学史上的一件大的发现，因为人们有意识地用棱镜来研究色散，是迟至 17 世纪 50 年代才开始的。介绍欧洲色散知识最早的中国文献《灵台仪象志》(1674 年)上，也把色散说成五色（现在一般说是七色）。明末意大利传教士利玛窦(1552—1610)来华时，曾带来了三棱镜，作为法宝，表演色散现象，自以为是西方的"文明"，他哪里知道我国在几百年前就有了这方面的知识。

（原文载于《科学画报》，1966 年第 2 期）

宋代科学家燕肃[*]

燕肃是宋代的科学家、画家兼诗人。过去很少受人注意。近人张荫麟先生（1905—1942）前后在十多年时间内研究他的著作和事迹，写成了《燕肃著作事迹考》①。我在张文的基础上，结合一些新材料，继续进行探索，现把初步结果写成本文，向学术界请教。

燕肃字穆之，青州益都（山东益都）人②。生于宋太祖建隆二年（961），卒于宋仁宗康定元年（1040），年八十岁。他幼年丧父，家中贫困，出外游学，刻苦钻研。举进士，曾先后在凤翔府（陕西凤翔）、临邛县（四川邛崃）、河南府（洛阳市）、广南西路（广西）、广南东路（广东）、越州（浙江绍兴）、明州（浙江宁波）、梓州（四川三台）、亳州（安徽亳县）、清州（河北青县）、颍州（安徽阜阳）、邓州（河南邓县）等地为官。宋仁宗时，任龙图阁直学士；致仕时，赠官礼部侍郎。子一，名度。

燕肃在科学技术上的成就有：

（一）海潮图和海潮论③

1022 年，燕肃在明州时作《海潮图》和《海潮论》。《海潮图》恐已佚亡，《海潮论》尚存。南宋姚宽《西溪丛话》（或称《西溪残语》）（上）著录会稽（浙江绍兴）一块论海潮的石碑，但不知谁人所作。后经姚友王明清考定，其作者为燕肃④，这是正确无疑的⑤。今抄存燕肃《海潮论》的宋代典籍，有《西溪丛话》、《挥尘录》、《嘉泰会稽记》、《咸淳临安志》等四书，文字基本相同。今以《挥尘录》⑥为基础，并参校上列其他三书，引录于下（括号内文字均为原注）：

---

* 本文在写作过程中，承本校历史系徐规教授大力协助，并惠借他自己校补张荫麟先生撰的《燕肃著作事迹考》稿本，特此致谢。

① 《浙江大学文学院集刊》第一集，1941 年 6 月。

② 或谓原籍燕蓟（河北翼县），后迁居曹州（山东曹县）。

③ 关于"海潮论"问题，承本校地理系冯怀珍副教授协助，特此致谢。

④ 王明清《挥尘录·前录》四。

⑤ 南宋施宿纂修《嘉泰会稽记》，南宋潜说友《咸淳临安志》，清代俞思谦《海潮辑说》都有这个主张。北宋余靖的《海潮图序》载："近燕公著论，谓潮生于子"，也跟这个石碑碑文相合。

⑥ 中华书局本第 100 条。

"观古今诸家海潮之说多矣，或谓天河激涌（葛洪《潮说》），亦云地机翕张（见《洞真正一经》），卢肇以日激水而潮生，封演云月周天而潮应，挺空入汉，山涌而涛随（施师谓僧隐之言）；析木大梁，月行而水大（见窦叔蒙《涛志》）。源殊派异，无所适从。索隐探微，宜伸确论。大中祥符九年冬，奉诏按察岭外，尝经合浦郡（廉州），沿南溟而东，过海康（雷州），历陵水（化州），涉恩平（恩州），住南海（广州），迤由龙州（惠州），抵潮阳（潮州），泊出守会稽（越州），移莅句章（明州）。是以上诸郡，皆沿海滨，朝夕观望潮汐之候者有日矣，得以求之刻漏，究之消息（消息进退），十年用心，颇有准的。大率元气嘘吸，天随气而涨敛，溟渤往来，潮随天而进退者也。以日者众阳之母，阴生于阳，故潮附之于日也；月者太阴之精，水乃阴类，故潮依之于月也。是故随日而应月，依阴而附阳，盈于朔望，消于朒魄，虚于上下弦，息于辉朒（朔而日见东方），故潮有大小焉。今起月朔夜半子时，潮平于地之子位四刻一十六分半，月离于日在地之辰。次日移三刻七十二分，对月到之位，以日临之，潮必应之。过月望，复东行，潮附日而又西应之，至后朔子时四刻一十六分半，日、月、潮水，亦俱复会于子位。于是知潮常附日而右旋。以月临子午，潮必平矣；月在卯酉，汐必尽矣。或迟速消息又小异，而进退盈虚，终不失其期也。或问曰：四海潮平，来皆有渐，唯浙江涛至，则亘如山岳，奋如雷霆，水岸横飞，雪崖傍射，澎腾奔激，吁可畏也。其涨怒之理，可得闻乎？曰：或云夹岸有山，南曰龛，北曰赭，二山相对，谓之海门，岸狭势逼，涌而为涛耳。若言狭逼，则东溟自定海，吞余姚、奉化二江，伴之浙江，尤其狭逼，潮来不闻涛有声也。今观浙江之口，起自纂风亭（属会稽），北望嘉兴大山（属秀州），水阔二百余里，故海商舶船，怖于上㳮（水中沙为㳮），唯泛余姚小江易舟而浮运河，达于杭、越矣。盖以下有沙㳮，南北亘连，隔碍洪波，蹙遏潮势。夫月离震兑，他潮已生，唯浙江潮水不同。月经乾巽，潮来已半，浊浪堆滞，后水益来，于是溢于沙㳮，猛怒顿涌，势声激射，故起而为涛耳，非江山浅逼使之然也。"

对上文提出下列诸点看法：

（1）燕肃曾在廉州、广州、惠州、潮州、越州、明州等滨海地区为官，他利用这些机会，对海潮进行实地的科学观察，作出系统的记录，为期十年之久，积累大量资料，用心分析，写成文章，并描绘图画，刻于石碑，使之广泛传播。这种实事求是的科学态度，追求真理锲而不舍的精神，值得敬佩与学习。

（2）他从长期观察和细心研究中得到：在一月之中，朔、望潮大，上弦、下弦潮小，"潮随日而应月"。这些结论是正确的，特别是他对每日潮候已经掌握，而且他观测到的潮候数据也比较准确。这些都是珍贵的资料。至于他的基本理论，还是我国长期流传的阴阳五行说法，在今天看来是陈旧错误的。但他的《海潮论》与《海潮图》，特别是潮候，对当时的水路交通和渔业生产曾起过促进作用。与燕肃同时而稍后的余靖（1000—1064）所撰的《海潮图序》（1025 年作），就介绍了燕肃关于海潮的著作。又如后代浙江宁波、绍兴等地编修的府志和县志几乎都提到燕肃的《海潮论》和《海潮图》。

（3）他经过实地深刻的观测和与其他海湾港口的对比，提出钱塘江的"暴涨潮"（"怒潮"）是由于河床升高，"浊浪堆滞，后水益来"而形成的。这是他的创见，尽管这个说法尚未完整，但确是形成暴涨潮的一个重要条件，所以是难能可贵的。

（二）莲花漏

《宋会要》："仁宗天圣八年（1030），燕肃上莲花漏法。其制琢石为四分之壶，刻木为四分之箭，以测十二辰二十四气，四隅十干。洎百刻分布昼夜，成四十八箭。其箭一气一易。二十四气各有昼夜，故四十八箭。又为水匮，置铜渴乌，引水下注铜荷中插石壶旁，铜荷承水自荷茄中溜泄入壶，壶上当中为金莲花覆之，花心有窍，容箭下插，箭首与莲心平。渴乌漏下水入壶一分，浮箭上涌一分。至于登刻盈时皆如之。"①

北宋吴处厚《青箱杂记》卷九又载："燕公肃……任梓潼日，尝作莲花漏献于阙下。后作藩青社，出守东颍，悉按其法而为之。其制为四分之壶，参差置水器于上。刻木为四方之箭，箭四觚，面二十五刻，刻六十（分）。四面百刻，总六千分，以效日。凡四十八箭，一气一易。……以梓潼在南，其法昼增一刻，夜损一刻，青社稍北，昼增三刻，颍处青梓之间，昼增二刻，夜损亦如之。"②

燕肃创制的莲花漏图尚存（见图1，采自《古今图书集成》）。

刻漏为我国古时的计时器，始自周代，以后各代都有制作，至宋天圣时，唐制浮箭刻漏尚存，然不能用。燕肃创"莲花漏"，取莲花为装置。箭（箭首刻莲花）插入莲心（莲心安装在石壶上），箭由于水的浮力穿过莲心沿直线上浮，不致摇晃，这是这种刻漏优点之一。此外，这种刻漏壶数较少，只有两个壶，制造简单，便于推广。这个刻漏采用四十八个浮箭，每一个节气，昼夜各更换一个，以适应全年每日长短微有差异；又箭上刻度也随地区而不同。莲花漏于天圣八年九月由王立等检定，试验结果跟当时所用的"崇天历"不合，朝廷没有采用。景祐元年（1034），燕肃与杨惟德加以试验，结果良好。但丁度等反对，认为难久行。再经多次试验，并跟称漏比较，直到景祐三年（1036），燕肃的莲花漏才被采用。燕肃每到一个地方都把他的莲花漏作法，刻在石碑上（《宋史·艺文志》著录燕肃《莲花漏法》一卷，当即碑文），以广

---

① 《古今图书集成》历象汇编历法典漏刻部引。

② 燕肃的莲花漏是相当精密的，但如何调整其"等时性"，《宋会要》等书均未提到，唯《六经图》对燕肃的莲花漏有这样一段描述："减水益、竹注筒、铜节水小筒三物，设在下匮一旁，以平水势。"（《古今图书集成》历象汇编历法典漏刻部引）

传播。石刻与书今已亡佚。他的刻漏"世推其精密"①,许多州郡依法制造。夏竦(984—1050)曾为他的莲花漏作铭,称赞他的莲花漏"秒忽无差"②。苏轼(1036—1104)作的《徐州莲花漏铭并序》也说:"故龙图阁直学士礼部侍郎燕公肃,以创物之智闻于天下。作莲花漏,世服其精。凡公所临必为之。今州郡往往而在。虽有巧者,莫敢损益。"③

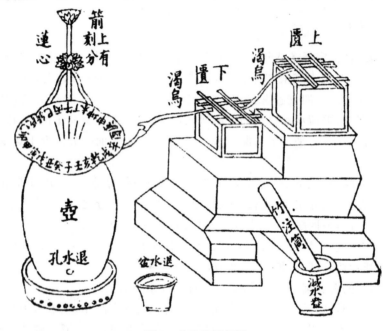

图 1 宋燕肃漏刻图

这里应该指出,燕肃对刻漏的研究跟他对海潮的研究有关,他要得到正确的潮候,必须有正确的刻漏。他在《海潮论》中曾经提到:"朝夕观望潮汐之候者有日矣,得以求之刻漏,究之消息。"

(三)指南车

指南车是利用齿轮系的机构,是我国古代的重要创造发明,然记载过略。对它内部的构造记载较详细的要推燕肃制造的指南车。燕肃在天圣五年(1027)直昭文馆时造指南车,这些记录保存在岳珂(1183—1234)的《愧郯录》和《宋史·舆服志》

---

① 《宋史·燕肃传》。欧阳修《归田录》卷二亦称"其漏刻法最精"。
② 夏竦《颍州莲花漏铭》,见《古今图书集成》历象汇编历法典漏刻部艺文。
③ 《东坡全集》卷十九。

114

中。经张荫麟、王振铎、鲍思贺、刘仙洲等先生的研究，已得出结果，造出模型[1]。燕肃的指南车有一缺点，不能转太大的弯。在燕肃造指南车的八十年后即 1107 年，吴德仁在燕肃的基础工作上作了一些改进。

（四）记里鼓车

记里鼓车也是利用齿轮系的机构，是我国古代重要的创造发明之一。大约在汉或晋已有，唯记载很简略。《宋史·舆服志》记载较详，有卢道隆的、吴德仁的两种，经张荫麟、王振铎等先生的研究，得出结果。卢道隆的业已复制成功[2]。据南宋前期人王称撰的《东都事略·燕肃传》记载：燕肃"尝造指南、记里二车及欹器以献"（《宋史·燕肃传》同）。又南宋后期人于钦纂修的《齐乘·燕肃传》说："尝造指南车、记里鼓车及欹器、莲花漏，世服其精。"根据这些文献，可见燕肃造过记里鼓车。但张荫麟先生仅凭李焘《续资治通鉴长编》记天圣五年十一月"壬寅，工部郎中、直昭文馆燕肃请造指南车，内侍卢道隆又上所创记里鼓车，皆以其法下所司制之"（岳珂《愧郯录》、《宋史·舆服志》并同）便下断语说："则肃未尝献记里鼓车，略传（按指《东部事略·燕肃传》）及本传（《宋史·燕肃传》）误也。"证据似嫌不足。不过燕肃制造的记里鼓车的特点，因记载残缺，无从推断。

（五）欹器

它也是我国古代的一个创造发明，是利用平衡的种类跟重心的位置的关系制成[3]。《东都事略》及《宋史》的《燕肃传》都说燕肃造过欹器，而张荫麟先生又加怀疑，他说："按释文莹《玉壶野史》一：'苏翰林易简一日直禁林，得江南徐邈所造欹器，……上（太宗）亲试以水。或增损一丝许，器则随欹，合其中则凝然不摇。'则是时欹器之制未亡，禁中亦自有之。云肃献此器，疑亦误也。"单凭《玉壶野史》这条记载，作出如此推断，也是值得商榷的。

此外，燕肃通乐律，曾与李照、宋祁等划涤钟磬，使合声律。又曾协助造鼓者解决上钉脚问题。

燕肃是个画家，善画山水寒林，可与王维等相比。他绘画先从观察入手，"不妄落笔，登临探索"。他的图画现存的有《春岫渔歌》《江山雪霁》等四五十幅之多。

① 可参考王振铎《指南车记里鼓车之考证及模制》（《文史集刊》第三期，1937 年 4 月）；刘仙洲《中国机械工程发明史》第 100—103 页（科学出版社，1962 年版）。
② 见张荫麟《卢道隆、吴德仁记里鼓车之创造》（《清华学报》二卷二期，1925 年 12 月）；王振铎《指南车记里鼓车之考证及模制》（《文史集刊》三期，1937 年 4 月）；刘仙洲《中国机械工程发明史》第 94—98 页（科学出版社，1962 年版）。
③ 见拙著《我国唐代的机械制造家李皋》（《科学画报》1963 年 6 月号）。

燕肃也是一位诗人。据《宋史·燕肃传》说,其诗多至数千篇。但《宋史·艺文志》著录其诗仅二卷。流传至今者已知有《僻居》①《赠惠山庆上人》②二首(后一首为徐规教授告知)。

(原文载于《杭州大学学报》哲学社会科学版,1979 年第 3 期)

---

① 《宋文鉴》卷二二引。
② 《宋诗纪事》卷八引《无锡县志》。

关于我国古代用凸透镜向日取火的问题

在我国科学史界中,关于用凹面镜向日取火的问题已解决得比较清楚,而关于凸透镜向日取火的历史尚存在不少问题,例如:(1)我国用凸透镜向日取火始于何时? (2)我国何时才有玻璃制的凸透镜? (3)通常说,阳燧是向日取火的凹面(铜)镜,但是否有的阳燧也指向日取火的凸透镜? (4)究竟有否冰透镜(冰制的透镜)? 兹讨论如下:

(一)

用以向日取火的凸透镜,我国古时叫它为火珠、火齐珠、火齐或简称珠。这类凸透镜最初是用天然透明物体(或稍加磨制),后来亦用玻璃。《管子·侈靡篇》(成书于春秋战国时期)有这样一段话:"珠者,阴之阳也,故胜火;玉者,阴(阳)之阴也,故胜水。其化如神。"这段话比较含糊,颇难理解。旧题唐人房玄龄的注解为:"珠生于水而有光鉴,故为阴之阳,以向日则火烽,故胜火;玉生于山而藏于山,故为阴(阳)之阴,以向月则水流,故胜水。言珠玉能致水火,故曰如神也。"对这段解释我们注意到下面两点:(1)珠一般来说是指珍珠,珍珠不能向日取火。所以"珠生于水而有光鉴"理应是指存在大自然的石英等透明物体,在水流的冲击下而成为卵形,透明且有光泽。(2)"以向日则火烽"及珠能致火就是用凸透镜向日取火。所以可以说在春秋战国时代我们祖先已知道利用天然透明物体形成的凸透镜向日取火。(晋)张华的《博物志》中有一条很明显的记载:"取火法,如用珠取火,多有说者,此未试。"汉时文献中提到火珠较多。《史记·司马相如传》载:"云梦……其石赤玉,玫瑰,琨珸。"(晋)郭璞注:"玫瑰,火珠也。"(晋)晋灼注:"玫瑰,火齐珠也。"(《汉书·司马相如传》同)由此可见那时云梦(今湖北云梦县)等地出产火珠。火珠也有由南洋、印度半岛等地输入。《旧唐书》卷一百九十七记有:"林邑国,汉日南象林之地……贞观初遣使贡驯犀。四年,其王范头黎遣使献火珠,大如鸡卵,圆白皎洁,光照数尺,状如水精。正午向日,以艾承之,即火燃。"《南史》、《梁书》、《魏书》等书中都有火珠的记载。

"玫瑰"两字曾出现于《韩非子·外储说左上》,过去多解释为"美玉",其实也有可能指火珠。如果指火珠,那么这可作为战国时代我国已用凸透镜向日取火的一旁证了。

（二）

过去我国科学史界以为我国制造玻璃始于北魏（386—534），使用玻璃制的凸透镜则更迟。其实不然，我国制造玻璃很早，至少有两千多年的历史。① 东汉学者王充的名著《论衡》记载了玻璃制造凸透镜并把它用来向日取火。《论衡·率性篇》："阳遂（同燧）取火于天，五月丙午日中之时，消炼五石，铸以为器，磨砺生光，仰以向日，则火来至。此真取火之道也。"（《乱龙篇》、《定贤篇》略同，《诘术篇》、《说日篇》也有提到"阳燧"向日取火）。（清）赵翼《陔余丛考》卷三十三认为《论衡》中的"阳燧"是玻璃制的。这种看法是正确的。所以在东汉已有玻璃制的凸透镜。

在我国古代，"阳燧"是有指向日取火的（铜制）的凹面镜，但也有指向日取火的凸透镜。上面《论衡》中所提到的就是一个例子。唐天宝十一年（752）王寿编的《外台秘要》卷十九说："阳燧是以火珠向日下，以艾于下承之，便得火也。"（东晋）王嘉《拾遗记》卷八也把火珠称为"阳燧"。有人为了将两者加以区别，把向日取火的凸透镜特称为"阳燧珠"。②

凸透镜向日取火在我国古代医学上广泛应用于针灸。明代伟大的医学家李时珍的《本草纲目》卷六"艾火"条记载："凡灸火者宜用阳燧（指凹面镜）、火珠承日，取太阳真火。"（明）方以智的《物理小识》也有同样的记录。这方面更早的史料还有医学巨著《外台秘要》："取火法有阳燧（指凸透镜）取火，其次用碏石之火，天阴用槐木之火。"（宋）《苏沈良方》："凡取火者，宜敲石取火或水晶镜子于日得太阳火为妙。"这里所说的水晶镜子就是指水晶的凸透镜。

（三）

我国古代关于冰透镜向日取火的记载是比较多的，目前知道最早的史料是汉初的《淮南万毕术》："削冰令圆，举以向日，以艾承其影，则火生。"这就是把冰削成凸透镜，向着太阳安放，把艾放在它的焦点上，那么艾就会被点燃。这一条记录是很珍贵的。这说明我国劳动人民在汉初就已经能够做这个很难做的实验。（晋）张华《博物志》中也有类似的记载，并且同时记录了他听到的用"火珠"向日取火的消息，他有意识地把这两件事情相提并论。

但是仍有人怀疑用冰透镜向日取火的真实性，他们想，在太阳光的照射下，冰受热不是会融化吗？这样的实验又怎么会成功呢？直到清代，还有人把这个问题提出来，请教当时的科学家郑复光（生于 1780 年，死于 1853 年以后）。郑复光开始

---

① 上官碧："玻璃工艺的历史探讨"，《美术研究》1960 年 1 期。
② （宋）《太平广记》卷三十四"崔炜"。

也有怀疑，于是他就通过实验来解决这个问题。几经试验，终于成功。郑复光认为冰透镜所以能够向日取火，原因在于："冰之明澈，不减水晶，而取火之理在乎镜凸（镜凸为凸透镜）"。现存的郑氏的著作中有两处记载了他用冰透镜向日取火的实验，一在《费隐与知录》"削冰取火凸镜同理"条，一在《镜镜诊痴》卷四"取火"。在《费隐与知录》中，郑复光介绍了他在1819年所做的实验。当时郑复光住在东陶。开始实验的时候，他取来厚冰，进行切削，但很难将冰切削成表面光滑的凸透镜，不能会聚光线，实验失败了。后来他想出一个好办法，取来底部微凹的锡壶，里面装上热水，将壶放在冰块上旋转，结果，冰块被熨成稍凸的表面光滑的凸透镜。遂将冰透镜放在太阳底下，放在冰后焦点处的纸煤果然点燃着，实验成功了。郑复光指出这个实验成功的条件是：①要选取透明光洁的冰块。②冰透镜孔径要大而微凸（焦距大）。③实验必须在阳光强烈的时候进行。④实验进行时必须把冰透镜固定稳当，不能摇晃。的确，在这样的条件下，聚焦在透镜焦点的光较强，焦点离透镜较远，焦点位置固定不变，纸煤就会较快地着火，而冰透镜不致融化过多，造成形变。

郑复光继续对冰透镜进行研究、改进，以期获得更好的实验结果。在《镜镜诊痴》中记录了他后来的一次实验。这次所用的冰透镜较《费隐与知录》中实验所用的冰透镜有了很大改进。最大改进是：在《费隐与知录》中冰透镜的口径 $D_1=3$ 寸 $=0.3$ 尺，焦距 $f_1=2$ 尺；在《镜镜诊痴》中，冰透镜的口径增大，$D_2=0.5$ 尺，焦距略有缩小，$f_2=1.7$ 尺（或 1.8 尺）。这样的改进有什么好处呢？我们引用"相对孔径"与"集光本领"这两个术语来讨论，就比较清楚了。因为：要使纸煤容易点燃，透镜的集光本领 $(\frac{D}{f})^2$ 要大，所以相对孔径 $(\frac{D}{f})$ 要大，即透镜口径 D 要大，焦距 f 要小，但对于冰透镜，焦距不宜过小，否则冰透镜的低温与纸煤的高温互相影响大。纸煤不容易点燃，冰透镜在阳光下放的时间长，容易融化。所以冰透镜的口径要尽量大，焦距适当地小。郑氏的实验改进就是向这个方向发展的。第一次实验相对孔径 $\frac{D_1}{f_1}=0.15$，集光本领 $(\frac{D_1}{f_1})^2=0.023$。第二次实验相对孔径 $\frac{D_2}{f_2}\approx0.3$，集光本领 $(\frac{D_2}{f_2})^2\approx0.09$。$(\frac{D_2}{f_2})^2\approx4(\frac{D_1}{f_1})^2$。第二次集光本领约为第一次的 4 倍，第二次纸煤更容易点燃，实验更易成功。

另外，在《镜镜诊痴》中，实验的条件写得比《费隐与知录》具体细致，也有不少改进，例如壶中原来用"热水"，后来改用"沸水"，等等。

从郑复光对冰透镜的记载，可知冰透镜向日取火的实验确实十分难做，但是我国在汉初已经做成功了，真是惊人的创造。

在国外，也有人做过冰透镜向日取火的实验，例如英国著名科学家胡克（1635—1703）在英国皇家学会中曾表演过这个实验，可见当时在国外冰透镜向日取火也算是新奇的实验。至于制冰透镜的方法,国外也有用"浇铸法",把水加入适当形状的碟子里,让它结冰,然后把碟子略热一下,便可以把冰透镜拿出来。

小 结

(1)我国用凸透镜向日取火始于春秋战国时期,当时用石英等天然透明物体(或稍加磨制)。

(2)东汉时我国已有玻璃制的向日取火的凸透镜,也叫做阳燧或阳燧珠。

(3)我国西汉时就有冰透镜,这是巧夺天工的发明创造。

(原文系"杭州大学庆祝建国三十周年科学报告会论文",1979 年 10 月)

我国古代的衡器

在度量衡的发明和发展上，我国有着悠久的历史。传说黄帝"设五量"(《孔子家语·五帝德》)，所谓五量即权衡、斗斛、尺丈、里步、十百，简称"衡、量、度、亩、数"，夏禹"声为律，身为度，称以出"；又说夏禹"循守会稽，乃审铨(即权)衡。平斗斛"(《越绝书》)。

到商、周时期，由于农业、手工业、建筑等生产活动需要，普遍使用尺测量长度，陶豆计容量，斧斤比较重量。斧斤就是砍木头用的斧子，人们常用它的重量和其他物品比较，"斤"就逐渐固定为重量的单位。

我国古代的衡器有杆秤和天平两种。

一、天平

衡器中最早发明的当推天平。从出土文物看来，春秋中晚期已使用天平。春秋晚期至战国中期的天平已经制造得很精致了，最小的砝码为一铢，约合今 0.6 克[①]。新中国成立后，湖南楚墓出土的天平中，完整的有两件，今以这两件为例说明如下：例一[②](图 1)，天平的横梁为木质，扁条形，长 27 厘米，横梁中心有一孔，穿丝线提纽；离开横梁的两端 0.7 厘米处，各有一个小孔，内穿丝线来系挂天平的铜盘，系盘的丝线为 4 根，丝线长为 9 厘米；盘的直径为 4 厘米。盘边有 4 个对称的小孔，用以系丝线。例二[③](图 2)，天平的横梁也是木质，杆长 21 厘米，宽 1.2 厘米，厚 0.4 厘米；横梁正中及两端也有穿孔，但线已不存；天平铜盘 2 个，盘边也有 4 个小孔，盘的直径是 4.4 厘米，每个盘重 6.9 克。

[①] 国家标准计量局度量衡史料组："我国度量衡的产生和发展"，《考古》，1977 年第 1 期。

[②] 天平出土编号为"54 长左 M15"，参考高至喜："湖南楚墓中出土的天平与砝码"，《考古》，1972 年第 4 期。

[③] 天平出土编号为"58 常棉 M50"，参考文献同上。

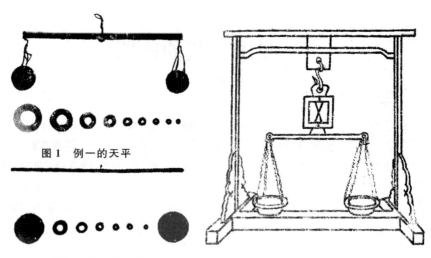

图1 例一的天平

图2 例二的天平   图3 清初的天平

其余的天平与这两个天平相类似,但有的天平横梁是竹质的,有的两个盘重量也不相等,其中有这样一架天平,它的一个盘重9克,而另一个盘重10.3克,可能在轻的盘里垫以丝帛等,称特殊物品。

砝码都是以铜质为材料,制成圆环形。砝码的直径按砝码的重量依次减小,外径从几个厘米到几个毫米。

例一有9个砝码,例二有6个砝码。它们的重量列表比较如下(以克为单位):

天平＼砝码编号	1	2	3	4	5	6	7	8	9	合计
例一	125	61.8	31.3	15.6	8	4.6	2.1	1.2	0.6	250.5
例二			31.2	15.5	8.44	4.4	2.16	1.25		62.95

从上表看出:(1)各组砝码重量依次减半。(2)编号相同的砝码重量几乎相等,可见当时的砝码有一定的规格。

其他天平砝码组的重量分布也基本上符合上述两条规律,且以编号3～6为较多,可见这些砝码比较常用。各组砝码的总重量是较小的,比如例一总重也只有250.5克(约为当时的1斤)。这些天平的量程是很小的,当时是用来称黄金等贵重物品。

我国古时没有"天平"的名称,与杆秤混叫做"衡","天称"在《明会典》才有记载(明王圻的《三才图会》有天平图)。砝码很早就叫做"权",宋代叫做"马"(《宋史·律历志》),明代叫做"法子""法马"(《明会典》),俗称为"乏子"(明朱国桢《涌幢小品》二—"妒妇")。

我国古书中详细地介绍天平构造的要算《清会典》,《清会典》介绍了清初的天平(图 3)与砝码,"平者为衡,重者为权。衡以铁为之,其上设准,为两尖齿形,衔以铁方镮正立,上齿贯方镮上周,尖向下,适当镮中不动,下齿属于衡,尖向上,插入方镮下周之空缝,绾之以枢,使衡可左右低昂,而齿亦与之左右。衡之两端各以铁钩二,绾铁索四,悬二铜盘,左右适均,上齿本有孔,贯以铁钩,悬于架,用时一盘纳物,一盘纳权,视方镮中上下两齿尖适相值,则衡平而权与物之轻重均。砝码为扁圆形,上下面平,质用黄铜,以寸法定轻重之率,黄铜方一寸重六两八钱。"这样的天平的特点是装有指示天平是否平衡的零件,叫做"准","准"由两个尖齿与方铁环组成。上齿固定在方铁环上边,尖向下,正在环的中心不动;下齿固定在横梁上,齿尖向上,用轴装在方铁环下边,当横梁左右摆动时,下齿也跟着左右摆动。上齿本有孔,以铁钩挂在天平架上,这样上齿作用就相当于一个铅锤了。上齿尖相当于标尺的零点,下齿尖就相当于现在天平的指针尖,当上下齿尖对准时,则天平平衡。这样的天平跟现在的天平很相近了。

二、杆秤

中国杆秤始于何时? 商承祚先生的《秦权使用及辨伪》(《学术研究》1965 年 3 期)指出:"……杆秤的发明是在魏以后,南朝梁天监以前二百三十七年间(265—502),得出相对的年代。"我认为这个看法是值得商榷的,把我国杆秤发明的时间定得太迟了。我国的杆秤在春秋战国已有,绝不会迟至魏后,理由有下面几点:

(1)《墨经》中已有等臂的天平与"本短标长"的杆秤。《经》:"衡而不正,说在得。"《经说》:"衡:加重于其一旁,必捶权,重相若也。相衡,则本短标长。两加焉,重相若,则标必下,标得权也。"这就是说:天平一臂加重物,一臂加砝码,砝码和重物必须相等方得平衡。以秤称物,则提绳与重物的一臂短,标花一臂(即提绳到秤锤的一臂)长,如果重物与秤锤相等,那么秤锤就下坠。这是为什么呢? 因秤锤过重。这一条《墨经》的引文虽然各家略有不同,解释也有不同,但总的精神一样,都说是天平与杆秤。可见当时已有这两种衡器,并且提出这两种衡器的力学原理。

(2)我国先秦时代生产颇发展。力学与机械学也颇发达。跟杆秤的原理和结构相似的桔槔等都已使用,独杆秤的发明要迟至魏以后,这是不可能的。我认为先秦著作中的"权衡",即指天平(包括砝码)和杆秤(包括秤锤)。

(3)商文又指出:"杆秤始于何时? 据现时看到的只有南朝梁的执秤图资料,但不能说杆秤则始于梁,它应当比梁早,但又不会太早。理由是:从图所示的支点偏度不大似乎可作为不太早的论据。"这点理由不充分。细观此图,可见支点偏度之所以不大,是从美术布局来考虑,否则这个秤的秤杆要超出画面。

(4)《诸葛亮集·杂言》:"吾心如秤,不能为人作轻重。""轻重"二字或作"低昂"。可见在诸葛亮(181—234)时代,杆秤已很普遍了。

综上所说,在春秋战国时期我国已有杆秤,而国外大约在公元前 200 年才有杆秤,所以我国是世界上发明杆秤最早的国家。

后来杆秤由一个提纽发展为两个、三个提纽,那么就有两个、三个量程。每个提纽叫做毫,所谓头毫(初毫)、二毫(中毫)、三毫(末毫)。这种多提纽的杆秤是什么时候发明,尚待考。但至迟在宋朝景德年间(1004—1007)我国已经有三个提纽的小杆秤了,这种小杆秤是刘承珪首创的,一种是等一钱半的,一种是等一两的(见《宋史·律历志一》,中华书局,第 1495—1497 页)。其构造如下表。前一种"因度尺而求厘",后一种"自积黍而取累"。因厘制较累制方便,经过一段时间使用,人们都喜欢厘制,累制在无形中淘汰了。

秤量	杆长	杆重	锤重	盘重	初毫(第一纽)			中毫(第二纽)			末毫(第三纽)		
					起量	分量	末量	起量	分量	末量	起量	分量	末量
1钱半	1.2尺	1钱	6分	5分	0.5钱	1厘	1.5钱	0	1厘	1钱	0	1厘	0.5钱
1两	1.4尺	1.5钱	6钱	4钱	0	5累	24铢(1两)	0	2累	12铢(5钱)	0	1累	6铢

刘承珪的小杆秤就是戥秤。到了宋元丰年间(公元 1078—1085 年),把这种小杆秤称为"等子"。宋李方叔《师友谈记》:"秦少游言邢和叔尝曰:'文,铢两不差,非秤上秤来,乃等子上等来也'。"当时的等子用来称金银、珠玉、药物等贵重药品,宫中有金等子和玉等子之分(见宋张世南的《游宦纪闻》),在戥秤上可以称出分、厘微量,所以有叫"分等"、"厘等"的。明代就叫"等秤",《清会典》作"戥",清末以来都称"戥秤"。

(原文系"杭州大学庆祝建国三十周年科学报告会论文",1979 年 10 月)

中国早期蒸汽机和火轮船的研制*

　　本文主要探讨我国一些有识之士在鸦片战争前后对蒸汽机、火轮船的研究和制造。考镜源流，在这两种近代工业技术中曾经"叱咤风云"的"奇器"身上，有着我国古老科学文化的血统，为此需要简略地回顾一下历史。

一、中国对蒸汽机、火轮船发明的贡献

1. 古代船舶推进简史

　　早在新石器时代，独木舟和筏就已泛游于我国的江河湖泽之上。原始社会和奴隶社会之交，木板船驶入了历史的长河。船舶推进方式，由撑篙到"剡木为楫（短桨）"，后来又发展为长桨，演变到橹——现代螺旋桨的萌芽。东汉刘熙的《释名》里记载有"橹"和"帆"。帆的历史恐怕要早得多，因为商代的甲骨文中，已经有了古"帆"字。这种利用自然力——风力的发明，是船舶推进方式的一大革命。我们的祖先由于生产斗争和社会活动的需要，在向机械化进军的历史总趋势中，终于在世界上率先迈出了可贵的第一步，这就是"轮船"的发明。

2. 车船的发明及其意义

　　约在公元 2 世纪的东汉时代，我国已有了水车（翻车）的发明①，后来，我们的祖先可能从水车的构造上获得启发，把水车的主要机构灵活地应用到船上去代替桨橹，拨水行舟。故这种原始的车船仍呼为"水车"。晋葛洪（281—364）的《抱朴子》上说："屈原投汨罗之日，人并命舟楫迎之，至今以为竞渡。或以'水车'，谓之'飞凫'，亦曰'水马'。一州士庶，悉临观之。"②此处的"水车"可能就是最初的车船，而"水车"的名称则借用了一段时间。大约在公元 6 世纪成书的《荆楚岁时记》中提到过端午水车。梁代的水军将领徐世谱，曾于公元 552 年，造"楼船、拍舰、火舫、水车，以益军势"。史书上说徐"性机朽，谙解旧法，所造机械，并随机损益，妙思

＊　本文与闻人军合作。

①　《后汉书·张让传》卷六十八。

②　《渊鉴类函·舟部》卷三百八十六。

出入。"看来"水车"虽非徐世谱发明,但他作了某些改进,这是车船用于军事之始①。

我国南北朝时的伟大科学家祖冲之(429—500)曾在齐武帝永明年间(483—493)造"千里船","于新亭江(今南京)试之,日行百余里"。② 祖冲之的千里船可能也是一种车船。

到了唐朝,李皋(733—792)也曾经造过车船,史书上说它"挟两轮蹈之,翔风鼓疾,若挂帆席"③。国外的第一艘车船于16世纪在欧洲首次出现,比李皋要晚800多年,距葛洪的年代已逾1200年了④。

车船的工作原理是:桨叶周而复始地拨水,形成一种连续的推动力,驱船前进。其连续推动力大于桨、橹产生的间歇推动力,所以速度快。车船的另一优点是可进可退,机动性能好;人可隐蔽在船舱内踏轮,宜于征战。我国宋代,车船的制造和应用已很普遍,在军事上屡建奇功⑤,当时称为"车船",到了元朝,始有"轮船"之名⑥。我国古代人民在车船的研制过程中,积累了丰富的经验,不但在造船史上留下了光辉的一页,而且为后世研制蒸汽驱动的"火轮船"打下了良好的基础。

3. 蒸汽做功原理＋风箱＋水排＝蒸汽机

恩格斯曾经提出了一个著名的论断:"蒸汽机是第一个真正国际性的发明。"⑦

大科学家达·芬奇(1452—1519)、牛顿(1643—1727)等人曾经有过利用蒸汽作动力的设想,由于历史条件的限制未能实现。而意大利建筑家布蓝卡却于1629年发明了一种雏型的冲动式汽轮机⑧。1659年来华的比利时传教士南怀仁(1623—1688)在西方接受过科学技术的熏陶,他的西洋历法颇受清帝赏识,官至钦天监监正,工部侍郎⑨。南怀仁在中国做过用蒸汽做动力的试验,造了一辆"小汽轮机车","当蒸汽在较高压力下由汽锅经一小管向外急剧喷射时,冲击于轮叶之上,使轮及轴迅速旋转,车遂前进"。南怀仁又制"一小船,可由汽锅中蒸汽之力使在水面上环行不已"⑩。南怀仁在中国29年,他进行冲动式汽轮机实验,制成了世界上最早的汽轮机车和汽船模型,并预见到蒸汽作为动力还可推广应用,在科学史

① 《南史·徐世谱传》卷六十七。
② 《南齐书·祖冲之传》卷五十二。
③ 《旧唐书·李皋传》卷一百三十一。
④ 《造船史话》,上海科学技术出版社,1979年。
⑤ 《宋史·虞允文传》卷三百八十三。
⑥ 《元史·阿术传》卷一百二十八。
⑦ 恩格斯:《自然辩证法》。
⑧ 刘仙洲:"中国在热机历史上之地位",《东方杂志》,1943年11月,39卷18号。
⑨ 《清史稿》卷二百七十二。
⑩ 刘仙洲:"中国在热机历史上之地位",《东方杂志》,1943年11月,39卷18号。

上应占有一定的地位。

到了 17 世纪 90 年代,欧洲人在实验中发现,或许能用非机械的方法(如使蒸汽冷凝),可以利用大气压力来得到机械功。法国人巴本(1647—1714)利用这个原理,并根据德国人莱布尼兹(1646—1716)的提示,于 1690 年制成了第一部大气机的雏型。1698 年,英国矿山技师塞维利(1650—1715)也利用冷凝蒸汽的方法,制造出一种能在矿井中抽水的蒸汽泵。到 1712 年,英国铁匠钮可门(1663—1729)综合巴本和塞维利等人的设计优点,制成了利用大气压力作直线运动的大气机。

钮可门大气机的基本工作原理其实早在我国古代的"铜瓮雷鸣"实验中得到了体现。《淮南万毕术》中说:"取沸汤置瓮中,沉之井里,则鸣数十里。"另一条记载讲得更为明白:"取沸汤置铜瓶中,塞坚密,内之井中,则雷鸣闻数十里。"[①]其实验过程大概是这样的,将沸水倒入很薄的铜瓮之内,并不注满,将铜瓮塞紧,投入井中。在下沉的过程中,铜瓮遇水受冷,瓮中水面上的水蒸气冷凝为水,使铜瓮内的气压迅速减少,造成了近乎真空的状态。大气压力加上井水的压力将铜瓮向内压破,产生爆炸声,大似雷鸣。虽然说"鸣数十里"可能有些夸张,但显然响声很大,连远处都能听到。

钮可门大气机的工作原理:先将蒸汽引入气缸,使活塞升高,然后将冷水注入汽缸,缸中蒸汽凝结,压力减少,活塞在大气压作用下向下移动。相似于"铜瓮雷鸣"实验的导致钮可门大气机的物理实验,在欧洲只能上溯到 17 世纪末叶,比中国的"铜瓮雷鸣"实验迟了 1800 年。现在还不清楚这两个实验之间有无互相启发的联系,但是我国古代的机械装置和合理的机械结构,确有许多传到了外国,为西方所采用。跟蒸汽机的发明有关的"阀门"和"传动机械",我们的祖先就有所研究,并在实践中加以利用和发展,取得了丰富的经验。这些科技成果,对西方创制和改进蒸汽机有过影响,又为 19 世纪中叶我国自制蒸汽机提供了直接的知识储备。

鉴于日本影印本宋刊本《演禽斗数三世相书》(唐袁天罡著,后人增补)上已经出现了双作活塞风箱的图像,可知我国宋代已经发明这种工具(见图1),在 1637 年宋应星所著的《天工开物》第八卷"冶铸"的图谱上,更可以看到这种风箱的应用[②]。以葡萄牙海员和耶稣会传教士为媒介,双作活塞风箱大约传到了欧洲,它的影响所及,使拉哈雅在 1716 年造出了第一种双作活塞抽水筒,在 18 世纪欧洲的许多图画上往往可以看到中国的双作鼓风机的形象。[③]

---

① 刘安:《淮南万毕术》,南菁书院丛书第三集第四种。
② 杨宽:《中国古代冶铁技术的发明和发展》,上海人民出版社,1956 年。
③ 胡道静:"水排和风箱对于往复式蒸汽机的启发",《人民日报》,1964 年 6 月 2 日。

(a)   (b)

图 1　双作活塞风箱

　　我国远在 1900 多年前，还发明了水排[①]。王桢《农书》中详细记载了水排的构造（见图 2）"……用水激转下轮，则上轮所周弦索，通激轮前旋鼓，掉枝（按即曲柄）一例随转。其掉枝所贯行桃因而推挽卧轴，左右攀耳以及排前直木，则排随来去，扇冶甚速，过于人力。"由于曲柄连杆机构的作用，将圆周运动变成了直线往复运动，再通过卧轴，带动风扇。水排能代替人力劳动，而且倍于人力，因此获得了广泛应用。它的传动方式，由于马可孛罗以后中国和意大利的频频交往，首先传入了意大利。1440 年安东尼·比萨内罗所画的一幅抽水机图中，已有了曲轴、连杆、活塞杆等构成的机件组合，后来进而形成了使圆周运动和直线往复运动互为转换的标准机件组（曲轴、连杆等）的概念。[②]

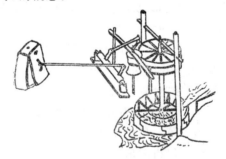

图 2　水排

　　在前人一系列工作的基础上，英国科学家瓦特（1736—1819）开始着手研究和

---

① 　《后汉书·杜诗传》卷六十一。
② 　胡道静："水排和风箱对于往复式蒸汽机的启发"，《人民日报》，1964 年 6 月 2 日。

128

改进蒸汽机。他原是英国一所大学的仪器修理技工,对机械装置比较熟悉,前面提到的双作风箱和曲柄连杆机构对他来说毫不陌生,在改进钮可门蒸汽机的过程中,他创造性地吸取了中国古代机械的优点,于 1782 年试制成功了双作往复式蒸汽机。

与单作式钮可门蒸汽机相比,瓦特蒸汽机的优点是明显的,譬如它的双作式阀门,使蒸汽从两端轮流进入汽缸,既推动活塞的前进,又推动活塞后退,提高了效率。这一点,正与双作式风箱类似。在瓦特蒸汽机中,通过曲柄、连杆、飞轮等连续传动机构,活塞的直线往返过程转化为旋转运动,而这恰是中国水排中圆周—直线运动转换过程的逆过程。英国科学史家李约瑟博士曾就此发表过下述公式:蒸汽机＝水排＋风箱[1]。就机械部分讲,这是可以的。蒸汽机的发明上确也凝聚着中国人民的聪明才智。它不愧为世界各国科学技术的共同结晶。

4.蒸汽机＋车船＝火轮船

蒸汽机的发明,在"社会领域中实现了巨大的解放性的变革",立即在采矿、纺织、冶金、机器制造、磨坊等各种行业中被广泛应用,直接推动了 18 世纪的工业革命。由于工业的急剧发展,交通运输工具的变革迫在眉睫。1804 年,第一台蒸汽机车在英国问世。1825 年,英国的乔治·斯蒂芬逊(1781—1848)试制成功了世界上第一台实用蒸汽机车——"旅行号",自此,打开了陆上交通运输的新通途。在航行方面,以蒸汽为动力的设想吸引了人们数百年,只有到了发明蒸汽机以后,才有了实现的可能。1775 年,佩里埃(Perier)所制的人类历史上第一只以蒸汽(机)为动力的小船(Steamboat)在巴黎的塞纳河上游弋。到了 1802 年,英国的西明敦(Symington)制造的"长罗邓德斯"号汽船(即火轮船)下水。1807 年,美国福尔顿(Fulton)所造的"克莱蒙特"号汽船首航成功[2],由于它的桨轮推进效率低,结构复杂,后来便被明轮所代替。

1830 年,英国轮船"福士"号到达我国珠江口上伶仃岛[3]。5 年后,又一艘英国火轮船"渣甸"号来到中国,驶入广州[4]。"似曾相识燕归来",此为明轮船驶入中国之始。不过,火轮船名称的出现,不会晚于 1833 年。是年在广州出版的《东西洋考每月统记传》中编入了有关蒸汽机、火轮船图说的文章。译作者没有将"Steamship"译成"汽船",而是译为"火轮船"或"火轮舟",反映出译者已经抓住了它的两个主要特点:"火"者,蒸汽机是也;"轮"则来源于醒目的两个激水"明轮";蒸汽机加上"轮船"(车船)就是火轮船。虽然明轮后来被效率更高的螺旋桨所取代,

---

[1] 胡道静:"水排和风箱对于往复式蒸汽机的启发",《人民日报》,1964 年 6 月 2 日。

[2] *Encyclopaedia Britannica*,Vol. 20,p. 527,1964.

[3] 汪敬虞:"关于十九世纪外国在华船舶修造工业的史料",《经济研究》,1965 年第 5 期。

[4] 《航运史话》,上海科学技术出版社,1978 年。

但是"轮"的称谓却跟蒸汽机船结下了不解之缘，一直沿用下来，至今仍呼为"轮船"，如油轮、货轮、拖轮等等。

二、中国自制的蒸汽机、火轮船

1. 鸦片战争时中国自造的"轮船"

鸦片战争中，火轮船成了帝国主义侵略中国的工具，在我国沿海活动的火轮船约有 20 艘[1]，大多为小船，其功率最大者不过四百马力。但它充当"探哨"或拖曳，"助纣为虐"，引起了有些人的关注。在全国人民反抗英帝入侵的爱国热忱激励之下，林则徐（1785—1850）和魏源（1794—1857）等提出了"师夷之长技以制夷"，竭力主张仿制火轮船[2]。

林则徐于 1839 年到广州后，注意了解外国情况，派人翻译外国书报，收集外国资料，编成《四洲志》，其实就是近代我国首批有目的搞的国外科技情报资料。后来魏源根据《四洲志》并参酌其他史地资料，扩充成了《海国图志》。《海国图志》于 1841 年动笔，次年 12 月初版五十卷本刻成于扬州。1846 年魏源再加修订、增辑轮船、机器各图说，至 1847 年增为一百卷，重刻于扬州[3]。《海国图志·夷情备录二》中曾报道了英国汽船入侵事，书内还介绍了火轮车、船的特点和构造，大力提倡制造火轮船，对我国早期蒸汽机和火轮船的研制起到了宣传、启发作用。

1840 年 6 月，英军侵入定海，嘉兴县丞龚振麟奉调前往宁波军营，他看到英帝的火轮船"以筒贮火，以轮激水"，作测沙线、探形势的向导船能出没波涛，他"心有所会"，决定仿造并加一些改革。龚振麟"淹通博雅，精于泰西算法"，但他当时对蒸汽机尚不够了解。于是采用中国原有的车船的原理，又仿照英国火轮船的形制，中西合璧，制造水轮战舰。他先与工人合作，制成小样，在湖中试验，行驶迅捷。那年冬天，依前式制造巨舰，越月而成，"驶于海上击水测沙与小式无异"[4]。1841 年 3 月，林则徐来浙东协助军务，到浙江就帮助龚振麟制造炮舰。当时林则徐带有战船图样八种，跟"车船"有关的有两种：其一为车轮船图，另一种可用轮或用桨，听便。"车轮船前后各舱，装车轮二辆，每辆六齿，齿与船底相平，车心六角，车轮长三尺，船内二人齐肩，把条用力，攀转则轮齿激水，其走如飞，或用脚踏转，如车水一般。……如船轻则用石压之，盖船底入水一尺，则轮齿亦入水一尺也。"[5]

---

① 中国史学会主编：《鸦片战争》（中国近代史资料丛刊）。

② 魏源：《海国图志》"原叙"。

③ 李瑚：《魏源诗文系年》。

④ 陈陆："鸦片战争与中国军器"，《中和月刊》第一卷第八期，1930 年 8 月。

⑤ 汪仲详："安南战船说"，《海国图志》卷八十四。

批验所大使长庆"仿昔人两头船之法",也造过车船。"船身长六丈七尺,……两头安舵,两旁分设桨三十六把,中腰安水轮两个,制如车轮,内有机关,用十人脚旋转,……用以劈水。"①

龚振麟目睹英国火轮船的优点而仍以人力易火力,林则徐来浙东时带来了车船图,但是没有火轮船图,一方面固然说明当时我国工业基础薄弱,蒸汽机的研制跟不上形势的需要;另一方面,他们因地制宜,引进西方近代科学技术时,注意结合中国的特点,先造水轮战船,以应军事的急需,是明智的。不过当时在我国并不乏研究制造蒸汽机和火轮船的先驱者,以前曾经有所介绍。② 下文欲作进一步的研讨。

2.鸦片战争前后,国人对蒸汽机、火轮船的研究和试制

鸦片战争前后,中国社会面临着深刻的变革。鸦片战争的失败,唤醒了先进的中国人,纷纷向西方国家寻找真理,形成了一股潮流。龚自珍曾大声疾呼:"我劝天公重抖擞,不拘一格降人材。"事实上,远在严复等人以前,敏感的中国人已经对西方先进科学技术发生了浓厚的兴趣。当时世界上蒸汽机达到了全盛时期,火轮船也已崭露头角。我国有机会接触西方科学技术的人开始了对蒸汽机、火轮船的研究工作,其中进行系统研究并且亲自实践的首推丁拱辰。

丁拱辰,一名尹莘,字星南,福建晋江县陈江人,生于 1800 年③,1863 年尚在世④。丁拱辰少年时代即博览群书,后来精通数理、天文,善于制造机械。在封建主义和资本主义的两种选择之间,他"弃儒而贾",很会做生意。1831 年跟随远洋商船,"涉海外诸邦,所至留心炮法,其于各岛炮式船制习闻习见,随在殚心讲究"⑤。他碰到内行,经常专程拜访,虚心求教、讨论,早就"有心于世"。回国之后,不遗余力地进行火轮车、火轮船、火枪、火炮等的研制工作,在 1831—1841 年间先后制造成功火轮车雏型和火轮船雏型。

鸦片战争爆发后,全国除了少数投降派外,同仇敌忾,爱国热情高涨。当时丁拱辰由福建到广东经商,"愤海虏之窥觎,发神机之敌忾",为爱国热情所驱使,即将往日所见闻者,笔之于书,写了一部《演炮图说辑要》(成于 1841 年),呈献给当局,以备采择。其中的"西洋火轮车火轮船图说"是我国自著的第一部关于蒸汽机、火轮车和火轮船的著作。《演炮图说辑要》所附的"西洋火轮车图"和"火轮船图"(图3)是我国最早的火轮车和火轮船图式。另有"小火轮车机械图"一幅,系丁拱辰自

---

① "仿造战船议",《海国图志》卷八十四引。
② 王锦光:"中国人早期对蒸汽机、火轮船的研究与制造",《杭大函授》(物理版)1962 年第 4 期。
③ 丁拱辰:《演炮图说辑要后编》"自叙"。
④ 龚泳樵:"丁拱辰",《亦园胜牍》卷六。
⑤ 丁拱辰:《演炮图说辑要》"陈庆镛跋"。

制的小火轮车所用的蒸汽机立体解剖图，在我国也属首创。《演炮图说辑要》将西方最新科学技术与中国人自制蒸汽机、火轮车、火轮船的经验相结合，内容较详细，图解清晰，切合实用，远胜过当时从西洋译过来的同类著作。这部书对于后来的研制工作，无疑具有很重要的影响。

图 3　火轮船图

　　丁拱辰制造的小火轮车长 1 尺 9 寸，阔 6 寸，可载物 30 余斤。这是我国第一台火车头雏型。锅炉、蒸汽机全为铜质。此蒸汽机为直立双作往复式。整个汽缸部分"如救火水车抽水之筒"，活塞（壬）"边绕棉纱小带，涂抹膏脂，使滑且密"。活塞上安连杆（卯），连杆带动"两手"（巳辰），"两手下钩曲柄"，带动曲柄"纺轴"，大轮产生圆周运动。丁拱辰将气阀称作"圆锥"，系在一圆锥台的上下开两隙，形如两弓相背，作开阖机关。它的左端面，安长方曲柄（未）。其上下受铁线（午）控制。"方车"（气柜）是实心的六面体，钻三个通心孔。其中一孔的直径恰好与"圆锥"配合，使气阀可转动而不脱。当长方柄位于向下倾斜 45°时，蒸汽经过进气孔（箕）、丑孔，进入申，活塞被抬上。酉中蒸汽经子孔，由出气孔（房）排出。活塞向上运动，连杆带动铁线，铁线牵动长方柄，长方柄旋转到向上倾斜 45°，蒸汽由子孔入酉，废气从丑孔、房孔出，活塞向下运动。"如人之呼吸，一出一入"。

　　丁拱辰又将蒸汽机安于船中，大轮换以拨水大轮，伸出船外，爬水而行。此船长 4 尺 2 寸，宽 1 尺 1 寸，放在河内试验，行驶颇快；可惜究属太小，蒸汽不能发生很多，不能远行。这是中国最早的火轮船雏型。丁拱辰说："虽小大之殊观，亦效法之初基……惜粤东匠人，无制器之器，不能制造大只。"①可惜丁拱辰虽有设计、制

---

①　丁拱辰：《演炮图说辑要》"西洋火轮车火轮船图说"。

造模型机的科学知识,始终未能超越这一步,真正制造出实用的大火轮船来。他曾经说过:"星南之意,不只切合一时之需要,尤厚望于智者之发蒙启悟,俾有所深造焉。"丁拱辰在当时的知识分子中,应该算是目光比较远大的。

黄埔本是华南的一个古老的船舶修造中心,拥有一批训练有素的中国船舶修造工人。19世纪40年代以前,这里不仅修造大量的中国帆船,也修造不少外国帆船。外国轮船窥窬我国,侵入广州地区,中国造船业首先遭到外力排斥的是广东黄埔,然而正是在广州的船舶修造业中锻炼和造就了中国第一代轮船修造工人。

1842年,广东绅士潘世荣(十三行中和行的老板)雇用工匠,自制小火轮一只。事见奕山等的《进呈演炮图说疏》:"至于火轮船式,曾于本年春间有绅士潘世荣雇工匠制造小船一只,放入内河,不其灵便……闻澳门尚有夷匠,颇能制造……将来或雇觅夷匠,仿式制造,或购买夷人造成之船,随时酌量情形,奏明办理。"接着魏源加了一段案语:"……至此奏所云,试造不灵便者,仍由粤商师心仿造,未延夷匠指授之故。"①综观奕山疏文和魏源案语,潘世荣所雇用来造船的是中国工匠,可是《海国图志》初版五十卷本中刻为"雇夷匠制造小船一只",一字之差,大相径庭。但是《海国图志》六十卷及一百卷本均已改为"雇工匠制造小船一只"。当时相隔不过四五年,魏源又比较了解内情,所以看来这是魏源作的勘误,潘世荣雇人所造的确是中国工人自制的第一只火轮船。这只轮船比"黄鹄"号的制造(1865年)早23年,比莱蒙特(J. Lemont)1843年在香港建造的80吨商船——外人在中国制造的第一只火轮船也要早。日本直到1857年才试制成功火轮船,比我国迟了15年。

另有广东工匠何礼贵,原是替英军造船的工人,会造火轮船和其他各式战船,并且能设计和改进,技术十分高超。后归中国,本应作为"国宝",但清政府对他不怀好意,加以歧视。1843年,旻宁(宣宗)把他调到湖北,表面上不"以罪人羁禁",实则"密为看管",唯"恐其与外人交换或乘间脱逃"。②何礼贵的不幸遭遇使他未能将制造火轮船的特长贡献给祖国,这是我国蒸汽机、火轮船研制工作的又一损失。尽管如此,试制火轮船的事情,并不因顽固派的阻挠而完全停顿。1847年仍有人在广州进行小型汽船的试制,可惜未能成功③。

与丁拱辰同时,有山东日照的丁守存和安徽歙县的郑复光,对蒸汽机、火轮船也有研究和贡献。

丁守存(1810—1881),字心斋,道光十五年进士,授户部主事军事章京。他在科技上与丁拱辰齐名,故有"二丁"之称。丁守存研究过火轮船,并且善于制造火

---

① 奕山等:"进呈演炮图说疏",《海国图志》卷八十九引。

② 《十朝圣训》,道光二十二年十二月庚辰,卷一百十一节二十三页。

③ 《中国丛报》,1847年2月16日。

器,亦制有火轮船图,当时郑复光曾见过,部分收录在《火轮船图说》中①。

郑复光(1780—?),字瀚香(或元甫),精于数理,在光学方面造诣尤深,有关数学和物理的著作甚多,也善于制造器械。郑复光经常"群聚讲求",深入进行学术探讨。山西平定州人张穆(1805—1849),道光中优贡生,善属文,通训诂、天算、舆地之学。他曾同郑复光一起研讨,对其钦佩之至。1841—1842 年之交,张穆为对付英舰望远镜之术,曾将郑复光荐于当局,用以抗英。但当局"不甚措意",不久战争结束,未成②。30 年代初,郑复光获见"《传钞》火轮图说,不能通晓;嗣见小样船仅五、六尺;其机具在内者,未拆视"③。"其机具在外者已悉"。后来到北京,"见丁君心斋处传来之图(按:系火轮车图)"④,对火轮船原理进行了初步研究。郑复光在北京时,于张穆处见到丁拱辰所著《演炮图说》,"欢忭倾倒","一一谛审玩索",不明之处,曾写信向丁拱辰请教⑤。1841—1843 年间,郑复光著成《火轮船图说》,魏源在 1846 年增辑《海国图志》时将其收录于内。郑复光根据丁拱辰《演炮图说》和丁拱辰的"转动入气机具小样",遂成现今流传的《镜镜诊痴》中《火轮船图说》的全貌。

郑复光在《火轮船图说》中详细地介绍了蒸汽机的工作原理、安装方法及火轮船的特性。作一长方的框架,如图 4 所示,蒸汽机安于内,前面两横孔串曲轴,轴两边装两个飞轮,"轮缘重而形圆",这样转动惯量大,增加转动的平稳性,框架后部装两只后轮,称为支轮,此轮略小于前轮,支轮轴中立一支轴,装入后直孔,这样后轮可转动。控制方向,"令其支架平,则可行陆"。这就是火轮车。也可将整个装置安于船中,曲柄两端伸出船外,再装两只行轮。"轮用双环,连之以板……用以拨水如桨",蒸汽机加上车船就成了火轮船。当时所用的蒸汽机"一呼一吸为一秒二"⑥,即飞轮转速为每分钟 50 转。

特别值得注意的是:郑复光在研究蒸汽机、火轮船的过程中,敏感到蒸汽机的某些部件和中国古代机械的类似性,他指出:行轮"如(水排的)水碓之轮","(阀门)内有舌如门扇,轴安左方,上下开阖如风箱"⑦,像双作风箱那样,控制进气与排气。由此可见,郑复光已发现当时的先进蒸汽机和中国古代机械的某种联系,这也恰恰就是李约瑟博士所指出的那两个方面。只是因为他手头没有足够的资料,所以未能像李约瑟那样确认继承关系。李约瑟所著《中国科学技术史》卷 4 第 27 章第 389

---

① 郑复光:《镜镜诊痴》"火轮船图说"。
② 张穆:《镜镜诊痴》题词。
③ 郑复光:"火轮船图说",《海国图志》卷八十五。
④ 郑复光:《镜镜诊痴》"火轮船图说"。
⑤ 丁拱辰:《演炮图说辑要》。
⑥ 郑复光:《镜镜诊痴》"火轮船图说"。
⑦ 郑复光:《镜镜诊痴》"火轮船图说"。

图 4　火轮船简图

页误将《海国图志》中的双作蒸汽机气阀装置（滑动阀）以为是郑复光所作,其实那是《火轮舟车图说》（西洋人原著,魏源辑）的附图,与郑复光不相干的。郑复光关于蒸汽机旋转阀门的正确知识是从丁拱辰处请教来的,它的蒸汽机图也和丁拱辰的大同小异。

郑复光《火轮船图说》尚有火轮船简图一幅。火轮船前面装有三角篷、破浪立版,以改善船的航行性能。郑复光认为"火轮船其巧在三角篷以破风,立版以破浪。行船之巧在飞轮,运轮之巧在曲拐。夫风浪之力所以大者,气法也,水火之力亦气法也,破风破浪则气之力失势,用火用水则气之力得势,彼失此得,其增损之比例,诚有不可拟议者矣"。① 在此,郑复光简练地归纳了火轮船的优点。

当时不少人对蒸汽机、火轮船都有研究。如浙江杭州的戴煦（1805—1860）及其学生、王朝荣等。戴煦和王朝荣是当时的数学家,戴煦因接到伯兄戴熙（当时在广州）的信,讲到英人的战舰用火轮船,说"吾弟精思必得其制",因而钻研,著《船机图说》,未成。接着由王朝荣补成,凡三卷②（已刊行,未见其书）。此外,浙江湖州的张福僖（?—1862年）也精于数理,译《光论》,与戴煦、李善兰等有来往,对蒸汽机、火轮船也有研究,但有否专门著作,待考。

3.19世纪60年代徐寿、华蘅芳对蒸汽机、火轮船的研究和制造

1850年爆发的太平天国革命,又一次加快了历史的进程。以洪秀全为代表的太平天国革命领导人中,有一些人企图用西方资本主义的政治经济改造中国。干王洪仁玕（1822—1864）就是其中比较突出的一个。他曾到过香港,学过天文、历

---

① 郑复光:《镜镜詅痴》"火轮船图说"。
② 阮元等:《畴人传》三编卷四。

数，"略通机械工程"，是农民革命队伍中受到西方资本主义影响较多的知识分子。在1859年，他提出了新的施政改革方案《资政新编》，里面包含有制造火轮船与火轮车的建议①，洪秀全极力赞同，批准颁发了《资政新编》，可是由于太平天国正处于艰危的革命战争时期，他们的愿望未能实现。而清政府中曾国藩、左宗棠等人，经过第二次鸦片战争，意识到火轮船和洋枪洋炮可以作为镇压太平天国革命的工具，于1861年在安庆设立了一个内军械所，招聘了一批科技人员，制造枪炮弹药；1862年决定试制火轮船，参加工作的有徐寿、华蘅芳、徐建寅、吴加廉、龚云棠等知识分子与中国工人（没有外国人参与），最主要的是徐寿与华蘅芳。

徐寿与华蘅芳都是江苏无锡人，天资聪明，当时西学初入中国，守旧者依然夜郎自大、故步自封，而徐、华却认真学习，互相讨论，亲手实验，遇到疑难问题"必求涣然冰释而后已"。徐寿"凡与格致有涉者……莫不穷源委焉"，对制器之学尤精。有人称誉他是学贯天人、中西合撰的大学者。华蘅芳具有数学天赋，在试制火轮船的过程中，徐寿负责机器制造，华蘅芳负责绘图、计算、动力，是试制工作的两根主要台柱。他们参阅过当时到手的一些蒸汽机、火轮船知识介绍，又在试制轮船以前，参观了泊在安庆的一只外国造小火轮，凭着自己的见解，经过三个月的琢磨，在1862年旧历七月试制成功小型蒸汽机（图5），"其为得法"。

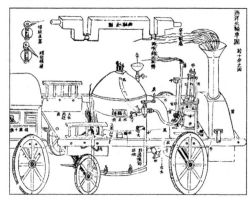

图 5

蒸汽机的汽锅原料是跟锌相似的合金，汽缸直径一又十分之七吋，飞轮转速每分钟240次。曾国藩看了表演后在日记中写道："华蘅芳、徐寿所作火轮之机来此表演，其法以火蒸水气贯入筒（即汽缸），其机自进而轮引下弦，火愈大则气愈盛。机之进退如飞，轮引亦如飞。"②蒸汽机模型试制成功以后，徐寿等便进一步试制火

① 中国史学会：《太平天国》（二），上海人民出版社，1979年，第526页。
② 曾国藩：《曾文正公手书》"日记"卷十四。

轮船。初拟制暗轮（螺旋桨）的船，于 1863 年制成。但是在试航中只行驶了一里，由于蒸汽供应不上而呆滞不前。曾国藩在 1868 年的《新造轮船折》中曾经提到这艘轮船："同治二年（1863 年）间，驻扎安庆……虽然造成一小轮船，而行驶迟钝，不甚得法。"[1]徐寿等吸取了这次失败的经验教训，转而试制明轮汽船。1864 年太平天国都城南京被清军攻陷，曾国藩把内军械所搬到南京，明轮试制工作遂移到南京进行。在 1865 年 3 月，终于制成火轮船"黄鹄"号。

"黄鹄"为木壳船，据 1868 年 8 月 31 日《字林西报》记载：船重 25 吨，长 55 华尺。高压引擎，单汽缸，直径 1 呎、长 2 呎；轮船的回转轴长 14 呎，直径 $2\frac{2}{5}$ 吋；锅炉长 11 呎，直径 2 呎 6 吋；锅管 49 条，长 8 呎，直径 2 吋。船的前部是机器房，船舱则在回转轴之后。逆水时速 16 里，顺水时速约 28 里。不过傅兰雅在《江南制造总局翻译西书事略》中讲它的速度还要快一倍，而《清史稿》又说"黄鹄"号每小时能行 40 余里[2]。以当时的技术水平而论，后两种记载似乎有夸大之处。这艘轮船除了回转轴、烟囱和锅炉所需的钢铁是进口外，其余一切原料、工具、设备均系国产，或由自己加工制造。全部费用（包括模型、工具、仪器设备等）耗银约八千两[3]。但是这艘轮船制成后，就被曾家霸用，且由于滥用缺修，三年后有人看到它时已是多处漏水，机件也大大磨损，面目全非了。"黄鹄"号昙花一现，转瞬就被人们忘记了。

其后徐寿、华蘅芳等入上海江南制造总局翻译馆翻译西书，为西学东渐作出了很多的贡献。徐寿翻译汽机、化学等书数百卷，日本知道后，派柳原前光等人来中国考访，"购寿本以归"。不独我国许多化学元素名称系徐寿所创，而今日本仍袭用着徐寿取的多种化学元素学名[4]。

1864 年左宗棠也在杭州觅工匠仿造小火轮船，此船"形模粗具，试之西湖，驶行不速，以示洋将德克碑、税务司日意格，据云：大致不差，惟轮机须从西洋购觅，乃臻捷便。因出法国制船图册相示，并请代为监造"[5]。左宗棠听信洋人意见，不再试制。

1865—1866 年，江南制造局和福州船政局相继成立。自此，我国的蒸汽机、火轮船制造工业纳入了洋务运动的轨道。

（原文载于《中国科技史料》，1981 年第 2 期）

---

① 曾国藩：《曾文正公全集》"奏稿"卷二十七。
② 《清史稿·艺术传四》。
③ 张国辉："中国自制的第一艘轮船——'黄鹄号'"，《学术月刊》，1962 年第 2 期。
④ 钱基博：《闵尔昌纂碑传集补》卷四十三"徐寿传"。
⑤ 左宗棠：《左文襄公奏疏》卷十八。

我国历史上的冰透镜

我国古代关于冰透镜向日取火的记载是丰富的，目前知道最早的史料是汉初刘安（前179—前122）等集体编写的《淮南万毕术》："削冰令圆，举以向日，以艾承其影，则火生。"这就是把冰削成凸透镜，向着太阳安放，把艾放在它的焦点上，那么艾就会点燃着。在二千多年前我们的祖先竟能利用冰块制造凸透镜（冰透镜），用来取火，真是巧夺天工！晋代张华（232—300）写的《博物志》有进一步的记载："削冰令圆，举以向日，以艾于后承其影，则火生。"多了"于后"两字，作为实验记录来说更完善了。《博物志》又用类比的方法同时记录了他听到的用"火珠"（玻璃制的凸透镜或水晶制的凸透镜）向日取火的消息："取火法，如用珠取火，多有说者，此未试。"可见当时用冰透镜取火法比用火珠取火法更为成熟。

我国第一部辞典《尔雅》（汉初学者收集周、汉诸书旧文，增益而成）的《释草》提到"艾冰台"，宋代陆佃（11世纪初人）引用《博物志》把"艾冰台"解释为用冰透镜向日取火的装置，他以为"艾冰台"中的"冰"就是指冰透镜，"艾"就是指引火的艾绒。这个解释是否正确，现在仍无法确定，需要进一步研究。明代方以智（1611—1671）写的《物理小识》是支持陆佃的解释的，并采取了他自己的老师杨用宾的见解："凹者交在前，凸者交在后。"这就是说：凹面镜向着太阳，阳光经凹面镜反射后，交在镜面前的焦点上；凸透镜向着太阳，阳光经凸透镜折射后会聚在镜后的焦点上。这个解释已抓住问题的实质。由上述史实，可见我们祖先自汉初以后，都是很重视冰透镜向日取火的。

因冰在日光中容易熔解，而且冰的温度较低，所以仍有人怀疑这件事情的真实性，这样的实验是否能够做成功？清代就有人把这个问题请教当时的著名物理学家郑复光（1780—?），郑复光开始也有怀疑，于是他通过实验来解决这个问题。几经实验，终于成功，郑复光认为冰透镜所以能够向日取火，原因在于"冰之明澈，不减水晶，而取火之理在于镜凸（镜凸为凸透镜）"。现存的郑氏的著作中有两处记载了他做冰透镜向日取火的实验，一在《费隐与知录·削冰取火凸镜同理》，一在《镜镜诊痴·作取火镜》。在《费隐与知录》中，郑复光介绍了他在1819年所做的实验，当时郑复光住在东陶。开始做实验的时候，他取来厚冰，进行切削，但很难把冰块切削成表面光滑的凸透镜，不能会聚光线，实验失败了。后来他想出一个好办法，拿来底部微凹的锡壶，里面装上热水，将壶放在冰块上旋转，结果，冰块被熨成稍凸的表面光滑的凸透镜。遂将冰透镜放在太阳底下,放在冰后焦点处的纸煤果然点燃着,实验成功了。郑复光指出这个实验成功的条件是:①要选取透明光洁的冰块;②冰透镜孔径要大而微凸(焦距大);③实验必须在阳光强烈的时候进行;④实验进行时必须把冰透镜固定稳当,不能摇晃(见图1)。的确,在这样的条件下,聚集在透镜焦点的光较强,焦点离透镜较远,焦点位置固定不变,纸煤就会较快地着火,而冰透镜不致熔化过多造成形变。

图1　冰透镜向日取火实验图

郑复光继续对冰透镜进行研究、改进,以期获得更好的实验结果,在《镜镜詅痴》中记录了他后来的一次实验,这次所用的冰透镜较《费隐与知录》中实验所用的冰透镜有了很大的改进。最大的改进是:在《费隐与知录》中冰透镜的口径 $D_1 = 3$ 寸 $=0.3$ 尺,焦距 $f_1 = 2$ 尺;在《镜镜詅痴》中,冰透镜的口径增大,$D_2 = 0.5$ 尺,焦距略有缩小,$f_2 = 1.7$ 尺(或 1.8 尺),这样的改进有什么好处呢?我们引用"相对孔径"与"集光本领"这两个术语来讨论,就比较清楚了。因为:要使纸煤容易点燃,透镜的集光本领 $\left(\dfrac{D}{f}\right)^2$ 要大,所以相对孔径 $\left(\dfrac{D}{f}\right)$ 要大,即透镜口径 D 要大,焦距 f 要小,但对于冰透镜,焦距不宜过小,否则冰透镜的低温与纸煤的高温互相影响大,纸煤不容易点燃,冰透镜在阳光下放的时间长容易熔化,所以冰透镜的口径要尽量大,焦距适当小。郑氏的实验改进就是向这个方向发展的。第一次实验相对孔径 $\dfrac{D_1}{f_1} = 0.15$,集光本领 $\left(\dfrac{D_1}{f_1}\right)^2 = 0.023$。第二次实验相对孔径 $\dfrac{D_2}{f_2} \approx 0.3$,集光本领

$\left(\dfrac{D_2}{f_2}\right)^2 \approx 0.09$。$\left(\dfrac{D_2}{f_2}\right)^2 \approx 4\left(\dfrac{D_1}{f_1}\right)^2$，第二次集光本领约为第一次的 4 倍，第二次纸煤更容易点燃，实验更易成功。

另外，在《镜镜诒痴》中，实验的条件写得比《费隐与知录》具体细致，也有不少改进，例如壶中原来用"热水"，后来改用"沸水"，等等。

从郑复光对冰透镜的记载，可知冰透镜向日取火的实验确实十分难做，但是我国在汉初已经做成功了，真是惊人的创造。

在国外，也有人做过冰透镜向日取火的实验，例如英国著名科学家胡克(1635—1703)在英国皇家学会中曾表演这个实验，可见当时在国外冰透镜向日取火也算是新奇的实验。至于制冰透镜的方法，国外也有用"浇铸法"，把水加入适当形状的碟子里，让它结冰，然后把碟子略热一下，便可以把冰透镜拿出来。

现在，从理论上也可以证明冰透镜向日取火是完全可能的。

（原文载于《教学与研究》，1981 年第 2 期）

The Knowledge of Physics in *Bao Pu Zi*

《抱朴子》中的物理知识

Bao Pu Zi is an important work of Chinese scientist Ge Hong (283 A. D. to 363 A. D.). This paper discusses comprehensively the knowledge of physics in the book.

I. Mechanics

A. The concept of the relative motion

Ge Hong carefully observed the travel of celestial bodies and said, "When one sees a cloud moving westward, he may say that the moon is moving eastward." In addition, he explicated figuratively the relative rotation among the celestial bodies.

B. The cause of the tide

He studied the relationship between the sun and the tide. He also attempted to find out the pattern connecting the position of the sun and the moon with the seasonal variation of the tide.

C. Flying car

This book introduces the wooden kite invented by Gong-shu Ban (-5th century). It also tells us about an air-screw made of wood from the inner part of the jujube tree. When one turns the air-screw, the flying car flies up to the sky. Ge Hong thought it is due to *Gang Qi*, i. e. the rising air-flow.

II. Optics

A. Interference

He used the principle of color effects in interference in the thin film to distinguish five kinds of mica. This is the earliest record about the use of interference in the history of physics in China.

B. Reflecting mirrors

He also introduced the reflectors (plane and curved mirrors) used by Taoists to fight against the demons and disfigure them. He said that a set of plane mirrors could form multiple images. A man might turn into dozens who have same clothes and faces. In this respect, his study was very profound, and he wrote some books about it.

Ⅲ. Magnetism

The book tells us a very interesting story, putting a magnet into one's hair worm in a bun to attract the flying arrows and knives made of iron to avert a wound. It also introduces *Five Stone* drug including the magnet.

Ⅳ. Matter

He suggested that man and *Qi* are in one. Everything in existence on earth, as well as the universe, lives on *Qi*. The *Qi* is the finest original matter which permeates space. This is the view-point of materialism.

Besides, the book also deals with Heat, Acoustics and so on.

（原文载于《第十六届国际科学史会议论文集》，布加勒斯特，1981）

Discrimination and Research for *Shih Huei* *

十煇考辨

In the meteorology of Chinese ancient times, the most eye-catching is the systematic observation of the bright and colourful optical phenomena of the atmosphere. This observation started very early. We can find out some words, like (halo) and (rainbow), which express the optical phenomena of the atmosphere, in inscriptions on bones or tortoise shells of the Shang Dynasty founded more than 3,000 years ago. In the period of the Chow Dynasty, some officials were put in charge of the prognosticatory observation of the optical phenomena of the atmosphere. At that time, such officials were named *Shih Chin* (眂祲), and their duties were to observe optical phenomena of the atmosphere, *Shih Huei* (十煇), in order to prognosticate good fortune or bad. *Shih Huei* includes *Chin*(祲), *Hsiang* (象), *Hsi*(鑴), *Chian*(監), *An*(闇), *Meng*(瞢), *Mi* (弥), *Hsü*(叙), *Chi*(隮) and *Hsiang*(想). Of course, mixing the science and superstition reflects the ignorance of that age, but the establishment of *Shih Chin* for professional work created a precedent to the coming generations for the systematic observation of the optical phenomena of the atmosphere. The study of *Shih Huei* is one of the most important subjects in Chinese meteorological history.

What the optical phenomena of the atmosphere is *Shih Huei* like in view of the modern meteorology? Through a further study, it is not exact to explain *Shih Huei* as *Ten Haloes*(*Shih Yün*). Generally speaking, the word *Huei* here refers to optical phenomena of the atmosphere. On the other hand, the haloes refer to the specific optical phenomena of the atmosphere. Further-more, having combined the gloss of words with historical data of observation and the meteorological principle, a further study in the meanings of these ten words has

* 本文与薄忠信合作。

143

been made one by one in meteorological way. We find out something different from the conclusion of Dr. Needham.

The followings are our point of view：

Chin（祲）is a corona；

Hsiang（象）is the upper arc of 22°-halo and the upper tangent arc of 22°-halo；

Hsi（镌）is the upper tangent arc of 22°-halo or 40°-halo；

Chian（监）is the upper arc of 8°-halo；

An（闇）is the transparent altostratus（An tra）；

Meng（瞢）is the sky of gloom；

Mi（弥）is the "complete" parhelic circle and the solar column；

Hsü（叙）is the partial upper arcs of all the haloes；

Chi（隮）is a rainbow；

Hsiang（想）is the "suggestive" cloud-forms.

（原文载于《第十六届国际科学史会议论文集》，布加勒斯特，1981）

Age of *Kao Gong Ji* & Scientific Explanation on Some Contents[*]

《考工记》的成书年代及其若干内容的科学解释

Kao Gong Ji is a monograph on ancient Chinese handicrafts before the Qin Dynasty. Opinions have always differed on the date when it is completed.

This paper reviews various opinions on the question. By comparing the original records in *Kao Gong Ji* with the archaeological finds, the authors conduct their detailed study on a more reliable basis. Following are the main items under discussion in this paper:

1. The evolution of the form of the stone chime and the bell, and in particular, the substitution of about a 135°-vertex angle for about a 152°-angle on the stone chime.

2. The design of "the thirty spokes" and the curved shaft of a chariot.

3. The evolution of the dagger-axe, the halberd, the bronze sword, and the arrow, and in addition the length of a small ruler in the Qi State (about 19.7 cm).

4. The name of the star of the lunar mansions, and the lack of iron ware and the salt industry, etc.

In the light of the fact that records in *Kao Gong Ji* tally with some unearthed cultural relics of the early part of the Warring States Period, the authors reach the following conclusion on a reasonable basis that *Kao Gong Ji* is an official document of the Qi State in the early part of the Warring States Period.

Besides, the authors take up three questions in the *Kao Gong Ji* to which no satisfactory explanation has been offered up to now.

---

[*] 本文与闻人军合作。

Ⅰ. Acoustics

According to this paper，the vibration of a stone chime is simply equivalent to the free vibration of a square plate under the condition of a free boundary. The vibration of a drum is simulated by a coupled oscillating circuit. The vibration of an oblate bell is simplified to be the free vibration of a rectangular plate having three free edges and one clamped edge. By means of the mathematical acoustics，the qualitative explanation is attained.

Ⅱ. Pyrometallurgy

The authors hold the view that the *Zhun*（準）is a primitive level. They think that observation of colors in smelting was an ancient pyrometry，which is related to the atomic emission spectrum of Cu，Sn and Pb，and a blackbody radiation background.

Ⅲ. Hydromechanics

This paper summarizes the application of buoyancy. The original meaning of *Shao Gou*（梢沟）and two hydraulic structures are revealed. The authors consider *Qiang*（强）and *Ruo*（弱）of an arrow shaft as the *Cu*（粗）and *Xi*（细），thus giving a correct explanation according to aerodynamics.

（原文载于《第十六届国际科学史会议论文集》，布加勒斯特，1981）

赵友钦和他的光学实验

赵友钦是宋末元初（公元 13 世纪）人，是宋代的宗室，他是我国古代卓越的科学家，在天文学、数学特别是光学等方面很有成就。但是，由于封建社会反动统治阶级腐败，科学家遭到歧视；又由于宋代将要灭亡，他本人隐遁自晦，所以赵友钦的生平及他的光辉成就很少被人知道，现在对他的生平和光学实验探讨如下：

一、赵友钦的生平

赵友钦自号缘督，人称缘督先生或缘督子。鄱阳（今江西鄱阳）人。在宋朝将要灭亡时，为避免受到迫害，他隐逸为"道家"，奔走他乡，住过德兴（今江西德兴），后迁往龙游（今浙江衢县龙游），在龙游东面鸡鸣山脚定居，做光学实验，又在鸡鸣山上建筑观象台（又名观星台），进行观察天象，时常出外游学，跑遍了衢州和金华等地。他招赘宋代范仲淹（989—1052）的后裔范铓为女婿，所以在龙游范氏家谱中收有关于赵友钦的史料，其中有的很有价值。赵友钦死于龙游，葬在鸡鸣山。

《革象新书》是赵友钦现存的唯一著作，也是我国古代珍贵的科学名著。绝大部分是讨论我国传统的天文问题，也涉及数学和光学等问题，其中有不少很精辟的论述，在我国科学史上占有一定地位。

赵友钦曾把《革象新书》传授给他的弟子，在他的弟子和再传弟子中，有些人就是从事天文历算工作的，他们把这书中的天文知识，用于天文实践中，所以这本书对当时很有影响。他们觉得这本书很好，不可使它"泯灭无传"，于是加以整理修改，刻版付印。这本书就这样流传下来。

除《革象新书》外，他还写了下列各书：《推步立成》《金丹正理》《金丹问难》《盟天录》《仙佛同源》《三教一源》等。《推步立成》是天文的书，其他五种是与道教有关，其中可能涉及化学等方面的自然科学知识。这些书都已散失。

二、赵友钦的光学实验

我国古代光学有许多辉煌成就，对光线直进、针孔成像（图 1）等方面早就有研究。《墨经》《梦溪笔谈》都作了记载。赵友钦在这些理论和实验的基础上，进一步深入研究。他把研究成果写在《革象新书·小罅（xià）光景》中。

《小罅光景》可分为两部分：第一部分，利用墙壁的小孔成像。他观察到日光通过墙壁小孔,小孔虽然不圆,但所得到的像都是圆形。日食的时候,所观察的日食的情况和真实的情况相似。小孔的大小虽有不同,但像的大小相等,小孔面积大些,像的照度大些。如果把像屏移向小孔,则像变小,照度增大(图1)。由这部分的实验赵友钦初步得到小孔成像的基本规律。

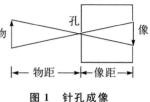

图 1　针孔成像

第二部分,在楼房中进行较复杂而较完备的大型实验。由于第一部分实验以太阳为光源,因此,只能改变孔的大小、形状及像距,而不能任意改变物的大小、形状及物距,故对研究问题有很大的局限性;为了克服这些缺点,进一步研究小孔成像规律,他创造性地设计和实施了第二部分实验。

他以整幢楼房为实验室(图2)。分别在楼下两个房间的地面下挖掘两个直径为四尺多的圆阱,右阱深四尺,左阱深八尺。根据实验需要,在左阱中可放一张四尺高的桌子。另作两块直径为四尺的圆板,每块板上密插着一千多支点燃着的蜡烛,放入阱底(或桌面上)作为光源。在两个阱口分别用中心开孔的板加以遮盖,又以楼板为固定的像屏。

如此别出心裁的布置是很有道理的。首先,为什么要用相邻的左、右两间房子呢?它的作用是可以把这两间房子做"对比实验",比如说:左、右两间房子所布置的实验条件都相同,只有遮盖阱口的木板所开的孔大小不同,左板所开的孔为1寸左右的小方孔,右板所开的孔为1寸半左右的小方孔,两边的像一齐投到左、右楼板上,正好互相对比,十分明显,可以得到准确的结果。他观察到两个像大小差不多相同,但左淡右浓(照度不同)。即对小孔成像来说,当光源、小孔、像屏三者距离不变时,孔大者通过光线多,像的照度大;孔小者通过光线少,像的照度小。其次,为什么要挖掘深圆阱呢?他的用意在于:(1)可以把点燃着的蜡烛放在阱内,使烛焰比较稳定,从而得到比较稳定的光源;(2)光源被关闭在圆阱中,光线只能从阱口的板孔中穿出,这样易于观察;(3)在地下深挖圆阱,增加了光源与像屏之间的距离,使调节范围扩大。再次,为什么用这样大的圆阱(直径四尺多)?因为圆阱大些,放在圆阱中插烛的圆板可以大些,那么插上的蜡烛可以多些(约一千支),这样既可使光源强度大,容易观察,又可使光源强度与形状变化大(用熄灭蜡烛来实施)。最后,为什么用楼房而不用平房呢?这是因为楼房的楼板可以作为固定的像屏,而且站在楼上容易调整变动的像屏(用两片木板平挂在楼板下)。

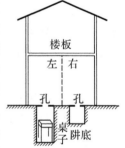

图 2　实验布置示意图

实验采用下列步骤:(1)改变孔的大小和形状;(2)变更光源强度(右阱中仅燃

点着疏密相间的二三十支蜡烛);(3)改变像距(可另用两片大的木板水平挂在楼板下作为像屏,任意改变像距);(4)改变物距(移去左阱中的桌子,把光源放在阱底);等等。他通过不同的实验步骤把小孔成像的规律探索得十分清楚;并以光线直进原理来解释。他对照度进行细致的研究,定性地得出:照度随光源的强度增大而增大,随距离的增大而减小。国外,四百年后,德国科学家朗伯(J. H. Lambert,1728—1777)才得出照度跟距离平方成反比的定律。

最后,我们应该着重指出,赵友钦十分注重从客观实际出发探索自然规律。他既重视实验,又重视理论探索,研究物理问题时,边实验边推理;进行实验时,边操作边分析实验结果。他创造性地采用了"对比实验"。另外,他善于用浅显生动的形象比喻来解释物理规律,这种有效的方法在今日物理教学和科普工作中仍普遍应用。

(原文载于《教学与研究》物理版,1981年第 4 期)

对《温度计的发明与温标的演变》的补充[*]

在物理教学中,我们发现学生对诸如温度计的发明、温标的演变等问题颇感兴趣。而结合物理学史进行教学,往往能收到事半功倍的效果。《物理教学》1980 年第 3 期上鲁杰同志《温度计的发明与温标的演变》一文,简要地介绍了这方面的历史,十分适时和必要。我们打算根据有关资料作些更正和补充,并提供我国古代关于测温技术和温度计制作的一些情况。

一、温度计的发明

在伽利略于 1592 年首创验温器(thermoscope)之后,第一个将验温器标上刻度的,可能就是伽利略的同事桑克托里斯(S. Sanctorius)。他于 1611 年在玻璃细管上作了 110 个等分,用以表示用雪冷却和用蜡烛加热玻璃泡时,液柱在玻璃细管内上升和下降的变化区间。这就是(空气)温度计(thermometer)的首次出现。

到了 1632 年,第一支用液体(水)作测温物质的温度计由法国物理学家雷(J. Rey)独立创制。大约在 1644 年,托斯卡纳大公费迪南德二世对雷型温度计作了改进。他将顶端密封,免得温度计受大气压波动的影响。1657 年成立的佛罗伦萨实验科学院,在其存在的十年期间进行了许多研究工作,首次试用水银代替水和酒精作测温物质。至于世界上第一个不受大气压影响的空气温度计,则是由休宾(Hubin)于 1672 年在巴黎发明的。

二、温标的形成

最初,温度计上刻度的分度方法是任意的。例如:佛罗伦萨实验科学院使用过 80 或 40 等分标度的酒精温度计。它在 1660 年冬天最冷时显示为 11~12 度,冰的熔点是 $13\frac{1}{2}$ 度,夏季最热时为 40 度。1688 年达兰西(Dalance)的温度计以冰及牛油熔解时的两个温度作为固定点。

著名的物理学家玻意耳、牛顿及惠更斯等人对温标的建立都有贡献。到了 18 世纪初,形形色色的温标方案多达 30 余种。丹麦天文学家罗默(O. Römer)曾设想

---

*　本文与闻人军合作。

过以水的沸点 60 度,人的体温 $22\frac{1}{2}$ 度作为两个固定点。他的温标对华伦海特(D. Fahrenheit)有重要影响。正是在前人研究的基础上,华伦海特、列奥缪尔(R. Réaumur)和克劳修斯(A. Calsius)相继创造了后世所谓华氏、列氏及摄氏温标。不过列氏温标的创立年代应更正为 1730 年左右。

由于热力学的发展,产生了理想气体温标和绝对零度的概念,英国物理学家 W. 汤姆逊(即开尔文勋爵)于 1848 年提出了热力学温标,并指出只需选定某一个固定点的绝对温度的数值,绝对温标就完全确定了。然而,在实际上建立开氏单位时,考虑到历史的传统和当时的技术条件,开尔文不得不沿用摄氏 0～100 度的间隔作为 100 个开氏度。

1887 年国际计量大会选择定容氢气温度计并以摄氏的百分温标作标准。1927 年国际计量大会选择了以电阻温度计和温差电偶温度计为基础的新的国际实用温标。规定在金的熔点(1063℃)以上用绝对温标,在金的熔点以下用摄氏温标。为了适应科学技术的发展,经过 1948 年、1960 年的两次修订,到 1968 年再次修订,终于使国际实用温标和热力学温标一致,所以热力学温标在某种意义上已不复存在。1 开尔文的定义是水的三相点热力学温度的 1/273.16。它既是国际实用温标的温度单位,又是温度间隔单位,其符号为"K"。同时还有一种摄氏温度(t),是移动零点而获得的,它以 $t=T-273.15$ 来定义(式中 T 为热力学温度),它的单位是摄氏度(℃),与开尔文相等。因而根据定义,水的三相点温度是 273.16K 或 0.01℃。

1968 年通过的国际实用温标有利于提高测温的精度,简化换算,是现在世界上工业生产和科学实验普遍采用的一种温标。

三、我国古代的测温技术和温度计的制造

远在春秋战国之际,我国古代的铸工(战国初年成书的《考工记》里称为"攻金之工")早已在熔铸青铜的实践活动中,总结出一种光学估温方法。《考工记》中记载:"凡铸金之状,金(即铜)与锡。黑浊之气竭,黄白次之。黄白之气竭,青白次之。青白之气竭,青气次之。然后可铸也。"意思是说观察铜锡合金熔铸的火候,先看到黑浊的气焰消失、出现黄白的火焰;黄白的火焰消失、又出现青白的火焰;青白的火焰消失,接着出现纯青的火焰;这时候的温度已经足够高了,可以用来浇铸了。这种定性认识跟现代的金属气态分子和原子在不同高温下辐射光谱颜色的变化规律是暗合的。

我国古代很早就发明了以体温为标准的简易测温方法。贾思勰(公元 5 世纪末—6 世纪中叶)所写的《齐民要术·作豉》中说:"以手刺豆堆中,候看如人腋下暖。"即以腋下的体温作为作豉温度比较的标准。《齐民要术》中有多处提到这种测温方法。

值得一提的是，汉初《淮南子·说山训》说："睹瓶中之冰而知天下之寒暑。"（《淮南子·兵略训》也有类似的记载）。可见西汉初年人们已经懂得把冰放在瓶中，通过观察瓶中冰的熔解、水的凝固情况，粗略判断气温的高低。虽然这样的装置在应用中对测温范围与准确度都有极大的限制，但终不失为相对地判断气温的一种客观标准。这种简易装置的物理根据也很明显，称得上验温器的一种雏型。追溯它的渊源，战国晚期的《吕氏春秋·察今篇》说："审明堂之阴而知日月之行、阴阳之变；见瓶水之冰而知天下之寒、鱼鳖之藏也。"对照分析，《吕氏春秋》所载是"瓶水之冰"，而《淮南子》则是"瓶中之冰"。前者在瓶中量水，由水结冰以说明气温之低，故只能知"天下之寒"及"鱼鳖之藏"；后者预先在瓶中放置冰（自然也可以有水），由冰的熔解或水的凝固，可以知"天下之寒暑"，即温度上升或下降的趋向。正是有了这种进步，后者才有资格进入验温器的雏型之列。

明末清初，西洋传教士纷纷来华，带来了温度计、望远镜、三棱镜等新玩意。1673 年北京的观象台制成温度计，这是由南怀仁引进的，他的仪器和伽利略的属同一种类型，但是标上了中文刻度。1674 年的《灵台仪象志》正式介绍过这种仪器。至于我国最早的气温记载，可以从文献上查到的是在 1743 年。

我国科学家黄履庄（1656—？）自制了空气温度计，当时叫做"验冷热器"，既可验人是否发烧、又可测定气温。清代中叶，浙江杭州人黄超（18 世纪下半叶—19 世纪上半叶）也曾自制"寒暑表"（即温度计）。他的女儿黄履，生于 19 世纪初，从小好学、博闻强记，精通天文、数理等自然科学。她所制造的仪器富有创造性。1827 年陈文述写的《西泠闺咏》说她"作寒暑表、千里镜（望远镜），与常见者迥别"。黄履温度计的详情已经无法知道，可能是一种液体温度计，采用华氏温标。1847 年郑复光的《镜镜诊痴》中提到过"寒暑表"；到了 1855 年合信的介绍西方科学的《博物新编》出版，里面有"寒暑针"（即华氏水银温度计）的样式。后来，温度计就开始普遍应用了。

（原文载于《物理教学》，1981 年第 4 期）

中国古代物理学史话[*]

一、物质知识

宇宙是如此浩瀚无垠,自然是如此丰富生动。我们人类生在其中,享用着不可计量数的财富,目睹或身历着千变万化的现象。以具有复杂思维为特征的人类,怎能不思考着种种与人身最关切的问题呢?——世界究竟是什么?各种现象是如何发生的?在千差万别的世界里,究竟有多少东西?这些东西又是怎样形成的?这无量数的东西,其来龙去脉及共同性质怎样?有无耗尽用尽之日?会不会发生什么变化……这一连串问题,都关系到物质的结构及其运动规律,这是物理学研究中一个最根本的、最深奥的问题,甚至在科学技术堪称昌明的今天,还有许多问题未能得到解决。

说也奇怪,我们勤劳智慧的祖先,对上述种种问题,却曾作过研究,并提出自己的答案。人们生活在自然之中,无时无刻不和自然打交道。当思想发展到一定阶段,观察自然得到足够的感性知识,就必然要求解释自然。哲学家们要这样做,科学家们也要这样做。我国古代学者甚至以"穷究天下万物之理"为一生的志业,他们拼命地读书、观察、思考和讨论,不惜付出一辈子的心力。他们还把思维比作为奔腾的野马,没有什么远处跑不到。当然,古人思想的野马,只能在当时生产水平所划定的原野上驰骋。如果说现代物理学是在严格的科学实验和系统的理论基础上总结出深刻的客观规律,而古代的物理学者也只能在感性观察基础上提出臆测性的粗浅学说。人类的认识发展不是直线的。某一个问题,不同的时期,以不同的方式提出来,在不同的基础上,以不同的形式和深度被思考,从而得出不同性质的回答。在这中间,出现了一个饶有趣味的事情,那就是恩格斯所指出的,在有的问题上"最初的朴素的观点,照例比后来的、形而上学的观点正确些"。

下面将介绍在我国古代低下的生产水平基础上,先辈们如何探索上述那些深奥的学问,并作出了哪些正确的解答。

---

[*] 本文节选自王锦光、洪震寰合著的《中国古代物理学史话》一书,河北人民出版社 1981 年 11 月出版。

153

1.物质的概念

人们生活的自然界中有无穷无尽、千差万别的东西，它们是怎么来的呢？这个所谓世界的本源问题，不但是哲学上的首要问题，也是自然科学上的根本问题。

这个问题的研究，在我国至少约有四千多年的时间，有着许许多多的答案，大致可以归纳为两大类。一类就是所谓"唯心论"。他们认为世界上所有的东西，都是全知全能的"天""上帝"为了养育人们而创造出来的。西汉时代的董仲舒说得很有代表性，他说："天者，万物之祖，万物非天不生。""天之生物也，以养人。"这以后还不知有多少说法，总是不承认物质的客观存在。后来这派人还提出万物的本源竟是"心"！经过长期的演变，他们有一句名言，叫做"宇宙便是吾心，吾心即是宇宙"。明代有个著名的"心学家"王守仁，甚至直截了当地说"心外无物"。有一次，这位先生和他的朋友一起散步，看见了美丽的山花，他指给朋友看，并说道："当你未看那山花的时候，山花同你的心一起都是没有作用的（'同归于寂'）；只有当你看这山花的时候，这山花的颜色才一时明白起来，可见山花并没有存在于你的心外。"王守仁这班唯心主义者，就是这样"论证"山花以及其他所有的物质，"实际上并不存在"，都是你的"心"派生出来的。难怪有个唯心主义者，怀疑一切的存在，连他自己的存在也怀疑起来，最后以"吾思故吾在"一句话，才算下了台。照这班人的胡诌，自然界既不真正存在，那就无所谓自然规律了，当然也就没有自然科学和物理学了。

唯物主义科学家是另外一种态度，他们承认世界的物质性，是独立于人的意识以外的客观存在。因而他们不断地探索世界的物质本源。早在西周时期，人们根据长期观察，就认为世界的本源是金、木、水、火、土五种物质。到了春秋战国时期，有人企图以水为万物的本源去说明自然界的一切。无疑，人们想用一种或几种具体的事物去解释如此复杂多样的世界，当然是有困难的。于是战国后期名家学派里的宋钘、尹文等人就提出了"精气"学说。认为自然万物都是由"精气"组成的。这"精气"是一种客观存在，充满在天地之间。后来有许多唯物主义思想家，继承、发展了这种学说，其中宋代的张载作出了重大贡献。他指出：当"气"聚集起来就成为具体的有形的物；"气"弥散开来就成了无形的所谓"太虚"。这里的"气"已经接近于我们物理学中所说的"物质"的概念。明代的吕坤也提出过许多理论，其中有几点是很精辟的，他说："天地万物只是一气聚散，更无别个"；"形生于气"，"故形中有气，无气则不生，气中无形，有形则气不载。故有无形之气，无无气之形。"明代大思想家王夫之是朴素的元气论的集大成者，他认为"气"的形态是"无间隙"的，它的聚散是靠它本身具有一种阴阳相互激荡的作用。这样就使得"元气"本源学说更加全面一些了。

现代物理学告诉我们：物质有两种基本存在形态，一种是不连续的微粒形态，即通常所说的分子、原子、电子、质子、中子等；另一种则是连续的"场"的形态。"场"虽然看不见摸不着，但确实是客观存在，充满整个空间，而且还具有物质的基本属性，如质量、能量、动量等等。在一定条件下，"场"还可以和微粒形态的物质相互转换。在我国古代的元气理论中，"气"有点类似于"场"形态的物质，"形"则有点类似于微粒形态的物质。它们之间，通过"聚"、"散"而互相转换。这种思想和现代物理学里关于物质的波粒两象性有点"形似"。当然，这两者的基础和实质是完全不同的，后者是科学的诊断，前者只是一种混沌的思想，一种臆测。即使如此，也足以使我们惊叹了。

这种"元气本体论"的物质概念，发源于战国时期的名家，而奠定基础的是张载，集大成者是王夫之。张载、王夫之在我国物理学史上的贡献是不可磨灭的。

2.朴素的原子论思想

我们通常接触到的物体，是由微粒形式存在的物质所构成的。它们总是可以被分割的，这是尽人皆知的常识。但是能不能无限地分割下去呢？这就是一个相当深奥的科学问题。不但在古代有争论，就是在今天也还是个时髦的问题。一种物质，比如一块金子，拿它不断地一分为二，分割到最后是一颗极其细微的金粉粒。但它仍然还是金，具有金的一切性质，这就叫做金原子。直到 19 世纪初期，人们都没有办法把一个原子再分割，所以就以为原子是组成物质的最原始的微粒。物质的分割以原子为极限，这就是所谓"原子学说"。后来，人们发现原子还可以分割为原子核与电子。原子核又可以分割为质子与中子，现在又发现质子、中子、电子等等还可以分割，所以人们认定物质也许是可以无限分割的。

这是一个涉及微观世界的复杂问题。奇怪的是，这两种意见的争论远在二千多年前的战国时期就展开了。大约在西周时代，人们就注意到物质的分割问题了。那时虽然没有什么理论，但在造字中多少透出一点消息来。譬如"小"字，在最原始的文字里只作三点，就表示细小的意思。在西周时期的金文（就是铸在青铜器上的文字）里就写作"小"。据东汉的许慎解释："｜"代表一根东西，"八"表示劈为两半，意思是说：把一根东西，劈了又劈，剩下的就是"小"的形象。但是究竟能"小"到什么程度呢？那"小"可不可以再劈呢？这里还找不到答案。战国时代儒家著作《中庸》里就比较明确地指出："语小，天下莫能破焉。"这段话的意思，还是儒家权威、宋代朱熹（公元 1130—1200 年）解释得最清楚，他说："天下莫能破是无内，谓如物有至小而可破作两者，是中着得一物在；若无内则是至小，更不容破了。"这里所说的"莫能破""无内"，也就是不可分割的意思。这就论证了物质有不可再分割的最原始单位，就相当于古典原子学说中的原子概念。在英文里，现在被译成"原子"的 Atom 一词，原来也就是"不可分割"的意思。20 世纪初，严复翻译的《穆勒名学》一

155

书，第一次把 Atom 一词介绍到我国。当时他就译为"莫破"，而把现译为"原子论"的 Atomic Theory 译为"莫破质点律"，大概就是以《中庸》书里的字句为渊源的。而"无内"一词，并不始于朱熹，也是在战国时期，有个名叫惠施的人（约公元前365—310 年）曾说过一句话，叫做"其小无内，谓之小一"。意思是说"小一"这东西，不再有内，也就无法再分割了，即是最原始的微粒。

主张不可无限分割的一派，最著名的是战国时期的墨家。墨家著作的总集叫做《墨子》，其中有篇《墨经》，里面专门有两条谈论这个问题，说得很透彻。一条《经》文说："端，体之无序最前者也。"译成现代话就是说："端"是组成物体（"体"）的无可分割（"无序"）的最原始的东西（"最前者"）。这"端"就是原子的概念了。"端"为什么不可分割呢？解释这条《经》文的《经说》指出："端，是无同也。"意思是说，一个"端"里，没有共合的东西，所以无可分割。《墨经》另有一条用逻辑推理的方法去论证物质的不可无限分割。《经》文说："非半弗斱则不动，说在端。""斱"就是砍的意思，译成现代话就是：不能分为两半的东西是不能砍开的，也就对它不能有所动作，它便是"端"了。这条的《经说》解释道："非：斱半。进前取也：前则中无为半，犹端也。前后取：则端中也。斱必半，毋与非半，不可斱也。"墨家认为，砍一个物体，一定分为两半（"斱必半"），如没有或不能分为两半的就是不可砍开的（"毋与非半，不可斱也"），如将一物体不断地分半，最后便能得到一个最原始的"端"。这有两种取法，一为"进前取"，即从后至前，一半一半地取来，到了最前处必有一个不能再分半的"端"留着。另一种是"前后取"，即在一根东西前后两头同时向中央取去，则那个不可分半的"端"，必留在当中。这里不但作出比较缜密的论证，而且他们可能认为组成任何物体的原子数目，总不外于单数或双数两种情况，所以用"进前取"与"前后取"两种办法总可以得到最小的"端"。这种研究可以说是深入细致的，是我国古代原子论的杰出代表，和古希腊的原子论者德谟克利特正可以相互辉映。

主张物质可以无限分割的，以战国时期叫作"辩者"的一派为代表，其中最著名的是公孙龙（约公元前320—250 年）。他有一句有名的话，叫做"一尺之棰，日取其半，万世不竭"。"棰"就是木杖。意思说，一条尺把长的木杖，今天截取一半，明天截取一半的一半，依此截取下去，永远截不完。这等于说木杖可以无限地分割，也就是说物质的组成是连续的。正与上面惠施的"小一"理论尖锐地对立着。据说当时两派争论得十分激烈，以致"终身无穷"，墨家又加入惠施的一方，真是百家争鸣，难解难分。

过去，有的人大概接受了墨家的物质理论，结果把公孙龙的说法也纳入墨家的理论。比如从晋代起，有人干脆用"端"的概念去解释"尺棰"的说法，这是不对的。也有的人，只从古典原子论的观点出发，认为公孙龙的说法是错误的，说它只是一个数学上的无穷小概念。更有的人，因为"辩者"同时提出的还有什么"鸡三足""卵有毛""火不热"之类的奇怪命题,也就把"尺棰"的说法判了一个"诡辩"的罪名,当然是很不公平的。公孙龙臆测到物质的无限可分,应该说是符合于辩证法的。现代物理学正不断发现着越来越多的所谓"基本粒子",揭示出物质的无限可分性。从这个意义上看,两千多年前的公孙龙的臆想实在令人吃惊!另一方面,那些主张物质不可无限分割的人,则是认识到了分割的"关节"。他们提出的理论,是古典原子说的雏形,也是我国科学史上的光辉遗产!

3.朴素的元素论思想

自然界的物质究竟有多少种呢?这是很耐人寻味的问题。在今天,这个问题并不难解决。原来,自然界存在为数不多(现在已知道有 107 种)的最简单的物质,叫做元素。这些元素中的几种以不同的比例、不同的结合形式,组合出名目繁多的物质来,这种认识就叫做元素论。我们的祖先在远古时期就有着类似的思想,那就是"五行学说"。见到这个名词,往往会联想到"阴阳五行",由此又联想到"算命看相""风水堪舆"之类的迷信把戏,不由得产生恶感。其实并非这样。"五行说"原来还是一种科学理论呢!

古代人在长期生产斗争中,逐渐认识了一些物质的性质。四五千年以前,主要是农牧业,后来还学会了烧制陶器和金属冶炼(炼青铜)。在这些活动中,同人们的生活和生产关系最密切的,主要是水、土、木、火,后来还有金属等五种物质。因为农业种植离不开水和土,制作工具离不了木和金属,日常生活与制陶冶炼离不开火。所以金、木、水、火、土是那时候人们最常用的五种基本物质,大家都称之为"五行",或干脆称为"五材"。西周时期的书《尚书·洪范》上写着:"五行:一曰水,二曰火,三曰木,四曰金,五曰土。"《左传》里也说:"天生五材,民并用之,废一不可。"《洪范》里还对这五种基本物质的性质作了记载,说水有湿润之性,向下之性;火有燥热之性,向上之性;木有直性,又有曲性;金有可以顺从之性,也有可变革之性;土有可用作播种和收获之性。由于当时的生产力水平低,人们接触到的东西并不太多,似乎周围的一切都能用这五种东西生出来,例如用水浇土,就可以种出粮食来,再用火烧熟了就可以吃;用金属刮削木头,就可以做出工具,可以用,等等,所以人们认为这五样东西,可以组成世界上形形色色的一切物质;一切物质的性质,也是这五种物质性质的综合表现。西周末年有个名叫史伯的人,就提出"以土与金、木、水、火杂,以成百物",并指出,只有一种,就产生不了新物质,必须有不同的基本物质在一起才能发生作用,生成新的物质。他明确地认为自然"百物",就是由这五种最基本的物质组合而成。实际上这就是最原始的元素学说。当时这也算是比较引人注意的理论,以致那些高级领导人也都向史伯请教,史伯俨然是一位元素论权威。

这五种元素是怎样组成各种各样物质的呢?有人企图给它规定一个死死的框

子，什么"水生木，木生火，火生土，土生金……"又有什么"水克火，火克金，金克木，木克土，土克水"，等等。这种被称为"五行生克说"的理论，虽然在认识史上也起过一定作用，但实际上是认识局限性的表现。因为人们看到了，种植树要浇水，木燃烧可得火，木燃后化为灰烬成了泥土，金属矿物是由泥土中开采出来，等等；又看到了水能灭火，火能熔掉金属，金属的刀可以砍断木头，木制工具可以耕翻土地，土可以塞住水流，等等，于是便认定自然界存在那么一个相生、相克的"规律"。这样把无限丰富生动的自然变化过程，硬套在一个本来并不存在的框子里，当然是不可能的，也是无法说明问题的，所以不可避免地遭到许多唯物主义思想家的批判。比如《墨经》中指出，某克某（"克"，《墨经》叫做"胜"），那是随着条件的变化而可以有所不同的，像数量的多少就是条件之一，所以明确提出"五行无常胜（即克）"。墨家还举出例子加以论证，说熊熊大火温度很高，固然可以熔解金属，那是火多金少；但一大块金属也可以捶灭一小块炭火，这是金多火少。当然墨家只看到一个数量的条件，还没有完全正确反映出元素之间组合的真正规律，但比之于上述那种生搬硬套的机械论观点，要正确一些。

墨家学者们还利用这种朴素的五行元素论解释一些自然现象。《墨经》中有一条说："合水、土、火；火离，然。……合之，府水。（木离木）……"条文中的（木离木）三个字是后人的注解，第一个"木"字是注解"合水、土、火"，意思是说木是由水、土、火三种元素组成的，如果用方程式表达可以写作：

$$水 + 土 + 火 \xrightarrow{\text{生长}} 木$$

这是根据树木的生长必须要有水分、土壤与阳光（火）这一农业生产的长期经验所得出的结论。注文中的"离木"是解释"火离，然"的，即表示火离木，就是说当木中所含有的"火"元素离木而出的时候，就表现为燃烧，所以说"火离，然（即燃）"。如果用方程式表达燃烧的过程，可以写作：

$$木 \xrightarrow{\text{燃烧}} [土 + 水 \uparrow] + 火$$

把燃烧看成是"火"元素脱木而出的表现，是很有意思的。17世纪末，德国化学家希达尔曾提出著名的"燃素说"，认为可燃性的物质中都包含有一种"燃素"；燃烧就是"燃素"脱离物质而出的表现。这个学说后来虽然被证明是错误的，但在科学发展中曾起过一定的作用。墨家对燃烧的解释很有点像燃素说，所以也应该得到相当的评价。

五行说，如果按本来的意义发展下去，不失为一种解释自然现象的理论。但在发展的关键时刻，受到了唯心主义一派的毒化与侵蚀，被搞得"神秘""怪诞"起来。后来什么都要凑个"五"，什么五味、五色、五金……，并且要相配。譬如药物也说"色青属木，入肝；色赤属火，入心"等等。甚至还联系到人事问题上来，搞所谓"天人感应"，那就完全离开了原来的意义。长时期来，这个神秘化了的"五行说"，把人们的头脑变成为一张僵硬的"五行网",用这张网去硬套一切,穿凿附会,极端荒谬。唯物主义者一直不断地反对这一套。《墨子》里就记载过一个故事:有一次墨子要到北方的齐国去,遇见一个专门搞"术数"的人。他对墨子说:今天正是上帝在北方杀黑龙的日子,你的肤色也黑,所以不可以到北边去。面对这个杀身之祸的严重警告,墨子不但不相信,而且给他一通狠狠的批判。这个故事不一定是真的,因为墨子在世的时候,五行说还不曾被神化到这种地步,可能是后期墨家学者为了批判这种毒化五行说的谬论而编造出来的,足见他们为保护五行说的科学意义而进行着多么艰苦而奋力的斗争啊!

4. 对物质某些共性的认识

世界上的物质是无穷无尽的,它们的性质又是千差万别的,几乎没有两样物质的性质是完全相同的。就是说,任何物质都有它自己的"个性"。那么,物质有没有"共性"呢?有的。比如,任何液体,它的表面都存在一种张力,叫做表面张力;任何固体(物理学上严格的固体意义)其分子的排列总是有某种规则,即构成所谓结晶体。毫无疑问,液体的表面张力与结晶体的分子结构,都牵涉到分子及分子之间相互作用的学问。这些问题,是在19世纪以后才认识到的。在我国古代是否也有过类似的研究呢?是的,任何规律或学问,它的发展都是由浅入深,由片面到全面,由现象到本质。对于表面张力与固体结晶的深入的全面的理论研究,在古代当然是不可能发生的。但对于某些点滴现象的粗浅认识,倒是完全可能的,而且是白纸黑字记载得清清楚楚。下面作一简略介绍。

关于液体的表面张力,那是液体表面各部分之间互相作用的力。各种不同的液体,表面张力的大小是不同的。同一种液体表面张力的大小,也同它的温度、纯度等因素有关。由于表面张力的作用,使得液体表面处于拉紧了的状态,犹如一张拉紧了的橡皮膜。所以当把一根细铁针轻轻地放到水面上,竟然能够横卧在水面。那并不是受到浮力作用,而是水的表面张力支持着它。著名的杭州虎跑泉的水,表面张力特别大,竟能支持住几枚镍质分币。对于这种现象,我国远在两千多年前的西汉时代,就已经发现了。那时有个贵族名叫刘安,邀集许多有学问的人,写了一部书叫《淮南子》,还有一部叫做《淮南万毕术》。在《淮南万毕术》里就记载着一件事,说拿一根针,用头发或头皮上的油垢涂一下,并用油垢塞住针孔,轻轻放到水面上,针就可以"浮"着。为什么在针上要涂点油垢呢?这是很有讲究的。因为只有当针和液体之间相互不浸润,针放到液面的时候,接触面呈下凹,表面张力的作用是向上的,才能支持针的重量。金属针和水本来是相互浸润的,涂上油之后才不相浸润,实验比较容易成功。可见,当时对这个现象的观察是仔细的,也算是初步有些研究。

这个现象是多么有趣,所以古代妇女们拿它作为一种娱乐,特别是在农历七月初七进行这种游戏,叫做"丢巧针"(图1)。明代的书上记载了这种游戏,指出"水面生膜,绣针投之则浮"。说针是"浮"着,固然并不确切,但能够指出水面存在一层"膜",那是很可贵的,可以说是初步观察到液体表面的物理性质了。利用液体表面张力的游戏还有一种叫做"水圈戏"。做法是把松香溶到浓度很大的碱水里,蘸在小篾圈上,将篾圈一挥,就有一个个空心水球飞出来。这相当于今天孩子们吹皂泡。这种游戏在明代尤其流行,据说皇帝也要玩它。所根据的道理,仍是表面张力的物理效应。松香碱水溶液的表面张力很大,蘸在篾圈上就是一层液膜。当篾圈一挥,液膜离开篾圈时,由于它的表面张力的作用,就收缩成一个球面,飘浮在空中,映着阳光,发出五颜六色的光彩,确实令人喜欢。

图1 丢巧针

对于表面张力的了解,不只是用于做游戏,也应用到生产上去。据宋代人记载,古代在桐油买卖中,狡诈的商人常在桐油中掺入米浆等杂质,以假冒真,从中牟利。人们就想出办法,对桐油的质量进行检验。其办法就是用小篾圈放入桐油里一蘸,如果桐油是纯净的,就会像鼓面那样紧紧地绷在篾圈上,如果掺有杂质,就不会绷得很紧。这就是根据桐油表面张力的大小随纯度而变化的道理。有了这个检验办法,那些唯利是图的商人捣鬼就困难了。

下面再介绍一下关于结晶体的知识。

结晶体的一个重要特征,就是外形具有一定的几何形状。例如食盐就是一种晶体,它的外形总保持正立方形,不管大块的还是小粒的。我国古代对晶体外形的认识,最早是从观察美丽的雪花开始的。远在公元纪元前后,西汉的《韩诗外传》一书中就指出"雪花独六出",发现雪花都是呈六角形状的。这个奥秘,在西方直到

1611 年才发现。东汉以后,我国就有人试图解释这个现象了。但是,在科学水平低下的古代,是不可能作出正确解释的。比如宋代学者朱熹,就认为雪花是霰下降过程中,被猛烈的风吹裂了,才散为花瓣状;正像一团烂泥,拿在手里往地下用力一摔,必裂成棱瓣状一样。朱熹这种认真探究的精神虽然可贵,但他的解释毕竟是错误的。至于他和前后许多人,把雪花所以会是六瓣的原因,说成为"六"这个数是"水之成数",或者说是"阴数",这种说法就更和科学风马牛不相及了。

自然界晶体种类很多,认识它,必须要有仔细的观察与研究。在古代,这方面的知识,大概要算炼丹家和药物学家最为丰富。综计我国古代的药书和炼丹书里记载到结晶物质几何外形的,有一百种以上。譬如南北朝时期的科学家、医生陶弘景,讲到一种石英,就指出它"六面如削"。北宋时代的科学家沈括,对石膏的几何外形作了清晰的记载。他说,这种晶体,大的如杏叶,小的像鱼鳞;都是六角形的,外形端正得像切刻出来的那样,正如龟甲形状;四周围像裙襕那样有微小的凸出。前面的晶体斜向下,后面的晶体斜向上;一片掩盖着一片,就像穿山甲的鳞片层层相叠;如果敲打它,会随着纹理裂开,也呈六角形,等等,记载得多么仔细和具体。沈括的这些知识并非凭空而来。因为他曾主持改革盐法,这期间为了调查食盐生产情况,曾深入到各地不少盐场。石膏正是盐湖的副产品,也是他观察研究的对象,所以沈括所记载的,全是当时劳动人民长期的经验和他自己入微观察的结果。此后,明代科学家李时珍,在这方面的知识更加丰富了。他在《本草纲目》一书中,讲到结晶矿石几乎都有面、棱、角的记述。

停留在对几何外形的观察和记载,当然还是对结晶体的初步研究。令人惊异的是,古人对于某种晶体的形成过程和条件,也有过记载,这是炼丹家的成绩。唐代初年的著作《黄帝九鼎神丹经诀》里,记载用朴硝(即硫酸钠 Na_2SO_4)与硝石(即硝酸钾 KNO_3)制取硫酸钾(K_2SO_4)晶体时说,把朴硝和硝石捣细混合在一起,用热水淋汁(就是取得浓的水溶液),待澄清后,再用温水煮,待它半冷时倒入水盆中,盆外用冷水冷却,经过一夜就有硫酸钾出现,它"状如白色","大小皆有棱角起",就是一种结晶体。这一段文字是制作晶体实验的忠实纪录。

由上面的介绍,可以知道我国古代对于液体表面张力的物理效应,很早就有所发现和有初步的了解;不但用它作为娱乐,而且用于鉴别某种液体的纯度。对于某些结晶体所具有的几何外形,有许多记载。这两项恰恰分别是液体和固体最重要的共性。尽管古代在这方面的知识是极其浅显的,但并不能因此而降低它的宝贵价值。

5. 物质守恒的思想

自然界生机勃勃,不断进行着新陈代谢。人们也不断在消耗着一些物质,但总不会发现物质的竭尽。这些问题引起了人们的思索。在唯心主义者看来,简单得很，"那是上帝为了我们人类，不断创造出来的呀！"陈词滥调，无济于事。科学的任务是认真研究它，给它以正确的回答。物理学告诉我们，自然界的各种变化过程中，物质既不消灭，也不创生，其量总是守恒的，这叫做物质守恒原理。这种思想，在我国也是"古已有之"。

战国时期的《墨经》里有两条记载包含着这种原理，其中一条说："可无也，有之而不可去，说在尝然。"意思是说，原来没有的，就没有，已经有的，也不可能消灭，因为它是曾经有过的。这一条《经说》也解释说："已给则当给，不可无也。"就是说，已经存在的应当存在下去，不可能消灭。这都定性地说明了物质的不可无故消灭。另一条还从数量关系去说明，"偏去，莫加少，说在故"。意思是，某种物质被减去一点，但从总体来说，没有增加也没有减少，因为合起来还是一样多少。这一条《经说》还从反面解释说，"俱一，无变"，意思是几部分物质合成一起，总量也是没有变化的。这两条《墨经》明显地包含着物质守恒的原理。这种思想在别的书里，也有不少记载。差不多时期的《管子》一书里也说："天地莫之能损也。"说出了物质不灭的思想。晋代的《列子》中更进了一步，说"物损于彼者盈于此"，"成于此者亏于彼"。意思是，在变化过程中，这里的物质多了，那里必然少了；这里少了，那里必然多了。这是从数量关系上说明了物质守恒。其实，凡是对世界持唯物认识的人，往往是承认物质守恒的。上面介绍过的那些"元气论"，认定物质实体都是"气"的"聚""散"，而"气"决不会生灭，所以张载就明确指出"本体不为之损益"，即指出物质并不会消灭或创生。明代王夫之说得最有趣，他说如果物质可以消灭，到哪里去了呢？说它产生，又从何而来呢？宇宙哪有这么大的储藏来供它不断地消耗呢？这也有力地论证了物质守恒的思想。

对物质守恒思想，从定性的思维到数量关系的说明，是一个进步，后来更能通过一个具体的变化过程，甚至一个实验来阐明，这又是一个大的进步。明代王廷相（1474—1544）在这方面迈出了可喜的一步。他首先指出"气虽无形可见，都是实有之物，口可以吸而入，手可以摇而得"。他指出，即使是无形的"气"，虽"有聚散"，但"无灭息"。王廷相还举海水为例，说"水"可凝结为冰，冰可溶解为水；冰可以有，也可以无，但把海水和冰加在一起，其总量是不会变化的。这对物质守恒思想是一个具体的说明。在这方面发挥得最好的，要算是王夫之了。当时经济发展，手工业生产技术有了显著的进步，人们对物质的变化有更多的感性知识，王夫之又特别留心于实地调查了解，深入到手工业作坊，考察劳动人民的实践活动。尤其是制墨、烧汞等化学工艺过程，给了王夫之很多启发，使得他能够更加充实与发挥物质守恒的理论。王夫之列举燃烧、汽化、升华三种物质变化事例，来论证"生非创有，死非消灭"的思想。下面就是他所列举的事实：

（1）"车薪之火，一烈已尽，而为焰、为烟、为烬；木者仍归木，水者仍归水，土者仍归土,特希微而人不见耳。"这是说一车子柴,烧掉了即化为火焰、烟尘、灰烬。这时并非不存在了,只是成了"希微",为人们不见而已。王夫之还举出,如果让松油在旷野燃烧,好像全不见踪影;如果密闭着燃烧,就变成黑色的烟墨。这可以更明白地证明,燃烧的过程,物质仍然是不灭的。烟、焰、烬也不可凭空创生。

(2)"一甑之炊,湿热之气,蓬蓬勃勃,必有所归。若盒盖严密,则郁而不散。"这是以烧水为例,水受热沸腾汽化,似乎不见了,那一定有所去向,并非消失,如果盖得严密,那蒸气就跑不掉了。以此说明,水的汽化并非水的消灭。

(3)"汞见火则飞,不知何往,而究归于地。""覆盖其上,遂成朱粉。"这是说水银受热升华,变为水银蒸气而飞散了,好像不知哪里去了,实际上是仍回归到大地。如果在炼汞的器皿上加上一个盖,水银蒸气就会附着在盖子上,成为红色粉末状的氧化汞。这就说明了汞的升华,也不是汞的消失。朱粉的形成也不是物质的创生。

正由于王夫之有丰富生动的感性知识作基础,才使得他能够形成比之前人更加深刻的物质守恒思想。他不但有一个"天地本无起灭"的总的概念,而且能够具体指出,有形的实物,不过是"气"聚集而成,且为人们所能觉察到,此时"非幻成也";有形的实物不见了,那只是"气""散",而为人们所不能觉察,此时却"非消灭也"。作为物质的"气"始终是存在着的,所以他说:"凡虚空者皆气也,聚则显,显则人谓之'有'。散则隐,隐则人谓之'无'。"如此说来,世界上的物质,只有形态的转换,而不会有量的生灭。也就是说,总的量必是守恒的,所以他说:"聚于此者散于彼,散于此者聚于彼。"

总之,物质守恒的思想,在我国起源很早,而到了王夫之的时候,可以说已初步成型。他的著作确实是我国古代物质理念发展史上的一个里程碑。王夫之堪称古代一位有贡献的物理学家。

6.关于物态变化的知识

物质三态之间可以互相转变:固体受热变为液体,叫做熔解;液体受热变为气体,叫做汽化。反之,气体遇冷成为液体,叫做液化;液体遇冷成为固体,叫做凝固;固体直接化为气体叫做升华。我国古代对于物态变化最有研究的,是汉代以来的那些炼丹家。他们最初是为制取生长不老药,后来为了制取黄金,长年累月地把一些药物拿来加热、冷却、火煅、水煮,使物质的状态不断地变化。据记载,炼丹有"火法"和"水法"。"火法"包括:"煅",即长时间的高温加热;"炼",即干燥物质的加热;"炙",即局部烘烤;"熔",即加热熔解;"抽",即蒸馏;"飞",即升华;"伏",即加热使药物变性。"水法"更多,包括:"化",即溶解;"淋",即用水溶解固体物质的一部分;"封",即封闭反应物质长时间地静置;"煮",即物质在大量的水中加热;"熬",即有水的长时间高温加热;"养",即长时间的低温加热;"浇",即倾出溶液,让它冷却;

"渍"，即用冷水从容器外部降温。此外还有什么"酿"、"点"以及过滤、再结晶等方法。在这么多过程中，物质状态有各种各样的变化，必然要积累大量的知识，可惜炼丹家们往往不注意这一方面。

在日常生活中，水、冰、水汽三者之间的变化，是最常见的物态变化。雨、露、霜、雪是最大规模的物态变化。这种天气现象对人们的生活，尤其对农业生产具有密切的关系，使人们不能不注意它、研究它。事实上这就是研究物态变化的规律。

雨雪的形成，是很有代表性的物态变化过程。地面上的水，蒸发而为水汽，升到高空积而为云，当温度下降而又有了凝聚核心（如灰尘或带电粒子）的时候，就会凝结为水滴；达到一定重量时，下降而为雨。如温度低至摄氏零度以下，再加其他气象条件，则凝为固态的雪或霰、雹等等。我国古代劳动人民对这个过程有过某些探索。战国时代《庄子》一书里有"积水上腾"的记载，就是指水的蒸发上升。汉代董仲舒解释雨、霰、雪的成因时说："二气之初蒸也，若有若无，若实若虚，若方若圆。攒聚相合，其体稍重，故雨乘虚而坠。风多则合速，故雨大而疏；风少则合迟，故雨细而密。其寒月则雨凝于上，体尚轻微而因风相袭，故成雪焉。寒有高下，上暖下寒，则上合为大雨，下凝为冰、霰、雪是也。"这第一句是说阴气（水）受阳气（日光）之照射，蒸发上升，处于"若有若无、若实若虚"之状。接着就指出了雨、雪、霰就是水汽遇冷凝结而成。这些解释虽然也有错误的地方，但总的说来，是根据温度的升降而引起物态变化的道理，大方向是正确的。在这一段叙述中，把蒸发、液化、凝固三种过程都说上了，确实是很有意义的。后来，唐代的丘光庭和宋代的朱熹，都用煮饭作比喻，说明雨的成因。朱熹说：雨的形成，就好像煮饭时，水汽凝结在盖子上，落下来便是。这个说明不但很具体生动，而且也很大胆，居然敢把某些人视为上帝旨意的现象，比作为煮饭。这也说明朱熹确实对于汽化、液化这些过程有较深刻的了解。

露与霜的成因，又有不同。地面上的空气中含有水汽，当水汽的含量达到饱和时就会凝结出水滴来，这就是露；如果地表气温低至 0℃ 和 0℃ 以下，则水汽直接凝结为固体，即为霜。所以露与霜，都是地面空气中直接形成，并不是从高空下降的。远在周代的《诗经》里，就有"白露为霜"的诗句，说明当时人们已经认识到霜就是白色的固态的露。东汉时代大文学家蔡邕曾明白地指出："露，阴液也。释为露，凝为霜。"《五经通义》更直接地说霜是"寒气凝"结出来的，是从地面上来，并非从天空下降的。关于这一点，朱熹说："古代的人说露凝结而为霜，现在观察下来，那是确实的。但程颐说不是，不知什么道理。古人又说露是'星月之气'，那是不对的。高山顶上天气虽然晴朗也没有露，露是从地面蒸发上来的。"这段话讲得多么好啊！对古人今人的话，既不一概是之，也不一概非之，而是根据自己的观察，摆出事实，讲出道理，真有点科学的、实事求是的态度。

正因为人们懂得了霜的成因，所以也就有办法对付它。南北朝时期贾思勰的

《齐民要求》一书(成书于 533—544 年)总结了许多科学知识,其中就有关于防止霜冻的办法:"天雨新晴,北风寒彻,是夜必有霜,此时放火作煴,少得烟气,则免于霜矣。"这几句话很切合物态变化的道理。天雨刚晴,地面空气湿度必大,入夜后地面热量发散,温度降低,又遇冷风,气温易低至 0℃ 以下,空气中的水汽即凝为固态的霜。如在田野上烧些柴草,一则发热提高气温,二则使地面蒙上一层烟尘,可以隔热,不使地面热量发散,保持温度不致降至 0℃ 以下,那就不会有霜了。这种行之有效的防霜办法,为历代广大农村所沿用,甚至在今天也还是"与天奋斗"的一种武器。可见劳动人民长期以来观察自然得来的感性知识,经过提高,上升为理性知识,掌握了规律,就可以在生产斗争中发挥威力,变为物质力量。

7. 物态变化知识的应用——测天术和湿度计

雨、露、霜、雪、雹、霰等天气现象,都是一种物理现象,主要是物态变化方面的现象。这些现象跟人们的生活和生产关系如此密切,必然使人类在很早的时候,就要注意它、研究它。远在殷代就开始有天气方面的记录(图 2)。那时人们把需要记载的大事,用当时的文字刻在牛的骨头或乌龟的甲壳上,现在叫做甲骨文。那里面就曾记载有关阴晴雨雾的情况,以及人们求雨的事。雨是经常发生的天气现象,所以也必然引起人们特别注意。古人在长期观察中,对它的规律作了探索。

图 2　甲骨文天气记录

他们通过对天象的观察、对生物物候的观察以及对无生物物理现象的观察,总结出不少有关晴雨的经验。唐代黄子发专门写了一本《相雨书》,记载劳动人民预知晴雨的可贵知识。此外,民间流传下来的许多有关预知晴雨的谚语和土法,其中有不少就是根据物理道理而总结出来的科学经验的结晶。

唐代有"壁上自然生水者,天将大雨","石上津润出液,将雨数日"等等,这是符合物理原理的。下雨之先,空气中水汽含量必然很大,因此容易在壁上、石上等处凝结成水滴,以致"生水""出液"。这一类谚语,全国各地都在流传。据搜集,光是上海一地,像"缸穿裙,雨倾盆"、"食盐化水,天将大水"之类的谚语,就有十多条。明代科学家徐光启(公元 1562—1633 年)的《农政全书》里引到一条农谚说:"檐头插柳青,农人休望晴;檐头插柳焦,农人好作娇。"这里的"作娇"是指酿酒。折下来插在檐头的柳枝如保持常青,那是因为空气潮湿,柳叶中的水分不易蒸发,所以天气不得放晴;如柳叶枯黄,那是空气干燥,柳叶水分蒸发得快,天气必将放晴,气温回升,正好酿酒了。这些农谚里都包含着一定的物理学道理。元代以来,民间还有一种"称水"的方法，可以用来预知晴雨。那种方法大约是每天晚上盛满一瓶水，次日早晨称一下，如分量比较重，说明蒸发慢，那必是空气潮湿，则容易下雨；如分量比较轻，说明蒸发快，空气干燥，则不容易下雨。这种方法流传相当广，明代科学家李时珍的《本草纲目》中也有记载。

影响晴雨的最重要因素是大气的湿度，这一点西汉时期的《淮南子》中明确指出过，说"湿易雨"。所以古人很注意寻求受大气湿度影响的物理现象，而且取得了惊人的成功。在汉代，人们知道，大气湿度的变化，会引起各个物体体积和形状的变化；不同物质组成的物体变化程度又有所不同。当时，人们以为铜是"至精之物"，只有它才不会随湿度和温度而变化。所以凡是精密的量器都用铜做，而不用铁，为的是不会变化。最值得介绍的是，在战国时代，人们就知道"风雨之变可以音律知之"。后来的《淮南子》中也这么说，但这究竟是怎么一回事呢？东汉科学家王充（27—约97）在其所著的《论衡》中指出，"琴弦缓"是天雨的兆征。这是一条很正确的经验，因为将要下雨时，大气湿度增大，拉紧的琴弦吸了水分，就会变长而呈松弛，因而其音调也就变低了。琴弦的长度随大气湿度的变化是很微小的，不易觉察，但因此而引起音调的变化却是十分明显的。所以通过音调的变化去预报天气的晴雨是相当灵敏的，也是十分巧妙的。这里已孕育着悬弦式湿度计的原理。

什么叫悬弦式湿度计呢？就是根据某种"悬弦"的长度随湿度而变化的原理而制成的湿度计。照这样说，战国时代的那张古琴，就起这种湿度计的作用了。在欧洲，16世纪中叶才有人用鸟兽的肠子制成的弦线，或用野雀麦芒的长度变化来测知大气的湿度。这种湿度计大约于公元1670年左右传入我国，在《灵台仪象志》一书中有详细的介绍。书中说它的原理是，物体吸入"燥气"会收缩，吸入"湿气"会膨胀。万物中以鸟兽的筋皮对燥湿气的效应最为明显，所以用筋弦来制作仪器，如鹿肠线湿度计。明末清初，我国青年科学家黄履庄还发明了一种"验燥湿器"。据记载，"内有一针，能左右旋，燥则左旋，湿则右旋，毫发不爽，并可预证阴晴"。可见那仪器是十分灵敏的，其构造大概同《灵台仪象志》里所介绍的相同或相似。这类湿度计至今还广泛使用着。

此外，我国古代还发明过另一种湿度计，那就是天平式湿度计。它的构造很简单：只要用一根均匀的木杆，在中点悬挂起来，好像一架天平秤；两端分别挂上吸湿能力不同的东西，例如一端石子，另一端为咸海带；或者一端用淡水浸过又经晒干的棉花球，另一端为盐水浸过又经晒干的棉花球，等等。再使两端等重，天平平衡。当大气里湿度大了，吸湿能力强的一端，因吸入较多的水分而变重了，天平就倾斜，这就预示着天气将要下雨了。这种湿度计因为具有简便易制作的优点，而且也还灵敏，今天一些农村中还在大量使用着。哪里知道它在我国已有了两千年左右的历史了，而且是人类最早的湿度计！

西汉《淮南子》里说道："湿之至也，莫见其形而炭已重矣。"当时已经知道，炭的重量会随着湿度的增大而增大。该书中另一篇说："悬羽与炭而知燥湿之气。"这就是天平式湿度计了。两端挂的东西是羽毛和木炭。三国时人孟康曾详细记载过它的结构，他说："把铁和炭分别挂在天平的两端，让天平平衡，冬天时，空气比较干燥，炭端上翘，铁端低下。夏天时，空气比较潮湿，炭端低下，铁端上翘。"这已把它的构造和用法都说清楚了。历代古书上记载这种湿度计的不少，两端挂的东西各不相同，有用铁和炭的，也有用羽和炭的，还有用土和炭的，等等。可见广大劳动人民都在探索改进，因而成为他们向大自然作斗争的有力武器。欧洲是在 15 世纪才有人在天平的一端挂上大量羊毛，另一端挂上石头来测量空气干湿的，比较起来，较我国的发明晚了 1600 多年。

由以上介绍可以看到，我国古代有十分丰富的物质理论。首先，在几千年的历史上，许多唯物主义思想家、科学家提出了不同的相当于物质的概念，其中以"气"（也叫"元气""精气"）为最重要。在物质结构方面，有连续学说和不连续学说，从两个不同的侧面，反映出物质结构的矛盾的统一体。"端"，就是古典原子概念。我国还有自己形式的朴素元素论——"五行说"。我们不应当因为后来被蒙上神秘迷信的外衣而抹杀它。我国是最早提出物质守恒思想的国家，不但有总的概念，而且有量的说明，还有实验的验证，尤其是王夫之的理论，是特别可贵的。对于物质的通性，祖先们很早就观察到了液体表面张力的存在与结晶体几何外形的规则。对于物态变化的研究，主要是通过雨、雪、露、霜等的成因而进行的。为了农业生产和生活上的需要，我国古代科学家研制成功世界上第一台天平式湿度计。

二、声

在自然界，随时随地充盈着各种各样的声音。所谓"万籁俱寂"，只是文人们一种不切实际的形容。动物的鸣叫，流水的拍击，空气的流动……都能发出声音来，形成了无数个大大小小的"声源"。"声源"是什么？事实上就是一个频率在一定范围内的振动体；它的振动在空气中造成了一疏一密的声波，传到人耳，鼓动耳膜，就刺激了听觉神经。这个道理是比较容易为人们所觉察到的。比如，在极其遥远的古代，人们以狩猎为主要生产方式，弓箭是离不开手的。大家知道，每放一箭，弓弦一振，就听见一声响。这些经验自然会使人把声音和振动联系起来。东汉时王充已经讲到，人的发声是喉舌的振动，并且解释了声音大小和传播远近的关系。真正认识到声音是一种波动，那是明代科学家宋应星，他在《论气·气声篇》里说："气本浑沦之物，……冲之有声焉，飞矢是也；……振之有声焉，弹弦是也。"又说："物之冲气也，如其激水然。……以石投水，水面迎石之位，一拳而止，而其文浪以次而开，至纵横寻丈而犹未歇。其荡气也亦犹是焉。"这里把飞箭和弓弦的发声，归因为对"气"的鼓动，而且这种鼓动的结果和水波是相似的。这种比拟说明了宋应星对于声音的来源及其传播形式有科学的了解。

声音，以人们的听觉效果分为两类，一类叫做噪音，它的声波没有一定的频率，听起来使人难受，譬如用锉刀锉锯齿所发出的声音。另一类叫做乐音，这种声波必须具有一定的频率，听起来觉得悠扬悦耳，比如鸟儿的鸣叫，人们的歌唱，发出来的都是乐音。能够发出乐音的器具，称为乐器。研究乐器上乐音的由来并进行学理上的分析的科学叫做乐律学。

声源既是一个振动体，声音的传递又是靠着空气的波动，声波也可以推动另一物体振动，发出声音来，这就是共鸣。共鸣不但广泛地存在于生活之中，而且是音乐理论中一个重要的问题。

我国古代非常注重音乐教育。在远古，音乐被用来驱邪治病，或为宗教仪式助兴。到了春秋战国时期，《诗经》里的歌词一度成了各诸侯国外交使节的共同语言。所以孔子教育学生的课程中，音乐也是必修的。我国古代既然那么重视音乐，必然在声学上积累有许多知识。下面从乐律知识、乐器制造和声音共鸣三个方面作一些简单介绍。

1. 乐律知识

(1) 什么叫乐律？

声音来源于物体的振动。每秒钟振动的次数叫频率，频率的大小决定声调的高低。当声音的频率按同样比例改变时，我们对它高低改变的感觉是相同的。例如，频率加倍时，不管把频率从 50 赫兹改变到 100 赫兹（次/秒），或从 500 赫兹改变到 1000 赫兹，或从 1000 赫兹改变到 2000 赫兹，人们对高度改变值的感觉是一样的。换言之，当我们只研究一组音的高低排列时，可以不必去管它的频率的绝对值，只需考虑这些频率之间的相对比率就够了。音和音相互间的频率比率叫做音程。在 18 世纪，数学家发现用对数来代表音程的大小，使用上十分方便。现在有好几种利用对数计算所得的"音程值"，其中最通行的是"十二数八度值"。按照"十二数八度值"，一个八度折合 1200 音分，一个平均律半音为 100 音分，其他各音视所含半音之数而递增。在音乐中，所采用的音的音程起着主要的作用。

任何一门精密的学问，一些极简单的数目字起着举足轻重的作用。乐律上也是如此。二比一是最简单的整数比率。频率比为二比一的音程在音乐上叫做八度音程；频率比是三比二，称为五度音程；诸如此类，无须列举。通常在任何一个八度音程的范围内，插入一些根据某种规律来选择的音，音程比八度少，而它的频率又成简单整数比的音，按照音程增加的次序排列起来，构成某一种音阶。例如在音乐中采用最广的自然大音阶,就是由七个彼此之间有一定音程而逐渐升高的音组成的。"律"就是指音阶中每个音的音高规律。定律法,就是在实践和实验的基础上,根据弦和管的长度与发音(频率)之间的关系,用数学方法找出音阶中的各个音。所以,律学可以说是物理声学和数学的结合。

我国乐律的制定,最早大约上溯到黄帝轩辕氏时代。战国时期的著作《吕氏春秋》中记载:"昔黄帝令伶伦作为律。"根据传说,伶伦来到了昆仑山,在嶰溪之谷砍了十二根竹子,削去竹节,做成了一端开口、一端竹节闭合的十二根管子。起初吹奏出来的声音并不好听,正在这时候,天上飞来了一对凤凰,凤叫了六声,凰也叫了六声,那声音美妙极了。于是,伶伦便根据凤凰叫声的启示制成了十二根律管。在这里,史实和神话的界线就很难划分了。

(2)三分损益法

唐朝杜佑的《通典》说:"自殷以前,但有五声。"可见在殷商以前,早就有五声的称谓了。是哪五声呢? 相传周朝吕望的《太公六韬》说:"律管十二,其声有五:宫、商、角、徵、羽。"这五声的由来,源远流长,已经不太清楚了。但春秋战国时期成书的《管子·地员篇》讲得很生动有趣。它说:"凡听徵,如负豕觉而骇;凡听羽,如马鸣在野;凡听宫,如牛鸣窈中;凡听商,如离群羊;凡听角,如雉登木以鸣。"它还介绍了取宫、商、角、徵、羽中的任一音为主音,把它对应的长度接连乘以 4/3 及 2/3,依次得到五个音,就可构成一个五声音阶;而且作为主音的那个音,就是这个五声音阶音调的标志。例如令黄钟宫音的弦长为 $3^4 = 9 \times 9 = 81$,则徵音弦长为 $81 \times \dfrac{4}{3} = 108$;商音弦长为 $108 \times \dfrac{2}{3} = 72$;羽音弦长为 $72 \times \dfrac{4}{3} = 96$;角音弦长为 $96 \times \dfrac{2}{3} = 64$。将上述五个音依其弦长大小排列如下:徵、羽、宫、商、角(108、96、81、72、64),即成五声徵调的音阶。这个定律法就是蜚声中外的"三分损益法"。因为弦长与频率成反比,所以它们之间的频率比均为三比二(即相差五度)或其倍数。因此,由三分损益法得出的五声音阶实际上是由许多相差五度的音组成的。所以三分损益法又名"五度相生法"。五度相生律既简单易算,又和谐悦耳,在我国律学史上占有十分重要的地位。春秋时期的音乐大体上就是根据这种乐制,演奏出来是十分动人的。难怪孔子听了《诗经》名篇《关雎》的演奏,兴奋地说:"洋洋乎,盈耳哉!"其精彩程度可知。数千年间不知出现过多少种律制,而五度相生律的余风遗韵,一直留存不衰,足见它的生命力是很强的。

(3)十二律

由于乐器的发展和音乐实践的要求,加之国内南北方各民族之间的交流日趋频繁,音愈增加,生律愈繁,律制当然要随之发展。先是在原来五个音之外,再加上变徵和变宫两个半音,组成七声音阶。更为了变调的需要,又加上了一些半音,使

图 3　后夔典乐图

在一均(一个八度)之间,包含十二个音,成为所谓十二律。到公元前第 3 世纪时,十二律已从三分损益法脱颖而出,登上我国律学史的舞台。

十二律的名称,依次为黄钟、大吕、太簇、夹钟、姑洗、中吕、蕤宾、林钟、夷则、南吕、无射和应钟。

它与五声音阶、七声音阶的配合,列于表 1。

表 1　十二律与五声音阶、七声音阶的配置

编　号	1	2	3	4	5	6	7	8	9	10	11	12	i
十二律名	黄钟	大吕	太簇	夹钟	姑洗	中吕	蕤宾	林钟	夷则	南吕	无射	应钟	清黄钟
相当于西名	c	#c	d	#d	e	f	#f	g	#g	a	#a	b	c¹
五声音阶	宫		商		角			徵		羽			清宫
七声音阶	宫		商		角		变徵	徵		羽		变宫	清宫
	徵		羽		变宫	宫		商		角		变徵	清徵

上述十二律,又称为六律六吕。顾名思义,黄钟、夹钟、林钟、应钟,当指钟声无疑;至于大吕、中吕、南吕的吕字,根据《周礼》与《国语》的提法,吕即同,同即筩,就

是竹管的意思,可以推测大吕、中吕、南吕来源于某些竹管乐器。剩下几个隐晦难解、古义不明的律名:如太簇、姑洗、蕤宾、夷则、无射等,依照专家的意见,可能是音译当时南方少数民族传入中原地带的"南蛮𫛢舌之音"而成。

律学的进步,无疑也反过来促进了音乐的发展。春秋战国时期,我国涌现出许多著名的乐师,如师涓、师挚、师旷、师襄等等。一代名手俞伯牙竟能弹出志在高山、志在流水的格调。另一名琴手钟子期与他"心有灵犀一点通",完全理解伯牙弹琴的音乐语言,两人交情很深,后来钟子期过世,俞伯牙痛失知音,悲伤至极,竟拉断琴弦,摔坏古琴。这桩故事一直传为千古美谈。

律学的蓬勃发展,必然把制订乐律标准的问题提到议事日程上来。孟子说过:"师旷之聪,不以六律不能正五音。"由此可见一斑。究竟我国古代是以管定律,还是以弦定律,一直存有疑问。人们多么盼望地下遗物的出土,让事实作出判断。1972年,我国湖南长沙马王堆一号汉墓第一次发掘出公元前150年以前的一组律管。这是能发出高低不同的标准声音的12支竹管,其中最短的10.2厘米,最长的17.65厘米,孔径约0.65厘米,管的下端皆书有"黄钟、大吕、应钟"等音律名称。为我国古代以管定律说提供了新的证据。

同一时期的欧洲,则根据弦长不同发声频率就不同的道理,一直是以弦定律的。他们的成就,以公元前第6世纪古希腊哲学家兼数学家毕达哥拉斯(约公元前582—前493年)为代表。其研究的五度相生律,称作"毕氏律制",长时期称霸欧洲乐坛,余波及于后世。

说也怪,两种不同的古代文明,虽然各自经历了很长的发展过程,最后却不约而同地都得到了五度相生律。中国以管定律和西方以弦定律正好东西辉映,实有异曲同工之妙。

值得一提的是管上定律比起弦上定律来,不止困难多少倍。弦上算音,只需要考虑弦的实际长度;而管上算音,因为是管内空气柱振动发声,还要顾及空气柱在管口边上的逸出部分,进行校正。这是一项十分复杂的工作,所以我国古代以管定律经历了一个由简单到复杂、由一般到精确的逐步改进过程。在晋朝荀勖发现管口校正数以后,用管作定律器就比较标准了。

三分损益十二律比起以前来虽然是一种进步,但是细看一下,仍嫌美中不足。由表2可知,古代大半音的音程为114音分,小半音的音程为90音分,两者之差为24音分,俗称古代音差。

表 2 三分损益十二律

律名		音名	对主音的音程值	相邻两律间的音程值	相邻两音间的音程值
古名	今名				
黄钟	f	宫	0		
				114	204
大吕	♯f		114		
				90	
太簇	g	商	204		
				114	204
夹钟	♯g		318		
				90	
姑洗	a		408		
				114	204
中吕	♯a		522		
				90	
蕤宾	b	变徵	612		
				90	90
林钟	c¹	徵	702		
				114	204
夷则	♯c¹		816		
				90	
南吕	d¹	羽	906		
				114	204
无射	♯d¹		1020		
				90	
应钟	e¹	变宫	1110		

当以三分损益法生律到第 12 次（即第 13 律）时，第 13 律理应还原为清黄钟（音程值为 1200 音分）。但是从中吕再上升一个五度的实际结果，却是 522（中吕）＋702（五度）＝1224，比清黄钟要高出一个古代音差。由此可见，这样的十三个音不能真正组成一个完整的八度。为了适应旋宫（又称旋相为宫，即以任一律为宫，依次选择七律来组成一个七声音阶）和转调的需要，满足对于音乐艺术的更高要求，需要尽可能方便、合理地消除这个古代音差。

后世的音乐家和乐工、琴师，为了解决这个难题，进行了不断的探索，经过近两千年的努力，才大功告成。在这历史的长河里，律制改革的尝试名目繁多，举不胜举，这里不一一介绍。

（4）十二平均律

此后，音乐的发展十分迅速，尤其在唐宋时期，文化鼎盛，乐府、唐诗、宋词，都要配上音乐，文人墨客大都要懂一点律学，再加上各民族之间的同化，造成了音乐文化的大融合。发展到 16 世纪，我国历代众说纷纭的旋宫转调问题，已初步具备了彻底解决的客观基础。十二平均律犹如骚动于母腹中的胎儿，即将呱呱坠地。另一方面，欧洲在文艺复兴运动（14—16 世纪）的推动下，音乐界群起研究古代希腊音乐。自 16 世纪中叶起，器乐已渐抬头，转调日趋繁复，键盘乐器（如钢琴、风琴等）虽用全音平均律，也渐感不便，十二平均律遂成了音乐理论家们追求的目标。

东西两种文明分别沿着各自独特的发展路线前进,究竟谁能首先到达胜利的目的地,历史在拭目以待。

16 世纪我国明万历时期,大乐律家朱载堉在总结前人经验的基础上,写成《律吕精义》一书,在世界上第一次阐明了"十二平均律"。这是律学发展的必然结果。早从汉代起,我国的琵琶一类乐器,一直在实践上使用某种平均律。朱载堉既博又精,数理兼通。他考虑到律学理论既要满足旋宫转调的需要,又不能律数过多,要便于乐器制造和演奏(唱),只有彻底摆脱因循守旧的路子,走平均律的道路才能成功。他的"左旋右旋相生"理论,使"十二律黄钟为始,应钟为终、终而复始、循环无端",成功地解决了音阶在音律上的转调问题,甚至连现代键盘乐器的创制,也都有赖于他所提供的声学理论基础。

朱载堉发现十二平均律后,过了 52 年,法国音乐理论家梅尔生也搞出了十二平均律,跟中国的十二平均律遥相呼应。西方究竟是独立创造,还是受了我国的启发和影响,至今尚无确切证据。但是具有讽刺意味的是,朱载堉将他的毕生努力所得,毕恭毕敬地呈献给皇上后,这些无价之宝却被当作一团废纸,打入冷宫,束之高阁,并不实行。清代乾隆皇帝还把它骂得狗血喷头。一直到它传入欧洲以后,才轰动了整个世界,获得了洋伯乐们的高度评价,使欧洲科学界不得不对中国人刮目相看。

时至今日,十二平均律已经风行于世界。欧洲音乐基本上采用十二平均律,然而大、小提琴演奏时往往容易倾向于五度相生律,还保存着古代大音阶的遗风。我国现代音乐,由于移调和转调的需要,加上向多声部发展,因此采用十二平均律作为标准,只是时间问题。十二平均律是中华民族的优秀文化遗产。用十二平均律作为标准,在实践上并不拒绝五度相生律及其推演的一种"纯律"的"加味"。采用十二平均律后,不仅无损于我国的民族风格,而且有利于国际的音乐交流。可以预料,"似曾相识燕归来"之际,我国古老的律学必将重注新的血液,增添青春活力,使亿万人民的精神生活更加丰富多彩。

2. 乐器

(1)乐器的起源

音乐艺术几乎是伴随着最初的生产斗争,逐渐地发生了。石器时代的先民们,经常听到石头的撞击之声。"凡音者,生人心者也"。人们就会注意到这里面有不同的音响。经过适当的组合,尤其悦耳,而且还具有消除疲劳、振奋精神的作用。甚至有人要情不自禁地随之手舞足蹈起来。《吕氏春秋》上说:"尧命夔拊石击石,以象上帝玉磬之音,以舞百兽。"这里虽然蒙上了神话色彩,但也有石器时代初民的粗犷生活气息。最初的乐器正是从石器工具脱胎而出的。

我国在商周时期乐器的发展已十分可观。据说当时已经使用的乐器有六、七十种之多,《诗经》里提到的就有二十九种乐器名称。其中属于打击乐器的,如钟、磬、鼓、缶、铃、簧等等,有二十一种,吹奏乐器(箫、管、籥、埙、篪、笙)六种,弹弦乐器(琴、瑟)两种。就制作材料而言,包括土、匏、皮、竹、丝、石、金、木。真是五光十色,琳琅满目。下面介绍一下这三类乐器的简单情况。

(2)打击乐器

现在我们常用"锣鼓喧天"一词来描写热闹喜庆场面。鼓、锣之属在我国出现得很早,传说远古时代伊耆氏就有土制的鼓,草扎的鼓槌。在生产劳动和军事活动中,鼓曾一度居于举足轻重的地位,但是比起钟、磬在往日的地位来,又稍逊风骚。钟磬这些古乐器,在现代的乐队里除了偶尔猎奇点缀,发思古之幽情以外,几乎已经绝迹。但在古代却是主要的乐器。1973 年 9 月下旬,在河南省安阳市殷墟洹水南岸发现了一个殷代石磬。它用灰色岩石作为原料,两面都饰有张口欲吞、精致逼真的虎形花纹。仅就美工而论,它已不失为一件古色古香的珍品。其实它在商朝,是只有帝胄王族才配享用的高级乐器。其悬孔上方两侧被悬绳长年磨损的印记,磬面的累累敲痕,标志着它曾于石城金阙之中,饱览钟鸣鼎食的景象。

除了石磬以外,后来还出现了玉磬,制作工艺也愈加精巧。在春秋时期就有专门造磬的工匠,叫做"磬氏"。他们有一套造磬的经验,譬如对于校音,就有"已上则磨其旁,已下则磨其端"的方法。就是说当石磬的发音频率太高时,通过磨磬体的两面,使它变薄,以便降低振动频率。当磬体发声的频率太低时,就磨它的两端,使磬体相对变厚,从而可以提高振动频率,获得所需的磬声。学过物理学的人,了解这点并不很难,但是在三千年前要总结出这套规律却非同小可。有了这种保证"音准"、准确把握音调高度的经验,古代人才能欣赏到悦耳的磬声。

古时的钟、磬,不但单独撞击,远在商周时代就出现了所谓"编钟"或"编磬"。就是说把若干个大小不同的钟(或磬)相次编排起来,悬挂在一个专门的架子(称为"虡")上。因为每个钟的音调不同,按音谱打击起来,可以演奏出美妙的乐曲。这种组合乐器的演奏,显然是需要相当的技巧。据《周礼》上说,那时还专门设有乐师教授。

1978 年,湖北省随县一座战国时代的曾侯乙墓,出土几组编钟,大小 64 件,总重量达 2500 多公斤,6 个青铜铸造的佩剑武士,双手支托着钟架横梁。整个遗物保存完好,造型奇特,蔚为奇观。尤其奇妙的是,只要准确敲击钟上两个不同的标音位置(正面和一侧),每一件钟都能发出两个不同的乐音。虡上中层编钟发音清脆嘹亮,给人以明快之感,下层编钟则深沉宽宏,浑厚朴实。

此外,河南信阳出土的一套 13 枚春秋末期的编钟,每口钟同样能发两个音。敲击钟体隧部,钟发一个音,敲击它的鼓部,又发另一个音;两个音的频率之比大多是 1∶1.2 左右。科研人员发现,钟体上某些部位有磨、锉的痕迹,调音方法符合声学规律。可见在钟的制造上,我国古代工匠有着丰富的经验与创造。周朝时把制钟的人叫"凫氏",《考工记》把他们的经验体会记载下来,给后人留下了宝贵的科学文化遗产。

那时候,钟用青铜铸造,为了求得好的发音效果,他们探索出了铜锡的配方比例以 6∶1 为佳的经验数据。特别是他们知道"薄厚之所震动,清浊之所由出,侈弇之所由兴",发现了钟体厚薄、钟口大小与其振动、发音的频率高低、清浊、抑扬急郁之间的关系。它还说:"钟已(太的意思)厚则石,已薄则播。"就是说钟太厚则声音太闷,不明快,太薄则声音太散,不结实,均于音色不利。关于响度及它和传播距离的关系,《考工记》里也提到"钟大而短,则其声疾而短闻,钟小而长,则其声舒而远闻",这些都是符合声学原理的。

古钟的造型,以起源于西周中期的甬钟见长。甬钟"钟体、钟柄皆下大,渐敛而上",其表面铸有精美的纹饰,线条过渡优美顺畅,这是聪明的工匠从大自然的美景获得的启示,精巧构思,匠心独运之作。不过,为了声学效果良好,"古乐钟皆扁如盒(合)瓦"。什么道理呢? 古人自有主张。但是这一套后来失传了,外行制钟,一味追求好看,都制成了圆钟,"急叩之晃晃然不成音律"。这个千古疑案直至到了沈括手中,才迎刃而解。

沈括这位多才多艺的科学家,也涉足音乐园地,留下了宝贵的足迹。据《宋史·艺文志》记载,他的音乐著作包括《乐论》《乐器图》《三乐谱》和《乐律》等等,可惜均已佚失。唯独在《梦溪笔谈》中还保存了五十多条关于音乐的记载。这些虽然算不上系统的音乐著作,但含有许多独创性的见解,是我国音乐发展史上不可多得的珍贵遗产。沈括对古乐钟的发声问题作了深入的研究,他正确解释了古乐钟为什么铸成像片瓦合在一起那样形状的原因。从演奏效果看,圆钟受击后在快速旋律中易发生声波干扰,而古代的扁钟却无这个弊病。沈括对古乐钟发音情况的分析符合近代声学的原理。

(3)吹奏乐器

在距今七千年左右的新石器时代,我们的祖先已进入了"耜耕农业"阶段,但是狩猎经济仍占一定比例。浙江余姚河姆渡遗址发现的 160 件骨哨,就是一种有趣的助猎工具和原始乐器。据试验,有些骨哨,至今仍可吹出简单的音调,和鸟鸣之声极相似。不难想象,当年河姆渡人利用骨哨所发生的假鸟声诱鸟飞来,然后用箭射杀或用网诱捕的情景。无独有偶,陕西西安半坡遗址也出土过两件陶哨,形似橄榄,这是商代晚期才基本定型的旋律乐器陶埙的雏形。据说原始人还有一种比陶哨、骨哨更有趣的狩猎工具,叫做"鹿笛"。吸鹿笛时,可以发出公鹿的叫声;吹鹿笛时,可以发出母鹿的声音。至今东北鄂温克族的猎手们,在每年七八月份母鹿发情期间，用木埙模仿母鹿叫声，诱捕公鹿，正是继承了祖先的遗风，可以作为历史传说中一个很好的佐证。

在殷代的甲骨文中，已经出现了"籥"字，观其字形，很像原始的排箫。汉朝的《风俗通》上说："舜作箫（排箫），其形参差，以象凤翼。"由此看来，排箫的出现是相当早的。这就说明古人在音乐技术的实践中，已经初步掌握了共鸣和管内空气柱的振动法则。否则，箫笙一类吹奏管乐器就难以发展，更不可能一鸣惊人。到了春秋时代，簧管乐器——笙，成为器乐中最主要的乐器。它曾博得"珠垂玉振"的美名。但是，这类乐器中最重要的毕竟还要数箫和笛。

箫是竖吹的。今天的箫在汉魏六朝时代称为竖篴，唐宋以来，渐将它改称为箫或洞箫。而笛在古时叫做"横吹"，也有叫做横笛的。一竖一横，相得益彰。相传箫在早年由我国西北羌族地区传入中原；"横吹"原也流行于西北地区。汉武帝时张骞通西域后传入当时的京城长安。因其制作简便，音色圆润柔和，"横笛短箫悲远天"，所以逐渐风靡全国，成为民间最常用的乐器之一。尤其经过晋朝荀勖的研究改进，以三分损益法为基础，定出了相互间不等距的各音孔位置，并考虑了两端管口和各孔口的空气柱逸出部分，进行综合校正，从而制成了十二支发音精确的笛管（洞箫），不仅为后世的管乐器制造提供了准绳，而且为我国的振动声学写下了光辉的篇章。

箫、笛之类虽然结构简单，但和别的乐器一样，要材美工巧，才能获得好的音质。传说汉朝末年有名的音乐家蔡邕看中了刚竣工的"柯亭"上的一根椽子，拆下来制成了有名的竹笛——"柯亭笛"。它的声音柔美幽雅，特别好听。明朝著名音乐理论家朱载堉对于竹管的选材也很注意。他说："竹虽天生，择之在人。"据他的经验，"旧用河南宜阳县金门山竹，不如浙江余杭县南笔管竹为佳。"朱载堉在他的理论研究和亲自动手制作乐器的实践中，成功地发现了古代音律研究往往归于失败的原因，在于忽视了管的内径，因而制定了一个在管律中求算管长及内径的公式。他的管径计算法传到欧洲以后，得到比利时皇家乐器博物馆馆长、声学家马隆的验证和极力推崇。马隆在 1890 年惊讶地说："在管径大小这一点上，中国的乐律比我们更进步了，我们在这方面简直一点还没有讲到。"这也是吹奏乐器的研究对于我国乐律学的推动。

（4）弹弦乐器

我国是世界上最早养蚕和利用蚕丝的国家。商朝甲骨文中已经出现"樂"字，字形像木架上架着丝弦的样子。由此可以推测丝弦乐器的出现最迟不晚于那个时候。至于它的上限，在神话传说里有之，"庖羲作五十弦（大瑟），黄帝使素女鼓瑟，哀不自胜，乃破为二十五弦，具二均声。"关于它的起源有多种讲法，我们尽可以张开想象的翅膀，探索昔时往日之曲究系出于何处，寻觅宝瑟绮琴到底从何而来？当然,比较可靠的来源最好是从人们的生产活动中去找一找。

在原始社会里,弓箭的出现,使人类不但有了射程远、命中率高的新式武器,而且还带来了"弦外之音"——弦乐器的诞生。弹弓的时候会发出声音,故弹弓就是最早的丝弦乐器的始祖。

瑟是一弦一音,只弹散音,比较原始。琴最变幻莫测。时至今日,以琴命名的乐器种类也很多。这里讲的"古琴",就是七弦琴。《风俗通》上把琴列为十大乐器(琴、筝、琵琶、箜篌、钟、磬、鼓、箫、笙、笛)之首,赞美它"大小得中而声音和,大声不喧哗而流漫,小声不湮灭而不闻"。在三大类乐器中,虽然丝弦乐器出现最晚,但琴声激扬优美,婉转清亮,英英鼓腹,洋洋盈耳,立即博得了人们的欢心。

到春秋时期,琴的弹奏技术已经达到相当的水平。相传师旷鼓琴,通于神明,竟至鹄翔鹤舞。俞伯牙的《高山流水》,晋嵇康的《广陵散》,都是脍炙人口的千古绝唱。拿琴本身来说,古时有许多名琴,如清角、鸣廉、号钟、自鸣、绕梁、绿珠、焦尾等等。当年的实物已经不知去向,单是其漂亮的名字已足以令人神往。这些都是古代劳动人民的创造。春秋时代人们已经定性地知道了"小弦大声,大弦小声"的规律,也就是音调随弦线粗细密度变化的规律。我国古代还知道气候变化将引起弦线音调的变化,原因是,当空气潮湿时,弦线吸入水分因而变长。东汉王充的《论衡》中说:"天将雨,琴弦缓。"值得注意的是,我国一些出土的古琴上,镶嵌有十三个用螺钿做成的小圆星。据说这就是用来标记古琴上"泛音"位置的"徽"。同时,"徽"还规定了徽分和"按音"的位置。根据年代推算,早在公元前2世纪以前,"徽"已经存在。我国历史上虽未发现有关纯律的有系统的理论,但徽位的存在和利用,说明我国古代在实践上,关于物理学上的泛音和音乐学上的和声知识是很丰富的。

古时候,琴为"君子所常御,不离于身"。读书人往往都会操琴,但从物理学的角度来研究的人却比较少。沈括不落俗套,他对古琴的传声性能作了深刻的研究。他说:"以琴言之,虽皆清实,其间有声重者,有声轻者,材中自有五音。""不独五音也,又应诸调。……古法:一律有七音,十二律共八十四调,更细分之,尚不止八十四。"在此,沈括揭示了物质材料除了能发出和传播合于它的固有频率的音以外,还能够传播任意的和无限多的受迫振动的音。沈括毕竟是古代不可多得的科学家。

综上所述,我们中华民族的沃土上孕育了灿烂的古代文明,各种民族乐器历史悠久,源远流长,品种繁多,各具特色。据不完全统计,目前仍在使用的民族乐器,共有二百多种。它们在钢琴、大小提琴等西方传入的新乐器冲击之下,犹保持了鲜明的民族特色,但在旧中国也遭厄运,已经奄奄一息,新中国成立后枯木逢春,加上现代科学技术的渗透,面貌焕然一新。

3.共鸣与反射

(1)共振和共鸣

1906 年,俄国首都彼得堡有一支全副武装的沙皇军队,步伐整齐,不可一世地通过爱纪毕特大桥。这座大桥十分坚固,纵然跑过千军万马也难以撼动。可是正在指挥官洋洋得意的时候,突然间哗啦一声巨响,大桥崩塌了。顿时间,官兵、辎重、马匹纷纷落水,马嘶人号,狼狈不堪……经过长期追查研究,发现并不是有人故意破坏,肇事的就是受害者自己。伤亡事故的根本原因是"共振"在作怪。

什么叫共振呢? 可以打个粗浅的比方来说明:一个人坐在秋千板上不动,另一个人一下一下地推,假设每当秋千荡去的时候就推一下,如此合拍地进行下去,秋千会越荡越高。用严格的物理学语言来说,振动体在周期性变化的外力作用下,当外力的频率与振动体固有频率很接近或相等时,振动的幅度就急剧增大,这种现象叫做共振。上面所提到的那些军人的步伐太整齐了,而其频率恰好接近于爱纪毕特大桥作自由振动的固有频率,激起了桥梁的共振,结果造成了大事故。为了接受这次血的教训,此后世界各地都先后规定,凡大队人马过桥时必须碎步走,极力避免这种破坏性的共振现象重演。

前面已经说过,发声体就是一个振动体。它在空气中造成的声波,也可以使另一个物体发生振动,如这物体的固有频率接近或相等于声波的频率,就发生共振,使这个物体的振动幅度很大,因而也就发出了相当大的声音来。这种发声体的共振,叫做共鸣。

(2)几则关于共鸣的故事

东汉以后三国纷争年代,有一天,魏都洛阳宫殿前面的一口大钟,突然无缘无故地鸣响起来。满朝文武议论纷纷,有的以为是不祥之兆,也有人乘机献媚,把它说成是祥瑞,替皇帝歌功颂德一番。至于魏帝本人则疑虑重重,他本来就担心司马氏集团有不臣之心,对曹家天下虎视眈眈,觊觎已久。这次大钟不敲自鸣,莫非就是上天给他的某种暗示? 总之,这件事闹得他心惊肉跳,简直惶惶不可终日。

事情传到青年张华耳中,只见他思忖片刻,从容说道:"那没有什么值得大惊小怪的地方,不过是因为四川铜山有山崩发生,因而引起宫中大钟相应自鸣罢了。"当时崇尚迷信,张华的科学见解犹如"阳春白雪,和者盖寡"。可是几天以后,四川的消息飞来,正是在洛阳宫钟自鸣的那个时辰,蜀中发生了一起铜山崩塌事件。张华的预言应验了,从此名声大振,而昏君庸官们也总算吃了一颗定心丸,于心稍安。

又有一天,一个人来向张华请教,说是他家有一个洗澡用的大铜盆,每日早晚总会嗡嗡作响,就像有人在敲打一般,也不知什么缘故。张华答道:这只铜盆和洛阳宫中大钟的音调相谐,宫中每天早晚都要撞钟,所以使铜澡盆有声相应。张华还告诉他,只要把铜澡盆锉掉一点,使它变轻了,便不会再作响。那人照着去办,果然就不响了。张华能用共鸣原理去解释它,并提出了消除共鸣的办法,实在是很了不起的。并且启发了后人,唐朝人韦绚写的《刘宾客嘉话录》又添了一段佳话:

唐朝时,洛阳某寺院里一个和尚得到了一个磬,他视为至宝,放在房中。不料那磬常常无故自鸣,尤其是半夜里会突然响动,犹如鬼使神差一般,实在吓人。这个和尚疑神疑鬼,又不敢把它怎么样,唯恐招致更大的祸害;又忧又急,竟生起病来了。当时管理皇家音乐事项的"太乐令"曹绍夔跟这个和尚颇有交情,听到和尚生病的消息,特地赶来问候。谈起病因,和尚不好意思地说:"实不相瞒……"接着一五一十地把事情的经过都告诉了曹绍夔。曹绍夔听着听着,正好那个时候前殿的斋钟响了,磬也跟着自鸣。此时曹绍夔已心中有数,本当一语道破,但他素来喜欢热闹,爱开玩笑,于是便导演了一出滑稽剧。他故弄玄虚,对和尚说,他有祖传的道法,可以为之驱邪捉鬼。但要有个条件,和尚须广延宾客,大摆宴席,他才便于施法。那和尚觉得曹绍夔文质彬彬,怎斗得过魔鬼,但为了活命,还是一口应允下来。次日和尚如约设盛宴招待。曹绍夔不慌不忙地饱餐一顿,又装模作样地从怀里把"法宝"掏了出来。宾客们怕鬼,离得远,看不真切那法宝是啥玩意儿。只见曹绍夔拿它在磬上的几个地方磨锉一下,口称"善哉""善哉",说鬼已经被赶跑了(图4)。

图 4 曹绍夔"治病"

听说没有了鬼,宾客中胆子大的先跑上来,要见识见识那件法宝。内中有人认

179

出那法宝其实只是一把普通的锉刀，才知道是曹绍夔的恶作剧，存心要耍笑和尚。从此以后，那磬果然不再自鸣了。和尚问其道理，曹绍夔这下才和盘托出：此磬和前殿斋钟的音调相合，发生了共鸣；拿锉刀锉了以后，两者不能共鸣，自然磬就不会自鸣了。说穿以后，和尚的病好得很快，不久就痊愈了。其实，如果这位和尚除了念经之外也看看其他书籍，读一读《异苑》，了解张华和铜澡盆的故事，就不至于虚惊一场了。以物理学的观点分析张华和曹绍夔的所作所为，他们知道锉了铜盘和磬以后，就改变了它们的固有频率，因此不再和外界某物的声音有某种频率比的关系，失去了共鸣的条件，共鸣也就不复存在。可以说，张华和曹绍夔都应当列入古代声学家行列。

另外，再介绍一个有关共鸣的传奇故事。传说唐朝有个音乐家善于奏琴。有一次，他在池边弹"蕤宾"的调子，弹着弹着，忽然有一块铁片从水底跳跃到水面上来。人们很奇怪，赶忙把它捞起来。粗看一下，不知它是什么东西，敲起来却铮铮作响，竟也发出"蕤宾"的调子。大概它就是神仙用的乐器吧！听到人间的同声呼唤，情不自禁地赶来相会了。这则故事虽然近乎荒诞不经，但细想一下，若不是懂声音共鸣的人，能编得出这段故事来吗？

（3）对于共鸣的研究

早在春秋战国时期，音乐艺术和声学研究就已相互为用。一方面，由于音乐研究获得了丰富的声学知识，反过来，在琴瑟上也广泛利用共振原理来调弦。

公元前3、4世纪时，在《庄子》中记载着：西周时代，有个叫鲁遽的人，曾经将两把瑟分别放在两个房间里，将其中一瑟某弦弹一下，隔壁那具瑟上同样的弦也会发声，"鼓宫则宫鸣，鼓角则角应"。作者认为是音律相同之故。他又改变试验方法，将瑟乱弹一气，结果出来很多泛音，另一具瑟上的每根弦都或多或少地应声而动。鲁遽的试验可以说是世界上最早的共鸣实验。他还将其概括为"以阳召阳，以阴召阴"的一般性结论。庄周前后，还有许多史籍上有关共振的记载，例如《吕氏春秋》上说"声比则应"，也就是说，音调相同就可以发生共鸣。

汉代董仲舒对共鸣的解释更进了一步，他指出共鸣现象是五个音调"比而自鸣"，并不是神秘莫测的事。他说，你若弹宫调的时候，其余属于宫调的琴弦共鸣了，这是无形的声音推动的结果，人眼看不到，就以为是"自鸣"，其实不能算是自鸣。这确实是独到的见解。

到了宋朝，共鸣知识还不很普及。沈括的一个朋友家里有一把琵琶，放在空空荡荡的房间里，用笛管吹奏双调的时候，琵琶弦常常跟着发声。那个人以为这把琵琶与普通琵琶不一样，是宝贝，对它敬若神明。沈括知道后，大不以为然，指出这只不过是共鸣现象，是普通的常识，真叫少见多怪！沈括又说，琴瑟上都有共鸣现象，例如宫弦和少宫相应，商弦和少商共鸣，一般都有"隔四相应"的规律。这个见解又深入了一步。

　　由于共振时弦的振动比较微弱,不易看清楚,沈括就精心设计了一个独具匠心的科学实验(图5)。他剪了一些小纸人放在弦上,每弦一个。然后开始弹奏,除了本身直接被弹奏的弦线以外,另一根与它的音调有共振关系的弦也会振动,上面的那个小纸人就频频跳跃,而其他诸弦上的纸人则安然不动。沈括还进而证实,只要声调高低一样,即使是在弹别的琴瑟,相应的弦照振不误;如若不信,有跳动的小纸人可以作证。沈括设计的纸人演示共振实验,在世界上同类实验中,乃是最早的一个。他和欧洲人相比,要早5个多世纪。直到17世纪,英国牛津的诺布尔和皮戈特才想到用纸游码演习弦线的基音和泛音的共振关系。

图5　沈括的纸人共振实验

　　(4)共鸣的应用

　　战国初期,中华大地战火纷飞。战争中的攻城技术花样不少,地道战术是很厉害的一着。为了识破敌人挖洞攻城的阴谋,墨家利用声学知识,想出了一个办法。《墨子·备穴篇》中讲到,守军在城内沿城墙根约每隔6米挖一口井,深约3米左右。让陶工烧制坛子,每个容积在78升以上,坛口紧绷薄牛皮,埋入井中,派耳朵灵敏的人日夜值班,将耳朵贴在坛口上侦听。如果敌人正在挖地道进来,通过坛中的声音就能觉察,这种方法不仅能判断敌方是否在挖洞,还能从不同坛口的声音确定声源的方向,即地道的大致方位。这个方法,很有声学根据。因为敌人挖地道的声波经由地下传到坛子,坛子内空气柱发生共鸣,再引起坛口蒙皮的振动,因此声音就大了。并且根据3、4个相邻的坛子的声音响度差,还可以断定声源的大致方向。这在原理上很像现代声学上的所谓"双耳效应"。

无独有偶,我国古代行伍里还常以牛皮作箭筒,睡觉时兼做枕头,附地而卧,能听到数里之内人马走动的声音。倘若有敌人前来偷营劫寨,即能预先发觉。这是共鸣在军事上的又一应用。

共鸣在音乐上的应用就更多了。由于古琴发音低微,古代人已经知道利用共鸣作用将它的声音扩大。他们经常在琴室的地面下埋一空瓮,作用相当于现代的共鸣箱。晋代大画家顾恺之的《斫琴图》里就有共鸣箱一类设备。到了后来,共鸣箱更有所发展。据明代《长物志》记载,有的古琴家为了增强演奏效果,在琴室的地下埋一只大缸,缸内还挂上一口铜钟(图6)。这真是特大号的共鸣箱。我国古代的戏院,往往在舞台下面埋几口大缸,同样是为了使台上演员和乐器发出的声音更加宏亮而圆润,造成"余音绕梁"的效果。

图6 有共鸣装置的琴室

古人可以根据需要,将声音尽量扩大,又会出于某种要求,尽可能减小或消除声音,于是就发明并发展了相应的隔音技术。据说古代私铸钱币的人,为了不让别人发现他们的秘密,最初他们躲在地窖里或地洞里干活,以为这样可以避人耳目。哪知躲过了眼睛,瞒不过耳朵,他们锯、锉、修整钱币外形的杂声传出来,官家侦探照样要找他们的麻烦。于是他们千方百计动脑筋,后来终于发现,若以瓮为井壁,瓮口向里,一个紧挨一个砌在墙内,就能构成一个良好的隔音室,墙外的人再也听不到他们干活的声音。明末物理学家方以智以为这是声音被瓮吸收之故(声音进瓮,经过多次反射,渐渐减弱,以至听不见)。不过,这种隔音术不单是私铸钱币者的独家发明,其他人也曾按同样方法建筑隔音室,"则室中所作之声尽收入瓮,而贴邻不闻"。连贴隔壁的人家也听不到声音外传,可见隔音的效果是相当不错的。

建造隔音室的另一种方法是使用空心砖。我国早在战国时期就有空心砖了,它们是在发掘古墓时被发现的。死者躺在用空心砖砌成的隔音墓穴里,谅必可以真正地"安息"了吧!

(5)声音的反射

声音是一种波,它具有许多物理性质。这里介绍两点:一点是声波在空气里是沿直线前进的,并且具有一定速度,大约是每秒 340 米左右。利用这一点可以测量距离。据后魏的《水经注》上记载,4 世纪时有个建筑师名叫陈遵,受命建造江陵金堤。为了测量某高地的高度,他命一人在高处打鼓,另一个在低处测听,然后由声速×时间=距离的关系,算出了高度。据说那结果还相当准确,出色地完成了筑堤任务。西方利用同样的原理搞声速测量,是 1636 年法国人默森做的,比起我国这位"陈工程师"来,要迟 1300 年左右。声波的另一物理性质是反射。反射回来的声波传入耳朵,就叫做"回音",这是大家所熟悉的。但是有的回音效果很特别,譬如我国江西省弋阳县的圭峰,风景优美,是个游览胜地。那里有个名叫"四声谷"的山谷,游客高喊一声,可以听到四次回音。据说在英国牛津郡的一个山谷里,放一枪,竟可以听到三十多次回音。这些特殊的回音现象为山川增色,招引了更多的游客。但这毕竟是大自然的恩赐,我国古代劳动人民却以自己的智慧与双手,巧夺天工,利用声波的反射原理,造出了建筑声学上光彩夺目的丰碑——北京天坛公园里的回音壁、三音石和圜丘。

天坛建造于 15 世纪初年。回音壁是一道圆形的围墙,高约 6 米,半径约 32.5 米。围墙内有三座建筑物,靠北边围墙 2.5 米处的一座叫"皇穹宇",原来是封建皇帝用来祭祀的地方,此外还有两座长方形建筑物。如果某乙把耳朵贴近围墙,某甲在相距 45 米左右处紧贴围墙向北对乙说话,听起来十分清楚,好像说话的人就在身边一样。如果乙也贴着围墙向北对甲讲话,甲同样能听得非常清楚。这是什么道理呢?原来整个围墙砌得整齐光滑,适于反射声音。甲或乙的声音,只要是贴着墙发出的,就往往会满足所谓"全反射"的条件。在此情况下,连续反射的声音沿着围墙一条折线,一直保持着跟原来差不多的能量,传到对方的耳朵里,所以听起来仍很清楚。而实际上它已经几经周折,绕过了 100 米以上的途径呢!

三音石是位于围墙正中央的一块石头。在皇穹宇通往围墙南大门的石路上,从皇穹宇的台阶下来,往南数第三块石头即是。据说站在三音石上鼓掌一次,可以连续听到"啪、啪、啪"三次回音,所以叫做三音石。而实际上,如果用力鼓掌,听到的回响就不止三次,可能多达五、六响。究其原因,是因为三音石正好处在围墙的中心,掌声等距离地传到围墙,又等距离地被反射回来,在中心点合成为第一响;接着再向四面八方传播,碰到围墙后又"弹回来",在中心点组成第二响;如此往返不停,便能听到第三、第四响等等。当然,声波的能量会逐渐消耗,所以五、六响之后,剩下的声音就微弱得人耳觉察不出来了。

说到圜丘,它是一个由青石建成的圆形平台。它的基层占地很广,最高层平台离地约 5 米,半径为 11.4 米。除了东南西北四个出入口外,四周全用青石栏杆围住。说是平台，实际上并不平，台面的中心略高，向四周微微倾斜。如果有人站在台中央叫一声，他本人听到的声音就比平常听到的要响亮；若是两人对谈，也会有同样感觉。这也是反射的结果。原来由台中心发出的声音，碰到了石栏杆，一部分被反射到栏杆附近稍有倾斜的台面上，再由台面反射到台中心（图7）。因为时间短促，回声和原来的声音混在一起，耳朵分辨不出，就觉得比平时要响得多。

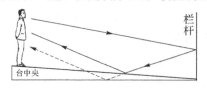

图 7　圜丘声音反射示意图

回音壁、三音石和圜丘，其所以具有如此奇妙的声学效果，绝不是偶然的。古代建筑师们从选材到造型都考虑了声学上的原理。譬如圜丘，全部采用青石和大理石砌成，因为这两种材料对于声音有优良的反射性能。又如回音壁，不但整个围墙砌得整齐光滑，构成为优良的声音反射体，而且皇穹宇和整个围墙的大小比例以及所处的位置，都是精心设计的，使得只要甲发声，对围墙甲点的切线来说，入射角小于22°，声波就总是被围墙连续地反射，而不受皇穹宇的散射。又如圜丘台面的倾斜度必须合理，才能得到良好的增强音响的效果。这些都是建筑声学上的创造，因而使天坛更加增辉，成为驰名中外的罕见的建筑物。

三、电

电学，跟力学、声学、光学等不同，是一门新兴的学科。在古代电和磁是分离的。到了19世纪，伏特发明电池，产生电流；过了二、三十年奥斯特和法拉第分别发现了磁针在通电导线旁边发生偏转，与运动的磁体也能使周围导体上产生电流。这使得人们发现电现象与磁现象之间存在着一定的联系，由此才使电的应用成为可能。19世纪中期以后，由于资产阶级追求比蒸汽动力更方便、更经济的动力源，使电学的研究获得飞跃的发展。电力工业成为生产中的重要部门。可以说，电学是19世纪以后才真正发展起来的。

但是，一切科学的发展，都有它的萌芽、发生和完善的过程。电学作为一门科学，虽然是19世纪才建立的，但它的萌芽却也是很早的。古人在生活之中也必然会碰到一些电现象，譬如雷电，就为大家所熟悉。有志于科学的人必然要观察它、研究它，以致解释它。这就不可避免地要体现出人们对电现象的认识，所以古书上也有一些记载；这些记载是点滴的，而且并不一定正确，但仍不失为电学科学的遗产。继承性是科学的特点之一，所以对任何一点遗产都不应当轻视，何况我国古代在这方面的知识也还是相当丰富的。

1.静电现象

(1)摩擦起电

处于静止状态的电荷所表现出来的种种现象,称为静电现象。我们知道,两个不同的绝缘体,经相互摩擦之后,就能带上等量异号的电荷,譬如毛皮和塑料棒摩擦,毛皮就带上正电荷,塑料棒就带上等量的负电荷。这种现象叫做摩擦起电。它是静电学的基础。

带电体有什么特殊性质呢?最明显的是能够吸引如纸屑之类的轻小物品;这同磁体能够吸铁有点相似,但并不相同。一则磁体只吸引铁、镍、钴等少数几种金属,带电体对任何物品都有吸力;二则磁体对铁始终表现出吸引力,但带电体对轻小物品,当相互接近时有吸引力,一接触反而就发生了排斥力。我国古代对于静电吸力现象的发现是很早的,并往往把静电力和磁力同时并提,即所谓"慈石引针""顿牟掇芥"。"顿牟"即玳瑁,是一种跟龟相似的海生爬行动物。它的甲壳也就叫做玳瑁,呈黄褐色,有黑斑,很光滑,十分美观。它是一种绝缘体,经过摩擦以后带电,就能吸引轻小的芥籽。

东汉王充还试图对这个现象作理论的解释,在《论衡·乱龙篇》中写道:"顿牟掇芥、磁石引针……他类肖似,不能掇取者,何也?气性异殊,不能相感动也。"王充认为,经过摩擦的玳瑁之所以能够吸引芥籽,磁石之所以能够吸引钢针,是因为芥籽和玳瑁,钢针和磁石具有相同的"气性",因而能够相互感动;别类物体,尽管外形和芥籽、钢针相似,但不能被吸引,则是因为它们的"气性"相异,不能相互感动。东晋的郭璞则把这些现象归结为"气有潜通,数也宜会"。意思是说磁石和铁,经过摩擦的玳瑁和芥籽,都具有彼此"潜通"的"气",所以才能相互吸引。这些说明当然都还是十分朦胧的,但仍不失为一种理论的探索。

后来,人们对于静电吸力的观察更加深入了,发现了一些特别的情况。三国时代,人们已经知道"琥珀不取腐芥"。"琥珀",是一种树脂化石,绝缘性能很好,和玳瑁一样,经过摩擦后就能吸引轻小物品。这个现象,汉代以来就为人们所熟知。"腐芥"是指腐烂了的芥籽,必定满含水分,这必然使它具有黏性,容易黏着在别的物体上,难以吸动。另外,腐芥上蒸发出水汽使周围空气以及和它接触的桌面都潮湿,以致易于导电。当腐芥接近带电体,因感应而产生的电荷,容易为周围的潮湿空气和桌面传走,所以静电吸力一定很小。可见"琥珀不取腐芥"不但是事实,而且是符合电学原理的,也是人们深入观察研究摩擦起电现象所得到的一个结论,表现了认识的深化。既然芥籽的不同会影响静电吸力,那么琥珀的不同会不会影响静电吸力呢?当然也是有影响的。6世纪时,南北朝时期的科学家陶弘景在其所著的《名医别录》中说:"琥珀,惟以手心摩热拾芥为真。"这就是说,经过人手的摩擦,容易起电，才是真的琥珀。可见，这时已经知道以是否具有明显的静电性质，作为鉴别真假琥珀的标准，这是初步的电学知识的实际应用。

（2）电致发光

摩擦起电往往伴随着放电现象。因为两个绝缘体摩擦起电，可以使它们之间的电势差很大，致使空气电离发生小火星和噼啪作响，这叫做电致发光。这种现象在生活之中虽然很多，但是很容易为人们所忽视。只有在科学上具有相当敏感与尖锐眼光的人，才会给予注意。世界上最早注意与记录这个现象的，就是我国的科学家张华。

上面已经几次提到的张华，在声学和光学方面都有重大的贡献。此人生于公元232年，卒于公元300元，是西晋王朝的一位重臣，在文学史上有相当的地位。他从小就很好学，读书很多，喜欢读那些往往包含有自然科学知识的"方伎之书"，并且注意劳动人民的实际经验。对于地理、生物、化学、建筑等方面都十分留心，尤其注意物理方面的学问，所以成了一位以渊博著称的学者。当时的人有什么疑难问题，都喜欢去请教他。他写了一部书叫做《博物志》，那里面记载了电致发光（图8）的事。书中写道："今人梳头、脱着衣时，有随梳、解结有光者，亦有咤声。"

这里已记载了两个静电实验，一个是梳子和头发摩擦起电，另一个是外衣和不同质料的内衣摩擦起电。古代的梳子，有漆木、骨质或角质的，它们和头发摩擦是很容易起电的。衣料如果是毛皮和丝绸之类，相互摩擦也很容易起电。尤其是当天气干燥的时候，确实能够看到小火星和微弱的声响。大概不少人都有这样的经验：当天气干燥的时候，用塑料梳子梳头时，那小火星和声响是极为明显的；或者内衣是"的确良"衬衫，外面穿的是毛线衣，当脱下毛线衣时，二者就相互摩擦，那火星和声响也是极其明显的。但是在古代不存在"的确良"或塑料，电致发光的现象不那么明显。张华竟能观察到这个现象，把它记录在自己的著作里，成为人类科学史上关于电致发光的最早记载，那是很不容易的。到了唐代，又有人发现另一桩电致发光的现象。段成式著的《酉阳杂俎》里记载说：猫"黑者，暗中逆循其毛，即著火星"。就是说在黑暗之中，用手逆向摩擦黑猫身上的毛，可以看到小火星。这当然是摩擦起电的缘故。至于说要在黑暗之中，而且又是黑猫，那无非是为了使火星能看得更加明显，其实"逆循"白猫之毛，也能产生火星。

2. 雷电知识

（1）对雷电的观察

雷电，是自然界所进行的大规模的放电现象。关于它的成因，今天并不难理解。两片带有异种电荷的云层，相互接近的时候，由于存在极大的电势差，致使空气电离，进行放电。极大量的电荷在极短时间内，发生中和，所以发出光和声来。

图 8　电致发光

那光就是闪电,声音就是雷鸣。如果云层接近地面,使地面感应带上异种电荷,当云层和地面之间的电势差达到一定的程度、发生放电,就是落雷。由于短时间内释放的能量很大,容易造成人畜死亡,房子倒塌。

人类一开始就要遇到雷电现象,那震耳欲聋的轰鸣和倏忽耀眼的闪光,是多么令人惊心动魄,畏惧的心理自然而生。所以古时候在无法解释的情况下,就想象出雷公电母的臆说来,甚至作为图腾崇拜。这种情况也决定了人类对雷电的注意和研究,必然开始得很早。在我国,远在四千多年前的殷代甲骨文字中就已有了"雷"字;至于"电"字,在西周的青铜器上也出现了。当然,这个"电"字并不是今天所理解的"电"的意义,而是专门指闪电而言。

我国古代对于雷电现象的观察和记载十分重视。不过,这里也有两种截然不同的态度:一种是把雷电当作上天的发怒,对人们的示警,因此就抱着诚惶诚恐的心理。儒家的经典《论语》,要求人们遇到打雷闪电的时候,要肃立起敬,即使在夜间睡觉的时候,也必须起床,穿戴好衣冠,正襟危坐,表示虔诚的敬意。所以他们虽然对打一声雷、闪一下电都加以记载,但都没有什么科学的价值。另外一种态度,是把雷电作为一种自然现象加以观察,用科学的态度加以记载。

《南齐书·五行志》记载,公元 490 年,会稽山阴恒山保林寺为雷所击,"电火烧塔下佛面,而窗户不异也"。这是个事实的记录。落雷时,地面和云层之间放电,佛面上必定刷有金粉,是一层导体,正是强大电流的通路,所以大量发热以致被熔化。窗木是绝缘体,或者不在电流的通路上,所以保持完好。宋代科学家沈括对类似的现象记载得更加具体详细。他写道:"内侍李舜举家,曾经遭到大雷击,在他家正堂西边的房间里,雷火自窗户出来,亮晃晃地窜上屋檐。人们以为正堂已经着火焚烧,都出去躲避。雷停止后，房屋还是原样，只是墙壁和窗纸都变黑了。室里有一个木架，里面放着各种器皿，其中有镶银的漆器，上面的银全部熔化流在地上，而漆器都没有被烧焦。有一把宝刀，钢质十分坚硬，就在鞘中熔为钢水，而刀鞘依然完整。"

这段记载是十分翔实的。在落雷时，强大的电流只能在截面积不很大的通道通过，空气电离发出耀眼的光亮，并发生巨大的热量引起高温，传到墙壁和窗纸上，故被焦灼而变为黑色。木架恰好在通道上，电流经过金属的刀和漆器上的银，遂使它温度急剧升高，立即熔化。刀鞘和漆器等绝缘体，不通电流，只受到传来的热量，但因时间极为短暂，因而仍能保持原状。后来又有人见到类似的情况。宋代庄绰在《鸡肋篇》里讲到，他在南雄任职时曾看到当地的福慧寺被雷击中，其中一尊骑着狮子的佛像也破裂了，那上面所涂的金粉都熔化掉，其他色彩却依然如故。这和上面沈括见到的"雷火熔宝剑而鞘不焚"是同一原因。所以庄绰也说，他见到的情况"与沈所书，差相符也"。

上面提到的这三条记载，其意义不但在于如实描述了雷击的景状及其后果，并且已经隐隐约约地看出了不同物质在导电方面有不同的效果。后来，明末的方以智根据这些记载得出结论："雷火所及，金石销熔，而漆器不坏。"这初步已经有了一点关于导体和绝缘体的概括性。至于严格的导体和绝缘体的区分，在古代是无法明确的。

(2)对雷电的解释

观察只能认识事物的表象，理论的解释才能探讨事物的本质。古代既然对雷电作了那么多观察和记录，必然对讨论它的成因提供了基础。我国对雷电成因的探讨，从周代就开始了。那时的理论武器，主要是物质元气说基础上的阴阳学说。先秦以至汉以后的许多古书上都有这方面的记载。大概说来，都是认为雷电是阴阳两种元气相互作用而产生的。譬如汉初的《淮南子》上说，"阴阳相薄为雷，激扬为电"。意思是，阴阳二气彼此相击产生雷，相互渗透则产生电。这些说法虽然包含有辩证法的因素，但总显得过分粗浅笼统，不够具体。东汉科学家王充对雷电作了研究，专门写了一篇叫做《雷虚篇》(见《论衡》)的论文，竭力驳斥当时流行的"雷为天怒"的无稽之谈。王充在文章中明确指出，雷与电不过是"一声一气"而已。是什么"气"呢？声音又是从何而来呢？王充举出五条证据说明雷电在本质上就是一团火，所谓"雷，火也"，也就是"太阳之激气"。王充描写夏天阴阳二气的作用说，那时阳气占支配地位，阴气同它相争，结果便发生碰撞、摩擦、爆炸和激射，因此就形成雷电。王充还用水浇火的过程来形象地说明雷电。他指出：在冶炼用的熊熊炉火之中，突然浇进一斗水，就会发生爆炸和轰鸣；天地可以看成是一个大熔炉，阳气就是火，云和雨是大量的水，水火相互作用引起了轰鸣，就是雷，被这种爆炸击中的人无疑要受伤害。这一段说明，把阴阳作用发挥得很具体，对雷电成因的解释是很有独到之处的。

唐代,人们对雷与电的关系作进一步的说明,孔颖达在《左传》"疏"里,说"电是雷光"。后来,有人还说,"雷电者,阳气也,有声名曰雷,无声名曰电"。在这一点上讲得最分明的是宋代的陆佃,他在《埤雅》一书中说,"电,阴阳激耀,与雷同气发而为光者也"。并且说阴阳相激,"其光为电,其声为雷"。他还用铁与石相击所产生的火星与声响去比喻电和雷。宋代周密的《齐东野语》一书说得更加形象,他认为阴气凝聚,阳气被包围在里面,一下子爆炸起来,结果就"光发而声随之"。对于雷电威力的巨大,朱熹有个解释,他说雷电是"阴阳之气,闭结之极,忽然迸散出"。这里着重于闭结之"极"与迸散的"忽然",是值得注意的。从今天的眼光看,就是说极大的能量在极短时间内的爆发。明代的刘基有一段话,对雷电解释得最全面、生动。他说:"雷者,天气之郁而激而发也,阳气团于阴,必迫,迫极而进,进而声为雷,光为电。犹火之出炮也,而物之当之者,柔为穿,刚必碎,非天之主以此物激人,而人之死者适逢之也。"他对雷电成因的解释,基本上继承前人的说法,可是他用炮弹出膛来比喻是很形象的;指出了人之被击毙,乃是"适逢之",并非什么天意的惩罚,是一种科学的态度。

应当指出,这些解释之中的阴阳,并不是正负电荷。在古代也根本不可能发生现代科学中的电概念。所有这些解释,也只能使我们看到阴阳理论的一些科学因素及其生命力而已。

(3)避雷设施

雷电既然能够造成灾害,迷信者除了惊恐畏惧之外,就显得无能为力、无所作为了;具有科学头脑的人们却要设法对付它。在今天,避雷针已是众所周知的有效的预防设施。根据落雷的成因可以知道,地面上特别高耸突出的物体是比较容易受到雷击的。所以,在高层建筑物或烟囱的最顶处装上一个金属的尖端,以粗导线引到地下,和大地相联结,就构成了避雷针。它所根据的原理是尖端放电。就是说,一个带电体,电荷总是密集在尖端,因此也比较容易逸出。当带电云层逐渐接近地面,因静电感应作用,地面就出现异种电荷,它将主要集中在屋顶的那个金属尖端上,并由此向空间逐渐逸出,跟云层中的电荷中和。这就避免了电荷的大量积集,引起突然性的集中放电,从而减少发生雷电的可能性。同时,由于金属尖端有粗导线和大地相通,当雷击发生时,强大的电流就从避雷针的接地粗导线中流过,从而避免了建筑物受到雷击电流的破坏。

我国古代对尖端放电,当然是无法了解的,但对大气中存在的尖端放电现象却有所发现和注意。《汉书》上就有"矛端生火"的记载。矛是一种兵器,大约有三、五米长,锋刃就是一个金属尖端,当露天竖立着、上空有带电云层时,可能发生放电而产生微弱的亮光。晋代的《搜神记》里记载,公元 304 年,成都王发动叛乱,陈兵邺城，据说夜间可以看见"戟锋皆有火光，遥望如悬烛"。这实际上说的就是尖端放电现象。至于说"遥望如悬烛"，那可能是夸张之笔。

关于我国古代的避雷措施，三国和南北朝时期的书上，已经出现"避雷室"的名字。但是这个屋子的结构和避雷原理都无从考证了，这是很可惜的事。法国旅行家卡勃里欧别·戴马甘兰游历中国之后，于 1688 年写了一部叫做《中国新事》的书，那上面记载说："当时中国屋宇的屋脊两头，都有一个仰起的龙头，龙口吐出曲折的金属舌头，伸上天空，舌根连接着一根很细的铁丝，直通地下。这种奇妙的装置，在发生雷电的时刻就大显神通，若雷电击中了屋宇，电流就会从龙舌沿线下行地底，起不了丝毫破坏作用。"看来，这龙头既是一种装饰，另一方面也是一种避雷装置。在这里，建筑艺术和避雷措施结合得很巧妙（图 9）。这一类避雷装置在我国起源于什么时候呢？据唐代王睿《炙毂子》上的记载，汉代的古建筑柏梁殿遭火灾，因此，有个搞巫术的人提出建议，把瓦做成鱼尾形状（叫做"鸱尾"或"蚩吻"），放在屋顶上就可以防止雷电引起的天火。看来这就是《中国新事》上所说的"仰起的龙头"之类的东西了。古书上还记载说，有人看见房屋顶上瓦质兽头的口中竟有二三尺长的火光。大概就是放电现象。这样看来，我国至迟从唐代开始，有的屋顶上所设置的动物形状的瓦饰，实际上兼作避雷之用。在古建筑里还发现一些值得注意的部分，譬如塔的尖顶常常被涂上一层有色金属膜。成了导体，那直达地下的塔心柱所采用的木料往往是容易导电的，塔心柱的下端又有贮藏金属等的"龙窟"。这样实际上就构成了避雷装置。无怪明代就有记载说，嘉兴的东塔顶上夜间"放金色，若流星四散"。许多高大的殿宇，有所谓"雷公柱"等等的设置，也属于避雷措施。这些完全是古代建筑师们长期实践经验的积累。

这样说来，我国古代虽然不可能在避雷针的原理方面有所发现，但在实践上，早在一千多年前就已应用了。现在，人们一说起避雷针，就想到 18 世纪的美国科学家富兰克林，可是我们祖先的贡献也是不能抹煞的。

3. 地光和极光

地光和极光都是大气里的电现象，我国古代在这方面有极其丰富的记录。

（1）地光

发生地震之前，地面会出现一种类似闪电的亮光，称为地震电光，简称地光。它的成因至今还不甚清楚。大致说来，是在强烈的地震及其前后，震源及其附近岩层的电场强度往往增强，大气的电场强度也跟着增强。同时，地震活动使地下大量气体沿裂缝进入大气。这些气体在地壳中上升时，被地壳的电场所电离，进入大气，更增强了大气的电场。当大气电场强大到某种程度，就能使空气放电而发出亮光，这就是地光。

图9 古建筑中的一种避雷装置

我国古代关于地光的记载,以各地方志里为最多,例如:

①《成都志》记载:公元 293 年 2 月 4 日,成都发生地震之前,"有火光入地"。

②《万历实录》记载:公元 1509 年 5 月 26 日夜里,"武昌府见碧光闪烁如电者六、七次,隐隐有声如雷鼓,已而地震"。

③《正德实录》记载:公元 1513 年 12 月 30 日,四川隽县"有火轮见空中,声如雷,次日戊戌地震"。

④《江陵县志》记载:公元 1631 年 8 月 15 日深夜,湖北江陵发生地震之前,"天忽通红"。

⑤《沅江县志》记载:公元 1637 年 4 月 3 日湖南沅江发生地震前,"子时天响有光,移时地震一刻"。

⑥《颍上县志》记载:公元 1652 年 3 月 24 日,安徽颍上地震发生时,"红光遍邑"。

⑦《溧阳县志》记载:公元 1846 年秋天,江苏溧阳地震前,"有赤光自北而南"。

......

所有这些文字里的"火光""电光""红光""赤光""碧光"等等都是古人形容地光的名词。上述这些记载是如此确切、生动,它们是科学史上极其珍贵的资料。它们的意义在于地光能够反映岩层的活动,和地震有着密切的内在联系,尤其是有助于临震预报。例如 1976 年 5 月 29 日云南省的龙陵、潞西一带发生强烈的地光,当地有关人员即据以发出地震警报，疏散群众，避免了重大的伤亡。

（2）极光

极光是一种美丽的自然现象，给人们以迷人的感觉，因它通常出现在两极地区而得名。极光有北极光和南极光。我国地处北半球，故只能看到北极光。一般来说，高纬度地区看到极光的机会比较多，但在中低纬度地区偶尔也可以看到，不过亮度要弱得多。

在晴朗的夜晚，我国最北部地区有时会看到天空中出现一条光弧或光带，犹如蛇龙游动，彩练飞舞；有时也会看见云状的光块或光幕，似乎是红霞映天，礼花飞溅，光怪陆离，千变万化（图10）。

图10　极光的形状

这瑰丽的极光是怎样形成的呢？这个问题很早就有人提出，战国时代的诗人屈原在《天问》中就发问道："日安不到，烛龙何照？"就是说北方的上空既然不能受到太阳光的照射，那么烛龙（极光的一种古代名称）之类的大气发光现象的能源来自何方？一般认为极光的原因在于：太阳发射出来的无数带电粒子受到地球磁场的作用，运动方向发生改变，它们沿着地球磁力线降落到南、北磁极附近的高空层，并以高速钻入大气层，这些带电粒子跟大气中的分子、原子碰撞，致使大气处于电离并发光，这就是极光。各种原子发出不同的色光，所以极光呈现五彩缤纷的颜色；一般为黄绿色，也有白色、红色、蓝色、灰紫色，或者间而有之。

我国古代关于极光的记载很早，远在几千年前传说的黄帝时代曾出现过"大电光绕北斗枢星"。这可能是我国最早的极光记录。《汉书》上载有世界上较早且最精确的极光记录："孝成建始元年九月戊子，有流星出文昌，色白，光烛地，长可四丈，大一围，动摇如龙蛇形。有顷，长可五六丈，大四围所，诎折委曲，贯紫宫西，在斗西北子亥间。后诎如环，北方不合，留一刻所。"这段话的意思是这样：

孝成建始元年九月戊子，相当于公元前 32 年 10 月 27 日；"流星"就是极光；"文昌"是文昌星座，就是指极光出现的方位；"色白，光烛地"是记录下来的颜色和亮度；"长可四丈，大一围"和"长可五六丈，大四围所"是描写极光的大小范围。文章又描写了极光的变化："动摇如龙蛇形"，指极光开始时摆动的状态；"诎折委曲"（"诎"通"屈"），意思是说后来屈折得更厉害；"贯紫宫西，在斗西北子亥间"，就是说极光贯穿紫宫星座西面，直到北斗西北方向，子（正北）亥（北 30°西）之间。"后诎如环，北方不合"，就是说极光最后弯曲成环状，只留下北方缺口。"留一刻所"，表示极光逗留一刻钟左右（相当现在的 14 分）。

上文仅有 70 多字，就描绘了极光出现的时间、地点、色彩、明亮度、运动状态、范围、大小、方位与停留时间等。如此精辟齐备的记录，完全符合现代世界上极光观察站的要求。难怪日本科学家与史学家大加赞赏："我们对公元前 1 世纪汉代人自然科学记述的精确不能不感到惊异。"

我国古代关于极光的记载是很丰富的，大多数记载是比较明确的。当时没有极光的名称，而是根据各种极光现象的形状、大小、动静、变化、颜色等分别加以称谓。这种分类命名法，最早见于《史记·天官书》。可见至少在公元前 1 世纪就有这种分类命名法。清顺治九年（1652 年），黄鼎的《管窥辑要》卷 16"祥异"部分就绘有极光的草图（图 11），其中有些图绘制得很好，与现代极光摄影几乎完全一样；但也有些图是牵强附会的。

图 11　《管窥撮要》中的极光图例
1.蚩尤旗；2.枉矢；3.长庚；4.格泽；5.含誉；6.狱汉；7.归邪；
8.众星并流；9.大星如月，众小星随之；10.濛星；11.旬始；12.天冲；13.天狗

193

极光是研究日地关系的一项重要课题，它跟天体物理学和地球物理学都有密切的关系。特别是在古代，既无精密的天文仪器观察太阳活动，又无仪器记录地磁、电离层各种扰动情况，所以古代记载下来的极光史料可以说是无价之宝。它可以帮助人们了解过去太阳活动、地磁、电离层等变动的规律，还可以探讨古地磁极位置的变迁过程。

上面所列举的电学知识，当然还是零星的、点滴的，大都是对一些电现象的记录或描述。尽管如此，这些知识仍不失为电学发展史的一部分。电学也和一切学科一样，不可能是突然诞生的，而必然遵循着辩证的发展过程，经历了从简单到复杂，从低级到高级的各个阶段。我国古代的历史条件下不可能产生近代电学，但它仍然是奴隶社会和封建社会里所可能作出的光辉贡献，其价值和意义是不能低估的。

墨海书馆 *

　　西方近代自然科学的传入,始于我国明朝万历年间(1573—1620)。而从乾隆二十二年(1757 年)到鸦片战争前这段时间,清政府实行了闭关政策,我国与西方的文化交流处于停顿状态。鸦片战争后,随着五口通商和一系列不平等条约的签订,大批西方人士纷纷来华,东西文化交流又重新活跃起来。西方自然科学知识传入的主要途径,是通过中国学者和西洋传教士一起合作译著、出版一些科技书籍来实现的。

　　1843 年,熟悉印刷事业的英国传教士麦都思(Dr. Water Henry Medhurst,1796—1857)在上海创办印刷厂,编译和印刷书刊,名曰"墨海书馆"。两年后馆址定在沪北山东路①。墨海在中国是砚的别名,这里的意义是指墨流成海,犹如书之成林。它是上海有铅字设备的第一家印刷厂。印刷机器是铁制印书车床,长一丈多,宽三尺,用牛力拖动机轴②。开始时用中国老法木板雕印书籍,后来也用西法活字印书。墨海书馆的印刷设备和技术在当时来说是比较先进的。

　　墨海书馆是基督教英国伦敦会传教士在上海的集中场所。这些传教士中不少人熟悉中国语言文字,如伟烈亚力(Alexander Wylie,1815—1887,1847 年来华)、艾约瑟(Joseph Edkins,1823—1905,1848 年来华)、韦廉臣(Alexander Williamson,1829—1890,1855 年来华)③ 等。他们进入中国后,在传教的同时,也介绍了一些西方自然知识。清末学者王韬(1828—1897)是与墨海书馆接触比较早、影响比较大的中国人。他在《弢园老民自传》中写道:"既孤,家益落,以衣食计,不得已橐笔沪上。时西人久通市,我国文士渐与往还。老民欲窥其象纬舆图诸学,遂往适馆授书焉。"④ 文中所说的是王韬在 1849 年到墨海书馆担任编辑工作的事。与墨海书馆有关系的中国学者还有清代著名数学家李善兰(1811—1882)。对此英国传教士傅兰雅(1839—1928)有一段生动的描述:"李君系浙江海宁人,幼有算学才能,于一千八百四十五年初印其新著算学;一日,到上海墨海书馆礼拜堂,将其书予麦(都思)先生展阅,问泰西有此学否。其时住于墨海书馆之西士伟烈亚力见之甚悦,因请之译西国深奥算学并天文等书。"⑤ 又说,传教士们用"……西国最深算题,请教李君,亦无不冰解"③,这使他们极为佩服。

　　在墨海书馆内,李善兰与伟烈亚力合译的第一部著作是古代希腊数学名著欧

---

　　* 本文为胡道静与王锦光合撰。

195

几里德《几何原本》的后九卷⑥。据李善兰自己说,翻译工作是从 1852 年"六月朔为始,日译一题,……屡作屡辍,凡四历寒暑,始卒业"。可见,《几何原本》后九卷的翻译工作开始于 1852 年夏天,完成于 1856 年。在进行这项工作的同时,他又和艾约瑟合译英国物理学家胡威立(William Whewell,1794—1866)的《重学》(*An Elementary Treatise on Mechanics*)二十卷,附《圆锥曲线说》三卷。《重学》是中国近代史上翻译的专门论述力学的著作,也是当时最重要的、影响最大的一部物理学著作。

在数学方面,他与伟烈亚力合译的、墨海书馆出版的还有《代数学》十三卷和《代微积拾级》十八卷。《代数学》是从英国数学家棣么甘(Augustus De Morgan,1806—1871)所著的《代数学基础》(*Elements of Algebra*,1835 年版)译出,这是我国第一部符号代数学的读本,论述初等代数,兼论指数函数和对数函数的幂级数展开式。《代微积拾级》是从美国罗密士(Elias Loomis,1811—1899)所著的《解析几何和微积分》(*Elements of Analytical Geometry and of Differential and Integral Calculus*,1850 年版)译出。卷一至卷九为《代数几何》,卷十到卷十六《论微分》,卷十七、卷十八《论积分》。李善兰在序言中说:"是书先代数,次微分,次积分,由易而难若阶级之易升。译既竣,即名之曰《代微积拾级》。"⑦

1859 年,墨海书馆刊印发行了李善兰和伟烈亚力合译的英国天文学家约翰·侯失勒(John Frederick William Herschel,1792—1871)的《谈天》(*Outline of Astronomy*)。这部书论述了日、月、各行星、彗星和恒星等的运动规律,较正确地阐述了哥白尼学说、开普勒定律,明确地叙述了万有引力定律及其具体应用。在李善兰为《谈天》写的《序言》中,他指出"余与伟烈君所译《谈天》一书,皆主地动及椭圆立说",并提到日心说"定论如山,不可移矣"。他还不点名地批驳了阮元等人对日心说的攻击。这篇 700 多字的《序言》的确是一篇宣传科学的精悍佳作。《谈天》一书的出版使哥白尼学说在我国站稳了脚跟,近代天文学开始在我国传播。

我国第一部介绍西方近代植物学的著作也是由墨海书馆刊印出版的。这部书由李善兰和韦廉臣合译,书的内容取自英国植物学家林德利(John Lindley,1799—1865)所著的《植物学基础》(*Elements of Botany*)中的重要篇章,中译本名为《植物学》。书中主要介绍了植物学的基础理论知识和近代西方在这方面研究的重要成果,有些知识在当时我国是前所未闻的。《植物学》全书八卷,约 35000 字,有插图 200 多幅。书的扉页上有"清咸丰丁巳季秋墨海书馆开雕"的字样。咸丰丁巳,即咸丰七年(1857 年)。李善兰为此书所写的序言中说:"咸丰八年,刊既竣。"可见《植物学》刊行于 1858 年。

李善兰到墨海书馆从事翻译工作不久,便将他的好友张福僖(? —1862)也介绍到那里参加工作。1853 年张福僖和艾约瑟合译《光论》,在张福僖写的《光论·自叙》中,他说:"咸丰癸丑(即 1853 年)艾君约瑟聘予在沪绎天算格致诸书,《光论》

此其一种也。"《光论》是我国最早从西方翻译过来的一部有系统的光学专著,它较详细地配图介绍几何光学:光的直线传播,光的反射,光的折射,海市蜃楼,光的照度,色散,虹,人的眼睛,色盘和光谱等等。《光论》正文约 6000 字,17 幅插图。

1855 年,墨海书馆还重新刻印了英国医生合信(Benjamin Hobson,1810—1873,1839 年来华)著的《博物新编》⑧。这是一部介绍自然科学的科普读物,相当于《常识》,分三集:一集有地气论、热论、水质论、光论、电气论;二集有天文略论、地球论、水星论、彗星论等等;三集有鸟兽略论、胎生鱼论(鲸鱼)等等。它介绍许多新奇的知识。墨海书馆除编译、出版书籍外,还发行一种由伟烈亚力主编的月刊,名为《六合丛谈》⑨(Shanghai Serial)。这杂志在上海出版,咸丰七年农历正月创刊。每月逢朔日(即初一日)出刊。次年迁到日本,不久停刊。这是一种综合性的刊物,但是自然科学占较大的比重,例如《西国天学源流》连载许多期。

墨海书馆所编译的一些自然科学书籍,大部分成书或刊行于 19 世纪 50 年代。它们是自鸦片战争后第一批传入中国的西方自然科学书籍。从现在来看,它们存在着不少缺陷和错误,但是在当时我国的现代科学知识水平还很落后的情况下,它们都起过一定的积极作用。

参考文献

①S. Couling,"Medhurst,Walter Henry",*The Encyclopaedia of Sinica*,1917,p. 344.

②《1850 年上海墨海书馆中英文铅字形体举例》,引自张静庐辑注:《中国近代出版史料初编》,群联出版社,1953,第 258 页和第 259 页之间的插页。

③ G. Smith," Williamson, Alexander ",*The Dictionary of National Biography*,Oxford,1917.

④(清)王韬:《弢园文录外编》,卷十一,第 16 页背面,光绪九年刻本。

⑤傅兰雅:《江南制造局总局翻译西书略》,引自张静庐辑注:《中国近代出版史料初编》,群联出版社,1953,第 13—14 页。

⑥《几何原本》前六卷是(明)徐光启和意大利传教士利玛窦合译的。

⑦钱宝琮主编:《中国数学史》,科学出版社,1964,第 324 页。

⑧(清)王韬:《瀛壖杂志》,卷十一,第 28 页正面至第 29 页正面,《英医合信传》,光绪元年本。

⑨上海图书馆编:《中国近代期刊篇目汇录》,上册,上海人民出版社,1965,第 1—3 页。

(原文载于《中国科技史料》,1982 年第 2 期)

李善兰和他在物理方面的译著

——纪念李善兰逝世一百周年[*]

李善兰(1811—1882)，字壬叔，号秋纫，浙江海宁人。自幼聪明好学，他"少习九章(指《九章算术》)，以为浅近无味"，后来读了元代李冶著的《测圆海镜》一书，方知"算学之精深"。稍大一些，家塾教育和家中的藏书已无法满足李善兰那种如饥似渴的求知欲，他到处搜集各类书籍，日夜阅读，潜心研究，深深了解到祖国古代具有灿烂的文化，在物理、天文、数学等方面都有很大的成就，他立志继承祖国古代科学遗产，并把她发扬光大。三十岁后，他造诣渐深，一面执教，一面从事数理研究，并以"精天算"名冠于当时。1842年鸦片战争失败，清政府腐朽无能，割地赔款，丧权辱国，爱国人士痛心疾首，纷纷探索救国之路。"师夷长技以制夷"的思想在爱国知识分子中起了很大的影响，研究"西政富强之本末"，学习"西方格致之精微"盛行起来。适值风华正茂的李善兰很快成为其中一位杰出代表。对于如何救国，李善兰曾分析道："今欧罗巴各国日益强盛为中国边患，推原其故，制器精也，推原制器之精，算学明也。"他还回顾了祖国强盛时代是因为"人人习算，制器之精，以威海外各国，令震慑，奉朝贡。"因此，他认为只要"算学一明，即可强兵富国"。在这种思想指导下，李善兰对数理学特别下功夫，发愤著书立说。有一天，好友汪曰桢(1813—1881)送来一本元代朱世杰写的《四元玉鉴》手抄本，它是介绍多元高次联立方程式解的。李善兰"深思七昼夜，尽通其法，乃解明之"。在此基础上写成一部《四元解》，不久又相续发表《方圆阐幽》《对数探源》等著作。在潜心著书的同时，他也很注意研究从西方传入的自然科学知识。

1852年李善兰到上海，在墨海书馆与英国传教士伟烈亚力(Alexander Wylie，1815—1887，1847年来华)相遇，自称"尤精天算"的伟烈亚力看了李善兰的数学著作后大为赞叹，称"只此一端，即可名闻于世"。当下邀请李善兰和他合作，由伟烈亚力口述，李善兰笔译，共同翻译《几何原本》后九卷(前六卷为明代徐光启等译)。在以后八年里，李善兰把大部分时间、精力用于翻译西方自然科学著作，译了八种八十余卷。这些书籍的翻译出版对当时的影响是大的。

---

[*] 本文与余善玲合作。

李善兰与英国传教士艾约瑟(Joseph Edkins,1823—1905,1848 年来华)合译了英国著名物理学家胡威立(William Whewell,1794—1866)著的《重学》(*An Elementary Treatise on Mechanics*,全译应为《力学基础》)共二十卷(附《曲线说》三卷)。"重学"今译"力学"。为什么译为"重学"呢？李善兰的好友张文虎回答了这个问题。张文虎在一首诗中写道："律度量衡事本连,谁从墨翟溯遗篇",又说："墨子经有涉数学、重学者,读者每忽之"。可见李善兰在翻译西方科学知识时,仍提醒我们要重视祖国古代科学的成就。关于译《重学》的缘由,他在《重学》"序"中曾作过说明："岁壬子(1852),余游沪上,将继徐文定公之业,继译《几何原本》,西士艾君约瑟语余曰：'君知重学乎？'余曰：'何谓重学？'曰：'几何者,度量之学也;重学者,权衡之学也。昔我西国以权衡之学制器,以度量之学考天。今则制器、考天皆用重学矣,故重学不可不知也。'"于是李善兰决定在翻译《几何原本》的同时,与艾约瑟合作,"朝译几何,暮译重学"。

胡威立的《重学》是当时西方力学的名著,1819 年至 1847 年间先后八次重版。李善兰的译本刊于 1859 年,后遭战火焚毁,1866 年又重刻刊行。它是最早介绍力学的中译本。全书共分三部分：卷一至卷七为静力学,卷八至卷十七为动力学,卷十八至卷二十为流体力学简介。静力学部分的某些知识在明代王征等译的《远西奇器图说》和南怀仁等译的《灵台仪象志》中有所介绍;动力学部分,特别是流体力学部分,许多内容对于我国还是新的。李善兰译的《重学》对当时的影响的确比较大。

1859 年,李善兰又与伟烈亚力合作翻译了英国天文学家赫胥耳(John Herschel,1792—1871)所著的《天文学纲要》(*Outline of Astronomy*),译名为《谈天》,共十八卷。该书论述了日、月、行星、行星的卫星、彗星、恒星等的运动及其规律,详细介绍了哥白尼学说,明确地叙述了万有引力定律及其具体应用。哥白尼日心地动说以前虽曾传入我国,但是零星片断,这本译著在我国第一个正式肯定和介绍了此学说,李善兰还批判了阮元等人否认日心说的顽固态度。

李善兰很敬佩牛顿的学问,"常称奈端(即牛顿)之才"。在翻译《谈天》的同年,他又与英国传教士傅兰雅(John Fryer,1839—1928)、伟烈亚力一起,翻译《自然哲学的数学原理》(*Mathematical Principle of Natural Philosophy*),译名为《数理格致》,全书共八卷,译成三卷,可惜未能译完出版。这是我国最早翻译牛顿的原著。

1860 年,李善兰应好友江苏巡抚徐有壬(数学家)邀请前往苏州充任幕僚。1865 年,李善兰被清政府谕召到北京任同文馆数学总教习,执教 13 年,于 1882 年12 月在北京逝世。

(原文载于《物理教师》,1982 年第 2 期)

中国古代测温术简史[*]

热力学温标的创始人，英国著名物理学家开尔文（William Thomson，Lord Kelvin，1824—1907）曾经指出："温度之测定，在物理学上，久经认为一至关重要之问题。"[①]我们认为，与这个重要问题相关联的测温术发展史，也在科学技术史上占有一席重要地位。作为世界文明的一部分，我国古代的温度概念及其测定方法，曾以自己的独创丰富了古代科学文明的宝库。

一、温度概念的滥觞

茫茫宇宙，天回地转，春夏秋冬，周而复始。先民们生活在冷热寒暑不断循环的大自然中，对于温度的变化，早就有切肤之感。所谓"日月运行，一寒一暑"[②]，就是这种认识的反映。《诗经》上说："谁能执热，逝以不濯。"[③]《山海经》记述："温水出崆峒山，在临汾南，入河。"[④]诸如此类，先秦文献上有不少关于寒暑温热的记载。

战国时期的《礼记·月令》中讲述气候变化时说："仲春行秋令，……寒气揔（总）至，……行夏令，……暖气早来，……季夏之月，……温风始至，……孟秋之月，……凉风至，……"其中已经出现了"寒气""暖气""温风""凉风"的系统提法。《礼记·月令》中还有"利以杀草，如以热汤"，"水始冰，地始冻"等语。此外，"灼"字原指占卜时炙烧龟甲，后来也被借用来表示热的程度。描述温度的需要丰富了古汉语的词汇，反过来，妙语连珠的祖国语言又为表示温度高低提供了一连串的文字符号。例如：冰、寒、凉、温、热、灼，等等。

二、用冰之计——温度计的雏形

我国地处温带，四季分明。在这种地理环境中，水的固—液态转化比较明显，冰的消长给我们的祖先留下了深刻的印象。冰在金文中记作"仌"。金文"寒"字作𡘒[⑤]，它的含义是：人居室内，室内太冷有冰，脚下裹草防冻。显而易见，"寒"字中代表寒冷的因素就是"冰"。

《易经》和《诗经》中都描述过冰。而《礼记·月令》中的详细记述："孟冬之月，……水始冰，……仲冬之月，……冰益壮，……季冬之月，……冰方盛；……行夏

---

* 本文与闻人军合作。

令,……冰冻消释。"已把寒冬的推移和冰冻的变化过程挂上了钩。

《吕氏春秋》说得更明确:"审明堂之阴而知日月之行,阴阳之变;见瓶水之冰而知天下之寒,鱼鳖之藏也。"[⑥]由此可以推测,战国时期人们已在瓶中置水,由水的结冰与否推知气温下降的程度,间接了解"天下之寒"和"鱼鳖之藏"等与气温变化有关的现象。

到了汉初,有的人更进一步将冰作为有意识安置的观测对象。如《淮南子》上说:"睹瓶中之冰而知天下之寒暑。"[⑦]这种实验是预先把冰放在瓶中(可能还有水),通过观察瓶中冰的消长情形来约略判断气温上升或下降的趋势,也即知道"天下之寒暑",比《吕氏春秋》的记载要高明。这种用冰之计简直可以看作温度计的雏型。

三、以身试温——简易测温术

祖国医学源远流长,中医归纳出"望、闻、问、切"四种传统的诊断方式。"切"就是切脉,同时也测体温。例如《素问》说:"尺(中医学手腕部位名称)热,曰病温。尺不热,脉滑,曰病风。"[⑧]可见先秦时期人们已经知道健康人体的温度有某种恒定的标准。基于这种认识,后来出现了一种以体温为标准的简单测温方法。

南北朝时贾思勰所撰的《齐民要术》中,有关记载已经屡见不鲜。例如"作酪法"说:"其卧酪,待冷暖之节,温温小暖于人体,为合宜适。热卧,则酪醋;伤冷,则难成。""其六七月中作者,卧时令如人体,……冬天作者,卧时少令热于人体。"[⑨]在"粱米酒法"中又说:"摊令温暖于人体,便下,以杷搅之。"于"作粟米炉酒法"中还介绍了具体方法:"以手内瓮中,看冷无热气,便熟矣。"[⑩]此即传统的"闻、品、色、感"四法中的"感"法,也就是将手插入发酵器中,靠感觉判断温度。至于比较标准,在"作豉法"中明确指出:"大率常欲令温如人腋下为佳。""以手刺豆堆中候看,如人腋下暖,便翻之。""复以手候,暖则还翻。"[⑪]在此指明以比较恒定的人体腋下温度作标准,精确度又有所提高。在温度计的发明之前一千余年,我国民间早已普遍采用这种土法测温,究属难能可贵。

四、"炉火纯青"——原始的估测高温技术

除了上述两法以外,我国古代还有一种独特的光学测温术。战国初期成书的《考工记》中记载:"凡铸金之状,金(铜)与锡,黑浊之气竭,黄白次之;黄白之气竭,青白次之;青白之气竭,青气次之,然后可铸也。"[⑫]根据现代科学原理,熔铸青铜合金时,焰色的演变次序与气态金属原子的发射光谱有关,也与黑体辐射背景有关。杂质锌的气态原子在高温下燃烧生成白色氧化锌,构成了白烟的主要成分。炉温升至1200℃附近时,锌将彻底挥发,所以白烟消竭。此时"炉火纯青",炉温已经够

高,可以用来浇铸了。由此看来,观察"铸金之状"真不失为一种古老而先进的估测高温技术。后来的冶剑工匠和炼丹家更是惯于以"炉火纯青"作为判断火候的标准,并由此形成了千百年来脍炙人口的"炉火纯青"这个成语。

五、近代温度计的引进和自制

跟我国先秦时期大致相当的古希腊时期,关于温度的知识也已萌芽。到公元前 180 年左右,拜占庭的菲洛设计了一种表明空气加热时会膨胀的空心球形器。[13]但是直到 16 世纪末叶,文艺复兴运动造就的科学新秀伽利略才把它发展成了空气验温器。17 世纪初,真正的温度计开始问世。几十年间,节节进步。那时我国正值明末清初,西洋传教士受罗马教廷派遣络绎不绝入华传教。传教士的主观意图是扩张教廷的势力范围,但客观上带来了一些西方科技知识,有利于我国科学技术的发展。

清朝顺治十六年(1659 年),比利时传教士南怀仁(Verbiest Ferdinand)来到中国。他颇受清廷赏识,后官至钦天监监正、工部侍郎。根据南怀仁的介绍,1673 年,北京观象台制成了空气温度计。翌年,南怀仁撰写了《灵台仪象志》,里面还附有这种仪器的图(见图 1)。[14]但这种温度计与西方当时以酒精或水银作测温物质的新型温度计相比,已经比较陈旧了。

利用温度计记载我国气温,始于 18 世纪中叶。1743 年,法国教士哥比(P. Gaubil)在北京曾作气温记录。1757—1762 年间,耶稣会教士阿弥倭(J. F. Amiot)曾用旧式列氏(Reaumur)寒暑表作过观察记录。据马尔曼(W. Mahlmann)考证,所用的是水银温度计。自 1841 年起,才有连续的气温记载。[15]

有清一代,我国民间自制过温度计的科学家或科学爱好者不乏其人。清初黄履庄(1656—?)自制过"验冷热器",[16]这是一种测量气温和体温两用的空气温度计。清代中叶,浙江杭州的黄超和黄履父女也曾自制寒暑表。黄超的活动时间大约在 18 世纪下半叶至 19 世纪上半叶。黄履生于 19 世纪初,是一位通晓天文数理的不可多得的女科学家。她所"作寒暑表、千里镜,与常见者迥别"[17],大概具有某些特点或者说创造性。

鸦片战争以前,安徽歙县人郑复光(1780—?)撰写《镜镜诠痴》时,提到过做寒暑表的玻璃材料。[18]南汇张文虎(1808—1885)曾作《辘轳金井·寒暑表》词,描述寒暑表"一线银泉"能"尺隘量天"。如果"残暑犹怕风雨连宵",可以通过"验针痕",预知"炎凉代谢"等等,[19]颇为生动。从词意中还可看出,我国当时水银温度计的使用已经比较普遍。1855 年,上海墨海书馆重版了英国医生合信(Benjamin Hobson)的科普读物《博物新编》,里面有华氏(G. D. Fahrenheit)水银温度计的样式(图 2)。[20]

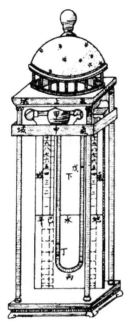

图 1　南怀仁的气温计

采自《古今图书集成》

或参见李约瑟《中国科学技术史》中译本第 4 卷第 2

分册 711 页所引五图

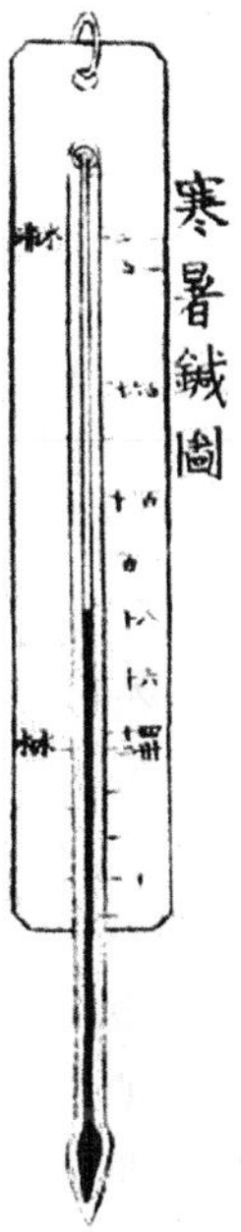

图 2　华氏水银温度计

采自《博物新编》

　　我国近代化学的启蒙者徐寿(1818—1884)于 1867 年进入江南制造局搞编译工作。他和英人伟烈亚力(Alexander Wylie)合译的《汽机发轫》中有测量高温用的"白金量火表"和一般的"水银寒暑表",制法详备,还提到了"百度"(即摄氏)、"六麻"(即列氏)和"法伦海得"(即华氏)三种温标。[①]

　　日本饭盛挺造著、藤田丰八译的《物理学》于 1889 年由江南制造局刊行。翌年,英人傅兰雅(John Fryer)译的《热学图说》出版,除了一般的温度计之外,特别介绍了"自记大热寒暑表"和"自记小热寒暑表",各自能够自动标记"日中最大之热度"及"夜中极微之热度"。[②]即是现在的最高最低温度计。

　　美国教士赫士(W. M. Hayes)和刘永贵合译的《热学揭要》于 1897 年印行,又介绍了"双球寒暑表"("可试二水之冷热同否")、"螺圜寒暑表"(金铂双金属片温度计)和"自记寒暑表"等温度计。书中描述的自记"每日至热之度"的温度计,在原理上比《热学图说》中记载的"自记大热寒暑表"要先进,[③]并由医用水银体温计沿用至今。

203

参考文献

①恺尔文著，朱思隆译，《绝对温度标》，3页，万有文库本。

②《易·系辞上》。

③《诗·大雅·荡之什》。

④《山海经·海内东经》。

⑤康殷释辑，《文字源流浅说》，荣宝斋出版，1979年，19页、388页。

⑥《吕氏春秋·察今篇》。

⑦《淮南子·说山训》。

⑧《素问·平人气象论》。

⑨贾思勰，《齐民要术·养羊》。

⑩贾思勰，《齐民要术·笨麹并酒》。

⑪贾思勰，《齐民要术·作豉法》。

⑫《周礼·冬官·考工记》。

⑬J.布罗诺夫斯基等主编，中国科学技术情报研究所译，《科学》，科学出版社，1966年，p.134。

⑭《古今图书集成·历象汇编历法典》，卷九十二《灵台仪象志·四》及卷九十五《灵台仪象志·七》。

⑮《竺可桢文集》，科学出版社，1979年，p.214。

⑯（清）张潮辑，《虞初新志·黄履庄传》。

⑰（清）陈文述，《西泠闺泳》卷十三。

⑱（清）郑复光，《镜镜诠痴》卷一。

⑲（清）张文虎：《覆瓿集》，"索笑词甲"，7-8页，同治十三年冶城宾馆木刻本。

⑳（英）合信，《博物新编》，墨海书馆，1855年。

㉑（英）美以纳、白劳那合撰，（英）伟烈口译，徐寿笔述，《汽机发轫》卷一。江南制造局。

㉒（英）傅兰雅译，《热学图说》卷一，益智书会校订，1890年新镌。

㉓（英）赫士口译，刘永贵笔述，《热学揭要》"论热及寒暑表"，上海美华书馆，1897年。

（原文载于《物理通报》，1982年第3期）

我国古代对虹的色散本质的研究[*]

　　不论在我国还是外国,对于色散的研究往往是从虹开始的。古代对于虹的认识,科学和迷信一直进行着尖锐的斗争。唯心主义给它涂上种种神秘色彩,制造出许多荒诞的传说[①]。科学则不断探索它的规律,揭示它的本质,其过程是光学发展史的组成部分。

　　我国古代对虹的注意极早。殷代甲骨文把"虹"形象地写作"𝌆";卜辞中至少有三次记载到虹出现的时间和方位[②]。《诗经》中记有"朝隮于西,崇朝其雨"的经验[③];《楚辞》描写说:"建雄虹之采旄兮,五色杂而炫耀。"[④]《礼记》记载说:"季春之月……虹始见","孟冬之月……虹藏不见。"[⑤]这些材料表明,在秦汉以前对于虹的形状、颜色、和天气的关系、出现的季节等方面,已有了一个表象的朦胧的认识。那时,人们也还试图以当时的阴阳五行学说去解释它的成因。《庄子》云:"阳炙阴为虹。"[⑥]虹的生成条件是日光和水滴群,在阴阳学说里,日属阳,水属阴,所以说"阳炙阴为虹",倒也能够自圆其说。当然,这一切都还谈不上真正科学的认识。

　　汉以后,人们对虹的认识有了进展。东汉《考灵曜》说是"日旁气"[⑦],《月令章句》有以下一段叙述:"虹见有青赤之色,常依阴云而昼见于日冲。无云不见,大阴亦不见,见辄与日相互,率以日西,见于东方……"[⑧]东汉末年的《释名》有云:"其见每于日在西而见于东,啜饮东方之水气也。见于西,方日升,朝日始升而出见也。"[⑨]这些记载虽还掺有一定的唯心主义内容,但已经指出了虹必生成于和太阳相对方向的水气之中。可见汉晋以降,对虹的认识不再像先秦时代那样属于朦胧

---

　　[*]　本文与洪震寰合作。

　　[①]　参见熊海平"三千年来的虹蜺故事",载中山文化教育馆编《民族学报研究集刊》第二期,1940 年 3 月,商务印书馆。

　　[②]　参见陈梦家《殷墟卜辞综述》,科学出版社,1956,第 243—245 页。

　　[③]　《诗经》卷二"鄘风"。

　　[④]　《楚辞》卷五"远游"。

　　[⑤]　《礼记》卷五"月令"。

　　[⑥]　转引自陈元龙《格致镜原》卷八,清雍正乙卯年木刻本。

　　[⑦]　转引自《古今图书集成》第 013 册"乾象典"。

　　[⑧]　蔡邕《蔡氏月令》卷上,道光甲申王氏校刊本。

　　[⑨]　刘熙《释名》卷一"释天"。

的描写，而是作为一种自然现象的探索，进行了一定程度的观察，从而得到了某些感性的认识，这些感性认识的积累，为嗣后进一步的研究提供了基础。南朝的江淹作《赤虹赋》，在序中说自己曾对虹"迫而察之"，结果断定那是"雨日阴阳之气"①。这条记载所反映出来观察者的态度和认识，都较前有了进展，具有承前启后的意义。

唐代对虹的研究，可说有了跃进。唐初孔颖达注疏《礼记》，在"月令"篇"虹始见"条下云："云薄漏日，日照雨滴则虹生。"②这条记载应当是我国对虹的认识，它已经初步揭示了虹的成因。这种认识逐渐为人们所接受，所以在中唐时候就见诸题咏，如陈润《赋得浦外虹》就有"日影化为虹"之句③。还必须特别指出，唐代已经知道用人为方法造成虹霓现象。约8世纪中叶，张志和作《玄真子》，除了明确指出"雨色映日而为虹"以外，还说："背日喷乎水成虹霓之状，而不可直者，齐乎影也。"④这是又一条有很高价值的材料，至少有以下三点值得我们注意：(1)这不但是第一次用实验方法研究虹，而且是第一次有意识进行的日光色散实验。(2)用人为方法造成"虹霓之状"，就给历史上关于虹霓的种种迷信说法以毁灭性的打击，所以不仅在科学上，在哲学上也是有意义的。(3)文中"不可直者，齐乎影也"一句，过于简略，难于确定其意义。大致说来，有两种可能的解释：第一，"直"字解为曲直之直，殆指观察方向应稍有偏，"不可直"视，以使对准彩虹，故云"齐乎影也"。第二种解释，"直"通"值"，训为"遇也"，意思是如果背日喷水不能遇见虹霓现象，那必是因为观察者和虹（"影"）处于同等高度。不论哪一种解释，都反映了人们已经发觉，在这个实验里观察的角度是十分重要的，如不适当就无法看到虹霓现象。所以说，这条记载说明了当时对虹霓现象的研究，已提高到了一个崭新的水平，是对虹和色散认识的发展。

唐以迄宋，对虹的研究向纵深长足发展，除了成因以外，对虹的其他规律也有更广泛的探讨，并且能够联系其他色散现象进行研究。

如果说五代谭峭所说的"饮水雨日，所以化虹霓也"⑤新意不多，宋代蔡卞的《毛诗名物解》就不同了，那里面指出："先儒以为云薄漏日，日照雨滴则虹（生）。今以水喷日，自侧视之，则晕为虹蜺……（虹）不晕于日不成也。故今雨气成虹，朝阳射之则在西，夕阳射之则在东。"⑥这里不只是重复《玄真子》所记的实验，且有以下

---

① 《江文通集》卷一，四部备要本。
② 《钦定礼记义疏》卷21。
③ 转引自《古今图书集成》第013册"乾象典"。
④ 张志和《玄真子》"涛之灵"篇，丛书集成本，第3页。
⑤ 《谭子化书》卷二，"动静"，宝颜堂秘籍本。
⑥ 《毛诗名物解》卷二，通志堂经解本；参照《古今图书集成》第013册"乾象典"引文校。

四点发展:(1)明确地用"以水喷日"的实验,直接模拟"日照雨滴"的现象,这是一种科学的研究。(2)"晕为虹蜺"的提法大可注意,这里有着把虹和日月晕联系起来的意味。"晕"字的意义,据《释名》的解释,为"捲也,气在外捲结之也"①,含有"气"对日光的某种作用的意思,在今天看来就是反射和折射的过程。(3)"自侧视之",指出了这一实验的观察要领。(4)更明白而确切地指出了虹和阳光之间的位置及方向关系。由此可见,此时对虹的研究又深入了一步。众所周知,宋代沈括《梦溪笔谈》曾记载他亲自对虹作了实地的考察,其所记有两点值得我们注意。第一,他不但"与同职扣涧观之",而且"使人过涧,隔虹对立",发现"中间如隔绡縠"。② 这种翔实精细的科学研究精神,及其所获得的第一手资料,无疑是十分可贵的。二是他说"自西望东则见(盖夕虹也),立涧之东西望,则为日所铄,都无所睹",③是正确的记录,对于理解和证实虹的成因颇有积极意义。所以他同意孙彦先"虹,雨中日影也,日照雨即有之"的说法④。但他又相信"虹能入溪涧饮水"的说法,则是不对的。按虹能"饮水"之说导源极古,后又演变为"止雨"之说,都是神秘化传说的遗流。南宋朱熹就加以纠正了。他说:"虹非能止雨也,而雨气至是已薄,亦是日色射散雨气了。"⑤这是他懂得了虹的成因"只是薄雨为日所照成影"⑥,因而能够正确理解虹和"止雨"之间的因果关系。

这个时期还发现了其他一些色散现象。这些现象的发现,有助于加深对虹的色散本质的认识。首先,人们观察到瀑布下泄,水珠四溅,日光照之即呈彩色光弧,很像虹霓之状。这种现象在唐初就见诸题咏。张九龄《湖口望庐山瀑布》诗即有"日照虹蜺见"之句⑦。此后屡有见之。很可能就是在这种现象的启发之下,才使人们联想到虹是"日照雨滴"而成,进而做出了"背日喷水"的模拟实验。所以,在这个时期,人们已经把日光照射云气水滴群、日光照射飞泉周围的水滴群、日光照射口喷的水滴群三者联系起来。更有意义的是,到了宋代,人们竟能对单独一个水滴的色散现象进行研究。南宋程大昌的《演繁露》里有一段很好的记载。抄录如下:

《杨文公谈苑》曰:"嘉州峨嵋山有菩萨石,人多采得之。色莹白,若太山狼牙石、上饶州水晶之类,日射之,有五色,如佛顶圆光。"文公之说信矣。然谓峨嵋有佛光,故此石能见此光,则恐未然也。"凡雨初霁,或露之未晞,其余点缀于草木枝叶

---

① 刘熙《释名》卷一"释天",潢川书屋本。

② 沈括《梦溪笔谈》卷21,文物出版社,1975 年,影元刊本。

③ 同②。

④ 同②。

⑤ 《朱子语类》卷二,清同治十一年应元书院刻本。

⑥ 转引自《古今图书集成》第 013 册"乾象典"。

⑦ 《曲江集》卷三,四部备要本。

之末，欲坠不坠，则皆聚为圆点，光莹可喜。日光入之，五色具足，闪烁不定，是乃日之光品著色于水，而非雨露有此五色也。峨嵋山佛能现此异，则不得而知。此之五色，无日不能自见，则非因峨嵋有佛所致也。"①

这一段论述极其重要，至少有以下四点值得注意：(1)发现了日光通过一个液滴也能化为多种色光，实际上就是发生色散。(2)把日光通过液滴的色散现象同日光通过自然晶体的色散现象联系起来。(3)指出了"五色"的生成，"无日不能自见"，"是乃日之光品著色于水"，就是明白了五色光来源于日光，这已经开始接触到色散的本质问题。(4)批判了对于色散的神秘传说，表现了科学的态度和精神。所有这些不仅在色散认识史上有重要意义，对于虹的色散本质的认识方面，也有巨大的推动作用。搞清楚一个水滴的色散现象，为解释水滴群映日成虹的现象提供了更加扎实的基础。

另一方面，这段时期还发现了晶体的色散现象。远在南北朝时期，梁元帝萧绎所著的《金楼子》里，曾记载一种叫做君王盐或玉华盐的结晶体，"有如水精，及其映日，光似琥珀"②。琥珀为黄褐色，"光似琥珀"显然是指阳光通过晶体后呈现彩色。这无疑是关于天然晶体色散现象的最早文字记载。到了北宋，对于这类现象的记述就更多、更明确了。那时的《杨文公谈苑》里，记载到峨嵋山的"菩萨石"，就说"日光射之，有五色"③。稍后的《本草衍义》里，说是"日中照出五色光"④，意义更加明确起来了。明代的王士性和陈文烛，先后都记载到峨嵋山的"放光石"，说"从日隙照之，虹光反射"；"就日照之，成五色，如虹霓"。⑤ 这里直接沟通了虹和晶体色散现象，可说是对虹的色散本质更深一层的认识；而且指出"从日隙照之"，使光成一束，的确能使色散现象更加明显。明末的方以智对上述种种现象，作了极其精彩的总结性的论述。他在《物理小识》中写道："凡宝石面凸则光成一条，有数棱者，则必一面五色。如峨嵋放光石，六面也；水晶压纸，三面也；烧料三面水晶，亦五色；峡日射飞泉成五色；人于回墙间向日喷水，亦成五色。故知虹霓之彩，星月之晕，五色之云，皆同此理。"⑥这里罗列的色散现象很全面，有自然晶体、人造透明体、液滴等的色散，有月晕、五色之云、峡日射飞泉、人造虹，以及自然界的虹等。他把这些现象统统联系起来，指出它们"皆同此理"。这是对我国古代色散知识的一个总结性的记录，也表明了对虹的色散本质，有了更加清楚的认识。

---

① 程大昌《演繁露》卷九，照旷阁本。
② 萧绎《金楼子》卷五"志怪"，百子全书本。
③ 转引自唐慎微《重修政和经史证类备用本草》卷三"玉石部"，四部丛刊本。
④ 寇宗奭《本草衍义》卷四，丛书集成本。
⑤ 转引自《古今图书集》第197册"山川典"。
⑥ 方以智《物理小识》卷之八，万有文库本。

在国外,对虹作出近乎科学的解释始自13世纪。英国罗吉尔·培根(Roger Bacon,1214?—1294)认为虹是空中无数水滴所致①。大约在1270年,德国维塔洛(Vitello或Witelo)指出虹是由太阳光经水滴折射和反射而成②③。库特布·阿尔丁·阿尔希拉吉(Qutb al-Din al-Shirazi,1236—1311)在波斯也提出类似的解释,他说虹是由太阳光经水滴两次折射和一次反射而成④。

到了17世纪,光学的研究成为当时欧洲科学革命的中心内容之一,对虹和色散的探讨有很大的进展,有新的突破。1611年,安托尼沃·德·多米尼斯(Antonio de Dominis)提出一种关于虹的理论,他说虹是由水滴内层表面反射出来。在对于棱镜的研究中,牛顿认为,棱镜没有改变白光,而只是把它分解成为简单的组成部分,把这许多组成部分混合起来能重新恢复最初的白光。为了证明这一点,牛顿还把第二枚棱镜放到第一枚棱镜所产生的太阳光谱的光路上,第一枚棱镜分解出来的色光被第二枚棱镜复合起来成为白光⑤。可见白光本身是"一种折射率不同的光线(色光)的混合物"⑥。牛顿用他的色散理论对虹的形成作出科学的解释:"以这些为根据,在下落的雨滴中为什么会出现彩色的虹,也就很清楚了。因为有些水滴,它们把倾向于显示紫色的光最大限度地折射到观察者眼中,而对别种光线的折射则要少得多,以致它们只能从眼睛旁边溜过去;这就是处在初级虹的内部和次级或外面一个虹的外部的那些水滴。同样,那些倾向于把最大数量的红色光线折射到观察者眼睛中去的水滴,把别种光线折射得如此厉害,以致它们进不了观察者的眼睛;这就是初级虹外部和次级虹内部的那些水滴。"⑦

关于虹和色散的早期研究,到牛顿的时候已基本完成了。

明代后期,西方科学传入我国,意大利教士利玛窦来华,就携有三棱镜,作过色散表演。我国的刘蕴德、孙有本、徐瑚等人和比利时人南怀仁合著的《灵台仪象志》(1674年出版),就详细地介绍了外国关于色散的知识,但它的解释有错误⑦。1855年出版的(英)合信译《博物新编》,有"虹霓"一条,说"虹霓者,乃空中雨气,映照日光而成,形成七彩,即日光之本色也。朝西而暮东,常和日相对照。有现一道者,有现两道者,三道四道亦间有之。或以为龙形而分雌雄,或以神物能吸饮食,此皆滑

① 郑太朴《物理学小史》,商务印书馆,1935,第20页。

② K. T. A. Halbertsma,*A History of the Theory of Colour*,1949,p. 18.

③ F. Cajori,*A History of Physics*,1933,p. 28.

④ G. Needham,*Science and Civilisation in China*,1959,Vol. 3,p. 474.

⑤ C. T. Chase 著,杨肇燫译《实验物理学小史》,商务印书馆,第29—30页。

⑥ H. S. 塞耶编《牛顿自然哲学著作选》(中译本),上海人民出版社,1974,第91页。

⑦ 参见李迪"中国古代对色散的认识",《物理》,1976年第3期。

稽之言,君子勿道"①。和我国传统的知识比较,除了把"五色"纠正为"七彩"之外,还直接说出"七彩"是"日光本色"。这是我国古代所不曾明确的。清代科学家郑复光、徐寿、华蘅芳等都对色散现象作了不同程度的研究,但都不尽了了。例如郑复光在其所著《镜镜诊痴》中记载:"三棱镜,其一棱必外出,自一棱至平面是为由薄渐厚,掩映空明,自淡而浓,故生采色……此无大用,取备一理。"②他从棱镜的形状特点去寻求色散现象的原因,还是有一些可取之处。至于说"生采色"是"由淡而浓"的结果,那是错误的。这和他对颜色的理解有关。他以为"凡色,万有不齐,皆可以五色该之,皆可以浓淡概之"③。说"凡色""皆可以五色该之",是承自我国古老的传统认识④;说"可以浓淡概之"是不正确的。所以,郑氏对色散现象解释的出发点就有错误。此外,他说三棱镜"无大用"也未免偏隘。当然,在不了解光的本性的时期,要正确解释色散是不可能的。我国最早正确地介绍近代色散知识的是张福僖翻译的《光论》(出版于 1853 年)。此书对于棱镜的分光、折射、虹以及白光的合成和色盘等均有所叙述;并能正确地用白光在水滴中的折射、反射发生色散的道理,去解释虹的成因⑤,为我国当时的科学界增添了一些新的知识。

综上所述,我国在秦汉以前,只对虹的表象作些朦胧的记载,也试图以阴阳学说加以解释;汉晋以降,由于长期的观察,积累较多的感性知识;唐代对虹的成因初步已有了解,并能以人为方法模拟虹霓现象,构成了虹的研究史上一个突进;五代以迄宋,能把虹现象同自然晶体和液滴的色散联系起来,反映了对虹的色散本质的理解,深入了一大步;明末方以智曾对我国古代的虹和色散知识作了总结性的论述;明末以降,国外科学的色散理论逐渐传来,对虹的成因也作了正确的解释。

(原文载于《自然科学史研究》,1982 年第 3 期)

---

① (英)合信《博物新编》初集,上海墨海书馆咸丰五年木刻本。
② 郑复光《镜镜诊痴》卷四,丛书集成本。
③ 郑复光《镜镜诊痴》卷一,丛书集成本。
④ 我国古代一般都把颜色说成五种,如《淮南子·原道》云:"色之数不过为五,而五色之变,不可胜数也。"这种说法虽然是五行学说的推衍,但似也有了单色光和复色光的观念。但旧说的"五色"是指青、黄、赤、白、黑。白光也算作单色光。这个问题古代当然是无法了解的。
⑤ 张福僖译《光论》,丛书集成本。

狄拉克的科学成就及其思想特色[*]

世界物理学界对爱因斯坦诞辰一百周年纪念活动尚且记忆犹新，又迎来了当代物理学元老狄拉克(P. A. M. Dirac)的八十大寿。

由于狄拉克对现代理论物理学的卓越贡献，大寿来临之前的筹备活动不同寻常。1981年5月，一批美国科学家在洛约勒大学提前举行了庆祝狄拉克诞辰八十周年的科学讨论会。狄拉克在会上第一个发言，当讲到他怎样开始攀登理论物理学高峰时，狄拉克说："我没有试图直接解决某一个物理问题，而只是试图寻求某种优美的数学。"[①]一语道破了他整个学术生涯的主旋律。

1902年8月8日，狄拉克出生于英国的布里斯托尔，早年就显示了出众的数学天赋。在布里斯托尔上中学时，他对于数学的爱好得到了该校当法语教师的父亲老狄拉克的鼓励，自学了一些相当高深的数学著作。

狄拉克的青少年时代，恰逢爱因斯坦声名大噪的全盛时期，不言而喻，爱因斯坦成了他心目中的盖世英雄。他特别钦佩爱因斯坦根据那么少的假设解释那么多的自然问题所用的科学思想方法和"优美的数学"，可以说，狄拉克是怀着对爱因斯坦极端爱戴的心情，在爱因斯坦的影响下，以爱因斯坦为楷模成长的。

中学毕业后，狄拉克进入布里斯托尔大学学习电气工程。1921年获得电气工程理学士学位。但他大学毕业后在电气工程专业方面求职落空，只好放弃这个专业。然而，这段学习生活对他日后的理论工作不无裨益。以近似为特征的工科训练加强了狄拉克以直觉探索理论物理真谛的自信心，他笃信反映自然界基本规律的理论完全能够以优美的数学形式表达出来，并为这种信念始终不渝地求索了半个多世纪。

1923年，狄拉克考进了剑桥大学圣约翰学院研究生院，利用补助金继续攻读深造。在其导师物理学家R. H.福勒的影响下，狄拉克开始闯入理论物理学的领域。由于20世纪初理论物理学界的大好形势，加上个人的勤奋努力，狄拉克进步很快，不出几年，他的学识达到了当时的国际水平，打入了该学科的前沿阵地，加入了为创建现代量子力学而战的一批年轻人的行列。

1925年底，正当德国的波恩、海森堡和约尔当通力合作，为创立矩阵力学绞尽

---

*　本文与闻人军合作。

脑汁之时，狄拉克的脑子里也正踌躇满志地孕育着革命性的想法，海森堡的拓荒性理论一宣布，立刻在狄拉克那里引起了反响。1926 年春，还是研究生的狄拉克在他的第一篇量子力学论文《量子力学的基本方程》中，公布了海森堡理论的一个高度抽象的通则，他以这个量子力学的雏形，作为第一个进见礼，开始在现代理论物理学的殿堂里崭露头角。1926 年，狄拉克获得了哲学博士学位，留校任教，并被任命为圣约翰学院的研究员。在这一年里，他以超群出众的数学才能，将他的理论结果精益求精，到了 12 月，提出了普遍变换理论，把海森堡矩阵力学形式与薛定谔波动力学形式两者统一起来，从而构成了非相对论性量子力学的一个概括性强、逻辑清楚、条理分明的理论体系。

狄拉克对量子物理学发展的最大贡献无疑是相对论性电子理论。他把爱因斯坦的狭义相对论引入了量子力学，建立了有名的狄拉克方程式。通过分析推算，成功地解释了电子的自旋和磁矩的关系等内在性质。特别有意思的是，因为方程的解多一负能量的状态，造成了理论上的严重困难。狄拉克没有回避这一点，而是以严谨的科学态度，深信正确的基本理论的严格的逻辑推论应当是可信的，因此，不惜以大胆的假设来解释这种违背旧的知识框框的推论。经过一年半的深思熟虑，到 1929 年 12 月，终于提出了一个基于令人吃惊的新真空图像的解决方案。狄拉克认为，人们通常所谓的真空，实际上并非一无所有，而是充满了带负能量的电子之"海"。到 1931 年 5 月，他又进一步提出了反粒子即反物质的概念，并预言了它的存在。在 1932 年 8 月，美国的安德森从宇宙射线的威尔逊云室照片中发现了正电子的踪迹，狄拉克的科学预见于是得到了实验的证实。这个生动事例现已作为理论物理学史上最激动人心的篇章之一载入史册。

狄拉克是量子辐射理论的开创者。早在 1927 年，他就从光的波粒二象性出发，通过二次量子化，建立了一种完备的辐射理论，奠定了量子电动力学的基础。量子场论的滥觞则可追溯到狄拉克根据新的量子力学对麦克斯韦关于电磁力场的原始概念重新作的阐述。狄拉克又与费米分别发现了费米—狄拉克统计法，对量子统计物理的发展赞助了一臂之力。

以其一系列创造性成果为背景，年轻的狄拉克踏上了锦绣前程。1932 年，30 岁的狄拉克登上了牛顿曾由此出山的卢卡斯数学讲席教授的宝座。1933 年 12 月，由于他对原子学说的重大贡献，和薛定谔分享了该年度的诺贝尔物理学奖金。他 35 岁方与物理学家维格纳的妹妹完婚。1939 年跻身于英国皇家学会。1947—48 学年及 1958—59 学年，狄拉克曾应邀赴美国新泽西州的普林斯顿高级研究院作短期讲学。1969 年起，就任剑桥大学荣誉教授。1971 年至今，一直担任美国佛罗里达州立大学的物理学教授。

众所周知，爱因斯坦年纪轻轻就才华横溢，为新兴学科的形成立下了丰功伟绩,后期则致力于难见时效的巨大理论问题而引起争议。无独有偶,狄拉克的学术道路正好步了爱因斯坦的后尘。1937年,狄拉克提出了"大数假说",他认为某些物理常数的比率有极大的数值,而且反复出现,可能在自然界中具有特殊的含义。他的解释几乎包含了整个宇宙的历史和演化,并提到了引力正在普遍减弱的可能性。如果说爱因斯坦的统一场论研究的基本思想现已得到广泛的承认,那么科学界对于狄拉克晚期工作的兴趣近年来也在与日俱增。狄拉克与爱因斯坦的相似,并非出于巧合,实质上,狄拉克的科学思想是和爱因斯坦一脉相承的。

狄拉克是爱因斯坦科学思想的优秀继承人。他从不随波逐流,人云亦云,而是具有独特而坚定的哲学立场的物理学家。他的科学思想的核心是美与真的必然统一,在寻求自然界普遍规律的科学实践中逐步成长为一个"坚定的自然科学唯物主义者"②。狄拉克反对那种僵死、烦琐的假科学哲学,他从理论物理学的角度得出:自然界的基本规律"支配着一种基础,而我们如果不引入一些不相干的问题,那是无法了解这种基础的"③。

他最擅长的工作方法是数学型的,即批判性地总结前人的工作,进行抽象提炼和数学加工,直至予以推广。然而他也指出:"数学毕竟只是工具,人们应当学会在自己的思想中能不参考数学形式而掌握住物理概念。"④他在理论上也有过失误,一些假设至今尚未被验证,但在这位物理学家漫长的学术生涯中,累累硕果令人叹为观止。他的名著《量子力学原理》自1930年初版后,到1958年已经重版过三次。在过去的六十年中,他出版了好几本书并发表了数百篇专业论文,提出了一系列的创造性的新思想,如正则量子化、普遍变换理论、含时微扰论、二次量子化、粒子数表象、空穴理论和反粒子概念、路径积分、多时理论、重正化方法、磁单极子、弦模型、不定度规和引力场量子化等等,承前启后,推动了当代理论物理学的迅速发展。一大批著名的物理学家正是在狄拉克创造性思想的引导下或在狄拉克开拓的道路上继续前进而取得杰出的研究成果的。

由于狄拉克增进了人们对原子的了解,从而使控制其习性成为可能,物理学家们甚至把他和爱因斯坦、N.玻尔相提并论。⑤但是狄拉克十分谦逊,他念念不忘爱因斯坦的科学思想对他的启迪,出于对爱因斯坦的敬佩之情,他"走遍了全世界,去参加一个又一个爱因斯坦诞辰一百周年纪念会"⑥。在美国最高科学院举办的爱因斯坦诞辰一百周年庆祝会上,狄拉克将其享有盛誉的预言反物质一事说成是"爱因斯坦狭义相对论的直接结果"⑦。这种谦虚的态度是难能可贵的。

狄拉克热爱科学,追求真理,但性格内向,沉默寡言。据说在狄拉克的孩提时代,他父亲为了使儿子们学会流利地使用法语,硬逼他们用法语交谈,这种严厉的家教养成了狄拉克沉默寡言、善于思考,讲话字斟句酌、用词确切的习惯。狄拉克不爱聊天,喜欢独自工作和散步,但思想极为活跃。近年来,20世纪初开创量子力学的同伴们所剩已经寥寥无几,狄拉克本人也年事已高,但他仍活跃在世界物理学界,关心物理学的发展。狄拉克认为,像 20 和 30 年代那样的理论物理学的丰收时期已经过去,现在面临的物理学问题解决起来更为困难,"完全有可能需要全新的概念"[8],才能有新的大规模突破。他对物理学的未来发展充满了信心,明确指出："我强烈地感到物理学在今天所达到的阶段并不是最后的阶段,它只是我们的自然图像进化中的一个阶段,我们应当预期这一进化过程还要继续下去。"[9]

参考文献

[1]D. E. Thomson,"数学界和物理学界的诞辰庆祝会",《美国科学新闻》,1981年第 42 期,第 11 页。

[2]曹南燕,"狄拉克的科学思想",《自然辩证法通讯》,1982 年第 2 期,第 24 页。

[3]M. A. Guillen,"狄拉克:沉默寡言、善于思考",《美国科学新闻》,1981 年第 42 期,第 15 页。

[4]狄拉克,《量子力学原理》,科学出版社,1965 年。

[5]*Encyclopaedia Britannica*, Vol. 5, 1980, p. 825.

[6]M. A. Guillen,"保罗·狄拉克——善于审美的人",《美国科学新闻》,1981 年第 42 期,第 9 页。

[7]同[6],第 13 页。

[8]Paul Buckley & F. David Peat, *A Question of Physics*, 1979, p. 35.

[9]同[2],第 24 页。

（原文载于《物理通报》,1982 年第 4 期）

张荫麟先生的科技史著作述略[*]

张荫麟先生(1905 年 11 月—1942 年 10 月),笔名素痴,广东东莞石龙镇人。1923 年秋,考入清华学校中等科三年级,曾在该校研究院国学导师梁启超的中国文化史演讲班上听课。是年 9 月,本着"吾爱吾师,吾尤爱真理"的精神,在《学衡》杂志上刊登了《老子生后孔子百余年之说质疑》一文,批评梁先生对于老子的考证。那时张先生还是年仅十八的中学生,《学衡》编者便以为他是清华的国学教授。

1929 年,张先生毕业于清华大学,以官费赴美留学,专攻哲学与社会学。他在与友人书中说:"国史为弟志业,年来治哲学,治社会学,无非为此种工作之预备。从哲学冀得超放之史观与方法之自觉,从社会学冀得人事之理法。"1933 年冬季回国,任清华大学历史、哲学两系副教授,同时在北京大学讲历史哲学课。

卢沟桥事变后,张先生只身脱险南下,应浙江大学之聘,在天目山禅源寺,为新生讲国史。杭州沦陷,张先生辗转返回故里。翌年,赴昆明任西南联合大学教授。1940 年夏,又来遵义山城,再度担任浙大国史教授,宏开讲坛,青年学子如坐春风。1942 年 10 月 24 日,因患肾脏炎,不幸逝世。墓地在遵义老城南门外碧云山上。

张先生兼通文史哲,才识为当代第一流,其生平贡献以史学为最大。所著《中国史纲》(上古篇)一书,被推为当代"历史教科书中最好的一本创作"(陈梦家教授语)。其他学术论著,散见于报章杂志者,不下百万言,多自辟蹊径,开风气之作。

张先生对史学的贡献是多方面的。从青年时代开始,即重视中国科学技术史的研究。盖自近代以来,我国科技落后,为西洋人所轻视,先生有感于此,故特别留意发掘中国古代科技人物及其成就之资料,予以表彰,企图激起国人爱祖国、爱科学的热情,从而有助于我国科技研究事业的振兴。先生有关这方面的某些论文,因发表时间较早,以今天的学术水平来看,似尚不够详备深入,但其筚路蓝缕之功诚不可没。

张荫麟先生的科技史译著已发表的有:

(1)《明清之际耶稣会教士在中国者及其著述——〈近三百年中国学术史〉

---

[*] 本文为徐规、王锦光合撰。本文为纪念张荫麟先生逝世四十周年而作。

附表一校补》

　　　　（《清华周刊》第 300 期,1923 年 12 月）

　　（2）《明清之际西学输入中国考略》

　　　　（《清华学报》第 1 卷第 1 期"创刊号",1924 年 6 月）

　　（3）《纪元后二世纪间我国第一位大科学家——张衡》

　　　　（《东方杂志》第 21 卷第 23 号,1924 年 12 月）

　　（4）《张衡别传》

　　　　（《学衡》第 40 期,1925 年 4 月）

　　（5）《宋燕肃吴德仁指南车造法考》（译）

　　　　（《清华学报》第 2 卷第 1 期,1925 年 6 月）

　　（6）《宋卢道隆吴德仁记里鼓车之造法》

　　　　（《清华学报》第 2 卷第 2 期,1925 年 12 月）

　　（7）《中国印刷术发明述略》（译）

　　　　（《学衡》第 58 期,1926 年 10 月）

　　（8）《九章及两汉之数学》

　　　　（《燕京学报》第 2 期,1927 年 12 月）

　　（9）《中国历史上之奇器及其作者》

　　　　（《燕京学报》第 3 期,1928 年 6 月）

　　（10）《驳朱希祖〈中国古代铁制兵器先行于南方考〉》

　　　　（天津《大公报》图书副刊,1928 年秋）

　　（11）《沈括编年事辑》

　　　　（《清华学报》第 11 卷第 2 期,1936 年 4 月）

　　（12）《中国古铜镜杂记》（译）

　　　　（《考古社刊》第 4 期,1936 年 6 月）

　　（13）《燕肃著作事迹考》

　　　　（《浙大文学院集刊》第 1 集,1941 年 6 月）

他的这些著作,可归纳为下列四类：

第一类,（广义）机械（奇器）：(5)(6)(7)(9)(10)(12)。

第二类,数学：(8)。

第三类,科学家：(3)(4)(11)(13)。

第四类,西学东渐：(1)(2)。

　　从上列著作目录来看,张先生在科技史方面的研究,不仅范围较广,时间较早,而且门类较为集中。再加他的文笔清新流畅,故对后来科技史界影响很大。兹择其要者论述如下：

《中国历史上之奇器及其作者》 此文上起远古,下迄清中叶,对中国古代一些主要"奇器"及其作者加以介绍,确是一篇十分精炼的中国古代机械史略。刘仙洲的《中国机械工程史料》(1936年)、《中国机械工程发明史(第一编)》(1962年)两部书,都在张文之后出版。王锦光的《我国十七世纪青年科学家黄履庄》(《杭州大学学报》自然科学版,1960年1月)一文就是受到此文启发而写成的。袁翰青先生称许张先生此文"虽涉及化学工艺的地方很少,内容却很精彩,值得研究化学史的人们的重视"①。

《沈括编年事辑》 此文是近人全面研究沈括的生平及其贡献的最早著作。张家驹曾推崇此文说:"张荫麟先生的《沈括编年事辑》,倡导了全面探讨这位科学家的先河","张文对沈括生平考订精详,有不少地方,纠正史传的缺失"②。胡道静先生亦称赞此文"搜集事实远过旧史所载,编年也多精确"③。胡先生就以此文为基础,经营补苴,撰成《沈括年谱》,并将年谱摘要,作《沈括事略》,附在所纂《新校正〈梦溪笔谈〉》之末,广为流传。徐规受到《事辑》的启发,曾先后撰有《〈沈括编年事辑〉校后记》(《申报·文史》第13期,1948年3月6日)、《沈括生卒年问题的再探索》(《杭州大学学报》哲学社会科学版,1977年第3期)、《沈括"官于宛丘"献疑》(同上,1979年第1、2期合刊)以及《〈梦溪笔谈〉中有关史事记载订误》(《宋史研究论文集》,《中华文史论丛》增刊,上海古籍出版社,1982年1月)等文。

《燕肃著作事迹考》 燕肃是宋代卓越的科学家,在科学上的贡献是多方面的,前人未尝注目及此。张先生这篇文章是首创之作,日人寺地尊认为此文"对燕肃的研究有卓越成绩"④。徐规曾对此文加以校补,王锦光在这些基础上写出了《宋代科学家燕肃》(《杭州大学学报》哲学社会科学版,1979年第3期)一文。

《纪元后二世纪间我国第一位大科学家——张衡》和《张衡别传》 此两文全面介绍了张衡的生平及其科学贡献,约八年后,孙文青发表《张衡著述年表》(《师大月刊》,1933年1月)和《张衡年谱》(《金陵学报》第3卷第2期,1933年11月)。王振铎先生有关"奇器"的论文与复制工作,也是受到张先生的启发的。

《明清之际西学输入中国考略》 这是张先生在清华学校求学时所写的。它较详细地介绍了明万历中叶至清乾隆中叶西学东渐的概况,文末附录《明清之际来华西士之西学输入之有关者及输入西学之著作表》,是张先生根据日人的表格加以增改而成,参考价值较高。周昌寿的《译刊科学书籍考略》(见《张菊生先生七十生日

---

① 袁翰青:《中国化学史论文集》,生活·读书·新知三联书店1956年版,第25页。
② 张家驹:《沈括》,上海人民出版社1978年版,第2页。
③ 沈括撰、胡道静校注:《新校正〈梦溪笔谈〉》,中华书局1957年版,第343页。
④ (日)寺地尊撰、姜丽蓉译:"唐宋时代潮汐论的特征",《科学史译丛》,1982年第3期,第79页。

纪念论文集》,1937年)及方豪的《明季西书七千部流入中国考》(1937年初稿)、《明清间译著底本的发现和研究》(1947年初稿,以上两文均收入《方豪文录》,1948年5月北平版),皆在其后问世。最近中国科学院自然科学史研究所王冰的硕士论文《明清时期西方近代物理学传入中国概况》也参考了张文。

张先生的科技史著作,国外科技史界也很重视,例如英国李约瑟博士的巨著《中国科技史》就参考了下列诸文:《明清之际西学输入中国考略》《中国历史上之奇器及其作者》《九章及两汉之数学》《纪元后二世纪间我国第一位大科学家——张衡》《宋燕肃吴德仁指南车造法考》《宋卢道隆吴德仁记里鼓车之造法》等。

今秋,适逢张先生逝世四十周年,我们是老浙江大学文、理学院(即今杭州大学的前身)的学生,故特草此文,以资纪念。

（原文载于《杭州大学学报》,1982年第4期）

《考工记》*

　　《考工记》是我国先秦时期不可多得的手工艺专著。篇幅不长,全文约 7100
字,但内容相当丰富。其作者不详,至迟战国时期已经广泛流传。郭沫若的《〈考工
记〉的年代与国别》一文,认为它是春秋末年齐国的官书。学术界众说纷纭:有的认
为成书于战国初期,有的说是战国后期,还有人以为它是战国阴阳家所作,甚至有
人说它是汉代人的伪作。《考工记》采用齐国的度量衡制度,引用齐国方言,记载内
容与战国时期、特别是战国初期的出土文物资料大体符合。据此,《考工记》是战国
初期齐国人所作的可能性较大。

　　现存的文献著录始于《汉书·艺文志》的《周官经六篇》。相传西汉河间献王刘
德因《周官》六官(天、地、春、夏、秋、冬)缺《冬官》篇,遂以此单行之书补入。刘歆时
改《周官》名《周礼》,故亦名《周礼·冬官·考工记》。由于这个机缘,《考工记》在经
书中占据了一席之地,得以留存。《周礼》有多种版本,唐朝的开成石经拓本最古,
而以《四部丛刊》本为善。

　　《考工记》开首叙述所谓"百工之事"的由来和特点,列举"攻木之工"七(轮、舆、
弓、庐、匠、车、梓)、"攻金之工"六(筑、冶、凫、㮚、段、桃)、"攻皮之工"五(函、鲍、韗、
韦、裘)、"设色之工"五(画、缋、钟、筐、帻)、"刮摩之工"五(玉、榔、雕、矢、磬)、"抟埴
之工"二(陶、瓬),共计三十个工种,包括了当时官营手工业和家庭小手工业的主要
部分。由于原书曾经散佚,西汉重新问世后,有人加以整理,由古文(六国文字本)
易为今文(汉隶本)。所以其中的"段氏""韦氏""裘氏""筐人""榔人"和"雕人"条文
已阙,仅存名目;《考工记》各工种的叙述次序根据各条留存字数多寡有所调整;且
"舆人为车"条之后衍出"辀人为辀"条;故实际上记述了二十五个工种的具体内容。
分述如次:

　　《考工记》首先介绍了木制马车的总体设计,并在"轮人""舆人"和"辀人"条中,
详细记载了木车四种主要部件轮、盖、舆、辕的情形。涉及车轮的制造工艺及"规"
"万""水""悬""量""权"六种检验车轮质量的方法,体现了先秦时期手工艺制造之
进步。作者间或作些简单的力学分析。例如:关于曲辕的形制及优缺点,它还提到

---

*　本文与闻人军合作。

"马力既竭，辀犹能一取焉"。这是我国古籍中关于物理学的惯性现象的最早记载。《考工记》中不少地方都反映了力学知识的萌芽。在"车人"条中，叙述了古农具未和木制牛车的形制，并叙述了"矩"（直角）、"宣"（45°角）、"欘"、"柯"、"磬折"等一整套当时工程上实用的角度定义，后者组成了我国古代数学史的一部分。

由于春秋战国时期战事频繁，兵器制造在手工业中据有突出的地位。《考工记》在"冶氏""桃氏""矢人""庐人"和"弓人"条中，以较多篇幅记载了多种兵器，如：矢、戈、戟、剑、殳、矛和弓的形状、大小及结构特点，尤以弓、矢的制作工艺较为详备，其中有精彩的力学分析，首开了空气动力学的先河。

《考工记》"玉人""梓人""陶人""瓬人"和"筑氏"条主要记述玉圭、射侯等礼器以及笋虡、甒、盆、甑、鬲、庾、簠、豆、勺、爵、瓠和削等诸器的形制及有关情况，加上《考工记》开首对于社会分工的描述，是研究先秦社会制度、生活、礼制等各种情况的参考资料。"凫氏""韗人"和"磬氏"条记载了钟、鼓和磬三种乐器的制作规范和声学特性，对于音乐和声学的发展作出了贡献。"匠人"条记载夏、商、周三代，特别是周代的都城、宫室建筑规划和沟洫水利设施的情形，并为探索井田制的发展留下了宝贵资料。它还记述了"水地以县、置槷以县"、"昼参诸日中之景，夜考之极星"的原始测量术，被后世《营造法式》奉为楷模。

《考工记》"函人""鲍人""画""缋""钟氏"和"慌氏"条记载有关制革、染色、涷丝等工艺知识，是研究先秦化工史、纺织史等方面的原始资料。"桌氏"条记载标准量器——鬴的形制及其铸造工艺，王莽新朝的嘉量即以此为据，对于度量衡史的研究有相当价值。《考工记》中将商、周以来积累的青铜合金中铜、锡配比的知识归纳为"金有六齐"，即："六分其金而锡居一，谓之钟鼎之齐；五分其金而锡居一，谓之斧斤之齐；四分其金而锡居一，谓之戈戟之齐；叁分其金而锡居一，谓之大刃之齐；五分其金而锡居二，谓之削杀矢之齐；金锡半，谓之鉴燧之齐。"众所周知，这是世界上最早的关于青铜合金成分比例的系统著录。

《考工记》对后世的手工艺制作以及度量衡、建筑等有较大影响。历代注释《周礼》的经学家对它的研究史不绝书。早期以东汉郑玄的注、唐朝贾公彦的疏为著，合刊于《周礼注疏》之中。清代朴学兴起、一代名流戴震删节汉唐诸家注疏，自撰补注，并将《考工记》礼乐诸器、车舆、宫室及兵器之制，分别绘图 59 幅，于 24 岁时著成《考工记图》，9 年后刊行于世。1955 年 11 月，上海商务印书馆出版了它的平装本。戴震的同学程瑶田所著的《考工创物小记》，研究亦有特色。清末孙诒让的《周礼正义》则集前人研究《周礼》之大成，为后学者提供了入门的捷径。

近几十年来，国内外始以现代科学的观点研究《考工记》，现在仍属开创阶段。最近，联合国教科文组织正在筹划把它译成六种联合国通用的工作语言（英、法、俄、西班牙、阿拉伯文以及中文的现代汉语译文）。此书反映了我国青铜时代所达到的科学技术和工艺水平。它和《墨经》一起,成了在先秦时期科学技术和自然科学两大领域中交相辉映的两颗明珠,是研究我国古代科学技术的重要文献。

（原文载于《文史知识》,1982 年第 4 期）

物质波理论的创始人——德布罗意[*]

1924 年 11 月，巴黎大学举行了一场不同寻常的博士考试。尽管应试的年轻人发表了令人难以接受的新见解，但考试委员会成员们被应试者的聪明和勇气所感动，为他的大胆假说——物质波理论打开了绿灯。众所周知，物质波就是德布罗意波，这位应试者的名字将永远和物质波紧紧地联系在一起。

出击之前

1892 年，路易·德布罗意出生于法国迪埃普的公爵门庭。他在德赛利中学读书时，就显示了出众的文学才华而引人注目。18 岁时获得巴黎大学历史学士学位，接着又学习法律。年轻有为的德布罗意尚无一点迹象表明他日后会成为著名的物理学家。

但 20 世纪初物理学界一个又一个的重大发现，首先吸引了他的哥哥莫理斯·德布罗意献身于实验物理学。在哥哥的影响下，他开始对普朗克、爱因斯坦等人的工作有所了解，逐渐为之神往。大约 20 岁时，德布罗意放弃了关于 18 世纪初期法国内政问题的学位考试，转而学习理科。不出两年，即已成为理科学士。

大幕笼罩的物理世界，迷雾重重。道道难题，对勇敢的年轻人是多大的诱惑！德布罗意踌躇满志，但究竟从何处投足学步是好呢？他是有自知之明的。德布罗意自度"有纯理论家的气质，而不是实验工作者和工程师的材料……"^①他有志于探索物理学的纯概念王国，但是第一次世界大战的爆发，却把他从物理学的理论天地推向了技术舞台。大战期间，他在埃菲尔铁塔上的军用无线电报站里服役了 6 年。不言而喻，有关无线电波的知识给他留下了深刻的印象。

战争结束后，德布罗意退伍回到哥哥的私人实验室里去工作。他们互相配合，共同研究 X 射线摄谱学……实际上，这些实验工作为德布罗意的抽象思维提供了必要的实验基础。

创立理论

关于光是粒子还是波的历史争论，自牛顿、惠更斯各树一帜之后，菲涅耳、麦克

---

* 本文与闻人军合作。本文为祝贺德布罗意九十寿辰而作。

斯韦和赫兹等人的工作,有力地支持了光的波动说;而1905年爱因斯坦对赫兹所发现的光电效应的解释,又使光的微粒说夺回了部分阵地。虽然爱因斯坦等物理学家都还没有发现物质的波粒二象性的真谛,但光的波粒二象性已经是毋庸置疑的了。

物理学界前辈们的辛勤开拓,为后继者的探索扫清了道路。正当现代物理学面临重大突破之际,具有求美眼光的德布罗意不失时机地脱颖而出。他大胆地猜想,力学和光学的某些原理之间存在着某种类比关系,并试图在物理学的这两个领域内同时建立一种适应两者的理论。在1922年,以发表关于黑体辐射的论文为标志,德布罗意向前迈出了重要的一步。值得庆幸的是,对量子论的兴趣引导他朝着将物质的波动方面和粒子方面统一起来的正确方向继续前进。若干年后,功成名就的德布罗意回忆往事时披露说:"(那时候)我开始有了那种想法——不过它尚未诞生,我可能不敢讲出来——但我心中已经开始孕育它。"[②]到了1923年夏天,德布罗意的思想突然升华到一种新的境界:能否把光的波粒二象性推广到物质粒子?他特别考虑了电子的波粒二象性问题。从这年秋天起,他关于物质波的创造性思想不断地流露出来,而在1924年的博士论文《量子论研究》中,把这种新观点表达得更为明确。

德布罗意富于革命性的想法,最初并未被人重视。但在他的导师郎之万将论文的复印本寄给了爱因斯坦后,事情起了戏剧性的变化。[③]因为爱因斯坦在科学上有超人的美学素养,一向爱好对称的观点,认为物理世界归根结底应该是和谐的,所以对德布罗意的想法产生了共鸣。加上爱因斯坦本人当初为了使他的同行心悦诚服地接受光子的波粒二象性曾颇费周折,他给了德布罗意有力的支持,称赞他已经"揭开了大幕的一角"[④],而且还向其他同行一一呼吁,不要小看这位小将的工作。

德布罗意的假设成了波动力学的思想基础。当1926年薛定谔发表他的第一篇波动力学论文时,曾坦然表示:"这些考虑的灵感,主要归因于德布罗意先生的独创性的论文。"[⑤]然而,直到1927年,美国的戴维逊和革末以及苏格兰的G.P.汤姆逊的电子衍射实验,才从实验上各自证实了电子波的存在。至此,德布罗意的理论作为由大胆假设而胜利成功的例子受到了广泛的赞赏,从而使他获得了1929年度的诺贝尔物理学奖金。

成名之后

1928年,巴黎大学欢迎名扬四海的德布罗意回母校任教。1932年又将其晋升为理学院理论物理学教授,并一直留任到1962年退休为止。他于1933年进入法国科学院,1942年起任该院永久秘书,1944年当选为法兰西学院院士。德布罗意还享有英国皇家学会外国会员的荣誉。

创立物质波理论之后，他主要从事于量子电动力学和基本粒子理论的研究。1943 年出版《粒子自旋总论》，在这本书中提出过一种处理具有高自旋的基本粒子问题的"熔解法"[6]。德布罗意始终对现代物理学的哲学问题感兴趣，喜欢将理论物理学、科学史和自然哲学问题结合起来考虑。在寻求量子力学的合理解释的学术争鸣中，他曾是哥本哈根学派的有力对手之一。在《非线性波动力学》(1956)等著作中，他也为探讨统计物理学的因果律的哲学解释作过不少努力。

德布罗意是享有盛名的理论物理学家，但对于科学普及也颇为热心。他的著述中有相当一部分是介绍现代物理学知识的优秀读物，即使年迈仍乐此不疲。直到 1968 年，还有《电磁波和光子》等著作问世。为了表彰他在科普方面的贡献，1952 年联合国经社理事会曾授予他 Kalinga 奖金。

德布罗意是出生于 19 世纪的硕果仅存的物理学元老，到今年 8 月 15 日已经整整 90 岁了，现在正在安度晚年。此时此刻，世界物理学界无不祝愿这位老前辈青春常在，健康长寿。

参考文献

①*Encyclopaedia Britannica*，1980，Vol. 3，p. 323.

②③④⑤ H. A. Medicus, "Fifty years of matter waves", *Physics Today*, Feb. 1974.

⑥Louis de Broglie, *Théorie Générale des Particules a Spin*，1943.

（原文载于《大学物理》，1982 年第 8 期）

中国古代的热学知识 *

　　热现象,由于对人类生活本身有着极为密切的关系,所以从很古的时候起,就受到了我国劳动人民的高度重视。

　　对热现象最初的研究,主要侧重在两个方面,一是对天气寒暑的观察,二是对火的利用。前者使人们具备了初步的温度观念,这一点反映在汉字之中,至少已有四个温度等级,即寒、凉、温和热。薄寒为凉,渐热为温。这四个字主要是根据人对温度的感觉而确定的。后者使人们逐渐丰富了高温现象的知识,并将这种知识广泛运用于生产之中。

　　温度,是冷热程度的一种数值表示,而温度的测量,则是热学中第一个重要的问题。在古代,人们不可能从真正科学的意义去测定温度,而只能凭直观的感觉。但是在两千多年以前,人们已经掌握了两个较为恒定的温度标准,即冰点和人的体温。有了这两点作参照,人们的温度概念更加具体了。《淮南子·兵略训》说:"处堂上之阴而知日月之序,见瓶中之冰而知天下之寒暑。"《吕氏春秋·察今》讲道:"审堂下之阴而知日月之行,阴阳之变;见瓶水之冰而知天下之寒,鱼鳖之藏也。"从这两段记载中,可以看到,早在春秋战国时期,人们在瓶中盛水、盛冰或冰水混合物,观察冰的熔解或水的冻结,来测定气温的变化,已经成为较普遍的办法了。在一定意义上说,此可谓温度计的最早雏形。用体温为标准来测量温度,最早见于南北朝时期北魏贾思勰(公元5世纪末—6世纪中叶)的《齐民要术》。在该书《养羊》篇的"作酪法"中提到要使酪的温度"小暖于人体,为合宜适"。在"作豉法"中更提到"大率常欲令温如腋下为佳","以手刺豆堆中候看,如腋下暖"。腋下的体温,为人体各部分中较为稳定的,懂得用人体腋下体温作标准,在当时是难能可贵的。人的体温近乎恒定,其他高等动物的体温也近乎恒定,这一点也被人们注意到了。宋代著名诗人苏轼(1037—1101)在《惠崇春江晚景》一诗中写道:"竹外桃花三两枝,春江水暖鸭先知。蒌蒿满地芦芽短,正是河豚欲上时。"这"春江水暖鸭先知"一句,正是说,当春天江水变暖的时候,鸭子由于本身体温恒定而最先感觉到。

　　真正可以称得上温度计一类的东西,我国自制较晚。据《虞初新志》中记载,清初科学家黄履庄曾在1683年以前制作过"验冷热器","此器能诊试虚实,分别气

---

　　* 本文与薄忠信合作。

候"。这可能是空气温度计的一种。后来的黄超(18 世纪下半叶—19 世纪上半叶)及其女儿黄履也曾制过温度计。这些都是在伽利略(1564—1642)制造温度计之后出现，是受西方影响的。

高温技术在我国古代是较为先进的。《墨经》中已谈到对火热的研究。《经下》中说："火热。说在顿。"《经说下》又进一步解释："火，谓'火热'也，非以火之热我有。若视日。"这两段话的意思是说，火的热性是聚于火体的，而火体的温度是逐渐升高的。《考工记》中，更进一步谈到火色跟温度的关系："凡铸金(青铜)之状，金(铜)与锡，黑浊之气竭，黄白次之；黄白之气竭，青白次之；青白之气竭，青气次之，然后可铸也。"根据现代科学原理，可以解释这段记载是确实的。焰色的演变次序跟青铜合金的气态金属原子的发射光谱有关；还与黑体辐射的背景有关。杂质锌的气态原子在高温下燃烧生成白色氧化锌，构成了白烟的主要成分。在 1200℃左右，锌将彻底挥发，所以白烟消竭。此时炉温已够高，可以用来烧铸了。

道教徒们在炼丹的实践中，掌握了养、煮、炼、锻、炙等多种加热方法，而控制火候，则是炼丹的重要环节之一。因此晋代葛洪(283—363)在《抱朴子》一书中，曾多次论述到掌握火候即控制温度的措施。到了明代，人们在生产中控制火候的技术已经十分成熟。宋应星在《天工开物·陶埏》中讲到制砖技术时说："凡烧砖，有柴薪窑，有煤炭窑。用薪者出火成青黑色，用煤者出火成白色。凡柴薪窑，巅上偏侧凿三孔以出烟，火足止薪之候，泥固塞其孔，然后使水转锈。凡火候少一两，则锈色不光。少三两，则名'嫩火砖'，本色杂现，他日经霜冒雪，则立成解散，仍还土质。火候多一两，则砖面有裂纹。多三两，则砖形缩小拆裂，屈曲不伸，击之如碎铁然，不适于用。"这里用"两"来度量火候，实际是用来度量温度的。

热的传播是热学的重要内容之一。对此，我国古代也具备了相当丰富的知识。早在殷商时期，古人就利用金属善于传热的特性，用青铜制造了各式各样的温酒器具，如斝(读 jiǎ，甲)、盉(读 hé，禾)等。到了周朝，人们已经知道用冰来冷藏食物，修建"冰室"。《周礼》中的"凌人"，就是专门管冰的官员。汉代的王充(27—97)，才学横溢，对热学有着十分可取的见解。他在《论衡·感虚篇》中指出："夫燂(读 hàn，汉)一炬火，爨(读 cuàn，篡)一镬水，终日不能热也；持一尺冰，置庖厨中，终夜不能寒也。何则？微小之感，不能动大巨也。"他懂得热是可以传播的，但到一定程度，温度就不会变了。什么道理呢？"微小之感不能动大巨也"。实际上，那是由于达到热平衡了。热是怎样传播的呢？他在《寒温篇》中指出："夫近水则寒，近火则温，远之渐微。何则？气之所加，远近有差也。"这里，显然是指辐射和传播，那传播的承担者，王充称之为"气"。王充已经认识到，在一热源周围，温度的分布是不同的，离热源较近的地方温度高，离热源较远的地方温度低。这是合乎实际的。根据热的传播原理，有人设计制造保温器，其中最精彩的当算"伊阳古瓶"，这一器具载于南宋洪迈(1123—1202)的《夷坚甲志》，书中写道："张虞卿者，文定公齐贤裔孙，居西京伊阳县小水镇，得古瓦瓶于土中。色甚黑，颇爱之。置书室养花，方冬极寒，一夕忘去水，意为冻裂，明日视之，凡他物有水者皆冻，独此瓶不然。异之，试之以汤，终日不冷。张或为客出郊，置瓶于箧，倾水渝(读 yuè，跃)著，皆如新沸者。自是始知秘，惜后为醉仆触碎。视其中，与常陶器等，但夹底厚二寸。有鬼热火以燎，刻画其精。无人能识其为何时物也。"这实际上就是最早的保温瓶(热水瓶)，其保温的原因，是有夹底，即两个底之间有空气层两寸，防止了热的传导。此瓶在南宋时已为出土物，连当时人也不知何时物，大概年代颇为久远。明代的方以智(1611—1671)对热的传播的观察也十分细致。他在《物理小识》中记载："冰在暑时以厚絮裹之，虽置日不化，惟见风始化。"这是防止热的辐射来保证低温，这方法至今还被人们采用。在《物理小识》中还有一条记载："以针插地，雪时遍满而此处独化。"这道理，自然是针为热的良导体的缘故。

中国古代的热学知识中，对物态变化也已有相当深入的研究，许多著作记载了这方面的成就。

（原文载于《物理教学》，1982 年第 5 期）

史学家张荫麟的科技史研究[*]

1920 年春，梁启超先生欧游归来。1922 年执教于清华学校，后与王国维先生同任清华大学研究院的国学导师。门墙之下，涌现了一批后起之秀，张荫麟先生（1905 年 11 月—1942 年 10 月）就是其中一个佼佼者。

张先生笔名素痴，广东省东莞县人。他"兼通文史哲，才识为当代第一流，其生平贡献以史学为最大"。除素负盛名的历史教科书《中国史纲》（上古篇）之外，刊布于报章杂志的学术论著，不下百万言，而且"多自辟蹊径，开风气之作"[①]。张先生对史学的贡献是多方面的。他从青年时代开始，就重视中国科学技术史的研究，是我国科技史早期研究的先驱之一。本文着重对张先生的中国科技史探索历程作一介绍。

1923 年秋，张先生进入清华学校中等科三年级，勤奋学习，追求真理。他读到梁先生考证《老子》一书的文章，颇有异议，就写出《老子生后孔子百余年之说质疑》一文，问难于梁先生。同年 9 月发表在南京的《学衡》杂志上，开始在史学界崭露头角。

梁先生在清华开讲"近三百年中国学术史"，引起了张先生对明清之际西学东渐的兴趣。1923 年底，张先生对《近三百年中国学术史》"附表一"——《明清之际耶稣会教士在中国者及其著述》（此表采自日人稻叶君山的《清朝全史》）进行校订，"改正二十余事"[②]，写成《明清之际耶稣会教士在中国者及其著述——〈近三百年中国学术史〉附表一校补》，刊登在《清华周刊》第 300 期（1923 年 12 月）上。这是张先生科技史研究的处女作。

接着，他继续深入研究西学东渐，撰写《明清之际西学输入中国考略》。张先生表示："兹篇之职务，在整理第一期西学输入之史迹，而说明其与我国学术界之关系。"[③]此文较详细地介绍了明万历中叶至清乾隆中叶西学东渐的概况。又参引梁先生的《清代学术概论》（1920 年）和《近三百年中国学术史》（1924 年整理出版时改称为《中国近三百年学术史》），以及清华大学算学教员郑芝蕃的观点，初步讨论了"清代科学不盛之原因"。他还指出："惜乎此期输入之西学，其于我国学术界之重要影响，仅在研究范围之增加（仅天文学及数学），古籍之整理，及治学方法之改进，而终不能发展我国之科学思想，以与远西并驾也。"[④]文末附录《明清之际来华西士

---

[*] 本文与闻人军合作。

之与西学输入有关者,及其输入西学之著作表》,是张先生在《〈近三百年中国学术史〉附表一校补》工作的基础上,又据亨利·科尔第尔(Cordler,Henri)1906年的著作加以增改,并增补输入西学之著作的成书年代和参加合译的中方人员,精心编成的。张先生对西学东渐的研究,促进和推动了后继者的工作。周昌寿的《译刊科学书籍考略》(收入《张菊生先生七十生日纪念论文集》,1937年)以及方豪的《明季西书七千部流入中国考》(1937年初刊)、《明清间译著底本的发现和研究》(1947年初刊)、《明清间西洋机械工程学物理学与火器入华考略》(1953年初刊)(以上三文都收入《方豪六十自定稿》,1969年6月台湾地区版),都是在其后问世的。最近,中国科学院自然科学史研究所王冰的硕士论文《明清时期西方近代物理学传入中国概况》,中国科学院《自然辩证法通讯》杂志社金观涛、樊洪业、刘青峰的学术论文《科学技术结构的历史变迁——二论17世纪后中国科学技术落后于西方的原因》("中国近代科学技术落后原因"学术讨论会,1982年10月),也参考或引用了张文。

此文登在《清华学报》创刊号(1924年6月)上。张先生是这期学报撰述人中唯一的学生,当时还不满19岁,已经与宿将梁启超和新秀萨本栋等先生一起驰名于清华园内外。《清华学报》第1至第3卷曾辟有"撰著提要"栏,"以便求学之士,于比较的短时间内可以阅览出版界的几种重要论著,或者于各类有系统的研究,不无小补"⑤。提要都由学生来写,张先生当仁不让,成了"撰著提要"栏文学哲学史地类的主要撰稿人。借此机会,他涉猎了大量的报刊资料,开阔了自己的视野,在科技史研究中也时有创获。

1924年12月,张先生发表了白话体的《纪元后二世纪间我国第一位大科学家——张衡》(《东方杂志》第21卷第23号),接着又作《张衡别传》(《学衡》第40期,1925年4月)。此两文全面介绍了张衡的生平及其科学贡献。关于著述动机,张先生说:"讲到科学,我们中国真是'瞠乎其后'了。……但是,我们只要努力,不要自馁。试拿我们的科学史和西方的科学史一比较,在十三四世纪以前,我国也未尝'独后于人'。……我们努力啊!现在把我们的科学史抄出几页来和大家看看,或者也可以鼓起我们的勇气去努力。"说到浑天仪,张先生提议:"我们还可以依他的方法重造一个。海内仪器家何不试试?"⑥在张先生的启发和推动下,国内外学术界对张衡的研究进一步展开。约八年后,孙文青发表《张衡著述年表》(《师大月刊》,1933年1月)和《张衡年谱》(《金陵学报》第3卷第2期,1933年11月)。新中国成立后,张衡的地动仪也由王振铎先生复制成功。

1924年12月,张先生撰文介绍了文圣举翻译的《指南车与指南针无关系考》(《科学》第9卷第4期,1924年4月)一文。他说:此篇"述日本山下博士之说,谓黄帝、周公造指南车之事不可信。其足徵者,则有后汉张衡,三国马钧,后秦令狐生,北齐祖冲之,唐金公立,宋燕肃、吴德仁诸人,皆尝制指南车。燕肃之制法见《宋史·舆服志》，其内部构造称述颇详。"⑦张先生对指南车的研究由此开端。

英国人莫尔(A. C. Moule)在 1924 年发表了《中国的指南车》(*Toung Pao*,《通报》第 32 卷第 2、3 期合刊)一文，张先生就将它翻译出来，改题目为《宋燕肃吴德仁指南车造法考》，刊载于《清华学报》第 2 卷第 1 期(1925 年 6 月)。他又由指南车联想到记里鼓车，觉得卢道隆、吴德仁的记里鼓车造法，历史记载极不明晰完备，"近西儒之谈《宋史》者，尝苦其难解。愚既译 A. C. Moule 氏之《宋燕肃吴德仁指南车造法考》，尝师其图解指南车之法，以研究记里鼓车，颇觉其造法大纲，尚可推寻"⑧。于是将研究心得写成了《宋卢道隆吴德仁记里鼓车之造法》，登在《清华学报》第 2 卷第 2 期上。1937 年，王振铎先生进一步制成模型，并作《指南车记里鼓车之考证及模制》一文，发表于《史学集刊》第 3 期(1937 年)。后来，刘仙洲先生又继续作了新的研究工作，撰有《中国在传动机件方面的发明》(《机械工程学报》第 2 卷第 1 期,1954 年 7 月)等著作。四川大学卢志明的《中国古代指南车的分析》(《四川大学学报》哲学社会科学版,1979 年第 2 期)一文，也提到了张先生的译文。卢同志指出要使指南车的指向性能合理，唯有采用行星齿轮的差速传动机构。他按照指南车指向性能的要求设计了三种型式，并制成一种机械模型，做过实验，结果符合指向性能要求；但是他的设计方案过于繁杂。近年，上海机械学院颜志仁制成了一种差动式指南车，并发表《指南车》(《中学科技》1982 年第 6 期)一文，介绍了一种指南车的原理。国外研究中国古代的指南车开展较早，也进行了模制。例如，英国博物馆中就陈列着中国指南车的模型。

美国哥伦比亚大学汉文教授卡特(T. F. Carter)，于 1925 年 6 月出版《中国印刷术之发明及其西传》(*Invention of Printing in China and Its Spread Westward*)这一影响较大的专著，荷兰莱登大学汉文教授杜文达克(J. J. L. Duyvendak)摘要加以评赞，题名为 *Coster's Chinese Ancestors*，登载在燕京华文学校所出的杂志 *The New Mandarin* 第 1 卷第 3 号(1926 年 6 月)上。张先生将它译成中文，以"中国印刷术发明述略"为题，发表于《学衡》第 58 期(1926 年 10 月)。张先生在译文之后以"译者按"的方式补充了一条关于雕版印刷的重要史料，即唐朝司空图的《为东都敬爱寺讲律僧惠确化募雕刻律疏》，并由此推论了我国雕版印刷源流的几个问题。

在《清华学报》第 3 卷第 2 期(1926 年 12 月)的"撰著提要"栏中，张先生撰文介绍了马衡先生的《中国书籍制度变迁之研究》(《图书馆学季刊》第 1 卷第 2 期,1926 年 6 月)。同时也介绍了李俨先生的《中算输入日本之经过》(《东方杂志》第 22 卷第 18 号,1925 年 9 月)，开始涉足数学史的研究领域。

1927 年，张先生对中国数学史有所发现，作《九章及两汉之数学》(《燕京学报》第 2 期,1927 年 12 月)一文。这是张先生传世的唯一的数学史论文，文中借鉴并引用了李俨先生和钱宝琮先生的一些研究成果,对某些史实作了新的考证。

在张先生的科技史论文中,最重要的莫过于 1928 年之《中国历史上之奇器及其作者》("奇器"为广义的机械)。此时张先生对中国科技史造诣日深,发现"自秦汉以降,新异之发明,不绝于史。其间亦有少数伟大之'创物'者,至少亦足与西方亚奇默德(今译阿基米德)、法兰克林(今译富兰克林)之流比肩,而于世界发明史上占重要位置焉"。他说:"以科学态度,考察先民在发明史上成绩,亦史家应有之责任。"⑨张先生有感于此,就写定这篇论文。此文上起远古,下迄清中叶,对中国古代一些主要"奇器"及其制造者加以介绍,实为较早的一部中国古代机械史略。同时,张先生也指出:"本篇实非完满之历史,不过聊供他日科学史家采撷之原料而已。"⑩事实上,我国科学史工作者得益于此文之启发者不知凡几。刘仙洲先生的《中国机械工程史料》(1936 年)和《中国机械工程发明史(第一编)》(1962 年)两部书,荆三林先生的《中国生产工具发达简史》(1955 年),都在张文之后出版。王锦光受到他的启发,写了《我国十七世纪青年科学家黄履庄》(《杭州大学学报》自然科学版,1960 年 1 月)。袁翰青先生称许张先生此文"虽涉及化学工艺的地方很少,内容却很精彩,值得研究化学史的人们的重视"⑪。张其昀的专著《中华五千年史》第二册(台湾华冈出版有限公司,1961 年 5 月初版,1976 年 9 月 6 版)曾引用了张先生此文的内容。

清华大学历史系教授朱希祖在《清华学报》第 5 卷第 1 期(1928 年 6 月)上发表了《中国古代铁制兵器先行于南方考》一文。当时还是清华学生的张荫麟随即作《驳朱希祖〈中国古代铁制兵器先行于南方考〉》(天津《大公报》图书副刊,1928 年秋)开展争鸣。具体论点的是非短长暂且不论,张先生这种不怕权威、坚持真理面前人人平等的勇气是十分可贵的。

1929 年,张先生自清华大学毕业,以官费赴美留学于斯丹福大学,专攻哲学和社会学,其间曾往加州大学作过短期研究。1933 年冬,回国任清华大学历史、哲学两系副教授,同时在北京大学讲历史哲学课。自此至抗战前这段时间,张先生又作《沈括编年事辑》(《清华学报》第 11 卷第 2 期,1936 年 4 月),译《中国古铜镜杂记》(《考古社刊》第 4 期,1936 年 6 月)。沈括是我国历史上一位卓越非凡的科学家。直至近代,他的学术成就才逐渐引起中外学者的注意。日本三上义夫的《支那数学の特色》(《东洋学报》第 15 卷第 4 号,1925 年),王光祈先生的《东西乐制之研究》(中华书局,1926 年 1 月),竺可桢先生的《北宋沈括对于地学之贡献与纪述》(《科学》第 11 卷第 6 期,1926 年),以及朱文鑫先生的《天文考古录》(1933 年),都作过专门性的研究,就使沈括以《梦溪笔谈》中的科学知识见称于世。张先生阅读了竺先生等人的文章后,致力于搜集沈括的传记材料,"乃知斯人之伟大实远过其名"⑫,写成《沈括编年事辑》,为近人全面研究沈括的生平及其贡献的最早著作。

张家驹先生曾推崇该文说："张荫麟先生的《沈括编年事辑》，更倡导了全面探讨这位科学家的先河。张文对沈括生平，考订精详，有不少地方，纠正了史传的缺失。"[13]胡道静先生也称赞此文"搜集事实远过旧史所载，编年也多精确"[14]。胡先生以张文为基础，对沈括生平又作了进一步考订，撰成《沈括年谱》，并将年谱摘要，作《沈括事略》，附在所纂《新校正〈梦溪笔谈〉》书末，广为流传。徐规先生受业师张先生《沈括编年事辑》的启发，曾先后撰有《〈沈括编年事辑〉校后记》（《申报·文史》第13期，1948年3月6日）、《沈括生卒年问题的再探索》（《杭州大学学报》哲学社会科学版，1977年第3期）、《沈括"官于宛丘"献疑》（同上，1979年第1、2期合刊）以及《〈梦溪笔谈〉中有关史事记载订误》（《宋史研究论文集》，《中华文史论丛》增刊，上海古籍出版社，1982年1月）等文。

"七·七"事变后，张先生只身脱险南下，先后两度任浙江大学国史教授。1940年夏，在山城遵义浙大校本部留下了他的最后一篇科技史论文——《燕肃著作事迹考》（《国立浙江大学文学院集刊》第1集，1941年6月；该论文摘要载《史地杂志》第2卷第1期，1942年1月）。燕肃是宋代卓越的科学家，但是未受过去史家的重视。而张先生早在译著《宋燕肃吴德仁指南车造法考》和《中国历史上之奇器及其作者》时，就已对燕肃的生平事迹加以关注，惜因史料发掘不易，未能成文。事隔十多年，张先生积累了一定的史料，终于写出这篇首创之作。日人寺地尊认为此文"对燕肃的研究有卓越成绩"[15]。徐规先生曾对此文加以校补，王锦光在这些基础上写出了《宋代科学家燕肃》（《杭州大学学报》哲学社会科学版，1979年第3期）一文。美国科学史家席文博士的近作《科学革命为何未能在中国发生》（Chinese Science 第5期，1982年6月）中，征引了《杭大学报》上《宋代科学家燕肃》这篇文章。

1941年秋，比张先生小五岁的方豪在遵义浙大校本部讲授中西交通史。是时，张先生广开讲坛，努力培育新人，青年学子如得春风。方豪与张先生交往较密，颇得教益。1942年8月，方豪的代表作《拉丁文传入中国考》初刊于《国立浙江大学文学院集刊》第2集，他的学术事业有了新的开端。而张先生"著文恒达旦"[16]，操劳过其，肾脏炎竟恶化为不治之症。于1942年10月24日，过早地离开了人世，享年仅37岁。

张先生的科技史著作，就目前所知而论，已经发表的有上述13篇。涉及范围包括机械、数学、科学家、西学东渐等。张先生熟于旧文献，颇多创获。他对中国科技史（特别是宋代科技史）的研究，成绩卓著，于后来科学史界影响很大。国外科学史界对他也很重视。例如，英国科学史家李约瑟博士的《中国科学技术史》中，引用了张先生的科技史文章约6篇[17]。张先生非学理工出身，能在我国科技史早期研究中独辟蹊径，殊属难能可贵。诚然，由于科学技术知识的限制，张先生未能亲自作更深入的实验研究和模制工作。他的有关科技史的某些论文，因发表时间较早，以今天的学术水平来衡量，似欠详备深入，但是其筚路蓝缕之功诚不可没。

如果张先生得享天年，他的学识才华充分发挥，那对我国近代学术包括科技史的贡献还要大得多。每念及此，他的受业学生和私淑弟子都惋惜不已。去年秋天，为了纪念张先生忌辰40周年，老浙江大学文、理学院（即今杭州大学的前身）学生徐规、王锦光撰写的《张荫麟先生的科技史著作述略——纪念张先生逝世四十周年》一文，因时间匆促，意犹未尽，故是文作为其姐妹篇，以资补充。

本文在写作过程中，承徐规先生的帮助，谨致谢忱。

参考文献

①徐规，王锦光："张荫麟先生的科技史著作述略——纪念张先生逝世四十周年"，《杭州大学学报》（哲学社会科学版），1982年第4期。

②张荫麟：《明清之际西学输入中国考略》，《清华学报》第1卷第1期，1924年6月。

③同②。

④同②。

⑤《清华学报》第1卷第1期"引言"，1924年6月。

⑥张荫麟："纪元后二世纪间我国第一位大科学家——张衡"，《东方杂志》第21卷第23号，1924年12月。

⑦《清华学报》第1卷第2期"撰著提要"，1924年12月。

⑧张荫麟："宋卢道隆吴德仁记里鼓车之造法"，《清华学报》第2卷第2期，1925年12月。

⑨张荫麟："中国历史上之'奇器'及其作者"，《燕京学报》第3期，1928年6月。

⑩同⑨。

⑪袁翰青：《中国化学史论文集》，第25页，生活·读书·新知三联书店，1956年版。

⑫张荫麟："沈括编年事辑"，《清华学报》第11卷第2期，1936年4月。

⑬张家驹：《沈括》，第2页，上海人民出版社，1978年版。

⑭沈括撰，胡道静校注：《新校正〈梦溪笔谈〉》，第343页，中华书局，1957年版。

⑮（日）寺地尊著，姜丽蓉译："唐宋时代潮汐论的特征"，《科学史译丛》，第79页，1982年第3期。

⑯王焕镳："张君荫麟传"，《思想与时代》月刊第18期，1943年1月。

⑰同①。

（原文载于《中国科技史料》，1983年第2期）

233

如果我是一个物理学史研究生[*]

一、我学习物理学史的经过

解放以前,我就对物理学史感兴趣了。由于是物理教师,我对物理学史特别感兴趣,对其他科学史也很感兴趣。以前就叫科学史,不叫什么科技史。新中国成立以后,要进行爱国主义教育,我就着手搜集中国科技史的资料。当时,正当抗美援朝前夕,我国报纸大量宣传这方面的材料,《大公报》出过"中国的世界第一"专栏,几乎每天都刊登一篇,后来就编辑成书,共四本。我当时都买了。现在手中拿的就是其中的一本。这里面的文章,开始时由报纸方面的专业工作者写的,后来有一些专家写。其中对我印象最深的是梁思成先生的《赵州桥》《北京城》等文章;还有竺可桢先生的一篇文章《历学》,后来他这方面的文章就发表了不少,还有《天象记录》,这些后来就发展成他的《中国过去在气象学上的成就》,另外有《指南针用于航海》。当时有人讲,中国指南针最早,但用于航海不是最早。竺先生当时就批判这种观点,用很确凿的材料证实中国最早将指南针用于航海。还有钱宝琮先生,介绍了中国古代的数学成就,如《招差术》《韩信点兵》,他当时是浙江大学数学系教授,后调到科学院自然科学史研究室。还有南京工学院的杨迁宝、汪定曾先生的《营造法式》;胡先骕先生的《水杉》《台湾杉》;还有钱临照先生的《论墨经中关于形学、力学和光学的知识》,发表在《科学通报》和《物理通报》上。当时《物理通报》设有"中国古代物理学成就"专栏,第一篇就是钱先生的这篇文章。其他专家也做了很多工作,不在此一一列举了。我当时兴趣很大,尽量地搜集材料。那时我在温州,经常向北京等地邮购书刊。我原在温州中学教书,1952 年调至浙江师院物理系,担任普通物理学及物理教学法课。尤其是物理教学法更强调爱国主义教育。当时钱宝琮先生将要调离浙大到科学史研究室去,但还未去,仍住在杭州,我经常去看他。他正在校勘《梦溪笔谈》,叫我帮他的忙,我就帮他抄抄写写,有时还提些问题请教他。他建议我去看《梦溪笔谈》中的物理,于是我就去搞,特别是光学、磁学,后来就写了一篇文章,叫《〈梦溪笔谈〉读后记》,这篇文章就发表在《物理通报》1954 年第 9

---

[*] 本文为中国科技大学自然科学史研究室根据王锦光先生 1982 年 5 月在该室的讲演录音整理,并于 1983 年 1 月编印在"科学史与科学哲学参考资料"中。

期"中国古代物理学成就"栏内,是继钱先生之后的第二篇。现在看来,这篇文章面是广的,深度则不够。后来又写了一篇《〈梦溪笔谈〉中的磁学和光学知识》,刊登在《浙江师范学院学报》1956 年第 2 期上。以后研究《梦溪笔谈》的人多起来,特别是"文革"后搞《梦溪笔谈》的很多,其中也有搞得好的。也正是在 50 年代初期,老同学朱兆祥同志寄来一本书,是钱伟长先生的《我国历史上的科学发明》(中国青年出版社,1953 年)。这本书写得很好,对我启发很大。当时我还在搞光学。我订了一个很大的计划,叫"中国物理学史学习计划",要写出《中国物理学史初探》,这是一个十年计划。以后再探,打算写出一本《中国物理学史》。当时教课任务很重,我第一学期每周 12 节课。当时教师很少,还要做实验。一共两个教师,一个讲课,一个辅导,很忙,但劲头也很大。因为我亲眼看到旧中国时,日本人如何欺侮我们。现在看到新中国人民解放了,自己国家的科学事业飞速发展,所以劲头很大。加上身体也很好,累点也不在乎。我写了《中国光学史初探》;后来相继写了《中国热学史初探》、《中国磁学史初探》。《中国光学史初探》是 1954 年写的,那年我参加了华东地区物理学会学术会议,在会上认识了蔡宾牟先生、张开圻先生。也是在 1954年,我读到竺可桢先生的一篇文章,对我教育很大,认识有所提高,使我知道应以正确的观点来研究中国物理学史。这篇文章是《为什么要研究中国古代科学史》,发表在《人民日报》1954 年 8 月 27 日;当时还登在《新华月报》1958 年第 9 期上。后来有人跟我搞物理学史,我就让他首先读这篇文章,具体工作可以慢些做,但这篇文章一定要先读。只有搞清研究中国科学史的目的,才可能搞好这项工作。这篇文章现已收在《竺可桢文集》内。我希望同学们把该文集内与科学史有关的文章都看一下。竺先生的水平毕竟高,文章写得很好!该文集中科学史文章所占比例不小。竺先生还有一个集子叫《竺可桢科普创作选集》,其中也有十来篇科学史文章。同学们有空可看一下。《为什么要研究中国古代科学史》这篇文章不长,写得很精练。虽已发表二十多年,我昨晚又看了一遍,仍觉很好。我现在上"中国科学史"第一课就需参考这篇文章。竺先生的文章很生动。他说有人评论中国科学史,说中国科学不行,科学上的成就微不足道。竺先生提出,要把这件事情搞清,就一定要研究中国科学史,还提出中国科学史可以为现代的经济、政治服务,譬如地震史料的搜集。还提出中国古代科学史可以帮助基础学科的理论研究,他举了一个天文学上的例子,如 1054 年超新星爆发的记录。我在此介绍竺可桢先生的东西,比较心安理得,因为我自己讲不出什么高水平的东西,而同学们去看竺先生的文章,一定收益很大。至少可以因此有比较明确的研究目的。有了明确的目的,风吹草动就不会动摇。当时在杭大有一个叫王琎老师,与张子高先生同年,是化学系一级教授,当时年龄与我现在相仿,六十开外,身体还比较好,运动方面差些。我家离他家很近,常去请教他。每次去,他都主动地给我讲中国科学史研究的情况、中国科学社的组织情况。他在中国科学社做过总干事，他讲过杨杏佛被刺的经过。我替他做的事是跑腿，我年轻，常去城里钻书铺，有用的书我就主动帮他买。我们俩合作得很好。我从他那儿学到了研究科学史的方法与态度。王琎老师研究科学史态度十分严谨，不讲一句无根据的话。科学史界对他很推崇。他研究科学史，有很多是经过做实验。他自己是搞化学分析的。他提到竺可桢先生的地学史、气象史，钱宝琮先生的数学史。他自己对化学史，尤其是化学工艺史很有研究，本来准备写书的，不幸逝世了。他特别告诉我，张荫麟先生(1905—1942)对科学史的贡献很大，只因为是历史系的，属文科，很少被科学史界提及。我本来准备写一篇张荫麟先生的科学史译著考，实在太忙，只写了一个提纲。[①] 今天想把他的大致情况讲一下。他原是清华的，到浙大两次，1937年一次半年，1940年至1942年10月第二次到浙大，其他时间在清华。1942年10月在遵义逝世。他的《明清之际西学输入中国考略》发表在《清华学报》创刊号(1924年6月)，我们研究科学史的人可以看一下。他是较早研究张衡地动仪的。他还写了一篇《中国历史上之奇器及其作者》。下一课我要介绍"黄履庄"，也就是从这儿得到启发的。这篇文章很好，发表在《燕京学报》第三期(1928年6月)。还有《沈括编年事辑》，发表在《清华学报》十一卷二期(1936年4月)，可以说是国内研究《梦溪笔谈》最早的一篇。后来胡道静、张家驹先生等主要都是参考它再进一步作研究的。我要向同学们强调，研究科技史，对张荫麟先生的工作要充分重视。

　　1962年我任中国科学院兼任研究员，开始编写《中国物理学史》。我组织了华东师大蔡宾牟先生和江苏师院许国櫆先生一起编，书的大纲已经通过。当时叶企孙先生、钱宝琮先生还健在。他们曾请来一些在京的专家如梁恒心(华南工学院，适在京)、席泽宗先生等讨论过这个大纲。这个大纲基本上还不错，方向是对的，但内容少些，因为当时科研展开比较少。在此期间，我与竺可桢先生接触较多。他交代我一件事，我没有做，所以现在想起来很难过。竺先生对我说，你是否也可以去编中国气象史？我说，中国物理学史已经够我忙的了，实在没有能力去搞中国气象史。我提出一个折中方案，编一个中国古代气象仪器史，他同意了。我便写文章，第一篇是《中国古代对大气湿度的测定》，这篇文章竺先生仔细校改，三易其稿。第一稿他提了一些粗的意见，第二稿他仔细看过，让我写好后再交给他，由他转去发表。后登在《科学史集刊》第九期上，是与洪震寰同志合写的。其中有一个问题是称水问题。我们当时胆子很大，就把它写进去了。有这样的记载，每天打一桶水来称，比较重量，这除了气象的关系外，还可以测江水的变化。江潮的水每天取一定

---

　　① 1982年下半年与徐规同志合写《张荫麟先生的科技史著作述略》一文，刊在《杭州大学学报》(哲学社会科学版)1982年第4期——王锦光修改时注。

体积,称重,就能知道它含沙量多少。这件事竺老提了意见,很对。我们把它暂时略去。后来我系搞技术革命,搞含沙量的透光测定法,用光电管来测定,我也参加了这项工作。而古代则是古办法。我们现在还在搜集这方面的材料,想再写一篇文章,以纪念竺先生。"文革"期间,我不能再做科学史研究工作了,但仍搜集资料。我想,即使自己不研究,资料也要交给科学院。批林批孔,有人动员我写文章,我不写。当时我自己的书籍损失也很大。

1980年到北京开科技史大会前,有人建议我开中国科技史,杭大历史系也这样要求我。我说我不会开,知识面没有那样广。教科学史,六大基础课都要有所了解,且对历史要通,技术的门类又多得很,叫我如何教? 让我开物理学史,倒还可以。到了北京,大家说这个课很重要,我的条件还算比较好的,于是我就同意试试看。课是开了,但质量却不会高。现在好在全国在武汉开大会讨论这个问题,这很好。上面就是我从事科学史的主要经历。我的经验是,要多多请教老先生,多同别人交流。我有很多良师益友,如夏鼐先生,胡道静先生,还有梁恒心先生。杭大是综合性大学,很多问题有老先生可请教,可到其他系查资料,工作上较便当。我的成长很慢,质量很差,是土法上马,当然没有研究生"科班"出来好,这是肯定的。所以我就想到这样一个题目,假如我是一个物理学史研究生,这是我梦寐以求的。但这件事情是不可能的了,希望就寄托在你们身上。

二、有关基础学科

1. 物理学

上面讲了一些具体的东西,下面讲一下基础学科与我们的关系。我们有哪些知识是必备的? 在北京就曾听过叶企孙讲过一个问题。叶先生把我叫去参加一个一、二十人的小会,谈的就是这方面问题。我现在也来谈一下。第一是物理的专业知识,这是必要的。如果搞科技史而无专业知识,是无法做好的。所以历史系搞物理学史要到物理系来请人。同学们都是物理专业的,物理学知识基本够了,暂时也不必去考虑学太多的物理了。因为你们是搞物理学史的,这工作本身就够你忙的了。但是注意能跟上物理学的发展,不要落后太多。有一个好办法是,开半年物理学史课,再开半年物理课,这样你科学史能够搞好,物理课也能教好。另外,还要看杂志,可分常看的与随意看看的,做到相对稳定。下面先举一些中国物理学杂志(公开发表的):

(1)《物理学报》;
(2)《物理学进展》(季刊);
(3)《物理》(其前身是《物理通报》);

(4)《大学物理》(月刊)；

(5)《物理通报》(新，河北大学编)；

(6)《物理实验》(吉林大学编)；

(7)《物理教学》(华东师大编)；

(8)《工科物理教学》(南京工学院编)；

(9)《物理教师》(江苏师院，现为苏州大学编)；

(10)《教学与研究》(中学物理版)(浙江师院编)。

英文的刊物很多，我不想多讲了。我自己主要看 *Physics Today*。从 1969 年起，每期我都看。有人警告我，我说不看书总不行，要批判我，至多说我书呆子。"四人帮"粉碎前，我每期都看，倒是现在忙了，翻得多，看得少了。外文刊物能多看几种更好。物理学知识不会嫌其多，只会嫌其少，经常还要临时补课，需要什么补什么。

2.中国历史

下面就讲中国历史。因为我们是搞物理学史的，讲的就是史。我的两个研究生，中国历史是必修课，就在杭大历史系听课。我要进行检查。据我所知，你们这一代人中国历史知识比较贫乏。所以一定要学中国通史，要看历史文选，要看一些专门文章，要多到图书馆查资料，多向专家请教。要注意基本功，对整个历史要有一个清楚的轮廓。

3.汉语

古代汉语对搞中国古代史的同学更重要，对搞其他史的则稍次要一些。搞科学史的人对文学的要求要比搞物理的高得多，建议学习王力先生的《古代汉语》。一般说，汉以后文章不太难，汉以前文章较难，并不要求所有搞中国科学史的人都能看汉以前的文章，但汉以后的一定要会看，最起码要会看梁启超的文章。如果连梁的文章也看不懂，我奉劝他就不必搞中国物理学史了。平时还可以念些诗词，不仅可以陶冶性情，而且对科学史本身也有益。我有一个老师黄缘芳先生，诗词很好，填得一手好词。哪些古籍要看呢？主要有《墨经》《考工记》《吕氏春秋》《论衡》《梦溪笔谈》《天工开物》《物理小识》和《镜镜诊痴》，等等。有一个读书的好办法，就是倒过来读，从《镜镜诊痴》开始，最后读《墨经》，由易而难。读古籍很讲究版本，做工作时，一种版本是不够的，要几种版本对照着看。还有校勘，如《墨经》之类，有些字错了，要校勘。但改动要有根据，添字、减字、改字、大段搬家不宜过多，过多则易失原意，臆改尤其要谨慎。有人问我自己古文是如何学的。我的古文是差的。我小学毕业后未能马上升入中学，先去当学徒，就到一个私塾里读书，先生是个老秀才,很有学问。他就让我背古文,弄不懂也背,背多了也就逐渐懂了。所以我现在古文还勉强对付得过去。

4.外语

我认为,搞中国科学史,如果不懂外语,就不会搞得很好。因为你总要和外国人交流,外国人的论文你也应读,还要学一些外国科学史。外语要学几种?叶企孙先生说要五种,他认为拉丁文、希腊文也要学。我看目前五种要求太高,一般做不到,三种还可以,两种勉勉强强,一种不够用。我自己就吃了亏,不懂日文,日文发表的东西我都看不懂。所以我也没有和日本交换什么东西,我连一封日文信也翻不出来。听说同学们外语都还不错。我希望你们每天保持半个小时看外语,这样至少就不会忘了。我的一位研究生外语较好,这样搞起研究来路子就多了。

5.自然辩证法

这学科假定真能懂,用处不少。所以希望同学们去把它真正弄懂。我自己没有正规学过,在工作上损失不少。

6.其他学科

化学、天文等方面的基础知识也应该掌握,多多益善。

三、科学史

我认为要精通科学史,全部很难,局部精通则有可能,但一些最基本的东西一定要搞清楚。有一本书 *Introduction to the History of Science*,很好,系萨顿(1884—1956)所写,共三卷,出版时间是 1927 年至 1947 年。上海图书馆里有这部书,你们可去复印。萨顿生于比利时,后去美国,他编了 *Isis*,1912 年创刊;还编了更高级一点的刊物 *Osiris*,是 1936 年创刊。另外,目前席文编有丛刊 *Chinese Science*。这些杂志都应经常看。还有科学家传记词典 *Dictionary of Scientific Biography*,介绍 5000 多个科学家,条数 75000,规模很大;篇幅较小的则有 Chamleer 的 *A Dictionary of Scientists*,我手头就有这样一本,平时翻检很方便。现再介绍几种国内有的科学史著作:

(1)张子高:《科学发达史》,中华书局,1923 年;

(2)沙玉彦:《科学史》,世界书局,1931 年;

(3)贝尔纳:《历史上的科学》,科学出版社,1959 年(这是一部 50 年代的权威著作,第一版仅 2500 本,现又再版);

（4）丹皮尔：《科学史》，商务印书馆，1975 年（该书译过两次，1942 年一次，译名是《科学与科学思想发展史》，1975 年重译，谈思想多，史料少）；

（5）梅森：《自然科学史》，上海人民出版社，1977 年（这本书还不错，资料比较多，有些观点则不行）；

下面再列一些国内出版的世界物理学史专著：

（1）《俄国物理学史纲》，中国图书仪器出版社，1954 年，季米赖席夫主编，蔡宾牟、叶叔眉译（该书不错，但有大国沙文主义的影响）；

（2）《物理学史》，原版 1950 年，1978 年翻译出版，M. V. 劳厄著，范岱年、戴念祖译（该书较简要）；

（3）《物理学史》，商务印书馆出版，Π. C. 库德显甫采夫著，王守璨译（该书篇幅大，材料较丰富）；

（4）《物理学小史》，商务印书馆，1935 年、1947 年，郑太朴著（该书实际上是编译，有过多版）；

（5）《实验物理学小史》，商务印书馆，1937 年，C. T. Chase 著，杨肇爊译（该书有多种版本，有万有文库本、自然丛书本）；

（6）《物理学史》，长沙商务，1940 年，张重泰著，秦亚修译，1950 年曾再版。

（7）《物理学的进化》，上海科技出版社，1962 年，爱因斯坦、英费尔德著，刘佛年、周肇威译（该书 1947 年曾有简译本，现为根据 1960 年新原版翻译，以史为脉络，目的不是为了史，而是为了介绍物理学知识）；

（8）《物理学史》，60 年代打印本，赵亮坚著（作者是北师大讲师，上课上得非常好，"文革"中自杀，我曾在"文革"期间手抄过一部分）；

（9）《物理学史》，50 年代北大讲义，胡慧玲编（作者也曾在《物理通报》上发表过科学史文章《分子物理史》）；

（10）《物理学发展史》，商务印书馆，1981 年，伽莫夫著，高士圻译，候德彭校（史话性质，以史为脉络，主要讲物理学知识，文笔好）；

（11）《物理学史》，内蒙古人民出版社将出版，F. Cajori 著，戴念祖、范岱年译（这是一部权威著作）。

四、研究中国古代物理学史的困难

数学、天文都有系统的古书，廿四史中还有专门的篇幅记载，物理学史则不然，专著很少，如《镜镜诊痴》。原始资料主要散见于正史、笔记、诗词中，挖掘工作很困难，要搞集体合作才行。我仍有雄心编写中国物理学史。这里提一下《文史哲工具书简介》，这类书现在出得很多，我们可以很好地利用。

五、收集资料和阅读论文

资料一定要自己搜集,这是基本建设。收集资料要做到勤、完整,要注明材料出处、年、月、日。阅读论文,第一是消化,第二是存疑,在消化过程中就要存疑,不要迷信权威。

六、向前辈学习,与同辈讨论

后来居上,这是肯定的,因为你们的知识是在前人基础上发展的。所以应该向前辈学习。还应与同辈交换意见,一个人思路不宽,考虑不周,两个人讨论,可以起"化合作用"。这不是简单的相加的关系。我主张两三人合作,人太多了不容易合作好。

七、树立正确目标,热爱科学史

热爱两个字很重要,因为今后征途中肯定有困难,困难没有什么,只要有正确的目的,热爱科学史,就一定能克服困难。另外,你们目前条件不错,在中国科技大学,有钱老与各位同志的指导关心,你们的前途光明。预祝你们成功!

(原文见于中国科学技术大学自然科学史研究室编《科学史与科学哲学参考资料》,1983 年 1 月)

《考工记解》后记*

  《考工记解》，徐氏成书于万历四十七年(1619)，有茅兆海跋，为明清之际的抄本，藏复旦大学图书馆，乃三百几十年来的未刊之作，是至今所仅见的孤本。

  《考工记》是我国古代重要科技典籍，据郭沫若同志考证，为春秋末年的齐国官书，所引用的度量衡及方言，都是齐国的，相传西汉河间献王刘德得《周官》五篇而缺"冬官"，将已有的残缺而尚存七千余言的《考工记》补入，《记》是列举当时北方官营手工业三十个工种的专著，其中段氏、韦氏、裘氏、筐人、楖人、雕人六个工种则有目无文，"舆人为车"和"辀人为辀"乃同一工种，因而实际上只记述了二十五个工种，部分地反映了当时所达到的科技水平，对于后世的手工艺制作、度量衡、建筑等，均有较大影响，是研究古代文化史和科技史的重要文献。

  徐氏出于经世致用的目的，对《考工记》素有研究，据郑以伟《泰西水法序》："一开卷即不必见其具，可按文而匠也。……徐太史文既酷似《考工记》，此法即不敢补冬官，或可备稻人之采。"万历年间，徐氏鉴于后金(清)入侵，要发扬以《考工记》为代表的科技传统，"以资兵事"，于是博采郑注、贾疏、王、林两氏解说，"释注成编，手自删削，凡三易草"。他的注颇多胜过前人，如指明《考工记》"凡言尺寸皆周尺"，"周尺当今浙尺八寸，当今工部布帛尺六寸四分"，比唐宋人讲得明确。如释"郑之刀，宋之斤，鲁之削，吴粤之剑，迁乎其地而弗能为良，地气然也"云："刀斤削剑，必淬之以水，非其地之水弗良也；必锢之以土，非其地之土弗良也。"这是联系实际而又较全面地看问题。释"矢人为矢"章"水之，以辨其阴阳"句云："阴阳者，竹生时向日为阳，背日为阴，阴偏浮轻，阳偏坚重。试之水，则阳偏居下，阴偏居上矣。矢三离弦，亦欲令阳下阴上，则无倾欹，故水之辨也。"这里发挥了他对农学的素养，科学地把这种工艺和矢的飞行稳定性联系起来考察。释"匠人建国""水地以县"的测量方法云："用水注地浮之，以木绳正之，以取平，今工犹有此法，所谓准也。"往往酌古证今，远非某些注家的推测之词所可企及。但有些注释亦有谬误，如"句兵"(戈、戟)误作"刺兵"，"刺兵"(矛)误作"句兵"。对石磬形制"倨句一矩有半"，未能弄明磬的顶角"一矩有半"即一百三十五度，这是因袭郑玄旧说所致，在今天可以看到出土的周代戈、戟、矛等实物可证。还有"车人之事"章的矩、宣、欘、柯、磬折等一套工

---

  * 本文与闻人军等合作。

程上实用的角度定义,郑玄误作长度定义,以讹传讹,使这一几何知识,长期淹没,这是受当时科学水平的限制,瑕不掩瑜,其成就还是主要的。

　　抄本因年代久远,致有遗落,上篇第二十三、二十四页缺,下篇第二十五页"凡为弓冬折干而春液角"以下均缺,今据明覆宋刊本补录,以便观览。抄本间有误字,读者是不难辨别的。另外各页上的眉批,不知出自谁手,有待考证。

　　　　　　　　（原文载于《徐光启著译集》,上海古籍出版社 1983 年版）

张福僖和《光论》[*]

19 世纪 50 年代初，上海出版了一批自然科学方面的翻译著作，其中一种名为《光论》，译者是归安张福僖，这是最早把西方近代光学知识系统地介绍到我国的一本书。

鸦片战争之后，我国在帝国主义的猛烈冲击下陷入了半殖民地的悲惨境地。当时有些知识分子目睹祖国山河破碎，人民备受欺凌，毅然抛弃作为"荣身之路"的举业，走出书斋去寻求救国的道路。其中有些人竭力钻研西方"格致之学"，指望由此达到"富国强兵"的目的。在清王朝极端腐朽的封建统治下，他们的愿望自然是无法实现的。但是，由于他们的努力，西方近代科学技术却开始被引进我国，为后来的传播和发展铺平了道路。我们今天治中国近代科学史，对于他们披荆斩棘的功劳是不能忘怀的。

翻译《光论》一书的张福僖，就是上述那些人中的一个。本文根据有限的材料，就张福僖其人以及他所译的《光论》一书，作一简单介绍。

一、张福僖的生平

张福僖（？—1862）字南坪，一字仲子，湖州归安县[①]（今浙江省湖州市）人，出身贫寒，自幼好学深思，博览群书，对物理、数学和天文学有特殊的爱好。他曾考取秀才，却不热衷仕途功名。某学使到任，举行考试，张福值虽然"拔冠一军，名誉鹊起"[②]，但由于他平日不喜作八股文，不能名列前茅。他对此无动于衷，仍然一心钻研他所爱好的学问。

他幼年时曾跟同里著名数学家、天文学家陈杰学习。陈杰字静庵，曾任钦天监博士，著有《算学大成》、《补湖州府志·天文志》等书。在这位名师的指导下，他不但"尽得其术"，并在天文、数学等方面有不少创见，因而成为陈氏最得意的学生之

---

[*] 本文与余善玲合作。

[①] 张福僖的籍贯有两说：一云归安人，见张本人所作"自叙"（附于《光论》中，原作"光论·自叙"）和清王韬《瀛壖杂志》卷五；一云乌程（湖州市）人，见清同治本《湖州府志》卷七十八"张福僖"和施补华《泽雅堂文集》卷七"书张仲子"。南坪又作南屏或南平。

[②] 见清王韬《瀛壖杂志》卷五。

一①,人们说他"高材博学","泰西人言算学者皆叹服其说"②。可是他并不自满,仍然利用各种机会向人虚心求教。例如有一次,他在好友李善兰(1811—1882)家看到著名数学家戴煦(1805—1860)的一种数学著作,深感兴趣,即专程往访戴氏。戴煦也是学识渊博的人,不仅在数学上有成就,而且对蒸汽机、火轮船颇有研究,著有《船机图说》一书,而张福僖也精于天、算和"小(火)轮之理"③。共同的兴趣使这两位素不相识的学者一见如故,戴煦留他在家中小住,共同研讨一些问题,并应张氏之请,将自己的手稿交张抄成副本,带回仔细研究④。

清咸丰年间(1851—1861),张福僖和李善兰等应上海墨海书馆之请,与西洋教士合作,翻译了西洋天文、数、理书籍数种,《光论》就是其中之一。

清咸丰九年(1859),张福僖同里好友徐有壬(1800—1860)任江苏巡抚,邀张前去充当幕僚。徐是有造诣的数学家,当时正刻印《项学正象数原始》等书,即由他们两人共同校对。不久,李善兰也携带自己的数学著作到徐处,于是三人经常聚在一起,互相辩难,砥砺学问。"仲子由是学大进"⑤。

张福僖生平著书很多,从师事陈杰时起,就与师兄丁兆庆合著《两边夹一角图说》一卷,后被收入陈杰所编《算法大成》上编卷五中⑥。又著有《彗星考》、《日月交食考》等书。可惜这些著作都没有付印,后来"遇乱皆散佚"⑦。清咸丰三年(1853),他与英国教士艾约瑟(Joseph Edkins,1823—1905,1848 年来华)合译《光论》,由艾口述,张笔译。此书墨海书馆未付印,后来收入江标(1860—1899)主编的《灵鹣阁丛书》中⑧,1936 年又收入《丛书集成初编》。

二、《光论》的剖析

《光论》是我国最早一本从西文译过来的系统的光学专著,但所据底本及原作者均不详。现在从书的内容来看,其底本似不止一种。末尾九节(约占全书的三分之一)的材料是相当琐碎的,每节之后都注明应插在何处,如"在松紧不平一条后","分别七色后一条","以上在论目光之前",等等。可见这增补的部分不是原底本所有,其中一部分可能是从当时的各种杂志上摘译而来。译者没有把后九节插到适

---

① 见《泽雅堂文集》卷七"书张仲子"和《畴人传》三编卷三"陈杰"。
② 见《泽雅堂文集》卷七"书张仲子"。
③ 见《畴人传》三编卷三"陈杰"。
④ 见《畴人传》三编卷三"陈杰"。
⑤ 见《泽雅堂文集》卷七"书张仲子"。
⑥ 见李俨《中算史论丛》第二册"近代中算著述记"。
⑦ 见《泽雅堂文集》卷七"书张仲子"。
⑧ 见上海图书馆编《中国丛书综目》第一册第 246 页,中华书局,1959。

当的地方，并加以修改润饰而使之成为完整的书稿，可能因为此书并非当时所急需，也可能因为当时徐有壬请张到苏州做幕僚，没有时间去清稿。不久以后张本人即死于战事，在付印之前也没有人替他重新整理。所以，这本书实际上是没有完全定稿的。

《光论》正文前有一篇译者的"自叙"，全文不满四百字，除对全书作了概括介绍以外，还提出了一些精辟的论述，我们由此可以看出张福僖在光学上的造诣。"自叙"中说："明天启间西人汤若望著《远镜说》一卷，语焉不详，近歙郑浣香先生汶（复）光著《镜镜詅痴》五卷，析理精妙，启发后人，顾亦有未得为尽善者。咸丰癸丑（1853）艾君约瑟聘予在沪译天算格致诸书，《光论》此其一种也。"张福僖对《远镜说》和《镜镜詅痴》两书的评价是恰当的，不过没有提到前一书还有错误，是不足之处。《镜镜詅痴》一书确是"未得为尽善"，例如说三棱镜"此无大用，取备一理"，就是错误的说法。"自叙"还提到一种测光速的方法："光之行分，以木星上小月蚀时之时刻，比例布算。"这就是 1675 年丹麦科学家罗麦（Olaus Roemer，1644—1710）利用木星的卫星发生掩食现象来测定光速的方法。最难得的是，"自叙"中提到光谱中的暗线和明线："太阳光中有无数定界黑线，惟电气、油火、烧酒诸光但有明线，而无黑线。"这些记载在欧洲当时也还是新鲜的事情[1]。

《光论》的正文共约六千字，附图十七幅，全书较详细地介绍了几何光学的内容：光的直线传播，光的反射，光的折射，海市蜃楼，光的照度，色散和光谱，眼睛，色盘等。

书中首先引入了光线的概念："光作一直线曰'光线'，而无数光线成一尖枢谓之'光芒'。"这里的"光芒"，即现在所说的"光束"。接着用射至地球的太阳光束为例，引入了"平行光束"的概念。对光的照度与距离平方成反比的定律也作了介绍："光之明分可以测量，故光可任意加倍，或一倍，或两倍。有人细测量之，知四枝烛火离二尺，与一枝烛火离一尺光分相同。准此，则光之明分减小之比，同于路远近平方加大之比。"（"自叙"中作"光之明分，以路远近平方反比为准"，叙述更为明白易晓。）

荷兰斯涅尔（Willebord Snell，1591—1626）在 1621 年发现光的折射定律，但写成余弦形式；1637 年法国科学家笛卡儿（René Descartes，1596—1650）也发现光的折射定律，写成正弦形式，也就是今日的形式[2]。对光的某些折射现象，在我国早有记载，但只限于定性的认识，没有总结出定量的关系。张福僖等译的《光论》是我国最早介绍折射定律的文献。书中说："光遇物面，出于此物，入于彼物，出角与入

---

[1]　F. Cajori, *A History of Physics*, 1933, pp. 164-165.

[2]　H. Crew, *The Rise of Modern Physics*, 1928, p. 145.

角正弦之比,理恒不变;若其物质有变,比例即变。"
同时附图说明(图1),并提出光由"风气"(空气)至
水的比为"四与三之比",光由"风气"至玻璃的比为
"三与二之比"。此外,还提出如水的"热度"(温度)
发生变化,则比例也发生变化。最后还说:"近年,
佛来斯纳耳测出入两角之理,推无数三角玻璃条,
其条之角度各有大小分别,又用玻璃质地相同,测
得之数与推得之数至一百万分之位,无不相同。"佛
来斯纳耳(Augustin-Jean Fresnel,1788—1827)是
法国物理学家,今译菲涅耳,他曾用玻璃相同、顶角
不同的三棱镜做实验,以验证折射定律,测得的数

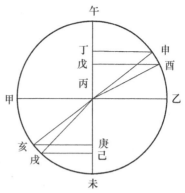

图1 《光论》中的折射示意图

据与根据公式算出的数据互相符合(相差 10^{-6})。关于"海市蜃楼"现象,书中说是
由于"风气层层疏密不同所致",提出了"光差变象"的概念。最后引用演示实验来
证明,"可用铁条烧红,在其面上置放一物,能见真形,并见假象,热铁面上之风气,
如上所说,渐近渐疏之理相仿"。

在折射定律和"海市蜃楼"幻景之间,缺少关于"全反射"的说明,张福僖等从其
他西文书刊中找到此项材料,译文如下:

原角最小为无,故光线正交于入物面上,一直向前,方向不变。原角大于无,即
变方向。用任何原角,比本物较厚,光线时能相入,如玻璃等项;比本物较薄,光线
亦有时不能相入,故用光线须求可推之角。如所用角大于玻璃片相对之某角,亦不
能入风气,其出玻璃、出水即无。相对某角,谓之角限。如申壬光线遇甲乙面,其角
小于直角,入水或入玻璃行于壬戌线。反而言之,戌壬光线入风气行于壬申,或亥
壬光线入风气行于壬酉。设光线原角大于亥壬未
之原角,令其差角等于直角,则入风气时必行在甲
乙面上。又设原角或更稍大,则光线不出物面不能
入风气,反行于回光之线,射于本物之内,如壬子
线。准此理则诸角之大小,俱以各物质地为准。水
以四十八度三十五分,玻璃以四十一度三十五分。
若原角大于此数,光必行于回光线,所以其明分不
变。准此,水内如有发光点,有数处地方,目不得
见。设目在水内,亦可从某物切面之回光,见其形
象。(图2)

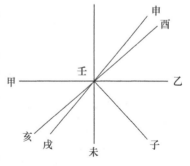

图2 《光论》中的回光线图

这里"原角"即入射角,"厚"与"薄"即光密与光疏,"角限"即临界角,"回光线"
即反射光线。这一节把全反射和临界角讲得很清楚,是几何光学中的基本知识,有

助于了解"海市蜃楼"等幻景和一些棱镜的原理。

《光论》中提到"英国武腊斯顿造一机器"，用以"表明上理"。这是指英国物理学家渥拉斯顿（William Hyde Wollaston，1766—1828）所制能将光线偏转 90°的四角玻璃棱镜①，即后来所谓的渥拉斯顿棱镜（图 3 至图 5）。这是一种特制的棱镜，利用两次全反射现象，使远处之物成像于庚己处。当时这种棱镜用于绘画，所以说"可用笔平画在纸"，较捷于"穴室取影"，"穴室取影"即针孔匣取象。

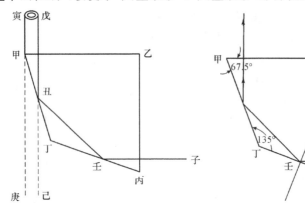

图 3　《光论》中的渥拉斯顿棱镜图　　　图 4　渥拉斯顿棱镜的光路图

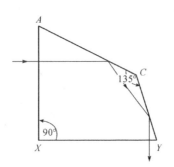

图 5　渥拉斯顿棱镜的光路图

对光的色散也介绍得较为详细，开始就明确地提出："光非一物，内有许多相合配成。如太阳白光内，有许多各色光是也。"接着介绍日光通过棱镜引起色散的实验（图 6），并用虹作为进一步的证明。书中以光通过一水滴的光路进行分析，并提到红外线和紫外线，说前者为热线，可用温度计测量，后者则"化物能力"强，等等。此处未提到夫琅和费线，但后面的补充材料中有它的说明："七色形最明清时，见许多横线，有黑有不黑。此许多横线，有武腊斯顿及弗兰和林必两人同时共见，和费

①　James Southall，*Mirrors*，*Prisms and Lenses*，1945，p. 588.

必画定界线图最佳,即因人以名其线,曰弗兰和林必定线。此定界黑线,惟太阳光则然。"弗兰和林必即夫琅和费(Joseph Fraunhofer,1787—1826),1814 年曾发现太阳光谱的暗线,但当时未受到公认,直至 19 世纪 40 年代才有较完满的解释[1]。张福僖等找到的这些补充材料,在当时是颇为新鲜的,可见他们为了使这本书的材料不过于陈旧,曾经花费了不少功夫。同时也可以看出,如果前面系统叙述的那一部分是出于一个底本的话,则此底本应完成于 19 世纪初期,因为红外线是 1800 年由英国赫谢耳(Frederich William Herschel,1738—1822)发现的[2],紫外线是 1801 年由德国里特(Johann Wilhelm Ritter,1776—1810)和英国渥拉斯顿发现的[3];而补充的材料则显然是从 19 世纪 40 或 50 年代的报刊中翻译过来的。

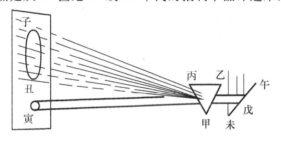

图 6　《光论》中说明日光通过棱镜引起色散的图

(原文载于《自然科学史研究》,1984 年第 2 期)

---

①　F. Cajori,*A History of Physics*,1933,pp. 169-165.

②　同上书,p. 178.

③　同上书,p. 179.

关于"红光验尸"

近年来中国科学技术大学等单位译注(宋)沈括的《梦溪笔谈》，其中有一条关于"红光验尸"的记载[1]。这一条原文是：

"太常博士李处厚知庐州慎县，尝有殴人死者，处厚往验伤，以糟蔽灰汤之类薄之，都无伤迹。有一父老求见曰：'邑之老书吏也，知验伤不见其迹。此易辨也，以新赤油缴日中覆之，以水沃其尸，其迹必见。'处厚如其言，伤迹宛然。自此江、淮之间官司往往用此法。"①

(庐州)慎县，县治在今安徽省合肥市东北 30 公里左右。隋、宋时设县[2-4]。

蔽(zì,自)，肉块。这字实是"或"字误刊，理由见下文。

缴，伞本字。

他们的"简评"写得很好。老书吏巧妙地使用新的红油伞作强反衬滤光器，从日光滤取红色波段光(可见光中波长最长的)，而皮下痕血部分一般呈青紫色(青紫色波段光是可见光中波长最短的)，这样大大地提高了瘀血部分跟周围之间的反衬度。

我们曾做过一些"红光验伤"的模拟实验。在阳光下观察手背静脉(青筋)，取其深者不明显的作为观察对象。再让阳光透过滤光片(6500 埃)滤取红光，则迹象明显。我们也曾用过红色玻璃、红色透明纸、红绸、红布伞、红尼龙伞等等，其迹象也明显。再用滤光片(5900 埃)滤取橙黄色光，滤光片(5000 埃)滤取绿色光，滤光片(4600 埃)滤取兰色光，滤光片(4200 埃)滤取青紫色光来观察，则逐渐难辨识，以至完全不辨。

关于"红光验尸"有没有更早的记载？据我们所知，皇甫牧("牧"一作"枚")的《玉匣记》有几乎相同的一条："太常博士李处厚知庐州梁县②，尝有殴人死者，处厚往验伤，以糟或灰汤之类薄之，都无伤迹. 有一老父求见，乃邑之老书吏也。曰：'知验伤不见迹，此易辨也，以新赤油缴日中覆之，以水沃尸，其迹必见。'处厚如其言，伤迹宛然，自此江、淮间官司往往用此法。"③

---

① 胡道静校注，《新校正〈梦溪笔谈〉》，中华书局，1957，第 209 条。

② 梁县即慎县，因避宋孝宗讳，绍兴三十二年(1162)改为梁县。见《宋史·地理志》，此处梁县当为南宋人所改。

③ 《百川学海》读书坊藏版本，民国 10 年刊。

《玉匣记》的成书时间至迟在 978 年以前,因《太平广记》(978 年编纂结束)中引用了《玉匣记》[5]。而《梦溪笔谈》是在 11 世纪 90 年代写的,所以前者比后者至少早 100 多年。

《玉匣记》这条记载对后世是有影响的,例如明末清初方以智的《物理小识》载:"验伤法:皇甫牧《玉匣记》,李处厚言验伤以糟或灰汤薄之,都无伤迹,若以新赤油缴日中覆之,以水沃其尸,其迹必见。"①

《梦溪笔谈》这条记载对后世也有影响,如(宋)郑克的《折狱龟鉴》卷六载:"太常博士李处厚知庐州真(慎)县,尝有殴人死者,处厚往验尸,以糟戴灰汤之类薄之,都无伤迹,有一老父求见曰:'邑之旧书吏也,知验伤不见迹,请用赤油缴日中覆之,以水沃尸,迹必立见。'处厚如其言,伤迹宛然。自此江、淮间往往用其法。(见沈括内翰《笔谈》)"。②

这里还应指出,《梦溪笔谈》这条中"以糟戴灰汤之类薄之"的"戴"字,按《玉匣记》系"或"字误,即"以糟或灰汤之类薄之"。"糟"为"酒糟"。为什么以糟或灰汤之类薄之? 可能是因灰汤为碱性,可以去油脂,使皮肤变白,因而增加皮下异色的透过效果;糟为醇类,也有类似作用。(南宋)宋慈的《洗冤集录》提到用糟、醋等来洗罨。看来,没有用"戴(肉块)"来掩覆的。

"红光验尸"在《洗冤集录》(1274 年成书)中也有记载:

"验尸并骨伤损处,痕迹未见,用糟、醋泼罨尸首,于露天以新油绢或明油雨伞覆欲见处,迎日隔伞看,痕即见。若阴雨以热炭隔照。此良法也。"③

"若将红油伞遮尸骨验,若骨上有被打处,即有红色微癥,骨断处,其接续两头各有血晕色,再以有痕骨照日看,红活,乃是生前被打分明。骨上若无癥踪,有损折,乃死后痕。……此项须是晴明方可,阴雨则难见也。"④

这些记载比《玉匣记》等详细具体,并且提出用新(红)油绢作滤光器,是一项发展,特别难得的是"阴雨以热炭隔照",利用了人造红色光源使阴雨天可以验伤,此确是"良法"。它们是广大验伤者(仵作)在《玉匣记》等的原有基础上通过实践发展而成的,也是宋代至清代数百年来法医验伤的准则。《洗冤集录》曾被译成数国文字,流传世界。

参考文献

〔1〕中国科学技术大学等,《梦溪笔谈》译注,安徽科学技术出版社,

---

① 万有文库本,第 84 页。
② 丛书集成本,第 99 页。
③ 杨奉琨校译,《洗冤集录校译》,群众出版社,1982 年,29 页。
④ 同上,46—47 页。

1979,143—144 页。

〔2〕《宋史·地理志》,中华书局,2183 页。

〔3〕《隋书·地理志下》,中华书局,876 页。

〔4〕《中国历史图集》,中华地图学社,1975,1979,第 5 册 25—26 图,第 6 册 34—35 图。

〔5〕《太平广记》,人民文学出版社,1959,3135 页。

（原文载于《杭州大学学报》自然科学版,1984 年第 3 期）

宋代军事家陈规事迹考[*]

我国发明了火药,也是多种火器的故乡。据史书记载,南宋初期军事家陈规创制竹竿火枪。陈规是南宋一代名臣,"自绍兴以来,文臣镇抚使有威声者,惟规而已"。^①南宋曹筠在绍兴中曾撰《陈规行状》,现已失传。李心传的《建炎以来系年要录》中,保存了《陈规行状》的重要片断。南宋李幼武的《四朝名臣言行录》(又称《宋名臣言行录·别集》)记述了陈规值得称道的部分言行。入元以后,官修《宋史》,立有《陈规传》,约千余字,略可窥其生平概况。明朝钱士升的《南宋书》及柯维骐的《宋史新编》均有陈规传记,但未超过《宋史》本传的水平。

近代以降,由于科技史研究的开展,认可了陈规在机械发明史上的地位,原有的传记文章就显得过于简略;而近人著述中,有关陈规生平事迹的详细介绍迟迟未见问世。本文作者之一王锦光,在"文革"前曾为《中国古代科学家》第二集撰《陈规》篇,但经十年动乱,原稿已不知下落。今合撰此文,以补其阙。

一、生卒年考

陈规,字元则,密州安丘(今山东省安丘县)人。

据《建炎以来系年要录》记载,绍兴十年(1140)闰六月,顺昌(今安徽阜阳)知府陈规因守土抗金有功,升任枢密院直学士。己亥(公历 8 月 11 日),又发表"枢密直学士知顺昌府陈规知庐州(今安徽合肥)"。^②陈规奉命"移知庐州兼淮西安抚,既至,疾作"。^③

绍兴十一年(1141)初,金兀术起兵十余万,再度南侵。"诸处探报番贼要分路过淮作过。正月九日(公历 2 月 17 日),奉圣旨札下韩世忠、张俊、刘锜,照会紧切措置堤备,仍行下所隶州县,保聚人民,以防抄掠。"^④陈规正卧病在床:"有旨修郡城,规在告,吏抱文书入卧内,规力疾起曰:'帅事,机宜董之;郡城,通判董之。'语毕而卒,年七十"。^⑤刘锜奉命自太平州(今安徽当涂)渡江以援淮西。正月乙丑(公历 2 月 27 日)刘锜率师至庐州,驻兵城外,"时枢密直学士知庐州陈规病卒,城中无守臣"。^⑥

由此可知,陈规卒于绍兴十一年(1141)正月九日—十九日(公历 2 月 17 日—

＊ 本文与闻人军合作。本文获得浙江省高校自然科学文科科学三等奖(1986 年)。

27 日)之间。吴廷燮的《南宋制抚年表》说陈规卒于正月乙丑⑦,显然将《建炎以来系年要录》中的"时枢密直学士知庐州陈规病卒"一句释为当天病卒,似乎欠妥。而李幼武的《四朝名臣言行录》称陈规"(绍兴)十一年五月卒"⑧,"五月"当为"正月"之误。又《宋史》本传记载陈规享年七十,可推知他生于宋神宗熙宁五年(1072)。

二、南宋初出任德安知府

陈规的少年时代,正赶上王安石变法(1069—1085)。1093 年宋哲宗亲政以后,重行新法。《宋史》本传说陈规"中明法科",李幼武则称陈规"登进士第"⑨,本传的记载较为具体。此"明法科"当是新法的产物,需要通过"律令,刑统,大义,断桉"等科目的考试⑩,倾向于实用之学。

绍兴十年(1140),陈规曾回忆其往昔学业说:"规尝闻孙子曰:兵者,国之大事,死生之地,存亡之道,不可不察也。"⑪他还谙熟公输般"九设攻城之机,墨子九拒之"的典故⑫。并提出过"仿古屯田之制"⑬。由于他重视军事,早年攻读过兵家著作,所以日后身为文官,却兼有文韬武略。陈规虽有抱负,发迹却迟。靖康元年(1126),他已五十五岁,"以通直郎知德安府安陆县(今湖北安陆)事"⑭,不过是一个小小的县令。

自 1125 年以来,金兵开始大举南侵,加上一些宋朝溃军沦为匪兵,中原地带陷入了长期战乱之中。在这种形势下,陈规开始以军事家崭露头角。

1126 年 11 月底,金兵第二次包围汴京。1127 年初,汴京失陷。守城将领之一镇海军节度使刘延庆引兵万人夺开远门出逃,至龟儿寺被追骑所杀。其部属王在等失去辖制,成为一支破坏性的军事力量,攻陷随州(今湖北随县)后,又进攻德安府。早先,陈规曾奉命率领安陆县内武装以勤王兵赴京,行至河南信阳,被乱兵所阻,不能前进。随即接到本府公文,调其回兵德安守城。陈规回到德安时,知府李公济已借口往诸处召集人马,避风头去了。通判周子通因往诸县起发民兵及士曹,也不在府城内。德安的绝大多数官吏均已借故搬家逃走,城中无首。正月初三(公历 2 月 15 日),"官吏军民推规权领府事";过了三天,周子通回府,代掌府事,陈规则代理通判,"仍充统领守御人兵迎敌"⑮。李公济虽于正月十一日(公历 2 月 23 日)回城一次,"更不交割牒府,乞折资监当,即日离任去"⑯。正月十七日(公历 2 月 29 日),周子通惊中风疾,卧病告假,守城的重担又全落到陈规身上。他在军民的支持下代理知府事宜,率领军民,多方措置,尽死坚守。历时二十日之久,终于击退了攻城的军队。

解围后,他派人到汴京奏功,使者返回,确知汴京已失,"深(感)痛切"⑰。建炎元年(1127),他由南宋朝廷正式任命为朝奉大夫龙图阁直学士知德安。建炎三年(1129)升秘阁修撰。当年 7 月又被任命为德安府复州汉阳军镇抚使,兼知德安府,仍赐三品服。"(陈)规在郡四年,屡破郡盗,傍郡皆失守,惟德安一城独存"[18]。从此声名大振。

尚须指出,当时所谓"郡盗",除了宋室溃军之外,有些属于死里求生的起义农民。如建炎四年至绍兴元年(1131)攻打过德安府的曹成、李宏等,有"众数十万,布满诸县",自称"一行兵众无非为贼,止为乡中不可居止,遂前来寻有粮吃用"[19]。但总的说来,陈规保境安民,稳定战局的一面,是应当给予肯定的。

绍兴元年(1131)11 月,陈规因守御有力,升徽猷阁待制。

三、竹竿"火枪"的创制

陈规以前,应用火药的火器已经陆续出现。唐末天祐初年(904),吴将郑璠攻打豫章(今江西南昌)时,使用了"发机飞火"[20]。五代末北宋初的许洞认为这就是火炮、火箭之类[21]。宋真宗咸平三年(1000),神卫水军队长唐福献所制火箭、火球、火蒺藜。曾公亮(998—1078)主编的《武经总要》里记载了"火药鞭箭"。以上大概均属于燃烧性的火器。《武经总要》里还载有"霹雳火球"[22],用火锥烙球,球开,声如霹雳,这是爆炸性火器的先声。靖康元年(1126)金兵第一次围汴京时,李纲守城,使用了爆炸性火器"霹雳炮"击退金兵。宋代是原始火器的黄金时代,新发明层出不穷,"兵纪不振,独器甲视旧制尤详"[23]。陈规对宋代流行的火器十分熟悉,早在 1127 年初守德安时,陈规所部就施放过火箭退敌。后来在历次德安保卫战中,抵挡过敌方用火柜、火炮之类的进攻。在此基础上,他创制了管形火器。

绍兴二年(1132)4 月,剽略成性的襄邓镇抚使桑仲被其副手霍明所火并。桑仲亲信副都统制李横闻讯后,打着为桑仲复仇的旗号,进攻霍明所驻的郢州(今湖北钟祥)。霍明逃往德安府,被陈规斥退;后霍明投奔伪齐刘豫,写书招降陈规,陈规即"械其使以闻"[24],坚决与叛将划清界限,表现了鲜明的爱国立场。

李横听说霍明逃往德安,遂聚众五六千人,于同年 7 月 26 日起围攻德安,"造天桥,填壕,鼓噪临城。规帅军民御之,炮伤足,神色不变。围急粮尽,出家财劳军,士气益振"[25]。

李横遇到不易对付的陈规,攻城不下,唤来铁、木匠,搬取牛皮、毡毯等,造下特种天桥。其前面、两边及顶上均用牛皮、厚毡毯、棉被等物挂搭。打算攻城时推它就城,因以登上城头。陈规探知此情,即令人置起战棚,作了一系列应战准备。他还"以火炮药造下长竹竿火枪二十余条,撞枪钩镰各数条,皆用两人共持一条,准备天桥近城于战棚上下使用"[26]。9 月 28 日,李横发动攻城,推天桥近城。陈规命人在战棚上推出托竿,托住天桥,使它不能靠近城头。正欲施放火枪等,攻城者逃回。一个多时辰后,李横的攻城部队卷土重来。"时(李)横填壕不实,而天桥陷。规以六十人持火枪自西门出,焚其天桥。城上以火牛助之,倏忽皆尽。横拔寨遁去"[27]。

这是世界上首次将管形火器用于作战的明确记载。火枪问世的直接原因是陈规为了对付加固的天桥，然其创制也是水到渠成，是我国火器在宋代蓬勃发展的必然结果。

冯家升说：陈规的"火枪是用巨竹制成的，每支由二人拿，先把火药装在竹管里，在临阵交锋时，点着后，用它来烧敌人。这是射击性管形火器的鼻祖"[②]。这种分析是正确的。值得庆幸的是，陈规的发明没有湮没无闻，在汤璹记述陈规事迹的《德安守御录》（1193）及《建炎以来系年要录》（1236）等著作中流传下来。1232—1233 年间，蒙古人攻打开封及归德（今河南商丘县南）时，金人曾用一种叫做"飞火枪"的管形火器守御[③]，颇为得力。这种飞火枪的机理当与陈规的火枪相似。宋理宗开庆元年（1259），寿春府（今安徽寿县）"又造突火枪，以巨竹为筒，内安子窠，如烧放，焰绝然后子窠发出，如炮声，远闻百五十余步"[③]。如果把陈规的火枪比作现在所谓火焰喷射器，那么，寿春府造的"突火枪"已发展到能发射子弹（"子窠"）了。

四、城防和营屯田

陈规是一个颇有头脑的军事家。他的指导思想是，"然用兵之道，以正合，以奇胜。善出奇者，无穷如天地，不竭如江河。千变万化"[③]，更强调指出"自古圣人之法未尝有一定之制，可则因，否则革也"[②]。因此具有创新精神。他既熟读兵书，又注意总结实战经验，发展了一整套行之有效的守城战术。陈规曾对城防工事、用炮和营屯田等提出过独到的见解。

陈规对城墙的建筑设计颇有研究。他提出建筑城墙的着眼点，不仅在于防守，而且还须时时考虑到主动出击的方便，故城门以多为宜。他为了适应新形势下大规模炮战的要求，在城墙的建筑设计方面作了大胆的革新。例如：以护门墙代替旧式城门外不堪一击的瓮城。将不利于防守、易受炮击的旧式四方城角略略向里收缩；减少城墙顶面宽度；拆除马面上的楼子，代之以高大厚实的城墙等等，以减少守城官兵伤亡的可能性。他于城上筑鹊台，城外修筑又高又厚的羊马墙，又提倡在城内掘又深又阔的里壕，筑月城，形成两壕三城式的城防工事，按这种设计筑成的城墙的确易守难攻。

陈规对于大炮的制造、安置和施放也有研究。他认为，若欲摧毁敌方的攻具，须用重五六十斤，以至百斤以上的大炮。若欲击毙敌方兵将，须用远炮。远炮的炮弹"以黄泥为团，每个干重五斤，轻重一般则打物有准，圆则可以放远"[③]。这些论述符合科学原理，对于边防将士具有实际的指导意义。

陈规曾以军事家的战略眼光，提出过营屯田计划。绍兴元年（1131）十一月"丁未（公历 12 月 5 日），德安府复州汉阳军镇抚使陈规奏本镇营屯田画一事件"。"规以境内多官田荒田，乃仿古屯田之制，命射士民兵，分地耕垦。其说以兵民不可并耕,故使各处一方。军士所屯之田,皆相险隘,立为堡寨。寇至则保聚捍御,无事则乘时田作。其射士皆分半以耕屯田,少增钱粮,官给牛种,收其租利。有急则权罢之,使从军。凡民户所营之田,水田亩赋粳米一斗,陆田赋麦豆各五升。满二年无欠输,给为永业。流民自归者,以田还之。凡屯田事,营田司兼行;营田事,府县官兼行;皆不更置官吏。条画既具,乃闻于朝,诏嘉奖。明年,下其法于镇,使行之"㉞。绍兴三年(1133)3月15日,"都司检详官奏下营田法于诸路行之,悉以陈规条画为主"㉟。陈规的军事思想在当时产生了一定的影响。

五、绍兴初年的升迁黜降和奉祠

绍兴二年(1132)9月28日,就在陈规"火枪"初试锋芒的那次战斗之后,德安围解。至12月,陈规被提升为徽猷阁直学士。明年5月,应召赴行在(临安,今浙江杭州)入对。陈规"首乞罢镇抚使。又言:诸将跋扈,请用偏裨以分其势,上皆纳之"。"自是不复除镇抚使矣"。㊱5月11日,"徽猷阁直学士安复镇抚使陈规为显谟阁直学士,知池州(今安徽贵池)兼沿江安抚使"㊲。陈规守德安七年,始终稳守如故,至此离任。1134年1月,又改为龙图阁直学士,转任庐州知府兼淮西安抚使。5月,又召陈规赴行在,命淮西提点刑狱公事李健权庐州。"规引疾不置,乃以规提举江州太平观便居"㊳。"宋制设祠禄之官,以佚老优贤"㊴。陈规得祠在七月乙丑(公历8月9日),让其任便居住,当属于照顾性质,不算黜降。但仅过两个月左右,朝廷又命陈规复知德安府,火速上任。这个反复事出有因。

先是5月间,直秘阁知德安府韩之美召赴行在,令江西制置使岳飞选官权德安府。9月17日,"右朝请大夫权荆南制置司参议官庐宗训知德安府";"皆用制置使岳飞奏也"。"既而侍御史魏矼言,飞新立功,朝廷当成就其美,不宜使轻儇之徒,为其属郡";"宗训之命遂寝"㊵。宋高宗害怕岳飞尾大不掉,所以采纳魏矼之言,他欲派一个稳重的官吏知德安府,意中人就是陈规。9月30日,"上谓辅臣曰:诸大将固当奉法循理,然细务末节,可略而不问,若事大体重,系国家利害者,不可不治也"㊶。就在这一天,决定重新起用陈规。"龙图阁直学士提举江州太平观陈规复知德安府,仍令规便道兼程之任。如敢稽违,重置典宪"㊷。但陈规到任之后,因池州贵池县丞黄大本枉法受赇案,于绍兴五年(1135)7月"贬秩二等"㊸。《宋史》本传谓陈规"坐失察吏职,镌两官"㊹,即指此事。后来,陈规便奉祠于太平州,闲居了一段时间。

陈规虽然奉祠,但素怀爱国之心,过问国事。曹筠的《陈规行状》说:刘光世移兵太平州时,闻金、齐合兵,畏惧金兵。"龙图阁直学士陈规奉祠居城中,奋谓曰:'相公蒙国厚恩,义当仗忠赤,激士气以报'"㊺。李心传的《建炎以来系年要录》将此事发生的年代定为绍兴四年(1134)十月甲午(公历11月6日),疑有误。因陈规此时尚在德安府知府任上,绍兴五年始黜降奉祠至太平州。

六、顺昌抗金事略

1138 年底,宋高宗和宰相秦桧以屈辱的条件和金人达成和议,从金人手里换回陕西、河南土地。南宋准备在陕西、河南地区任命几个新的军事长官。陈规虽然年事已高,但仍被高宗看重,欲召赴行在,任为一方统帅。御史中丞勾龙如渊认为陈规不够格,上言劝阻了这一任命。1139 年 5 月,陈规自祠宫被任命为顺昌府知府。6 月间到任后,他即着手"葺城壁,招流亡,立保伍","广籴粟麦实仓廪"。⑯高筑墙,广积粮,积极备战。

陈规是坚决的主战派,他批评"(投降派)大臣以为中国势弱,敌势方强,用兵无益,宜割三镇以赂之"的懦夫行为,正确指出"势之强弱在人"。"若不用兵,何术以壮中国之势,遏敌人之强?用之则有强有弱,不用则终止于弱而已"。"强弱之势,自古无定,惟在用兵之人何如耳"。⑰他提倡"守城之人于敌未至之前,精加思索应变之术,预为之备"。⑱并身体力行,为迎接未来的保卫祖国的战斗作了充分的物质和精神准备。

绍兴十年(1140)5 月底,新任东京副留守刘锜领兵赴开封,路过顺昌,陈规迎候大军暂歇。正巧得到金兵已攻陷开封的报告,于是文武共商应敌之策。陈规在顺昌期间,"会计议司移粟赴河上,规请以金帛代输"。⑲这时,由于陈规的远见,城中储粟数万斛,足资坚守,初步稳住了军心。

金龙虎大王提重兵兵临城下,陈规躬擐甲胄,与刘锜一起巡城督战。他献计夜劫金营,说道:"敌志屡挫,必思出奇困我,不若潜兵斫营,使彼昼夜不得休,可养吾锐也。"⑳刘锜采纳他的计谋,果然劫中金寨,歼其兵甚多。金兵向兀术告急求援,兀术将至,刘锜手下有些将领畏敌,意欲逃跑。陈规挺身而出,慷慨陈辞道:"朝廷养兵十五年,正欲为缓急用,况屡挫其锋,军势稍振。规已分一死,进亦死,退亦死,不如进为忠也。"㉑由是坚定了诸将抗击到底的决心。

金兀术援兵到后,痛责金将无能,金将跪称"南兵非昔比"㉒。说明刘锜与陈规同心协力,死守顺昌,使金兵遇到了劲敌。这时敌我双方力量对比悬殊。金兀术率兵十余万攻城,而刘锜所部不满二万,可出战者仅五千。"规与锜行城,勉激诸将,流矢及衣无惧色"㉓。因为将领身先士卒,军士们更拼死战斗。当时正值天气酷热,陈规又献以逸待劳之计,"每清晨辄坚壁不出,伺金兵暴烈日中,至未申,气力疲,则城中兵争奋,斩获无算,兀术宵遁"㉔。顺昌保卫战一役,金兀术等被刘锜和他所率的八字军打得大败,不得不于 6 月 28 日夜引兵宵遁,退还开封,被迫由攻势转为守势。接着,岳飞又在朱仙镇取得大捷,一度出现了恢复中原失地的有利形势。陈规在顺昌保卫战中是立下了不可磨灭的功勋的。

是年 7 月,陈规因守土之功,充任枢密院直学士。8 月中旬,被蓄意求和的高宗和秦桧从淮河以北撤回淮南,调任庐州知府兼淮西安抚使,而以刘锜兼权知顺昌府。史家评论说:"时秦桧将班师,故命规易镇淮右";"锜方欲进兵乘敌虚,而桧召锜还"。[⑤]坐失了有利时机,时人共惜之。年届古稀的陈规经过顺昌保卫战,积劳成疾,至庐州后就病倒了。大约拖了半年,鞠躬尽瘁,卒于任上。

七、为人与著述

《宋史》本传评价陈规"端毅寡言笑,然待人和易。以忠义自许,尤好振施,家无赢财"[⑤]。但李心传称他"严刑重敛,世或以此疵焉"[⑤]。两者可互为补充。绍兴二年(1132),他守德安时曾"搜家财得万缗以犒军"[⑧]。"(李)横遣人来,愿得妓女罢军,规不许。诸将曰:'围城七十日矣,以一妇活一城,不亦可乎?'规竟不予"[⑨]。硬是打退了李横的进攻。绍兴十年(1140)顺昌大捷后,录守城之劳,提升为枢密院直学士,他却上言:"敌人败盟,臣仓皇措置,数日之间,守具略备。而刘锜将士,每出每捷,致敌不敢逼近府城,此皆锜之功。臣何力之有?望追寝成命。"[⑩]陈规居功不傲,"功名与诸将等,而位不酬劳,时共惜之"[⑪]。卒后,赠右正议大夫。乾道八年(1172),"诏刻规《德安守城录》颁天下为诸守将法。立庙德安,赐额'贤守',追封忠利侯,后加封智敏"[⑫]。

陈规的早期著述无考,晚年亦有所著述。夏少曾曾作《朝野佥言》,记述靖康时金人攻打汴京始末。绍兴十年(1140),陈规在顺昌时见到此书,痛惜当年防守失策,因此条列应变之术,序于《朝野佥言》之后,此即《靖康朝野佥言后序》。其中既有守城技术措施的经验总结,又抒发了爱国情操和军事思想。徐梦莘曾将此文采入《三朝北盟会编》卷一百三十九。

《宋史》本传说陈规有《攻守方略》传于世。但久已不见此书踪影。另有传世的《守城机要》系陈规所作,专论城郭楼橹制度及攻城备御之方。《四库全书总目》疑后者即《攻守方略》,系同书异名,大略可信。《宋史》本传又载"乾道八年(1172)诏刻规《德安守城录》颁天下为诸守将法",则《德安守城录》与《攻守方略》当为两本书,但前者可能已失传。《宋史·艺文志》载"刘荀《建炎德安守御录》三卷"[⑬]。刘荀在南宋淳熙(1174—1189)中曾任德安通判,此书大概作于此时。《四库全书总目》认为乾道八年(1172)诏刻颁布的《德安守城录》即刘荀的《建炎德安守御录》,此说与刘荀在淳熙中始调德安任通判时间上抵牾,似不足取。[⑭]刘荀的《建炎德安守御录》恐怕也已失传。

汤璹为淳熙十四年(1187)进士,授德安府教授。寻访陈规事迹,编为《建炎德安守御录》,绍熙四年(1193)汤璹除太学录表上其书。南宋宁宗以后,有人将《靖康朝野佥言后序》、《守城机要》和汤璹的《建炎德安守御录》合编为一书,名曰《守城录》。《守城录》曾收入《永乐大典》及《四库全书·子部·兵家类》，乾隆帝为其御笔题诗一首。诗曰："摄篆德安固守城，因而失事论东京。陈规屡御应之暇，汤玮深知纪以精。小县旁州或可赖，通都大邑转难行。四夷守在垂明训，逮迫临冲祸早成。"(65)《守城录》收录于《墨海金壶》、《瓶华书屋丛书》、《守山阁丛书》、《长恩书室丛书》、《半亩园丛书》以及《丛书集成初编》等丛书中。《明辨斋丛书》则仅收《守城机要》与《建炎德安守御录》。

参考文献

①③⑤⑬㉔㉕㊹㊻㊾㊿(51)(52)(53)(54)(56)(59)(61)(62)《宋史》卷三百七十七"陈规传"。

②(55)(60)《建炎以来系年要录》(以下简称《要录》)卷一百三十六。

④《金陀续编》卷十一。

⑥《要录》卷一百三十九。

⑦吴延燮《南宋制抚年表》。

⑧⑨李幼武：《宋名臣言行录·别集》下卷十一，道光元年歙绩学堂洪氏校刊。传经堂光绪本同。

⑩《宋史》卷一百五十五。

⑪⑫⑭⑰㉛㉜㊼㊽《守城录》卷一，《守山阁丛书》本。

⑮⑯《守城录》卷三。

⑱(57)《要录》卷三十四。

⑲㉖(58)《守城录》卷四。

⑳路振：《九国志》卷二"吴臣传"。

㉑许洞：《虎钤经》卷六。

㉒曾公亮：《武经总要》卷十二。

㉓㉚《宋史》卷一百九十七。

㉗《要录》卷五十七。

㉘冯家升：《火药的发明和西传》，上海人民出版社，1978年第2版，第23页。

㉙《金史》卷一百十六"蒲察官奴传"。

㉝《守城录》卷二。

㉞《要录》卷四十九。

㉟《要录》卷六十三。

㊱㊲《要录》卷六十四。

㊳《要录》卷七十一。

㊴《宋史》卷一百七十。

㊵《要录》卷七十九。

㊶《要录》卷八十。

㊷《要录》卷八十，中华书局，1956年版，原文将德安府误为安德府，今改。

㊸《要录》卷九十。

㊺《要录》卷八十一。

(63)《宋史》卷二百七。

(64)黄宗羲《宋元学案》卷四十一。

(65)《守城录》卷首。

（原文载于《文史》第22辑，1984年第6期）

漫谈国内外物理学史研究和教学概况

一、国内

1. 专门机构与会议

1957 年 1 月，中国科学院成立自然科学史研究室，李俨（1892—1963）先生为室主任。后研究室扩充为研究所。

1980 年 10 月，在北京成立中国科技史学会，钱临照为理事长，并开第一次学术讨论会。

1982 年 11 月，中国科技史学会在北京香山召开物理学史学术讨论会，并成立物理学史专业委员会。参加这次会议的共 116 人，正式代表 91 人，列席代表 25 人。会议共收到论文 167 篇。会议选出许良英、王锦光、戈革、潘永祥、张瑞琨、董光璧、戴念祖等组成委员会，许良英任组长，王锦光任副组长。

1983 年 9 月，在复旦大学召开科学史（物理学史）讨论会。

1983 年 10 月，在陕西召开中国科技史学会第二次代表大会，宣读论文并改选理事，推举柯俊为理事长。

1984 年 6 月 1 日至 8 日，在南京工程兵学院举行"物理学史报告讨论会"。

2. 教学

1982 年 10 月，教育部委托华中工学院在武汉召开高等院校科技史教学与研究专题讨论会。

1983 年 4 月，中国物理学会在北京召开物理学史工作座谈会，目的是推动物理学史的教学、普及和研究工作的开展。建议各省市为本地区大、中学校物理教师举办各种形式的物理学史知识普及活动，积极推动物理学史的教学与研究工作。中国物理学会拟于 1984 年 8 月在锦州召开物理学史讨论会（120 人，10 天），培训师资。

1978 年，自然科学史所、杭州大学等单位招收物理学史（硕士）研究生，之后复旦大学、中国科技大学、华东石油学院、北京大学、北京师院等院校招收物理学史研究生。

粉碎"四人帮"后,华东师大、东北师大、北京师大、北京师院、锦州师院、天津师院、南开大学、武汉师院、陕西师大、江汉大学、黄石师院、苏州大学、重庆师院、杭州大学、南京大学、南京师大、中国科技大学等开设"物理学史"或"中国物理学史"课程。北京、天津等市及复旦大学等校举行物理学史讲座,北京与复旦大学都出版物理学史汇编。

1983 年 8 月上旬及中旬,锦州师范学院举办物理学史讲习会,听课者 70 多人。

1983 年 8 月上旬,《物理通报》编辑部与河北省物理学会举办物理学史讲习会,听课者 300 多人。

1983 年 12 月 10—19 日,在华南师范大学召开广东省"物理学史"讲习讨论会,参加的代表 73 人。

1984 年 3 月,上海物理学会举办物理学史讲座。

3. 杂志

下列科技史杂志常刊物理学史文章:

《自然科学史研究》(季刊),本刊原名《科学史集刊》,1982 年改为今名。

《中国科技史料》(季刊),1980 年创刊。

《科学史译丛》(季刊),1980 年创刊。

《自然辩证法通讯》(双月刊),1979 年创刊(此刊不完全是科学史刊物)。

南开大学、天津师院等积极筹备物理学史刊物。

国内物理杂志,例如《物理》《大学物理》《物理教学》《物理通报》《物理实验》《物理教师》《中学物理·教学与研究》《中学物理教学参考》也常刊登物理学史文章。有的高等院校学报,例如中国科技大学学报、华东师大学报、陕西师大学报、锦州师院学报、辽宁师院学报、温州师专学报、杭州大学学报也刊登这方面的论文。

4. 中国物理学史书籍

(1)吴南薰,《中国物理学史》,武汉大学(铅印本)出版,1954 年 11 月。册数很少,流传不广。

(2)王锦光、洪震寰,《中国古代物理学史话》,参加编写的还有薄忠信、闻人军,河北人民出版社,1981 年 11 月。

(3)蔡宾牟、袁运开,《中国古代物理学史》,参加编写的还有张瑞琨、朱敏文、钱振华、缪克成。本书将由高等教育出版社出版。

(4)王锦光、洪震寰,《中国光学史》,本书将由湖南教育出版社出版。

(5)张锡鑫,《物理学史》(中国古代部分),本书拟由山东人民出版社出版。

(6)王谦,《中国古代物理学》,香港商务印书馆出版,1977 年 8 月。

(7)Joseph Needham,*Science and Civilization in China*,Vol. Ⅳ:1(Physics).

二、国外

1.专门机构与会议

(1)国际科学史代表大会

1928年在挪威首都奥斯陆成立国际科学史委员会,1929年这个委员会在法国首都巴黎召开第一次国际科学史代表大会。竺可桢先生在1956年9月率中国代表团到意大利首都罗马参加第八次国际科学史大会。后来我国自动退出该会。1981年8月和9月间,在罗马尼亚首都布加勒斯特举行第十六次国际科学史代表大会,我国派席泽宗同志等8人参加。第十七次代表大会将于1985年在美国召开。

(2)国际科学史与科学哲学联合会所属科学史分会现行组织机构

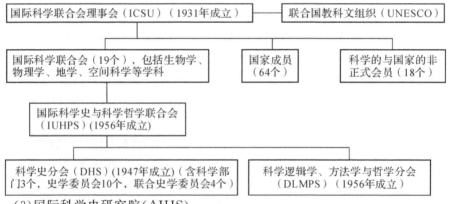

(3)国际科学史研究院(AIHS)

国际科学史研究院设在巴黎,近年把研究中国科技史作为重点之一。我国已故的竺可桢先生曾为该院院士,胡道静、席泽宗、潘吉星等为该院通讯院士。

(4)国际中国科技史讨论会

1982年10月,第一届国际中国科技史研讨会在比利时鲁文大学举行,出席会议的有中国、日本、新加坡、美国、英国、法国、荷兰、丹麦和比利时的22名代表。第二届国际中国科技史研讨会于1983年12月14—18日在香港地区召开,中国有16位代表被邀请参加会议。第三届国际中国科技史讨论会于1984年8月20—25日在我国北京召开,代表100人。

1982年3月,美国物理学会成立物理学史分会(The Division of History of Physics of American Physical Society)。当时美国物理学会有会员32000人,加入物理学史分会的有11000人,约占1/3。1924年成立的美国科技史学会(The

History of Science Society)中的一部分会员从事物理学史的研究。

1984 年 3 月 26—30 日美国物理学会暨物理学史分会(凝固态)在密歇根州底特律市(Detroit)召开会议,其中物理学史分会于 28 日晚上举行。

1984 年 4 月 23—26 日,美国物理学会暨物理学史分会春季会议(以核物理、粒子物理为主)在首都华盛顿召开,其中物理学史分会于 24 日下午举行。

2.教学

据 1980 年的一份不完全统计,国外有 150～200 位教授、副教授开设各种科学史课程;136 所学校和研究机关招收科学史方面的博士研究生。

美国的哈佛大学、耶鲁大学、霍普金斯大学、威斯康星大学、印度安纳大学、俄克拉荷马大学、宾夕法尼亚大学、匹兹堡大学等设有科学史系;芝加哥大学、加利福尼亚大学伯克利分校、马里兰大学、明尼苏达大学、普林斯顿大学、堪萨斯大学、纽约工学院和弗吉尼亚工学院等设有科学史中心或项目。

3.杂志

据 1980 年的一个统计,全世界约有 100 多种科学史杂志。现在介绍几种如下:

(1)《爱雪斯》(*Isis*),它是由萨顿(George Sarton,1884—1956)于 1912 年在比利时创刊的,后移到美国。中国科技大学藏有该刊全部期数的缩微胶卷。现为季刊。

(2)《物理学史研究》(*Historical Studies of Physical Science*,缩写为 HSPS)(半年刊),美国加利福尼亚大学出版。

(3)《中国科学》(*Chinese Science*),不定期,(美)席文(N. Sivin)主编,由宾夕法尼亚大学出版。

4.世界物理学史书籍(限于中文本或中译本)

(1)(苏联)季米赖席夫主编,蔡宾牟、叶叔眉译,《俄国物理学史纲》,中国科学图书仪器公司出版,1954。

(2)(苏联)库德里亚甫采夫著,胡良贵译,《物理学史》,中山大学打字本,1980。另有王守璨译本,交商务印书馆(将出)。

(3)郑太朴著,《物理学小史》,商务印书馆出版,1935。

(4)(英)C. T. Chase 著,杨肇燫译,《实验物理学小史》,商务印书馆出版,1937。

(5)(日)弓场重泰著,秦亚修译,《物理学史》,长沙商务印书馆出版,1940。

(6)(德)爱因斯坦、(波兰)英费尔德著,刘佛年译(简译本),《物理学的进化》,

商务印书馆出版,1947;周肇威译,上海科技出版社出版,1962。

(7)(德)M. V. 劳厄著,范岱年、戴念祖译,《物理学史》,商务印书馆出版,1978。

(8)(美)乔治·伽莫夫著,高士圻译,侯德彭校,《物理学发展史》,商务印书馆出版,1981。

(9)(美)弗·卡约里著,戴念祖译,范岱年校,《物理学史》,内蒙古人民出版社出版,1981。

(10)(苏联)B. N. 斯巴斯基著,杨基芳、黄高年编译,《物理学发展简史》,1983。

(11)胡慧玲,《物理学史》(北京大学讲义),50年代。

(12)赵高坚,《物理学史》(北师大讲义),60年代,有人拟把它出版。

(13)谢邦同,《物理学史》(东北师大讲义),1982,其中世界经典物理学史部分将由东北师大出版社出版。

(14)申先甲,《物理学史简编》(北京师院讲义)第二册、第三册,1983,将由山东人民出版社出版。

(15)杨福征,《物理学史讲义》(南开大学),1983。

(16)盛孝官,《物理学发展史》(江汉大学讲义),1983。

(17)夏宗经,《物理学史讲义》(黄石师院讲义),1983。

请指正与补充。

(原文载于《物理学史丛刊》,1984年第1期)

赵友钦及其光学研究

赵友钦是宋代宗室,宋末元初人,他是我国古代卓越的科学家,在天文学[1]、数学[2]和光学[3]等方面很有成就。但由于封建社会反动统治阶级不重视科学技术,也由于他在宋亡后隐遁自晦,所以赵友钦的名字以及他的光辉成就很少被人知道。现根据《龙游县志》[4]等有关史料及留传下来的著作《革象新书》[5],对他的生平著作和光学成就就探讨如下。

一、赵友钦的生平及著作

(一)赵友钦的生平

有关赵友钦生平事迹的史料比较少,以至于他究竟是什么时代的人都有两种说法。由于他所著的《革象新书》中有"泰定甲子(1324)"等文掺杂了元朝的事情,有些人就认为他是元人。其实,明初宋濂在《革象新书》的序言中说:"(赵友钦)间往东海独居十年,注《周易》数万言,时无有人知者,惟傅文懿公立,独敬畏之,以为发前人所未言。"清初龙游人范一梁在《赵缘督年世考》里就是根据这一史实确定赵友钦是傅立的同时代人,同时他又根据《元史》有傅立曾于至元十六年(1279年,也就是宋亡的那一年)上书元世祖的记载①说明傅立生于宋季,从而确定赵友钦也是宋末元初人。显然这是无可怀疑的真实历史。至于《革象新书》中"泰定甲子"等文字当系明代章浚和王祎为了出版《革象新书》整理文字时掺入的,不能作为依据。赵友钦既然确定为宋末元初人,他的有关情况也就弄清楚了。现将他的生平简介于后。

赵友钦又名敬,字子恭[6][7][9],自号缘督,人称缘督先生或缘督子。鄱阳(今江西鄱阳)人②。他是宋室汉王第十二世孙。因宋朝灭亡,为避免受到迫害,隐遁为"道家",奔走他乡,住过江西德兴(有一种说法他就是德兴人[6][8]),后迁往龙游(今浙江衢县龙游),在龙游东鸡鸣山麓定居。在鸡鸣山观察天象,筑有观象台(又名观

---

① 《元史·世祖本纪》:"(至元十六年)二月,遣使访求通皇极数番(鄱)阳祝泌子孙,其甥傅立持泌书来上。"

② 或作德兴人(今江西德兴)。见参考文献[6][8]。

267

星台）。曾间往东海独居十年，注释《周易》。据说在龙游芝山遇道家石杏林（得之），拜他为师。又游衢婺等地。他招范仲淹的后裔范钰为赘婿。所以在龙游范氏家谱中收有关于赵友钦的史料，其中有的很有价值。赵友钦死于龙游，葬在鸡鸣山，后人为纪念他，为他立祠建庙。

（二）赵友钦的著作

关于赵友钦的著作，宋濂在《革象新书·序》里曾有这么一段话："先生（指赵友钦）之易（指注周易数万言）已亡于兵烬，所著兵家书，暨神仙方士之书亦不存，其所存者仅此（指《革象新书》）而已"。从这里可以看出赵友钦著书很多，可惜除《革象新书》外都已散失。

《革象新书》绝大部分内容是讨论天文问题，也涉及数学和光学问题。其中有不少精辟的论述。历来对这本书有很高的评价。明代王祎曾认为从本书可以看出赵友钦"长于律法算数，而天宫星家之术尤精"。清代《四库全书提要》认为这本书"覃思推究，发前人所未发"，"在元以前谈天诸家尤为有心得者"。只是文字可能略嫌芜冗，不善于表达，王祎在刻板时曾进行删改。[①] 但《四库全书提要》认为文字的工拙是次要的，王祎精于天文星气，在测算方面未必精通，《革象新书》的原本也有特点，所以原本与王祎的删改本互有短长。[②]

赵友钦本人对《革象新书》也相当重视，特地传授给门徒朱辉，朱辉又传授给门徒章浚，章浚怕年久失传，特加以整理修改并请宋濂作序刻了出来。后来王祎又作了进一步修改，刻版付印。此后在明正德十五年（1500 年）由许赞作序重印一次，到清康熙八年由毛凤飞作序又重印一次。而未经王祎修改的《革象新书》原本于明永乐元年至五年收入《永乐大典》。清乾隆年间编《四库全书》时将原本和删改本一并收入《四库全书》。

至于其他著作，均已散失，现仅从有关史料了解到一些书目，列表于后：

---

① 王祎认为"然其为言，涉于芜冗鄙陋，反若昧其旨意之所在"，因此"为之纂次，削其支离，证其伪舛，厘其次第，絜其要领，于是辞益简而旨加明矣"。

② "祎序颇讥其芜冗鄙陋，然术数之家，主于测算，未可以文章工拙相绳；又祎于天文星气虽究心，而儒者之兼通，终不及专门之本业，故二本所载，亦互有短长，并录存之，亦足以资参考。"见参考文献[6]。

书名	卷数	根据	备注
《金丹正理》	未详	(清)黄虞稷撰《千顷堂书目》 (清)倪灿撰《补辽金元艺文志》 (清)钱大昕撰《补元史艺文志》	(清)倪灿、黄虞稷、钱大昕撰《辽金元艺文志·元艺文志》第56页,商务印书馆,1958年。 同上,第126页 同上,第273页
《盟天录》	未详	(清)黄虞稷撰《千顷堂书目》 (清)倪灿撰《补辽金元艺文志》 (清)钱大昕撰《补元史艺文志》	同上,第56页 同上,第126页 同上,第273页
《缘督子仙佛同源论》 《仙佛同源》	一卷 十卷	(清)黄虞稷撰《千顷堂书目》 (清)倪灿撰《补辽金元艺文志》 (清)钱大昕撰《补元史艺文志》	同上,第56页 同上,第126页 同上,第273页
《金丹问难》 《推步立成》 《三教一源》	未详 未详 未详	(清)毛凤飞《赵公仙学源流说》 同上 同上	(民国)《龙游县志》卷35,34页下—35页下 同上 同上

从上表书名看来,《推步立成》可能是天文学的书,其他书都是道教方面的书,可能涉及化学方面的知识。

至于所著兵家书究竟是些什么书就无从稽考了。

二、赵友钦在光学上的贡献

我国古代在光学上有许多辉煌的成就,对光线直进、针孔成像等等方面很早就有研究。《墨经》《梦溪笔谈》在这方面都有记录,然而对光线直进、针孔成像与照度最有研究并最早进行大规模实验的当推赵友钦(图1)。他的这个物理实验是世界物理学史上首创的,它被记载在《革象新书》"小罅光景"第二部分中。

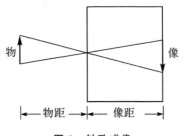

图1 针孔成像

"小罅光景"可分为两部分。第一部分,利用壁间小孔成像。他观察到日光、月光通过壁间小孔,小孔虽然不圆,但所得到的像都是圆形。日食的时候所观察到的像和日食的分数相同。小孔的大小虽有不同，但像的大小相等，只是浓淡不同（即照度不同）。如果把像屏移向小孔，则像变小，照度加大（图2）。他对此现象进行了深入思考，反复实验，终于认识到：由于"罅小则不足容日月之体，是以随日月之形而皆圆，及其缺则皆缺"。如果把小孔逐渐缩小，则像逐渐变淡。如果把像屏逐渐移远，像逐渐加大而照度减小。由这个实验，赵友钦得到了小孔成（倒）像的基本规律。

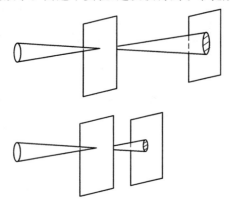

图2　把像屏移向小孔，则像变小而照度增大

他对大孔成（正）像（指明亮部分）也进行了研究。他注意到，如果墙壁的孔相当大，则情况大不相同，像必随孔的方、圆、长、短、尖和斜而跟大孔的形状相类似（图3），这就是由于"罅大而可容日月之体也"。他还认为，"大罅之景渐远，亦渐广，然不减其浓"。"景渐远，亦渐广"是对的，"然不减其浓"是不确切的。实际上照度微有减小，但由于日光作光源，照度的变化不易观察出来罢了。

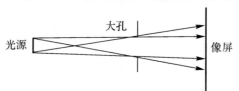

图3　光源通过大孔的情形

第二部分，在楼房中进行较复杂而较完备的大型实验。由于第一部分实验以日、月为光源，只能改变孔的大小、形状及象距，故研究问题有很大的局限性。为了克服这些缺陷，进一步探究小孔成像规律，他创造性地设计和实施了第二部分实验。该实验很精彩，是当时世界上绝无仅有的。

他以楼房为实验室（图4），分别在楼下两个房间的地面上挖两个直径四尺多①

---

①　此尺寸为当时的尺度。下同。

270

的圆阱,右阱深四尺,左阱深八尺,根据实验需要,在左阱中可另放一张四尺高的桌子。作两块直径为四尺的圆板,每块板上密插着一千多支点燃的蜡烛,放入阱底(或桌面上)作为光源。在两个阱口分别用中心开孔的板加以遮盖。以楼板为固定像屏。

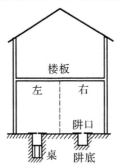

图4　实验布置示意图

如此别出心裁的布置是很有道理的,首先,蜡烛放在阱内,烛焰比较稳定;其次,光源被封闭在圆阱中,光线只能从板孔中穿出,这样使得观察比较容易,结果更准确;另外,在地下深挖圆阱,增加了光源与像屏之间的距离,使调节范围扩大。

实验分五步进行:

步骤一:光源、小孔、像屏三者距离保持不变。

将四尺高的桌子放入左阱,则两阱深度相同。分别将那两块密插蜡烛的圆板放在阱底和桌面上,蜡烛都点燃着。在阱口各盖直径五尺而中心开方孔的圆板,左板孔宽一寸左右,右板孔宽一寸半左右。

以楼板为像屏,结果可以观察到楼板下面的两个"景"大小差不多相同,但一浓一淡(照度不同)。这即说明当光源、小孔和像屏三者距离保持不变时,孔大者通过的光线多,"景"的照度大;孔小者,通过光线少,"景"的照度小。这是什么原因呢?他经过仔细考虑后,认为:"千烛自有千景,其景随小窍点点而方。"他用光线直进的原理进行解释:"烛在阱心者,方景直射在楼板之中。烛在南边者,方景斜射在楼板之北。烛在北边者,方景斜射在楼板之南,至若东西亦然。其四旁之景斜射而不直者,缘四旁直上之光障碍而不得出,从旁达中之光,惟有斜穿出窍而已。阱内既已斜穿窍外止得偏射,偏中之景千数交错,周遍叠砌,则总成一景而圆。"这里值得指出的是:他十分注意"量与质"之间的辩证关系。对一支蜡烛来说,其光焰尺度可以与方孔的大小相比拟,所以这不是"小孔成像","其景随小窍点点而方",但对密集成圆形的一千多支蜡烛来说,光源的尺度比方孔大得多,这时就变成"小孔成(倒)像"了。他还对像的浓淡作了如下的分析:"两处皆千景叠砌,圆径若无广狭之分,但见其窍宽者所容之光较多,乃千景皆广而叠砌稠厚,所以浓。窍窄者所容之光较少,乃千景皆

271

狭而叠砌稀薄,所以淡。"这段分析是何等清晰和通俗。

步骤二:改变光源。

做"小景随日月亏食"的模拟实验,"向右阱东边减却五百烛,观其右间楼板之景缺其半于西,乃小景随日月亏食之理也"。

接着灭去左阱中大部分蜡烛,只点燃着疏密相间二三十支的蜡烛。观察楼板下面的像,由不相粘连的二、三十个"方景"组成一个圆形,像就很淡了。他这部分实验隐示了距离不变时,物体上的照度正比于光源强度。

然后只点燃着一支蜡烛,这时仅看到一个"方景"。这是因为"窍小而光形尤小,窍内可以尽容其光",这就是"大景随空隙之象"的道理。如果把左阱的蜡烛重新全部点燃,则左边的像复成圆形。

步骤三:改变像距。

另用二片大的板挂在楼板下几尺,作为像屏,即减小了像距。这时所得为周径较小而照度较大的像(图 5)。它表明了像的大小与照度随着像距而变化,像距小则像小而照度大,像距大则像大而照度小。原因何在? 他认为:"烛光斜射愈远,则所至愈偏,则距中之数愈多。围旁皆斜射,所以愈偏则周径愈广。"他对照度变化作了解释:"景之周径虽广,烛之光焰不增,如是则千景展开而重叠者薄,所以愈广则愈淡,亦如水多则味减也。"这段解释隐含着:在通过孔窍射到像屏上的光通量一定的条件下,像越大(像距越大),单位面积所得的光通量——照度就越小。

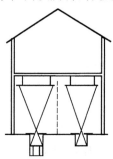

图 5　像距减小

最后,赵友钦还指出实验时要注意像屏不可倾斜,否则得到的像是"圆而长"——椭圆形。可惜的是他没有指出像的照度的变化跟倾斜角度的关系,否则可以定性地得到完整的照度定律。

赵友钦通过实验已经得到:照度随着光源的强度增加而增加,随距离的增加而减小。在国外,四百年后德国科学家 J. Lambert(1728—1777)才得出照度跟距离平方成反比的定律[13](图 6)。

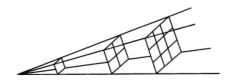

图 6 照度跟距离平方成反比

步骤四:改变物距(图 7)。

拆去两块所悬的板,拿走左井中的桌子,把燃点着的蜡烛放在井底,这就是说左井物距增加四尺,所成的像小而狭。他说明其原因在于:"窍与烛相远,则斜射之光敛而稍直。光皆敛直,则景不得不狭。"至于照度,他说:"景狭则色当浓,烛远则光必薄,是以难以加浓也。"

他把上述四个步骤作了总结:"景之远近在窍外,烛之远近在窍内。凡景近窍者狭,景远窍者广。烛远窍者景亦狭,烛近窍者景亦广。景广则淡,景狭则浓。烛虽近而光衰者,景亦淡;烛虽远而光盛者,景亦浓。由是察之,烛也、光也、窍也、景也四者消长胜负皆所当论者也。"就是说物距、像距、光源强度和孔窍都影响像的大小与浓淡,他们既统一又矛盾,在实验中赵友钦逐个地考查像距与物距的大小,蜡烛的多少,孔的大小对像的大小、形状和明暗的影响。今把他所得结果列表如下:

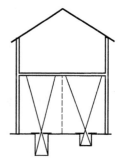

图 7 左边距离大

改变的项目		像的大小	像的浓淡(照度)	备注
小方孔	1 寸	几乎相同	淡	见步骤一
	1 寸半		浓	
光源	一千支蜡烛	几乎相同	浓	见步骤二
	二三十支蜡烛		淡	
像距	大	大	淡	见步骤三
	小	小	浓	
物距	大	小	几乎相同	见步骤四
	小	大		

步骤五:改变孔的大小和形状。

赵友钦对大孔成像(即明亮部分)很重视,他进一步作了实验。

他撤去了覆盖在阱口的两块板,另作直径一尺多的圆板,右板中心开边长为四

273

寸的方孔，左板开边长五寸多的三角形，各以绳索吊在楼板底下，可以调整高低，目的在于同时改变像距和物距。当物距小时则像距大，反之则像距小。抬头看楼板上的像，左面是三角形，右边是方形。但此时左面的蜡烛拼成圆形，右面的蜡烛拼成半圆形。可见这时像只随孔的形状而变化，不随光源的形状而变化，这就是大孔成像（明亮部分）。赵友钦从两方面来解释这个问题，第一：尽管阱的直径大而板孔仍小，但阱底光源离板孔较远，故"远则（光源）虽大犹小"。第二，孔离楼板较近，"近则（孔）虽小犹大"，所以"方尖窍内可尽容烛光之形"。

由于蜡烛与像屏（楼板）的位置固定，孔距楼板越远，则所成的像（明亮部分）越大；反之，孔距楼板越近，则像越小（图8）。

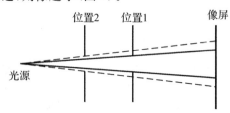

图8　光源与像屏间距离固定，孔在位置 1 时所得像较小；
孔在位置 2 时，所得像较大

小孔与大孔成像的区别主要在什么地方呢？他认为"原尖小窍之千景，似乎鱼鳞相依，周遍布置；大罅之景千数，比于沓纸重迭不散，张张无参差。大则总是一阱之景，似无千烛之分，小则不睹一阱之全，碎砌千烛之景"。

上述两部分实验所得的结果，可归纳如下表所示：

光源 ＼ 像 孔	小 孔	大 孔
日、月	因为小孔不足容日、月之体，故像随日、月之形。	因为大孔可容日、月之体，故像随孔之形。
千烛	因为小孔不睹一阱之全，故像随千烛之形。	因为大孔总是一阱之景，故像随孔之形。

正如他在结束"小罅光景"篇时所下的论断："是故小景随光之形，大景随空之象，断乎无可疑者。"也就是说：在大孔时，所成的像（明亮部分）和大孔形状相同；在小孔时，所成的像和光源的形状相同。这个结论是十分正确的。

赵友钦除了深入细致地研究了"小罅光景"外，还研究了"月体半明"的问题。

他将一个黑漆球挂在檐下，比作月球，反射太阳光。黑漆球总是半个球亮半个球暗。从不同的角度去看黑漆球，看到黑漆球反光部分形状不一样。他通过这个模拟实验，形象地解释了月的盈亏。"若遇望夜（见图9月相的位置1）测日、月躔度相对，一边光处全向于地，普照人间，一边暗处全向于天，人所不见"。以后月相逐渐变小(见图9月相的位置2、3、4、5),他认为原因在于"(日、月)渐相近,而侧相遇,则向地之边,光渐少矣"。至于晦朔(见图9月相的位置5),这是由于"日、月同径,为其日与天相近,月与天相远。故一边光处全向天,一边暗处却全向地"。以后月相逐渐变大(见图9月相的位置6、7、8、1),原因是"(日、月)渐相远,而侧相映,则向地之边光渐多矣"。最后他还指出:"月体本无圆缺,乃是月体之光暗,半轮转旋,人目不能尽察,故言其圆缺耳。"他的实验简单易行,解释既通俗又科学,在六百多年后的今天仍有价值。

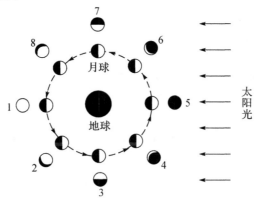

图9 地球上见到的月相

但是由于时代的局限,他错误地理解"日、月对望,为地所隔",而月亮之所以能够受到阳光照射,是由于"阴阳精气隔碍潜通,……"。

"月相"与"日、月薄食"有密切联系,赵友钦在讨论"月体半明"后又讨论了"日、月薄食"。

他对视角也进行研究,他说:"远视物则微,近视物则大","近视虽小犹大,远视则虽广犹窄。"在天文学的测量中,他也应用了几何光学原理。

最后,我们应该着重指出:赵友钦十分注重从客观实际出发探索自然规律。他既重视实验,又重视理论探索。研究物理学问题时,边实验边推理;进行实验时,边操作边分析结果。他的实验布置非常合理,实验步骤井井有条,步步深入,几乎没有什么重复手续。如今,物理学研究对象大大扩充,实验条件截然不同,但他的科研方法、实验技术仍值得我们借鉴。另外,他善于用比喻来解释物理规律,这个方法在现代物理教学和科普工作中普遍采用。他常利用手头简单的物品(例如小球、纸片等)来做实验。这种"土办法"至今还常用在演示实验中,以达形象、直观的目的。

参考文献

[1]薄树人,"中国古代的恒星观察",《科学史集刊》第三期,科学出版社,1960

年,50 页。

[2]李俨,"从中算家的割圆术看和算家的圆理和角术",《科学史集刊》第二期, 科学出版社,1959 年,80—82 页。

[3]银河,"我国十四世纪科学家赵友钦的光学实验",《物理通报》1956 年 4 期,201—204 页。

[4]《龙游县志》(有万历本、康熙本、民国本及《民国龙游县志稿》)。

[5]赵友钦,《革象新书》(《四库全书》影印珍本初集);《重修〈革象新书〉》(《续金华丛书》本)。

[6]《四库全书》影印珍本初集《革象新书》的"提要"。

[7]吴慰祖校订,《四库全书采进书目》,商务印书馆,1960 年,90 页,271 页。

[8](同治)《德兴县志》卷十"赵友钦传"。

[9](康熙)《龙游县志》卷十一"艺文上",14 页上—16 页上;(民国)《龙游县志》卷三十四"文征",2—4 页。

[10](民国)《龙游县志》卷三十四"文征二",2 页;《续金华丛书》的《重修〈革象新书〉》,1 页。

[11](康熙)《龙游县志》卷十一上"艺文上",19 页上—20 页下。

[12](民国)《龙游县志》卷三十五"文征三",35 页上—36 页上。

[13]E. Grimsehl,"A Textbook of Physics",Vol. 4,*Optics*,(1933),p. 23；A. V. Howard,*Chamber's Dictionary of Scientists*,(1961),p. 267。

(原文载于《科技史文集》第 12 辑,1984 年 3 月。本文前期研究成果曾发表于《教学与研究》物理版,1981 年第 4 期)

赵友钦和郑复光对小孔成像的研究[*]

中国物理学史上对小孔成像有研究的不下十余家,但其中最有成就的大概要数墨家、沈括、赵友钦和郑复光。关于墨家和沈括贡献的著述已不少,我们今天讨论的是赵友钦和郑复光在这方面的工作(包括实验与理论)。

赵友钦主要活动于宋末元初①。据他的《革象新书》"小罅光景"^[2],他的这项工作是在观察到日、月通过壁间小孔成像后开始进行的。他注意到,经由小孔后,日月的像同于天上日月,与小孔形状无关;随之,他以活动的像屏做了初步实验。他发现,改变像距后,像的浓淡(即我们今天所熟知的照度)和大小有变化。赵"熟思之",并联系考虑了大孔的情形,得出一系列推论。最后,为验证他的推论,他设计了一个大型实验,通过这个实验,他得出许多定性的正确的结论。下面,我们就来详细谈谈这个实验。

实验装置如下图(图 1):

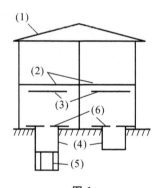

图 1

(1)两间楼房;(2)楼板(固定像屏);(3)悬于楼板下的活动木板(充当活动的像屏);(4)圆阱,径皆四尺余②,右阱深四尺,左阱深八尺;(5)四尺高的圆桌,径四尺;(6)中间有孔的圆板,径五尺

另备两块直径四尺的圆板,上面密布千余支蜡烛,置于阱底或桌上,作为光源。

从上述实验装置,我们可看出赵的精巧构思。这个实验非但规模很大,而且具对

---

* 本文与李磊、何卫国合作。

① 《四库提要》误以为后于郭守敬,见参考文献[1]。

② 系指宋时的尺。下同。

比性质,可变化物距,也可以(连续)变化像距,亦可固定其余条件,变化一个进行观察;同时,使用了广延光源,并可变化光源的形状和强度,这个光源的强度很大(若一支烛的光强度为 1 烛光,则总的光强度为 1000 烛光),使得可以在白天进行实验。

通过这个实验,赵友钦详尽地考察了小孔和大孔成像的许多现象,并对此作出了解释,为方便叙述起见,本文把他的实验过程和理论解释分开讨论。

实验过程及观察结果如下表[①]:

步骤	布　置	目　的	观察结果和结论
1	两边盖板各开方孔,左孔边长寸许,右孔边长寸半许	(1)所以方其窍者,表其窍小而景必圆也;(2)所以一宽一窄者,表其宽者浓而窄者淡也	"楼板之下有二圆景,周径所较甚不多,却有一浓一淡"
2	(1)右阱东边减却五百烛 (2)灭左阱之烛,但明二、三十枝,疏密得所 (3)皆灭,但明一烛	(1)演示日、月蚀的情形,进而说明光是直进的 (2)改变光源强度,考察其与像屏上照度的关系,同时光源已由广延而变为非均匀,以考察像的迭加性质 (3)光源变小,而孔相对变大,以产生大景随空罅之像的现象	(1)"楼板之景,缺其半于西" (2)"楼板之景虽是周圆布置,各自点点为方,不相粘附,而愈淡矣" (3)楼板上"只有一景而方"
3	于两楼板下各悬一活动木板	改变像距(变小),考察像之大小浓淡与像距之关系	(活动木板之景)敛狭而加浓,像屏倾斜时成椭圆形象
4	去掉上述实验时放在左阱的桌,光源置于左阱的阱底	改变物距(变大),考察像之大小、浓淡与物距之关系	景变小,浓淡变化不大

上述四步得出了像的大小和照度跟孔的大小、像距、物距以及光源的发光强度、大小和形状之间的一些定性关系。

步骤	布　置	目　的	观察结果和结论
5	将阱口盖板换悬于楼板下,并可升降,右板中间开方孔,方广四寸,左板开三角形孔,边长皆五寸;左阱燃全烛,右井燃半边	使孔稍变大,并使物距≫像距,即光源相对变小,又使光源形状不同,考察此时像屏上的投影,并通过板的升降,考察投影大小与物距、像距之关系	(活动)楼板之景左尖右方,物距大(小),像距小(大),则孔的投影(明亮部分)小(大)。

赵在实验中,各步骤的主旨可分为两种,一是演示已知事实,二是进一步考察。他解释这些现象的基本出发点是:(1)每一支烛通过小孔后都在像屏上投射一个孔的亮斑;(2)千烛有千景,在像屏上叠砌,在各步骤中,叠砌的聚散和稠厚稀薄有变

---

① 表中及后引文均引自参考文献[2]。

化,就造成了一系列不同的现象。

例如,赵对步骤 1 小孔成像现象的解释如图 2 所示:

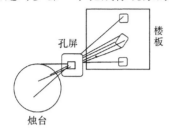

(a) "烛在阱心者,方景直射在楼板之中。烛在南边者,方景斜射在楼板之北。烛在北边者,方景斜射在楼板之南。至若东西亦然。"

(b) "千数交错,周遍叠砌,则总成一景而圆。"因是广延光源,像屏上光强分布均匀,看不出交错叠砌的痕迹。

图 2

赵之所以能作出这种正确的解释,是因为他把握了光线直进和光的独立传播两个基本原理,实验的第二步通过改变光源进一步为这种理论解释作出了直观证明:燃一支烛时,像屏上的确只有一个方景;燃二、三十支疏密得当的烛时,广延光源变为非均匀光源,像屏上就得到一些"周圆布置,各自点点为方,不相粘附"的方斑(图 3)。

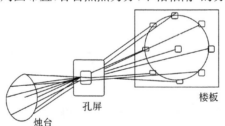

图 3 "周圆布置,各自点点为方,不相粘附"

书中二三十支烛此处略为九烛

步骤 5 中,孔微变大,同时物距≫像距,结果是"大景随空之象"。他的解释是:"阱于板窍较远,远则虽大犹小,窍于楼板较近,近则虽小犹大。"他在这里已看出,在小孔成像中,重要的不是孔的绝对大小,而是物、像、孔三者距离之间的关系,这和现代对小孔成像的解释是一致的。[3] 为得出上述结论,赵友钦以三角形为例,比较了孔大和孔小时像屏上各亮斑叠砌情况,以说明物距、像距的变化对成像结果的影响。他说,小孔成像时,所有三角孔亮斑好比"鱼鳞相依,周遍布置",而大孔时这些亮斑则如"沓纸重叠不散,张张无参差"。"张张无参差"是有点夸大,但也不失为一个粗略的解释。

关于照度的变化规律,赵得出如下结论:

（1）固定其余情况，则孔大（小）者照度大（小）；

（2）孔径不变，则离光源近（远）者照度大（小）；

（3）光源亮度大（小）者照度大（小）。

赵友钦已注意到两个参数同时变化时的相长相消现象，如"烛虽近而光衰者景亦淡，烛虽远而光盛者景亦浓"等。他还注意到了像屏与光轴不垂直时小孔成椭圆像的情况。

对于照度的变化，他认为"窍宽者，所容之光较多，乃千景皆广而叠砌稠厚，所以浓"，"窍窄者，所容之光较少，乃千景皆狭而叠砌稀薄，所以淡"。同理，像距增大时，从小孔射出的光束就越偏离轴线而散开，于是"千景展开而重叠者薄"。

赵友钦的这些分析，特别是对照度变化的解释虽然与我们今天所熟知的结论不尽相同，但在允许一定的近似时，它们是等效的。如在步骤5中，物距增大，像屏上照度变化却不显著。他认为"窍与烛相远，则斜射之光敛而稍直。光皆敛直则景不得不狭。景狭则色当浓，烛远则光必薄，是以难于加浓也"。

对以上说明，可作如下考虑，对某一方孔（图4）可照射到如图 O 点的光为方形 $ABCD$ 以内的那些光。所以 O 点的照度为

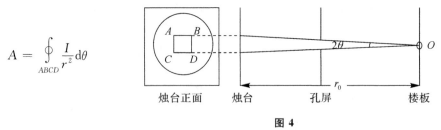

$$A = \oint_{ABCD} \frac{I}{r^2} d\theta$$

烛台正面　　烛台　　孔屏　　楼板

图 4

因 θ 很小（光皆敛直），可视 $r = r_0$，由此积分得

$$A = \frac{I}{r_0^2}(2r_0 \tan\theta)^2 = 4I\tan^2\theta$$

I 和 θ 皆为常数，即照度不变，像屏上 O 点以外的点，在小孔的情况下，也可仿上算得结果。

换个角度，从被照射面考虑，对于图4情况，AB 边上发光点产生的孔的投影与 CD 边的投影正好有一边相切（图5），AC 边与 BD 边也如此。这时，若 r_0 减小，则这些方形重叠；r_0 增大则分开。

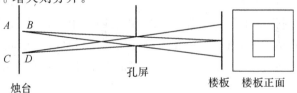

烛台　　　　　孔屏　　　　　楼板　楼板正面

图 5

280

这两种分析考虑的角度不同,定性描述却是等效的,而后一种正是赵友钦所说的"景狭则色当浓,烛远则光必薄"。当然,考虑到由眼观察,上述讨论作了些近似,实际上当光源逐渐移远时,像屏上亮斑从边缘开始逐渐变淡;光源移得足够远时,整个亮斑的照度都有明显变化。在赵友钦的实验中,阴深只有八尺和四尺,距离只变一次,限制了深入的观察。

对上述实验中的照度变化,我们今天可以从光通量、发光面积及照度定律等去考虑,但在赵友钦的时代,这些概念、定律尚未被整理出来,他紧紧抓住像屏上"千景叠砌"的聚散变化,始终一贯地对全部实验结果作出了分析,得出一系列正确的定性结论,是非常卓越的。令人感兴趣的是他的实验方法——发现问题→提出假设→设计实验→求得结果→理论分析——与我们今天的方法颇为相似。

上述实验,除受到当时条件的局限外,装置本身受到两个主要限制:(1)无法测量照度;(2)调节装置没定量化。因此,最终没过渡到现代对小孔成像的说明。中国物理学史上对小孔成像更全面的考察是由清代的郑复光作出的。

郑复光以细致入微的观察弥补了赵友钦实验中的疏忽和不足。

郑复光在《镜镜诊痴》中记录了一个实验(图6),通过连续移动像屏,他观察到,当像距增大时,像屏上孔的投影(亮斑)开始模糊,再远则成圆形(即日的像),而且清晰。这个实验终于把同一变化过程中的两种现象完全联系起来,揭示了全过程。

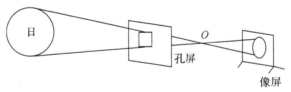

图 6

但郑复光的光路图忽略了图7中阴影部分标出的那部分光,于是他认为像屏上明亮部分由方而圆是以交点 O 为界的。实际上 O 点附近有一模糊无像区,该点并不起界限的作用。

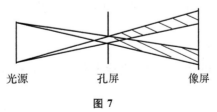

光源　　　　　　孔屏　　　　　　像屏

图 7

他又做了投影的实验(图8),在原来观察到方形亮斑的区域,此时观察到正的投影，原来观察到日像的区域此时则得到倒的投影。这时，图 8 这一示意图是正确的。

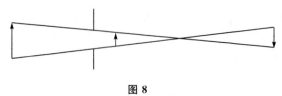

图 8

在《费隐与知录》中，郑复光又用地面为像屏，通过移动孔屏重复了这个实验，并分析道："孔若近地则日之上边仍照孔之上边，下边仍射孔之下边，光现孔形无异也。若引孔远于地，则两线必成交角，而上下相射必相反矣。"

需要说明的是，郑复光的所谓"日之上（下）边仍照孔之上（下）边"不可能指以日的上下边射出的光。因为不论从太阳哪一部分射出的光，都是既照孔之上边又照孔之下边，而且穿孔而出以后就上边照下、下边照上了（参见图 7）。郑所指的应当是他画的锥形光束的上、下部（见图 9）。

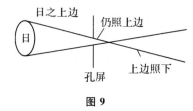

图 9

郑复光的实验，方法简明，解说简洁，并附图说明，阐明了光源通过小孔后成像的一系列现象，这是他的贡献。

参考文献

［1］王锦光，"赵友钦及其光学"，杭州大学国庆三十周年报告会论文，1979。

［2］赵友钦，《革象新书》，四库珍本。

［3］Jearl Walker，"针孔照相机及其同宗——针点照相机的乐趣"，《科学》，1982.3。

［4］王锦光，"郑复光《费隐与知录》中的光学知识"，第三届中国科技史国际讨论会论文，1984.8。

（本文为"中国古代物理学史学术讨论会"论文，杭州，1984 年 9 月）

纪念尼·玻尔诞辰一百周年[*]

一百年前,当尼·玻尔(Niels Bohr,1885.10.7—1962.11.18)出世的时候,世界上谁也没有料到物理学将在 20 世纪取得如此惊人的革命性进展。当爱因斯坦以其天才的理论创造使 20 世纪初的物理学面目一新之后,人们也未料到,以玻尔为代表的哥本哈根学派犹能与之分庭抗礼。大约半个世纪以前,誉满全球的丹麦哥本哈根大学物理教授玻尔博士,在美国、日本讲学游历之后,应邀来我中国,在上海、杭州、南京和北京讲学、访问和游览。原浙江大学校长竺可桢先生(1890—1974)亲笔记述:"1937 年 5 月 24 日,……(下午)五点玻尔教授(Prof. Niels Bohr)来,渠今年五十二岁,讲话极和蔼可亲,即在文理学院三楼演讲新原子说。余主席,嘱刚复介绍[1],说十五分钟之久,次玻尔演讲凡历一小时半。虽其英文不易解,而所讲系物理,但听众满座,无一走者。七点半由省府招待,在省府晚膳。"[2]玻尔在浙大讲学的题目是"原子核","听众满座,无一走者"。他在我国四大城市、五所名牌大学及一些科学学会和研究机构均受到了热烈的欢迎,盛极一时。对玻尔来说,"1937 年访问中国是一个令人难忘的经历"[3]。今年适逢玻尔诞辰一百周年,世界物理学界正举行各种活动,隆重纪念这位杰出的丹麦科学家、现代理论物理学大师。玻尔身后如此受人敬仰与怀念,跟他献身科学、奋斗一生的光辉业绩是分不开的。

玻尔生而有幸,他的父亲是哥本哈根大学的生理学教授、著名的生理学家。由于他父亲克里斯琴·玻尔(Christian Bohr)的早期教育,玻尔在中学时就已对物理学发生兴趣。1903 年,他进入哥本哈根大学数学和自然科学系,主修物理学,始终得到良师克里斯琴森(C. Christiansen 1843—1917)教授的指导,直至继 1909 年获科学硕士学位之后,又于 1911 年 5 月获得哲学博士学位。他在大学二年级时,就

---

* 本文与闻人军合作。

① 刚复,即胡刚复(1892—1966),物理学家,当时任浙江大学物理系教授,后任浙江大学理学院院长。

② 《竺可桢日记》第一册,115—116 页,人民出版社,1984 年。又次日上午"七点三刻至车站送玻尔教授夫妇上车,何增禄、王淦昌、束星北并送至长安车站"(同书,116 页)。

③ 奥格·玻尔教授为中译本写的前言。见 P. 罗伯森著,杨福家、卓益忠、曾谨言译,《玻尔研究所的早年岁月(1921—1930)》,科学出版社,1985 年。

用振动射流方法对水的表面张力进行实验和理论研究，获得了丹麦皇家科学院颁发的金质奖章；此后，则在纯理论研究中充分施展他的才赋。在普朗克辐射量子论的启发下，他在短短几个月内就写出了题为《金属电子论研究》的博士论文，这篇论文的中文译本约8万余字，实际上已是颇有分量的一部学术专著。

1911年9月底，玻尔到英国剑桥大学留学。先投卡文迪许实验室的J.J.汤姆逊(J.J. Thomson,1856—1940)门下，可惜不甚得意。1912年春，他到曼彻斯特卢瑟福实验室工作，春风得意，初步形成了关于原子结构的基本思想。同年7月，玻尔回丹麦工作。次年，接连发表了三篇有关原子结构和原子光谱的重要论文，用普朗克量子论的概念，成功地提出了原子结构的图像，首次打开了人们理解原子结构的大门，开辟了近代物理的广阔前景。鉴于玻尔在原子结构和原子辐射方面的创造性研究，瑞典皇家科学院将1922年度的诺贝尔物理奖授给了他。玻尔没有陶醉在胜利之中，他在授奖大会上承认："原子理论还处于很初级的阶段，还有很多具有根本性的问题尚待解决。"[1]授奖委员会主席阿雷纽斯教授致辞时指出："我们对于这项伟大工作的未来发展寄予了最美好的期望。"[2]

1921年3月，玻尔创建了哥本哈根理论物理学研究所(1965年改名为尼尔斯·玻尔研究所)。这是近代物理学史上足以彪炳史册的一件大事。在量子力学初创的20年代，哥本哈根理论物理研究所是最重要的理论物理国际合作中心，促成了新量子论的诞生。在核结构理论研究中，玻尔研究所一直在世界上保持着领先的地位，至今方兴未艾。P. 罗伯森(P. Robertson)在《玻尔研究所的早年岁月(1921—1930)》一书中指出："研究所已成了一所学校，成了培育世界各国物理实验室和研究所的未来指挥员的一个苗圃。……玻尔不仅建立了一个中心，而且哺育它成长，使它对其他国家发展物理学研究产生了如此显著的影响。这一事实本身就是一个了不起的成就，足以与他对物理学发展的直接贡献的重要性相提并论。"[3]事实确实如此。

"玻尔的原子理论揭开了科学史上最激动人心的两个年代(10年代和20年代)的序幕"[4]。玻尔在发展原子的量子论时提出的原子定态能量不连续和量子跃迁的基本思想，至今仍未过时。他所提出的对应原理，不但对解决光谱线强度问题起过重要的作用，而且在量子力学的建立过程中起过积极的作用。玻尔喜欢从物理学哲学的角度对物理学的重大进展作出注释和概括。玻尔等人对量子力学理论

---

[1] 《诺贝尔奖获得者演讲集》，物理学，第二卷，宋玉升等译，36页，1984，科学出版社。

[2] 同[1]，4页。

[3] P. 罗伯森著，杨福家、卓益忠、曾谨言译，《玻尔研究所的早年岁月(1921—1930)》，科学出版社，1985年，155页。

[4] *The Dictionary of Scientific Biography*, Vol. Ⅱ. p. 245.

的诠释有过卓越的贡献。一般认为,海森堡的测不准关系和玻尔于1927年提出的互补原理构成了量子力学的哥本哈根诠释的两根主要支柱。众所周知,玻尔和爱因斯坦是一对在学术上长期论战的挚友,总之谁也未能说服对方,但为后人树立了正确对待友谊和学术分歧的科学道德的高尚榜样。

1936年,玻尔提出了核的复合态的概念,形成了一种至今仍被广泛应用的核反应理论。翌年,他又提出了核的液滴模型,在开拓原子核理论研究方面,也有极重要的贡献。

玻尔是一位正直、和善的科学家,他热爱和平,反对侵略,始终受到人们的敬仰。由于玻尔对科学的卓越贡献,在1947年,丹麦政府破格授予他荣誉勋章。勋章中间是玻尔自己设计的族徽,它的中心图案采用了我国古代的"太极图"。在他看来,物理学哲学中的互补原理和中国古代的阴阳"互补"有某些相通之处,不仅流露出玻尔对中华文明的爱慕,而且反映出玻尔的一种信念:"不同文化的交流能够产生巨大的推动作用",他"早已看出它的伟大前景"①。

(原文载于《物理通报》,1985年第4期)

---

① 奥格·玻尔教授为中译本写的前言。见P.罗伯森著,杨福家、卓益忠、曾谨言译,《玻尔研究所的早年岁月(1921—1930)》,科学出版社,1985年。

沈括的科学成就与贡献*

在宋代，我国古代科学技术的发展达到了高峰，沈括是攀登这座高峰的科学群英中的杰出代表。

沈括，字存中，杭州钱塘人。他不但是北宋著名的政治活动家，而且是我国历史上数一数二的博识多才的科学家。他的代表作是《梦溪笔谈》（以下简称《笔谈》）。竺可桢先生曾说："我国文学家之以科学著称者，在汉有张衡，在宋则有沈括。《四库全书总目》谓括在北宋，学问最为博洽，于当代掌故，及天文算法钟律，尤所究心；《宋史》载括博学善文，于天文、方志、律历、音乐、医药、卜算，无所不通，洵非溢美。自来我国学子之能谈科学者，稀如凤毛麟角，而在当时能以近世之科学精神治科学者，则更少。……正当欧洲学术堕落时代，而我国乃有沈括其人，潜心研究科学，亦足为中国学术史增光。"[1]张荫麟先生在 1936 年发表《沈括编年事辑》，其序文说："予近搜集沈氏传记材料，乃知斯人之伟大实远过其名。括不独包办当时朝廷中之科学事业，如修历法，改良观象仪器，兴水利，制地图，监造军器等；不独于天学、地学、数学、医学、音乐学、物理学，各有创获；不独以文学著称于时；且于吏治、外交、及军事，皆能运用其科学家之头脑而建非常之绩。"[2]钱宝琮先生认为："其书（指《笔谈》）虽非天算专著，而卷十八所载隙积术及会圆术实开后世垛积术及弧矢割圆术之先河。他卷中有谈及天文历法地理物理者，亦无不精妙绝伦，淹通如沈括，洵中国科学史上不祧之祖也。"[3]英国李约瑟博士认为沈括是"中国整部科学史中最卓越的人物"，《笔谈》是"中国科学史上的里程碑"[4]。自 1963 年起，日本京都大学人文科学研究所组织有关专家对《笔谈》作了认真的研究；1978—1981 年间，出版了《笔谈》的日文全译本。[5] 美国席文博士也认为沈括"是中国科学与工程

---

* 本文与闻人军合作。

① 竺可桢，《竺可桢文集》，科学出版社，1979，第 69 页。

② 张荫麟，"沈括编年事辑"，《清华学报》，第 11 卷第 2 期。

③ 中国科学院自然科学史研究所编，《钱宝琮科学史论文选集》，科学出版社，1983 年，第 304 页。

④ J. Needham, *Science and Civilisation in China*. Vol. I，p. 135，1954。

⑤ 沈括撰，梅原郁译注，《梦溪笔谈 1》，东洋文库 344，平凡社，1978 年；《梦溪笔谈 2》，东洋文库 362，平凡社，1979 年；《梦溪笔谈 3》，东洋文库 403，平凡社，1981 年。

史上最多才多艺的人物之一"①。这位研究中国科技史的外国学者现正致力于撰写沈括的长篇传记。六十年来,国人研究沈括及其科学成就与贡献的著述至少有一百余篇。②

沈括身后受到中国文明发展史的探索者们如此重视,这是他当年"退处林下","所与谈者,唯笔砚而已"时,③所始料不及的。他所留下的自然著作,特别是《笔谈》,保存了北宋"百工、群有司、市井、田野之人"的大量科技史料,字里行间不时流露出沈括的卓见,现在成了研究中国科技史的重要典籍。沈括无心插柳,荫及后世,引起人们对这位先贤的敬仰与研究,从科学史的角度来看,又是很自然的事。

胡道静先生花了几十年的心血,先后撰成《〈梦溪笔谈〉校证》④、《新校正〈梦溪笔谈〉》(以下简称《新校正》)⑤,还有《〈梦溪笔谈〉补证》稿本百余万言。"《笔谈》、《补笔谈》和《续笔谈》经校正后,合并了某些应并之条,分立了某些误并之条,总数得六百零九条"⑥。据我们的粗略分析,其中属于科学技术的条文约二百五十五条⑦,现按学科分类列于表1。

表1 《梦溪笔谈》科技条目分类表

内容	小类	条数	小计	合计
自然观	阴阳五行	13	13	
数学	数学	9	12	
	度量衡	3		
物理学	物理学	19	40	
	乐律	21		

---

① 席文著,闻人军、余岗译,"为什么中国没有发生科学革命?——或者它真的没有发生吗?",《科学与哲学》1984 年第 1 辑。

② 包伟民,"沈括研究论著索引",《沈括研究》,浙江人民出版社,1985 年。

③ 《笔谈》"自序"。

④ 《〈梦溪笔谈〉校证》(下称《校证》),上海出版公司,1956 年。

⑤ 《新校正〈梦溪笔谈〉》(下称《新校正》),中华书局,1957 年。

⑥ 《新校正》第 8 页。

⑦ 李约瑟据清末诒痴箥刊本《梦溪笔谈》,及明《宝颜堂秘笈》"汇集"的《补笔谈》,予以分类,总数得 584 条,其中自然科学占 207 条,详见李约瑟著《中国科学技术史》中译本第一卷第一分册,科学出版社,1975 年,第 290—291 页。夏鼐先生"曾将《新校正〈梦溪笔谈〉》所分的 609 条,粗加分类"。"全书 609 条中,自然科学方面占三分之一以上,如果加上考古学、音乐、语言学和民族学四门的条目,则达半数以上"。详见夏鼐著,《考古学和科技史》,科学出版社,1979 年,第 16 页。

续　表

内容	小类	条数	小计	合计
化学	化学	9	9	
天文学	天文学和历法	26	26	
地学	气象学	10	37	
	地理学	20		
	地质学	7		255
生物医学	生物学	71	88	
	医药学	17		
工程技术	工艺技术和冶金	13	30	
	建筑学	10		
	农田水利工程	7		

由上表可知，在《笔谈》中，科学技术部分的条文占全书的五分之二强，而且所涉及的知识面相当广泛。对于作为科学家的沈括，前人的研究已经取得了丰硕的成果。但由于种种原因，沈括当年所涉及的若干研究课题，至今还没有完全揭示其寓意所在及科学价值；沈括所记载的一些古代科技成就，可"古为今用"，对于今天仍有一定的现实意义，这些都有待于进一步发掘研究。《笔谈》和其他沈著所记的科技史料，不一定自沈括始，科技史界对其渊源的追溯不时有所发现，随之产生了重新估价的问题。通过沈括这个范例，进一步探讨中国科技史中的若干理论问题，也已提上了议事日程。为了逐步实现这些目标，本文拟以《笔谈》为主要对象，兼及沈括的其他有关著述，将其科学成就与贡献作一初步总结。

本文重在近年的研究成果，以前众所周知的从简。下按数、理、化、天、地、生以及技术七大类依次论述，所引《笔谈》条文编次悉依《新校正》，除另有注明者外，《笔谈》引文均出自该书，校勘体例仍用其成例。①

一、数学

《笔谈》中以数学知识为主的条文有 9 条（192，205，283，300，301，304，306，309，560），加上属于度量衡的 3 条（42，61，68），列入数学类的共 12 条。其中以沈括首创的隙积术和会圆术最值得称道。

---

① 《新校正》"校点说明"："错字均就原文加圆括弧（　）为记，另在这字的下面写改正的字，加方括弧〔　〕为记。补阙的字即加方括弧为记，删掉的衍字即加圆括弧为记。"

《笔谈》第 301 条说:"隙积者,谓积之有隙者,如累棋、层坛及酒家积罂之类。虽似覆斗,四面皆杀,缘有刻缺及虚隙之处,用刍童法求之,常失于数少。予思而得之,用刍童法为上(行)〔位〕;下(行)〔位〕别列:下广以上广减之,余者以高乘之,六而一,并入上(行)〔位〕。〔原注〕刍童求见实方之积,隙积求见合角不尽,益出羡积也。"[①]

隙积——相同形状物体有次序的堆垛体;

刍童——四棱台体;

合角——正棱锥;

羡积——多余的体积或数目。

隙积术,即堆垛之术,实质上是一种高阶等差级数求和问题。清末数学家顾观光(1799—1862)曾说:"堆垛之术详于杨(辉)氏、朱(世杰)氏二书,而创始之功,断推沈氏。"[②]设堆垛体的上下宽分别为 a 和 c,上下长分别为 b 和 d,高为 h,依《笔谈》原文所述的计算法译为现代数学公式是:

$$堆垛体数目或体积 V_隙 = \frac{h}{b}\left[(2b+d)a+(2d+b)c\right]+\frac{h}{b}(c-a) \tag{1}$$

数学史家李俨(1892—1963)和许莼舫两先生,曾从近现代数学的角度证明了(1)式的正确性。[③] 可惜《笔谈》未交代该式的证明过程,许莼舫和李继闵两先生各自用一种演段移补法推出过(1)式。[④]《译注》以新的断句补证了(1)式,似更接近《笔谈》原意。

沈括的隙积术是《九章算术》中"刍童术"的发展,和后世西方的"积弹"问题相当,它的出现,奠定了高阶等差级数求和问题的基础。沈括以后,南宋钱塘人杨辉(约 13 世纪)在《详解九章算法》(1261)、元代朱世杰在《四元玉鉴》(1303)中,将沈括的隙积术推广发展为更一般的高阶等差级数求和的"垛积术"。

《笔谈》第 301 条又说:"凡圆田,既能拆之,须使会之复圆。古法惟以中破圆法拆之,其失有及三倍者。予别(无折)〔为拆〕会之术:置圆田,径半之以为弦,又以半径减去所割数,余者为股;各自乘,以股除弦,余者开方除为勾,倍之为割田之直径。以所割之数自乘(退一位)倍之,又以圆径除所得,加入直径,为割田之弧。再割亦如之,减去已割之(数)〔弧〕,则再割之(数)〔弧〕也。"[⑤]

① 中国科学技术大学、合肥钢铁公司《梦溪笔谈》译注组,《〈梦溪笔谈〉译注(自然科学部分)》(以下简称《译注》),安徽科学技术出版社,1979 年,第 111—112 页。

② 顾观光,《九数存古》卷五。

③ 李俨,《中算史论丛》第一集,中国科学院出版,1954 年,第 338 页。许莼舫,《中算家的代数学研究》,开明书店,1952 年第二版,第 28—29 页。

④ 许莼舫,《古算趣味》,开明书店,1951 年第三版,第 87—91 页。李继闵,"沈括'隙积术'的成就",《科学普及》,1974 年第 11 期。

⑤ 标点据《译注》。

（圆）径——即现在的直径；

直径——即现在的弦。

此法即沈括的"会圆之术"，译成现代数学语言就是已知圆的直径 d 和弓形的高 b，求弓形的弦长 c 和弧长 l 的方法。沈括的计算公式是：

$$\text{弦长 } c = 2\sqrt{\left(\frac{d}{2}\right)^2 - \left(\frac{d}{2} - b\right)^2} \tag{2}$$

$$\text{弧长 } l = \frac{2b^2}{d} + c \tag{3}$$

（2）式可用勾股定理证明，（3）式是我国数学史上第一个求弧长的近似公式，当是沈括根据《九章算术》"方田"章内所载的弓形面积的近似公式 $S = \frac{1}{2}(bc + b^2)$ 推出的。后来，元朝天文学家郭守敬（1231—1316）加以发展，应用于黄道积度和时差的计算。

除了"隙积术"和"会圆术"之外，沈括在天文学计算问题上曾经提出了"圆法"和"妥法"，涉及球面三角学问题（详见本文天文学部分）。沈括认为此类"皆造微之术"[①]，是古书或古代数学家所没有研究到或未阐明的高深数学问题，事实也是如此。

由《笔谈》的记载可知，沈括曾用数学知识研究军粮的运输，提出了"运粮之法"，其中含有运筹思想的萌芽。[②] 他研究过围棋棋局总数，用组合数学的方法计算出棋局总数为 3^{361}，不自觉地运用了指数定律。[③]

沈括的数学成就在数学史上占有重要的地位。早在 20 世纪 20 年代，日本数学史家三上义夫就对沈括的数学成就作过很高的评价。他说："予以沈括为中国算学之模范的人物或理想的人物，诚克当也。"[④]三上义夫认为沈括"多艺多能"，且有"经世才"，[⑤]在世界上罕有其匹。

值得注意的是，沈括三十余岁开始研习数学天文学时，曾与青年女数学家胡淑修讨论疑难问题，得益匪浅。[⑥] 胡淑修（1048—1105），字文柔，祖籍常州，世为著姓，祖父胡宿历官显要。治平三年（1066），她嫁于同龄的文学家李之仪为妻，时居京师。翌年，李中进士第，后出京赴明州做官。[⑦] 沈括于扬州司理参军任满之后，

---

① 《新校正》第 180 页。

② 《译注》第 109—110 页。

③ 钱宝琮，《宋元数学史论文集》，科学出版社，1966 年，第 269 页。

④ 三上义夫著，林科棠译，《中国算学之特色》，万有文库本，第 8—9 页。

⑤ 三上义夫著，林科棠译，《中国算学之特色》，万有文库本，第 8—9 页。

⑥ 有关沈括和胡淑修的交往承孙云清同志提示，特此致谢。

⑦ 孙云清，《李之仪事迹系年》（稿本）。

转官编校昭文馆书籍,大约从治平三年起居京师,"馆职甚暇逸,括于此时,研究天文"①。参"预详定浑天仪",官长常就数学天文学问题问难于沈括,括也努力钻研。李之仪说:胡淑修"上自六经、司马氏,更及诸纂集,多所终识;于佛书则终一大藏;作小诗、歌词、禅颂,皆有师法;而尤精于筹数。沈括存中,余少相师友,间有疑志,必邀余质于文柔。屡叹曰:'得为男子,吾益友也。'"②胡淑修天资聪颖,少以"有学能文"名闻于朝,③年轻时有很高的数学造诣,可惜身为女子,终被封建社会埋没,充其量只能当一个贤妻良母式的人物。沈括年长于李氏夫妇十多岁,能够虚心学习,不耻下问,也属难能可贵。奇怪的是,《笔谈》中对这一段交往一点也没有提及。《笔谈·自序》说:"至于系当日士大夫毁誉者,虽善亦不欲书。"李之仪是卷入元祐党人案中的人物,沈括为免遭牵累计,故意不书是可能的。而且,沈括晚年对自己所取得的成就比较自信,恐怕没有当年那么谦虚了。其实,《笔谈》中数字计算的错误也为数不少,此即为"智者千虑,必有一失"之谓也。

二、物理学

《笔谈》中与物理学有关的条文约 40 条,其中属于普通物理学各分支的约 19 条(44,55,110,115,209,284,322,327,328,330,347,357,437,496,536,537,544,582,588),属于乐律方面的有 21 条(82-85,93,97,103,111-114,143,279,531-535,540,541,549)。在《良方》《梦溪忘怀录》等著作中,也有物理学知识的内容。沈括对当时遇到的自然科学诸问题喜欢"原其理",因而对物理科学的发展作出了重要贡献。他对光学仪器、大气光象、磁针、声学共振等很有研究,对雷电、潮汐,以及晶体结构等也有所论述。

《笔谈》第 44 条说:"阳燧照物皆倒,中间有碍故也。算家谓之'格术'。如人摇橹,臬为之碍故也。若鸢飞空中,其影随鸢而移;或中间为窗隙所束,则影与鸢遂相违,鸢东则影西,鸢西则影东。又如窗隙中楼塔之影,中间为窗所束,亦皆倒垂,与阳燧一也。阳燧面洼,以一指迫而照之则正,渐远则无所见,过此遂倒。其无所见处,正如窗隙、橹臬、腰鼓碍之,本末相格,遂成摇橹之势。故举手则影愈下,下手则影愈上,此其可见。〔原注〕阳燧面洼,向日照之,光皆聚向内。离镜一二寸,光聚为一点,大如麻菽,著物则火发,此则腰鼓最细处也。岂特物为然,人亦如是,中间不为物碍者鲜矣。小则利害相易,是非相反;大则以己为物,以物为己。不求去碍,而欲见不颠倒,难矣哉。〔原注〕《酉阳杂俎》谓:'海翻则塔影倒。'此妄说也。影入窗隙则倒,乃其常理。"④

臬——指橹担,即船上支持橹的小木桩,或称橹臬;

---

① 《校证》第 1143 页。

②③ 李之仪,《姑溪居士全集》卷五十,"姑溪居士妻胡氏文柔墓志铭"。

④ 标点据《译注》。

鸢——老鹰；

腰鼓——指细腰鼓，两头大中央小（见图 1）。

图 1　宋墓壁画中的腰鼓

此条内容十分丰富，包括下列几个方面：

（1）针孔成像：针孔成像是几何光学基本规律"光的直线前进"的实验基础，十分重要。《墨经》对此已有正确的叙述，但对后世影响不大。《笔谈》以飞鸢为例来说明，浅近易懂。《笔谈》启发后人对针孔成像继续研究，取得很大成绩。宋末赵友钦做了大规模的对比实验，区别了大孔光斑与小孔倒像，知道了物距、像距跟光源强度的关系等等；[1]清郑复光（1780—?）做了一系列小孔成像实验，包括正像、模糊像以及倒像几种情况，揭示了全过程。[2]

（2）凹面镜成像与向日取火：这条的阳燧指用以向日取火的凹面铜镜。阳燧向日取火，《庄子》与《淮南子》都已有记载，但无焦距具体数值的记载。《笔谈》具体地记录了焦距为"一二寸"，并把焦点描绘为"光聚为一点，大如麻菽"，这是十分珍贵的。《笔谈》跟《墨经》一样，说到凹面镜成像时，是以人目为受像器的，因为没有用纸屏为受像器，所以都未能分辨焦点与球面中心。

（3）《笔谈》把针孔成像与凹面镜成像用"碍"这个概念联系起来，并提出"格术"。"格术"后来失传了，但因《笔谈》提到"格术"，引起后世注意。郑复光认为，"格"者"隔"也，窗隙、焦点均为格。清邹伯奇（1819—1869）作《格术补》，认为"格

---

①　王锦光，"赵友钦及其光学"，《杭州大学庆祝建国三十周年科学报告会论文集》，1979 年 10 月。

②　王锦光，《〈费隐与知录〉中的光学知识》（将发表）。

术"是几何光学。实际上,"本末相格"就是现代光学中的等角空间变换关系。①

《笔谈》第 327 条说:"古人铸鉴,鉴大则平,鉴小则凸。凡鉴洼则照人面大,凸则照人面小。小鉴不能全观人面,故令微凸,收人面令小,则鉴虽小而能全纳人面。仍(复)〔覆〕量鉴之小大,增损高下,常令人面与鉴大小相若。此工之巧智,后人不能造。比得古鉴,皆刮摩令平,此师旷所以伤知音也。"

据近年来考古发掘,我国在三千多年前已有微凸铜镜。② 与沈括同时的苏轼曾得到一面汉代铜镜,"镜心微凸而镜面小而直,学道者谓是聚神镜也"③。这汉镜当然是利用凸面而得到缩小之像。沈括研究了古镜的大小、镜面曲率跟成像大小的关系,科学地指出古代镜工已经能运用凸面镜成像的规律造出跟人面大小相若的铜镜。郑复光对此很重视,他在《镜镜诒痴》中说:"古鉴微凸,收人全面,用意精微。磨而平之,沈氏所伤,〔原注〕见《梦溪笔谈》。好古者慎诸。"④

《笔谈》第 330 条说:"世有透光鉴,鉴(皆)〔背〕有铭文,凡二十字,字极古,莫能读。以鉴承日光,则背文及二十字,皆透在屋壁上,了了分明。人有原其理,以为铸时薄处先冷,唯背文上差厚,后冷而铜缩多,文虽在背,而鉴面隐然有迹,所以于光中现。予观之,理诚如是。然家有三鉴,又见他家所藏,皆是一样,文画铭字无纤异者,形制甚古,唯此一样光透,其他鉴虽薄者皆莫能透。意古人别自有术。"

差厚——略厚。

这是一条很珍贵的记载。我国自汉代起就有透光镜(又称透光鉴)。透光镜是一种背面有图纹的特制铜镜,在阳光照射下,镜面反射的光射到墙上,会出现跟镜背图纹相应的花纹。

经最近的研究,已知透光镜不止一种制法,⑤关键是要做到背纹在"鉴面隐然有迹"。《笔谈》这条记载,对后世很有启发,宋代以来不少学者研究了这个问题,其中以郑复光的成就最大。《镜镜诒痴》对透光镜有详细的描述与精辟的分析,大体上已正确理解了透光镜的原理。

郑复光说:"今按水静则平如砥,发光在壁,其光莹然。动则光中生纹,起伏不平故也。"磨铜镜"刮力在手,随镜凸凹而生轻重,故终有凸凹之迹。其大致平处发为大光,其小有不平处,光或他向,遂成异光,故见为花纹也"。"理乃在凸凹,不系清浊也"。⑥

---

① 李志超、徐启平,"沈括的格术光学",中国物理学史讨论会论文,1984 年。
② 中国社会科学院研究所安阳工作队,"安阳殷墟五号墓的发掘",《考古学报》,1977 年第 2 期。
③ 苏轼,《东坡题跋》卷五,丛书集成本,第 114 页。
④ 郑复光,《镜镜诒痴》卷三。
⑤ 阮崇武、毛增滇,《中国"透光"古铜镜的奥秘》,上海科学技术出版社,1982 年,第 14 页。
⑥ 郑复光:《镜镜诒痴》卷五。

《笔谈》第 209 条记载："太常博士李处厚知庐州（值）〔慎〕县，尝有（欧）〔殴〕人死者，处厚往验伤，以糟（戴）〔或〕灰汤之类薄之，都无伤迹。有一老父求见曰：'邑之老书（史）〔吏〕也，知验伤不见其迹，此易辨也。以新赤油伞日中覆之，以水沃其尸，其迹必见。'处厚如其言，伤迹宛然。自此江、淮之间官司往往用此法。"①

（庐州）慎县——县治在今安徽省合肥市东北三十公里左右。隋、宋设县。

戴——肉块。此字据元陶宗仪辑的《说郛》所收宋皇甫牧《玉匣记》应改为"或"。皇甫牧的《玉匣记》中，也有类似的一段记载。

《译注》认为："本条所记的验尸方法是有科学根据的。新的红油伞的作用就是从日光滤取红色波段光，犹如现在的滤光器。皮下瘀血的地方一般呈青紫色，但在白光下看不清楚。红光能提高它与周围部分的反衬度，就能看出来了。现代，在电影、照相和光学仪器上普遍使用各种颜色的滤光器，以获得预期的感光和取光效果。这一条是我国关于滤光应用的早期记载。"②这个简评写得很好。王锦光在此基础上也作了一系列的实验，证实"红光验尸"是合乎科学道理的。③

《笔谈》这一条记载对后世有很大影响，例如宋代郑克的《折狱龟鉴》就曾引用。④ 南宋宋慈（1186—1249）的《洗冤集录》对这一条稍有发展，提出除用红油伞外，还可用新（红）油绢作滤光器，"若阴雨以热炭隔照"。⑤

《苏沈良方》"用火法"指出："凡取火者，宜敲石取火，或水晶镜子于日得者，太阳火为妙。"⑥

此法系沈括所述⑦。这里所说的水晶镜子是指由水晶磨制而成的凸透镜。在我国，用凸透镜向日取火的记载较用凹面镜向日取火为少。但《论衡》中已道及⑧，不过用的是玻璃制的凸透镜。在以水晶凸透镜向日取火的明确记载中，这一条算是较早的。

《笔谈》第 372 条说："登州海中，时有云气，如宫室、台观、城堞、人物、车马、冠盖，历历可见，谓之海市。或曰：'蛟蜃之气所为。'疑不然也。欧阳文忠曾出使河朔，过高唐县，驿舍中夜有鬼神自空中过，车马人畜之声，一一可辨。其说甚详，此

---

① 标点据《译注》。
② 《译注》第 144 页。
③ 王锦光："关于'红光验尸'"，《杭州大学学报》（自然科学版），1984 年第 3 期。
④ 郑克，《折狱龟鉴》卷六。
⑤ 宋慈，《洗冤集录》卷二。
⑥ 《苏沈良方拾遗》卷上。
⑦ 胡道静，"《苏沈内翰良方》楚蜀判"，《社会科学战线》，1980 年第 3 期。
⑧ 王锦光，"关于我国古代用凸透镜向日取火的问题"，《杭州大学庆祝建国三十周年科学报告会论文集》，1979 年。

不具纪。问本处父老云:'二十年前尝昼过县,亦历历见人物。'土人亦谓之海市,与登州所见大略相类也。"①

关于海市蜃楼,我国很早就有记载,《史记·天官书》曰:"蜃气象楼台。"《汉书·天文志》也说:"海旁蜃气象楼台。"这条中"蛟蜃之气所为"当指这种说法。在此沈括将海市蜃楼作了忠实而细致的记录,并对蜃气所为提出怀疑,但未提出任何新解释。在明、清时,陈霆、方以智、揭暄和游艺等对海市蜃楼的成因作了进一步的探讨,并提出有价值的见解。②

《笔谈》第357条说:"世传虹能入溪涧饮水,信然。熙宁中,予使契丹,至其极北黑水境永安山下卓帐。是时新雨霁,见虹下帐前涧中。予与同职扣涧观之,虹两头皆垂涧中。使人过涧,隔虹对立,相去数丈,中间如隔(绢)〔绡〕縠。自西望东则见;〔原注〕盖(反)〔夕〕虹也。立涧之东西望,则为日所铄,都无所睹。久之稍稍正东,逾山而去。次日行一程,又复见之。〔原注〕孙彦先云:'虹,雨中日影也,日照雨则有之。'"

熙宁——1068—1077年;

绡縠——生丝织成的薄纱。

中国古代对虹很有研究,③唐孔颖达(574—648)注疏《礼记》,在"月令"篇"虹始见"条下云:"云薄漏日,日照雨滴则虹生。"后来张志和(744—773)作《玄真子》,除了明确指出"雨色映日而为虹"以外,还说:"背日喷乎水成虹霓之状",作过人造虹的实验。

《笔谈》这一条提到孙彦先对虹的成因的解释是正确的。孙彦先就是孙思恭,是与沈括同时的科学家,曾修天文院浑仪,著《尧年至熙宁长历》,《宋史》有他的传记。④

在这一条中,沈括对虹和太阳位置的观察记录是合乎科学原理的。

《笔谈》第588条说:"以磁石磨针锋,则锐处常指南,亦有指北者,恐石性亦不同,如夏至鹿角解,冬至麋角解,南北相反,理应有异,未深考耳。"

沈括在这里指出了人工磁化的方法——以天然磁石磨钢针,这是珍贵的记录。他又提出一个推断:磁针所以有指南和指北的分别,恐怕是因为石性不同的缘故,这个推断原则上是正确的。

《笔谈》第437条说:"方家以磁石磨针锋,则能指南,然常微偏东,不全南也。水浮多荡摇。指爪及碗唇上皆可为之,(转运)〔运转〕尤速,但坚滑易坠,不若缕悬为最

① 标点据《译注》。
② 王锦光,"我国古代对海市蜃楼的认识",《第二届国际中国科学史研讨会论文集》,1983年12月。
③ 王锦光、洪震寰,"我国古代对虹的色散本质的研究",《自然科学史研究》,1982年第3期。
④ 《宋史》卷三三二。

善。其法取新纩中独茧缕,以芥子许蜡,缀于针腰,无风处悬之,则针常指南。其中有磨而指北者。予家指南、北者皆有之。磁石之指南,犹柏之指西,莫可原其理。"

方家——指跟医药有关系的术士。《笔谈》第136条和504条也提到方家。

这条内容十分丰富,包括下列几项[①]:(1)人工磁化(以磁石磨针锋)是方家所用的技术(因磁石是药物)。(2)当时指南针的磁化方法是用天然磁石磨钢针针尖。(3)发现地磁偏角(指南极指南而微偏东,若对指北极而言,由于地磁偏角,应为指北而微偏西)。(4)介绍磁针的四种支挂方法:水浮法、置在指甲或碗边上、丝悬法(见图2)。(5)磁化时对磁极极性尚不能掌握,原理也无法理解。第437条的一部分和第588条重复。

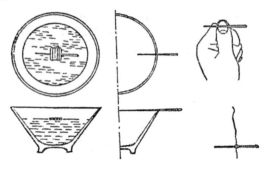

图2 磁针四种支挂方法

沈括对磁针的四种支挂方法很有研究,通过实践和分析,认为"缕悬为最善"。现代磁强计中悬挂的小磁铁,就采用了与此相似的方法。

我国长江下游一带磁偏角是很小的,沈括使用了自制的灵敏"仪器",进行细致的观察才能觉察地磁偏角。多年来,国内外科学史界公认沈括是世界上最早发现地磁偏角的人(西洋以1492年哥伦布横渡大西洋时观测到磁偏角现象为首次发现)。最近严敦杰先生从杨惟德《茔原总录》里发掘出一条极重要史料:"宋仁宗庆历元年(1041)杨惟德说,要定四方的方向,必须取丙午方向的针,等到针摆动停止时,中而格之,才能得到正确的方向。""杨惟德所说的以丙午针定南北方向及沈括所说的针(指磁针)常稍偏东,说明当时已知道磁偏角的存在。"[②]杨惟德(10世纪末—11世纪中)长期供职于司天监,是北宋颇有影响的天文学家、星占学家,亦精通堪舆之术。从《茔原总录》这条史料,可知当时磁针已经应用到测定坟地的方向,地磁偏角也已为堪舆家所掌握。

---

① 王振铎,"中国古代磁针的发明和航海罗经的创造",《文物》,1978年第3期。

② 《中国史稿》第五册,人民出版社,1983年,第620—621页。《茔原总录》卷一原文为:"客主的取,宜匡四正以无差,当取丙午针,于其正处,中而格之,取方直之正也。"

《梦溪忘怀录》"药井"条说："道院中择好山地,凿一井,须至深而狭小,勿令大,大即费药。江南浙东以至远方山洞中多紫、白石英,洞中多钟乳、孔公蘖、殷蘖,可令采掇各一、二石,捣如豆粒,杂投井中。磁石亦好。""每日汲水饮,或供汤、茶,酿酒,作羹饮,皆用之。久极益人。"[①]

用磁石投在狭小的深井中,制磁化水,供药用,这是我国古代应用磁化水较早的记载。

《笔谈》第347条说："内侍李舜举家曾为暴雷所震。其堂之西室,雷火自窗间出,赫然出檐,人以为堂屋已焚,皆出避之,及雷止,其舍宛然,墙壁窗纸皆黔。有一木格,其中杂贮诸器,其漆器银钿者,银悉熔流在地,漆器曾不焦灼。有一宝刀,极坚钢,就刀室中熔为汁,而室亦俨然。人必谓火当先焚草木,然后流金石。今乃金石皆铄,而草木无一毁者,非人情所测也。佛书言'龙火得水而炽,人火得水而灭',此理信然。人但知人境中事耳,人境之外,事有何限,欲以区区世智情识,穷测至理,不其难哉!"

李舜举——字公辅,开封人,世为内侍,《宋史》有传[②];

银钿——钿,镶嵌;银钿,用银镶嵌;

铄——溶化。

雷电的成因大致如图3所示。一般说来,天空云层较低,带有负电荷的云感应地面,使地面产生正电荷。当电压超过一定限度时,发生放电现象,电流强度可达几万安培,放出大量的热能和光能。《笔谈》所谓"雷火自窗间出",就是这种现象的翔实记录。高电压的放电可产生高频交变磁场,这种电磁场的能量的增长是电流强度平方的函数。处在电磁场内的导体(如金属)表面将产生涡电流,其强度能使金属熔化,而非导体(如漆器)却"曾不焦灼"。其原理跟现代工业中用以熔化金属的高频感应电炉相似。[③]

《笔谈》第322条说："古法以牛革为矢服,卧则以为枕。取其中虚,附地枕之,数里内有人马声,则皆闻之。盖虚能纳声也。"

矢服——用兽皮或竹木等做成的盛箭器(见图4)。

---

① 转引自胡道静、吴佐忻,"《梦溪忘怀录》钩沉",《杭州大学学报》(哲学社会科学版),1981年第1期。

② 《宋史》卷四六七。

③ 《译注》第157页。

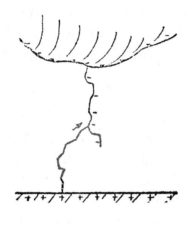

图 3　雷电图　　　　　　　图 4　矢服

《墨子·备穴》中早就有类似的记载，后世兵书（例如《太白阴经》《虎钤经》《武经总要》等）也有记录，称为"地听"或"瓮听"。唐代李筌的《神机制敌太白阴经》指出："选少睡者，令枕空胡䍓卧。有人马行三十里外，东西南北，皆有响见于胡䍓中，名曰'地听'。可预防奸。野猪皮为胡䍓尤妙。"①《说文·网部》："䍓罜䍓也。从网，鹿声。""罜䍓，小鱼罟也。""䍓"即"网罗"之意。今疑"胡䍓"原系少数民族用来侦听鹿群动态，以便捕鹿的用具，唐人已将其移用于军事目的。与沈括几乎同时的诗人张耒（1054—1114）在《夏日》诗中有"嘈嘈虚枕纳溪声"之语。② 上述两例都注意到了"空"或"虚"的条件。沈括在此条中记述了古代军营中枕牛革矢服而卧的警戒法，提出了所谓"虚能纳声"的解释。从现代科学来看，为什么把牛革矢服放在地上作枕头能听到数里内的人马声呢？这是因为大地是固体，传声时能量衰减较小，速度较快，而且牛革矢服内的空气柱与声谱内的某些频率发生共振之故。

《笔谈》第 537 条说："琴瑟弦皆有应声：宫弦则应少宫，商弦即应少商，其余皆隔四相应。今曲中有声者，须依此用之。欲知其应者，先调诸弦令声和，乃剪纸人加弦上，鼓其应弦，则纸人跃，他弦即不动。声律高下苟同，虽在他琴鼓之，应弦亦震，此之谓正声。"

琴瑟——拨弦乐器，均依宫、商、角、徵、羽（相当于 1、2、3、5、6）五声音阶定弦。

应声——因谐振而发出的声音。除频率相等的谐振外，以频率比为 2∶1，即高低八度两音间的谐振最为显著。

隔四相应——互成高低八度相应关系的两弦之间，都隔开四条弦。

---

① 李筌，《神机制敌太白阴经》卷五。

② 《千家诗》"七言千家诗注解"卷下。

正声——准确和谐的声音。

沈括曾指出："二十八调但有声同者即应。"①在此，沈括提出并作了利用纸人的演示实验，验证了差八度音时两弦的谐振现象，十分直观。欧洲与此实验类似的用纸游码的实验，迟至17世纪才出现。

《笔谈》第536条说："古乐钟皆扁，如盒瓦。盖钟圆则声长，扁则声短。声短则节，声长则曲，节短处声皆相乱，不成音律。后人不知此意，悉为（扁）〔圆〕钟，急叩之多晃晃尔，清浊不复可（辨）〔辩〕。"②

盒瓦——两块瓦合在一起；

节短——指节奏急促。

沈括在这条中描述了扁钟与圆钟钟声的不同衰减现象。圆钟余音长，遇到节拍急促的地方，余音相互干扰，有损乐曲的艺术效果。我国商周时编钟的形状均是扁如合瓦的扁圆体（见图5），这种特殊结构造成了钟壁振动时的制约，因此余音短，不至于互相干扰。近年来，我国考古工作者发现扁钟的隧部和鼓部分别敲击时能发出两个不同频率的声音，一钟双音大大地丰富了编钟的音列。

图5 兽面蟠蛇纹钟

"隧音和鼓音两种频率的有意识使用，在西周中晚期的编钟上已极为明显"。③ "后人不知此意，悉为圆钟"，沈括也不明扁钟的这个特点。

《笔谈》第533条说："乐有中声，有正声。所谓中声者，声之高至于无穷，声之下亦无穷，而各具十二律，作乐者必求其高下最中之声，不如是不足以致大和之音，应天地之节。所谓正声者，如弦之有十三泛韵，此十二律自然之节也。盈丈之弦，其节亦十三；盈尺之弦，其节亦十三。故琴以为十三徽。不独弦如此，金石亦然。《考工》为磬之法，已上则磨其（嵩）〔旁〕，已下则磨其（旁）〔端〕，磨之至于击而有韵处即与徽应，过之则复无韵；又磨之至于有韵处，复应以一徽。石无大小，有韵处亦不过十三，犹弦之有十三泛声也。此天地至理，人不能以毫厘损益其间。近世金石之工，盖未尝及此。不得正声，不足为器；不得中声，不得为乐。"④

中声——高低音最适中的音域；

正声——这里指分布符合十二律的泛音；

徽——古琴面板上奏泛音的位置标记。

---

① 《新校正》第73页。

② 引自《译注》。

③ 马承源，"商周青铜双音钟"，《考古学报》，1981年第1期。

④ 校改之字系按《考工记》原文改正。

我国战国初期的科技名著《考工记》中已记载了石磬调音的磨锴方法。[①] 沈括在《笔谈》中论及古代打击乐器"方响"时说："铁性易缩，时加磨莹，铁愈薄而声愈下。乐器须以金石为准；若准方响，则声自当渐变。"[②]可见沈括懂得振动频率与发声体厚薄之间的正确定性关系。故本条中《考工记》引文内所出现的错误，或为疏误，或系传刻之误。沈括认为石磬"磨之至于击而有韵处即与徽应，过之则复无韵；又磨之至于有韵处，复应以一徽"。这种说法在理论上是成立的，但实际上《考工记》"为磬之法"是先制成一套大小相次的相似形毛坯，然后分别用磨锴法调音。

《笔谈》第 496 条说："太阴玄精，生解州盐泽大卤中，沟渠土内得之。大者如杏叶，小者如鱼鳞，悉皆（尖）〔六〕角，端〔正如刻〕，正如龟甲。其裙襕小撧，其前则下剡，其后则上剡，正如穿山甲相掩之处全是龟甲，更无异也。色绿而莹彻。叩之则直理而折，莹明如鉴，折处亦六角如柳叶。火烧过则悉解折，薄如柳叶，片片相离，白如霜雪，平洁可爱。此乃禀积阴之气凝结，故皆六角。今天下所用玄精，乃绛州山中所出绛石耳，非玄精也。楚州城古盐仓下土中，又有一物，六棱，如马牙硝，清莹如水晶，润泽可爱，彼方亦名太阴玄精，然喜暴润，如盐碱之类。唯解州所出者为正。"

太阴玄精——俗称龟背石，主要成分是石膏（$CaSO_4 \cdot 2H_2O$）（见图 6）；

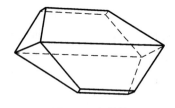

图 6　石膏晶体

解州盐泽——今山西省运城县境内的盐池；

大卤——解池底层的黑灰色淤泥盐层；

裙襕——龟甲的边叫裙，上下衣相接之处称襕；

撧——狭长状；

剡——尖削；

直理而折——指晶体有规律地解理；

鉴——镜子；

绛州——今山西省新绛县一带；

---

①　闻人军，"《考工记》中声学知识的数理诠释"，《杭州大学学报（自然科学版）》，1982 年第 4 期。

②　《新校正》第 294 页。

楚州盐城——今江苏省盐城县；

马牙硝——朴硝(含有杂质的硫酸钠)与萝卜汁煎化,取六棱状如马牙的结晶。

此条详细叙述了硫酸盐矿物晶体的外形、颜色、光泽、透明度、解理以及加热后的变化,为古代矿物药的鉴别提供了一种科学方法,它在现代晶体物理研究中仍有一定的应用价值。

《笔谈》第544条说:"卢肇论海潮,以谓'日出没所激而成',此极无理。若因日出没,当每日有常,安得复有早晚?予常考其行节,每至月正临子、午,则潮生,候之万万无差。〔原注〕此以海上候之,得潮生之时。去海远,即须据地理增添时刻。月正午而生者为潮,则正子而生者为汐;正子而生者为潮,则正午而生者为汐。"

卢肇,字子发,9世纪袁州宜春(今江西省宜春县)人,843年状元及第。著有《文标集》,集中收有《海潮赋并序》,提出"日激水而潮生,月离日而潮大"。[①]

沈括到过海边,亲身探索潮汐,批判了卢肇所谓"日出没所激而成"的错误,指出海潮跟月亮的关系,肯定了月球对潮汐的主要作用。东汉王充(27—?)已在《论衡·书虚篇》中提出"涛之起也,随月盛衰"的观点,《笔谈》进一步指出因观察地点离开海边,海潮起落要滞后,即"潮候时间"问题,比西方约早一百年。

三、化学

《笔谈》中属于化学化工知识的条文约有9条(18,50,224,364,375,421,422,432,455)。其中可以石油开发、胆水炼铜、制盐以及冷光等为代表。

《笔谈》第421条说:"鄜延境内有石油,旧说'高奴县出脂水',即此也。生于水际,沙石与泉水相杂,惘惘而出,土人以雉尾裛之,乃采入缶中,颇似淳漆,(然)〔燃〕之如麻,但烟甚浓,所沾幄幕皆黑。予疑其烟可用,试扫其煤以为墨,黑光如漆,松墨不及也,遂大为之。其识文为'延川石液'者是也。此物后必大行于世,自予始为之。盖石油至多,生于地中无穷。不若松木有时而竭。"

鄜延——路名,治所在延州(今陕西延安),今陕西省洛川县、富县和延安一带。

煤——煤炱,即石油烟尘所凝结的炭黑。

我国利用石油的历史至少可以上溯到一千八百多年前的汉代,《汉书·地理志》已有"高奴,有洧水,可燃"的记载。1080—1082年,沈括任鄜延路军事长官时,亲自考察了陕北劳动人民开采石油的情况,首次提出了"石油"这一科学命名。他还亲自动手实验,以石油炭黑代替松烟制墨,获得成功,命名为"延川石液",投入批量生产;并预言"此物后必大行于世"。虽然沈括尚不可能预见到石油的重要价值以及它在今天获得如此广泛的应用,但他对新事物的敏感性依然值得称道。从另

---

① 《全唐文》卷七六八。

301

一方面讲,沈括还指出:"今齐鲁间松林尽矣,渐至太行、京西、江南,松山太半皆童矣。造煤人盖未知石烟之利也。"①"石油至多,生于地中无穷,不若松木有时而竭。"几乎与此同时,苏轼(1036—1101)在1078年知徐州,视察了当地新发现的大煤矿,作诗《石炭》一首,提出了"南山栗林渐可息"即森林资源有限的问题,②讴歌了煤的利用前景。沈括和苏轼在这方面有类似的见解绝不是仅仅由于巧合,这是北宋社会提到这一代人面前的现实问题,有识之士所见自然略同。此外,在油烟制墨方面,两人也有共同之处。苏轼《书沈存中石墨》说:"陆士衡(即晋陆机——本文笔者注)与士龙(陆云)书云:登铜雀台得曹公所藏石墨数瓮,今分寄一螺。《大业拾遗记》宫人以娥绿画眉,亦石墨之类也。近世无复此物。沈存中帅鄜延,以石烛烟作墨,坚重而黑,在松烟之上。曹公所藏岂此物也耶?"③在沈括以石油烟作墨的启发下,苏轼也造过"油烟墨"。"予近取油烟,才积便扫,以为墨皆黑,殆过于松煤。但调不得法,不为佳墨,然则非烟之罪也"。④ 墨为文房四宝之一,古代知识界对它的重视是不言而喻的。

《笔谈》第455条说:"信州铅山县有苦泉,流以为涧,挹其水熬之,则成胆矾,烹胆矾则成铜;熬胆矾铁釜,久之亦化为铜。水能为铜,物之变化,固不可测。按《黄帝素问》有'天五行、地五行,土之气在天为湿,土能生金石,湿亦能生金石'。此其验也。"

信州铅山县——今江西省铅山县;

胆矾——含结晶水的硫酸铜,分子式为:$CuSO_4 \cdot 5H_2O$;

烹胆矾则成铜——原意似应为,胆矾水和铁片同烹则成铜。

这一条记述了一个化学置换反应,即硫酸铜溶液和铁作用,生成硫酸铁和铜。其化学反应式为 $CuSO_4 + Fe \rightarrow FeSO_4 + Cu \downarrow$,这是胆水浸铜的化学原理。关于这类置换反应的记载早在西汉的《淮南万毕术》和汉代的《神农本草经》中就已出现。此条的价值在于它和我国"胆水浸铜"即"水法炼铜"的发展史有关。

李时珍《本草纲目》金石部"赤铜"条下引《宝藏论》云:"铁铜,以苦胆水浸至生赤煤,熬炼而成黑坚。"⑤《本草纲目》"序例""引据古今经史百家书目"中有《轩辕述宝藏论》,这是五代的著作,⑥系青霞子所著《宝藏论》的增订本。⑦ 陈国符先生认为

---

① 《新校正》第233—234页。

② 苏轼,《苏东坡集》卷十,万有文库本,第三册,第90页。

③ 苏轼,《东坡题跋》卷五。

④ 苏轼,《东坡题跋》卷五。

⑤ 李时珍,《本草纲目》卷八。

⑥ 王琎等,《中国古代金属化学及金丹术》,中国科学图书仪器公司出版,1955年,第93页。

⑦ 晁公武,《郡斋读书志》卷十五。

青霞子苏玄朗"大概系齐梁陈隋时代人"。① 故胆水浸铜得"铁铜"之法至迟在五代时就已出现。此法的发明可能与道家的实验有关,但起初未获推广;而沈括的活动年代,正是我国"胆水浸铜"法发展的重要时期。

郭正谊先生发现②,《道藏》所收《铅汞甲庚至宝集成》卷四的《丹房镜源》中记载:"今信州铅山县有苦泉,流以为涧,挹其水熬之,则成胆矾,即成铜。煮胆矾铁釜,久久亦化为铜矣。"这段记载虽与《笔谈》第455条文字上略有不同,但显然同出一源。据陈国符先生考证,《丹房镜源》是金代之书,约撰于金太宗天会六年(1128)至哀宗正大八年(1231)之间。③ 今按《丹房镜源》中提到"石膏,桂州者可结汞"④,《宋史·地理志》说:"静江府,本桂州","绍兴三年(1133),以高宗潜邸,升府"⑤,据此可进一步推测《丹房镜源》成书于1128—1133年间。由此可见《笔谈》第455条的记载比《丹房镜源》为早,但此条是沈括的自著还是录自更早的文献,待考。

沈括晚年,正是"饶州张潜得变铁为铜之妙"⑥,撰写我国第一部胆水浸铜的专著《浸铜要略》之时。该书序于绍圣元年(1094)⑦,"其子(张)甲诣阙献之。朝廷始行其法于铅山"⑧等处,绍圣三年(1096),置铅山场,专门生产胆铜。⑨ 沈括直至病逝润州(今江苏省镇江市)终未见到工业规模的胆水浸铜生产实践。

《笔谈》第50条说:"解州盐泽,方百二十里。久雨,四山之水悉注其中,未尝溢;大旱未尝涸。卤色正赤,在版泉之下,俚俗谓之'蚩尤血'。唯中间有一泉,乃是甘泉,得此水然后可以聚(又)〔人〕。又其北有尧梢水,亦谓之巫咸河。大卤之水,不得甘泉和之,不能成盐。唯巫咸水入,则盐不复结,故人谓之'无咸河',为盐泽之患,筑大堤以防之,甚于备寇盗。原其理,盖巫咸乃浊水,入卤中,则淤淀卤脉,盐遂不成,非有他异也。"

版泉——覆盖在盐池表面的硫酸钠和硫酸钙所结成的薄层,其下为卤水;

① 陈国符,"道藏经中外丹黄白法经诀出世朝代考",《中国科技史探索》(国际版),上海古籍出版社,1982年,第322页。

② 郭正谊,"水法炼铜史料溯源",《中国科技史料》,1981年第4期。

③ *Explorations in the History of Science and Technology in China*(《中国科技史探索》国际版),上海古籍出版社,1982年,第335页。

④ 《道藏》第595册,上海涵芬楼影印正统本。

⑤ 《宋史》卷九十,中华书局,1977年,第2239页。

⑥ 王象之,《舆地纪胜》卷二一。

⑦ 陈振孙,《直斋书录解题》卷十四。

⑧ *Explorations in the History of Science and Technology in China*(《中国科技史探索》国际版),上海古籍出版社,1982年,第335页。

⑨ 《皇宋中兴两朝圣政》卷十二及《舆地纪胜》卷二一引《系年要录》。今本《建炎以来系年要录》卷五十九记作"绍圣二年"。

甘泉——淡水；

聚人——众人聚居；

卤脉——盐池底部深处的盐层矿脉。

山西解池是我国开发最早的盐池，在《山海经》和《战国策》中已有所记载；自汉以降，历代史籍都有明确记载。《笔谈》此条和第 422 条"盐南风"，对宋代解池的特征和采盐方法作了确切的描述。在长期的生产斗争中，我国劳动人民发明了一种搭配淡水制盐技术，沈括在此作了科学的总结；文中还就浊水（胶体溶液）对食盐结晶的破坏作用作了客观的描述和初步的分析。

《笔谈》第 364 条说："卢中甫家吴中。尝未明而起，墙柱之下，有光熠然，就视之，似水而动。急以油纸扇挹之，其物在扇中溟漾，正如水银，而光艳烂然，以火烛之，则了无一物。""予昔年在海州，曾夜煮盐鸭卵，其间一卵烂然通明如玉，荧荧然屋中尽明。置之器中十余日，臭腐几尽，愈明不已。苏州钱僧孺家煮一鸭卵，亦如是。物有相似者，必自是一类。"

卢中甫——即卢秉，浙江省德清县人；

海州——今江苏省东海县一带；

钱僧孺——当时任苏州长洲主簿。

沈括在这条中记述了化学发光和生物化学发光两种自然现象。前者是磷化氢在空气中自行燃烧而发光。咸鸭卵发光是由于其中的荧光素在荧光酶的催化作用下与氧化合而发光，而其中的三磷腺甙能使已氧化的荧光素还原，荧光素再次氧化时又发光，故"置之器中十余日，臭腐几尽，愈明不已"。

四、天文学

沈括曾提举司天监，是个懂行的领导者，在天文学上颇有创见，但也产生过一些失误。记录在《笔谈》中与天文历法有关的条文约 26 条（45,98,116-118,120,123-131,133,139,140,146-148,150,308,340,543,545,546），他提举司天监时所作的《浑仪议》《浮漏议》和《景表议》等也是天文学史上的重要文献。

沈括的天文学研究，始于治平三年（1066），一开始，就在二十八宿等课题上形成了自己的独立见解。熙宁五年（1072）他主持司天监工作后，为了彻底改历，研究过岁差，并用这一概念分析了许多天文现象。沈括对浑仪、漏壶和日晷这三种天文观测仪器作过精心的研究和改进，探讨过日月五星的运行规律，首倡科学的"十二气历"。他主持司天监工作时，曾大力整顿司天监，推荐平民历法家卫朴主持编造"奉元历"。他还如实地转载了治平元年（1064）铁陨星坠地的情景，等等。

《笔谈》第 131 条说：官长"又问：'日月之行，（日）〔月〕一合一对，而有食不食，何也？'予对曰：'黄道与月道，如二环相叠而小差。凡日月同在一度相遇，则日为之食;正一度相对,则月为之亏。虽同一度,而月道与黄道不相近,自不相侵;同度而又近黄道、月道之交,日月相值,乃相陵掩。正当其交处则食而既;不全当交道,则随其相犯浅深而食。……交道每月退一度余,凡二百四十九交而一期。故西天法罗睺、计都,皆逆步之,乃今之交道也。交初谓之'罗睺',交中谓之'计都'。'"①

一合一对——一合,即月球与太阳的黄经相同。一对,即两者的黄经相差180°。

食而既——日全食(或月全食)。

交道每月退一度余——白道面和黄道面的交线逆着月球移动的方向每月向西退一度多。

西天法——指印度历法。

罗睺、计都——由梵文音译的假想的星体之名。

在这段问答中,沈括指出黄道与月道"如二环相叠而小差",即有一个交角,以此说明只有在黄白交点上及交点附近才能出现日月食。沈括试图以日、月距离黄白交点的远近来说明食分的大小,但是他所回答的日月食的亏角方向含有许多错误。② 对于日月食的亏角问题,宋以前的历法中早已有准确的叙述,可惜沈括没有注意及此。引文中指出黄道与月道交点每月后退一度多,每249个交点月退一整周,则与现代天文学计算结果(249.65个交点月退一周)相差无几。从本条也可看出,沈括对印度历法曾有所研究,受过何种影响待考。

《笔谈》第117条说:"六壬天十二辰:亥曰(登)〔徵〕明,为正月将;戌曰天魁,为二月将。古人谓之合神,又谓之太阳过宫……今则分为二说者,盖日度随黄道岁差。今太阳至雨水后方躔娵訾,春分后方躔降娄。若用合神,则须自立春日便用亥将,惊蛰便用戌将。今若用太阳,则不应合神;用合神,则不应太阳。以理推之,发课皆用月将加正时,如此则须当从太阳过宫。若不用太阳躔次,则当日当时日月、五星、支干、二十八宿,皆不应天行。以此决知须用太阳也。然尚未是尽理,若尽理言之,并月建亦须移易。缘目今斗杓昏刻已不当月建,须当随黄道岁差。""如此始与太阳相符,复会为一说,然须大改历法,事事厘正。如东方苍龙七宿,当起于亢,终于斗,南方朱鸟七宿,起于牛,终于奎;西方白虎七宿,起于娄,终于舆鬼;北方(真)〔玄〕武七宿,起于东井,终于角。如此历法始正,不止六壬而已。"③

六壬——一种占法;

月将——每月日、月相会的方位;

① 标点据《译注》。

② 李志超,"沈括的天文研究(二),日食和星度",《中国科学技术大学学报》,1980年第10卷第1期。

③ 节引自《译注》第86页,标点略作更动。

合神——日、月的黄经相等；

太阳过宫——太阳在天球上每月经过一个宫；

日度——太阳的方位；

躔——天体运行（的度次）；

发课——占卜活动；

月建——用十二地支来记十二个月；

斗杓昏刻——黄昏时北斗星斗柄所指的方位。

沈括指出由于黄道岁差，古今天象起了变化，"斗建"已与"月建"不符，只有根据岁差作些修改，历法才能校正。他认为原来的二十八宿四方起讫星宿已经改变，这在原则上是对的；但根据岁差的方向，东方苍龙七宿，当起于轸，终于尾；北方玄武七宿，起于箕，终于室；西方白虎七宿，起于壁，终于觜；南方朱鸟七宿，起于参，终于翼。[①] 可见沈括所提出的具体变化方案却弄错了。

熙宁中，沈括为了准备观测天象，推算历法，大胆改革，"更造浑仪，并创为玉壶、浮漏、铜表，皆置天文院，别设官领之"[②]，并为此写了著名的"三议"。

在《浑仪议》中，沈括提出："今月道既不能环绕黄道，又退交之渐当每日差池，今必候月终而顿移，亦终不能符会天度，当省去月环。其候月之出入，专以历法步之。"[③]省去月道环，不但简化结构，使用方便，而且精度反而有所提高。沈括又说："衡上下二端皆径一度有半"，"今两端既等，则人目游动，无因知其正中。今以钩股法求之，下径三分，上径一度有半，则两窍相覆，大小略等。人目不摇，则所察自正。"[④]窥管经过这种改进，测量精度得到保证。

《笔谈》第 127 条说："汉以前皆以北辰居天中，故谓之极星。自祖暅以玑衡考验天极不动处，乃在极星之末犹一度有余。熙宁中，予受诏典领历官，杂考星历。以玑衡求极星。初夜在窥管中，少时复出，以此知窥管小，不能容极星游转，乃稍稍展窥管候之。凡历三月，极星方游于窥管之内，常见不隐，然后知天极不动处，远极星犹三度有余。"[⑤]

北辰——北极附近的一颗星，即极星。祖暅至沈括时的极星不是现在的北极星，而是"纽星"，又名"天枢"，即鹿豹座 4639 号星（Schlesinger 星表）。

沈括的测量是在 1074 年前后进行的，当时的天极与纽星的角距离是 1.52 度。

----

① 天文系科学史研究组，《沈括〈梦溪笔谈〉天文学条目评注》，《南京大学学报》（自然科学版），1975 年第 2 期。

② 《新校正》第 96 页。

③ 《宋史》卷四八，中华书局，1977 年，第 958 页。

④ 同③。

⑤ 标点据《译注》。

沈括宣布他所测数据是"三度有余"，比正确数值大了一倍，这是从祖暅的正确结论倒退。沈括的这一数据曾被后人引用多年，在一定程度上造成了不良的影响。

沈括关于刻漏的著述，流传至今的唯余两篇，即《浮漏议》和《笔谈》第 128 条。《浮漏议》在现存的刻漏史料中以叙述详尽见长。沈括在此文中介绍了他的浮漏的结构、原理改进之处。但原著有文无图，且沈括所著的四卷本《熙宁晷漏》又早已佚失，故《浮漏议》的内容至今尚未彻底读通。

沈括以前，燕肃(961—1040)在天圣八年(1030)八月上莲花漏法，首次使用了漫流系统。① 沈括的刻漏能够利用漫流中表面张力的补偿作用，补偿黏滞性随温度变化时对流量的影响，从而消除温度变化所引起的计时误差，可达每昼夜误差小于 20 秒的精度。② 燕肃的"莲花漏"和沈括的浮漏，是我国古代刻漏技术在宋代达到高峰的两个标志，代表了当时精密时计的世界水平。

沈括用晷漏观测，发现真太阳日有长短。《笔谈》第 128 条说："下漏家常患冬月水涩，夏月水利，以为水性如此；又疑冰澌所壅，万方理之，终不应法。予以理求之，冬至日行速，天运已期，而日(已过)〔未至〕表，故百刻而有余；夏至日行迟，天运未期，而日已至表，故不及百刻。既得此数，然后复求晷影漏刻，莫不泯合，此古人之所未知也。"③

下漏家——刻漏研究者；

天运已期——天体运行到一个周期。

沈括对一年之中刻漏流量快慢和太阳的视运动有比较正确的看法，他根据太阳在黄道上的视运动有快有慢，推断一年之中日有短长，即"冬至日行速"，"夏至日行迟"；并用了每日误差小于 20 秒的精密刻漏进行检验，获得了验证。不过，天体运行周期和刻漏计时的差异实际上还与黄道和天赤道的交角有关，《笔谈》中未能指明这一点。

然而，值得注意的是，这条记载中还粗略地提到了沈括所创造的二种天文数学方法——"圆法"和"妥法"："大凡物有定形，形有真数，方圆端斜，定形也；乘除相荡，无所附益，泯然冥会者，真数也。其术可以心得，不可以言喻。黄道环天正圆，圆之为体，循之则其妥至均，不均不能中规衡；绝之则有舒有数，无舒数则不能成妥。以圆法相荡而得衰，则衰无不均，以妥法相荡而得差，则差有疏数。相因以求从，相消以求负；从、负相入，会一术以御日行。以言其变，则秒刻之间消长未尝同；以言其齐，则止用一衰，循环无端，终始如贯，不能议其隙。此圆法之微，古之言算

① 陈美东，"我国古代漏壶的理论与技术——沈括的《浮漏议》及其他"，《自然科学史研究》，1982 年第 1 期。

② 李志超、毛允清，"刻漏精度的实验研究"，《中国科学技术大学学报》增刊，1982 年 6 月。

③ 引文据《译注》第 72 页。

者，有所未知也。以日衰生日积，（及）〔反〕生日衰，终始相求，迭为宾主。顺循之以索日变，衡别之求去极之度，合散无迹，泯如运规。非深知造算之理者，不能与其微也。其详具予奏议，藏在史官，及予所著《熙宁晷漏》四卷之中。"①对于上文中"圆法"和"妥法"的数学含义，20世纪学术界中存在几种不同的解释②，迄今尚无定论。李志超先生认为这可能是沈括从几何模型出发，用他的会圆术那类方法发展出的新算法，"圆法"和"妥法"也许"是一种粗疏的球面三角法"③。"圆法"和"妥法"是数、形结合的新的数学方法，它的含义尚有待于进一步探索。

《笔谈》第545条批评了旧式历法"气、朔交争，岁年错乱，四时失位，算数繁猥"的缺点，提出"今为术，莫若用十二气为一年，更不用十二月。直以立春之日为孟春之一日，惊蛰为仲春之一日，大尽〔三十一日，小尽〕三十日，岁岁齐尽，永无闰余。十二月常一大、一小相间，纵有两小相并，一岁不过一次。如此，则四时之气常正，岁政不相陵夺。日月五星，亦自从之，不须改旧法。唯月之盈亏，事虽有系之者，如海胎育之类，不预岁时寒暑之节，寓之历间可也。""予先验天百刻有余、有不足，人已疑其说。又谓十二次斗建当随岁差迁徙，人愈骇之。今此历论，尤当取怪怨攻骂。然异时必有用予之说者。"

大尽——月大；

小尽——月小；

岁政不相陵夺——历法上的季节与实际从事的活动不会相互矛盾；

海胎育——可能是指与月之盈亏有关的某种自然现象。

沈括的十二气历废除了阴阳合历中的置闰之法，以十二气为基础来制定一年的历法，是以太阳视运动为计算依据的阳历，既简捷易算，又对农事安排十分有利。引文中最后一段话，既反映出沈括科学的创新精神、勇气和历史预见，也是沈括在天文学上重要贡献的高度概括。发现真太阳日有长短，认为十二次斗建当随岁差迁徙，提出十二气历，乃是沈括在天文学领域内的三项得意之作。无独有偶，回历的太阳年法依太阳行十二宫一周为十二个月，又称宫份年，作为回历主流太阴年的补充，供耕种收获之用。不过，回历太阳年法以春分为岁首，每月日数在29～32日之间，历128年置闰31次，④比沈括的十二气历要复杂一些，精密一些。因为"岁岁齐尽，永无闰余"实际上是办不到的。

---

① 《新校正》第82页。

② 《译注》第76页。

③ 李志超，"沈括的天文研究（一），刻漏和妥法"，《中国科学技术大学学报》，1978年第1期。

④ 马坚编译，《回历纲要》，中华书局，1955年，第10页。

五、地学

沈括一生行踪所及,几遍大半个中国,加上他知识面广,善于观察,故在地学领域内亦不乏独到的见解。《笔谈》中属于地质和矿物学方面的条文约有 7 条(339,370,371,373,374,430,433),属于地理和地图学方面的约有 20 条(49,52,62,71,74,81,208,221,223,402,420,423,431,435,440,448,457,472,575,581),属于气象学方面的约有 10 条(66,134,141,338,361,372,385-387,461),共计 37 条。地质和矿物学方面涉及海陆变迁、流水侵蚀、古生物化石、矿物知识和地震等内容,地理和地图学方面包括地形测量、地图学,以及有关自然地理、经济地理和历史地理的大量记载。气象方面既有对风、雨、雷、雹、霜、旱、虹、海市蜃楼以及蒙气差等多种天气现象的记载,也有人们和大自然作斗争的气象预报和避风术等的宝贵记录。

《笔谈》第 430 条说:"予奉使河北,遵太行而北,山崖之间,往往衔螺蚌壳及石子如鸟卵者,横亘石壁如带。此乃昔之海滨,今东距海已近千里。所谓大陆者,皆浊泥所湮耳。尧殛鲧于羽山,旧说在东海中,今乃在平陆。凡大河、漳水、滹沱、涿水、桑乾之类,悉是浊流。今关、陕以西,水行地中,不减百余尺,其泥岁东流,皆为大陆之土,此理必然。"

熙宁七年(1074),沈括奉命视察河北西路时,看到太行山的螺蚌化石及砾层的沉积带,经过仔细观察和思考,推断太行一带过去是海滨。这是继唐代颜真卿(708—784)用"高石中犹有螺蚌壳"来推断海陆变迁之后[1],进一步揭露了地质史上海陆变迁的事实。南宋朱熹(1130—1200)接受了沈括的见解并加以发展,他说:"尝见高山有螺蚌壳,或生石中,此石即旧日之土,螺蚌即水中之物,下者却变而为高,柔者却变而为刚。"[2]我国唐宋时代的地质学萌芽较之列奥纳多·达·芬奇(1452—1519)在西方最早假设亚平宁山中的螺蚌壳化石为海中古生物遗迹要早好几百年。沈括还从黄河等河流的侵蚀和沉积作用,以及历史记载,说明华北大平原是由黄河等河流的泥沙沉积而成的,这是对华北大平原成因的最早科学解释。

《笔谈》第 433 条说:"温州雁荡山,天下奇秀,然自古图牒,未尝有言者。祥符中,因造玉清宫,伐山取材,方有人见之,此时尚未有名。按西域书,阿罗汉诺矩罗居震旦东南大海际雁荡山芙蓉峰龙湫。唐僧贯休为《诸矩罗赞》,有'雁荡经行云漠漠,龙湫宴坐雨濛濛'之句。""予观雁荡诸峰,皆峭拔险怪。上耸千尺,穹崖巨谷,不类他山,皆包在诸谷中,自岭外望之,都无所见;至谷中则森然干霄。原其理,当是为谷中大水冲激,沙土尽去,唯巨石岿然挺立耳。如大小龙湫、水帘、初月谷之类,

---

① 高泳源,《我国古代对一些自然地理现象的认识》,《地理知识》,1954 年第 7 期。
② 朱熹,《朱子全书》卷四九。

309

皆是水凿之穴。自下望之,则高岩峭壁;从上观之,适与地平,以至诸峰之顶,亦低于山顶之地面。世间沟壑中水凿之处,皆有植土龛岩,亦此类耳。今成皋、陕西大涧中,立土动及百尺,迥然耸立,亦雁荡具体而微者,但此土彼石耳。”

图牒——指地方志书。

(大中)祥符——1008—1016 年;

震旦——古代印度对中国的称呼;

贯休(832—913)——俗姓姜,字德隐,婺州兰溪人;

龛岩——此处指布满洞穴的崖壁;

成皋——今河南省荥阳汜水镇。

沈括论述了雁荡诸峰是由流水侵蚀作用造成的,并以黄土高原的地形成因为例进一步印证了这种观点。竺可桢说:“在我国 11 世纪时,而有此种见解,可称卓识。所可奇者,西方同时有阿拉伯人阿维森纳(Avicenna,980—1037)以剥蚀作用解释山岳之成因,其说与括如出一辙。而在西方当时,亦为创见也。”[1]这里需要提出两点,一是据文献记载初唐杜审言已有龙湫题名[2],“开元二年(714),太守夏启伯到山建寺”[3],可见雁荡山的开发,并非始于祥符中。二是阿拉伯、印度、西域书与沈括之间是否存在地学知识交流的渠道? 换言之,10—11 世纪相当发达的阿拉伯地学对我国有无影响? 这是一个值得研究的问题。

《笔谈》第 373 条说:“近岁延州永宁关大河岸崩,入地数十尺,土下得竹笋一林,凡数百茎,根干相连,悉化为石。”“延郡素无竹,此入在数十尺土下,不知其何代物。无乃旷古以前,地卑气湿而宜竹邪?”

延州——今陕西省延安地区。

据现代古生物学者考证,沈括所称的“竹笋”当系一种蕨类植物的化石,因为外形似竹,故沈括误以为是石化了的竹。植物化石是各地质时代的气候指示者,沈括根据植物化石正确地推断了古气候的变迁,他的工作是开创性的。现今沿用的“化石”这个概念也是从本条“悉化为石”这个词语演变过来的。

《笔谈》第 457 条说:“自汴流湮淀,京城东水门下至雍丘、襄邑,河底皆高出堤外平地一丈二尺余。”“余尝因出使,按行汴渠,自京师上善门,量至泗州淮岸,凡八百四十里一百三十步。地势,京师之地,比泗州凡高十九丈四尺八寸六分。”“验量地势,用水平、望尺、干尺量之,亦不能无小差。汴渠堤外,皆是出土故沟,予因决沟水令相通,时为一堰节其水;候水平,其上渐浅涸,则又为一堰,相齿如阶陛。乃量

---

① 竺可桢,《竺可桢文集》,科学出版社,1979 年,第 73 页。

② 梁章钜,《浪迹续谈》卷三。

③ 叶廷琯,《吹网录》卷五。

堰之上下水面相高下之数,会之,乃得地势高下之实。"①

水平——古水准仪;

望尺——觇板;

干尺——标尺。

沈括利用测量旧沟阶梯水面高度差然后迭加的分层筑堰法,主持了这种比较精密的地形测量,比俄国于 1696 年开始进行的顿河地形测量,要早六百多年。

《笔谈》第 472 条说:"予奉使按边,始为(水)〔木〕图,写其山川道路。其初遍履山川,旋以面糊木屑写其形势于木案上。未几寒冻,木屑不可为,又熔蜡为之。皆欲其轻,易赍故也。至官所,则以木刻。上之。上召辅臣同观,乃诏边州皆为木图,藏于内府。"②

我国刘宋时期的谢庄(421—466)曾经"制木方丈图,山川土地,各有分理,离之则州别郡殊,合之则宇内为一"③。有人认为这是"木质地形模型"④。沈括的"木图"是我国地图学史上木质地形图的第一次明确记载,比瑞士 18 世纪出现的地理模型图约早七百年。

《笔谈》第 575 条说:"地理之书,古人有《飞鸟图》,不知何人所为。所谓'飞鸟'者,谓虽有四至里数,皆是循路步之,道路迁直而不常,既列为图,则里步无缘相应,故按图别量径直四至,如空中鸟飞直达,更无山川回屈之差。予尝为《守令图》,虽以二寸折百里为分率,又立准望、互同、傍验高下、方斜、迁直之法,以取鸟飞之数。图成,得方隅远近之实,始可施此法,分四至、八到为二十四至,以十二支、甲乙丙丁庚辛壬癸八干、乾坤艮巽四卦名之。使后世图虽亡,得予此书,按二十四至以布郡县,立可成图,毫发无差矣。"⑤

四至——指地图中某一点东南西北四个方位的所到之处;

分率——即今地图上的比例;

准望——即一地到另一地的方位;

互同——类似于"等高线"的标志法;

傍验——校验(高下、方斜、迁直);

高下——地形的高低起伏;

方斜——将道路折线换算成直线距离;

---

① 据竺可桢撰,徐规校,"北宋沈括对于地学之贡献与纪述",见《沈括研究》,浙江人民出版社,1985 年。

② 标点据文义改。

③ 《宋书》卷八五。

④ 王庸,"从裴秀的地图制作谈中国地图的源流",《地理知识》,1954 年第 7 期。

⑤ 胡道静,"《梦溪笔谈》补证",《中华文史论丛》,1979 年第 3 辑。

迁直——将道路曲线换算成直线距离；

方隅——四方(东、南、西、北)和四隅(东南、西南、东北、西北)；

八到——四方合四隅。

沈括于熙宁九年(1076)奉旨编修《天下州县图》，即《守令图》。由于多经变故，前后花了十二年的时间，"遍稽宇内之书，参更四方之论。该备六体，略稽前世之旧闻；离合九州，兼收古人之余意"①。绘制了《守令图》总图大小各一轴(大图高一丈二尺，宽一丈)，分路图十八轴，共二十轴。这是当时全国最好的地图。沈括为此获得哲宗的赏赐(一百匹绢)，并恢复了居住的自由。此后迁居润州梦溪，遂有《笔谈》等著作问世。

沈括在编绘《守令图》时，发展了西晋裴秀"制图六体"的原则，形成了新的制图法。他又把过去用四至八到定方位、距离的方法进一步发展为二十四至，即细分为二十四个方位，使精密程度有所提高。此为我国元明航海罗盘划分二十四个方位的先声。沈括对指南针颇有研究，未知《守令图》的绘制与指南针有无关系？沈括《守令图》的图、说俱佚，至为可惜。

1964年四川省荣县文庙内发现了宣和三年(1121)立石的"九域守令图"，据郑锡煌先生考证，此图的底图是绍圣二年(1095)至元符二年(1099)间绘制的②，上距元祐三年(1088)沈括投进《守令图》只有十年左右。四川北宋《九域守令图》的"轮廓和州县的相对位置比较准确"③，或许采用了沈括《守令图》的一些研究成果。西安碑林1136年的石刻"禹迹图"，绘制水平较高，曹婉如先生认为这是沈括于元丰四至五年(1081—1082)中在陕西所绘。④

《笔谈》第461条说："江湖间唯畏大风。冬月风作有渐，船行可以为备，唯盛夏风起于顾盼间，往往罹难。曾闻江国贾人有一术，可免此患。大凡夏月风景，须作于午后。欲行船者，五鼓初起，视星月明洁，四际至地，皆无云气，便可行；至于巳时即止。如此，无复与暴风遇矣。国子博士李元规云：平生游江湖，未尝遇风，用此术。"

沈括重视民间的天气预测经验，这条关于避风术的记载就是一例。《笔谈》卷廿一"异事"中比较真实地记载了熙宁九年(1076)〔据李焘《续资治通鉴长编》卷二八三当为熙宁十年(1077)六月〕恩州武城县(今山东省武城县)陆龙卷风的实况和造成的灾害。诸如此类，为后人留下了不可多得的气象史料。

《笔谈》第134条说："医家有五运六气之术，大则候天地之变、寒暑风雨、水旱

---

① 沈括，《长兴集》卷十六。
② 郑锡煌，"北宋石刻'九域守令图'"，《自然科学史研究》，1982年第2期。
③ 郑锡煌，"北宋石刻'九域守令图'"，《自然科学史研究》，1982年第2期。
④ 曹婉如，"论沈括在地图学方面的贡献"，《科技史文集》，1980年第3辑。

螟蝗,率皆有法;小则人之众疾,亦随气运盛衰。今人不知所用,而胶于定法,故其术皆不验。""大凡物理有常有变。运气所主者,常也;异夫所主者,皆变也。常则如本气,变则无所不至,而各有所占。""熙宁中,京师久旱,祈祷备至,连日重阴,人谓必雨。一日骤晴,炎日赫然。予时因事入对,上问雨期,予对曰:'雨候已见,期在明日。'众以谓频日晦溽,尚且不雨,如此旸燥,岂复有望? 次日,果大雨。是时湿土用事,连日阴者,从气已效,但为厥阴所胜,未能成雨。后日骤晴者,燥金入候,厥阴当折,则太阴得伸,明日运气皆顺,以是知其必雨。此亦当处所占也。若他处候别,所占亦异。其造微之妙,间不容发。推此而求,自臻至理。"

五运六气——五运即五行:木、火、土、金、水,六气指风、寒、暑、湿、燥、火,五运六气学说是阴阳五行学说为支架,结合中医学理论,探讨气象等自然变化规律的一门古老科学。

沈括对祖国医学中五运六气学说的认识是比较辩证的,他运用五运六气学说对多种天气现象作了解释,并作了一次成功的天气预报。从现代气象学的角度来看,连日阴云之时,空气中水分很丰富,但缺乏热力条件,未能成雨。一旦骤晴,具备了产生气流上升运动的热力条件,会引起对流不稳定而降雨。沈括用古代的术语作了合乎情理的分析。

更可贵的是,沈括对自然界的总的看法,已由感性认识开始上升到理性认识的阶段,如他认为"大凡物理有常有变",即物质运动有正常变化的状态和异常变化的状态,而事物运动的变化取决于"运气所主者"和"异夫所主者"的互相斗争和转化,这种认识是相当进步的。除此之外,沈括在其著作中还发表过不少关于阴阳五行和元气学说的见解。在科学昌明的今天,这种学说未必完全过时,在科学思想发展史上,更有其应有的历史地位。

六、生物医药学

《笔谈》中与生物医药有关的条文约88条,占全书自然科学条文总数的三分之一强。其中属于动物学(包括药用动物)方面的记载约 24 条(226,274,278,292,346,377,381,382,399,409,426-428,443-445,450,463,467,487,503,584,589,601),属于医学(包括矿物药)的约 17 条(154,162,168,169,225,309,313-315,318,368,447,451,480,482,484,585),属于植物学(包括药用植物)的约 47 条(53,67,73,270,344,363,391,441,442,454,462,481,483,485,486,488-495,497-502,504-507,519,570,583,586,587,590-598)。沈括或亲自实践,或根据传闻,时而作些调查研究,在《笔谈》中对动植物的地理分布、形态描述和分类,生物的生理、生态现象,药物和药理作用,生物防治,人体解剖生理学,古生物学等方面作了大量的忠实记录。故清本草学家赵学敏说："敏按存中所言,则似的实可据。"[1]此外,在《良方》中,沈括记载了秋石(性激素)等的制备方法,在《梦溪忘怀录》中,则有竹子、地黄、黄精等经济作物与药用植物的栽培经验总结,以及民间脱果法的原始记载。在当时社会历史条件的限度内,沈括对成长中的生物科学的发展作出了可贵的贡献。

《笔谈》第 381 条说："予少时到闽中,时王举直知潮州,钓得一鳄,其大如船,画以为图,而自序其下。大体其形如鼍,但喙长等其身,牙如锯齿。有黄、苍二色,或时有白者。尾有三钩,极铦利,遇鹿豕即以尾戟之以食。生卵甚多,或为鱼,或为鼍、鼋,其为鳄者不过一二。土人设钩于大豕之身,筏而流之水中,鳄尾而食之,则为所毙。"

潮州——今广东省潮安一带;

鼍——即扬子鳄;

鼋——体形较大的鳖,俗称"癞头鼋"。

康定元年(1040 年)到庆历三年(1043),其父沈周知泉州,括随父至闽,约居闽中三年。这少年时代给他留下了美好的回忆,故著《笔谈》时犹能忆述当年见过的鳄鱼形态。《笔谈》把长吻鳄与扬子鳄在形态上加以区别,并指出了卵生的特点。但有些材料得之传闻,遂有以为鳄鱼卵能孵出别的动物之误。此条以及车渠(399)、甘草(491)、枸杞(488)和莽草(583)等条,对于动植物形态的描述已经达到了相当的水平,对推动我国动植物形态和分类学的发展起了一定的作用。

《笔谈》第 226 条说："《庄子》曰:'畜虎者不与全物、生物。'此为诚言。尝有人善调山鹊,使之斗,莫可与敌。人有得其术者,每食则以山鹊皮裹肉哺之,久之,望见(其)〔真〕鹊,则欲搏而食之。此以所养移其性也。"

"畜虎者不与全物、生物",引自《庄子·人间世》,本身已包含条件反射的概念在内。沈括以调教山鹊的生动例子进一步推出"此以所养移其性也"的道理,说明了动物的许多习性与生活环境有关,是可以改变的;人工可以影响这种变化。

《笔谈》第 426 条说："契丹北境有跳兔,形皆兔也,但前足才寸许,后足几一尺。行则用后足跳,一跃数尺,止则蹶然扑地。生于契丹庆州之地大漠中。予使虏日,捕得数兔持归。"

跳兔——跳鼠;

庆州——今内蒙古自治区巴林左旗、巴林右旗的一部。

跳鼠是较难捕捉的小动物,熙宁八年(1075),沈括奉命为使辽朝信使,"捕得数'兔'持归",并对其性状作了确切的描述。《笔谈》中还有一些类似的记载,对研究我国古代动植物的地理分布有一定的价值。

---

[1]　赵学敏,《本草纲目拾遗》卷首"正误"。

《笔谈》第 443 条说:"元丰中,庆州界生子方虫,方为秋田之害。忽有一虫生,如土中狗蝎,其喙有钳,千万蔽地,遇子方虫,则以钳搏之,悉为两段。旬日,子方皆尽,岁以大穰。其虫旧曾有之,土人谓之傍不肯。"

庆州——今甘肃省庆阳县一带;

子方虫——䖡蚄,即黏虫;

傍不肯——步行虫。①

黏虫为害贯串古今,在我国农作物十大病虫害中占第二位。自然界存在着生物相互制约的因素,步行虫是黏虫的天敌。除《笔谈》之外,苏轼在《东坡志林》中也提到:"元祐八年(1093)五月,……子方虫为害甚于蝗。有小甲虫见辄断其腰而去,俗谓之旁不肯。"②这两段记载相仿,但以《笔谈》为早,且叙述较详。

《笔谈》第 73 条说:"《杨文公谈苑》记江南后主患清暑阁前草生,徐锴令以桂屑布砖缝中,宿草尽死。谓《吕氏春秋》云:'桂枝之下无杂木',盖桂枝味辛螫故也。然桂之杀草木,自是其性,不为辛螫也。《雷公炮炙论》云:'以桂为丁,以钉木中,其木即死。'一丁至微,未必能螫大木,自其性相制耳。"

桂——牡桂。

现代科学已证实,牡桂所含的反式桂皮酸对植物的生长能起抑制作用。沈括认为"其性相制",原则上是正确的。此条也说明,至迟在一千年前,我国已使用了生物除莠方法。

《笔谈》第 480 条说:"古方言'云母粗服,则著人肝肺不可去。'如枇杷、狗脊毛不可食,皆云'射入肝肺'。世俗似此之论甚多,皆谬说也。又言'人有水喉、〔食喉〕、气喉者,亦谬说也。世传《欧希范真五脏图》,亦画三喉,盖当时验之不审耳。水与食同咽,岂能就口中遂分入二喉?人但有咽、有喉二者而已。咽则纳饮食,喉则通气。咽则(下)〔咽〕入胃脘,次入胃〔中〕,又次入〔广〕肠,又次之大、小肠;喉则下通五脏,〔为〕出入息。五脏之含气呼吸,正如(治)〔冶〕家之鼓鞴。人之饮食药饵,但自咽入肠胃,何尝能至五脏?凡人之肌骨、五脏、肠胃虽各别,其(食)〔入〕肠之物,英精之气味,皆能洞达,但滓秽即入二肠。凡人饮食及服药既入肠,为真气所蒸,英精之气味,以至金石之精者,如细研硫磺、朱砂、乳石之类,凡能飞走融结者,皆随真气洞达肌骨,犹如天地之气,贯穿金石土木,曾无留碍。自余顽石草木,则但气味洞达耳。及其势尽,则滓秽传入大肠,润湿渗入小肠,此皆败物,不复能变化,惟当退泄耳。凡所谓某物入肝、某物入肾之类,但气味到彼耳,凡质岂能至彼哉?此医不可不知也。"

---

① 邹树文,《中国昆虫学史》,科学出版社,1982 年,第 90 页。

② 苏轼,《东坡志林》卷五,稗海本。

315

《欧希范真五脏图》——北宋吴简作的人体解剖学著作，已失传；

鼓鞴——用牛革做的鼓风工具，用于冶炼；

飞走——药物加水溶解漂净再干燥析出；

融结——融化、凝结。

此条阐述了咽、喉的解剖知识及人体消化、吸收的基本情况。在精气学说的体系内，较详细地叙述了食物、药物和空气进入人体以后的运转过程和人体新陈代谢的基本原理，纠正了当时医学界"人有三喉"等错误观点。但因科学知识水平和自然观的局限，其中也含有一些模糊的认识。

《笔谈》第485条说："古法采草药多用二月、八月，此殊未当。但十月草已芽，八月苗未枯，采掇者易辨识耳，在药则未为良时。大率用根者，若有宿根，须取无茎叶时采，则津泽皆归其根。欲验之，但取芦菔、地黄辈观，无苗时采，则实而沉；有苗时采，则虚而浮。其无宿根者，即候苗成而未有花时采，则根生已足而又未衰。如今之紫草，未花时采，则根色鲜泽；〔花〕过而采，则根色黯恶，此其效也。用叶者取叶初长足时，用（牙）〔芽〕者自从本说，用花者取花初敷时，用实者成实时采。皆不可限以时月。缘土气有早晚，天时有愆伏。如平地三月花者，深山中则四月花。白乐天《游大林寺》诗云：'人间四月芳菲尽，山寺桃花始盛开。'盖常理也，此地势高下之不同也。如筀竹笋，有二月生者，有〔三〕四月生者，有五月方生者，谓之晚筀。稻有七月熟者，有八九月熟者，有十月熟者，谓之晚稻。一物同一畦之间，自有早晚，此〔物〕性之不同也。岭峤微草凌冬不凋，并、汾乔木望秋先陨；诸越则桃李冬实，朔漠则桃李夏荣，此地气之不同〔也〕。一亩之稼，则粪溉者先（牙）〔芽〕；一丘之禾，则后种者晚实，此人力之不同也。岂可一切拘以定月哉！"

宿根——多年生草本植物的越冬根，此处泛指根状茎、块茎等；

津泽——植物的养分，此指药用成分；

天时有愆伏——天气寒暖失调；

筀竹——分布于长江中下游地区的一种刚竹属；

岭峤——即五岭；

并、汾——今山西省的一部分；

诸越——泛指我国南方；

朔漠——泛指北方沙漠地带。

"中国医药学是一个伟大的宝库"，沈括精通医药，对药物和药理有许多独到的研究，有关著述现存于《笔谈》《良方》《灵苑方》《梦溪忘怀录》等著作之中。本条旨在说明药物须适时采收，实际上同时阐明了地势、植物种性、气温、土壤、耕作措施等各种因素对植物生长发育所起的影响，是一篇重要的植物生理生态学和药材学论文。此条后半部分又可视为我国古代物候学的重要文献。

《补笔谈》第 585 条说："熙宁中,阇婆国使人入贡方物,中有摩挲娑二块,大如枣,黄色,微似花蕊;又无名异一块,如莲菂,皆以金函贮之。问其人'真伪何以为验'？使人云:'摩娑石有五色,石色虽不同,皆姜黄汁磨之,汁赤如丹砂者为真。无名异,色黑如漆,水磨之,色如乳者为真。'广州市舶司依其言试之,皆验,方以上闻。世人蓄摩娑石、无名异颇多,常患不能辨真伪。小说及古方书如《炮炙论》之类亦有说者,但其言多怪诞,不近人情。""医潘璟家有白摩娑石,色如糯米糍,磨之亦有验。璟以治中毒者,得汁栗壳许入口即（差）〔瘥〕。"

阇婆国——今印度尼西亚爪哇岛一带;

摩娑石——又名婆娑石,含硫的石类药物,解诸药毒,治瘴疫、热闷、头痛;

无名异——一种石类药物,主要成分为二氧化锰等,为外科用药,有止疼生肌之效;

莲菂——莲子;

丹砂——即硫化汞;

潘璟——宋哲宗元丰末年太医局的医生。

对摩娑石和无名异,北宋初的《开宝本草》玉石部"上品"已有著录。钱易在北宋初撰《南部新书》,其中提到:"婆娑石,一名婆萨石。《灵台记》云:'质多者味甜,无毒,性温,疗一切虫毒,及诸丹石毒,肿毒,跗折。'此石出西番山中,洞中有盘形状礧磈,大小不常,色如瓜皮,青绿黑斑,有星者为上。似嵩山矾石,斑不至焕烂者为中。色如滑石,徽（疑应为'微'——本文笔者注）黄轻者为下。但以人血拭之,羊鸡血磨,一如乳,似觉膻为妙。西番以为防身之宝,辟诸毒也。"[1]"无名异,自南海来。或云:'烧炭灶下炭精,谓百木脂,归下成坚物也。'一云:'药,木胶所成。'然其功补损,立验。胡人多将鸡鸭打胫折,将此药摩酒沃之,逡巡能行为验。形如玉柳石,而黑轻为真。或有橄榄作,尝之粘齿者,伪也。验之真者,取新生鹿子,安此药一粒于腹脐中,其鹿立有肉角生,是真也。一云:'生东海者,树名多茄,是树之节胶。采得胡人,炼作煎干。'缘生异,故有多说。"[2]

关于摩娑石和无名异这类矿物药的大小、形态、色泽、特性、功用、产地以及鉴别方法的记载,常见于沈括前后的本草著作和笔记小说之中,后世李时珍的《本草纲目》,近人章鸿钊的《石雅》等均有较详细的论述。沈括此条是宋代中外科技交流的一段历史记载,《宋会要辑稿》中曾引述本条全文。[3]《本草纲目》却没有采录,又《补笔谈》"莽草"第 583 条和"天竹黄"第 587 条等条,《本草纲目》也未采录,赵学敏

① 钱易,《南部新书》,中华书局,1958 年,第 97—98 页。标点据文义改。

② 钱易,《南部新书》,中华书局,1958 年,第 91 页。标点据文义改。"采得胡人"疑应为"胡人采得"。

③ 《宋会要辑稿》"蕃夷七之三四"。

说："存中乃宋人，岂此书补集，濒湖（李时珍号濒湖——本文笔者注）尚未见耶？"①

沈括《良方》"秋石方"说："凡世之炼秋石者，但得火炼一法而已。此药须兼用阴阳二石，方为至药。今具二法于后。"（"阴炼法"略）"阳炼法：小便不计多少，大约两桶为一担。先以清水搅好皂角浓汁，以布绞去滓。每小便一担，入皂角汁一盏。用竹篦急搅，令转百千遭乃止。直候小便澄清，白浊者皆定底。乃徐徐撇去清者不用，只取浊脚，并作一满桶。又用竹篦子搅百余匝，更候澄清，又撇去清者不用，十数担不过取得浓脚一二斗。其小便须先以布滤过，勿令有滓。取得浓汁，入净锅中熬干，刮下捣碎，再入锅，以清汤煮令化。乃于筲箕内布纸筋纸两重，倾入筲箕纸内，滴淋下清汁，再入锅熬干，又用汤煮化，再依前法滴淋。如熬干色未洁白，更准前滴淋，直候色如霜雪即止。乃入固济沙盒内，歇口火煅成汁，倾出。如药未成窝，更煅一两遍，候莹白玉色即止，细研入沙盒内，固济，顶火四两，养七昼夜，久养火尤善。"②

筲箕——可能是容积为 1/5 立升的簸箕形的小巧滤器。③

现代国际科学史界、医学界和生物化学界正将中国古代秋石视为甾体性激素的早期发现来研究，给予了高度评价。目前已知的关于秋石的具体制备手续和实际功效的最早记载，就是《苏沈良方》中沈括所述的方法。美国专家认为："中国人在好几百年以前就已勾画出 20 世纪优秀甾体化学家们在 20 到 30 年代所取得的成就。"李约瑟和鲁桂珍博士将其视为一个我们自己时代的自觉的生物化学的辉煌的和有胆量的先行工作。④

《梦溪忘怀录》"脱果"法说："木生之果，八月间，以牛、羊滓和包其鹤膝处，〔原注〕被端干相楼黄绞处。如大杯，以纸裹囊复之，麻绕令密致，重则以杖柱之，任其发花结实。明年夏秋间，试发一包视之，其根生，则断其本，埋土中，其花、实皆晏然不动，一如巨木所结。予在萧山县见山寺中桔木，止高一、二尺，实皆如拳大，盖用此术也。大木亦可为之。尝见人家有老林檎，木根已蠹朽，圃人乃去木本二、三尺许，如上法，以土包之，一年后，土中生根，乃截去近根处三尺许，埋土包入地，后遂为完本。"⑤

鹤膝——枝干相接之处，上下细而中间粗；

林檎——果名，树实皆似沙果而小。

① 赵学敏，《本草纲目拾遗》卷首"正误"。
② 引自《苏沈良方》卷一，《武英殿聚珍版丛书》本。
③ 孟乃昌，"秋石试仪"，《自然科学史研究》，1982 年第 4 期。
④ 孟乃昌，"秋石试仪"，《自然科学史研究》，1982 年第 4 期。
⑤ 胡道静、吴佐忻辑，"《梦溪忘怀录》钩沉"，《杭州大学学报》（哲学社会科学版），1981 年第 1 期。

脱果法在南宋温革所辑的《分门琐碎录》和元代邹铉《寿亲养老新书》等古籍中均见引录,就现有的材料而论,始于沈括的《梦溪忘怀录》,[①]胡道静先生认为:"这种'返老为童'式的树木栽培学技术,是很值得注意的。"[②]明末方以智《物理小识》卷九"草木类""接木法"说:"脱木者,和牛羊之滓包其鹤膝处,先微伤其肤而缚之,复以杖支之,隔年根生,则断而逐焉。"指的也是"脱果法"。

七、工程技术

沈括从小对科学技术有浓厚的兴趣,长期耳闻目睹劳动人民的发明创造,对他的科学思想产生了重要的影响。他在三十余岁时就提出:"至于技巧、器械、大小尺寸、黑黄苍赤,岂能尽出于圣人!百工、群有司、市井、田野之人,莫不预焉。"[③]在二三十年宦游浮沉中,他更随时留心观察民间各行各业的科技人物和成就,经他之手留下的科技史料中有的还是独家记载,尤足珍贵。

《笔谈》中属于工程技术类的条文约 30 条,其中工艺技术和冶金方面的约 13 条(56,303,307,324,325,331,333,337,356,360,378,561,567),建筑学方面的约 10 条(63,191,200,299,312,335,425,434,518,569),农田水利工程方面的约 7 条(207,210,213,233,240,243,429)。

《笔谈》第 307 条说:"板印书籍,唐人尚未盛为之。自冯瀛王始印五经,以后典籍,皆为板本。庆历中,有布衣毕昇,又为活板。其法用胶泥刻字,薄如钱唇,每字为一印,火烧令坚。先设一铁板,其上以松脂腊和纸灰之类冒之。欲印则以一铁范置铁板上,乃密布字印。满铁范为一板,持就火炀之,药稍熔,则以一平板按其面,则字平如砥。若止印三二本,未为简易;若印数十百千本,则极为神速。常作二铁板,一板印刷,一板已自布字。此印者才毕,则第二板已具。更互用之,瞬息可就。每一字皆有数印,如之、也等字,每字有二十余印,以备一板内有重复者。不用则以纸(帖)〔帖〕之,每韵为一帖,木格贮之。有奇字素无备者,旋刻之,以草火烧,瞬息可成。不以木为之者,(文)〔木〕理有疏密,沾水则高下不平,兼与药相粘,不可取。不若燔土,用讫再火令药熔,以手拂之,其印自落,殊不沾污。昇死,其印为予群从所得,至今宝藏。"

板印——雕版印刷;

庆历——1041—1048 年;

活板——活字板;

① 胡道静、吴佐忻辑,"《梦溪忘怀录》钩沉",《杭州大学学报》(哲学社会科学版),1981 年第 1 期。

② 胡道静,"稀见古农书录",《文物》,1963 年第 3 期。

③ 沈括,《长兴集·上欧阳修参政书》。

字印——指单个的胶泥字;

砥——平细的磨刀石;

燔土——烧过的泥。

迄今为止,沈括的这条记载依然是关于活字印刷术的发明者毕昇的唯一原始资料,全仗这吉光片羽,人们才得以了解我国印刷术由雕版印刷发展到胶泥活字印刷的历史过程。胡道静认为:毕昇可能是雕版良工,他生前使用活版印刷的地点是杭州,逝世于皇祐年间(1049—1054)。[①] 毕昇在 11 世纪 40 年代中期发明活字印刷术,比德国人戈登堡于 1445 年发明金属活字印刷要早四百年。毕昇一死,人亡物故,"其印为予群从所得,至今宝藏",可见沈氏一族中不乏毕昇的活字印刷术的历史见证者。

《笔谈》第 312 条说:"钱氏据两浙时,于杭州梵天寺建一木塔,方两三级,钱帅登之,患其塔动。匠师云:'未布瓦,上轻,故如此。'乃以瓦布之,而动如初。无可奈何,密使其妻见喻皓之妻,赂以金钗,问塔动之因。皓笑曰:'此易耳。但逐层布板讫,便实钉之,则不动矣。'匠师如其言,塔遂定。盖钉板上下弥束,六幕相联如胠箧。人履其板,六幕相持,自不能动。人皆服其精练。"

梵天寺木塔——建于后梁贞明二年(916),宋乾德二年(964)重建;

六幕——指前、后、左、右、上、下六面;

胠箧——撬开箱箧,沈括误指箱箧。

喻皓是我国 10 世纪后期的一位著名建筑匠师,擅于建造木塔等高层建筑,负责建造过开封的开宝寺塔。此条讲他在杭州梵天寺木塔重建中发挥过重要作用,但情节得自传闻,所述不一定可靠。[②] 梵天寺及木塔早已毁亡。梵天寺故址在今浙江省军区幼儿园内,园前尚存乾德三年(965)所建的两经幢,园内有当年饮水井一口。

《笔谈》第 299 条说:"营舍之法,谓之《木经》,或云喻皓所撰。凡屋有三分:〔原注〕去声。自梁以上为上分,地以上为中分,阶为下分。凡梁长几何,则配极几何,以为等衰。如梁长八尺,配极三尺五寸,则厅堂法也。此谓之上分。楹若干尺,则配堂基若干,以为等衰。若楹一丈一尺,则阶基四尺五寸之类。以至承拱、榱桷等,皆有定法。此谓之中分。阶级有峻、平、慢三等。宫中则以御辇为法:凡自下而登,前竿垂尽臂,后竿展尽臂为'峻道';前竿平肘,后竿平肩为'慢道';前竿垂手,后竿平肩为'平道'。此谓之下分。其书三卷。近岁土木之工,益为严善,旧《木经》多不用,未有人重为之,亦良工之一业也。"[③]

---

① 胡道静,"活字板发明者毕昇卒年及地点试探",《文史哲》,1957 年第 7 期。

② 王士伦,"喻皓建梵天寺塔一事质疑",《浙江学刊》,1981 年第 2 期。

③ 据夏鼐"《梦溪笔谈》中的喻皓《木经》"(《考古》,1982 年第 1 期)一文校正。

三分——三种比例；

极——指大梁至脊檩的高度；

等衰——依照大小比例而等差；

厅堂法——厅堂类型建筑的规格；

楹——楹柱；

承拱——斗拱；

榱桷——方形的椽。

《木经》三卷是我国建筑学史上一部重要的技术著作，相传为喻皓所撰，也可能是无名氏的著作，《笔谈》中就已存疑。沈括之时，"旧《木经》多不用"；至李诫的《营造式》于元符三年（1100）成书，崇宁二年（1103）刊行，《木经》益显过时，逐渐失传。幸赖《笔谈》保存了这些昆山片玉。夏鼐认为："沈氏关于《木经》的摘录，专取有关'材分制'的一节，可以说撮取了《木经》的精华，抓住了中国建筑上的一个根本性的大问题。"①从《笔谈》中的引文看，《木经》中的"材分制"还处于较原始的阶段，将其和《营造法式》联系起来，则可以看出"材分制"演化的历史。

《笔谈》第 207 条说："庆历中，河决北都商胡，久之未塞。""有水工高超者献议，以谓埽身太长，人力不能压，埽不至水底，故河流不断，而绳缆多绝。今当以六十步为三节，每节埽长二十步，中间以索连属之。先下第一节，待其至底，方压第二、第三。旧工争之，以为不可，云：'二十步埽不能断漏。徒用三节，所费当倍，而决不塞。'超谓之曰：'第一埽水信未断，然势必杀半。压第二埽止用半力，水纵未断，不过小漏耳。第三节乃平地施工，足以尽人力。处置三节既定，即上两节自为浊泥所淤，不烦人功。'""卒用超计，商胡方定。"

河——黄河；

北都商胡——即商胡，在今河北省濮阳县东北；

埽——护岸或堵口时常用的制件。

这里记述的水工高超巧合龙门的三节压埽法，也是其他史籍所没有记载的，这是沈括对劳动人民发明创造的又一赞歌。《笔谈》中对北宋其他重要的水利成就如"漕渠复闸"（第 213 条）、"苏昆长堤"（第 240 条）和"淤田法"（第 429 条）等也有详略不等的记载。

《笔谈》第 331 条说："予顷年在海州，人家穿地得一弩机，其望山甚长，望山之侧为小（短）〔矩〕，如尺之有分寸。原其意，以目注镞端，以望山之度拟之，准其高下，正用算家勾股法也。《太甲》曰：'往省括于度则释'，疑此乃度也。汉陈王宠善弩射，十发十中，中皆同处，其法以'天覆地载，参连为奇，三微三小。三微为经，三

---

① 夏鼐，"《梦溪笔谈》中的喻皓《木经》"，《考古》，1982 年第 1 期。

小为纬,要在机牙',其言隐晦难晓。大意天覆地载,前后手势耳;(三)〔参〕连为奇,谓以度视镞,以镞视的,参连如衡,此正是勾股度高深之术也;三经、三纬,则设之于期,以志其高下左右耳。予尝设三经、三纬,以镞注之发矢,亦十得七八。设度于机,定加密矣。"

望山——标尺;

《太甲》——伪《孔传古文尚书》篇名;

括——箭杆末端扣弦处;

陈王宠——东汉末的刘宠,世袭陈王;

机牙——弩机上勾弦的机构;

期——箭靶。

我国至迟在战国时已经使用弩机,上面带有用作瞄准器的望山,相当于现代步枪的标尺。在射箭时利用望山来决定仰角,可以提高命中率。文中可见沈括曾对海州出土的古弩机和汉代弩法进行了研究和实验,进一步肯定了望山上刻度的瞄准功用。这是历史文献中对弩机外形、特征和功用的最早的科学说明。历史上对弩射古法中的"参连为奇"和"三微三小"等的含义,理解颇不一致,沈括的解释可备一说。明茅元仪的《武备志》对古今弩机作了进一步的探讨。

沈括对制弓术也颇有研究,《笔谈》第 303 条对"弓有六善"作了记录和发挥。①

《笔谈》第 333 条说:"青堂羌善锻甲,铁色青黑,莹彻可鉴毛发,以麝皮为綧旅之,柔薄而韧。镇戎军有一铁甲,椟藏之,相传以为宝器。韩魏公帅泾、原,曾取试之。去之五十步,强弩射之,不能入。荟有一矢贯札,乃是中其钻空;为钻空所刮,铁皆反卷,其坚如此。凡锻甲之法,其始其厚,不用火,(今)〔冷〕锻之,比元厚三分减二乃成。其末留筋头许不锻,隐然如瘊子,欲以验未锻时厚薄,如浚河留土笋也,谓之'瘊子甲'。今人多于甲札之背隐起,伪为瘊子,虽置瘊子,但元非精钢,或以火锻为之,皆无补于用,徒为外饰而已。"

青堂——青海省西宁市附近,又称青唐;

綧——串甲片的带子;

旅——串扎;

椟——木匣;

泾、原——今甘肃省泾川县、镇原县;

札——铁甲上的甲片;

我国古代的冶铁技术虽然起步较迟,但经过春秋战国时的迅速发展,跃居世界前列,出现了不少先进的冶炼技术和加工工艺,长期领先于世界。《笔谈》中不但记

---

① 闻人军,"《梦溪笔谈》'弓有六善'考",《杭州大学学报》(哲学社会科学版),1984 年第 4 期。

载了汉族劳动人民发明的以剂钢（高碳钢）为刃、柔铁（熟铁）为茎干的蟠钢剑（第325条），用弹簧钢制的舒屈剑（第378条），灌钢和百炼钢工艺（第56条）等，还有关于少数民族地区冶铁术的生动描述。青堂羌族人民冷锻铁甲，加工简便，性能优异，是我国早期钢铁锻造技术上的一个杰出成就。这种利用冷变形提高钢的硬度和韧性的冷作金属硬化法，至今仍是强化金属的重要手段之一。李焘《续资治通鉴长编》记载庆历元年（1041）五月田况"上兵策十四事"，曾提到"今贼甲皆冷锻而成，坚滑光莹，非劲弩可入"[①]，即指西夏羌族的冷锻铁甲。《笔谈》记载稍后，但更为详尽，于科技史更有价值。

《笔谈》第360条说："予于谯亳得一古镜，以手循之，当其中心，则摘然如灼龟之声。人或曰：'此夹镜也。'然夹不可铸，须两重合之。此镜甚薄，略无焊迹，恐非可合也。就使焊之，则其声当铣塞；今扣之其声泠然纤远。既因抑按而响，刚铜当破，柔铜不能如此澄莹洞彻。历访镜工，皆罔然不测。"

谯亳——今安徽亳县一带；

铣塞——声音沉闷；

刚铜——硬度高的铜；

柔铜——硬度低的铜，不能抛光。[②]

这种夹镜发明于宋代之前，是我国古代镜工的杰出创造，到宋代已失传。沈括为了弄清有关技术问题，曾"历访镜工，皆罔然不测"。对于这段记载的科学解释，至今还是悬案，有待于考古实物的发现与研究。

结　语

综观沈括的科学活动和著述，可以看出他的确多才多艺，卓有建树。他在物理学、数学、天文学、地学、生物医学等方面有重要的成就和贡献，在化学、工程技术等方面也有相当的成就和重要的贡献，贵在一个"博"字。

沈括之所以能建立如此杰出的业绩，跟他具有比较进步的科学史观是分不开的；他资质聪颖，勤于思考；活动足迹遍及神州南北、朝野上下，能够向各行各业的能者学习，日积月累，拥有相当广博的知识面；在科学方法的实践上，他的调查、观测、观察和科学实验也走在时代的前面……这就使他在同样的历史条件之下，超越侪辈，攀上了当代的科学高峰。

沈括就是沈括，无须神化，也不必求全责备。作为一个封建时代的知识分子，他在德、识、才、学方面均非完人。例如，在科学方面，他长于产生一些创造性的见

① 李焘，《续资治通鉴长编》卷一三二。

② 采纳中国科学技术大学李志超的看法。

323

解，但作风不够严谨，纰漏也屡见不鲜。对于沈括这样一位卓越的、影响深远的科学家，只有在进一步深入研究的基础上，才能对其在科学史上的地位和作用作出客观的全面的评价。

（原文载于《沈括研究》，浙江人民出版社，1985年，第64—123页）

席文对中国科技史的研究[*]

近年来,一个新的研究中国科技史的中心在美国崛起,宾夕法尼亚大学中国文化和科学史教授席文(Nathan Sivin)博士是这个中心的代表人物。

席文生于 1931 年。1958 年 6 月,他毕业于麻省理工学院,获文科学士学位,由于兼修化学,同时获得理科学士学位。接着,他考取哈佛大学科学史研究生,两年后获科学史硕士学位。他的博士论文是《丹经要诀》的英译,是在科恩(Cohen)博士和何丙郁博士的相继指导下完成的。1966 年 1 月,席文以此获得哈佛大学哲学博士学位。

他能说一口道地的汉语,可以直接阅读中国古代文献。这对于有志于中国科技史研究的外国学者,无疑是一种有利的条件。此外,席文还在不同程度上掌握了日、法、德文等外语工具。

20 多年来,他不断到以研究中国科技史和汉学著称的一些高级学术机构研究深造,并曾得到一系列博士后研究基金的赞助。1962 年 8 月—1963 年 3 月,席文作为中国金丹术史的访问讲师赴新加坡进行了学术活动。从 1967 年 9 月至 1980 年 2 月,他曾四度访问日本京都人文科学研究所,进修和研究中国科学史。在此期间,他又先后四进荷兰莱顿汉学院,研究中国金丹术史和医药史。从 1974 年夏天起,他曾三顾李约瑟博士所在的英国剑桥大学冈维尔和凯厄斯学院(Gonville and Caius College),研究中国医学史和数理天文学史。1977 年 9—10 月,他作为美国天文学访华代表团的成员首次来北京。在中国,他作了多次关于中国天文学史的报告。1979 年 9 月和 1981 年 10 月,席文又两次访问中国。后一次他曾专程来到他正在研究的宋代著名科学家沈括的故乡——杭州访问。

由于席文在中国科技史和汉学研究的许多方面所做的工作,在 1971 年当选为国际科学史研究院通讯院士,1977 年成为美国科学院(包括文、理)研究员。1978 年 10 月,宾夕法尼亚大学给他颁发了名誉硕士证书。他先后兼任了多项社会工作,是蜚声国际的科学史刊物 *Isis* 的编委,现在担任着美国科学院近现代科学技术史委员会委员等公职。1973 年起,他与日本学者中山茂合编,并负责出版中国科技史丛刊《中国科学》,1975—1983 年间共出了六期。

---

* 本文与闻人军合作。

席文对中国科技史的研究主要有以下几个方面：

1. 金丹术史

金丹术史是席文耕耘最早、收获最丰的领域。他在 1967 年发表《论中国金丹术的重新理解》一文，翌年出版专著《中国金丹术初探》。1969—1976 年，《葛洪和〈抱朴子内篇〉》(1969)，《作为一种科学的中国金丹术》(1970) 和《中国金丹术和时间的控制》(1976) 等论文先后发表。他曾为李约瑟等的巨著《中国科学技术史》第 5 卷第 4 分册（"化学发现"）撰写了关于实验金丹术的理论背景部分。席文对历史上科学与哲学和宗教的关系颇感兴趣，他对道家学说作过不少研究，曾为大学开设"中国科学和自然哲学""道教史"等课程，经常参与宗教学术团体有关道教研究的活动。目前，他正在继续深入研究中国金丹术的理论结构，以便进一步探讨中国古代科学思想的理论基础。

2. 数理天文学史

1966 年，席文发表《中国的时间概念》和《中国干支纪年与西历纪年换算简法》等文。1969 年出版专著《中国早期数理天文学中的宇宙和计算》。1973 年又发表《哥白尼在中国》一文。在 1972—1973 和 1979—1980 这两个学术年度里，他和日本学者薮内清、中山茂合译了《元史》中的历法资料，现在仍然继续致力于中国科技史的重要原始资料的英译工作。

3. 医药史

席文对中国传统医学一直怀有浓厚的兴趣，曾开设过"中国古今保健"课程，先后发表《17 世纪中国医案史》(1967)、《传统中国疗法中的社会关系初探》(1977) 等文。他对中国古代药物和心理疗法都有所研究，现在正深入研究中医发展的社会结构，探索古代中国民间的验方和创新如何上升为经典的中医理论。他所编译的《现代中国实用传统内科学手册》已基本完成，专著《当代中国的传统医学》正处于最后的修订之中。

4. 科学家传记

席文曾为小 C. 斯克里布纳（Charles Scribner's Sons）主编的《科学家传记辞典》（现共 16 卷）撰写了"李时珍"(1973)、"沈括"(1975) 和"王锡阐"(1976) 等条目。他和别人合写的《王锡阐传》收入了《明人传记辞典》（哥伦比亚大学出版社，1976）。现在，他正在撰写一部沈括的长篇传记。

5.物理学史和机械史

70年代,席文曾和 A.C.格雷厄姆合作撰写《对〈墨经〉光学的系统研究》,去年和荷兰应用物理史家史四维(A. W. Sleeswyk)合作发表《龙和蟾蜍——公元132年的中国地动仪》。

6.综合研究

席文在20余年的关于中国文化和科技史的教学、研究和演讲生涯中,涉足中国古代文明的许多领域,为他综合探讨中国科技史中的理论问题打下了良好的基础。早在1965年,他就作过《论明末清初中国和西方科学之对立》的研究。1980年,他发表《中国昔日的科学》一文。近来为纪念李约瑟博士八十寿辰,他撰写了《为什么中国没有发生科学革命?——或者它真的没有发生吗?》这一论文,已收入《中国科学技术史探索》(上海古籍出版社,1982)一书。接着,他在美国耶鲁大学爱德华·H.休姆讲座,又以此为题作了讲演,内容上有所充实,于1982年发表于《中国科学》第5期。

除了自己对中国科技史的理论问题时有新见之外,席文对世界上中国科技史的研究动态也十分关注。他曾精心选编《东亚的科学和技术——Isis 论文选(1913—1975)》一书。1968—1981年,他先后为李约瑟的《中国科学技术史》第4卷第2、3分册和第5卷第3分册写过书评。1974年在第14届国际科学史会议上,席文作了题为《今后应该怎样研究中国的经验中的科学》的报告,提倡用汉学、人类学以及科学史、科学社会学最严格的方法和最有前途的新的眼光,确定对流行说法提出疑问的新的课题。1978年,他在《中国科学》上发表述评:《最近中华人民共和国的科学史研究》。1981年又撰《1978—1980年中日关于中国早期天文学的一些重要出版物》一文,刊于《考古天文学》杂志。1982年8月,第一届国际中国科学史研讨会在比利时鲁文大学举行,席文任执行主席。他在开幕演说中指出,近年来科学史家在证明中国科学发明的优越性方面做了很多工作,进展很大,但是从整体上,从社会背景和思想方法上讨论中国科学如何从一个阶段发展到另一个阶段,这些方面就做得很少,今后只有加强这方面的研究,才能写出比较全面和更加清晰的中国科学史来。

1983年12月在香港召开的第二届国际中国科学史研讨会,本已邀请席文在大会上作报告,后他因故请假,未能出席。

附　席文关于中国科技史的编著要目

书籍

《中国金丹术初探》(专著)，哈佛大学出版社，1968；台北 1973 年出中译本。

《中国早期数学天文学中的宇宙和计算》(专著)，莱顿，1969。

《中国科学：古代传统探索》(与中山茂合编)，麻省理工学院出版社，1972。

《东亚的科学和技术—— Isis 论文选(1913—1975)》(选编)，纽约，1977。

《当代中国的天文学——美国天文学访华代表团的报告》(部分)，华盛顿，1979。

《中国科学技术史》第 5 卷第 4 分册("化学发现")，剑桥大学出版社，1980，210—305。

论文

论明末清初中国和西方科学之对立，*Isis*，56(1965)，201-205。

中国干支纪年与西历纪年换算简法，*Japanese Studies in the History of Science*，(4)(1966)，132-134。

中国的时间概念，*The Earlham Review*，(1)(1966)，82-92。

17 世纪中国医案史，*Bulletin of the History of Medicine*，41(1967)，267-273。

论中国金丹术的重新理解，*Japanese Studies in the History of Science*，(6)(1967)，60-86。

作为一种科学的中国金丹术(摘要)，*Transactions of the International Conference of Orientalists in Japan*，13(1968)，117-129。

中国早期数学天文学中的宇宙和计算，*T'oung Pao*(莱顿)，55(1969)，1-73。

葛洪和《抱朴子内篇》，*Isis*，60(1969)，388-390。

作为一种科学的中国金丹术，台北，1970。

对《墨经》光学的系统研究(与 A.C.格雷厄姆合作)，(席文和中山茂编的)*Chinese Science*，1973，105-152。

来自人体的药物的药理和仪式作用(与 W.C.库珀合作)，出处同上，203-272。

中国传统科学入门西文书目，出处同上，279-314。

哥白尼在中国，*Studia Copernicana*(华沙)，6(1973)，63-122。

李时珍(1518—1593)，《科学家传记辞典》，纽约，1973，Ⅷ，390-398。

今后怎样研究中国的经验中的科学,第 14 届国际科学史会议 Proceedings,No,1,日本,1974,10-18。

沈括(1031—1095),《科学家传记辞典》,1975,XII,369-393。

中国科学引论,*Chinese Science*,11(1975),1-51。

科学史研究中的新倾向,《中国の科学ど文明》,1(2)(1974),2-4。

王锡阐(1628-1682),《科学家传记辞典》,1976,XIV,159-168。

中国金丹术和时间的控制,*Isis*,67(1976),513-527。

中国传统中的仪式疗法,《道教の综合的研究》,东京,1977,97-140。

再论汉代祥异研究中的统计学的应用(和 H. 比伦施泰因合作),*Journal of the American Oriental Society*,97(1977),185-187。

传统中国疗法中的社会关系初探,《日本医学杂志》,23(1977),505-532。

从“道教”看传统中国科学与宗教的关系,*History of Religions*,17(1978),303-330。

最近中华人民共和国的科学史研究,*Chinese Science*,3(1978),39-58。

中国昔日的科学,《当代中国的科学》,斯坦福大学出版社,1980(1981 年刊行),1-29。

为什么中国没有发生科学革命——或者它真的没有发生吗? *Chinese Science*,5(1982),45-66。(第一稿发表于《中国科学技术史探索》,上海,1982,89-106。日译见《东亚の科学と技术》,京都,1982,252-280。中译见《科学与哲学》1984 年第 1 辑。)

韦贝尔和李约瑟对中国科学评价之比较,《韦贝尔对儒教和道教的研究——解释与批判》,法兰克福,1983,342-362。

龙和蟾蜍——公元 132 年的中国地动仪(和 A. W. 史四维合作),*Chinese Science*,6(1983),1-19。

书评

对 J. 布洛菲尔德英译《易经》(伦敦,1965)的评论,*Harvard Journal of Asiatic Studies*,26(1966):290-298。

对李约瑟等的《中国科学技术史》第 4 卷第 2 册(剑桥,1965)的评论,*Journal of Asian Studies*,27(1968),859-864。

对《中国科学技术史》第 4 卷第 3 分册(剑桥,1971)的评论,*Scientific American*,(1)1972,113-118;*T'oung Pao*,57(1971),306-320。

对《中国科学技术史》第 5 卷第 3 分册(剑桥,1976)的评论,*Harvard Journal of Asiatic Studies*,41(1981),219-235。

1978-1980 年 中 日 关 于 中 国 早 期 天 文 学 的 一 些 重 要 出 版 物，*Archaeoastronomy*,4(1)(1981),26-31。

（原文载于《中国科技史料》,1985 年第 1 期）

德布罗意之路 *

在现代文明史上,弃理从文,出类拔萃的文史专家不胜枚举;但由文史转攻理工,成果卓著的科学家却少得多,世界闻名的更如凤毛麟角,屈指可数。然而,集理论物理学家、优秀教师和科普作家于一身的路易·德布罗意(Louis Victor de Broglie,1892 年出生)正是这样一位少见的人物。

一、从文史到理论物理

今年,德布罗意已达 93 岁的高龄,这位出生于上一世纪(19 世纪)的物理学界元老真是名副其实的老寿星。

他是法国迪埃普一位公爵的王子,早在中学时代,他的文学天赋就已开始引人瞩目;1910 年,年方 18 岁的德布罗意获得了巴黎大学历史学士学位。接着,他又学习了一年法律,准备参加关于 18 世纪初法国内政问题的学位考试。他的家族是法国的名门望族,素有从政的传统。看来,德布罗意满可以在祖上的荫庇下,一帆风顺地踏上仕途。

然而,本世纪初(20 世纪)的物理学革命,将许多生逢其时的人类精英推上了开创现代物理学的历史舞台。路易·德布罗意的哥哥莫理斯是一个实验物理学家,他的事业打动了年轻的德布罗意的心。根据德布罗意自己的回忆,更重要的是,"随着 1900 年普朗克在研究黑体辐射时所引入的'量子'这个奇异的概念越来越多地征服了物理学,物质结构和辐射结构变得日益神秘起来了"[①]。这种神秘感激发了德布罗意的"神圣的求知欲",物理学界的大好形势强烈地吸引着德布罗意转向物理世界。近 20 岁时,这个文史才子爱上了理论物理学,仅在两年内便获得了理科学士学位。

可是,大学学业的结束,并没有给他展现理论物理学研究的坦途。第一次世界大战的爆发,使他不得不投笔从戎,到埃菲尔铁塔上的无线电报站里服役,跟无线电波打了六年交道。1919 年,他退役后回到哥哥的私人实验室里去工作,共同研究 X 射线光效应和 X 射线波谱学。这个阶段,他接触到与电磁辐射的本质有关的问题,并发表了几篇有关的论文。例如,他独立地从光子的观点研究了辐射状态的

---

* 本文与闻人军合作。

密度,并在玻色之前先发表出来。

尽管实验室的工作对于德布罗意不无补益,但德布罗意更爱好基础物理理论研究,20 年代初,德布罗意终于根据自己的条件和兴趣明确了主攻方向——理论物理学。后来的实践说明,他的才华气质似乎也更适宜在纯理论抽象思维的王国里遨游。

二、物质波理论的创始人

昔日的历史素养加上新的物理学造诣,使德布罗意对物理学发展史,特别是光学的发展史倍感兴趣。科学史的研究又为德布罗意探索变幻莫测的物理世界提供了一把金钥匙。尤其是光的波粒二象性概念的历史发展,给了德布罗意宝贵的启迪。正如德布罗意所说的,"在长期沉潜苦求、深思熟虑之后,1923 年,我突然有了那种想法,爱因斯坦在 1905 年的发现(光的波粒二象性)应该加以普遍推广,使之包括一切物质微粒;至于电子,当然更不在话下"[②]。于是,德布罗意接连写了三篇短文,披露了他的革命性想法,刊登在 1923 年 9、10 月间的《法国科学院会议周报》上。

9 月 10 日,德布罗意的《波与量子》一文指出,公式 $E = h\nu$ 不仅适用于光子,而且也适用于电子,电子是与波难分难解的。他在 9 月 24 日的文章中又指出可以通过电子束的小孔衍射来寻找电子波的实验证据。一种划时代的新原理实际上已经诞生,但是,"当时这种思想是如此之新颖,以至于没有一个人肯相信它的正确性"[③]。

但他没有气馁,而是再接再厉,把自己的想法扩充完善,精心撰写了博士论文《量子论研究》。1924 年 11 月 25 日,德布罗意参加了论文答辩。有趣的是,德布罗意博士学位考试得以顺利通过,与其说是由于考试委员会的成员们同意他的大胆假设,还不如说是因为这些前辈被德布罗意的聪明和勇气所感动,从而为物质波概念的发展打开了绿灯。

但是,真正戏剧性的变化发生在考试委员会的成员之一郎之万将其论文复印本寄给了爱因斯坦之后。爱因斯坦不愧是具有远见卓识的物理大师,他一了解德布罗意的工作,立即热情洋溢地指出:"小兄弟德布罗意作了一项极有意义的努力来解释玻尔—索末菲量子化规则。"爱因斯坦认为"这是对物理学中最难以揭开的奥秘所作的初步解释"[④],"完全是独具一格的"[⑤],他称赞德布罗意已经"揭开了大幕的一角"。[⑥]

到了 1927 年,美国的戴维孙、革末以及英格兰的 G. P. 汤姆逊分别以电子衍射实验证实了电子波的存在,使德布罗意的物质波理论有了坚实的实验基础,物质波即德布罗意波的概念终于确定了在物理学中的合法地位,奠定了量子论新发展阶段的基础。

德布罗意的另一重要贡献是在发展波动力学方面。他在早期的一篇文章中曾设想过建立一种新的原子力学,这个任务后来由薛定谔的波动力学实现了。当然,薛定谔始终没有忘记德布罗意对他的影响。1926 年 4 月,当他的第一篇波动力学论文问世时,他再次感谢"这些考虑的灵感主要得自德布罗意先生的独创性的论文"[⑦]。后来,德布罗意一方面继续从事于量子电动力学和基本粒子理论的研究,另一方面,对于物理学中的哲学之争颇为关注,曾为解释波动力学中的因果关系作过不少努力。

三、优秀教师和科普作家

德布罗意是 1929 年度诺贝尔物理学奖金的获得者,他不仅是一位典型的喜欢独立思考的理论物理学家,同时又是新时代物理学家中最出色的教师之一。他从 1928 年起回母校巴黎大学任教,1932 年晋升为理论物理学教授,一直担任到 1962 年退休为止。他的讲课艺术素负盛名,具有内容丰富、材料配合巧妙和结构完美合理的特点。

德布罗意于 1933 年进入法国科学院,1942 年起任该院永久秘书,1944 年当选为法兰西学院院士。又于 1955 年成了英国皇家学会的国外会员。1960 年莫理斯逝世后,德布罗意继承了公爵爵位。但是,这位谦虚、文雅、性格有些孤僻的老者始终是一位受人尊敬的科学家。

德布罗意还是一位杰出的科普作家,他在文史方面的深厚功底使他善于用通俗易懂的语言向广大公众普及现代科学知识。几十年来,他介绍过光学发展史等科学史,撰写过安培等物理学家的传记。他的《物质与光》《物理学与微观物理学》《科学之路》《电磁波和光子》等著述,都可以看作优秀的科普读物。为了表彰他在科普方面的卓越贡献,1952 年联合国教科文组织曾授予他卡林加科普资金。

诺贝尔和卡林加两项奖金,是德布罗意对人类贡献的光荣记录,也是他学术道路上的两个醒目标志。

参考文献

①弗里德里希·赫尔内克著,徐新民等译,《原子时代的先驱者》,科学技术文献出版社,1981 年,279 页。

②A. Pais, "Einstein and the Quantum Theory", *Rev. Mod. Phys*, Vol. 51, No. 4, Oct. 1979, p. 898.

③同①,278 页。

④同②。

⑤同③。

⑥梅迪卡斯著,闻人军译,"物质波五十年",《科学史译丛》,1982年第1辑,40页。

⑦同⑥,41页。

（原文载于《物理通报》,1985年第4期）

对冷光的认识和应用[*]

对冷光源我国汉代就有了某些认识。

中药秦皮含有秦皮甲素（aesculin）、秦皮乙素（aesculetin）、秦皮甙（fraxin）和秦皮素（fraxitin）等化学物质，能发荧光。秦皮甲素为乳蓝色，秦皮乙素为淡蓝色，秦皮甙为黄绿色、秦皮素为淡绿色。此外，其水浸液在薄层层析板上还可见到紫色、浅黄色等荧光。[①] 在我国古代，对秦皮发荧光现象早已有记载，汉初《淮南子·俶真训》："梣木色青翳。"东汉高诱对这段文字注云："梣木……剥取其皮，以水浸之，正青。"梣木的皮入药，即秦皮。到唐代的时候即利用秦皮的荧光来辨别秦皮的真假，唐代苏敬等著的《新修本草》（公元659年成书）说："秦皮，……取皮水渍便碧色，书纸皆青色者是。"这种方法直至现在还应用着。《中华人民共和国药典》介绍秦皮的鉴别方法，首先提出的是："取本品，加热水浸泡。浸出液在日光下可见碧蓝色荧光。"[②]国外，直到1575年莫纳德斯（Monardes）才从一种愈疮木切片的水溶液中观察到天蓝色光，但不知道是荧光。[③] 至于明确地提出"荧光"这个术语的，是1852年的斯托克斯（G. G. Stokese，1819-1903）。[④]

对磷光的认识也始自汉代，《淮南子·氾论训》："久血为磷。"《论衡·论死篇》："人之兵死也，世言其血为磷。""磷，死人之血也。"人的骨、血和其他细胞中含有丰富的磷化合物（以骨中最高），在一定的条件下，人体腐烂，体内所含的磷化合物分解还原成液态磷化氢（P_2H_4），遇氧自燃而发磷光。东汉高诱为《淮南子·氾论训》作的注中说得更加具体："血精在地，暴露百日则为磷，遥望炯炯若燃也。"稍后的《博物志》描写得尤其细致："斗战死亡之处，其人马血积年化为磷，磷着地及草木如霜露，略不可见，行人或有触者，着人体便有光。拂拭便分散无数愈其。有细咤声如炒豆。惟静住良久乃灭。"这些对磷光的观察是较深入的。

后来北宋沈括在《梦溪笔谈》中也记载了两件冷光现象，该书第364条说："卢中甫家吴中。尝未明而起，有光熠然，就视之，似水而动。急以油纸扇挹之，其物在

＊ 本文与洪震寰合作。

① 邬家林，"我国古代秦皮浸出液荧光的发现和应用"，《中国科技史料》，1984年第3期。

② 《中华人民共和国药典》，1977年，人民卫生出版社，第448页。

③ 同①。

④ *The New Encyclopaedia Britannica*，Micropaedia，1980.

扇中混漾，正如水银，而光艳烂然；以火烛之，则了无一物。""予昔年在海州，曾夜煮盐鸭卵，其间一卵烂燃通明如玉，荧荧然屋中尽明。置之器中十余日，臭腐几尽，愈明不已。苏州钱僧孺家煮一鸭卵，亦如是。物有相似者，必自是一类。"

沈括在该条中记述了化学发冷光与生物化学发冷光两种自然现象。前者是磷化氢（P_2H_4）液体在空气中自燃而发光。后者咸鸭卵发光是由于其中的荧光素在荧光酶的催化作用下与氧化合而发光，而其中的三磷酸腺甙能使氧化的荧光素还原，荧光素再次氧化时又发光，故"置之器中十余日，臭腐几尽，愈明不已"。[1]

特别令人有兴趣的是用磷光物质和荧光物质作画，使画在白昼和夜晚显示不同。宋代僧文莹撰《湘山野录》："江南徐知谔……又得画牛一轴，昼则啮草栏外，夜则归卧栏中，谔献后主煜，煜持贡阙下。太宗张后苑，以示君臣，俱无知者。惟僧录赞宁曰：'南倭海水或减，则滩碛微露，倭人拾方诸蚌胎，中有余泪数滴者，得之，和色著物，则昼隐而夜显。沃焦山时或风挠飘击，忽有石落海岸，得之，滴水磨色染物，则昼显而夜晦。'"[2]赞宁生年为公元 919 年，卒年约为公元 1002 年[3]。"方诸"即大蛤，"蚌胎"即珍珠。"滴水磨色染物"就是"昼显而夜晦"的颜料，含有荧光物体，仅在白天显示荧光。"方诸蚌胎，中有余泪数滴者……和色著物，则昼隐而夜显"，这是指发磷光物质，两种特殊颜料于画面混合，荧光惟昼能见，与日光同隐，磷光能"夜显"。赞宁这些知识来自何处？《湘山野录》此条接着说："诸学士皆以为无稽。宁曰：'见张骞《海外异记》。'后杜镐检三馆书目，果见于六朝旧本书中载之。"《海外异记》恐已佚亡，作者跟汉武帝通西域的张骞同名，或系六朝伪托。宋初三馆（昭文馆、史馆和集贤院）库藏书籍正副本共八万卷，对保存古代科学文化遗产，起了积极作用。上述这幅画牛，融光学、艺术与化学知识于一炉，巧思绝世。用荧光、磷光物质作画而能"昼显"和"夜显"技术的发明至迟在六朝，时间或可上溯到汉代，源流或许导自海外，至宋初已濒失传。经赞宁点明后，其术重光，引起一些人注意，广泛流传。宋代再记载这段故事的书籍较多，例如周煇的《清波杂志》、张文虎的《蓼花洲闲录》的记载，其中宋代周煇的《清波杂志》的记载有所发展，利用此术推测"牧童影"的绘画："元晖尤工临写，在涟水时，客鬻戴松《牛图》。元晖借留数日，以模本易之，而不能辨。后客持图乞还真本，元晖怪而问之，曰：'尔何以别之？'客曰：'牛目中有牧童影，此则无也。'……牧童影岂亦类此，而秘其说。"[4]明代田汝成的

---

① 　王锦光、闻人军，"沈括的科学成就与贡献"，载于《沈括研究》，浙江人民出版社，1985 年。

② 　僧文莹，《湘山野录》，卷下。

③ 　闻人军，"宋初博物名僧赞宁事迹著作考评"，载于杭州大学历史系宋史研究室主编《沈括研究集刊》（第一集），1985 年。

④ 　周煇，《清波杂记》，卷五。

《西湖游览志余》①与方以智的《物理小识》②也记录了这个故事。在欧洲也有类似发磷光的技术,这是由英国约翰·坎顿(John Canton 1718—1772)在1768年发明的,他采用锻牡蛎壳和硫磺粉的混合物。③ 这比我国六朝时要迟1200—1500年。明代陆容《菽园杂记》记载了荧光和几种磷光:"古战场有磷火,鱼鳞积地及积盐,夜有火光,但不发焰。此盖腐草生荧光之类也。"④(腐草生荧光,《礼记·月令》中已提到。)他把鱼鳞发磷光及磷光与荧光是不发火焰的归为一类,这些记载是有价值的。

(本文为华东区六省一市物理学会第三届联合年会论文,1985年11月)

---

① 田汝成,《西游览览志余》,卷十四。

② 方以智,《物理小识》,卷三"异色"。

③ *The Dictionary of Scientific Biography*,Vol. Ⅲ,pp. 51-52. And,Joseph Needham,*Science and Civilization in China*,Ⅳ:1,p. 77.

④ 陆容,《菽园杂记》,卷十五。

北宋科学家杨惟德[*]

几十年来，国内外学术界公认沈括《梦溪笔谈》所说"方家以磁石磨针锋，则能指南，然常微偏东，不全南也"[①]是磁偏角的最早记载。

寇宗奭《本草衍义》（1116）"磁石"条说："磨针锋则能指南，然常偏东，不全南也。其法取新纩中独缕，以半芥子许蜡，缀于针腰，无风处垂之，则针常指南。以针横贯灯心。浮水中，亦指南，然常偏丙位。"[②]不难看出，这几句话承袭了上引《梦溪笔谈》同一条有关记载，水浮法更为具体。值得注意的是，对于磁偏角问题，《本草衍义》具体指明"常偏丙位"，恐在《梦溪笔谈》之外另有所本。

近年，严敦杰先生从北宋相墓书《茔原总录》里发掘出一条极重要的史料[③]，上述问题即迎刃而解。《茔原总录》说："客主的取，宜匡四正以无差，当取丙午针，于其正处，中而格之，取方直之正也。"[④]这段话的大致意思是，东西南北四方的方向要定得准确，定南北方向时，应取丙午方向的针，等到针稳定下来时，子午方向才是正确的南北方向。由此看来，当时已有磁针，乃"方家以磁石磨针锋"所得。磁针常用于测定坟地的方向，方家在这种活动中发现了磁偏角现象，提出了校正测定方向误差的方法。《茔原总录》进呈于庆历元年（1041），[⑤]比《梦溪笔谈》的成书约早半个世纪。

曾公亮等撰的《武经总要》（1040—1044）作"指南鱼"法，称在天然地磁场中磁化时，"以尾正对子位蘸水盆中，尾数分则止"，"用时置水碗于无风处，平放鱼在水面令浮，其首常向午也"[⑥]。此法已注意到利用磁倾角问题，说明作者乃是有心人，但文中未提磁偏角问题，表明这种现象发现未久，人所罕知。《茔原总录》的作者司天监杨惟德，[⑦]把这个科学成果加以著录，为中国乃至世界物理学史留下了一段宝贵的史料。

---

* 本文与闻人军合作。

① 沈括《梦溪笔谈》卷二十四。

② 寇宗奭《本草衍义》卷五。

③ 《中国史稿》第五册，人民出版社，1983年，620—621页。

④ 杨惟德《茔原总录》卷一。

⑤ 王重民《中国善本书提要》，上海古籍出版社，1983年，290页。

⑥ 曾公亮等《武经总要》卷十五。

⑦ 王重民《中国善本书提要》，上海古籍出版社，1983年，第347页。

杨惟德对中国或者说世界科学史的又一个重要贡献是对 AD1054 客星的发现和观测。

《宋会要辑稿》记载:"至和元年七月二十二日(1054 年 8 月 27 日)守将作监致仕杨惟德言:伏睹客星出见,其星上微有光彩,黄色。谨案《黄帝掌握占》云:客星不犯毕,明盛者,主国有大贤。乞付史馆,容百官称贺。诏:'送史馆。'"[①] 文中所称"客星"即今所谓 AD1054 客星,也就是 AD1054 超新星。蟹状星云是它爆发后的遗迹。AD1054 超新星的历史在近年的天体物理学研究中受到广泛的注意,故关于 AD1054 客星的原始记录弥足珍贵。迄今已发现的独立史料,仅有中国的六条和日本的一条,[②] 上述的这条是其中最早的一条。当时杨惟德已高龄致仕(退休),仍勤于观测天象变异,因此独立发现了 AD1054 超新星的爆发。虽然杨惟德主观上是为封建统治效劳,客观上却为历史天文学和天文学史研究留下了宝贵的史料。

杨惟德的生平与贡献长期未获史家之充分注意,兹据有限的资料,略考其生平著述如下:

杨惟德,字不详,生于公元 10 世纪末叶,系宋真宗、仁宗时颇有影响的天文学家、星占学家,亦精通堪舆之术。

大中祥符三年(1010)前后,杨惟德任司天监保章正,专管占候变异。时真宗下诏,命司天监冬官正韩显符(浑仪专家)择监官或子孙可以授浑仪法者。显符说:保章正杨惟德等"皆可传其学"[③]。《宋史·艺文志》"杨惟德《乾象新书》三十卷"之后紧接"《新仪象法要》一卷",[④] 中华书局校点本以为也是杨惟德所撰,但现存资料不足,尚难断言。

景祐年间(1034—1038),以"朝散大夫太子洗马兼司天春官正权同判兼提点历书上柱国赐紫金鱼袋"[⑤] 杨惟德为首一班人奉旨编纂阴阳五行、占卜之类的书,数量可观。

他们"以周天星宿度分及占测之术纂而为书",成《景祐乾象新书》三十卷,于景祐元年(1034)上之。王应麟《玉海》说:"《新书》云:《天文录》并诸家占书所载石申、甘德、巫咸三家星座共二百八十三座,总一千四百六十四星。年代寝远,宿次舛讹,验天文则去极不同,赜星书则次舍靡定。臣等将内天监铜浑仪测验周天星次,校定前书,符契天道,具列于左……其间占候之微,观验之妙,行度之精密,祥变之盈虚,

① 《宋会要辑稿》,中华书局,1957 年,2065 页。

② P. H. 克拉克,F. R. 斯蒂芬森著,王德昌、徐振韬等编译,《历史超新星》,江苏科学技术出版社,1982 年,193 页,168—169 页。

③ 《宋史》卷四六一"韩显符传"。

④ 《宋史·艺文志》卷二百零六。

⑤ 杨惟德《景祐六壬神定经》题衔,《丛书集成》初编本。

莫不备举。"①因上书之功,"惟德等皆迁官"②,权判司天监杨惟德为"殿中丞、少监"③。

杨惟德等的撰著还有:

《景祐六壬神定经》,《宋史·艺术志》列为子部五行类。原有十卷,现存二卷,系光绪《仰视千七百二十九鹤斋丛书》(第二集)据明人写本残帙刊刻,已收入《丛书集成》初编。

《景祐太一福应经集要》,原书十卷,残存五卷,明钞本,藏于北京图书馆。④ 又名《景祐三式太一福应集要》,《崇文总目》列为五行类。⑤

《景祐三式目录》一卷。⑥

《景祐遁甲符应经》上部三卷,下部三卷,有明钞本传世。⑦

《景祐神气经》三卷,⑧秘书省续编列四库阙书目记为《景祐新集神气经》三卷。

《七曜神气经》三卷,⑨《宋史·艺文志》作"《七曜神气经》二卷,杨惟德、王立、李自正、何湛等撰"⑩。

《宋会要辑稿》记载:景祐二年(1035)"九月十一日,诏:判司天监杨惟德座次在正郎之下,立于四品班内"⑪。

宝元元年(1038)六月前后,杨惟德"权知司天少监"。⑫

《通志·艺文略》子部阴阳类所录《万年历》十七卷,即《崇天万年历》,康定二年(1040)十二月二日,"权知司天少监判监事杨惟德,以灾异有中,及修定《万年历》成,诏除司天少监"⑬。

庆历元年(1041),"宋中散大夫田吾公同司天监杨惟德奏编《茔原总录》"⑭,

---

① 王应麟《玉海》卷三《景祐乾象新书》。

② 《续资治通鉴长编》卷115。

③ 同①。

④ 王重民《中国善本书提要》,上海古籍出版社,1983年,第287页。

⑤ 同①。

⑥ 郑樵《通志·艺文略》,卷六十八,艺文六,万有文库本,804页。

⑦ 同④。

⑧ 同⑥。

⑨ 同⑥。

⑩ 《宋史·艺文志》卷206。

⑪ 《宋会要辑稿》,中华书局,1957年,1879页。

⑫ 同⑪,2082页。

⑬ 同⑪,3002页。

⑭ 《熙朝定案》(康熙八年)。

"卷端有司天监杨惟德《上表》",[1]全书凡十一卷,今仅存卷一至五,藏于北京图书馆。

此后,杨惟德曾任"守将作监",致仕后与众不同,仍相当活跃,奏 AD1054 客星事即其一例。

杨惟德卒于 11 世纪中叶,在星占学界保持较大影响,后世托名作伪者不乏其人。[2]

（本文为华东区六省一市物理学会第三届联合年会论文,1985 年 11 月。载《科技史与博物馆：荆三林教授执教五十年及七十寿辰纪念论文集》,郑州大学,1985 年）

---

① 王重民《中国善本书提要》,上海古籍出版社,1983 年,第 290 页。

② 同①,283 页。以及吴慰祖校订《四库采进书目》,商务印书馆,1960 年,114 页,272 页。

中国科技史简介*

同志们，同学们：

我很高兴能在这里同大家讨论中国科技史，今天我要谈的主要有三方面：（1）研究中国科技史的三个问题；（2）举例说明；（3）介绍国内外有关中国科技史研究的一些信息。

一、三个问题

这是今天这篇讲话的主要部分，这里的三个问题就是 What、How 和 Why 的问题，即：什么是中国科技史？如何研究中国科技史？为什么要研究中国科技史？这是每个学习和研究中国科技史的同志必须明确的。

1. 什么是中国科技史（What）？

简而言之，中国科技史就是：中国通史＋自然科学。

所谓的自然科学，就是数学、物理、化学、天文、地理与生物，这是比较狭义的说法，广义地说，还应包括技术问题。因此，可以再加上工程、技术，有的同志说还要加上农业技术，这也对，不过，我们可以统称为技术问题。

2. 如何研究中国科技史（How）？

这里实际上包括如何研究和如何学习两个问题。先谈如何研究，主要方法有三个：（1）靠古代文献。古代文献里保存了大量的科技史料，正史里有，野史里也有，还有古人的笔记小说等也包含有很多的有价值的史料。（2）依靠文物，这是一种重要的手段，例如当你要研究战国时期的青铜器冶铸技术，就必须分析战国青铜器文物。（3）实验与观察的方法。这个方法容易被大家忽视，甚至有些同志认为这种方法是不需要的，但我们可以从以下例子看出这个想法是不正确的。

化学史专家王琎（季梁，1888—1966）先生，他研究中国古代冶金史，当时（新中国成立前）各类青铜器实物能供给他研究的不易找到，他就研究历代的铜钱。因为

---

* 本文为王锦光先生作为郑州大学兼职教授于 1985 年 4 月在该校讲学时所作的学术报告之一。

他是国内分析化学权威,拥有优厚的实验技术,且具有丰富的历史知识,他在铜钱的化学分析方面就取得了很大的成绩。

郑州大学今年招收物理考古方面的研究生,这个专业的研究方向虽不是中国科技史,却与它有着密切的联系,所谓的物理考古,就是运用现代化的物理手段对古代文物进行测定(一般是无损的),大家比较熟悉的用 C^{14} 方法测古代文物的年代就是其中之一。

再一个例子,席泽宗同志从古文献中找到了我国在二千多年前就已发现木星有卫星的证据,国外是在 17 世纪初,是伽利略用望远镜发现木星的四个卫星的。当席泽宗在一次会议上公布他的材料时,引起了与会者极大的轰动,同时也在国内外同行中引了争论,就文献而言,这个证据是可靠的,但人们提出了一个直截了当也是至为关键的问题,即人眼到底能否看到木卫?席泽宗挑选了一批视力较好的青少年学生在北京天文台观察木星,结果,几乎每个人都看到了木卫,席的观点得到了肯定。

最后是我自己的一个例子,去年八月,在北京召开第三次国际中国科技史会议,我的论文是《郑复光与〈费隐与知录〉》,里面有关于冰透镜的问题。关于冰透镜的问题存在着一些看法,尤其南方人认为,冰透镜在阳光底下本身都要被熔化或变形,或以为太阳光经过了冰透镜损失了许多热量,哪里还能取火?于是我就做了个冰透镜的实验,验证冰透镜取火是可信的。我开始做这个实验时,是在十月份(地点:杭州)。我在实验室中找出了铜半球,加水置于冰箱。第二天拿出来一看,所结的冰里充满了气泡。我想,这可能是铜表面吸附了气体的缘故,便改用陶瓷材料的球状器皿(即碗),并用结晶的方法,在所盛的水中放一小块冰,再把碗放入冰箱,这次我成功了。我把火柴头放在透镜的焦点上,让阳光照射,不一会儿就燃烧起来了。

上面讲的是研究方法,下面简要谈谈学习方法。学习与研究不同,一般不需要文物与实验,中国科技史的学习途径很多,现在国内有这方面的研究生,质量较高,但人数少,不可能人人去考,因此,不少学校还举办进修班进行培训,此外,大多数人还得靠自学。现在中国科学院自然科学史研究所的严敦杰先生就是自学成才的,他没有上过大学。

3.为什么要研究中国科技史(Why)?

研究中国科技史,首先是为了爱国主义教育。当然,爱国主义也包括国际主义,科学是没有国界的。每个民族对现代科学的形成都有贡献,中华民族对世界文明作出了很大的贡献,四大发明是最著名的例子。

加拿大多伦多曾举办过中国传统工艺展览会,据举办人说,这次展览参观人数之多是空前的。美国有一位华侨老太太不辞辛苦,特地赶到加拿大,排长队购票,兴致勃勃地参观了展览。她高兴地说：这是中国的光荣，作为一个华侨，我深感荣幸。由此可见，中国的文化在国际上的声誉是很高的。

其次，科技史是各科知识的一种联系，可以起到活跃思想的作用。在国外的大学里，文科学生可以选修物理、化学、生物等理科课程，理科学生也可以选修文、史专业的科目。现在国内文科开的科学概论，既难教、又难学，教这类课的教师起码要掌握两三门自然科学，学的人知识面也要广。在党校这是必修课，如果开不出就改为科技史。现在国内大学文理科开有科技史或中国科技史的选修课程，我们杭大是开得较早的一个学校。

除此以外，研究、学习中国科技史的过程，同时也是培养自己道德品质的过程。如在介绍国外的卡文迪许实验室时，你就会受到其中的优秀科学家的品质的影响；当你研究李时珍及其《本草纲目》时，你就会被李时珍坚忍不拔的精神所感动。治学严谨、工作严肃、毅力坚强，这在科研工作中是不可缺少的。

二、举例说明

中国的科学技术（尤其是古代科学技术）为世界所瞩目，是因为中国古代科学技术确实有过辉煌的成就，下面的例子就说明了这一点：

1. 四大发明

众所周知，这是我国对世界科学文明的最大贡献，其影响波及欧洲的产业革命，并对资本主义的发生和发展产生了重大作用。由于大家对此比较熟悉，这里就不再赘述。

2. 地磁偏角

图1

地磁场的两极方向与地理南北极方向有异（如图1），古代测定地理南北极方向的方法一般是借助查表观测日影的变化。也就是在日光下立杆，当杆在水平面上的投影达到最短时，投影所指的方向就是南北向，从时间上讲，这时正是正午。再以指南针定向，便可发现磁偏角。磁偏角在长江流域历来未曾超过5°，至今也只有2°～3°，这个现象在我国著名科学家沈括的《梦溪笔谈》（约1090年成书）中就已得到了记载："磨针锋则能指南，然常偏东，不全南也。"这里出现一个问题，如果按照现代物理学的规定，磁偏角应是"偏西"，为什么沈括说是"偏东"呢？难道沈括搞错了？不是的。原来，现在用以作为标准的是指北针，而沈括当年用的是指南针，指南针偏东与指北针偏西是一致的，沈括的结论完全正确。但磁偏角的发现是否有更早的记录呢？这个问题已经由严敦杰先生解决了，他在 1040 年成书的《茔原总录》中发现了磁偏角的记载。该书作者杨惟德，是北宋的科学家，他的科学成就还有发现"1054 客星"（超新星），也就是我们现在所说的蟹状星云（这类天体变化的记录我国还有很多，说明我国古代科学家是很善于观察的）。欧洲最早发现磁偏角要晚到 1494 年哥伦布发现新大陆时，但哥氏同时还得出了世界各地磁偏角不同的结论。

3.冶金

冶金上的成就可以拿在香港展出的越王勾践宝剑为例。这把宝剑至今仍很完好，不但刃口锋利，而且光泽不减当年。这把剑出土于 1965 年，一向被视为珍奇。曾经有人怀疑这把剑是否系伪制品，因为剑身上虽有刻名，但出土地点是湖北的江陵，它怎么会从越国跑到楚国去了呢？为此，人们进行了分析测定，确认这把剑是两千多年前制造的。而根据当时的历史，人们也找到了合理的解释：（1）楚国曾攻打越国，可能掠得此剑作为胜利品；（2）越王曾嫁女至楚，这把剑有可能作为嫁妆由越国带往楚国。

4.纺织

香港展览中还有一件令人惊叹的艺术品，那就是马王堆出土的素纱（罗纱，也就是今天讲的丝绸）长袍，该长袍长 1.60 米，两袖间宽 1.90 米，但重量却仅有 48 克，还不到一两，简直可以与"皇帝的新衣"相媲美。

5.指南车

在本世纪（20 世纪）以前，人们还以为指南车就是一架安有磁石设施的车子呢，这实在是个误会！现已澄清，指南车是一种机械装置，置于地面后，不管车身往哪个方向转弯，车上的木人始终手指着南方。指南车引起了各国的关注，许多人都对此进行研究，他们认为这是利用差动齿轮制成的（如英国就持这个观点），其实这是错误的。王振铎先生的复原结果才比较近于事实。遗憾的是前不久《文汇报》和上海电视台还宣传说指南车是差动齿轮的装置。

6.《本草纲目》

大家也许看过电影《李时珍》，该片对这位明代大科学家的描写可以认为是成功的，李时珍的《本草纲目》被很多人誉为世界上最早、最好的百科全书。这不仅是一部药物学的专著，对矿物、动物和其他植物也有记载。

三、国内外科研、教学信息

1. 国内科研

国内科研的行政领导机构是中国科学院自然科学史所。全国有中国科技史学会。该会于 1980 年成立，第一届理事长钱临照教授，第二届理事长柯俊教授。学会下设各种专业委员会，其中物理学史专业委员会有会员二三百人。

从水平上来看，国内的中国科技史研究水平大大高于国外，这点是容易理解的。但国外搞这类研究也有他们的优势，有人曾问李约瑟，中国国内科学技术史研究展开了，成绩怎样？李约瑟肯定了我们的工作；但他说他自己的工作有特殊的作用，这话听起来很不谦虚，然而却是事实。他说中国科学技术在世界上领先，人们容易接受，那国际影响要大多了。

2. 国内教学

1982 年教育部曾在武汉召开过一个会议，认为在大学本科生、研究生中要开设科学史课程。由于师资问题，目前只能开选修课。建议各省市为本地区大、中学校物理教师举办各种形式的物理学史知识普及活动，积极推动物理学史的教学与研究工作。1983 年 8 月锦州师范学院举办了物理学史讲习会。《物理通报》编辑部与河北省物理学会合办物理学史讲习会。

自 1978 年自然史所、杭州大学等单位招收物理学史（硕士）研究生之后，复旦大学、中国科大、华东师大、华东石油学院、北京大学等处都开始招收物理学史研究生。1984 年，中国科大的钱临照先生招收了物理学史博士研究生。粉碎"四人帮"之后，有许多学校陆续开设了"物理学史"或"中国物理学史"的课程，各种形式的讲座数不胜数。北京与复旦大学还出版物理学史的汇编。

3. 国外科研、教学信息

(1) 科研

国外研究中国科技史的主要有四个中心。第一个中心当首推英国剑桥的李约瑟博士。他的巨著 *Science and Civilization in China*（我国译为《中国科学技术史》）对于传播、宣扬中国古代的科技成就产生了重大的国际性影响。另外三个中心以日本的薮内清、美国的席文及澳大利亚的何丙郁为代表。

从 1982 年起，召开了三次国际中国科技史讨论会。第一次于 1982 年 10 月在比利时鲁文大学举行，第二次于 1983 年 12 月在香港举行，第三次于 1984 年 7 月在北京举行。如此多的国际会议显示了中国科技史这一学科正处于上升、发展阶段。

（2）教学

据 1980 年的一份不完全统计，国外有 150～200 位教授、副教授开设各种科学史课程；136 所学校和研究机关招收科学史方面的博士生。

美国的哈佛大学、耶鲁大学、霍普金斯大学、威斯康星大学、印第安纳大学、俄克拉荷马大学、宾夕法尼亚大学、匹兹堡大学等设有科学史系；芝加哥大学、加利福尼亚大学伯克利分校、马里兰大学、明尼苏达大学、普林斯顿大学、堪萨斯大学、纽约工学院和弗吉尼亚工学院等设有科学史中心或项目。

4.刊物

《自然科学史研究》、《中国科技史料》、《科学史译丛》、《物理学史》、《中国医学史》、各大学学报、各专业杂志均有科技史文章，特别是中国科学史。《中国哲学史》、《自然杂志》、《大自然探索》、《宗教研究》等间或也登载科技史方面的文章。

（原文载于《郑州大学学报》，1985 年第 4 期）

《费隐与知录》内容提要

本书是清代郑复光（字元甫、浣香）的一部自然科学著作。郑氏生于 1780 年，卒于 1853 年以后。他从青少年时起，就博览群书，善于观察和思考，虽有监生的功名，却毕生致力于自然科学研究。他靠作幕和教读为生，并曾漫游了鲁、苏、北京、晋、陕、广、滇等地，以是见闻益广，学识日进。他精于物理（特别是光学）和数学，善制仪器；除本书外，还著有《镜镜詅痴》（几何光学专著）、《笔算说略》、《筹算说略》、《郑元甫札记》和《郑浣香遗稿》等。

本书是《镜镜詅痴》的姊妹作。郑氏自 1816 年始作本书，1842 年刊行，历时二十余年。在这段时间内，又写了《镜镜詅痴》（约 19 世纪 20 年代始，1847 年印毕）。两书有一定的联系，特别是本书中廿多条关于光学的见解与《镜镜詅痴》的关系更为密切，本书对某些光学问题的分析讨论，往往能补《镜镜詅痴》的不足，可视为《镜镜詅痴》的应用与发展。而《镜镜詅痴》的系统叙述又为本书的讨论提供了基础理论知识，在本书中多处注明详见《镜镜詅痴》。

本书共 225 条，涉及物理、气象、天文、生物、医药、烹饪等方面。本书的写法，采用问答式，内容着重解决自然界和日常生活中的疑难问题，带有科普性质，是一部"百科知识问答"，在一定程度上反映了我国当时的科技水平。所谓"费隐"是"用广体微"之意，"与知"是"参与闻知"的意思（《中庸》："君子之道费而隐。夫妇之愚，可以与知焉。"）

郑氏擅长光学，故本书中亦以几何光学部分最为精彩，如 77 条"隙无定形，漏日恒圆"，研究小孔成像（几何光学中一个基本实验）。他做了一系列的实验，包括正像、模糊无像以及倒像，揭示了全过程。这是郑氏在光学上的卓绝贡献。本书对气象问题也有一些独到的见解；当然也有某些模糊甚至错误的概念。还应指出，本书许多条目是记录了其族弟郑北华的意见。

研究本书内某些时间与地点的记载，可有利于探索郑氏生平；又因本书和《镜镜詅痴》几同时撰写，交叉进行，相互补充，故对研究郑氏的科学思想、方法及实验进展等很有益处。郑氏还其重视西方科学知识，本书多处引用《泰西水法》；但又继承了中国传统的科技知识，具有明显的中国特色。本书有不分卷与分上下卷的两种本子，但今存者均极少，故影印再版其为必要。

（本文为《费隐与知录》清道光二十二年壬寅活字线装本影印重版的内容简介）

光的反射性质的利用[*]

上古时期对于光的反射性质,无法进行研究,只能停留在对一些现象的记录上。春秋以来,在这方面有了重大的进展。铜镜制作水平的飞跃发展,及其使用范围的相对扩大,是推动这一进展的重要因素。从出土遗存来看,东周以来,尤其是战国时期的铜镜,不但数量很多,分布甚广,而且制作技巧上的进步,也十分显著,不少古镜在地下抵抗了几千年的腐蚀而保持光泽不败,足见其原来的反射性能一定是相当良好的。铜镜的映像效果,一般说来与合金成分、金属熔炼技术以及磨制工艺有关。对于铜镜的合金成分的配制,《考工记》早有记载:"栗氏"云:"金有六齐……金锡半谓之鉴燧之齐。"这说明在春秋战国时期,人们对于铜镜合金成分已有一个配制规范。今人对于"金锡半"这个短语有两种不同的解释,一种认为是金锡各半,即铜 50%、锡 50%;另一种读作"金,锡半",意思是铜一份,锡半份,即铜 66.7%、锡 33.3%。研究者对古铜镜的成分进行了大量的化验,发现战国以迄汉、唐铜镜合金成分大都是铜 66%~72%,锡 20%~26%,此外,还含铅 4%~8%。唐以后的铜镜成分有明显的变化。这个比例与《考工记》所记的"金,锡半"相差还不算太远,如果考虑到铅锡共存的情况,那就更加相近了,据研究,这种配制比例是比较适用于制镜的。因为"(1)在铜锡二元合金中,含锡量达 20%或稍高时,合金研磨面颜色趋向灰白,硬度也较高。色灰白利于映象,硬度高则研磨后不致留下磨痕。(2)锡青铜熔铸时体积收缩较小,不易生成集中性缩孔,宜于铸造断面厚薄不匀纹饰精美的艺术品。(3)含有少量铅,可改善合金铸造、加工和耐磨性能,亦可降低高锡青铜的硬脆性。"这解释了战国铜镜光学性质优良的部分原因。据说用这种材料制成的铜镜反射率很高,在可见光波段内可达 60%。但刚脱型的镜胚表面是粗糙的,磨光加工是决定映象效果更重要的因素。当时究竟是用何种方法处理的呢? 先秦文献的记载尚有待发掘。西汉《淮南子·天文训》云:"明镜之始蒙然,及粉之以玄锡,摩之以白旃,则须眉毫毛可得而察。""玄锡"是什么,科技史界有不同的解释,有说是水银,也有说为铅粉,还有说是铅汞齐,大约是氧化锡的可能性为大。就是说,先在镜面敷以一层氧化锡,然后用白毡着力摩擦。这就是"抛光"工

---

* 本文与洪震寰合作。

艺,甚至现在的光学仪器制造中也还常用。《淮南子》上说,经过如此加工的铜镜"须眉毫毛可得而察",大约并非虚妄之词。由于制镜技术的进步,铜镜的应用范围扩大,镜子的种类也增多,不但有平面镜,而且有凹球面镜与凸球面镜,甚至出现了曲率不等的反射镜——"透光镜"。关于"透光镜",在后面章节里还有详细的讨论。在这个时期里,对于平面镜与球面镜不仅仅停留在使用,而且已经探求它们对于光线的反射现象及其成像规律。

当时的人们已经有了光的"反射"这个概念。在对月亮的解释中也反映出来。西汉的《周髀算经》云:"日兆月,月光乃生,故成明月。"已经含有月球反射日光的思想。汉代人们直接把这个现象同镜面反射光线的现象联系起来。西汉的京房云:"先师以为日似弹丸,月似镜体。或以为月亦似弹丸,日照处则明,不照处则暗。"[①]这不但说明了古人已经了解月体对日光的反射,而且把"镜体"作为光的反射面的统称。不仅如此,战国时人们已经有意识地用平面镜作为反射器件来逆转光路,以造成某种特殊的现象。《墨经》中就记载过这样的实验。《经下》第19条云:"景迎日,说在转。"《说》云:"景:日之光,反烛人,则景在日与人之间。""转"原作"搏(抟)",据孙诒让校(《墨子间诂》),这里的"景"即"影"。当太阳光线直接投到人体,造成的人影,应在人体的另一边,如图1(a)。但当太阳光线经过平面镜的反射之后,再投射到人体,则所成之人影的位置在太阳与人体之间了,如图1(b)。这是演示光线反射的一个很好的实验。不但其现象奇特,设计也巧妙、直观,能说明问题;并且《经》文点出了它的原因在于"转",即转照,就是反射。这就明白地揭示了现象的本质,显然是可贵的。

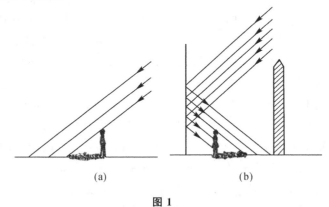

(a)　　　　　　(b)

图 1

<hr />

① 转引自刑昺《尔雅义疏》卷五。

平面镜的主要用途在于照像。对于平面镜成像的规律,人们必然要作一番研究,《经下》第 21 条就是记录这方面的内容。

《经》云:临鉴而立,景倒。多而若少,说在寡区。

《说》云:正鉴:景寡。貌能、白黑,远近柂正,异于光。鉴:景当俱;就、去,亦当俱。俱用北。鉴者之臬,于鉴无所不鉴,臬之景无数,而必过正。故同处其体俱,然鉴分。

这一条的内容,大多数人认为说的是平面镜成像,只是对于其中一部分字句的解释有比较大的分歧。不过也有人认为此条所述并非平面镜成像问题。比如方孝博从 1957 年发表题为《墨经中的时空观念与光学理论》的长篇论文[1],至 1983 年刊行专著《墨经中的数学与物理学》,历时 26 年之久,始终坚持认为此条不是论述平面镜成像,而是"各种球面反射镜的总论"。我们不能同意这种看法。方孝博认为当时的反射镜表面不可能很平,所以不会有专论平面镜的条文;再者,本条有"景倒"字样,这必是凹镜成的倒像。这种见解是值得商榷的。战国时期的平面镜使用十分普遍,而且平面镜平置时,例如人向水镜照像所见即为倒像。况且,此条明言"正鉴"与后两条的"鉴洼""鉴团"对照来看,可以肯定指的必是平面镜。

对于此条文字,有人说它讹夺极甚,"无以详解"。其实,除了一二个错字以外,似乎大多可以讲通。此条本错简在他处,照《说》之牒字移正,大家没有异议。"亦"原作"尒",从毕沅校改(《墨经注》"臬"均误为"臭",从谭戒甫校《墨辩发微》)。"臬之景"原误作"景之臬",显系传写之误。谭戒甫释"临"为"自上俯下",极是。即将平面镜横置,一物(比如一根短木——"臬")在其上,镜中即见一倒像[2],故《经》云:"临鉴而立,景倒。"接下去是叙述两面平面镜互相平行相向横置,将"臬"放在中间,由于平面镜重复反射而成许多个像(如图2)。这无数个像是全同的、没有区别的,所以《经》云:"多而若少,说在寡区。""区"即别也。《经说》承《经》而言,可分作几段:

---

[1] 载《兰州大学学报》,1957 年第 1 期。

[2] 方孝博在《墨经中的数学和物理学》一书中反对这种解释,说"古今中外恐怕没有任何人是把镜子放在平地上,自己站在旁边居高临下这样来照镜子"。我们认为,人们最先就是在平静的湖面上看到自己或景物的倒像,"水镜"也就是人们居高临下地照自己的像,所以《墨经》仿此进行实验研究,是完全不足怪的。

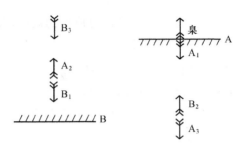

图 2

（1）"正鉴：景寡。貌能、白黑，远近柂正，异于光。"这"正鉴"即相对于后条的"鉴洼"、"鉴团"而言，指平面镜。凹面镜可以造成放大、缩小、正立、倒立等好几种像，平面镜所成之像只有一种，所以"正鉴，景寡。"这个像的形状、颜色、位置、正斜，都望光而生。"能"，即"态"之省文，"异"为"冀"之省文。

（2）"鉴：景当俱；就、去，亦当俱。俱用北。"意指在照像时，物与像对于镜面为对称。物体移动，像亦移动，二者始终对称。不过，所成之像总在镜之背后。"俱"即偕也，齐也，有对称的意思。"北"即"背"①。

以上《经说》文释单面平面镜成像情况，以下释两面平面镜平行相向横置成复像的情况。

（3）"鉴者之臬，于鉴无所不鉴。臬之景无数，而必过正。"这里指出了短木与它的像在两面镜子里都反复成像，所以就构成了无数个像，但这些像与造像的物（或前一级像）比较起来，都是倒立的。

（4）"故同处其体俱，然鉴分。"这段指出了上述现象的根源在于：每面镜子都按照对称规律成像，有两面镜子分立。

我们这个解释，是认为前半段说的是单面平面镜的成像，后半段说的是两面平面镜的成复像。对于前半条好像大家分歧比较小，有之，也在于个别的字义上，无碍于总的解释。但后半条就有较大的不同。比如谭戒甫解释为角镜的成像，不仅改字很多，而且于光学原理也多有不合之处。又如徐克明认为"臬"借为"糗"，是炒面或炒米粉，进而引申来指物点与像点。我们觉得这个解释太转折，意思似乎又太新颖，不知当时能否发生这样的观念，实在还吃不准。那么，解释为平面镜成复像有否根据呢？谭戒甫在《墨辩发微》中已提出一个重要的线索，值得注意，引在下面：

《庄子·天下篇》"今日适越而昔来"句下《释文》有云："鉴以鉴影，而鉴亦有影。两鉴相鉴，则重影无穷。"正是论二镜重复反射之理。疑惠施"历物之意"，原有"鉴

---

① "俱用北"三字，也可以解释为物与像的移动终为相背。如物向下移，像向上；物向上，则像向下。

景"一条;今本正文讹夺,《注》遂窜入此耳。

如果这个说法是不错的,证明战国时期对平面镜成复像问题已有所讨论,这可以作为我们对《墨经》此条解释的佐证。但是《释文》这段文字之前还有"智之适物,物之适智,形有所止,智有所行,智有所守,形有所从,故智形往来,相互逆旅也"一段话。"鉴以鉴影"可能只是说明这段话所阐明的道理的例证。陆德明(约公元550—630年)的《经典释文》多采汉魏六朝诸儒之说。如果是这样的话,虽然不能说《庄子》里已有复像的讨论,但至少可以说,六朝之前人们已能对平面镜成复像的基本原理有相当确切的理解。其实在西汉,人们对于复像已有某种运用。刘安(前179—前122年)的《淮南万毕术》中曾说:"高悬大镜,坐见四邻。"注曰:"取大镜高悬,置水盆于其下,则见四邻矣。"这里显然是根据两次反射成像的道理,光路如图3所示。就基本原理而言,已与开管潜望镜很相似。这在后世可能还有相当的流传与影响。应当指出,《淮南万毕术》是西汉淮南王刘安及其门客的作品。这些门客之中可能还有墨家之徒。西汉《盐铁论》中就明白地说过,刘安"招四方游士,山东儒墨咸聚于江淮之间,讲议集论著书数十篇"。这里面是不是存在某种渊源关系,还是值得研究的。总之,既然在西汉已经知道运用平面镜成复像的事实去构成某种装置,那么我们可以推测,在此之前或许已经对成复像的现象有过研究。

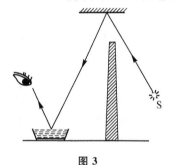

图3

至于球面镜,最初可能是磨制平面镜过程中,因为技术上的问题,致使镜面发生了凹形或凸形。后来,发现它们有一些特别的性能,就成为专门的镜种了。事实上,青铜器的表面也很光亮,其凹部与凸部就能成像,比如人们使用的"水镜",先是用陶盆盛水,后来用青铜盆——"鉴",其底有的呈凹球面,当直接用来照像时,将能发现几种不同的像,这或许能启发人们对球面镜的研究。

凸面镜是发散镜,只能用于照像。它在殷商时代就已经出现。目前看到的最早的文字记载则是《墨经》"经下"第23条。早期的凹面镜实物出土还比较少见。1983年在浙江绍兴306号战国墓出土了"小阳燧"一枚,"径3.6厘米,呈黑色。燧面内凹,光可鉴人。背有小纽,以细密小点为地纹,环布昂首舞爪的奔龙四条。"此墓入葬年代为公元前473年越灭吴以后不久。这枚阳燧的制作已到了如此精美的程度,说明一定经历了相当久远的时间。1956—1957 年,在河南陕县上村岭 1052 号虢国墓出土过一面阳燧,如图 4,径 7.5 厘米,"背面有一高鼻纽,可系穿佩带。纽旁两侧作两虎缠虺和双鸟缠虺纹饰。制作十分精细美观。正面作凹入球面,呈银白色,虽有绿色积锈数处,但可看出当初打磨得十分光洁"。对于这件铜器,有人曾认为只是一件"弧面形铜器"。现在,有了 306 号墓中的遗物作印证,怀疑可以消除。1052 号虢国墓中的遗物属于春秋早期,距今已有两千六、七百年的历史。值得注意的是,和这件阳燧一起出土的,"还有一件盘螭纹扁圆形小铜罐。扁身圆底,口沿和器盖两侧有穿孔,可以系绳,腹壁饰龙纹,盖作

图 4

兽面纹"。据研究,这"可能就是随身携带,用以盛装艾绒,以作阳燧取火用的"①。这为我们提供了关于阳燧取火方面的新材料。在文字资料方面,《考工记》提到"鉴燧"的"燧",以及《周礼·内则》所说的"金燧",都是凹面镜,实物与文献都说明,我国远在公元前 5 世纪以前就有了凹面镜。事实上我们还可以期待着更早时代的凹面镜的出土。凹面镜是会聚镜,可以用于对日取火,也可以成像。《墨经》对于凹面镜成像规律有很好的记载。

现在,分别来叙述这个时期对于球面镜造像规律以及凹面镜取火的研究。先论造像。

《墨经》"经下"第 22、23 条分别记载了凹面镜与凸面镜成像的规律,是《墨经》光学八条中极精彩的组成部分。可惜文字有些错简脱讹,无法尽解,各家说法也互有出入,但大体说来还算是大同小异,现将两条原文录写于下:

第 22 条

《经》:鉴洼,景一小而易,一大而正,说在中之外、内。

《说》:鉴。中之内:鉴者近中,则所鉴大、景亦大;远中,则所鉴小,景亦小——而必正。起于中缘正而长其直也。中之外:鉴者近中,则所鉴大,景亦大;远中,则所鉴小,景亦小——而必易。合于中长直也。

第 23 条

《经》:鉴团,景一。

《说》:鉴。鉴者近,则所鉴大,景亦大;其远,所鉴小,景亦小——而必正。景故正,故招。

第 22 条《经》文"洼",原作"位",谭戒甫校为"低",高亨校为"弧"(《墨经校

---

① 石志廉,"古代太阳能的利用",载《光明日报》,1980 年 4 月 1 日。

诠》),陈奇猷校为"丘"(《墨子闲诂·跋》)①均通,此从钱临照校。"景"原作"量",第 23 条《经说》中的"其"原作"亦",均据王引之校(引见王念孙《读书杂志》)。

钱临照认为第 22 条是实验者从远处向着凹面镜走近的过程中,观察自身成像的情况。"中"字是指凹面镜的"球面中心和焦点的混合物"。当人走在球心之外,见到自己的缩小倒像迎面而来;接近球心时,像逐渐模糊以至不辨,当人走在球心和焦点之间,所成之像在人的背后,故无所见;当人走过焦点继续前进时,又见到一个放大的正像。这个解释应该说是非常允当的,尤其是它给《经》没有"一大而易"的记载,作出了满意的解释。但也有人不同意,以为凹面镜的焦距很短,所以在"中之内"照像就嫌太近了。这个怀疑似乎根据不足。怀疑者是根据北宋沈括《梦溪笔谈》所记载的凹面镜的焦距只有一、二寸,来推断墨家所用的凹面镜的焦距。这两者相隔一千多年,没有必然的联系,不好据此断彼。墨家所用的也许只是略呈凹形的平面镜,所以说"鉴洼""鉴团"而并不另取专名,它的焦距可以相当长。所以我们认为钱临照的解释还是恰当的。第 23 条《经》文说的是凸面镜成像,不论物在哪里,只有缩小正立的一种,所以只有"景一"两个字就概括了。《经下》绝大部分的条文,最后都有"说在××",尤其是光学八条中的其余七条全部都有,独此条缺,这是十分可惜的。本来我们还可以看到墨家对这个现象的解释意见或规律性的说明。

至于《经说》就费解了,第 22 条按照《经》之所述,分成"中之内"与"中之外"两种情况。第一种情况:人在"中之内",即焦点以内,当接近焦点时("近中"),像比较大("景亦大");当远离焦点("远中"),即靠近镜面时,像比较小("景亦小")。不过像均为正立("而必正")。第二种情况:人在"中之外",即球心之外,当接近球心时("近中"),像比较大("景亦大");当远离球心时("远中"),像比较小("景亦小")。这部分文字的解释没有什么障碍,与光学现象完全契合,与《经》文也完全相应。第 23 条记载凸面镜成像,"鉴者近""景亦大","其远""景亦小"——"而必正"。这都是明白无疑的。但是,这里存在三个问题:(1)两条之中的"所鉴",指的是什么意思?(2)第 22 条中的"起于……"与"合于……",两段文字是什么意思?(3)第 23 条中的"景过正,故招"一句是什么意思?

对于第(1)点,谭戒甫解为"所照之光"。这显然和实际情况不符合,在焦点之内,"鉴者近中",则离镜面就较远了,怎么会是"所照之光"反而强了呢?如果说《墨经》作者就是如此着想的,那么,又不能解释"中之外"的情况。也有人认为这是"重复语","所鉴"的大小,也就是像的大小。这在文气上不顺,"所鉴大景亦大","所鉴"与"景"显然是两个概念。而且与《墨经》通篇用字简约的文例也很不协调。有人根据两条之中共出现六次"所鉴",并且其大小与像的大小恒为正变,即"所鉴大,

---

① 载杭州大学语言文学研究室编,《孙诒让研究》,1963 年。

景亦大","所鉴小,景亦小",那可能是指"放大率"一类的概念。当然,这也只是一种推想,没有什么过硬的证据。此外,还有人认为是指照镜子的人,不过在第22条是从"中"这个角度立言。"鉴者近中,则所鉴大,景亦大",意即当人在焦点与镜面之间时,如果他靠近焦点,则从"中"这个角度看,他比较大(近则大,远则小),所以成像也大;余类推。但在第23条中,又要以镜面为观察点而言大小了。这个解释虽然比较勉强,但也还算说得通。我们想把"所鉴"解为照镜子的人,就字面上说来未尝不可,或者就把文句解释为:在同一处,当照镜子的人大,所成之像也大;人小,所成之像也小。这样,倒是没有什么牴牾,或可备一说。

至于第(2)点,大概文字有脱误,迄今还没有见到比较满意的解释。有人把"中缘"读为"中燧",认为是指焦点而言①。这个说法恐怕值得商榷。先秦时期,凹面镜用于对日聚焦取火,焦点可能被认识。但说用于照像中,焦点的意义也已被认识,那是需要提出佐证的。何况这里用以代表焦点的"中燧"一词,是改字而来的。也有人把这两句解释为光线进行的描述。或者是某种求像的方法的叙述,还有人认为可能是定性地叙述像高、物高与像距、物距之间的关系。这些解释都还不能尽惬人意,有待继续研究。

对于第23条中的"景过正,故招"五个字也有好些不同的解释。有的训"招"为招摇不定,似难通。因为凹面镜成实像,如以人目直接观察,确有招摇不定的感觉,而凸镜所成的全是虚像,并不会有招摇不定的感觉。也有人把"景过正"解释为像"恒位于镜面的另一侧","故招"读为"估炤"("炤"训为短),即像"估计恒比物体为短小"。此说恐也不很确切。因为凸面镜成的正立虚像小于物体,是十分明显的现象,用不着"估计"。陈奇猷对此有一个解释。他认为:"招""乔"可以通假,"乔"有高大弯曲之义。物(人)从远处向着凸面镜移近,像逐渐由小变大,而且逐渐从正直变成弯曲,及至贴近镜面时,像显得最大,弯曲也最甚,如图5所示。在这个过程中,当物在较远处,像的弯曲很小,看起来还是正直的,及近至某个距离,就会看出弯曲来。所以《墨经》作者设想凸面镜之前存在一点,在这点以外,像为正直,过了此点,像呈弯曲。所以说"景过正,故招"。这个解释就目前而论,还是比较允当的。

根据上面的讨论,我们至少可以说,《墨经》作者已经用实验手段探讨了球面镜的成像规律,得到了这样一些结论:在凹面镜里,当物距大于某一距离,是缩小的倒像;当物距小于某一距离,是放大的正像。在凸面镜里,不管物体在何处,所成恒为正像,这些像的大小与物距有关。除此之外,可能还有更多的知识,只是后人未能给出确切的解释。

① 此文将《经说》的"中"解为球心,恐怕有问题。因为:第一,物在球心之内可以成倒像,《说》明白地指出"中之内……而必正",有矛盾。第二,物在球心与焦点之间,也算是"中之内"。此时所成之像,并非"近中……景大",而是相反,又有矛盾。

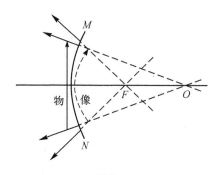

图 5

　　下面再讨论一下取火的凹面镜。这在我国古代有多种名称,如"阳燧""金燧""阳符""燧""火镜"等等,其中以"阳燧"为最常见,沿用的时间也最长。《周礼·内则》与《考工记》只提到一个"阳燧"或"燧"的名称,具体记载用以对日聚焦取火的文字资料,过去大都说始于西汉刘安的《淮南子》。此书的《天文训》云:"阳燧见日而然为火。"这个结论是有问题的。《太平御览》卷三"天部"有一条说:"庄子曰:'阳燧见日则燃为火。'"原注云:"金也,摩拭令热,便置日中,以艾就之,火生。"根据这条材料,我们似乎可以说此类记载至迟在战国已有。但问题在于这条文字不见于今本《庄子》。宋代王应麟的《困学纪闻》辑录《庄子》逸文素称广博,并迭经清代阎若璩、全祖望、孙志祖、翁元圻诸大儒的增补,竟也没有收录这一条。这确是一个很大的疑窦。此条原文与《淮南子·天文训》的记载几乎全同,注文也绝似。这有三种可能性,一种是《淮南子》抄袭《庄子》的文句,另一种是《太平御览》将《淮南子》文误作《庄子》,第三种可能是《太平御览》的编纂者是从别的书上转引来的,而这书今已亡佚。看来以第二种可能性为较大。因为《太平御览》是杂钞前代类书而未加细校,标引书名往往有误。这个问题还有待澄清。不过,"以燧取火"的文字记载的发始,恐怕不能说迟至西汉。因为在秦汉,这方面的知识已有了一些发展。《淮南子·说林训》云:"若以燧取火,疏之则弗得,数之则弗中,正在疏数之间。""疏""数",东汉高诱注为迟疾,是错误的。"疏",远也;"数"近也。意思是,凹面镜对日聚焦取火,纸煤离镜面不宜太远或太近,而应当放得远近适当,即焦点上。这个经验之中已隐隐有了"焦距"的概念。另一个进展是,当时曾试图对以燧取火作出理论的说明。把"阳燧取火"与"方诸取水"并提,本来就是阴阳学说的推演。在战国末期的《吕氏春秋》与西汉的《春秋繁露》等书中,都用"以阳召阳"去解释这种取火方式。当然这只是一种哲学上的思辨,不能算是物理上的解释,但可以说明这种取火方式一定并非刚刚萌芽。

　　到了东汉,在阳燧取火方面的知识又有了新的发展。大致说来也有两点。第一,东汉王充的《论衡·率性篇》云:"阳燧取火于天……五月丙午日中之时,消炼五石,铸以为器,磨砺生光,仰以向日,则火来至,此真取火之道也。今妄以刀剑之钩

357

月，摩拭朗白，仰以向日，亦得火焉。夫钩月非阳遂也，所以耐取火者，摩拭之所致也。"原来，古代把阳燧取火看得很重，"阳燧"不但是一种专用的器械，而且由此而取得的火，被认为具有特殊的功用。王充破除了这种神秘感，认识到"刀剑之钩月"一类呈凹球面形的金属反射面，只要"摩试朗白"，就是说对于光有良好的反射性能，也可以对日取火。东汉的高诱在注《淮南子》中也指出："取金杯无缘者熟摩令热，日中时以当日，以艾就之，则燃得火。"这也认识到一般的凹形金属反射面都可以对日聚焦取火。应当说，只有了解到取火的物理过程，才能作出这些推论，这不能不说是一个大的进步。其次要提到，东汉许慎在注《淮南子》中的"阳燧取火"时说："日高三、四丈，持以向日，燥艾承之寸余，有顷焦，吹之则得火。"[①]这里值得注意的是，当时的凹面镜的焦距仅有 $2\sim3$ 厘米（后汉尺，一寸约等于 2.375 厘米）。在太阳只有三、四丈高的早晨，光线不强，竟也能取到火，可见其球面镜的反射性能与聚焦性能都相当好，反映了当时磨镜技术之高超。

综上所述，球面镜对日聚焦取火，在周代已见应用，具体的文字记载在先秦大约也已有了；秦汉以来曾用阴阳感应学说加以说明，西汉时期已注意到聚焦的位置；到了东汉，对于取火过程的反射本质，有某些感性的认识，当时凹面镜的聚焦性能已十分良好。

（本文选自王锦光、洪震寰《中国光学史》第二章第二节，湖南教育出版社，1986 年）

附录

1. 英国皇家学会会员、东亚科技图书馆馆长和中国科学院自然科学史研究所名誉教授李约瑟博士的贺信。信中写道：

亲爱的王锦光：

12 月 5 日来信收接，谢谢。欣闻一部中国光学史的权威性著作行将出版，实为钦佩。请允许我祝愿她的成功。

你和洪震寰合写的《中国古代物理史话》，我们早已得赐，敬请转达我们（对洪君）最热诚的问候。

也许你尚未寓目我们在几年前脱稿的一篇论文《江苏两位光学艺师》，故我很乐意随函附赠一册。

祝贺年禧

李约瑟（签名）

1985 年 1 月 7 日

---

① 此段见于《艺文类聚》引。

2.国际科学史研究院通讯院士、上海人民出版社编审胡道静先生的贺信。信中写道：

……清楚地认识到已被认识的自然现象及其法则的揭示出来的过程也不是一件很容易的事。它同样地需要付出极其艰苦的劳动与繁复思维的重大代价。因为这还有必要在一条平行的大学科轨道上进行不懈的学习和探索以及在叉道前运行列车过轨的非凡的努力。

我同锦光定交逾三十年。他为祖国物理学史的探研投付的巨大精力和收获的丰功硕果，一直为我所无限敬佩，同时不断地从他孜孜不倦献身于学术探索的晶莹气质得到精神上的鼓励与支持。当他的《中国光学史》问世之时，说什么也不足以喻状我的高兴，这是因为，它为人类的文明增强了光芒，为祖国的荣耀加添了光彩，远远地度越了作为学术老友的我个人所感受到的温暖与明亮的极限。

胡道静
1985 年 2 月 26 日、海隅病榻

何丙郁对中国科技史的研究[*]

何丙郁教授(1926—)是活跃在海外的研究中国科技史的著名中年学者。

三十年来，他在中国炼丹术和化学史、天文学史和气象学史、医学史、数学史以及综合研究等领域内努力工作，著作等身，成绩卓著。他是英国科学史家李约瑟(Joseph Needham)博士的合作者和好友，名著《中国科学技术史》的作者之一。他在马来西亚、新加坡、澳大利亚和中国香港等地，团结了一批有志于中国科技史的学者，致力于中国科技史的研究。他既是老一辈科学史家的有力助手，又是中青年科学史工作者的益友良师。国外对中国科技史的研究，除了英国以李约瑟为首、日本以薮内清为首、美国以席文(N. Sivin)等为代表的几个中心外，何丙郁及其同仁也是一支不可忽视的力量。

何丙郁祖籍浙江省上虞县，父母是广东人，本人入澳大利亚籍。他在马来亚大学物理系攻读时，物理学老师亚历山大(N. S. A. Alexander)教授是 30 年代英国卡文迪许实验室出身，何丙郁也以物理学家卢瑟福(L. Rutherford)的再传弟子为荣。1950 年大学毕业，获名誉理学士学位，留校任教；1951 年获理学硕士学位，学位论文是《作为新加坡舒适因素的空气流动》(*Air Movement as a Comfort Factor in Singapore*)。

由于对中国科学史研究发生兴趣，1953 年何丙郁通过黄丽松(现任香港大学校长)的介绍，与李约瑟建立了通信联系。他请李约瑟提示博士论文选题，在李约瑟的建议下，决定以《晋书·天文志》的英文译注作为博士论文课题。他的论文初稿由李约瑟加以修订，稿中有些资料被选进了《中国科学技术史》第三卷的天文学部分。何丙郁在科学史研究上的进步得到了李约瑟的推许。

1957 年，何丙郁完成了博士论文。1959 年成为哲学博士，同年首次参加了国际科学史代表大会。翌年，被新加坡的马来亚大学分校提升为科学史教授；1961 年，为吉隆坡马来亚大学中文系讲座教授；1967 年当选为马来亚大学文学院长；1969 年获理学博士称号。

1973 年，他受聘为澳大利亚布里斯班市格里斐大学的创校讲座教授和首任现代亚洲研究学院院长。1981 年春，向格里斐大学告假三年，到香港大学就任中文

---

* 本文与闻人军合作。

系讲座教授兼主任。1983 年底原聘约到期,续聘三年。他在香港大学开设中国科技史课程,每周一节,并招收中国科技史研究生。

何丙郁多次在国外进行学术研究活动。1958 年 1 月,他在剑桥和李约瑟首次见面。1965 年在美国耶鲁大学当了半年客座教授。他是美国科学史学会的会员。曾在澳大利亚的澳洲国立大学(1972 年)、日本的庆应大学(1975 年)和东京大学(1978 年)作过学术研究。

何丙郁娴熟英文、法文、日文和马来文,视野广阔,交游广泛;又善于利用当地的图书馆,尽量就地取材,发掘汉学宝藏,在中国科技史研究领域内独树一帜。已经出版的专著有十余部,发表的文章达百篇以上,有些论文颇有价值,还有十多篇书评。其中大部分用英文撰写,也有一部分用中文或其他文种发表。下面分门别类作一介绍。

1. 数学史

《马来亚大学图书馆中的中国数学书籍》(1954 年)是何丙郁的数学史处女作,1957 年又撰文介绍《周髀算经》;《秦九韶与卡丹》和《张邱建算经辑题》(*The Lost Problems in the Chang Ch'iu-chien Suan Ching*)两文先后于 1963 年和 1965 年在南洋和联邦德国发表。

1965 年,他应美国普林斯顿大学科学史系的吉利斯皮(Charles Gillispie)教授之邀,开始为十六卷本的《科学家传记辞典》撰写数学家秦九韶(1971 年)、朱世杰(1971 年)、李冶(1973 年)、刘徽(1973 年)和杨辉(1976 年)的小传,获得好评。他的《东西方的幻方》一文刊于 1973 年的《远东史集》(*Papers on Far Eastern History*),《中国古代数学》(1981 年)收入了澳大利亚第一届数学史会议论文集。由于他对中国 13 世纪数学史相当熟悉,曾为 Ulrich Libbrecht 的《十三世纪中国数学》和新加坡蓝丽蓉的《杨辉算法的批判研究》写过书评。

2. 天文学和气象学史

对《晋书·天文志》的译注工作把何丙郁引向了中国古代天象观测的广阔天地。他系统地考察了古籍中关于彗星、日晕、幻日和极光等记载,与李约瑟等人合作发表了《古代中国的彗星》(1957 年)、《古代中国对日晕和幻日的观察》(1959 年)和《中国极光(I-A. D. -1070)》(1959 年)等文章。1959 年在西班牙举行的第九届国际科学史代表大会上,他提交了《中国古代彗星观测记载的某些错误》一文,已收入该会出版的论文集(1960 年)中。六七十年代,何丙郁就中国古代关于"1006 超新星""太阳黑子""客星""1054 客星"以及其他天象记载陆续发表了一系列文章。1966 年,他的第一部专著《〈晋书·天文志〉译注》在巴黎出版,声誉鹊起。

何丙郁对中国古代天文学家和天文机构也有研究。有关唐代天文学家僧一行及其科学活动写过三篇文章(1961,1968 和 1977 年)；对"司天监"(1966 年)和"明代历局"(1969 年)也著有专文。

在中外天文学交流史方面，他也作过一些探索。1962 年在第十届国际科学史代表大会(美国)上，他发表了《中国天文学对于中古安南的影响》一文。1970 年为日本中山茂的《日本天文学史：中国的背景和西方的影响》一书作了评论。1983 年在香港大学发表《第谷·布拉赫(1546—1601)和中国》一文。他的第二部天文学史专著《近代研究中国天文学史的成就》，是 1977 年在澳大利亚首都堪培拉出版的。尚有新著在出版中。

3. 炼丹术和化学史

日本学者薮内清说："李约瑟的成果当然在于他的才能和从六尺身躯里产生出来的无与类比的精力，但得到以鲁桂珍为首的王铃、何丙郁等华人的帮助，大概也是促使其成功原因的一半。"(《科学与哲学》1984 年第 1 辑,55 页)。1958 年何丙郁到剑桥大学冈维尔和凯厄斯学院(Conville and Caius College)作为期二年的国外研究时，因为《中国科学技术史》第四卷第一分册(物理学篇)的资料已经收集完备，李约瑟建议两人合写第五卷的炼丹术篇。他立即答应。此后，他的许多才力都献给了《中国科学技术史》的大业。

1959 年,何丙郁与李约瑟合作发表了《中古前期中国金丹家的实验装置》《中古中国之金丹毒》《中古中国金丹家的类别理论》三篇文章，又与曹天钦及李约瑟合作发表了《三十六水法——中国古代关于水溶液的一种早期炼丹文献》。

从 60 年代起,何丙郁对炼丹家孙思邈、崔昉、陆游和朱权等人物及对金丹术著作《抱朴子内篇》《丹方镜原》《纯阳吕真人药石制》《丹方鉴原》《造化指南》《庚辛玉册》等与炼丹术有关的本草矿物药记载作了许多研究，遂有相应的专著、论文或书评问世。1968 年在巴黎召开了第十二届国际科学史代表大会，何丙郁发表的论文题为《中国明代的金丹术》。1979 年他的专著《论道家金丹术著作的成书年代》在布里斯班出版。

由何丙郁起草、李约瑟修改编辑的《中国科学技术史》第五卷第三分册(中国炼丹术史)和第四分册(有关炼丹术的仪器和原理)已于 1975 年和 1980 年先后面世。1981 年 9 月 23 日,李约瑟应邀在上海市委礼堂作了《〈中国科学技术史〉编写计划的缘起、进展与现状》的学术演讲，他在演讲中提到了尚未出版的"火药史诗"，即火药史篇。他说："这部分最初是由我们的合作者和好朋友何丙郁起草的。……他还起草过炼丹史的很大一部分内容。我目前正在就他的火药史初稿进行修改和编辑。"根据何丙郁的介绍，他在 1971 年接受这个任务,1978 年初交稿，经李约瑟补正,现已完稿付排,将作为第五卷第七分册出版。

何丙郁与王铃合写的《论〈火龙经〉》一文,1977 年刊于《远东史集》。他的近作《宋明兵书所刊的毒烟、毒雾和烟幕》在 1983 年发表。同一年,我们又读到了他和赵令扬合撰的新书《宁王朱权及其〈庚辛玉册〉》(炼丹研究)。他的另一部专著——《〈庚辛玉册〉:中国炼丹术史之闭幕曲》是应联合国大学之邀编写的,已经脱稿,正在出版中。他还和黄兆汉合编《〈道藏〉里的丹药词语和别名》一书,亦将完成。1969年,何丙郁为席文的《中国金丹术初探》写过书评。近年来,席文在中国科技史研究中卓有成就(见拙文《席文对中国科技史的研究》),何丙郁曾引用中国古话"青出于蓝胜于蓝",表达了他的欣喜之情。现在,两人正在合译炼丹术著作《太清石壁记》。

4.医学史

1970 年,何丙郁、林必达及 Francis Morsingh 合写了《长生不老药草》,对李约瑟七十寿辰表示祝贺,1973 年刊于席文和中山茂编辑的《中国科学》(*Chinese Science*)。1973—1974 年间,他接连发表了关于"长生不老"问题的好几篇文章;还有《大夫们对针刺疗法的新观点》(1973 年)一文,登在《半球》(*Hemisphere*)杂志上。

第十四届国际科学史代表大会于 1974 年在日本举行,何丙郁发表了《中国丹方和药方初探》,已刊于大会论文集中。随后又有《中国古代医学》、《现代中国的传统医学》和《中国医学简史》(和 F. P. Lisowski 合作)等著作问世。1979 年,他参加了在堪培拉召开的国际亚洲传统医学会议,提交论文《中国医学的今昔》,已收入大会论文集(在出版中)。1983 年,他曾为黑金·穆罕默德·赛德(Hakin Mohammed Said)所著的《中国医学》写过书评。

5.其他学科史

兴趣广泛是何丙郁在科学史研究中的一个特点。1965 年元旦,他在《南洋商报》特刊上曾发表《科学与堪舆家之罗盘》一文。他对中国古代航海问题(1977 年)和梁代的《地镜图》(1982 年)作过一些探讨。他用日文撰写的《〈地镜图〉之研究》收入了日本京都 1982 年出版的《薮内清教授颂寿论文集》。他对中国以外的科学史也有所研究,本文从略。

6.综合研究

在广泛研究的基础上,何丙郁对中国科技史作了综合性的探讨,谈古论今,发表了一系列的文章。如:《中国科学的发展》(成文于 1966 年),《〈易经〉学与中国科学》(成文于 1972 年),《〈易经〉与中国传统科学》(成文于 1979 年)、《中国早期科学》(成文于 1972 年)、《宋元科学与技艺》(成文于 1968 年)、《明代科学》(成文于

1970 年)、《中国的现代科学》(成文于 1975 年)、《中国现代科学的发展》(成文于 1977 年)、《现代中国的科学和技术》(成文于 1979 年)等等。1967 年马来亚大学出版了他的《中国现代科学的诞生》一书。1983 年春,他和何冠彪用中文合写的书籍《中国科技史概论》已由香港商务印书馆出版,此书已被香港大学用作中国科技史课程的教材。

随着科学史研究的深入,他在中西比较、中外交流和科学思想史方面的研究成果也不断出现。对亚洲内部,发表过《印度科学对中国的影响》(1967 年)和《亚洲内部的科技影响》(1977 年)等文章。关于东西方之间的议题,1970 年由剑桥大学出版了他和李约瑟合作的专著《中国和西方的职员和工匠》;1974 年发表《13—17 世纪东西方交会时中国和欧洲的交流》一文;尔后,《东西方科学交流》(又名《三次科学交流》,1976 年)、《自豪与偏见:欧洲和中国文化冲突中的科学》(1978 年)等文相继问世。1979 年秋,他在香港大学任中文系客座教授 4 个月,在该校理学院作了一连串公开演讲,总题《中西科技思想史》,1982 年在香港出版(英文版)。

何丙郁对传统中国科技术语的翻译以及科技文献的整理等问题发表过有益的见解,现正和中山茂合编《中国科技史文献提要》。

中国的传统科学和技术在 13 世纪前远较欧洲昌明,但自 14 世纪以降就逐渐式微,为什么近代科学首先发生在欧洲而不是中国? 为什么中国近代科学技术落后于西方? 何丙郁也曾在书刊中涉及这些热门话题,论述中国传统科技之盛衰。1983 年 8 月 30 日至 9 月 8 日,在东京和京都举行了第三十一届国际亚洲和北非洲人文科学会议。在何丙郁所参加的科技史研讨组里,中山茂提出:中国和日本是有一个用笔记录的传统,而西方所有的是用口传说的传统。……在文艺复兴时期,西方的学者能够互相讨论和切磋,这是导致科学革命的一个重要因素。中国和日本就因为没有这个传统,所以未能产生现代科学。何丙郁对这个新见颇为赞赏,他还表示:"不过,笔者认为我们不要放弃固有的注重文笔的传统,……亦应该多些训练谈话和辩论的技巧,从而得到两存其美。"(何丙郁:《从科技史谈到文才、口才》,香港《大公报》1983 年 11 月 20 日)

1983 年 12 月 14—17 日,由香港大学中文系主办的第二届国际中国科技史研讨会在香港大学举行。为了配合这次会议和祝贺李约瑟荣获我国自然科学一等奖,这位《我与李约瑟》(在出版中)一书的作者,根据个人的接触,撰写了《李约瑟的治学方法》一文(香港《大公报》1983 年 12 月 18 日),将李约瑟的治学方法介绍给广大读者。凡有志于中国科技史研究,或对《中国科学技术史》感兴趣的读者,均会对此举表示欢迎。我们更期待着何丙郁为中国科技史研究作出更大的贡献。

(原文载于《中国科技史料》,1986 年第 1 期)

《谭子化书》中的物理学知识

　　《谭子化书》又称《化书》，是我国道教发展史上的一部名著。作者谭峭[1]，字景昇，号紫霄真人，福州泉州人，大约生活在唐朝末年（860—907）至五代（907—990）期间。谭峭父名洙，为国子司业。谭峭"幼聪敏"，博涉经史，其父期望他能举进士而跻身于上层社会。谭峭生不逢时，正值唐末五代这样一个政治腐败、社会动荡的"乱世"。他的政治思想及各种主张得不到施展，于是他便避居长安终南山，在那里潜心写下了《化书》。以后又在中岳嵩山度过了他的晚年。全唐诗中也存有谭峭的诗句。

　　《化书》作为一部道教著作，在我国道教发展史上具有重要地位，道藏及历代重要的丛书都收录了此书。近年来，不少中外学者对中国道教在科学上的成就发生了兴趣，英国李约瑟认为，道家对大自然的思考与探索奠定了中国古代科学的基础，这是很有见地的。对于道教的一些重要著作、人物进行发掘、整理和研究，乃是我们当前的重要任务之一。

　　本文作者正是抱着这样一种想法，对《化书》进行了剖析研究，取得了一些初步的结果。《化书》共六卷一百十篇，涉及的内容十分广泛，从中可以看出谭峭的哲学观点和对社会的见解。如书中提出，自然界一切事物都是在运动变化的，这就突破了以往道教教义中所倡导的"静生万物"的观点；书中还认为事物的运动变化乃是客观规律，而人是大自然的驾驭者，只要人发挥主观能动性，就能使自然界的变化符合人类的需要。他写道："阴阳可以召，五行可以役；天地可以别构，日月可以我作。"这种大无畏而又富有唯物思想的哲学观点在当时是难能可贵的。同时我们发现，《化书》中还有不少自然科学的论述，涉及生物学、光学、力学、机械、声学等方面的知识。从总的方面来看，《化书》有不少内容明显地反映了当时科学技术发展的水平及人们对一些自然问题的认识程度。

　　本文先就《化书》在光学、声学方面的论述作一些分析介绍，请教于学术界。

---

　　[1]　参见王圻《三才图会》人物卷十一"谭峭"、《中国人名大辞典·谭峭》、《四库全书总目·谭子化书》、《全唐诗》。

图 1　谭峭像

一、光学

（一）

卷一《四镜》："小人常有四镜，一名圭，一名珠，一名砥，一名盂。圭，视者大；珠，视者小；砥，视者正；盂，视者倒。观彼之器，察我之形，由是无大小，无短长，无妍丑，无美恶……"

这条所介绍的四镜，是以习知的四种形状不同的器物来形象地命名的。

（1）"圭"，原为古代帝王、诸侯举行隆重仪式时所用的玉制礼器，形式多样，有一种叫"冒圭"，"天子执冒圭四寸，以朝诸侯"。其形如图 2 所示①。另一种叫"青圭"，"圭九寸，厚、博三寸，剡上各一寸半"。博，广也。青圭如图 3 所示。② 所以《化书》中以圭命名

---

①　（宋）杨甲撰《六经图》。

②　《说文》。

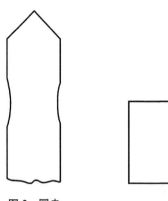

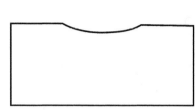

图2　冒圭
采自(宋)杨甲撰《六经图》

图3　青圭
采自(宋)杨甲撰《六经图》

凹面(柱状)镜。圭镜的曲率半径很大,人面在这种凹面镜的焦点内,可以得到放大的(虚)像,如图4所示。在凹面镜焦点内得放大正像,在《墨经》中叙述过,但论述比较模糊,因《墨经》缺乏明显的焦点概念。沈括的《梦溪笔谈》第44条只提到"阳燧面洼,以一指迫而照之则正,渐远则无所见,过此遂倒",而在自注中间接表明这是焦点。所以《化书》这一条对物在凹面镜焦点内成放大之像的记载,在我国光学史上仍是很有价值的。

(2)"珠",原为珍珠,泛指球状颗粒。这里指直径不大的凸球面镜(整个球面或珠面的一部分)。人在镜前任何位置都可以得到缩小的(虚)像,如图5所示。故《化书》说:"珠,视者小。"这种镜成像,在《墨经》中也有讨论,以后道家对此使用颇多。《东坡题跋·书陆道士镜砚》说:"镜心微凸,镜面小而直,学道者谓是聚神镜也。"沈括的《梦溪笔谈》对此作了较深入的研究:"古人铸鉴,鉴大则平,鉴小则凹。凡鉴洼则照人面大,凸则照人面小。小鉴不能全观人面,故令微凸,收人面令小,则鉴虽小而能全纳人面。仍复量鉴之大小,增损高下,常令人面与鉴大小相若。此工之巧智,后人不能造。凡得古鉴,皆刮摩令平,此师旷所以伤知音也。"

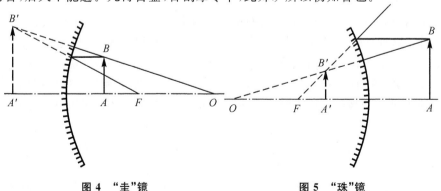

图4　"圭"镜　　　　　　　　图5　"珠"镜

（3）"砥"，原为磨刀石，有"平"字的含义。《集韵》："砥，厉石之尤细者。"《书·禹贡》："砺，砥砮丹。"注："砥细于砺，皆磨石也。"《国语·鲁语下》："籍田以力，而砥其远迩。"韦昭《注》云："平远迩所差也。"《化书》中的"砥"是"平面镜"，人在镜前任何位置都得到正像，故说"砥，视者正"。

（4）"盂"，原是盛汤浆或食物的圆形器物，如图 6 所示。该器底部呈凹球面形，而且具有较高的器壁，阻止了人面进入凹球面镜的球心，人面总处在球心之外，故成倒像（图 7），所以说"盂，视者倒"。把这种镜命名为"盂"而不叫"盘"或"碟"，甚至"碗"，是很有深意的。

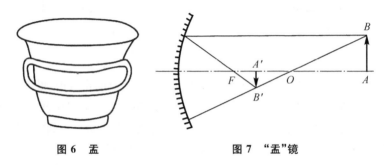

图 6　盂　　　　　　　　　　图 7　"盂"镜

"圭"与"盂"都是凹面镜，但"圭"，人面在焦点之内，"盂"，人面在球心之外。人面在凹面镜的焦点与球心之间，《化书》与《墨经》一样都没有讨论，这并不是我们祖先的草率或疏忽，而是他们以人面为物，人眼为接收器，这样就不可能看到人的实像。

综上所述可得知，《化书》中的四镜，实在是三种反射镜：凸面镜（珠）、平面镜（砥）与凹面镜（两种位置，物在焦点内，圭；物在球心外，盂）。《化书》比较了"圭、珠、砥、盂"四种镜子成像的情况，得出了简单的结论。用今天的话来说，就是"圭"的放大率大于1，"珠"的放大率小于1。"砥"、"盂"分别得到正像与倒像。所以说，《化书》对于各种反射镜成像的放大、缩小与正立、倒立，是颇有研究的，已经从中得出了一些规律性的认识。

国内外有的论著认为[①]，圭是双凹透镜，珠是双凸透镜，砥是平凹透镜，盂是平凸透镜。这种见解是很值得商榷的。第一，以成像规律来考虑，圭若为双凹透镜，所成之像必正立缩小，绝不可能"圭，视者大"。第二，《化书》是以镜的形状来命名，按字义上说，"砥"应当指平面。第三，我国古代的"镜"，原来都是指反射成像的器物而言，把由折射成像的透镜叫做"镜"，据现有史料来看，大致还是宋代以后的事情。

---

① 　Joseph Needham, *Science and Civilization in China*, Vol. 4 Part 1, Combridge. 戴念祖："中国物理学史略"，《物理》，1981 年第 10 期。

（二）

卷一《耳目》："目所不见,设明镜而见之;耳所不闻,设虚器而闻之。精神在我,视听在彼。"此处"目所不见,设明镜而见之"意即眼睛不能直接看到的东西,可以陈设"明镜"而看到。这陈设的"明镜"指什么呢?指一面平面镜或一平面镜组。如果指平面镜那就在正对出口处放一面平面镜,它能把室外的东西反射到人的眼中,人可以从这面平面镜中看到室外景物。如果是平面镜组,我国历史上就曾出现过这样的装置,早在西汉时《淮南万毕术》就说道:"取大镜高悬,置水盆于其下,则见四邻矣"(《意林》引)。北周庾信《冰镜诗》有"试挂淮南竹,坐堪见四邻"[①],可见在唐末五代这类装置是相当普遍的。《化书》中的明镜当指这类装置。有人问,会指眼镜一类东西吗?这种可能性不大。第一,从目前所掌握的史料来看,中国有眼镜决不早于宋朝,很可能在明朝。第二,"设"为陈设之意,如果是眼镜或单照,则不会用"设"字。

（三）

卷一《形影》："以一镜照形,以余镜照影。镜镜相照,影影相传。不变冠剑之状,不夺黼黻之色,是形也,与影无殊。是影也,与形无异。乃知形以非实,影以非虚,可与道具。"这段叙述了利用平面镜多次反射成复像。关于这方面,《墨经》《庄子》都有过记载。上面所提到的《淮南万毕术》对"潜望镜雏形"也有具体的描述。晋朝道家葛洪《抱朴子·杂应》云:"明镜或用一,或用二,谓之日月镜。或用四,谓之四规镜。四规者,照之时,前后左右各施一也。用四规所见来神甚多。"来神指像。关于"日月镜",唐代张君房的《云笈七签》(998—1022)解释说:"以九寸镜一枚,侠(挟)其左右,名曰日月镜。"故即两面平面镜平行相向放置,中间放物体,可得像无穷多。《化书》这条叙述即指这种装置。唐朝陆德明《经典释文》解释说:"鉴以鉴影,两鉴亦有影,两鉴相鉴,其影无穷。"但《化书》的解释比《经典释文》的解释更加清晰而深入,它突出地指出了"以一镜照形,以余镜照影(即像)"。(例如 A、B 二镜,P 为实物〔形〕,A 镜照 P 得像为 P_1,B 镜照 P_1 生像 P''。B 镜照 P 得像 P',A 镜照 P' 得 P_2……见图8)。镜可以照镜子,

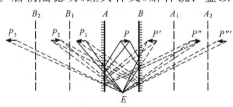

图 8　两面平行平面镜成复像

①　宋代的《感应类从志》也记载:"以大镜长竿上悬之,向下便照耀四邻。当其下以盆水,坐见四邻出入也。"

影又可以相传,这就说明了为什么有"无穷"个像,而且进一步指明平面镜所成的像与物相同,即"形""与影无殊","影""与形无异",就描述了为什么"无穷"个像是全同的。《化书》这段有它的特点,不像其他道教书那样故弄玄虚,不用"来神",实很难得。

二、声学

《化书》中关于声学知识,以卷一、卷二最丰富,书中对声音的发生,声波的形成与传播都提出了相当可贵的见解。"挝鼓鼙之音,则鸿毛踯躅"[①],"形气相乘而成声"[②];"气由声也,声由气也,气动则声发,声发则气振,气振则风行,而万物变化也"。[③] 谭峭认为声音的发生由形(振动体)的振动,带动空气振动,形成声波,传到耳朵,从而耳朵听到声音。他举打鼓的例子,在鼓上放轻微之物(鸿毛),轻微物上下徘徊振动,但不离开鼓面,而形成声音,直观明白,是演示实验的好方法,与卡拉提尼研究板的振动有些相似。王充《论衡》对声音只说到人声、动物声,说到声波也只用水波作比喻。宋应星的《声论》固然比《化书》有进步的地方,它讨论的范围也广,除声波的发生与传播外,还涉及干涉与接收等问题,但书中仍以水波来比喻声波,我们知道这种比喻是不确切的,因声波是纵波,而水波是表面张力和重力联合作用而产生的较复杂的波。

卷一"耳目":"目所不见,设明镜而见之,耳所不闻,设虚器而闻之。""目所不见,设明镜而见之"已见以上评述。"耳所不闻,设虚器而闻之"则是指"地听"或"瓮听"一类的事情,即用中空的东西(譬如瓮、箭袋等等),放在地上,耳朵贴上听之,利用固体传声时能量衰减较小,速度较快而且又有共鸣,能较好地听到声音。

此外,《化书》卷二"转舟"条还涉及力学知识。"转万斛之舟者,由一寻之木;发千钧之弩者,由一寸之机"。这是涉及简单机械杠杆原理的问题。

总之,不但从传统科学的思想来看,研究道教某些要籍对探索科技史是很有意义的,即使从学科知识来看,这种研究也是很有必要的。

(本文为 1986 年 10 月"全国物理学史学术讨论会"论文,光学部分内容以"《谭子化书》中的光学知识"为题发表于《科学史论集》,中国科学技术出版社,1987 年)

---

① 卷二"术化·声气"。
② 卷一"道化·大含"。
③ 卷二"术化·声气"。

我国古代"静电"知识的初步研究[*]

　　西方在文艺复兴以后,科学事业得到蓬勃发展。现在的电学就是在那以后逐渐发展起来的,它不仅在理论上取得了成功,而且在实际应用中也取得了巨大的成就。

　　在中国古代,虽然对一些静电现象有所注意、有所认识,但是并没有形成以现代或近代的电的概念为基础的专门学科。而且,这些认识也没形成任何其他形式的特殊体系,而是同其他的自然现象(甚至不属于自然现象)的事物及其认识、观念混在一起,放在阴阳五行说、感应说等框架中来解说;如果这个框架不能容纳,往往便被归为神异鬼怪一类超自然的事物。在某种程度上,这样一个框架也可以认为是一个自然现象认识的体系。事实上,在古代,这个框架不仅可以解释一些自然现象,而且还可容纳社会现象、人事等。

　　显然,如把这样一些认识当作电学知识来研究是缺乏意义的。本文试图通过古人对现在意义上的电现象的认识情况,找出其历史发展的脉络,也许可以说,既然这些现象在古人的脑子里没有本质与有机联系,那么把它们凑在一起也是没有意义的。但是作者认为,在对中国的科学还没作出总结前,这样的尝试不失为一种研究方法。此外,由于这里并没有根本区别于其他自然现象认识中的特殊体系,因此,作者以为,通过这样一篇文章,可以窥到中国古代对自然现象认识的一个侧面,而不仅仅是一斑了。

　　秦相吕不韦召集门客撰成的《吕氏春秋》一书,采集各家,是一本杂家书。这本书的一个独创之处就是发展了战国以来的阴阳五行思想,初成体系,在很大程度上影响了两汉的思想。《吕氏春秋·精通篇》中记载:"慈石招铁,或引之也。"它是基于感应的思想来说明的,并且用曾子的母亲与曾子相感的故事传说来比附,说"慈石"为母,铁为其子,故能相应。这种感应思想的渊源很远。董仲舒在《吕氏春秋》的基础上创造了明确而又比较完整的同类相感说。

　　《春秋繁露·同类相动篇》:"试调琴瑟以错之,鼓其宫则他宫应之,鼓其商则他商应之,五音比而自鸣,非有神,其数然也,美事召美类,恶事召恶类,类之相应而起也。"《春秋繁露·天文训》又说:"物类相动,本标相应。"总结了自《吕氏春秋》以来

---

　　* 本文与余健波合作。

的感应思想。这种思想被汉武帝所肯定，奉为正统，流播全国。

现在能找到的资料说明，在西汉末年（公元前 1 世纪）人们发现了"玳瑁掇芥"的现象。大约公元前 20 年成书的《春秋书·考异邮》记载：

"承石取铁，瑇（玳）瑁吸褚"。注曰："类相致也。褚，芥也。"①

在当时的思潮中，人们自然而然地用物类相感的结果来说明这一现象。人们很少对这种解释提出异议，虽然也有几个思想家从根本上怀疑物类相感的说法，但和者甚寡，又不受朝廷赞赏，因此没有什么影响。王充是持反对看法的杰出代表，他在其主要著作《论衡》中提倡物质性的元气说，认为物质由元气组成。在玳瑁掇芥的问题上，他对前人提出批评，解释说："顿牟掇芥，磁石引铁。皆以其真是，不假他类，他类肖似，不能掇取者，何也？气性殊异，不能相感动也。"②认为顿牟与芥之相感动，既非同类，也不是本标相应，而是由于元气相通的缘故。虽然这也是一种哲学思辨，但这种唯物的态度无疑是进步的，然而王充的哲学与流行的思想相抵触，虽然由于其杰出的文章受到赞扬而闻名全国，他的思想仍是少数派的思想。

三国时期，有人注意到了一种新现象。《三国志·吴书》记载了虞翻少年时候的一个故事：

"翻少好学，有高气。年十二，客有候其兄者不过翻，翻追与书曰：'仆闻虎珀不取腐芥，磁石不受曲针？过而不存，不亦宜乎！'客得书奇之，由是见称。"

从上面这段文字可以看出，琥珀吸芥的现象已为人们所熟悉，并作出与玳瑁掇芥一样的说明；但是对为什么琥珀不取腐芥并没有物理解释，而是用来比作人事。

以后，对这个问题的看法，有的倾向于王充的观点，但绝大多数是倾向于物类相感的观点，没有新的突破，董仲舒的思想在汉朝是主流，在后世则是一种比王充说更可借鉴的传统。

东晋的郭璞持王充说，认为"磁石吸铁，瑇（玳）瑁取芥，气有潜通，数亦宜会，物之相投，出乎意外。"（《山海经图赞》）

宋代苏轼持物类相感说，他专门写了一本《物类相感志》，里面就记有这一现象，把它的原因归为物类相感应的结果。

宋代林登撰的《续博物志》（卷九）也引述了这一现象，其解释为"其气爽之相关感也"。

同时代的张邦基所著《墨庄漫录》中有这样的记述：

"孔雀毛著龙脑则相缀，禁中以翠羽作帚，每幸诸阁，掷龙脑以辟秽，过则以翠羽扫之，皆聚，无有遗者，亦若磁石引针、琥珀拾芥，物类相感然也。"

---

① 见《太平御览》卷八〇七。
② 《论衡·乱龙篇》。

372

这里不仅认为琥珀拾芥是物类相感的缘故,还用来说明另一个静电吸引现象,认为也是物类相感的结果。

这样的说明还可以找出很多,其中有许多是相互转抄的,从上面这几条记载来看,至少可以认为在宋朝,用王充的观点去解释这一现象已经消失了。事实上,无论持何种观点,在具体现象的解说上并不产生激烈矛盾,而是反映到思辨性的哲学思想的分歧上,这些哲学上思辨性的分歧并不很强调自然认识的客观现象基础,而且似乎也不想去探索它。这样,这种分歧作为探求自然奥秘的动力,其作用之微就可想而知了,也正是因为这个原因,"琥珀拾芥"往往作为一种常识流传而不深究其中道理。

在自然观领域之外,这个认识还沿着另外一条途径流传下来,这条途径就是众多的古代药典。

刘宋时期,雷敩的《炮炙论》记有:"琥珀如血色,以布拭热,吸得芥子者真也。"

南朝陶弘景《名医别录》中也记载,琥珀"惟以手心摩热拾芥为真"。

北宋寇宗奭的《本草衍义》卷十三记琥珀"以手摩热可以拾芥"。

明朝李时珍《本草纲目》卷三十七引述了以前药典中的记载,认为"琥珀拾芥,如草芥,即禾草也。雷氏言拾芥子,误矣。"

医家只注重实际效果,考虑实在的情况,仅作简单的总结,不作思辨的解释。这种求实态度在一定程度上有助于更进一步、全面的认识,但是他们显然受到传统思想的影响。上面所有的记述,几乎都以为"琥珀(或玳瑁)拾芥"是芥的特有效果。李约瑟博士等认为"芥"在一开始就是一种广义的指代,即微小的东西。这个结论大可商榷,且不说"芥"本义就是特指某种植物。我们来看,几乎每个记述都是琥珀(或玳瑁)掇"芥"(褋也是芥)。而从未提到其他字眼;而且,往往同磁石吸铁相提并论,而磁石吸铁显然是铁的特殊效果,这在王充的解释中尤为明显。还有,如果是泛指微小的东西,怎么还会有芥子与非芥子之辨呢?

医者受这个影响,所以也认为琥珀仅能拾芥,并由此应用于检验琥珀的真假(琥珀作为药来使用,其真假性当然是不可忽视的。琥珀与玳瑁是很容易辨认的,这里要辨的是同琥珀相像的东西)。这种看法一直沿袭到明代,到李时珍时才认为,芥乃泛指禾草耳。

李时珍以其严谨而著名,由于其认真的态度,终于发现上述结果。但这种态度又不是现代的科学态度,仅是认真而已。虽认真而没有严密的方法,往往真假难辨,他指出雷敩的"琥珀拾芥子"为误,就正好搞错了。由此也就决定了古人的解释有时不能自圆,而有牵强之嫌,不免使人疑虑。因此,有人信之,也有人不信,与李时珍差不多同时代的宋应星就认为:"琥珀至引灯草,惑人之说,凡物借人气能引拾轻芥也。自来本草陋妄……"

如说顿牟拾芥因为有相互吸引的双方而可用类感去解释，则出自衣裘中的火光就显得难以解释了，这种现象往往被视为怪异或凶兆，《异苑》里有这样一条记载：

"晋惠帝永康元年，帝纳皇后羊氏。后将入宫，衣中忽有火光。众咸怪之，自是蕃臣构兵。洛阳失守，后为刘曜所嫔。"

这里这个现象就作为一种异兆来对待。

晋代张华也发现了这一静电现象，张华撰的《博物志》中记述：

"斗战死亡之处，其人马血积年化为燐，燐著地及草木如露，略不可见。行人或有触者，著人体便有光，拂拭便分散无数，愈甚，有细咤声如炒豆，惟静住良久乃灭，后其人忽忽如失魂，经日乃差。今人梳头、脱著衣时，有随梳、解结有光者，亦有咤声。"

从这段文字来看，张华观察、记录得很仔细、很详尽，并注意到梳头、脱著衣时所见火光与鬼火相似，同样有咤声。因此他认为这是同一类的燐火。在这一点上，张华摒弃鬼神的客观态度是极其可贵的。

唐朝段成式著录了另一现象。《酉阳杂俎》前集卷十五："旧说野狐名紫狐，夜击尾火出。"续集卷八又记："（猫）黑者，暗中逆循其毛，即著火星。"《酉阳杂俎》是本杂记的书，它并没对这些火作出说明。

丝绸类经摩擦很容易发出火光，我国素称丝绸之国，因此这类现象在晋朝就被观察到了，由于各种原因不能肯定在此之前是否也有这样的记述，但也不是没有可能的。在明代，由于距今较前代为近，保存了比以前各代更多的这方面的材料。

明景泰进士海盐人张靖之所撰的《方洲杂言》有这样的记载：

"景泰中，一日晨出暮归，抵家天色尽暝，入室更衣，遂解下裳，暗中有火星，自裙带中出，轻擢至椸上，晶莹流落，凡三四见，荆妇相顾失色，不敢言，时方严告早，户科孙珉远戍边地，余自忆平生不家于官，何适逢此异兆？反复研省，忽忆张茂先积油致火之说。而余所为裳，乃吴绫，俗呼为油段子，工家又多以脂发光润，况余被酒，体气蒸郁，或因以致火。亟呼婢令于椸后，力持曳裳，余以手磨试无算，及手热几不可忍，而火星应手至。明日入朝，见兵科王汝霖，道此事，汝霖曰，吾为工部侍郎时，尝暮归见此，然惟绫裙中有之。以致事物异常者，必有所自，不可遽为惊骇，传感于人。"

明代另一著作《三余赘笔》（都邛撰）中也记有这样一条：

"吴绫出火。吴绫为裳，暗室中力持曳，以手摩之良久，火星出，盖吴绫俗呼为油缎子，工家又多以脂发火润，人服之，体气蒸郁，宜其起火也。"

张靖之和都邛持相同的观点，认为吴绫既呼为油缎子，就与油有关；表面上又多涂脂，而油与脂在日常经验中都是易燃物。他们一方面从张华《博物志》中所记的"积油万石则自然生火"受到启发，另一方面从平时经验出发，于是认为是体气蒸郁于油缎子之上，所以容易起火。上面这两条文字大同小异，而后者更直接地把

"吴绫出火"当作定论来记,可能这种看法在当时是比较普遍的。但是当时还有另一种看法,张居正说:

"凡貂裘及绮丽之服皆有光,余每于各月盛寒时,衣上常有火光,振之迸炸有声,如火光花之状,人以为皮裘丽服温暖,外为寒气所逼故,搏击而有光,理或当尔。"[①]

张居正没有碰到油缎子的问题,因此他沿着另一条思路认为"皮裘丽服温暖,外为寒气所逼,故搏击而有光"的观点可能是正确的。

这里我们又一次看到,中国古代在这个问题上如同前一个问题一样,没有形成完全一致的看法,也没有一个能从理论上驳倒其他观点的解释。下面我们再来看看,古人是怎样从这些现象中来找规律和总结的。

我国很早就有燐火的概念,指的是野火忽隐忽现的现象,并非专指鬼火,只是这类现象中鬼火占了很多。《诗经·豳风·东山》中描述的"熠熠宵行"记述的就是萤火虫(宵行)在夜间的闪烁现象。其他如《淮南子·氾论训》"久血为燐",《论衡·论死》"人之兵死也,人言其血为燐"等,如同《博物志》所记,都描述了另一种燐火——鬼火的现象。由于燐火之忽隐忽现的特点,因此段成式如果把他所记述的现象归为燐火,如同张华那样,都是很合乎自然的事情。

但是古人对于发生在贴身的衣中的同样具有忽隐忽现特点的事情,却作出了与燐火完全不同的理解。他们也许考虑到了下述差别:燐火为具有生命的东西所发,或按王充的说法为精气所化,而衣服既无精气又无生命,且在封建社会中人生祸福莫测,当大官的也时有掉头之虞,加入种种迷信观念,于是就对这一种"无缘无故"的现象产生了恐慌,不知吉凶如何。明代在衣中出火这个问题上持客观的态度,比前人大有进步。虽然,假如张靖之所着不是吴绫而是别种绫,还存在着是否恐慌的问题,但王汝霖、张居正等人所持的态度却比解释事物本身更可贵。

李时珍在其传世之作《本草纲目》中有"阴火阳火"说,其中说道:"地之阴火二,石油之火也,水中之火也……诸阳火遇草而炳(燃),得木而燔,可以湿伏,可以水灭;诸阴火不焚草木而流金石,得湿愈焰,遇水愈炽,以水折之,则光焰诣天,物穷方止,以火逐之,以灰扑之,则灼性自消,光焰自灭……萧丘之寒火,泽中之阳焰,野外之鬼燐,金银之精气,此皆似火而不能焚物者也。至于樟脑髓能水中发火,积油得热气则火自生……"

他把野外之鬼燐、积油之火都归为阴火,又把二者分为二种,这正是前人区分的观点。

（本文为 1986 年 10 月"全国物理学史学术讨论会"论文）

---

① 《张文忠公全集·文集第十一》。

赵友钦科学思想和科学方法初探*

在中国科技史上，赵友钦的名字一般是以物理学家作前冠的。而事实上，赵氏一生的追求却着重在天文学方面，他的著作《革象新书》几乎用绝大部分的篇幅来讨论天文学问题，而以光学为主题的《小罅光景》一节所占的比重则微乎其微——甚至少于讨论数学问题的章节。所以，试图全面地了解赵友钦的科学思想和科学方法，我们不但要注意赵友钦在物理学上取得的杰出成就，而且要涉及他从事科学研究的其他领域——天文学和数学。在这两个领域中，赵友钦的成绩似乎并不像物理学那样出色。但是，它们却真实而具体地记录了赵友钦科学思维的火花，它们仍然有资格闪烁在我国科学史的册页上。

我们不妨先看看后人对于赵友钦及其代表作《革象新书》是如何评价的："此书……或拘泥旧法，或自出新解，于测验亦多违失，然其覃思推究，颇亦发前人所未发，于今法为疏，于古法则为已密，在元以前谈天诸家尤为有心得者。"[①]当清代乾隆年间的纪昀等人作出这样的断语时，他们已接受了西方先进的天文学体系。因此其评价也是比较客观的。一方面，赵友钦的天文学思想及数学知识大都渊源于前人，具有鲜明的继承性。另一方面，赵友钦又善于运用科学实验为手段，提出自己的创见。值得注意的是，赵友钦在天文学方面的论述几乎是悖谬杂出的，而当他将兴趣转移到光学之后，却取得了光前裕后的成功，可谓失之东隅，收之桑榆。

但是，如果仅限于物理学来研究赵氏的科学思想或科学方法显然是不够的，事实上，赵友钦的得失成败正是源出于他统一的科学观。这条思维的线索贯串在赵氏的天文学实验、物理学实验以及算学测量中，自成一体，前后呼应。只有对这种具有共性的思维逻辑加以提炼，才可能真正把握这位独辟蹊径的科学家的思想全貌。

本文为此作出最初的尝试。

一、细致入微的定性研究——析因实验和对照实验的运用

中国古代科技史上有许多被称为"实验"的记载。诸如"今人梳头、脱著衣时，

---

　* 本文与张锦波合作。
　① 《革象新书·提要》，四库全书珍本。

有随梳、解结有光者,亦有咤声"①,描述了古人发现电现象的情景;再如"丹砂烧之成水银,积变又还成丹砂"②,描绘了炼丹的过程,但严格说来,前者属于现象描述,后者则是经验验证,并不具备作为实验所应有的目的性。与此相比,赵友钦则处于较高的立足点上。《革象新书》的内容,远非巧遇或机械模仿所能奏成,如果不是经过有的放矢的精心设置,似赵友钦所列举的步骤繁复、篇幅不小的实验报告是决不可能产生的。

按照现代科学方法论的观念,赵友钦的实验毫无异议是属于定性实验,即用以判定某因素是否存在,某些因素之间是否有关系的实验。

显然,如果我们需要定性地研究一种物理规律或一条物理定律,那么在确定了某一考察对象的前提下,就应当设法弄清物理过程各可变参量对于考察对象的影响,而为了描述单一的某个参量与考察对象的对应关系,就可以固定其他参量而改变这个个别参量,观察考察对象的相应变化。这样,实验者将面临两个任务:第一,设计可以改变参量的实验环境;第二,建立一套标准的实验系统,便于将变化了的实验结果相比较。下面,我们就来分析一下赵友钦的实验装置是如何满足这样的要求的。

赵友钦设计的小孔成像"实验装置"是一隔两间的平顶房(见图1),两间房内各开圆阱,直径均为四尺,但两个阱的深度却是不同的:一个深四尺,一个深八尺,而在八尺深的阱内又安置了一只四尺高的桌子,阱内放置千烛光盘作为光源。在阱口盖上开有小孔的圆板,这样,光源就可在固定的楼板上成像。在这个实验室中,设有左右相邻的两个成像系统,这是为了相互对照,便于分析。而在实验过程中,赵友钦曾经设置的变参量有:孔形、光源、像距、物

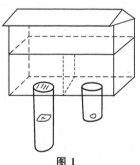

图 1

距,分别用来观察像在亮度、形状、大小等方面的性质。他曾将阱上的盖板在开孔的大小和形状上作变换;他曾改变光源的形状、疏密;他曾改换不同像距的像屏;他还撤去了左阱内的桌子,使两阱物距互有差异。因此,通过这个实验,赵友钦已经详尽地了解了各参量对成像结果的影响(表1)。所以,赵友钦的小孔成像实验是极为细致的定性实验。

让我们从方法论的角度来分析一下赵友钦的实验,从总体上讲,赵友钦的实验带有解释现象,究寻原因的目的,因此是一种析因实验。赵友钦在《小罅光景》一开始就说:"室有小罅,虽不皆圆而罅景所射未有不圆,及至日食,则罅景亦如所食分

① 张华《博物志》卷三。
② 葛洪《抱朴子·金丹卷》。

数。罅虽宽窄不同。景却周径相等，但宽者浓而窄者淡。若以物障其所射之处迎夺此景于所障物上，则此景较狭而加浓，予始未悟其理，因熟思之一。"

表 1

改变的项目		像的大小	像的浓度（照度）
小方孔	1 寸	几乎相同	淡
	1 寸半		浓
光源	1 千支蜡烛	几乎相同	浓
	二三十支蜡烛	几乎相同	淡
像距	大	大	淡
	小	小	浓
物距	小	小	几乎相同
	大	大	

这里，萦绕在赵友钦心中的疑惑有：(1)小罅不圆而罅影皆圆；(2)日食时罅影同形成像；(3)罅的宽窄不影响像的直径，但影响像的亮度。接着，赵友钦又通过一段叙述提出了如何解释这些现象的几个推测：(1)如果罅的尺度不能"容日月之体"，像就"随日月之形而皆圆"；(2)同上理，日月"及其缺则皆缺"，像的形状也如日食、月食之形；(3)罅的大小影响像的浓淡；像距的大小非但影响像的大小，而且影响像的浓淡。就是带着这样的疑问和猜测，赵友钦设计了那样一个步骤繁复但次序分明的光学实验。而且，他一边进行实验，一边进行分析，不断验证自己的推测或得出进一步的结论。为了解释孔的大小对成像浓淡的影响，赵友钦作了细致的光路分析："千烛自有千景，其景皆随小窍点点而方，烛在窍心者，方景直射在楼板之中；烛在南边者，斜射在楼板之北；烛在北边者，斜射在楼板之南。至若东西亦然。……千数交错，周遍叠砌，则总成一景而圆。"他把整个烛盘成像看作是单个蜡烛的成像的叠加，这是可贵的微分分析思想的萌芽。既然蜡烛数量是恒定的，因此照明的总效应取决于各个单支蜡烛的发光效应之和："其窍宽者，所容之光较多，乃千景皆广，而叠砌稠厚，所以浓；窍窄者，所容之光较少，乃千景皆狭而叠砌稀薄，所以淡。"运用光景原理，赵友钦成功地说明了单支蜡烛的发光效果对于孔径的依赖关系，从而使"罅宽景浓"的问题迎刃而解。

在这个光学实验的许多环节中，赵友钦还自觉地以对照实验作为实验中主要的认识和分析的方法。在考察窍的大小对成像亮度的影响时，赵友钦设计了左右二阱上的盖板，便是一例："左窍方寸许，右窍方寸半许，所以一宽一窄者，表其宽者浓而窄者淡也。"左间和右间的成像系统是两个相似组群，这样，两个系统便形成醒目的对照，使窍的宽窄对成像浓淡的影响一目了然。

综上所述,赵友钦的实验是他的科学思想的集中体现,是他在定性地研究小孔成像规律的愿望下苦心孤诣的产物,与那些原始的简单的"效验"相比,无疑具有质的区别。

二、论证思维的统一性——类比与物理模拟的贯串

以上考察仍然是从小孔成像这一典型实验出发的,这使我们了解到了赵友钦科学思想的深度,他在中国古代各科学家中是相当出类拔萃的。但是,"不识庐山真面目,只缘身在此山中",要全面认识赵友钦在七百多年前的古代是如何运用思维的,我们必须对赵友钦的科学研究作一番宏观考察。这时我们不难发现,在赵友钦各自独立的科学论述之间,有着明显的相似性,在文法上可称之为比喻,而以科学方法而论,其实质是类比或物理模拟。

为了形象地解释月的盈亏变化的原因,赵友钦设计了这样一个模拟实验:"以黑漆毬于檐下映日,则其毬必有光,可以转射暗壁。太阴圆体即黑漆毬也,得日映处则有光。常是一边光而一边暗,若遇望夜,则日月躔度相对,一边光处全向于地,普照人间,一边暗处全向于天,人所不见;以后渐相近而侧相映,则向地之边光渐少矣。"这里,赵友钦正确地分析出了月亮的特点:(1)月为球体;(2)月亮本身并不发光;(3)月球可以反射太阳光。这样,赵友钦便选用具备了以上特点的模型——黑漆毬——作为物理模拟。这样的选择是十分恰当的,因为它是本身不发光而又有利于反光的球体,在模拟实验中能收到清晰而良好的效果。

在这样一个模拟实验的设计中,赵友钦必然经历了以下的思维过程:(1)将研究对象(月球)进行几何特点和物理特点分析,掌握其特性;(2)将研究对象进行几何抽象和物理抽象,将其复杂性在研究范围内进行浓缩、简化(他可暂且不顾他曾研究过的月驳现象);(3)选取与研究对象性质相似的实体(当然只要考虑被考察的那些特征)作为模拟体,进行物理模拟;(4)造成与研究对象所处环境相似的条件进行模拟实验;(5)按实验结果分析,验证自己的科学推测或提出设想。

按照这样的思路,赵友钦在《革象新书》中频频使用各类模型完成他的科学论述,而他的"甑灶模型"是运用得最成功的一例。

气候的变化遵循这样的规律:每年最炎热的天气往往并不出现在夏至,最寒冷的天气也并不出现在冬至,而是往往要滞后一个月左右。这个现象,与人们的直觉是相矛盾的,因为"夏至昼最长,日最近北……冬至昼则最短,日最近南"。按照每天接受的阳光照射来看,夏至最多而冬至最少,这在当时要得到完满的解释是十分困难的。但是,善于观察、勤于实验、勇于思考的赵友钦终于从灶受热与冷却的过程中发现了揭开这科学之谜的钥匙,在《气积寒暑》一节中,他是这样论述的:"……此盖甑灶之理也,夫灶火甚炎,可比午中矣,然甑蒸之气犹未甚盛,及其甑蒸气盛,

379

则灶火已稍衰矣。在后灶火尽灭，可比子中矣，然甑蒸之气又良久而后始衰。寒暑之理，岂非积久而气盛乎？"甑"是古代蒸煮食物的炊具，赵友钦在其中盛水，作为地球大气层的模拟体，而把加热的灶炉作为太阳的模拟体，这是赵友钦通过对大气和水的物理性质进行透彻分析后作出的抉择。事实上，我们以现代物理学的观点来看，大气与水都是不良的热导体，热量在水与大气中的交换主要是通过对流实现的，在导热性能上是十分相似的；而灶子的火源可以提供热量，正如太阳能够产生热辐射，并且灶火有旺盛衰微之变化，正好可以模拟阳光以不同角度和时间向地球辐射光线产生热量供给的量的差异。所以，"甑—灶"系统与"大气—太阳"系统就供热特性而论是难分轩轾的，符合物理模拟的条件。继而，赵友钦仔细分析水的加热过程，他发现，甑中蒸气最盛也就是水温最高的时候，灶火并不是最旺的，而是迟于最旺的那个瞬间；蒸气渐衰以至水温最低的时候，也总是晚于灶火熄灭的时刻，这个特点与冬至、夏至时气候并不处于寒暑高峰的自然现象相似。我们从这段叙述中可以推测：赵友钦已认识到，甑中水温的高低取决于水接受灶火加热所得热量的积累，所以他通过类比方法的运用，便自然而然地得出了"寒暑之理"，那就是：大气层对太阳辐射热量的积累造成了气温的高低，也造成了一年中极热与极寒的时刻一般总是滞后于夏至或冬至。

赵友钦在物理学上还有一个相当重大的发现——视角对观察物大小视觉的影响，他认为："远视物则微，近视物则大。""近视则小犹大，远视则虽广犹窄。"当时，人们对于在水边观望湖池与登高俯视湖池大小感觉不同的现象难以理解，赵友钦就用视角原理作出解释，并且做了一个模型来说明这个问题："将筹策一条横平于轮辐之内，平近于眼毂，则所占辐多，移低而亦横平，比如眼瞳俯视，则所占辐亦少矣。"这个模型如图2所示，人眼的观察处在毂心。通过筹策的上下移动，人们便可清楚地看到轮辐被筹策挡住的数目的变化。

图 2

赵氏将视角原理运用于人对星体大小的感觉，作出了近乎定量化的总结。在论述人眼为什么感觉不出太阳大于月亮时，他写道："愚因思之，测得日月之圆径相倍，日径一度日道即广一度，月径止得日径之半，月道亦止得日道之半，道之广狭随其体之大小也，日体与日道虽广一度，月体与月道虽狭一半，然月体于月道在于近视，亦准一度，是犹省秤比于复秤，斤两名数虽同，其实则有轻重之异。"

当然"日月之圆径相倍"的前提是错误的。但是，赵友钦认识到了：在观察相同视角的物体时，其物体大小尺度与物距有相同的比例关系，这种比例关系与秤的情形差不多。事实上，赵友钦在此又提出了一个物理模型：视角与秤标 S 相仿，是衡量的标准，a 固定时，$L\propto h$，而 S 固定时，$W\propto G$（见图3）。可惜，赵友钦没有将这个问题作更深入的探讨，也没有阐明各物理量之间的比例关系，而且对日、月大小的推测也近乎主观。

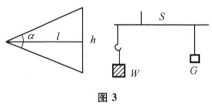

图3

运用物理模拟方法结合类比推理的研究在《革象新书》中还可以找到不少，例如他在计算天高地广时用塔和木表作几何相似；为了说清日月每月间朔望盈亏变化和相对位置的更移，用良马喻日，驽马喻月，生动而形象地描述了日月周转速度的差异……这些，无不表明了在进行科学论证时思维的统一倾向，在他的科学思想中，贯穿着一条物理模拟法与类比相结合的脉络。

三、一个充满矛盾的思想体系——科学方法与僵化哲学的糅合

必须肯定，赵友钦是我国科技史上一位卓越的科学家，他的实验科学在我国古代众多的科学成就中犹如昆山片玉，具有独特的光彩。然而，我们在为他冠誉的同时，也应该客观地分析赵友钦科学思想中的缺陷。事实上，他的缺陷在我国科技史上具有强烈的代表性，因此窥豹一斑，对于探讨中国科学在近代落后的原因也许是不无意义的。

综观赵友钦的著述，我们可以发现一个十分奇特的现象：一方面，赵友钦运用实验方法作武器，在我国古代科学的领域中开拓了一条崭新的道路，就这个意义而言，他是一个善于创新的科学家；但另一方面，他的科学思想中却掺杂着僵化的阴阳说教条，并且正是这些教条禁锢了赵友钦科学思想的腾飞，与本来唾手可得的科学真理失之交臂。这时，他又显得十分保守了，我们不想回避历史，对赵友钦的成与败，我们有责任试与评说。

在"月体半明"中，赵友钦曾运用黑漆毬模型成功地解释了月的盈亏变化。但是，在他这段成功的论述后面，还跟有一段似乎是画蛇添足的话："至于日月对望，为地所隔，犹能受日之光者，盖阴阳精气隔碍潜通，如吸铁之石，感霜之钟，理不难晓。"这种观点，以现代科学而论，简直是无稽之谈。

事实上，日、月、地球通常情况是不在同一直线上的。所以，并不存在"日月对望，为地所隔"的问题，偶尔日、月、地球共线，人们就得看到日食或月食现象。那么，赵友钦是怎样形成这样的想法的呢？

我们可以在"天道左旋"中找到这个问题的答案。在这一节中，赵氏写道："'天

381

如鸡子，地如中黄'，然鸡子形不正圆，古人非以天形相肖而比之，但喻天包地外而已。以此观之，天如蹴球，内盛半毯之水，水上浮一木板，比似人间……"其中"天如鸡子，地如中黄"是东汉著名科学家张衡《浑天仪注》中的话，作为浑天说的经典，鸡子模型在近两千年间一直为天文学界奉为圭臬。不过，张衡在文中对于此模型的描述是欠详细的，后人在理解这段话时往往众说纷纭。根据近年来学术界的研究，大多数有记载的天文学家的观点都执"半毯之水上浮木板"的天地观（甚至有的学者认为张衡的宇宙观是"天圆地平"，不可能同时提出地圆说）。可以想象，赵友钦对天地外形的看法也正是天文学界传统观点的因袭。

既然大地是平的，而且四向伸展与天际遥接，那么日月若处于对望位置确实要被地所隔了，难怪赵友钦不得不端出"隔碍潜通"的衣钵了！

如果赵友钦对地圆说一无所知，那么，这样的论述也许算不上他的败笔，可是，在《日月薄食》一节中，却赫然写着："或曰：天体之内，大地在太虚之中，亦为大月，望而纬度不对者，可以偏受日光之全，大地不可傍障；若望而经纬俱对，则大地正当其间，所以相障而月食，食不尽者，稍有参差也。"现在，我们可不必讨论张衡的原始浑天模型中地形是否是圆的了，因为赵友钦已经从当代人的口中听说了地圆学说。而且，人们已用此来正确解释月的盈亏与月食现象了。元初，阿拉伯人扎马鲁丁曾于1271年将托勒密的《天文集》传入中国，赵氏听到的观点很可能是由此传出的（南宋灭亡后，赵氏隐遁自晦，不一定亲睹《天文集》）。问题是，为什么思想比较活跃的赵友钦接受不了明显优越的地圆说，却拘泥于"天圆地平"，执迷不悟呢？

也许，我们只有借助于考察赵友钦的生平来解开这个疑窦吧！

元灭宋后，赵友钦因自己是宋室世裔，慑于元朝统治者的迫害，往东海（浙江一带）独居过十年，钻研道学，修身养性；

赵友钦注释过《周易》，注文长达洋洋万言；

赵氏还在龙游芝山遇道士石杏林（得之），并投拜为徒；[①]

……

道家的中心在于道生阴阳，阴阳二气冲合生万物；《周易》也是运用阴阳的组合来描述世界。所以，阴阳说对于赵友钦的影响可谓根深蒂固了，以至于在他描述的科学图景上，必须罩上阴阳说的遮纱，掺入"隔碍潜通"的神秘色彩，更何况张衡历来被称为"阴阳之祖"，他也只能对其言论奉若神明。于是，地圆说再天衣无缝，也是异端邪说，天圆地平说虽然摇摇欲坠，却被阴阳说的框架支撑住了！

月食现象又怎样解释呢？把阴阳论再搬来吧："日、月……若相对于二交限内，对经而对纬至其的切，所受日光伤于太盛，阳极反抗，以致月体黑暗。"

---

① 王锦光，"赵友钦及其光学研究"，《科技史文集》第12辑，93页。

一个注重实验的科学家竟然允许如此含糊而主观的解释,确实令人瞠目结舌!然而,这套哲学背景却还能与科学思维结合起来。

日月星辰处于地平线上和天中时,人的视觉是不同的,这本是人眼的错觉。但时代条件的局限使得赵氏不得不殚精竭虑地进行思考:"天体圆如弹丸,圆体中心,六合之的也。……地平不当天半,地上天多,地下天少,……日月之近大远小,星度之高密低疏,所以知其然也。"这里,赵氏运用了视角理论,修改了一下浑天说的图景:球内盛小半碗水,上浮木板。由于前提不正确,推导即使有理,结果也是错误的。

设想一下:如果赵友钦具备正确的宇宙观和哲学理论的指导,消除了阴阳说的陈腐观念,他的科学贡献将大得多!

四、结语

对于赵友钦这样一位科学家的回顾,引起的不仅仅是赞慕,也许,更多的是惋叹。然而,我们毋庸苛求于古人。如果说,赵友钦被囿于阴阳说的藩篱是一个悲剧的话,那么,中国许多科学家都带有这种悲剧色彩,张衡一生,成果辉煌,却耽于"卦候、九宫、风角"[1],并被奉为"阴阳之宗"[2];"中国科技史上的里程碑"《梦溪笔谈》的作者沈括,在游历了科学的百花园后,竟发出"穷测至理,不其难哉!"的长叹;而宋代数学家秦九韶在追求数学"经世务,类万物"的同时,却又把数学视为"通神明,顺性命"的秘学[3]……东方神秘主义的阴霾长期地笼罩在中国科学的上空,甚至蔽住了近代科学的曙光照耀,这实在是中国科学史上的悲剧,也是整个中华民族的悲剧!

作为对赵友钦科学思想和科学方法的探讨,本文只是一个粗浅尝试,难免带有主观臆断的色彩。但是,我们以为,本文的撰作毕竟是从一个较新的角度出发的,或许在科学史和科学思想史的领域中可以聊备一格,希望科学史界的同仁们多加匡正。

(本文为 1986 年 10 月"全国物理学史学术讨论会"论文)

---

[1]　《后汉书·张衡传》。

[2]　《后汉书·方术列传》。

[3]　李俨、杜石然,《中国数学简史》,中华书局,1964 年,152 页。

试论清末物理学的传播和普及 *

近代物理学起源于欧洲，明清时期开始传入我国。对明末清初的西学东渐，各家已有不少阐述，但对清末发生的我国历史上最重要的西学东渐，尤其是物理知识的传入，似乎还有待于加强研究。本文试图对清末历史上近代物理学的传入、传播作一番探索，并对它产生的影响及其原因作初步的论述，不当之处，请各位不吝指正。

一、物理学知识的传入

1840 年的鸦片战争开启了中国的近代时期，西学也开始源源传入我国，物理学知识首次传入我国的情况，大致如下：

1. 力学方面

早在明末清初，不少人便从来华的外国传教士那里学得了一些西方力学知识，当时比较有名的是德国传教士邓玉函（Johann Schreck，1576—1630）和王征合译的《远西奇器图说》一书（1627 年刊）。这是我国出版的第一部力学和机械原理专著，它介绍的力学知识有：地心引力、重心及其求法、比重、浮力、冲击等等，以及一些力学装置的构造与原理。

近代力学的系统化传入，是在清末鸦片战争以后。

《重学》，我国第一部系统的力学专门译著，经李善兰（1811—1882）和英国传教士艾约瑟（Joseph Edkins，1823—1905）合译，由上海墨海书馆刊于 1859 年，原书名 *An Elementary Treatise on Mechanics*，为英国著名物理学家胡威立（William Whewell，1794—1866）所著，是当时西方的力学名著[1]。该书内容从静力学、动力学到刚体力学、流体力学，从理论推导到习题计算，基本上包括了现代大学本科基础力学教科书的全部内容。

静力学方面，该书系统地介绍了合力、分力、力的平行四边形法则，力矩、重心求解、摩擦力、摩擦系数等物理量的计算。动力学方面，主要讲解了牛顿运动三定

---

* 本文与徐华焜合作。

[1] 艾约瑟曾称赞此书道："我西国言重学者，其书充栋，而以胡君威立所著者为最要。"见《重学》"序"。

律及其微分计算,动量、冲量的求法,动量守恒定律,动能、势能及其相互转化,功的积分求法、功率的求解、动能守恒定律,地球的引力常数,单摆的周期等内容。

关于刚体力学,《重学》介绍了转动惯量、角速度、角加速度、定轴转动定律、平面平行运动定律等等。它还介绍了流体力学方面的一些知识:液体压强的求解、伯努利方程的特殊情形,道尔顿分压定律,波意耳气体定律。

同年,李善兰还和英国传教士伟烈亚力(Alexander Wylie,1815—1887)合译了《谈天》一书,力学方面的主要内容有开普勒三定律、牛顿万有引力定律等。

此后直至清末,介绍力学知识的译著仍不断出现,但基本上没有超出《重学》的范围。

2.热学方面

西方热学知识传入我国也开始较早。1673 年,根据比利士传教士南怀仁(Ferdinard Verbiest,1623—1688)的介绍,北京观象台制成了空气温度计。翌年,在南怀仁编撰的《灵台仪象志》中还介绍了温度计、湿度计的制作和使用方法[①]。

19 世纪上半叶,已初步形成体系的西方热学开始传入中国。1833 年在马六甲出版的《东西洋考每月统计传》杂志中刊有关于蒸汽机、火轮船的文章。随后,国内也有人开始了蒸汽机和火轮船的研究。

1885 年,上海墨海书馆刊印了英国医生合信(Benjamin Hobson,1810—1873)编撰的科普读物《博物新编》。该书初集的"电气论""热论"两节介绍了一些热学知识,主要有空气抽气机、气压表、华氏温度计、热质说、热的种类、热传导率、热容、潜热等。

进入 19 世纪 60 年代,美国传教士丁韪良(William Martin,1823—1916)在他1866 年编写出版的《格物入门》一书中,介绍了焦耳的"力热互生论"和测定热功当量的实验等内容。

1871 年,徐寿(1818—1884)和伟烈亚力合译的《汽机发轫》十卷,介绍了热传播的三种方式、三态物质的膨胀系数、热容率、高温温度计等热学知识。

热质说被否定、热的运动说得到确立之事,在 1879 年刊行的《电学纲目》《格物启蒙》两书中得到了介绍,《电学纲目》还讲解了焦耳的电流热效应定律。

进入 90 年代,科学普及工作开展起来。1890 年,英国传教士傅兰雅(John Fryer,1839—1928)应"学校教科书委员会"[②]要求,编写出版了《热学图说》一书,该书介绍了热辐射的研究和辐射计、物体受热的分子运动论解释、"以太"概念等知识。

---

① 见《古今图书集成·历象汇编法典》卷 92《灵台仪象志·四》及卷 95《灵台仪象志·七》
② 该会于 1877 年由在上海举行的"在华基督教第一次传教士大会"提议成立。1890 年改组为"中华教育会"。

能量守恒定律的确切叙述首见于 1894 年刊行的《格物质学》一书①。理想气体状态方程的定性描述首见于 1897 年出版的《热学揭要》一书②。该书还介绍了热量、比热等物理量的计算,等压、等容时气体热膨胀的盖吕萨克定律,绝对零度等知识。

我国第一部介绍热力学计算的译著是 1899 年徐寿和傅兰雅合译的《物体遇热改易记》③。它介绍了热力学第一定律的应用,以及理想气体状态方程、热力学温标、固液体的热膨胀计算等内容。

3. 光学方面

明末最早传入我国的物理学知识,就是关于光学方面的。1601 年,意大利传教士利玛窦(Matteo Ricci,1552—1610)进京呈献三棱镜等物,并用三棱镜表演了色散现象。其后,德国传教士汤若望(Johann Adam Schall von Bell,1591—1666)著《远镜说》(1626 年刊)。这是我国最早的论述望远镜的专著。此外,《灵台仪象志》还介绍了光的折射和色散现象。

我国最早的内容比较系统的光学译著当推 1853 年刊行的《光论》一书,译者为艾约瑟和张福僖(? —1862)。它介绍的内容有:光在不同介质中的传播,反射定律,折射定律,海市蜃楼,色散现象的正确解释,临界角和全反射,以及光现象的光路分析法等等。

此后,1859 年李善兰译的《重学》中还讲述了星光的多普勒效应。

在洋务运动的翻译西书活动中,光学知识继续传入。1875 年丁韪良作《论分光镜》一文④,介绍了分光镜的原理和应用,并讲述了光谱的测定。同年,他还作有《论光之速》一文⑤,介绍了测定光速的三种方法及数值。

我国当时最主要的一部光学译著是 1876 年刊印的《光学》⑥。在几何光学方面,《光学》介绍了各种透镜的成像,眼睛、显微镜的原理。波动光学方面,它介绍的内容有:光的波动性,晶体双折射现象,干涉、衍射、偏振现象的产生、原理和应用,

---

① 该书由美国传教士潘慎文(A. P. Parker,1850—1924)和申江中西书院谢洪赍(浙江湖州人)合译。

② 作者为美国传教士赫士(W. H. Hayes,1857—?)。

③ 原书名 *Changes of Volume Produced by Heat*(1875 年版),由英国 George Foster 和 Henry Watt 合著。

④ 见《中西闻见录》月刊第 33 期(1875.5)。

⑤ 同⑤,第 36 期(1875.8)。

⑥ 《光学》由金楷理(C. T. Kreyer)和赵元益合译英国著名物理学家丁铎尔(John Tyndall,1820—1893)1869 年的光学课讲稿而成。

半波程差、牛顿环、偏振面的旋转、旋光物质,等等。

此后直至清末,介绍进我国的光学知识基本上没有超出《光学》的范围。

4.声学方面

近代声学知识的传入始于鸦片战争后,这是因为,西方近代声学开始于牛顿(1642—1727)时代,经声学之父克拉尼(E. F. Chladni,1756—1827),至赫姆霍茨(H. von. Helmholtz,1821—1894)才趋完成的。

英国医生合信1855年的《博物新编》最早在我国介绍了一点近代声学知识,如空气传声,真空不能传声等等。随后,在1859年的《重学》中介绍了空气的声速值。

我国整个清末最重要的声学译著是1874年江南制造局出版的《声学》(原书名*Sound*,1867年初版),英国著名物理学家丁铎尔著,合译者为傅兰雅和徐建寅,这部著作总结了西方19世纪中叶前的绝大部分声学成果。

关于声波的性质,《声学》介绍了声波的纵波性、声强、声速、振幅、频率、周长、波长的定义和计算。

对克拉尼的声学成就,《声学》介绍了他对固体传声规律的研究,用驻波法测频率的计算,固有频率研究,气体声速测定法,等等。

赫姆霍茨开创了声学史上的新纪元,《声学》在这方面讲授的内容有:音强、音调和音质、泛音,各种乐器的生音规律,两列声波的合成,拍频、结合音、和音、差音等。它还介绍了李萨如图形的产生和原理。

5.电磁学方面

西方的电流研究始于1790年,近代电磁学始于1819年,所以,电磁学传入我国也就较晚。

1855年,合信的《博物新编》最早在我国介绍了一些电磁学知识,如验电器、蓄电瓶、伏打电池、有线电报和电流磁效应的描述等等。

进入洋务运动时期,丁韪良、艾约瑟等人介绍了电报原理和法拉第的一些工作,1871年有线电报装置传入我国[1]。

近代电磁学的系统传入,是在1879年完成的。这一年刊行的《电学纲目》和《电学》两书[2]系统地介绍了西方电磁学:库仑定律,电流强度,电势,欧姆定律,电阻定律,串并联,温差电,电磁感应,动生电流,感生电流,磁力线,变压器,发电机,电流计,顺磁质,抗磁质,电流强度,超距作用,光电关系,等等。

---

[1] 参见张星烺《欧化东渐史》第92页。

[2] 《电学纲目》由丁铎尔著,傅兰雅和周郇(浙江临海人)合译;《电学》由英国脑挨得著,傅兰雅和徐建寅合译。

此后,X 射线知识于 1897 年 2 月[①]、电磁波知识于 1897 年 5 月[②]相继传入我国。

这一时期江南制造局还刊行了一部专讲电磁学计算的译著——《电学测算》。新的内容有:三相交流电、磁通量计算和磁路定律等。该书填补了以往诸书在计算方面的缺陷。

二、物理学知识的推广和普及

由上可见,物理学传入我国的情况是比较不错的,至 19 世纪 70 年代,物理学作为一门科学已较系统地传入了我国。但它的影响和效果是通过推广普及工作才能产生的,这个工作主要由学校和出版机构来执行。统观这个工作从清末鸦片战争前后到辛亥革命的进程,可以分为三个阶段:第一阶段从鸦片战争前后到 1875 年民族工业兴起;第二阶段从 1876 年到 1894 年甲午战争;第三阶段从 1895 年到 1911 年辛亥革命。现分别对这三个阶段物理学的推广普及情况,作考察如下:

1. 第一阶段(1840—1875)

鸦片战争前后,外国教会在我国通商口岸设立了一些学校,规模很小,无格致课,1853 年,美国公理会在福州设立格致书院,可能讲授了一些科普常识。到 1860 年,全国有教会学校约 50 所,学生约 1 千人,程度为小学[③]。

进入 60 年代,由于国内工商业开始兴起,学校发展加快。至 1875 年,全国共有教会学校约 8 百所,学生约 2 万人,程度以小学为主,中学约占 7％[④],少数学校开始设格致课。

中国自办的新式学校也开始出现。如 1862 年的京师同文馆等,主要是语言学堂和职业学堂。1869 年,上海广方言馆并入江南制造局,开设的课程中有"重学"等自然科学[⑤]。此后,1874 年 10 月,徐寿、傅兰雅在上海创设格致书院,开始延请中西名人学士讲演格致学[⑥]。

这时还出现了发行期刊、书籍的出版机构,鸦片战争前后的教会期刊,主要是刊登些教义方面的文章。1843 年,英国教会在上海创立墨海书馆,它印行的书籍介绍了不少物理学知识,如《重学》《光论》《博物新编》等。1857 年,它还发行《六合

---

① 见《电光摄影奇观》,载《时务报》1897.2.22。
② 见《无线电报》,载《时务报》1907.5.2。
③ 见顾长声《传教士与近代中国》,上海人民出版社,1981 年,第 226 页。
④ 同③,第 227 页。
⑤ 《民国上海县志》卷 11"学校下"。
⑥ 《上海县续志》卷 9。

丛谈》月刊,介绍一些科普常识。到 1872 年,丁韪良等人发行《中西闻见录》杂志,也介绍有一些简单的物理学知识。

1867 年,江南制造局设翻译馆,70 年代初期印行了一些汽机方面的书籍。

2. 第二阶段(1876—1894)

这一阶段,随着工商业的勃兴,学校发展较快,至 1894 年,估计教会学校已达约 1 千 5 百所,学生约 3 万名。其中中学约占 10％[1]。一些学校已设有格致课,如 1876 年改建的登州文会馆,已开有声、光、电和物理测算等课[2]。该校主持人狄考文 1879 年回美国,1881 年返回山东时,带来了一套发电设备和一架天文望远镜,并开始建设天文馆,安装发电设备。1888 年建起一个电工间[3]。

这一时期国立学校的建设也开始加快步伐。如:1876 年福州设立电气学塾,招生 30 名,学习电气、电信和电报等[4];1880 年,天津设立电报学堂,教习电学、发报[5];1881 年,清政府解散留学生事务所,94 名学生回国,被分派至电局等处学习当差[6];1888 年,京师同文馆设格致馆[7];等等。这些学校多以技术为主,而以物理学(主要是电学)的皮毛为基础。

教会出版机构中,对科学普及贡献突出的是益智书会[8]。至 1890 年,益智书会共出书籍 3 万册,其中一部分是数理化教科书,如傅兰雅编的《格致图说》(1883—1890)和《格致须知》(1883—1898)丛书等。此外,教会的主要出版机构还有美华书馆[9]和广学会[10]。

在中国自办的出版机构中,格致书室(实为傅兰雅和徐寿合办)1876 年开始发行《格致汇编》杂志,介绍的物理学知识较多。江南制造局继续发行科技书籍,至 1879 共售出书籍 31111 部[11]。至 1907 年,共出科技书籍 120 多种、约 1000 多

---

① 1899 年教会学校约为 2 千所,学生约 4 万名(参见顾长声《传教士与近代中国》,上海人民出版社,1981 年,第 228 页)。上述数据即据此估算而得。

② 参见王元德、刘玉峰《文会馆志》,1913 年潍县广文学校印刷所印行。

③ 引自顾长声《从马礼逊到司徒雷登》,上海人民出版社,1985 年。

④ 见《万国公报》第 393 卷(1876.6)。

⑤ 见《洋务运动》(六)第 336 页。

⑥ 见《洋务运动》(二)第 167 页。

⑦ 《同文馆题名录》,见《洋务运动》(二)第 91 页。

⑧ 益智书会是"学校教科书委员会"的出版机构,成立于 1877 年。

⑨ 1844 年设于澳门,次年迁至宁波。1860 年迁上海,它的印刷厂是当时教会印刷机构中最大的,拥有工人 120 多名。

⑩ 1887 年创于上海,以发行《万国公报》而闻名。

⑪ 见傅兰雅《江南制造局译印西书事略》。

卷,其中物理学约 10 种近 40 卷[①]。

3. 第三阶段(1895—1911)

与前期相比,这一阶段的物理学普及推广工作可谓是突飞猛进。

1894 年甲午战争的失败使中国懂得在船坚炮利的后面,还有其他更为根本的东西,其中包括教育制度。所以国人自办的学校开始急剧增加,如天津中西学堂(1895)、南京储才学堂(1896)、陕西格致实学书院(1896)等等。各校招生人数也大大增加,且大多设有格致科。尤其是从 1898 年戊戌变法开始,各省城州县地方纷纷办起中西兼习的高、中、小各级学堂。1902 年,京师大学堂(1912 年改北京大学)设格致科,下设物理学。至 1911 年,全国官立学校已近 5 万所,学生约 130 万名[②]。

这一时期,教会学校亦继续增加,至 1899 年达 2 千所,学生约 4 万人,一些学校开始设立大学班,约有大学生 200 人[③]。1901 年,美国教会改创苏州东吴大学;1903 年,天主教在上海设震旦大学;1905 年,上海圣约翰书院改圣约翰大学,至 1911 年已设有 7 所教会大学。大多开有物理课。

这一阶段,中国还掀起学习日本的热潮。1896 年,清政府派出首批留日学生 13 人,至 1898 年,骤增至 8 千余人[④]。从 1898 年始,清政府还不断聘请日本教习来华任教。1906 年,在华日本教习达五、六百人[⑤]。1896—1911 年间,从日本翻译的科技书籍达 500 多种。[⑥] 这一时期翻译的物理学著作种数,占了整个明清时期总数的一半以上,且多为与王季烈所译《物理学》[⑦]类似的系统的物理学著作,物理学受到的重视程度,由此可见一斑。

留学生也开始陆续学成归国,如 1903 年归国的留日学生 623 人,次年 536 人,很多人回国后从事科学教育工作。如:在英国获得硕士学位的何育杰(1882—1939),1909 年归任京师大学堂格致教习;1913 年,留学美、德两国的夏元瑮(1884—1944)归任北京大学理科学长。他们致力于我国物理学人才的培养,被严济慈誉为中国"最早最好的物理大师"[⑧]。

---

① 见《江南制造局译书提要》,宣统元年石印。

② 1914 年全国官立学校 5 万 7 千多所,学生约 163 万名(参见顾长声《传教士与近代中国》,上海人民出版社,1981 年,第 334 页),上述数据即据此估算而得。

③ 见顾长声《传教士与近代中国》,上海人民出版社,1981 年,第 226 页。

④ 见实藤惠秀《中国人留学日本史》,生活·读书·新知三联书店,1983 年,第 1 页。

⑤ 汪向荣,"日本教习",《社会科学战线》,1983 年第 3 期。

⑥ 陈应年,"近代日本思想家著作在清末中国的传播和介绍",载《中外文化交流史论文集》,人民出版社,1982 年。

⑦ 《物理学》三编十二卷(1900—1903)由日本饭盛挺造编,藤田丰八译,王季烈重译。

⑧ 见《东方杂志》第 23 卷(1935)第 1 期,第 15 页。

三、物理学传播的效果评价及其原因分析

清末物理学的传播是起到了不少作用的，主要的有：

（1）在不少国人的观念上起到了振聋发聩的作用。人们开始知道，除了四书五经外，世界上还存在着声、电诸门学问；上天、自然界并不是有灵性的，它们服从着一定的规律，这些规律可被发现和利用；坚船利炮、远镜电报是可以在掌握它们规律的基础上制造出来的；社会是发展的，要使自己有力量，不能靠天，要靠科学技术。

（2）为我国工、商等企事业输送了一批初步了解物理学的技术人员，促进了它们的发展。

（3）影响和发展了维新人士的变法思想，并为他们提供了宣传变法的理论武器，谭嗣同就曾将"以太说"吸收进他的哲学思想。

（4）奠定了我国辛亥革命后物理学起步的基础。

但是，这些效果与日本在短短几十年内全面普及物理学教育，使物理学在改变人们观念上，在培养各方面人才上所发挥的巨大作用相比，自然不可同日而语，析其原因，主要有以下数端：

1. 传入的渠道问题

西方物理学通过传教士和我国学者合作传入我国。在19世纪90年代以前，翻译西书工作主要是为洋务工业服务的，物理学是工业技术的附庸，在洋务派"西学就是制造机器枪炮"的认识指导下，这些翻译工作者是无可厚非的，因为首先被重视并产生效果的总是技术知识。

中国学者的启蒙者和合作者是外国传教士，大部分传教士是把传播科学作为敲门砖的。在1890年召开的在华基督教传教士第二次大会上，上海圣约翰书院校长卜舫济就说：教会学校是设在中国的"西点军校"，"正在训练着未来的领袖和指挥官，他们在将来要对中国同胞施加最巨大和最有力的影响"[①]。他的话反映了大多数传教士的观点和行动准则。在这样的目的支配下，西学介绍的效果是可想而知的。狄考文就说过："教科书委员会出版的相当一部分根本不是什么学校教科书，而只不过是宗教传单。"[②]尽管介绍西学所产生的效果是他们所预料未及的，但毕竟使西学东渐的路途上布上了坑洼。

---

① 见《基督教在华传教士大会记录（1890年）》，第497页。
② 同①，第550页。

2. 国内物理学传播的土壤问题

戊戌变法以前，中国社会对近代物理学没有多少需求，种种因素不利于物理学的传播和普及。

先看当时的顽固派，他们当中一些人抱着惯有的夜郎自大思想，"以中国之人师法西人为深可耻者"，认为"制造乃工匠之事，儒者不屑为之"；还有一种思想是以保国粹卫华夏，防止"以夷化夏"为目的；再有一种是为了私利而反对西学，因为引进西学、实行新政，势必妨碍他们的既得利益，"失其安身立命之业"。顽固派在反对西学上结成一体，形成了强大的阻碍力量。1865 年，英人莱奴特(Reynolds)在上海吴淞间铺设电线，不久便被拆除[1]，甚至连光绪帝变法期间的命令也得不到贯彻[2]。

对当时的社会大众，在戊戌变法以前，物理学的传入基本上没有产生影响，长期的传统教育，使他们只知道读好四书五经，做好八股文，便有希望封妻荫子，光宗耀祖，随着洋务运动的发展，吸引了不少人去学外语和技术皮毛，对于西学，"只关心英文，因为他们盼望借此在商业勃兴之上海谋得较好差使"[3]；学生毕业后，亦主要在洋行、海关、银行等处充当买办。

洋务派可谓是当时引进西学的强硬派，既得克服反对派的阻力，又得说服皇上同意，还得在毫无经验的条件下摸索着干，种种原因（如没出国、不通西学）使他们对西学只有一鳞半爪的了解。在整个 19 世纪初，他们不知道物理学是一门系统的学问，只知道有"重""汽""电"诸学，是为轮船、电报等"利器"服务的。

维新派对包括物理学在内的科学的重要性是认识到的。从日本飞速发展的例子，他们认识到，要富强就必须引进和普及科学技术，要学习科学就必须兴学校。"学校之力，在变科学；而一切其要大成，在变官制。"[4]所以归根到底，要富强就必须变法，不变法，科学是发挥不出多少作用的，所以维新派正确地把主要精力放在了图谋变法上。

以上种种原因，使得物理学在中国的传播普及缺乏必需的土壤，直至戊戌变法后，随着时代的发展、教育的普及，物理学在改变人们观念、在发展工业技术等方面的重要性，才逐渐为人们所了解和重视。

（本文为 1986 年 10 月"全国物理学史学术讨论会"论文）

---

[1] 张星烺《欧化东渐史》第 92 页。

[2] 舒新城《近代中国教育史料》第 4 册，第 85—89 页。

[3] 见 W. B. Nance, *Soochow Univ*, 第 15 页。

[4] 见梁启超《饮冰室合集·变法通议》。

喜读《我与李约瑟》①

在当今世界上活着的名人学者中,像李约瑟那样富有传奇色彩的人物是不多的。他和20世纪一起降临到我们这个世界,在童年的梦幻中,他曾编织过自己传教修道的前景,稍长一些他又改变初衷,渴望继承父业,成为一名救死扶伤的外科医生;然而二十多岁的李约瑟却成了一位赫赫有名的生物化学家。当年的伦敦的街头巷尾,人们热烈谈论着他和他的妻子李大斐同时选为英国皇家学会的会士,因为除了英国的维多利亚女皇及其夫婿艾伯特以外,自17世纪皇家学会成立以来,他们是同时得到这项殊荣的第一对夫妇。在进入不惑之年时,李约瑟发现了中国这一片神奇、古老的土地上蕴藏着比他的生物化学更富有魅力的东西。从此便发愿要研究中国古代科学技术的发展历史并撰写一部专著,从此,他生命的航船又驰向了一个崭新的目标。四十余年的光阴过去了,李约瑟用自己后半生心血编撰的一部七卷二十册,约800多万字的巨著《中国科学技术史》,将告写就。这是世界上第一部比较全面、系统地论述中国科学技术发展的重要著作,它以丰富、有力的论据,肯定了中国科学技术在世界历史上曾经起过的重要作用,一个地道的英国人,一个在生物化学这门年轻学科中负有盛名的学者,为什么会对古老的中国科学文化如此倾心?《中国科学技术史》这部博大精深的著作是怎样编撰的?李约瑟有什么治学方法?对于这些问题,详知者怕是不多的。

最近三联书店香港分店出版了一部《我与李约瑟》,作者何丙郁教授乃是李约瑟的学生和好友,也是《中国科学技术史》的合作撰述者之一。作者与李约瑟有多年密切的交往,他以亲身见闻和感受,记叙了李约瑟的生活道路以及他治学为人的风范。

作者在书中认为,李约瑟撰写《中国科学技术史》的目的,过去是、今天仍然是为了消除人们认为中国古代无科学或认为中国古代科学技术对西方没有深远影响这个模糊观念,是为了打破这种无知,肃清这种误解,从而把人类努力的不同源流归结到一起,证明它们是万流归宗的。

作为李约瑟的二十余个协作者之一,何丙郁教授在《我与李约瑟》一书中还专辟一章,较详细地介绍了李约瑟的其他合作者,他们的合作篇目及完成情况。李约

---

① 本篇与余善玲合作。

瑟所创办的剑桥东亚科学史图书馆是《中国科学技术史》编撰、编集、校印的枢纽，胡道静先生认为它是我们星球上的一所奇特的专业图书馆，把它称为"一所不挂'研究所'牌子的研究所"。何丙郁教授在书中不仅为我们描绘了这个图书馆的内外景和馆藏，而且讲述了李约瑟为这个图书馆的创办、保存，为实现他"在未来的世界里，对所有国家里有志于比较科学史的学者开放其宝藏，从而促进公正而平等的世界了解"这个愿望而作出的努力及无私的贡献。

（附记：这所图书馆最近已改名为"李约瑟研究所"，但是图书资料的收藏仍然是该所的主要部分，并已在建造新馆址，在今年晚些时候将举行落成典礼。）

（原文载于《书林》，1986 年 11 月）

沈括研究的过去、现在与将来[*]

沈括,字存中,杭州钱塘人。他不但是北宋著名的政治家,而且是我国历史上屈指可数的博识多才的科学家。他晚年所写的《梦溪笔谈》一书被誉为"中国科学史上的里程碑"。

一、沈括研究的过去和现在

(一)国内

沈括的成就和贡献,早就得到了人们的重视。《梦溪笔谈》成书以后,当时就刻版流传,为作者的同代人引用和称道。以后又有不少学者对他进行研究,如:南宋的朱熹,明末的方以智,清代的郑复光、戴震、张文虎等,都对沈括在自然科学方面的成就进行研究和介绍。

20 世纪 20 年代以来,我国著名科学家竺可桢先生和著名史学家张荫麟先生曾先后撰文对沈括的学术及生平事迹作了探索,打下研究沈括这个课题的基础。

竺先生撰的《北宋沈括对于地学之贡献与纪述》一文,原刊于 1926 年出版的《科学》杂志上,此文乃近代研治沈氏学术的开山之作,创获甚富,影响极大。张先生所撰《沈括编年事辑》,载于《清华学报》第十一卷第二期,1936 年 4 月出版,这是近人全面研究沈括生平及其贡献的启蒙之作,久已见称于世。其后徐规先生在1948 年 3 月 6 日的《申报·文史》上发表《〈沈括编年事辑〉校后记》一文。

新中国成立后,继起研究的有王嘉荫、胡道静、钱宝琮、王锦光等学者,特别是胡道静先生 1956 年出版的《〈梦溪笔谈〉校证》(上海出版公司),1957 年出版的《新校正〈梦溪笔谈〉》(中华书局),包括《补笔谈》《续笔谈》在内,共分六百零九条。胡先生对此书的校勘和资料工作,功力深湛,为综合研究沈括这个人物提供了十分有利的条件。

至今尚未发现《梦溪笔谈》的北宋或南宋刻本。现在的《梦溪笔谈》最早的刻本、也是当今的孤本,是元大德九年(1305 年)茶陵陈氏东山书院的刻本,此书原被香港的一位藏书家所收藏,在周恩来总理的亲自过问下,1965 年 11 月,此书归还

---

[*] 本篇与余善玲合作。

到人民的怀抱里，现藏于北京图书馆。文物出版社在 1975 年出版了该书的复制本和普通版本的影印本。现在它已成为人们研究《梦溪笔谈》的珍贵资料。

20 世纪 70 年代，有不少同志致力于《梦溪笔谈》一书中自然科学方面的条目的评注、译注，如：北京大学的《〈梦溪笔谈〉选读》、中国科技大学的《〈梦溪笔谈〉译注》、南京大学的《〈梦溪笔谈〉评注》。

关于沈括生卒年份，史学界历来异说纷纭。徐规先生 1977 年 3 月在《杭州大学学报》上发表《沈括生卒年问题的再探索》一文，提出沈括当生于宋明道二年（1033 年），卒于宋绍圣四年（1097 年）。现在看来，徐先生的考证是比较确实可靠的。

此外，考古学家夏鼐先生对沈括在考古学方面的成就进行了研究（《沈括和考古学》，刊登在《考古学报》1974 年第二期，后加"补记"收入《考古学和科技史》，1979 年科学出版社出版）。中国科技大学的李志超和北京天文馆的伊世同先生对沈括在天文学方面的成就进行了研究，他们做了大量的实验，复原了一些仪器，这对进一步分析、研究沈括的科学成就具有很大的意义。

还有一些同志注意"对比"这个研究方法，如中国科技大学的徐启平曾将阿拉伯科学家伊本海赛木的光学与中国宋元光学进行了比较，主要是与沈括作对比研究；王锦光于 1985 年应美国加利福尼亚大学圣迭戈分校的邀请，撰写了《从〈墨经〉〈梦溪笔谈〉〈革象新书〉来看中国古代光学的成就》一文，文中把《梦溪笔谈》与伊本海赛木的光学著作作了对比。

六十年来，国人研究沈括及其科学成就与贡献的著述已有一百余篇。1985 年 3 月，浙江人民出版社出版了杭州大学宋史研究室汇编的《沈括研究》，该书汇集了沈括研究的大成，对今后继续研究沈括提供了很好的条件。胡道静先生主编的《沈括研究论集》将由齐鲁书社出版。杨渭生的《沈括全集》也将由中华书局出版。他们的这些工作都将推动沈括研究向纵深发展。

镇江是沈括度过其生命最后八年的所在地，《梦溪笔谈》就是在那里完成的。镇江人民重修了梦溪园、建立了沈括展览馆，并在 1985 年举行了沈括纪念大会。

杭州是沈括的故里，沈括一生中曾多次回到杭州，浙江山水之中留有沈括的许多足迹，他的许多研究、考察和科学成就是在故乡完成的。近代沈括研究的两位先驱竺可桢先生和张荫麟先生都曾在杭州任教过，几十年前担任浙江大学校长的竺先生就曾在前浙大校园里建筑一座沈括纪念馆（存中馆）。今天，杭州不仅有不少在全国具有影响的沈括研究专家，如徐规、王锦光等，而且还涌现出一批中青年研究者，因此，杭州具有研究沈括得天独厚的条件。1986 年 6 月 12 日，杭州成立了沈括研究会，它将对组织、推动杭州地区的沈括研究工作发挥作用。

（二）国外

人类的知识文化总是相互传播，相互影响，超越国界的。一个民族的优秀著作，从来就是不胫而走，不受语言文字的限制的。详尽地记载了世界上首先创造发明活字版印刷术的人物和情况，是《梦溪笔谈》这部中国科技名著播誉全球的重要原因之一，但是首先使用活字排印这部著作的，却是与我们一衣带水的邻国日本。江户幕府的末叶（即 19 世纪中叶），日本的采珍堂曾以我国明季虞山（江苏常熟）毛晋刻本的《梦溪笔谈》作为底本，用活字排印了一部。此书现日本皇室图书馆和关西大学图书馆各有一部作为珍本收藏。

日本不仅在一百四十多年前就用活字版排印了《梦溪笔谈》，而且还率先翻译了这部名著。自 1963 年起，日本京都大学人文科学研究所组织有关专家对此书作了历时十五年的研读和翻译，1978—1981 年间，东京平凡社出版了《梦溪笔谈》的日文全译本（共三册）。书前有此项工作的发起人、日本科学史界元老薮内清撰写的序文。薮内清在 1962 年 4 月发起组织了一个研究班，以中国宋、元时期为研究目标，重点对《梦溪笔谈》等书籍作了讲读，他这一时期的研究成果汇集于《宋元时代的科学技术史》一书。早在 1925 年，日本著名数学史家三上义夫在用英文撰写的《中国算学之特色》一书中，把沈括与日本的中根元圭、德国的莱布尼茨、法国的卡诺等人相比之后，得出一个结论："像沈括这样的人物，全世界算学史上简直罕有，只是在中国历史上产生了如此一个人。"

《梦溪笔谈》"活字印刷术"这个条目大概最早由法国学者斯丹尼斯·茹莲用法文迻译，并在他 1847 年发表的一篇研究活字印刷术起源的文章中予以介绍。1923 年，德国的霍勒博士在他的《古老的中国活字印刷术及其在远东地带的发展》一书中，用德文翻译了沈括的这段记录。1925 年，美国学者汤·弗·卡特又在其《中国印刷术的发明和它的西传》中将这段文字译成了英文，在这本书中，卡特还用英文翻译、介绍了梦溪园。从此，梦溪园这个名称和他主人的名字一起远飏世界。

对《梦溪笔谈》作了最深刻的研究的外国学者，当推英国的科学史家李约瑟博士，他的巨著《中国科学技术史》共七大卷，第一卷是总论，在这一卷中他对《梦溪笔谈》作了概括而十分恰当的评述。他还根据 1885 年的诤痴簃刊本对全部《梦溪笔谈》作了认真的分析，将其内容分成 25 类 584 条加以统计，列表载在他的著作第一卷第 136 页上（李氏所用的刊本总条数与其他版本有出入，比《新校正〈梦溪笔谈〉》的 609 条少了 25 条）。在《中国科学技术史》的其他卷本中，李老博士详细梳理了《梦溪笔谈》中有关条文，征引原本加以英译。在科学分析的基础上，李约瑟断言："沈括可以说是中国整部科学史中最卓越的人物，《梦溪笔谈》是中国科学史上的里程碑。"

美国宾夕法尼亚大学的席文教授是国际上沈括研究的后起之秀，1975年纽约出版的十六卷本《科学家传记辞典》第十二卷中长达25页的《沈括》这个条目，就是席文摘译了一百多种有关沈括事迹的文献而写成的。近年来，席文致力于撰写沈括的长篇传记，书中"附有插图，并将他的著作译成英文载入"。席文还将把胡道静先生编辑的《沈括诗词》译为英文，作为沈括传的附录。

早在1958年就发表《沈括和他的〈梦溪笔谈〉》的法国著名汉学家侯思孟教授，也将把《沈括诗词》译成法文。

二、沈括研究的展望

回顾近几十年沈括研究的历史，我们可以看到，这项工作正在步步深入，全面展开，它已受到国内外各界人士的广泛关注和重视。我们认为今后的沈括研究还可向以下几个方面深化和提高。

1. 对沈括的生平、事迹、著作、文物（包括故居、墓地）等进行更深入细致的探讨研究。

2. 沈括成就的前后继承关系。前文已提及的法国侯思孟教授曾说过，"沈括的成就确实是值得注意，荣誉归于他并归于能产生这样一位人物的中国文明"，我们要对产生沈括这样一位杰出人物的历史背景、科学背景、社会条件作一番认真的研究，对他的学问继承关系要进一步探讨。

3. 在对沈括的学术成就进行研究的同时，我们还应注意他的科学思想，这既是沈括研究中的一个重要课题，也是串联整个中国科学思想发展的必要环节。我们应注重沈括的科学思想在社会科学和自然科学两个方面的影响。

4. 我们对沈括的科学方法、自然观、治学方法等方面应加强研究。

5. 胡道静先生建议，利用现代科学技术的成果来加强对沈括的研究，如建立《梦溪笔谈》电脑信息库，以至建立起沈括所有著作、资料及对它们的研究情况的信息库，以此"推动全国以至国际对沈括研究的蓬勃发展"。

（原文载于《杭州研究》，1986年4月）

读《镜子的世界》[*]

　　中国科技大学李志超副教授编写的科普新作《镜子的世界》(安徽科学技术出版社出版)，以丰富的知识在我们面前展现了一条镜子的历史长廊。从中国的青铜镜、被称为"东方魔镜"的透光镜、显赫一时的威尼斯玻璃镜，直到具有划时代意义的望远镜，作者如数家珍，一一道出了它们的构造原理和身世来历。科学性与知识性的和谐统一，翔实史料和物理实验的有机结合，形成了本书的主要特色。

　　镜子，涉及许多光学原理，在讲述这些原理时，如何使读者保持兴趣而不感到枯燥，容易理解而不失其科学的严密性，作者是作出努力的。《墨经》是春秋战国时代墨家学说的代表作，书中包含有中国最早的关于几何学、力学和光学方面的一些知识，由于文字简古，历代学者很少加以阐述。在这本小册子里，作者用现代科学原理，对有关原文作了分析解说。

　　作者擅长实验科学，这也反映在《镜子的世界》中。用手工研磨玻璃及制作三棱镜、"刀口仪"等小实验，简便易行，有助于读者加深理解光学原理，养成动手实践能力，开拓思路，发挥创造精神。

　　作为《少年现代科学技术丛书》之一，本书的某些内容似嫌深了些，有时需要反复看上几遍才能弄懂。这也正是科普读物的难写之处。我们期待本书在再版时能更深入浅出一些。

（原文载于《科学画报》，1984 年 6 月）

<small>* 本篇与汪宗保合作。</small>

读《考工记》

——闻人军《〈考工记〉导读》序

先秦时期是我国古代科学技术迅速发展的契机，《墨经》和《考工记》乃是点缀当年科苑星空的两颗明珠。三四十年前，钱宝琮师曾对我讲，研究吾国技术史，应该上抓《考工记》，下抓《天工开物》。我始终赞成这个看法。几十年来，《考工记》日益受人青睐不是没有道理的。正因为如此，《考工记》研究亦势在必行。

1978 年恢复招收研究生，闻人军同志开始跟我学习物理学史。他勤奋治学、刻苦钻研，迅即起步进入了这一学科领域。我建议他将《考工记》专题研究作为毕业论文的题目，并负责指导。1981 年，他完成了硕士论文《〈考工记〉研究》，以优秀成绩通过了毕业答辩。同年 9 月，英国科学史家李约瑟(Joseph Needham)博士及其高级助手鲁桂珍博士，在参加第十六届国际科学史会议(布加勒斯特)后，又一次访华。我们在上海会见了李约瑟一行，宾主间进行了包括《〈考工记〉研究》在内的学术交流。

先前，郭宝钧同志曾发心要搞《考工记》的综合研究；蒋大沂同志受命为联合国教科文组织作《考工记》今译，曾打算编著《〈考工记〉校证》。惜两君来不及实现计划而相继谢世，然而，后继者大有人在，足以告慰前贤。

闻人军同志自杭州大学物理系研究生毕业后，到杭大历史系教授中国科技史。他再接再厉，由局部到整体，对《考工记》作了进一步的研究，陆续发表了一系列论文，为全面深入研究《考工记》打下了良好的基础。1985 年，《中华文化要籍导读丛书》编委会不拘一格，推荐这位科技史界的后起之秀为《〈考工记〉导读》撰稿，可谓知人善任。

中国科技史是中国文化史的重要组成部分，也是开辟未久的园地，在一代又一代科技史工作者的共同努力下，形势喜人。《〈考工记〉导读》是第一部用现代科技知识全面介绍《考工记》的作品，作者广采历年来的出土文物考古资料，重视和注意吸收他人的研究成果，又有独到的见解。此书图文并茂，相得益彰，是继戴震《考工记图》之后又一难得的佳作。可以预期，它将很好地起到指导读者阅读和研究《考工记》，鼓励读者继承和发扬祖国文化优秀传统的作用。正如作者所期望的，它确实是中国文化史和科技史领域内具有相当学术价值的一部新著。

科学是全人类的共同财富,各个民族历史上的科学技术是属于全人类的宝贵遗产。如今,不论在国内,还是在海外,中国科技史和物理学史研究正方兴未艾。来日方长,祝闻人军同志继续努力,为科学史、物理学史大厦添砖加瓦,我愿与之共勉。

王锦光

1986 年 4 月 15 日于杭州大学

中国古代对海市蜃楼的认识

　　中国古代对海市蜃楼早就很注意。近年有人提出"十煇"中的"想"是指海市蜃楼[①]，但未说明理由。如果这种说法是对的，那么中国西周时期已有专门官员负责观测海市蜃楼了。《史记·天官书》对海市蜃楼提出初步看法："蜃气象楼台"，《汉书·天文志》也说"海旁蜃气象楼台"。蜃一作蛟龙[②]，一作大蛤[③]。"海旁"、（水）气与海市蜃楼有关，应该说是合理的部分。但以为气是蜃所吐，这是错误的。以后经过人们的长期的观察与研究，对这种说法产生怀疑。宋苏轼（1036—1101）的《登州海市》诗："东方云海空复空，群仙出没月明中。荡摇浮世生万象，岂有具阙藏珠宫。"他非但指出海市蜃楼都是幻景，并提出蜃气不能成宫殿。宋沈括的《梦溪笔谈》："登州海市，时有云气，如宫室、台观、城堞、人物、车马、冠盖，历历可见，谓之'海市'。或曰：'蛟蜃之气所为'，疑不然也。"[④]他将海市作了忠实而细致的记录，并对蜃气所为，提出怀疑，但未提出任何新解释。在明、清时，陈霆、方以智（1611—1671）等人对海市蜃楼的成因作了进一步的探讨，并提出很有价值的见解。陈霆在《两山墨谈》（1539年）中说："城郭人马之状，疑塘水浩漫时，为阳焰与地气蒸郁，偶而变幻。"[⑤]方以智在《物理小识》（1664）中说："海市或以为蜃气，非也。张瑶星曰：'登州镇署后太平楼，其下即海也。楼前对数岛，海市之起，必由于此。'"登州即现在山东省的蓬莱县，所见上现蜃景实为附近庙岛群岛所成的幻景而已。陈霆与张瑶星的见解很有价值，值得赞扬。陈霆，浙江德清人，弘治进士，著作很多。张瑶星的生平事迹待考。

---

　　① 王鹏飞，"中国古代气象学上的主要成就"，《南京气象学院学报》，1978年第1期（创刊号）。

　　② 李时珍，《本草纲目》，卷四十三，"蛟龙"条。

　　③ 罗愿，《尔雅翼》，卷三十一，"释蜃"条。

　　④ 沈括，《梦溪笔谈》，卷二十一，"异事"条。

　　⑤ 陈霆，《两山墨谈》，卷十八。

在陈霆、方以智和张瑶星等人的研究结果的基础上，方以智的学生揭暄、游艺等人提出"气映"说来解释上现海市蜃景。揭暄注《物理小识》说："气映而物见。雾气白涌，即水气上升也。水能照物，故其气清明上升者，亦能照物。"[①] 揭暄、游艺在《天经或问后集》提出："水在涯浃，倒照人物如镜，水气上升，悬照人物亦如镜。或以为山市海市蜃气，而不知为湿气遥映也。"[②]

游艺和揭暄描绘了一幅很有价值的海市蜃楼的图（图1），图中描绘了城楼所成蜃景，表示真实城楼上旗杆的幻景。"昔曾见海市中城楼，外植一杆，乃本府所植者。"在这幅图中用文字说明海市蜃楼的情况与他们的见解。这可以说是当时对海市蜃楼的总结，无疑是中国科技史上一颗灿烂的明珠。

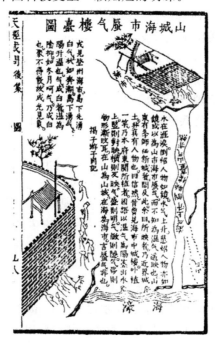

图 1　山城海市蜃气楼台图

"气映"说来解释上现蜃景是重要的进展。现代光学原理认为上现蜃景是上层密度较小的空气层好像一面镜子，将远处的人物反射出来而形成。较详细地说，海市蜃楼是光线在气密度分布有很大差异的情况下，发生全反射与折射的产物，海水蒸发促使大气形成上暖下冷的逆温现象。揭暄和游艺的"气映"说更接近现代光学原理。

宋末林景熙（一作景曦，今浙江平阳人，字德阳，历泉州教授，宋亡不仕，著有

①　方以智，《物理小识》，卷二，"海市山市"条。

②　游艺，《天经或问后集》，第四册。

《霁山集》等著作)的《蜃说》记载了海市蜃楼的幻变："庚寅季春，予避寇海滨。……既至，相携登聚远楼东望，第见沧溟浩渺，矗如奇峰、如叠巘列如碎岫，隐现不常。移时城郭台榭，骤变歘起，如众大之区，数十万家，鱼鳞相比，中有浮屠老子之宫。三门嵯峨，钟鼓楼翼，其左右檐牙历历，彼公输巧不能过。又移时，或立如人，或散如兽，或列若旌旗之饰，瓮盎之器，诡异万千，日近晡，冉冉漫天。"①方以智在《物理小识》中也说："一次则中岛化为莲座，立竿悬幡，大岛化为平台，稍焉三岛连为城堞，而幡为赤帜。"揭暄对这种变幻加以解释："气变幻则所见形亦变幻。"②这些记录与见解都是十分珍贵的。

　　至于海市蜃楼跟季节与天气的关系，中国古籍也有记载，唐陈藏器说："春秋……常有此气。"③明李时珍道："(蜃)能吁气成楼台城郭之状，将雨即见。"④

　　咸丰癸丑(1853)，英国传教士艾约瑟(Joseph Edkins，1823-1905)与归安(今浙江省湖州市)张福僖(？—1862)为墨海书馆译《光论》，系统地介绍西方光学知识。在该书的折射定律之后，用五页的篇幅详细地描述了海市蜃楼，叙述埃及和英国发生的海市蜃楼，用光学原理分析其成因，附了下现蜃景。最后介绍海市蜃楼的演示实验。"昔佛兰西奈伯伦将兵至埃及。有格致士名蒙日，证明此理。设人疑此说不确。用铁条烧红，在其上放置一物，能见真形并见假象。热铁面上之风气如上所说渐近渐疏之理相仿。"⑤"佛兰西"即法国(France)，"奈伯伦"即拿破仑一世(Napoleon Ⅰ，1769-1821)，"蒙日"即 G. Monge(1746-1818)，他是拿破仑一世的密友，到埃及作战。⑥ 因埃及多沙漠，兵士常遇下现蜃景而受骗，蒙日研究了海市蜃楼，并设计了这个演示实验。这实验的基本做法仍流传到现在。惜此书译成后，未能及时出版，后来作为"西学"收在江标(1860—1899)主编的《灵鹣阁丛书》中，才行于世。

　　光绪丙子(1876)，美国传教士金楷理(Carl T. Kreyer)与新阳(即江苏省昆山县)赵元益合译的英人田大里(今译丁铎尔，John Tyndall，1820-1893)的《光学》也介绍了海市蜃楼，十分精要⑦，该书由上海江南制造局出版，对知识界有影响。

①　林景熙，《霁山集》，第四卷，"蜃说"。
②　游艺，《天经或问后集》，第四册。
③　李时珍，《本草纲目》，卷四十六，"车螯"条。
④　李时珍，《本草纲目》，卷四十三，"蛟龙"条。
⑤　艾约瑟、张福僖合译，《光论》。
⑥　*Encyclopaedia Britannica*，1973-1974，"Monge Gaspard"。
⑦　田大里辑，金楷理、赵元益合译，《光学》，卷上，第151节，江南制造局，1876。

补记

夏鼐教授提供一条中国古籍中关于沙漠中"海市蜃楼"的记载。慧立《大慈恩寺三藏法师传》①叙述玄奘经玉门关外"五烽"时,"孑然孤游沙漠矣。唯望骨聚马粪等渐进。顷间忽有军众数百队,满沙碛间,乍行乍止,皆裘褐驼马之像,及旌旗槊纛之形。易貌移质,倏忽千变。遥瞻极著,渐近而微。法师初睹,谓为贼众,渐近乃灭,乃知妖鬼。"谨此补充,并向夏教授致谢。

(原文载于《第二届国际中国科学史研讨会论文集》,香港,1987年)

---

① 见《大正藏》2053号,第五十卷,史传部二,223页。

《中国大百科全书》条目①

德布罗意②、帕斯卡③、考工记④、丁拱辰⑤、
孙云球、黄履庄、赵友钦、邹伯奇、沈括⑥

Debuluoyi

德布罗意，L. V.（Louis Victor de Broglie，1892—　）

法国物理学家，1892 年 8 月 15 日生于下塞纳的迪耶普，出身法国贵族。中学时代就显示出文学才华，1910 年获巴黎大学文学学士学位。后来志趣转向理论物理学，1913 年又获理学士学位。第一次世界大战期间，在埃菲尔铁塔上的军用无线电报站服役。战后，他重新钻研物理学，一方面参与他的哥哥实验物理学家 M.德布罗意的物理实验工作，一方面研究理论物理，特别是与量子有关的问题。1924 年获巴黎大学博士学位，在博士论文中首次提出了"物质波"概念。1926 年起在巴黎大学任教，1932 年任巴黎大学理学院理论物理学教授，1933 年被选为法国科学院院士，1942 年起任该院常任秘书。1962 年退休。

当时已确立光是电磁波，但同时能量又是量子化的，其能量单位为 $h\nu$，ν 为光波的频率。光的这种波动和粒子两重性（见波粒二象性），使许多著名的物理学家感到困扰。年轻的德布罗意却由此得到启发，大胆地把这种两重性推广到物质客体上去。他在 1924 年的博士论文《量子论研究》中，假设所有具有动量 p 和能量 E 的物质客体，如电子等，都具有波动性，其频率和波长分别由下式给出：

$$p = \frac{E}{h}, \lambda = \frac{h}{p}$$

式中 λ 为波长。这两个假设是建立波动力学（见表象理论）的物理基础。

当 1926 年 E.薛定谔发表他的波动力学论文时，曾明确表示："这些考虑的灵感，主要归因于德布罗意先生的独创性的论文。"1927 年，美国的 C.J.戴维孙和 L.

---

① 《中国大百科全书》，1987 年版。
②③④⑤　与闻人军合撰。
⑥　与薄忠信合撰。

H.革末及英国的 G. P.汤姆孙通过电子衍射实验各自证实了电子确实具有波动性。至此,德布罗意的理论作为大胆假设而成功的例子获得了普遍的赞赏,从而使他获得了 1929 年诺贝尔物理学奖。

后来,德布罗意主要从事的仍是波动力学方面的研究,他在 1951 年以后着重研究了"双重解理论",想要在经典的时空概念的基础上对波动力学的几率和因果性作出解释,但这种努力未获得成功。德布罗意始终对现代物理学的哲学问题感兴趣,喜欢将理论物理学、科学史和自然哲学结合起来考虑,写过一些有关的论文。

Pasika

帕斯卡,B.(Blaise Pascal,1623—1662)法国数学家,物理学家,哲学家。1623 年 6 月 19 日生于克莱蒙费朗,1631 年移居巴黎。1635 年左右开始对数学发生兴趣,1639 年随父亲参加巴黎数学和物理学界的学术活动,1640 年提出了射影几何中的帕斯卡定理。1642—1644 年,他设计并创制了历史上第一架机械计算机器。1646—1648 年,重做 E.托里拆利真空实验并研究有关问题。1651—1654 年,进行了关于液体的平衡以及空气的重量等研究。1654 年,提出二项式展开的系数的三角形排列法,即帕斯卡三角形。他又和 P. de 费马共同奠定了概率论的基础。1654 年 11 月 23 日,接受第二次洗礼。1655 年,退隐于波尔—鲁耶尔修道院。1656—1657 年,作《与乡人之书》十多篇,批判耶稣会派。1658—1659 年,研究摆线问题,间接地促进了微积分学的形成和发展。帕斯卡体弱多病,这使他的科研活动受到影响,1662 年 8 月 19 日在巴黎病逝。

在物理学方面,帕斯卡的主要贡献在于对大气压强和液体静力学的研究。1643 年,意大利科学家托里拆利用水银柱做实验,证实了大气压强的存在,帕斯卡受其启发,于 1646—1647 年在鲁昂和巴黎以不同的方式重做过一系列实验。他在巴黎教堂的尖顶上做过实验;还设想了在山顶和山脚分别观测大气压强的实验,委托其姐夫 F.佩里埃进行。佩里埃于 1648 年在多姆山作了实验,成功地证实了大气压强随高度的增加而减小。帕斯卡迅即将实验结果公之于世,引起了物理学界的注意。1649—1651 年,佩里埃又根据帕斯卡的指示,进行了一系列的气压观测,证实了水银柱的高度与当时当地的大气条件有关,从而预示了气压计用于气象预报的前景。

1651—1654 年,帕斯卡研究了液体静力学和空气重量的各种效应,经过数年的观察、实验和思考,综合成关于液体的平衡的物理学论文。他提出了著名的帕斯卡原理,即:加在密闭液体任何一部分上的压强,必然按照其原来的大小由液体向各个方向传递。同时,他还提出了连通器原理和后来得到广泛应用的水压机的最初设想。他又指出器壁上所受的由于液体重量而产生的压强,仅仅与深度有关;他用实验,并从理论上解释了与此有关的液体静力学佯谬现象。

他的物理学著作主要有:《关于真空的新实验》(1647),《液体平衡的大量实验之报导》(1648)和《论液体的平衡和空气的重量》(1663)。在哲学方面,还著有《思想录》(1670)等。

为了纪念帕斯卡研究大气压强所作出的贡献,压强的单位帕斯卡,就是以他的姓氏命名的。

Kaogongji

《考工记》,中国先秦时期的手工艺专著,战国时期已经流传。作者不详。全文虽仅7000多字,但内容丰富,相传西汉时《周官》(即《周礼》)六篇缺"冬官"篇,遂将此书补入,得以流传至今。《考工记》记述了木工、金工、皮革工、染色工、玉工、陶工等6大类的30个工种,其中6种内容已失传,仅存名目。后来又衍生出一种,实存25个工种的内容。

《考工记》首先介绍了单辕双轮马车的总体设计,并在"轮人""舆人""辀人"条中详述了车的4种主要部件"轮""盖""舆""辕"特别是车轮的制造工艺和检验方法,详细指明了各部件的作用和要求以及要求加工质量的原因,记录了一系列的检验手段,如用规和平正的圆盘检验车轮是否圆平正直(规和萬),用悬线验证辐条是否正直(具),又用水浮起车轮观察其各部分是否均衡(水),最后用量器和衡器测知其体形大小和轻重是否符合标准(量和权)。

在车轮取材方面书中指出首先应考虑时间因素,即所谓"斩三材必以其时"。其次是从中选用优质材料和精细加工,如要求车轴美好,坚固和灵便。对轮的直径要求适中,轮径偏大则乘车上下不便,轮径偏小则马拉车费力,车轮滚动时阻力和轮径成反比因而必须选用适当的轮径。近代出土的商周战车尚有尺寸比例不合理以及重心偏高等缺点,而《考工记》所载的造车方法已克服了这些缺点。

"冶氏""桃氏""矢人""庐人""弓人"条记载了多种兵器的形状、大小和结构特点,尤其对弓矢的制造工艺记述详尽,如对弓身的用材就比较了7种材料的优劣,探讨了如何增加弓身的弹力、射速,以及加固和保护弓身等问题。"矢人"对各种箭镞的长短大小,铤的长短都有所规定,还记述了以水浮法检测质量分布的平衡性。

《考工记》将商周以来积累的冶金知识归纳为"金有六齐",这是已知世界上最早的青铜合金配制法则,它揭示了青铜机械性能随锡含量而变化的规律性。此外,《考工记》还包含有数学、力学、声学、建筑学等多方面的知识和经验总结。

历代注释和研究《考工记》者甚多,以东汉郑玄注、唐贾公彦疏、清戴震《考工记图》、程瑶田《考工创物小记》以及孙诒让《周礼正义》等较为著名。

Ding Gongchen

丁拱辰（1800—?），中国清代机械制造家，又名君轸，字星南，福建省晋江县人，卒年不详。青年时酷爱探究机械构造，曾制成测晷、验星等天文仪器。1831年随商船出洋，接触西方科学技术，学习天文、数理，研究船、炮等。1841年在广东著成《演炮图说》一册，连同象限仪一具。铸炮试验成功后，清政府授予他六品军功顶戴。1851年又受命赴广西铸炮。丁拱辰对火器的制造和使用以及火药的配制等均有研究，特别对火轮车和火轮船进行了开创性的研究工作。1831—1841年，先后制成火轮车和火轮船的雏型。1843年将《演炮图说》修订为《演炮图说辑要》，其中所附《西洋火轮车火轮船图说》是中国学者自著的第一部有关蒸汽机和火车、轮船的著作，并附有火车、轮船图。他的主要著作还有《演炮图说后编》(1851)、《西洋军火图编》(1863)等。

Sun Yunqiu

孙云球（17世纪30—60年代），中国明末清初光学仪器制造家。字文玉，又字泗滨。生于明崇祯(1628—1644)初年，卒于清康熙(1662—1735)初年，终年33岁。吴江（今江苏省吴江县）人，后寓居苏州虎丘。他曾经设计创制"自然晷"来测定时刻。当时眼镜由国外输入，质料为玻璃，以远视眼镜为主，物稀价贵。孙云球就用手工磨制水晶远视眼镜和近视眼镜，是为苏州自制眼镜的开端（苏州是在明末清初我国制造眼镜的重要地方之一）。他又采用"随目对镜"的办法，所以能使患者配到合适的眼镜。他是在磨制凸透镜和凹透镜的基础上，在中国最早制造出望远镜的人。此外，他还创制出存目镜、多面镜、幻容镜、察微镜、放光镜和夜明镜等约70种光学仪器，后人誉之"巧妙不可思议"。他又总结了制造各种光学仪器的经验，写成《镜史》一卷，当时"市场依法制造，各处行之"，在中国光学仪器发展史上起过重要作用。

Huang Lüzhuang

黄履庄（1656—?），中国清初发明家。他自幼聪颖，学习勤奋，喜欢动手。七八岁时，就曾经雕凿一个木头小人，长约一寸，手足都能活动，放在桌上能自动行走。十多岁时，父亲死后，寄居江都（今江苏省扬州市）外祖父家，学习了从西方传入的数学、力学和机械等知识，制作技术因而更加精进。据《虞初新志》记载：他曾创制"双轮小车"，"长三尺余，约可坐一人，不烦推挽，能自行。行住以手挽轴旁曲拐，则复行如初。随住随挽，日足行八十里"。可能跟现在的自行车相似。他曾著《奇器目略》，惜已散失，《虞初新志·黄履庄小传》录有数条。奇器可分六类：(1)验器，就是测量仪表，有温度计和湿度计。他是中国制造温度计较早的人。他的湿度计"内有一针能左右旋，毫发不爽，并可预证阴晴"。(2)诸镜，就是光学仪器，其中最值得注意的是"瑞光镜"，它的"制法大小不等，大者径五六尺，夜以一灯照之，光射数里，其用甚巨"，似为探照灯一类装置。此外还有：千里镜（即望远镜）、取火镜、临画镜、显微镜、多物镜等。(3)诸画。(4)玩器，有自动戏、自动驱暑扇、木人掌扇和灯衢（利用多面平面镜成复像的装置）等。(5)水法，有龙尾车（可能是多级水车）、柳枝泉（喷泉）等。(6)造器之器，即工具，有方圆规矩，就小画大规矩，就大画小规矩，画六角八角规矩、造诸镜规矩和造法条器等。他的这些成就是受西方所传入的科学知识的影响而取得的。

Zhao Youqin

赵友钦（13世纪中叶—14世纪初），自号缘督，人称缘督先生或缘督子。中国宋末元初的科学家。饶州鄱阳（今江西省鄱阳县）人。是宋室汉王第十二代孙。宋亡时，为避祸隐遁为道家，奔走他乡。后在浙江龙游鸡鸣山定居，并在山上筑观象台（又称观星台），观察天象。著述颇多，大都失散，唯留《革象新书》五卷，现存两种版本。此书以讨论天文问题为主，兼及光学和数学，有不少精辟的论述。其中"小罅光景"节记载了光学上的针孔成像实验（如图所示），分别在相邻两个房间的地面下，挖掘两个直径约4尺多的圆阱，右阱深4尺，左阱深8尺，左阱中可放一张4尺高的桌子；另在两块直径4尺的圆板上各

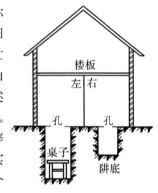

"小罅光景"的示意图

插1000多支蜡烛，作为光源放在阱底或桌面；另备中心开孔的大小和形状各不相同的木板若干块，按实验需要选取，分别盖在两阱口。这样，可以使得两者的若干条件相同，只有一个条件不同，便于进行对比试验。实验分4步：(1)改变孔的大小和形状，即改换阱口的木板；(2)改变光源强度，即改变点燃蜡烛的支数；(3)改变像距，即改变水平挂在楼板下作像屏的两片大木板的高度；(4)改变物距，移去左阱中的桌子，把光源放到阱底，等等。通过这一系列的实验，对小孔（形状和大小）、光源（形状和强度）、像（形状和亮度）、物距、像距这些因素之间的关系进行了规律性的探讨，并以光线直进原理加以解释。这个实验的特点在于规模大，对比性强，并能逐个因素进行讨论，这个工作是中国历史上记载最详、规模最大的物理实验。这是赵友钦的重要贡献。此外，他对照度也进行过研究，了解照度和光源之间的定性关系。

Zou Boqi

邹伯奇（1819—1869），中国清代科学家，字一鹗，又字特夫，广东省南海县人。

他一生几乎都在家乡研究自然科学和经史,精于光学、天文、数学、度量衡和测量等。他治学的方法,不单从书本上用功,还要通过观察、实验、绘图和计算,来探索规律。他曾奉命测绘广东省地图。邹伯奇制造过望远镜、显微镜、照相机、浑球仪和七政仪等仪器。现在广州市文物管理处还收藏有他制作的七政仪、地图、望远镜和手稿。

《格术补》是邹伯奇在物理学方面的代表著作,同治十三年(1874)刊行,这是中国近代自著较早的较完整的一部几何光学书。《格术补》在《墨经》《梦溪笔谈》等有关光学论述的基础上,进一步用几何光学的方法,透彻地分析了小孔成像、透镜原理、透镜成像公式、透镜组的合焦距、眼睛和视觉的光学原理、望远镜和显微镜的结构和原理等等;并且还讨论了望远镜的视场、场镜、出射光瞳和渐晕现象等等。此外,邹伯奇对照相术很有贡献。在道光二十四年(1844),他制成"摄影之器","以木为箱,中张白纸或白色玻璃,前面开孔安筒,筒口安镜而进退之,后面开窥孔,随意转移而观之"(《邹征君遗书·存稿》)。这就是"取景器"。后来又把它装上"收光"(即光圈)与"弹簧活动"(即快门)以及自制感光底片,成为照相机。他对感光底片的制作、照片的拍摄、冲洗和印晒等都有介绍。邹伯奇在光学和照相术方面的成就是受到西洋的影响的。他的著作《格术补》《补小尔雅释度量衡》等都收在《邹征君遗书》中。

Shen Kuo

沈括(1031?—1095?),中国北宋科学家。字存中,钱塘(今浙江省杭州市)人。曾任沭阳县(今江苏省沭阳县)主簿。嘉祐八年(1063)中进士,不久升为太史令。熙宁年间积极参与王安石变法运动,如整理陕西盐政,考察两浙水利、差役等。熙宁五年(1072)提举司天监,次年升任集贤院校理。熙宁八年(1075)出使契丹,斥其争地要求。次年任翰林学士,权三司使。元丰五年(1082),西夏攻永乐(今陕西省米脂县西)、绥德(今陕西省绥德县)二城,沈括奉命力

保绥德,因永乐失守,连累坐贬。元祐三年(1088)退居润州(今江苏省镇江市),筑梦溪园,汇集平生见闻,撰《梦溪笔谈》。约于绍圣二年(1095)病卒。终年65岁。(生卒年可能都有一二年的出入,尚待考定)

沈括一生撰书多种,据《宋史·艺文志》载,其著述有22种155卷,但根据《梦溪笔谈》和宋代诸家书目,此外尚有18种。现在尚存的只有《梦溪笔谈》26卷(参见彩图插页第1页)、《补笔谈》3卷、《续笔谈》1卷、《长兴集》残存本19卷和《苏沈良方》中的一部分沈括医方,其他均已失传。《梦溪笔谈》的科学内容丰富,见解精

到,无论在中国还是在世界科学史上都享有很高的声誉。

沈括的物理知识是多方面的,在磁学、光学、声学几个方面都有所创见。

磁学 (1)最早记载了人工磁化的一种简便方法,即"以磁石磨针锋",造指南针。(2)在历史上第一个指出了地磁场存在磁偏角。即磁针所指"常微偏东,不全南也"。(3)详细讨论了指南针的四种装置方法:水浮,置于指甲上,置于碗沿上和悬吊的方法。他指出,浮在水面容易摇荡不定,放在指甲或碗沿上容易滑脱,用单根蚕丝悬挂最为方便。

光学 (1)对针孔成像与球面镜成像的问题,中国在战国初期就有所认识。沈括对这些现象作了仔细研究,力图进行理性的概括。他提出"碍"的概念,这是指某种特殊的几何点,例如小孔成像的孔,凹镜的焦点或曲率中心。他认为针孔成像和凹面镜成像(包括凹面镜向日取火)都是由于光线通过"碍"的缘故,得到物的投影(亦即成像)。他认为这种几何关系就是"算家"的"格术"。他正确地描述了镜面的曲率与像的大小的关系。(2)他所记载的"红光验尸"法指出,当尸体的伤痕不易发现时,可在中午用新的红油伞罩在用水浇了的尸体上,则伤痕可见。这新的红油伞实际上起了滤光器的作用,尸体伤痕的青紫处,在红光下比在白光下看得清晰。(3)沈括研究过透光镜。透光镜是一种特制的铜镜,当镜面对着阳光,镜背的文字图案,能够反射在墙壁上,他猜测这是由于镜面上存在与背文相对应的细微图案的缘故,他还对铸造过程中镜面形成相似图案的原因作了一种比较合理的解释。

钦定四库全书本《补笔谈》书页

声学 (1)用纸人显示声音的共振,是沈括的一个发明。古代的琴(或瑟)上,都有宫、商、角、徵、羽、少宫等弦,其少宫、少商分别比宫、商高八度音。他剪了一个纸人放在少宫或少商弦上,弹动宫弦或商弦时,在相应的少宫或少商弦上的纸人就会跳动起来,而弹其他弦时,纸人则不动。用两只琴(或瑟),将纸人放在一只琴的弦上,则弹动另一只琴时,相应弦上的纸人就会跳动。这里,前者是因宫和少宫,商和少商的频率相差一倍,故产生泛音的共振;后者则是基音的共振。沈括将这两种情形统称为"应声",并指出这是正常的规律。(2)"虚能纳声"是沈括在声学上的另一个见解。他指出,将牛革箭袋(矢服)放在地上当枕头,就能听到数里之内的人马之声。从现代物理学观点看来,这是由于地面下传来的声波能量衰减小,而箭袋的空腔起了集音作用的缘故。

博明和他的光学知识*

一

博明,清朝满洲镶蓝旗人①,姓博尔济吉特氏,原名贵明,字希哲,一字晰之,号西斋,又号晢斋。生于18世纪30年代前后,卒于1788—1789年间②。

博明祖父邵穆,曾任两江总督。作为达官贵族的子弟,其家学深厚,受过多方面的良好教育,出桐城张若需(字树彤)之门,与清朝著名文人翁方纲(1733—1818)同馆十余年,据说两人还有十同③,过往甚密。乾隆十七年(1752)中进士,金榜题名之后,曾在散馆授编修,参加了修订《续文献通考》,任过庶吉士,丙子(1756)主广东试,累官洗马,外任云南迤西道,后降兵部员外郎,一生宦迹南至云南边陲,北归鸭绿江畔,风餐露宿,无所不尝,仕途坎坷。对此,在他的诗文中多有流露④。至晚年,有"惜其衰屡而作不平之鸣者,西斋赋诗有云:'怀残鼠璞何容惜,难扰龙狂未肯降。莫负清秋好节序,倚栏且覆酒瓢双。'"⑤失意及无可奈何的情绪由此可以略见一斑。

博明以博学多才而闻名,正如翁方纲在《偶得》序中说:

"西斋少承家世旧闻,加以博学多识,精思强记,其于经史、诗文、书画、艺术、马步射、翻译、国书源流以及蒙古、唐古忒诸字母无不贯串娴习。"

其外孙穆彰阿为他的《详注韩昌黎诗集》一书所作的序中亦云:

---

* 本文与李胜兰合作。

① 《中国美术家人名辞典》说博明为满洲正蓝旗人,而《中文大辞典》《中国人名大辞典》《八旗艺文编目》皆说他为满洲镶蓝旗人。取后说。

② 博明著《西斋偶得》三卷、附录一卷(光绪二十六年即1900年留坨刻本,以下简称《偶得》),翁方纲为之作序,序中言:"西斋之卒,予适出使江西。"翁氏江西之行,一次很早,与博明卒年距离较远,不合;一次在1786—1789年间,且博明《偶得》自序作于1773年,《偶得》中还提到1788年的事,故卒年有此说。其生年系据翁氏题诗及他们两人并非忘年之交等推算。

③ 翁方纲《偶得》序中言:"西斋与予生同里,乾隆丁卯(1744)同举乡试,壬申(1752)同中会试,同出桐城张树彤先生之门,又同选庶常,同授编修,同直起居注,同修《续文献通考》,同教习癸未(1763)科庶吉士,同官春坊。"

④ 博明,《西斋诗辑遗》,清嘉庆五年(1800)刻本,《西斋三种》内。

⑤ 杨钟义,《雪桥诗话》第一函第六册。

414

"余外大父博西斋先生,学通五际,才贯九能。古训旁搜,供目耕者签二百;奇瓠亲校,经手钞者纸八千。"①

仁和的谭献在《重刻西斋偶得叙》中谈到,杨钟义覆刻遗书的目的是为了帮助后人从善读书的先辈那里获得借鉴,而博明"夙官禁近,揽柱下之藏万卷。研求学有心得,随笔纂录掌故与地理经典之纲要,援古证今无游移传会之陋说。学人也,与史才也"②。正是一位可学的善读者。

也许由于博明仕途中衰,备受冷落之故,尽管他才华横溢,但流传下来的著作却不多。仅有的几种,也是在他逝世十几年后才由他的同僚、好友帮助付印的。直到外孙穆彰阿官居高位后,其著作的境遇才有所改善,得以重版。现在可以查阅到的博明著作有这样几种:《西斋偶得》《西斋诗辑遗》《凤城琐录》及《详注韩昌黎诗集》。其中《凤城琐录》是他降兵部员外郎后在凤城所记,书中记录了当地大量古迹和典故,包含了许多朝鲜山川、地理、人物的介绍。而《详注韩昌黎诗集》一书中的注实际并非博明所做,只是引用了他抄录的韩愈原诗的抄本,因此,严格说来它不是博明的作品。上述著作中,以《西斋偶得》一书内容最为丰富。此书分上、中、下三卷,是笔记文体。每卷均按若干标题逐一加以论述,就内容而言,涉及的范围很广,有名称考证、源流探察、读书后记和博物趣闻等。有关自然科学方面的,有罗盘、地震、瘴气的成因、隙积术、泰西火法、日月食、潮汐及不少光学知识。其中,光学知识部分极富特色,具有较高价值,下面拟重点加以介绍和分析。

二

博明的光学知识主要集中在《偶得》里,可分为四个部分加以讨论。

1. 对颜色视觉问题的认识

这是个起源久远的问题。在欧洲,辛尼加(L. A. Seneca,2—66)讲过虹的颜色和玻璃片边缘形成的那些颜色一致。马尔齐(M. Marci)、格里马尔迪(F. M. Grimaldi,1618—1663)、笛卡尔(R. Descartes,1596—1650)、胡克(R. Hooke,1635—1703)和其他一些科学家都讨论过白光分散或聚集成颜色的问题③。现代意义上对色觉的真正研究是自牛顿(I. Newton,1642—1727)1666 年的分光实验开始的。1807 年,杨(T. Young,1773—1829)首先提出并经过赫尔姆霍兹(H. Helmholtz,1821—1894)补充完整了色觉三色说,此说认为人的视觉是由于视网膜上存在着对红、绿、蓝敏感的三种视锥细胞,这三种细胞的不同兴奋程度引起人们不同的颜色感知。1878 年,为了弥补三色说在关于色盲解释中的某些缺陷,赫林

---

① 博明,《详注韩昌黎诗集》,民国乙丑年(1925)八月上海会文堂书局本。

② 见《偶得》序。

③ 弗·卡约里,《物理学史》,内蒙古人民出版社,1981 年,第 89 页。

(Ewald Hering)又提出了新的色觉理论。他认为视网膜上存有三对颜色相互拮抗的视锥细胞，即红—绿对、黄—蓝对、白—黑对，这三对细胞的活动结果就产生了各种颜色知觉和各种颜色混合现象①。

相形之下，古代的中国，人们对于颜色更注重它在人文礼节方面的意义，而很少从科学的角度去探索，不过，在应用方面的尝试起源甚早，因此，人们对颜色的接触和观察还是较多的。《书经·益稷》中已有"五色"②之说，战国时期的《孙子兵法·势篇》中就指出："色不过五，五色之变不可胜观也。"《淮南子》等书也有类似说法。远在周朝，人们就把颜色分成"正色""间色"两类。据南朝皇侃（488—545）的解释，"正色"指青、赤、黄、白、黑五色，"间色"则为杂厕之色，由不同的"正色"以不同的比例混合生成。③ 至明朝，章潢在其百科性的巨著《图书编》中对此专列标题，较详细地用五行说解释了"正色"和"间色"的成因④。

也许由于博明是书画家的缘故⑤，他对色觉问题比较关心，《偶得》卷中单辟"五色"条目。在这一条目下，他首先指出：

"五色相宣之理，以相反而相成，如白之与黑，朱之与绿，黄之与蓝，乃天地间自然之对。待深则俱深，浅则俱浅，相杂而间色生矣。"

这里，博明明确认识到：（1）颜色中存在着三个相反的"自然之对"，即白—黑对，红—绿对，黄—蓝对；（2）这三个颜色对又可相杂而产生间色。用我国传统的哲学概念归纳地说，五色相宣之理就是颜色的相反相成。显然，这种以三个颜色对为出发点的生色说，其基本思想与哈利1878年提出的拮抗理论是一致的，在科学史上同样具有进步意义。且博明的五色相宣之理比西方相应理论早约一个世纪。特别值得注意的是，博明不仅没有如明朝章潢那样把生色说与五行说进行繁琐的机械附会，而且还努力从哲理高度上去把握它，一定程度上开创了我国生色理论的新风。

接着，在同一条目下，博明通过细致的观察，准确地记述了容易为人忽视的负后像现象（亦称先后颜色对比现象）：

"今试注目于白，久之目光为白所眩，则转目而成黑晕，注朱则成绿晕，注黄则成蓝晕，错而愈彰，黼黻文章之所由成。"

现代理论认为，负后像现象是由于视觉暂留现象造成两种或多种颜色在眼中混合的结果，但是，因为此现象的显著性在很大程度上依赖种种心理因素，所以难

① 董太和等，"色觉理论中阶段学说的新发展"，《中国眼科杂志》，第22卷（1986）第6期。
② 五色通常指青、赤、黄、白、黑。
③ 王锦光等，《中国光学史》，湖南教育出版社，1986年，第26页。
④ 章潢，《图书编》，明天启三年（1623）刻本，卷22，第90—91页。
⑤ 《中国美术家人名辞典》言博明"善绘事，尤工花卉"。

以为人们所发现。① 中国历史上，类似博明的记载至今罕见。国外的有关观察记载是通过1876年江南制造局出版、田大里(J. Tyndall，今译丁铎尔，1820—1893)所著的《光学》一书开始传入中国的。该书在"论人目觉色之异"的标题下写道：

"从明至暗，白纸红点，视久绿边，移红则绿。理：人目久视红色即减其觉红色之功用，即去小红圆之后，即有纸之白光入目内，因已减觉红色之功用，故只能觉红色之相互色。"②

不难看出，仅从观察的细致上比较，博明与田大里不相上下，然而田大里在书中又进一步解释了该现象产生的原因，这是博明所不及的。

2. 对近、远视眼成因及矫正的分析

有关近、远视眼成因的问题，在中国历史上大多局限于中医范围内的讨论，从光学角度的考察很少。博明之前，要算1626年出版的耶稣会士汤若望与李祖白合译的《远镜说》，书中以眼睛对"三角形射线"和"平行射线"的不同耐受力为出发点，分析了近、远视眼的成因，认为"习性使然耳"，并提出了用透镜"巧合其性"进行矫正的方法③。但论述的科学性不强。

博明在《偶得》卷下"目理"一节中，采用了与《远镜说》不相同的体系，详细讨论了近、远视眼的成因及矫正问题。

首先，博明从眼球这个视觉器官的特点着手进行分析：

"目睛体至圆，瞳体亦至圆，故其为用也，视近物则大，视远物则小。盖圆则外照之光亦如天体地球之有度数，近则度狭，远则度广，所谓车毂形是也。"

"入目之物，得其度分之多即见为大，少即见小。物近则得度分多，远则少，渐远渐渺，至极微而有所不见矣。"

以上文字说明了眼睛和瞳体的形状特点及其产生的效应。为了更清楚地表明自己的观点，他还给出了不少具体的数字作为例证，原文摘录如下：

"今设以瞳中心作点分三十六度，以黑睛轮径三分，周九分五秒有奇计之，每度当二分半有奇。引至轮径一尺视五寸，则每度当八分七厘二毫有奇。更引至视远一丈，则每度一尺七寸四分二厘有奇。以径五寸之物当之，去目五寸，可当二度，至一丈则不抵十分度之一，其大小之形不啻减二十倍，使远至数十百步，不更小乎？"

他还进一步指出，上述关系在数量上"皆可以算术求之也，此即勾股测量之源（视轮之度线一为股，一为弦，度之广狭为勾，成四率比例)④，泰西画之线法亦由此出"。以这些认识为基础，博明分析了近、远视眼的成因，原文如下：

---

① C.B.克拉甫科夫，《颜色视觉》，科学出版社，1958年，第82页。

② 田大里，《光学》，第二卷下，同治九年(1870)刻本。

③ 汤若望、李祖白合译，《远镜说》，艺海珠尘本。

④ 括号内字为原文的注文，下同。但其注文不知何人所作。

"人生至十六七岁以后，肾气耗减，其瞳内之精气不能绽足①。日视近（如读书、作精巧艺事类），则目光为近物所聚，其圆体微尖，尖则本体小，外照之度亦小，于是视物形较大且愈远愈大，故视近物明，视远处散漫而不明。"

这便是近视眼。对远视眼的论述为：

"日视远则目光为远物所散，其圆体微平，平则本体大，外照之度亦大，于是视物形较小且逾近逾小，故视远物明，视近物迷乱而不明。"

而近视、远视"率皆与年俱增，更有生而目力不足者，或由生禀肖父母，亦因有疾而致者"。

在这些论述中，博明提出了两个值得重视的见解。其一，他不仅领悟到视角的概念（即原文中的度分），而且对视角与物体的视大小关系也有清晰的认识："入目之物，得其度分之多即见为大，少即见小。物近则得度分多，远则少，渐远渐渺，至极微而有所不见矣。"如果把这里的"度分"换成现代的"视角"概念，这段话几乎无异于现代光学的表述。其二，博明认识到眼睛视近物时微尖，视远物时微平，即视近物和远物时眼球的凸凹状态不同。在上述认识的基础上，再辅以中医传统的"绽足"说，他便合理地从眼球凹凸功能失调的角度解释了近、远视眼的成因问题。此番解释，较之于中医定性的模糊说法显然高明，且与现代理论阐述的出发点基本一致。类似的论述还见于郑复光（1780—?）的《镜镜诒痴》②与《费隐与知录》中③。不过，它们在时间上略晚。此外，这段关于近、远视眼成因的分析，既采用了顺达的演绎推理，又采用了定量关系的说明和例证，这与中国早期传统学说相比，显然是前进了一大步。

在探讨近、远视眼的成因之后，博明又进一步阐明眼镜④矫正的原理。同汤若望一样，博明也是以"巧合其性"为出发点来解释的，文中这样写道：

"目镜则因其不圆，用透明之物制极圆凹凸之形，映目便完其绽圆之体也。凹形聚物形为小，小则远者适还其本体，故不散漫，以之视近物，反迷乱矣。凸形散物形为大，大则近者适还其本体，故不迷乱，以之视远，反散漫矣。而皆有等阶，最凹者视最远，次凹者视次远，微凹者视微远；最凸者视最小，次凸者视次小，微凸者视微小。因己之目力，复以远近大小为程，多储审定，其妙自见焉。"

尽管这里对矫正原因的讨论还有牵强之处，但它表现了博明对眼镜的特性和

---

① 此为中医传统说法。

② 林文照，"十九世纪前期我国一部重要的光学著作——《镜镜诒痴》的初步研究"，《科技史文集》，第 12 辑，上海科学技术出版社，1984 年。

③ 王锦光，"郑复光《费隐与知录》中的光学知识"，第三届中国科学史国际讨论会论文，1984 年，北京。

④ 即博明文中的目镜。

功能都有认识。他曾满怀兴致地自赋"眼镜"诗一首：

"展转精莹袭锦匣，昏眸顿今辨微纤。

小窗恰喜朝阳好，引镜拥炉自镊髯。"[①]

另外，博明还谈到了阳燧生火的问题，他认为：

"目镜即阳燧也。阳燧以玻璃为圆珠，承日光而取火，其日光聚处即在轮边。珠大则光大，珠小则光小，即度数之义。盖通体为极圆，上半所收之光聚于下半之底，而凝成火体，过此复散。其影上下东西互易，其凸形之目镜以规引之，亦成圆形。其映日光而聚，而生火之尺寸即其圆体径之尺寸也。凸之最者，生火易；凸之次者，生火难；微凸者不能生火，乃其圆形大而体薄不能聚光也。若作径一尺五寸之大玻璃珠（即一尺五寸光目镜），亦能生火。"

据此来看，博明对透镜的成像特点也有比较正确的认识。

3. 对小孔成像的认识

远至战国时代的墨子，就开始注意到小孔成像的问题，并已具有小孔成倒像和光线直进的初步认识。其后，唐朝的段成式、宋朝的沈括、宋末元初的赵友钦等人都进一步探讨过这个问题。特别是沈括和赵友钦，曾提出了一些有见地的看法。赵友钦还专门设计了大型光学实验，开始认识到物、像、孔三者距离之间存在着一定的关系[②]。不过，由于一些人为的原因，赵氏的成果在社会上影响很小，鲜为人知。

清朝时，人们对小孔成像的讨论较为广泛。清初虞兆漋在《天香楼偶得》中提出：小孔成倒塔影是与塔在地上的影子有关[③]。博明否定了虞氏的说法，认为小孔成倒影的原因是：

"其妙理则在墙板之厚薄及墙与壁相距之远近。盖板薄则光其，厚则光小。若数寸之板，指大小孔，必不能成光，以其不能四面掩映耳。至墙与壁及塔，皆须适合其尺寸，可以算法得之。"

虽然赵友钦已详细地讨论过物、像、孔之间的距离关系，但他并没有意识到这种关系可以通过"算法得之"。博明对小孔厚薄与成像关系的认识，则在中国历史上，尚属罕见。对它的认识，一方面要依赖于细致的观察，另一方面要对光线直进性有比较深刻的理解。博明能够注意到这个问题，实在是很难得的。博明在日常生活中还努力寻找实证，他在《偶得》中讲道：

"予尝冬月居东房，日高未起，西窗外即墙，墙上之日光映窗射入屋之东壁。适

---

① 博明，《西斋诗辑遗》。

② 王锦光等，"赵友钦和郑复光对小孔成像的研究"，第一次中国物理学史讨论会论文，1984年，杭州。

③ 虞兆漋，《天香楼偶得》，《古今说部丛书》第六集，宣统三年（1911）六月版。

予首东，以被覆首，被露一孔，则被中有圆光大如盌。因呼一小童往来于东壁下，被中光内即一小人影往来，影亦倒垂。童自北而南，影则由南而北。确信此理为不易。"

这种求实的治学精神，令人钦佩。

4. 有关磷光的记录

在《凤城琐录》[①]中，博明记录了一种在夜间发磷光的夜光木，其文曰：

"高江村说府载：'夜光木生绝塞山间，积岁而朽，夜有黑光，遇雨益甚。其通体皆明白如萤火，迫之可以烛物。'岁之夏月，余偶忆及，询之馆舍炊爨之役，答言甚多，逾户即携数段以来，盖篱栅间皆有之。木腐处为光，故色白，与腐草为萤之理同。旦日以水沃之，入夜弥灿。夏秋雨后有之，春则木干而熄矣，是以不可以远携。上人曰亮木。"

植物磷光的产生，大多是由于植物腐败后上面生长的细菌作用。这种细菌产生的磷光效果与湿度有关，遇水后湿度增大，效果更强。博明认为其理"与腐草为萤之理同"，可谓得当。

三

纵观上面的介绍分析，不难看到，作为一个受传统教育多年、以仕途通达为目的而又屡不得志的学者，博明在当时的社会是有代表性的。他涉足于科学，每每有自己的独立见解，如在前述的五色相宣之理和近、远视眼成因等问题的讨论中都提出了一些有价值的见解，并且思考的范围也较为广泛，物理、数学、天文、地理和动、植物学他都有所论述，且对一些问题的阐述较之于传统内容也有突破。值得深究的是，博明取得的这一切，到底有几分得益于传统科学，有几分受到了西学的影响？

从客观上看，博明青少年时曾长住传教士活动的中心——北京[②]，具有接触西学的充分条件。他的著作中，受西学影响之处亦昭然可见。他曾多处谈到西方的科学知识和仪器，如泰西画之线法、天静地旋之说、外国纪年和泰西火法等。尤其是他对泰西火法细致入微、生动形象的描述，表明他很可能见到过这种类似现代起电器的装置。另外，他还提到过《职方外纪》《坤舆图说》这样的中译西学著作，并流露出对西方人能用烧酒蒸露的方法模拟风雨的形成，用水显示瀑突泉原理的赞赏。不容否认，博明确实接触到了不少西学的知识和思想。

然而，在许多自然问题的解释上，博明还喜欢用一些中国传统理论（如阴阳理论）和概念（如相反相成）等来说明，甚至在解释一些西方巧器的原理时，也是如此。

---

① 博明，《凤城琐录》，"西斋三种"内。

② 据翁方纲《偶得》序中的"十同"分析。

虽然他也曾在文中多处提到某些关系可以"算法得之",但实际却不把算法作为论证的依据。最典型的例子,是他对天静地旋说持反对态度,理由是:"彼皆以巧思为密合耳,未可据以为论。"之所以有这样的认识,在于他受到传统科学的影响,认为"畴人之术,乃其迹耳,岂可因推求之分毫无失,遂谓为常而非变乎?"看来,博明还没有认识到数学、实验在科学发展中的重要作用。不过,在关于近、远视眼成因的讨论中,他对演绎推理的娴熟应用,又反映出西学科学方法对他潜移默化的影响。

另外,就科学的目的而言,博明依旧和传统科学家一样,仅仅停留在博物这一兴趣上,这主要体现于两方面:其一,在博明的著作中,科学知识并未被作为一个特殊对象相对独立出来。如"五色""目睛"等内容都跟"蒙古呼汉人""明长平公主名""马今名"之类相互混杂,表现出在博明思想中,它们还是属于同一类知识,不存在什么大的区别。其二,他对一些科学问题的分析讨论,经常导因于对他人错说的订正,或是由于"友人询其理,爰剖论之"。由此产生的解释,往往是为了解释而解释,不以科学为目的,而只是作为手段,故而讨论虽然广泛,但较难深入。这一特点决定了博明科学知识的广博性和无系统性,相应地也限制了他的研究深度和向定量研究发展的可能性。

据此来看,博明对西方科学知识的接受和领会尚处于一个较低层次。引起他注意和赞叹的只是那些知识和奇器本身,其中所蕴含的真正科学精神和方法却被基本忽视了。这多少也反映出当时西学的传入对中国学者的一般影响。

（原文载于《自然科学史研究》,1987 年第 4 期）

Optics in China Based on
Three Ancient Books

《墨经》《梦溪笔谈》《革象新书》三本中国古书中的光学

I. *Mo Jing* (《墨经》)

The Mohist School was founded by the great philosopher Mo Zi (墨子, 478 B. C. to 392 B. C.). *Mo Jing* (*The Mohist Canon*) was written between 450 B. C. and 250 B. C. It treats logic, epistemology, geometry, mechanics, and optics. The treatment of optics is given in eight *ming ti* (命题, "propositions"). Excellent accounts of Mohist optics in English are now available.[1,2] Here, I will just provide a brief summary.

The first five *ming ti* are on the theory of shadows.

1. The first *ming ti* discusses the formation and vanishing of shadows.

2. The second *ming ti* concerns umbra and penumbra.[5]

3. The third *ming ti* presents rectilinear Propagation of light.

Light shines on a person as a flying arrow, i. e. the light travels in a straight line. A man standing in sunlight shines as though he were radiating rays. If a pinhole chamber is used, the bottom part of the man becomes the top part of the image whereas rays from the top part become the bottom part of the image。 Suppose his foot emits light rays, some rays would strike the place below the pinhole while others would pass through the pinhole to form the top part of the image. On the other hand, his head sends out rays, some of which would strike above the pinhole but others penetrate to form the lower part of the image. The complete image is inverted (Figure 1) due to the intersection (*wu*, 午) of rays at a point (*duan*, 端).

This *ming ti* is a true record of experiments on pinhole images. Its explanation is very clear because it is based upon the rectilinear propagation of light.

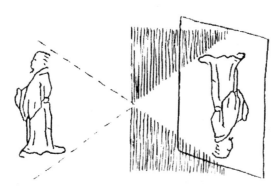

Figure 1. Pinhole image

4. The fourth *ming ti* describes the reflection of sunlight and the formation of an inverted shadow of a man.

5. In the fifth *ming ti* the phenomenon of changing shadow size is presented: how to make a shadow longer or shorter, narrower or wider.

After shadow theory, image theory is discussed in *ming ti* six through eight.

6. The sixth *ming ti* concerns image formation by a plane mirror and includes an explanation of the meaning of symmetry.

7. The seventh *ming ti* states that images from a concave mirror are of two varieties: erect and inverted.

8. The eighth *ming ti* states that images from a convex mirror, however, are of only one variety.

These eight *ming ti* constitute a systematic theory of geometrical optics which not only has experimental results but also presents theory.

II. *Meng-Qi Bi-Tan*(《梦溪笔谈》)

Meng-Qi Bi-Tan (*Meng-Qi Essays*) was written by the scientist Shen Gua (沈括, 1033-1097) of the Song dynasty (960-1279). There are primarily ten sections dealing with optics; two of them will be discussed in detail.

A. Article 44. Shen Gua discusses image formation by pinholes and concave mirrors

The burning mirror (*yang sui*, 阳燧) reflects light so as to form inverted images. This is due to a focal point (*ai*, 碍) being between the object and the mirror. Mathematicians call this study *ge shu* (格术). It is analogous to rowing where an oar moves against the oarlock. The phenomenon can also be described in

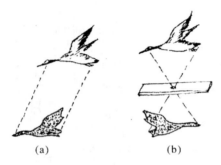

Figure 2　(a) Bird and shadow move in the same direction.

(b) Bird and pinhole image move in opposite directions.

the following way：when a bird flying in the sky casts a shadow，its shadow on the ground moves in the same direction as the bird（Figure 2a）. However，if its image is formed through a small window （pinhole）, the shadow moves in the opposite direction，so that the shadow moves eastward for a bird flying westward（Figure 2b）. There is another way to describe it. The image of a pagoda is inverted after being "collected" through a hole or small window （Figure 3）. The principle is the same as the burning mirror. Since the surface is concave，the image formed by the mirror varies in size as the distance between the mirror and the object （say a finger） changes. If they are very close，the image is erect. When they are separated，at a certain distance the image will disappear. Beyond that point the image will be inverted. This particular point is like the pinhole or small window. Similarly，the handle of an oar is always near one end of the oar，which is supported by the oarlock （which acts as a fulcrum）near the middle.

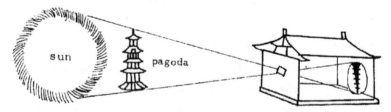

Figure 3　Inverted image of a pagoda from the *Jing Jing Ling Chi*（《镜镜诒痴》，*Treatise on Optics by an Untalented Scholar*）by Zheng Fu-Guang（郑复光，1780－?）

The oarlock constitutes a kind of "pivot point" （*yao*，腰，literally "waist"）. （A waist drum is shown in Figure 4 to demonstrate the "pivot point". ）Such opposite motion can also be observed as follows：when one's hand moves upward， the pinhole image moves downward and vice versa.

Because of the concavity of a burning mirror, it can collect sunlight and direct it to a tiny spot no bigger than a hempseed one or two inches away from the mirror surface. This is the place at which to ignite a fire. It is the smallest "pivot point."

Figure 4   Waist drum from a wall painting in a
tomb of the Song Dynasty.

Commentary

The above statement contains three important observations.

(A) The pinhole image. *Mo Jing* discussed this problem at a much earlier date but could have had little influence because this work had disappeared in the fourth century. Moreover, Shen Gua explained more lucidly than the Mo Jing, the flying bird (Figure 2), for example.

Meng-Qi Bi-Tan stimulated Shen Gua's successors to further research. Among them was Zhao Youqin(赵友钦, Part Ⅲ).

(B) Ignition by sunlight. Before Shen Gua's time the use of a concave bronze mirror to make fire had been mentioned in several books. such as *Zhuang Zi*(《庄子》, *The Book of Master Zhuang*) of the B. C. 4th century and *Huai Nan Zi*(《淮南子》, *The Book of the Prince of Huai Nan*) of the B. C. 2nd century, but none mentioned the focal length. In *Meng-Qi Bi-Tan* the focal length is given as one or two inches and the focal as no larger than a hempseed: a precise description.

(C) *Ge Shu*. Image formation using a pinhole or concave mirror is related to the concept of a focal point (*ai*, 碍). The mathematical term was *ge shu*, but this term disappeared at a later date. It was *Meng-Qi Bi-Tan* which stimulated later

425

researches on this subject. Zheng Fu-Guang（郑复光，1780—?）thought *ge* meant separation, so the pinhole and the focal point are both *ge*. Zou Bo-Qi（邹伯奇，1819—1869）wrote a book concerning geometric optics which he titled *Ge Shu Bu*（《格术补》，*Supplement of Ge Shu*）.

B. Article 330. Shen Gua describes the "light penetrating mirror"（*tou-guang jian*，透光鉴）as follows：

There are about twenty characters inscribed on the mirror in ancient style. When the sun shines on a light-penetrating mirror, the characters on the back appear in the image reflected on a wall（Figure 5）. It is amazing that the characters can "pass through" the mirror from the back, and be seen on the wall distinctly.

Figure 5　The pattern of light penetrating mirror
is displayed on wall.

Experts told Shen that when a bronze mirror is cast, the thinner regions cool faster than the thick portions, representing this design. Minute wrinkles develop during the process so there exist faint traces on the face that cannot be seen by the eye. Shen Gua also states：

My family has three mirrors like this and I have seen others treasured in my friends' homes. They are antique and similar in that they "allow light to pass through". I do not know why other extremely thin mirrors do not let light pass through.

Commentary

In the Western Han Dynasty(260 B. C. to A. D. 24)of China, a kind of light penetrating mirror existed. If such a mirror faced the sun, the light reflected on the wall would show the same picture as that on the back of the mirror. Since the light penetrated the mirror and was reflected from the back, the ancient Chinses called it a "light penetrating mirror". "Magic mirror" is another name used in the West and Japan.

Today, research in China has found several ways to make a "magic mirror". The research benefited from *Meng-Qi Bi-Tan*, since Shen Gua provided the key for the making of a "magic mirror" with his observation of a pattern having faint lines on the back. Since Shen's time, many scholars have been interested in this mysterious phenomenon. Zheng Fu-Guang (郑复光), among them, gave a detailed description and analysis in his *Jing Jing Ling Chi* (《镜镜诊痴》, *Treatise on Optics by an Untalented Scholar*). He apparently understood "light penetration". He pointed out that, in order to create such a mirror with different thicknesses, pressure on the polishing tool should be varied in accordance with the design.

Meng-Qi Bi-Tan gives, in addition to articles 44 and 330, the quantitative relation between the size of the image and the curvature of a convex mirror. It introduces a method for conducting a postmortem by using red light. (If a person is whipped before death, blood will accumulate under the skin which is invisible under normal illumination. If red light is used the blood and the whipping become evident.) Shen Gua ascribes the rainbow to the sun's shadow during rain. He also discusses the incomplete or broken window, mirages and the fluorescence of living tissues. [3]

Ⅲ. *Ge Xiang Xin Shu* (《革象新书》)

Ge Xiang Xin Shu (《革象新书》, *New Astronomy*) was written by the Taoist Zhao You-Qin 赵友钦, who lived in the 13th century[4]. One chapter in the book, "Pinhole Images", is very valuable for its introduces a giant experiment conducted in a two story house. Two circular wells four feet in diameter were dug in two downstairs rooms. The depth of the right well was 4 feet, of the left, 8 feet. A 4 foot tall table could be put into the left well if needed (Figure 6). Two light sources were prepared in the same manner: more than one thousand candles were inserted into a board four feet in diameter. After the light source board was placed on the bottom of the well (or on the table), each well was covered by another board with a hole in the center. The ceiling of the first floor was used as the fixed image screen and an adjustable screen was suspended from the ceiling.

Such an experimental arrangement is very reasonable. First, the flame is relatively stable because the burning candles are in the well. Second, if light can pass only through the hole in the cover of the well, observation is easy and the results accurate. Third, since the wells are quite deep, the distance between the source and screen can be varied over a wide range. Fourth, comparison can be made between the left and right rooms under various conditions: changing object distances, varying image distances, etc. Therefore the experiment can be performed using a single variable technique, changing one variable while others remain fixed. The light source possesses the property of wide extension, its shape and strength can be adjusted by lighting the proper candles. The maximum luminosity can be as high as one thousand candles if the luminosity of every candle is unity, so the experiment can be carried out during the daytime. Such a laboratory shows great sophistication.

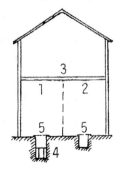

1. Left room with a well.

2. Right room with a well.

3. Ceiling of the first floor used as the fixed screen.

4. Table.

5. Well-cover with a hole in the center.

Figure 6   An illustration of Zhao You-Qin's（赵友钦）
experiment of the 13th century.

Zhao obtained the following results after a series of experiments: (1) the shape of the pinhole image is independent of the shape and size of the small hole; (2) the brightness of the image depends on the size of the small hole, the larger the hole the brighter the image; (3) the brightness increases when the source strength increases; (4) the brightness decreases when the distance between the source and image increases. (In the West, four centuries later, the German scientist J. H. Lambert (1728-1777), obtained the quantitative relation: brightness is inversely proportional to the square of the distance.)

It is worthy of notice that Zhao not only searched experimentally for regularities of image formation and brightness but he also gave theoretical arguments. His basic idea was: (1) there exists a light spot on the screen corresponding to a single candle; (2) if one thousand candles are burning there should exist one thousand images. These images may overlap. The whole image changes as the spacing of the candles change. It is evident that Zhao understood the principle of the rectilinear propagation and superposition of light. Zhao also

428

used the pinhole image to study eclipses of the sun and the moon as well as other astronomical phenomena.

Zhao's giant experiment is more than three centuries earlier than the "revolutionary" experiments of Galileo (1564-1642).

Optics in ancient China as attested by *Mo Jing*, *Meng-Qi Bi-Tan* and *Ge-Xiang Xin-Su* not only began as early as the optics in Greece but also attained a high level of achievement both in theory and in practice. [5]

References

1. Joseph Needham, *Science and Civilization in China*. University Press, Cambridge, 1962, Vol. 4, Part Ⅰ, pp. 78-125.

2. A. C. Graham and Nathan Sivin, "A Systematic Approach to the Mohist Optics", *Chinese Science*. The MIT Press, Cambridge, 1973, pp. 105-152.

3. Wang Jing-Guang(王锦光)and Wen Ren-Jun(闻人军), Shen Gua de Ke-Xue Cheng-Jiu Yu Gong-Xian (沈括的科学成就与贡献, The Scientific Achievements of Shen Gua), in *Shen-Gua Yan-Jiu*(《沈括研究》, *Researches on Shen Gua's Work*). Zhejiang People's Publisher, 1985, pp. 64-123.

4. Wang Jing-Guang(王锦光), "Zhao You-Qin Jiqi Guang-Xue Yan-Jiu"(赵友钦及其光学研究, Zhao You-Qin and His Research in Optics), in *Journal of the History of Science Technology*, 12, 93-99(1984).

5. Wang Jing-Guang(王锦光)and Hong Zhen-Huan (洪震寰), *Zhong-Guo Guang-Xue Shi*(《中国光学史》, *A History of Optics in China*). Hunan Education Publisher, 1986.

（原文为 1987 年 6 月美国加州圣迭戈大学国际科学史会议论文，载程贞一主编《中华科技史文集》，Singapore：World Scientific Publishing，1987）

清代著名光学家郑复光 *

一

清代著名光学家郑复光字元甫，又字浣香，自称与知子，安徽歙县人，生于1780 年，卒于 1853 年以后。郑复光生活的年代，正值明末清初西方历算学和机械仪器输入后，已在中国产生了稳定的影响，是时算家迭出，仿制和谈论"奇器"蔚然成风。乾嘉以来，由于宋元算书的发现，更加引起人们治算的兴趣。当时多以能通西法或会通中西、明算制器等方面来评价科技人员的水平。

受到这种风气的影响，郑复光也研究数学和仪器制造，他"能通西法"，"博涉群书，尤精算术"，"凡四元几何中西各术，无不穷究入微"。著有《割圆弧积表》《正弧六术通法图解》、《笔算说略》和《筹算说略》等书。同时他还"雅善制器"，除特别擅长的光学仪器外，还制作过天文仪器和汲水机械，研究过火轮机和火轮船。这些都是在当时很受重视，被誉为"尤切民用"的机械仪器。魏源在建议"师夷长技"时曾列举各种"有益民用者"，如量天尺、千里镜、龙尾车、风锯、水锯、火轮机、火轮车等等。其中量天尺（即今六分仪）、千里镜（望远镜）、龙尾车（汲水机）和火轮机（即蒸汽机）等都是郑复光研制过的。

郑复光因制作仪器而闻名于当时。他的同乡名宦程恩泽认为，当时中西数学会通的研究工作已开展得轰轰烈烈，相形之下，中国的仪器古制则百废待兴，于是慕名邀请郑复光修复古仪器。他在《面东西晷铭》中说，"此器……与吾友郑浣香谋而补成之"。

从 19 世纪 20 年代起，郑复光的兴趣渐渐集中到光学仪器制造上，为了从根本上解决望远镜等仪器的设计原理，他开始"大究光理"，决心创立一套光学理论。从此，他在研究方向、研究风格和成果等方面都独树一帜。经过 20 多年的潜心钻研，终于在 1847 年刊行了光学专著《镜镜诊痴》。同时期又撰写了另一科学著作《费隐与知录》，于 1842 年印毕。其中涉及光学的部分与《镜镜诊痴》互相呼应。

郑复光的交游多与研究工作有关，友人中有关心科技的学者名流如张穆、程恩泽、陈庆镛、何子贞等，有数学家和制造家汪莱、李锐、张敦仁、黄超、郑北华等。因

---

* 本文与李磊合作。

具体研究而交流、拜访过的人有天文学家和钦天监官员罗士琳、杜氏兄弟、冯桂芬、机器制造家丁拱辰等,还包括玻璃、眼镜和铜器等行业的工匠。

上述诸人中,汪莱和李锐是当时最著名的数学家。郑复光的名声还不如这二人,包世臣认为这是"郑君性沉默,不欲多上人"的缘故,桂文灿也有同感。同时大家也隐隐持有"艺成而下"的时代标准不能"奇其才"的观点,确实郑复光终身无意仕途,潜心钻研学问,在当时仿制仪器成风的形势下,却独具创立理论的眼光和魄力。他把光学作为一门独立的学问加以研究,的确超越了时尚。所以包世臣、桂文灿等人所言既道出了郑复光作为科学家的精神与品格,也道出了他能独树一帜、卓有成效的原因。

郑复光的著作还有《郑浣香遗稿》和《郑元甫札记》等。

二

《镜镜詅痴》中提到书名四十余种。除《墨经》外,中国古代格物文献和西学东渐书籍中涉及光学的内容收集殆遍。郑复光对这些知识一一加以深化和发挥,并在平面镜成像、小孔成像、自然界中光现象和色彩现象的解释等方面作出了独到的研究结论。例如,他在对小孔成像作细致的实验考察时发现,当像距从零逐渐增大时,像屏上先呈孔的正投影,然后模糊,然后才成光源倒像,揭示了成像的全过程(图1)。

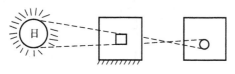

图1 小孔成像

他把前人的知识和自己的这些成果汇合成《镜镜詅痴》的前三章,但不是简单的拼合。他定义了自己的一套概念并进行讨论,按自己的分类体系并仿照一些西学书籍的论述方式进行组织安排。正文分条冠以序号,前后互相征引(仿《几何原本》),正文之外"理难明者,则为之解,有异说者则系以论,表象或布算则演以图"(仿《崇祯历书》)。

然而,郑复光在光学方面所获得的前人知识多是一些定性的、含糊不清的甚至错误的片断。特别是,关于折射和透镜成像的知识仅有《远镜说》①中对伽利略式望远镜光组"语焉不详"的介绍。所以《镜镜詅痴》第三章中的透镜计算理论是郑复光的创造性研究成果,其第四章则是以上一章理论为基础的光学仪器设计原理。

---

① 明末来华的天主教耶稣会教士汤若望于 1626 年与中国钦天监官员李祖白合译,原名 *Telescopic*,1618 年 Francofonte 出版。

431

三

郑复光通过实验发现，远处物体经透镜成最小倒立实像时的像距"有定度"，名其为"顺收限"；近处物体经透镜在很远处成最大倒立实像时的物距"有定度"，名"顺展限"；介于上述远近之间的物体经透镜成等大倒立实像时的物距和像距相等且"有定度"，名"顺均限"。显然，这三限在数值上即分别等于透镜的第一焦距、第二焦距和二倍焦距（图2）。

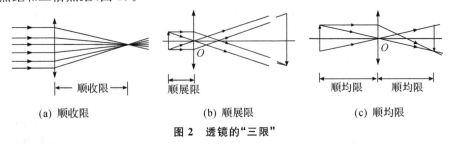

(a) 顺收限　　　　　　　(b) 顺展限　　　　　　　(c) 顺均限

图 2　透镜的"三限"

通过同样性质的实验，郑复光又发现，凹面镜、凸透镜第二表面和凹透镜第一表面上的反射光会聚成像也有相应的三限，名"侧三限"，数值上即等于反射成像系统的第一焦距、第二焦距和二倍焦距（图3）。

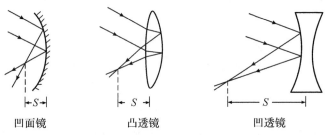

凹面镜　　　　　　　凸透镜　　　　　　　凹透镜

图 3　侧收限示意图

继而郑复光用定量实验测量并计算出上述六限对于同一透镜的比率，使之可以互求。各项数据中，顺（侧）收限偏大10％，系由测量时光源放置不够远所致。

进一步的实验发现，当物距小于顺收限时，眼睛在透镜异侧看到正立放大像，最大正像的物距接近顺收限，名为"切显限"。这是一个关于虚像和确定最大虚像的实验（图4）。当物距大于顺展限时，物渐远，则像渐近而渐小（"此伸彼缩，迭相消长"），顺三限分别是其中三种特殊情况。

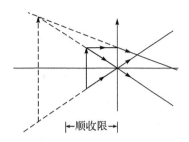

图 4 目切凸视近在顺收限内,则物必大

　　总之,郑复光的六个限分别确定了透射和反射成像系统成最小实像、等大实像和最大实像等三种特殊成像情况的物像共轭关系。同时,它们又确定了各种不同成像性质(虚实、倒立、大小、远近)的区域,而六限通过比率的换算最终统一于顺收限,所以顺收限是郑复光光学理论的核心概念。顺收限的测量及它与其他各限换算的比率表的制定,是郑复光对透镜成像作定量研究的重点内容。

四

　　在研究单枚透镜的基础上,郑复光继续用实验考察了一些透镜组的特性和规律,主要是伽利略式望远镜光组、开普勒式望远镜光组(图 5)、两枚凸透镜拼合和

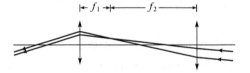

图 5 开普勒式望远镜光路图

一凸一凹拼合等四种。除第一种未能从数值上准确确定其无焦性外,其余三种都有相当成功的经验公式。他的这些公式是用比率表和例解的方式表达的(而不是我们熟知的代数式),又使用了自创的或古代算术的术语,再加上他的计算法与现代几何光学公式毫无形式上的共通之处,解释工作就比较困难。我们现在已基本上解决了这个问题。例如,其中两凸透镜密接的组合焦距公式是

$$F = f_1 - \frac{f_1{}^2}{2f_2} \qquad (f_2 > f_1) \tag{1}$$

初看此式,仍令人困惑不解,因为它远非我们所期待的现代形式

$$F = \frac{f_1 f_2}{f_1 + f_2} \tag{2}$$

然而(1)(2)两式之间只有很小的相对误差(图 6),有趣的是,如果把(2)式化为

$$F = f_1 - \frac{f_1{}^2}{(1+\frac{f_1}{f_2})f_2}$$

就可以直观看出郑复光公式与现代公式之间的近似程度。

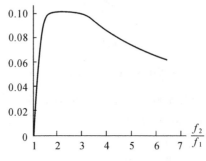

图 6　(1)(2)两式相对误差曲线

　　在《镜镜诒痴》第四章中，郑复光对"所自创获之光学知识"即上述透镜计算理论作了立竿见影的应用。他分析了当时流行的，或他自己改进创造的光学仪器、用具和玩具 17 种 32 式，都说明了设计原理并给出定量的设计原理。

　　例如，对两个凸透镜组成的望远系统（即开普勒式望远系统），在该书第三章中已得出如下结论：当达到清晰的望远效果时，两镜之间的距离等于各自顺收限之和（图 6），即

$$D = f_1 + f_2 \tag{3}$$

　　外凸（物镜）顺收限 f_1 大于内凸（目镜）顺收限 f_2 时，产生放大作用，反之则缩小；$f_1 = f_2$，则所见与原物等大，因此望远镜应

$$f_1 > f_2 \tag{4}$$

　　(3)(4)两个条件分别决定了系统的无焦性和放大作用。在该书第四章中，郑复光即以此二条件作为"定率"来决定望远镜的内部结构尺寸。从此，望远镜（和其他一些光学仪器）获得了合理的定量设计原则，不再是对舶来品作技术上的仿制。

<h2 style="text-align:center">五</h2>

　　《费隐与知录》是一部百科知识的问答，内容涉及物理、天文、气象、生物、机械技术、医药和烹饪等方面，共 225 题。"费隐"是"用广体微"之意，"与知"是"参与闻知"的意思。

　　《费隐与知录》涉及光学方面的有 20 余题，其中一些就是《镜镜诒痴》中所载规律的普及和应用，也有一些则与《镜镜诒痴》相互印证、补充。例如，郑复光曾用实验成功地证实了《博物志》中冰透镜取火的记载。他在实验中发现，取火冰透镜口径要大，顺收限要短，"光力乃足"。在《费隐与知录》中取径为 3 寸，限 2 尺；后来在《镜镜诒痴》中则取径 5 寸，限 1.7 尺，集光本领增大了 4 倍。

六

　　郑复光是中国历史上第一个把物理学作为独立学科进行长期探索并获得很多成绩的人。《镜镜詅痴》也是中国科技史上第一部光学专著,虽然书中还含有一些不合理的思辨(如认为光线在入射透镜前相交),但其主流是把系统实验和经验算术化的方法引入光学研究,从而获得大量的正确结论。这些结论在书中构成了较有系统的理论,并起到指导光学仪器设计和解释光学现象的作用。因此,郑复光的光学理论从性质、内容、结构和功能等方面,都比古代光学进了一层。而在当时各门科学只有历算学是学术的时尚中,郑复光独辟蹊径的研究活动及其成果就更加难能可贵。梁启超深刻地认识到这一点,因此他认为当时除历算学外的其他科学中"最为杰出者则莫如歙县郑浣香复光之《镜镜詅痴》一书"。

（原文载于《光的世界》,1987 年第 5 期）

《论衡》司南新考和复原方案[*]

    指南针的发明是中华民族对人类文明的重大贡献。狭义的指南针在宋代已有记载，在此之前，我国有没有广义的指南针（磁性指向器）？答案是肯定的。这就是以东汉王充《论衡·是应篇》"司南之杓"为代表的"司南"。"司南"究为何物？这个问题似乎早已解决，实际上不然。随着中国科技史研究的深入发展，解决这一问题的时机日趋成熟。本文在现有研究成果的基础上，试就"司南"提出新的解释和复原方案。

一、确认磁勺说，否定地盘说

    本世纪（20 世纪）20 年代，中国科技史研究尚属草创时期。张荫麟先生（1905—1942）在《中国历史上之"奇器"及其作者》一文中，批驳了日本山野博士所谓中国"宋朝以前决不知磁石有指极性"的观点，率先指出"在事实上论及磁之指极性者，实不始于宋时；至迟在后汉初叶，关于磁之指极性已有极明确之记录。王充《论衡·是应篇》有云：'司南之杓，投之地，其柢南指。'《说文》：'杓，枓柄也。'《段注》：'枓柄，勺柄也。'观其构造及作用，恰如今之指南针。盖其器如勺，投之于地，杓（柄）不着地，故能旋转自如，指其所趋之方向也"[①]。

    此后，王振铎先生做了大量的工作，弘扬了张先生的观点。1948 年 5 月，王先生发表题为《司南指南针与罗经盘（上）》的长篇论文，对"司南"作了诸多考证。他根据《论衡·是应篇》的记载，参考汉代漆勺、式占地盘等文物和有关文献，先后以人造磁铁和天然磁石复原出一式两种司南模型（图 1），产生了广泛的影响，贡献其巨。

---

  * 本文与闻人军合作。

  ① 张荫麟：《中国历史上之"奇器"及其作者》，《燕京学报》第 3 期，1928 年 6 月。

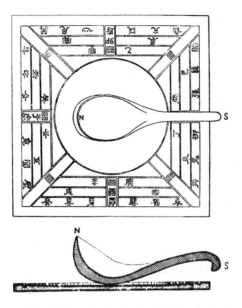

图 1　王振铎先生"汉司南与地盘复原图"

王先生的"人造磁体之司南初步模型",模仿朝鲜乐浪彩箧冢出土的汉漆木勺的外形,以钨钢制成勺体,经通电线圈磁化,放在青铜铸成的地盘上。1935 年 10 月,王先生对人造磁铁司南在地盘上的指极性作了四十次试验,结果"差数徘徊零度左右五度之间"①。这一试验基本上是成功的,但并不足以说明天然磁石司南在地盘上也有同样的指极性。

后来,王先生利用河北省磁县所产之天然磁石,请玉工依中国旧法琢玉洗机,顺其南北极向琢成司南,与铜质地盘合为天然磁石司南模型,据称仍"有指极性之表现",但未提供进一步的情况。这里实际上潜伏着磁石勺—地盘模型的致命弱点,即天然磁石司南的磁力矩不足以克服司南与地盘间的摩擦力矩,指极性不能令人满意②。《是应篇》中,记司南仅十二字:"司南之杓,投之于地,其柢指南。"王先生释"地"为"地盘";训"投"为"搔",即"投转";改"柢"为"抵"。他将原文理解为"司南之柄,投转于地盘之上,停止时则指南"。上述磁石勺—地盘模型正是这种思想指导下的必然产物。

长期以来,有的同志对王先生的复原模型有保留意见。刘秉正先生于 1956 年

———————————

①　王振铎:《司南指南针与罗经盘(上)》,《中国考古学报》第 3 期,1948 年 5 月。

②　参见刘秉正:《司南新释》,《未定稿》1985 年第 15 期。此文又刊于《东北师大学报》(自然科学版)1986 年第 1 期。

发表《我国古代关于磁现象的发现》[①],初步提出怀疑。后于 1985 年发表《司南新释》一文,对司南为磁勺说提出了七点质疑。其中有些质疑的根据不足,但是他的第七点质疑值得重视。

刘先生认为,"用电流磁化的钨钢磁勺的指极性不能说明天然磁石制成的勺形物的指极性"。他先后以好的和上好的磁石做成条形磁棒,用电磁铁将磁棒饱和磁化,以玻璃器皿作支承物,借用玻璃和抛光的铜板为地盘,反复进行了磁勺指南模拟实验,得出下列结论:"未经现代电流磁场饱和磁化的天然磁石做成的磁勺极难恒指南北,或指南北的误差可以小于二三十度",它们虽都有一定的趋极性,但都不能自动准确地指南(有时误差可达三四十度)。刘先生还认为,"王振铎同志的实验也不足以证明天然磁石做的勺形物真正能够大体上(例如,准确度在±10°或±20°以内)指南"。[②]

刘文贵在揭示磁勺—地盘模型之缺陷,但矫枉过正,否定司南之勺为磁勺,释为天上的北斗。同年罗福颐先生的遗著《汉栻盘小考》发表,也说"'司南之勺'当指北斗"。[③]

林文照先生于 1986 年发表《关于司南的形制与发明年代》一文,支持王振铎先生的观点,对《司南新释》的司南为北斗说提出异议,论证了"司南不是北斗"[④]。

研究《论衡》原文和司南源流,兼采诸家观点的精华,剔除其不合理的部分,我们得出的结论是:《论衡》司南确指一种勺形磁性指向器,不过不是放在"地盘"上旋转,而是浮在水银上指向的。

二、北宋水浮指南鱼和磁针的启示

战国时代,已有"司南"之谓[⑤]。自汉至唐,"司南"(或"指南")一词史不绝书,它有多种含义,如磁勺、指南车、指导或准则等等。但在唐代,磁勺型的司南仍为时人所知晓。如 8 世纪时韦肇所作的《瓢赋》说:"挹酒浆,则仰惟北而有别,充玩好,

---

① 刘秉正:《我国古代关于磁现象的发现》,《物理通报》1956 年第 8 期。
② 刘秉正先生后来又"进一步实验,所用磁石是含铁分别为 67.4% 和 68.6% 的两块磁铁矿(澳大利亚进口,国内似乎还没有这样好的矿石)。还是加工成 $1\times1\times10$ 厘米^3 的磁棒,实验方法仍为《司南新释》中图所示,结果与过去用含铁 64% 的磁棒大体相同;磁棒虽有一定的趋极性,但停止转动可偏南北向三四十度,有时甚至停留在任意方向,仅当敲击玻璃板时才转向南北,但误差也可大到十度"。(摘自 1986 年 7 月 23 日刘秉正给王锦光的信。)
③ 罗福颐:《汉栻盘小考》,《古文字研究》第十一辑,1985 年 10 月。
④ 林文照:《关于司南的形制与发明年代》,《自然科学史研究》1986 年第 4 期。
⑤ 参见《韩非子·有度篇》:"先王立司南,以端朝夕。"《宋书·礼志》引《鬼谷子》:"郑人取玉,必载司南,为其不惑也。"

则校司南以为可。"①此处的司南显然是一种与《论衡》司南一脉相承的瓢（勺）型磁性指向器。

司南之后，接着出现在文献记载上的磁性指向器有两种。一是北宋《武经总要》中的"指南鱼"，二是北宋《茔原总录》和《梦溪笔谈》中的指南针。

《武经总要·前集》卷十五曰："若遇天色曀霾，夜色暝黑，又不能辨方向，则当纵老马前行，令识道路，或出指南车及指南鱼，以辨所向。指南车世法不传，鱼法以薄铁叶剪裁，长二寸阔五分，首尾锐如鱼形，置炭火中烧之，候通赤，以铁钤钤鱼首出火，以尾正对子位，蘸水盆中，没尾数分则止，以密器收之。用时置水碗于无风处，平放鱼在水面令浮，其首常南向午也。"

宋晁公武《郡斋读书后志》称："康定（1040）中，朝廷恐群帅昧古今之学，命公亮等采古兵法，及本朝计谋方略，凡五年奏御。"故《武经总要》的编撰时间，应为康定元年至庆历四年（1040—1044）。

仁宗天圣五年（1027），工部郎中燕肃尝上指南车法，仁宗命有司制造，其事详载《宋史·舆服志》及岳珂《愧郯录》。《武经总要》的成书上距燕肃上指南车法才十七年，其指南鱼条却说"指南车世法不传"，可见这部分内容源自早于1027年之方家旧说。

指南鱼是利用天然地磁场磁化的人造磁铁指向器，它的发明年代不会晚于11世纪初。指南鱼使用时，"平放鱼在水面令浮"，这是一种水浮法。

北宋相墓书《茔原总录》卷一曰："客主的取，宜匡四正以无差。当取丙午针，于其正处，中而格之，取方直之正也。"《茔原总录》由司天监杨惟德于庆历元年（1041）撰进。从中可见当时已有人造磁针，常用于测定坟地的方向，方家在这类活动中已经发现了磁偏角现象，并提出了校正磁针定向误差的方法。关于磁针的制法和用法，文中不见交代。几十年后，由沈括在《梦溪笔谈》中作了说明，正可视为《茔原总录》的补充。

《梦溪笔谈》卷二四云："方家以磁石磨针锋，则能指南，然常微偏东，不全南也。水浮多荡摇。指爪及碗唇上皆可为之，运转尤速，但坚滑易坠，不若缕悬为最善。其法取新纩中独茧缕，以芥子许蜡，缀于针腰，无风处悬之，则针常指南。"沈括的记载表明，磁针系方家以磁石磨针锋所得。水浮法是原来常用的方法，但有"多荡摇"的缺点，沈括尝试改进，发现几种方法中以"缕悬为最善"。

《武经总要》的指南鱼与《茔原总录》《梦溪笔谈》中的水浮磁针，暗示这类磁性指向器的前身，乃是浮在某种液体上的较为原始的磁性指向器。对于天然磁石琢成的磁勺而言，勺体不可能做得很薄，水的浮力显然不够，最合适的莫过于浮在水

---

① 《全唐文》卷四三九。"惟北"用《诗经·小雅·大东》的典故，指北斗。

银上。水银的比重高达 13.546 克/厘米³（20℃时），大大超过了磁石的比重，浮起磁勺更不成问题。

三、磁石、水银和方家的实验

我国古代人民早就开始了认识和利用磁石的历史。采矿冶铁事业虽然未能在世界上先声夺人，却在春秋战国时代后来居上，发明了生铁和生铁柔化技术。大规模的找矿和采矿活动给人们提供了接触磁铁矿的良好机会。战国时成书的《山海经·北山经》："灌题之山，其上多樗柘，其下多流沙、多砥，匠韩之水出焉，而西流注于渤泽，其中多磁石。"《管子·地数篇》总结出："上有慈石者，下有铜金。"地处今河北省武安县的磁山是历史上著名的磁石产地，汉代武安已有铁冶，后来磁山磁石驰誉国中。

《吕氏春秋·精通篇》记载了对磁石吸铁性的认识，它说："慈石召铁，或引之也。"《鬼谷子·反应篇》亦提到："若慈石之取针。"上述记载说明至迟在战国时代已有磁石吸铁、吸针的实验。西汉初期，磁石吸铁的实验屡见不鲜。方士栾大曾在汉武帝面前表演利用磁性的"斗棋"幻术①。磁石之入药剂，也在汉代有了明确的记载。《神农本草经·中经》曰："慈石，味辛寒，主周痹风湿，肢节中痛，不可持物，洗洗酸消，除大热烦满及耳聋。一名元石，生山谷。"②《神农本草经》虽然成书于汉代，乃是战国秦汉以来药物知识的总结。慈石进入药剂，迟则不晚于西汉初期。战国成书的《周礼·天官·疡医》曰："凡疗疡以五毒攻之。"东汉郑玄注："五毒：五药之有毒者。今医方有五毒之药作之，合黄堥，置石胆、丹砂、雄黄、礜石、慈石其中。烧之三日三夜，其烟上箸，以鸡羽扫取之。以注创，恶肉破骨则尽出。""慈石"等五石是丹家所注重的物质。晋葛洪《抱朴子内篇》中记载了不少有磁石参与的炼丹实验。

我国古代认识和利用水银（汞）的历史较磁石为早。春秋时代，人们已能把辰砂提炼成水银，并逐步注意到它的灭菌、防腐作用。王侯贵族继开水银随葬之风。据唐代李泰的《括地志》卷三记载："齐桓公墓在临淄县南二十一里牛山上，一名鼎足山，一名牛首岗，一所二坟。晋永嘉末，人发之，初得版，次得水银池。"③《史记·吴太伯世家》刘宋裴骃《集解》引《越绝书》云："阖庐冢在吴县昌门外，名曰虎丘。下池广六十步，水深一丈五尺，桐棺三重，澒池六尺，玉凫之流、扁诸之剑三千，方员之口三千，槃郢、鱼肠之剑在焉。卒十余万人治之，取土临湖。葬之三日，白虎居其

---

① 《史记·封禅书》《索隐》云："顾氏案：《万毕术》云：'取鸡血杂磨针铁杵，和磁石綦头，置局上，即自相抵击也。'"

② 清黄奭辑：《神农本草经》，中医古籍出版社，1982 年，第 158 页。

③ 唐李泰等著、贺次君辑校：《括地志辑校》，中华书局，1980 年，第 140—141 页。

上，故号曰虎丘。"唐司马贞《索隐》曰："颂，胡贡反，以水银为池。"《越绝书》原是战国人的著作，东汉初年袁康、吴平加以辑录、增删成书。今本《越绝书》中，"颂池"已误为"坟池"。1985年上海古籍出版社的校点本未作改正。

《史记·秦始皇本纪》载始皇墓中"以水银为百川江河大海，机相灌输，上具天文，下具地理。"近年，我国科学工作者运用地球化探方法，通过测定目标区土壤中汞元素的含量，证实了秦始皇陵中确有大量的水银。[1]

我国考古工作者已发现过不少战国至汉的鎏金实物，鎏金术这种镀金工艺需要以水银为媒介（溶剂）。当时水银的另一种用途是作为药物。1973年长沙马王堆汉墓出土的帛书《五十二病方》中，有四个医方应用了水银。《五十二病方》的抄写年代在秦汉之际，其内容可能产生于战国时代。《神农本草经》把水银和磁石一起列为中品之药，其文曰："水银，味辛寒，主疥瘘痂疡白秃，杀皮肤中虱，坠胎，除热，杀金银铜锡毒。熔化，还复为丹，久服神仙不死。"

从炼丹术开始的时候起，水银便是其极为重要的原料。《淮南万毕术》曰"丹砂为颂"，也即《抱朴子内篇·金丹》所谓"丹砂烧之成水银"。西汉刘向的《列仙传》说方士赤斧，"巴戎人也，为碧鸡祠主簿，能作水颂（水银），炼丹，与硝石服之，三十年反如童子"[2]。随着炼丹术的发展，方士们用水银作过许多实验，现存最早的炼丹术著作《周易参同契》以及随后的《抱朴子内篇》中，均有记述。古代盛汞、醋或其他药物的器皿称作池，一云华池[3]，是一种重要的炼丹设备。明李文烛的《黄白镜》"二十一照池鼎"中云："丹房器皿有阴池、阳池、土池、灰池、华池、流珠池、飞仙池。""流珠池"即汞池。

虽然我们还未发现方家以磁石置汞池中的明文记载，但是为了炼丹，或者为了研究诸药制使的问题，方家谅必要作这类实验。李时珍《本草纲目》卷九"水银"条引徐之才《雷公药对》曰：水银"畏磁石、砒霜"。《吴普本草》曰："丹砂：神农甘，黄帝，岐伯苦，有毒，扁鹊苦，李氏大寒。或生武陵，采无时，能化朱成水银，畏磁石，恶咸水。"[4]水银畏磁石的知识或许早已有之。因此，我们完全可以推测汉代方家进行过磁石置水银中的实验。

1986年11月，我们做了一个模拟实验：将块状天然磁石投入水银，磁石浮在水银上，自动旋转到一定的方向。重复试验，磁石旋转后的指向始终不变。古人完全有可能通过类似的实验或偶然的机会发现天然磁石的指极性。

虽然迄今为止尚未发现宋代以前关于磁石指极性的记载，但《梦溪笔谈》卷二

① 陆也：《地球化探法用于考古学》，《中国科技报》1986年11月24日。
② 宋张君房辑、明张萱订：《云笈七签》卷一○八，四部丛刊本。
③ 王奎克：《中国炼丹术中的"金液"和华池》，《科学史集刊》第7期，1964年7月。
④ 《太平御览》卷九八五引《吴氏本草》。

四云："磁石之指南，犹柏之指西，莫可原其理。"《证类本草》卷四"磁石"条引沈存中《笔谈》只写"磁石指南"四个字，意思更为明确。南宋末年，文天祥的《指南前录·扬子江》诗有"臣心一片磁针石，不指南方不肯休"之句，表明磁石指南在宋代已是一种科学常识。此外，南宋陈元靓《事林广记》所收"神仙幻术"中的"造指南鱼"和"造指南龟"法，关键是藏磁石于鱼、龟腹中，均暗示磁石的指南作用，早已为世人所知。

四、《论衡》司南句校释

今本《论衡·是应篇》曰："故夫屈轶之草，或时无有而空言生，或时实有而虚言能指。假令能指，或时草性见人而动。古者质朴，见草之动，则言能指。能指，则言指佞人。司南之杓，投之于地，其柢指南。"

关于"屈轶之草"，王充在《是应篇》中引儒者曰："太平之时，屈轶生于庭之末，若草之状，主指佞人。"对此王充表示疑问："屈轶，草也，安能知佞？"可见"屈轶"是一种草状的植物。我们不难理解，"司南之杓"当是一种杓状的器物。

杓有两解，一释为勺柄，一释为勺。

《说文解字·木部》云："杓，枓柄也，从木从勺。""枓，勺也，从木从斗。"故"杓"可释为勺柄。《史记·项羽本纪》云："沛公已去，间至军中。张良入谢曰：沛公不胜栖杓，不能辞！"栖杓即杯勺。《南齐书·卞彬传》云："彬性（好）饮酒，以瓠壶瓢勺，枊皮为肴。"《南史·陈庆之传》附《陈暄与何秀书》则云："何水曹（逊）眼不识杯铛，吾口不离瓢杓，汝宁与何同日而醒，与吾同日而醉乎？"可见"杓"与"勺"通。

柢为勺柄。《说文解字·木部》云："柢，木根也，从木氐声。"《周礼·春官·鬯人》曰："禜门用瓢赍。"郑玄注："赍读为齐，取甘瓠割去柢，以齐为尊。"段玉裁《周礼汉读考》云："齐即赍字，……瓠以柄为柢，以腹为赍，去其柄而用腹为尊也。"瓠即葫芦，柢训为瓠柄。据韦肇《瓢赋》，司南如瓢之形。瓢为剖瓠之勺，瓢勺互训。故"柢"为瓢柄或勺柄。既释"柢"为勺柄，则"杓"作勺解似较勺柄为佳。

《太平御览》卷九四四引《论衡》曰："司南之杓，投于地，其柄南指。"又卷七六二引《论衡》曰："司南之勺，投之于地，其柄指南。"这些引文为《论衡》"杓""柢"之义作了极好的注解。

"投"训为投入或投掷。如《庄子·让王》云："北人无择曰：吾羞见之，因自投清冷之渊。"《论衡·状留篇》云："且圆物投之于地，东西南北，无之不可，策杖叩动，才微辄停。方物集地，一投而止，及其移徙，顺人动举。"

把磁勺投到哪里去，其柢才能自动指南呢？只有投入水银之中，才是最好的解释。

《论衡·是应篇》"投之于地"乃"投之于池"之误。这里的"池"，即"华池"或"颎池"，亦即水银或汞池。

池与地只有偏旁之差,且"氵"与"土"字形相近(行书或草书更接近)。古代转写时,误"池"为"地"的事是很可能发生的。一个明显而且直接有关的例子是,《太平御览》卷八一二引《吴越春秋》曰:"阖庐葬墓中,濒地广六丈。"此处"濒地"显系"濒池"之误。《是应篇》"池""地"之误的发生,也可能是缮录者受到了《状留篇》"圆物投之于地"的影响。

《论衡》原书八十五篇,后来《招致篇》有目无文,实存八十四篇。宋仁宗庆历五年(1045)杨文昌刻本序说:"先得俗本七,率二十七卷;又得史馆本二,各三十卷。然后互质疑伪。又为改正涂注,凡一万一千二百五十九字。"[①]现在的传本,大概都源于杨刻本,转写既久,舛错滋其。近世虽有整理,诸本(包括宋刊本)均误"池"为"地",尚未校正。《太平御览》成书于太平兴国八年(984年)十二月,也刊作"投之于地"或"投于地",可见这个错误至迟在北宋初年已经存在,一直沿袭至今。

五、司南复原方案

司南之形如勺,源出有因。晋虞喜(281—356)《志林新书》云:"黄帝与蚩尤战于涿鹿之野。蚩尤作大雾,弥三月,人皆惑。黄帝乃令风后法斗机,作指南车,以别四方,遂擒蚩尤。"[②]王振铎先生认为:"虞喜之谓指南车恐为指南或司南之误。"不管《志林新书》所录的神话背后指的是指南车,还是司南,取法北斗代表了汉人制指向器的一种指导思想,强调天上与人间事物的统一,是天人感应说影响的反映。这种指导思想盛行于汉代,对后世仍有相当大的影响。此外,制成勺形,还可以增加浮力,减少阻力,改善司南的指向性能。

在勺类古器中选择司南的体型,入选之勺的年代应当接近王充生活的时代。考虑到古代的加工条件,勺柄不一定很长。王振铎先生《司南指南针与罗经盘》(上)图十六的汉"陶匏",勺体椭圆,板柄短劲,勺底为球面体,宜借为司南之勺的造型。

选取极性时,可以让磁石块浮在水银上,等其静止后,在南北两端各加标识。其指南的一头琢为勺柄,指北的一头琢为勺首。我国古代琢玉工匠技艺高超,将硬度介于软玉和硬玉之间的天然磁石琢成磁勺,在技术上没有不可克服的困难。北宋太平兴国(976—983)中撰的《圣惠方》云:"治小儿误吞针。用磁石如枣核大,磨令光,钻作窍,丝穿令含,针自出。"[③]说明古人在加工磁石方面确有相当的水平和经验。事实上,王先生已经请玉工依旧法琢成勺柄相当长的天然磁勺(见《司南指南针与罗经盘(上)》之补记附图四),加工"陶匏"式的磁勺比它容易,当不成问题。

---

① 蒋祖怡:《王充卷》,中州书画社,1983年,第205页。

② 虞喜:《志林新书》,玉函山房本。

③ 《重修政和经史证类备用本草》卷四引《圣惠方》。

何况磁勺模型不一定做得与陶匏一模一样，说不定汉代司南仅是大致呈勺形之物。使用时，只要将它投入盛有足够数量水银的容器中，勺柄必然自动指南。

至于盛汞的容器，《抱朴子内篇·金丹》曰："岷山丹法，……其法鼓冶黄铜，以作方诸，以承取月中水，以水银覆之，致日精火其中，长服之不死。""务成子丹法，用巴沙汞置八寸铜盘中……""又墨子丹法，用汞及五石液于铜器中……"这类铜器或即所谓"流珠池"。今借用铜盘盛汞，使之与磁勺相配合，构成一种《论衡》司南之勺复原模型（至于方盘四周有没有八干、十二支、四维组成的二十四位供定向之用，待考）。它与《武经总要》指南鱼、北宋水浮磁针一脉相承，成为后世水罗经的先声（图2）。

图 2　从司南到水罗经示意图

（原文载于《文史》第 31 辑，1988 年 11 月）

程贞一与中国科技史[*]

程贞一(Joseph C. Y. Chen)先生是当今美籍华裔物理学家,现任美国加利福尼亚大学圣迭戈分校物理系教授。他的祖籍在安徽,1933 年 11 月 12 日生于南京。他 1952 年留学美国,在美国新罕布什尔州曼彻斯特的圣安赛姆学院(St. Anselm's College)主修物理化学,1957 年获得学士学位。之后在美国继续深造,1961 年,他获得印第安纳州圣母大学(Notre Dame University)理学博士学位。从此正式开始了他的学术生涯。从 1961 年 7 月到 1974 年 6 月的十几年里,程贞一先后受聘为纽约的布鲁克黑文国家实验室、科罗拉多州实验空间物理联合研究所、加利福尼亚大学圣迭戈分校工作(副教授)。其间他辗转世界各地的大学和研究机构,积极而广泛地参加各种学术活动。1974 年 7 月,他被加州大学圣迭戈分校聘为物理系教授,直至现今。程贞一长期从事分子与原子物理学方面的研究工作,取得了卓著的成就。自 1962 年至 1979 年间,共发表论文 85 篇。现在,他是美国科学院基础科学研究委员会委员、美国物理学会会士、Phi Tau Phi 学者荣誉团成员、美国科学史学会会员、美国科学进步联合会成员等。

作为一位理论物理学家,原本是同中国科技史关系不大的,但自 1979 年以后,程贞一对中国古代的科学、技术和文化发生了浓厚的兴趣。他甚至把他的工作重点转到了研究中国科技史。1979 年以后,他停止了在刊物上发表理论物理方面的文章,并于当年加入了加州大学圣迭戈分校的中国研究中心(Program in Chinese Studies),这标志着他学术研究方向的转变。

程贞一在中国科技史方面的工作是从教学开始的。1980 年,他在圣迭戈分校开设了"中国科技史"课。这在当时是首创。在今日美国,也是绝无仅有的。为此,他专门编写了两本讲义。一本是《中华学术思想》(*Scientific Thought and Intellectual Foundations of China*),另一本是《中华数学通史》(*History of Mathematics in Chinese Civilization*)。六年多来,他总共给近 200 名学生讲了这门课,并取得了良好的效果。

在开展教学工作的同时,程贞一还积极地从事科学史研究工作,短短几年里便取得了丰富的成果。从 1984 年起,他开始发表中国科技史方面的文章,迄今已有 7

---

* 本文与余健波合作。原文中的几处错误本次收录时根据相关资料作了一些必要的修正。

～8篇,内容涉及中国古代的数学、物理、技术和科学思想以及中西比较诸方面。另外,前面提到的两本讲义也正在整理之中,拟在不久的将来出版。在这些文章的字里行间,处处透现出他不愧为一个有造诣的中国科技史研究家。

近年来,程贞一活跃在中国科技史领域的国际舞台上,广泛参加国际交流活动,引起了中国和海外中国科技史家们的注目。他参加的活动,主要的有:1984 年 7 月北京第三届国际中国科技史会议,1985 年 2 月美国加州伯克利第十七届国际科学史会议,1986 年 5 月澳大利亚悉尼的第四届国际中国科技史会议等。他之所以引人注目,不仅由于其出色的研究论文,更重要的是在近年来的学术活动中所展现的独特姿态。他不仅是一个成功的研究者,而且还是一个优秀的组织者和热心的赞助者。

例如,1984 年他在圣迭戈分校积极筹建"为公研究院"。"为公研究院"的宗旨是"促进与提高国际中国文化方面的研究"。该院在 1985 年正式成立,由他担任首任院长职务。同年,为公研究院与加州大学共同经办和赞助了一次"国际中国科技史讨论会",为公研究院部分承担了出版该次会议论文集《中华科技史文集》的费用。该文集由程贞一主编,前不久已经在新加坡出版,其中收录了中国和海外中国科技史家最近的优秀论文 14 篇。他还把今后继续出版《中华科技史文集》续集列入了未来的计划之中。除了这个计划之外,为公研究院还将为第五届国际中国科技史会议提供部分资助。目前,他正为筹备工作而奔忙。由于程贞一在中国古代物理学领域的研究成就,他获得了 1986 年度的 SDCASEA 奖;此外还获得 1986 年度列维尔学院杰出人员奖（Revelle College Outstanding Faculty Award）。

随着我国在国际上产生越来越广泛的影响,中国文化逐渐走向世界。程贞一作为旅居海外的华夏儿女,为发扬光大灿烂的祖国文明作出了特殊的贡献。这反映了一位海外科学家的爱国之心。借本文结束之机,谨向程贞一先生所取得的成就表示赞贺,并冀望程先生作出更大贡献。

（原文载于《中国科技史料》,1988 年第 1 期）

浙江集会纪念化学史家王琎教授诞辰一百周年

王琎(季梁)教授是我国化学史界的先驱,他创建了以分析实验为依据,与历史考证相结合的方法来研究中国化学史。他撰写了大量化学史论文,如《中国古代金属化合物的化学》,《中国古代酒精发酵》,《中国古代陶器制造之科学性研究》,等等。特别是他对中国古代钱币合金的研究影响更大,发表的《五铢钱化学成分及古代应用铅、锡、锌、镴考》是通过对不同朝代钱币的分析、化验,得出了判断五铢钱年代的科学根据。这是我国化学史研究的一次开创性工作,也为后来科学考古开拓了一条新途径。1966 年"文革"初期,他被害时,尚在伏案撰写《中国化学工艺史》手稿。他又是我国著名的分析化学家与教育家,桃李满天下。

1988 年 10 月 15 日,政协浙江省委员会、中国化学会、浙江省科学技术协会、九三学社浙江委员会、浙江大学、杭州大学、浙江省化工学会、浙江省化学学会等八个单位,在浙江大学联合举行隆重的纪念会,缅怀王琎教授诞辰一百周年,到会代表约 200 多人。十多位代表发言,以事例来说明他在科学与教育上的巨大功绩以及他的崇高优秀品质。很多代表表示学习王琎教授的优点,改进自己的工作,做出出色的成绩来告慰先人。

(原文载于《中国科技史料》,1988 年第 4 期)

中国古代颜色科学*

中国古代对颜色的研究有悠久的历史、伟大的成就。

一、世界上最早的三原色说

至于颜色,中国古代更着重于它在人文礼节方面的意义,很少从科学的角度去探索它。不过中国古代在颜色的应用方面起源甚早,在新石器时代的彩陶上就出现了几样颜色。到了周代,染色工艺十分发达,在《诗经》里就出现了六种不同颜色的记载,在这些实践中,就必然积累起一定的知识。某些想法虽属臆猜,却也有其值得注意的地方。古文"色"作"𢑌"①,从"彡",似乎取其光芒发射之象,意味着颜色是光的作用。后来一些代表具体颜色的字,也有从"彡",或迳从"光",可能也是从这种思想出发的。最值得指出的是,远在周代就把颜色分为"正色"与"间色"两类,《礼记·玉藻》说"衣正色,裳间色……"唐代经学家孔颖达(574—648)引用南朝皇侃(488—545)的解释作注疏如下:"皇氏云:正谓青、赤、黄、白、黑五方正色也。不正谓五方间色也,绿、红、碧、紫、骊黄是也。青是东方正,绿是东方间。青为木,木色青。木刻土,土黄,并以所刻为间或绿色,青黄也。朱是南方正,红是南方间。南为火,火赤刻金。金白,故红色赤白也。白是西方正,碧是西方间。西为金,金白刻木,故碧色青白也。黑是北方正,紫是北方间。北方水,水色黑。水刻火,火赤,故紫是赤黑也。黄是中央正,骊黄是中央间。中央为土,土刻水,水黑,故骊黄之色黄黑也。"②"刻"同"克","骊"今作"䮻"。从以上的注疏,我们可以得到以下两点:

(1)青、赤、黄、白、黑五色是正色,绿、红、碧、紫、䮻黄是间色。又间为"间厕之间",③所以间色有杂色的意思,由两正色混合而成。这与现代的三基色理论,即三种基色加上黑白两色可混合成任何颜色,相符合。在欧洲,三原色由英国科学家杨(T. Young)于1801年首先提出,后由德国科学家亥姆霍兹(H. Helmholtz)于1866年完成该学说。④

(2)将五行、五方、五色联系,如表1所示,形成五行—五方—五色学说,来解释颜色间的作用关系及它们之间的变化。五行相生相克,相生者成正色,相克者成间色。注疏中解释两正色相克而生间色。"青是东方正,绿是东方间。东为木,木色

---

* 本文为"第五届国际中国科技史会议(1988)"交流论文,有英文译本。

青。木刻土,土黄,并以所刻为间或绿色,青黄也。"这一段用来说明青色与黄色相合成绿色。接下去说明赤色与白色相合成红色,白色与青色合成碧色,黑色与赤色合成紫色,黄色与黑色合成骝黄色。这样最早运用了朴素的哲学体系解释五正色及其他间色的生成。

表1　五行、五方、五色的对应关系

五行	木	火	土	金	水
五方	东	南	中	西	北
五色	青	赤	黄	白	黑

图1表示五行相生相克(实线为相生,虚线为相克)以及五行—五方—五色的关系,说明间色的生成。

图1中虚线(1)(2)(3)(4)(5)依次表示青色与黄色相混合(木克土)而成绿色,赤色与白色相混合(火克金)而成红色,白色与青色相混合(金克木)而成碧色,黑色与赤色相混合(水克火)而成紫色,黑色与赤色相混合(土克水)而成骝黄色。这里的红色就是现在的品红,骝黄色就是现在的棕色。

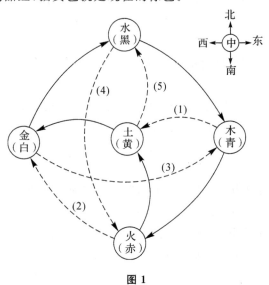

图1

五色之说,起源很早。《尚书·益稷》《考工记·画缋》《孙子兵法·势篇》等都论及。

二、世界上最早的三色对学说

清代博明于《西斋偶得》(1773年成书)中的"五色"一条写道:

449

"五色相宣之理，以相反而相成，如白之与黑，朱之与绿，黄之与蓝，乃天地间自然之对。待深则俱深，浅则俱浅，相杂则间色生矣。"[5]

博明明确地认识到：(1)颜色中存在着三个相反的"自然之对"，即白—黑对、红—绿对、黄—蓝对；(2)这三个颜色对又可相杂而产生间色。用中国传统的哲学概念归纳地说，五色相宣之理就是颜色的相反相成。显然，这种以三个颜色对为出发点的生色说，其基本思想与德国赫林(E. Hering)于1878年提出的拮抗三色对说[6]是一致的，在科学史上具有进步意义，且博明的三色对说比赫林约早一百年。

接着，在同一条目下，为了说明上述观点，博明通过细致的观察，准确地提出了容易为人们忽略的负后像现象：

"今试目于白，久之目光为白所眩，则转目而成黑晕，注朱则成绿晕，注黄则成蓝晕，错而愈彰，黼黻文章之所由成。"

现代理论认为，负后像是由于视觉暂留现象造成两种或多种颜色在眼中混合的结果，但是，因为此现象的显著性在很大程度上依赖种种心理因素，所以难以为人们所发现。在中国历史上，类似博明的记载至今罕见。国外的有关记载是由1876年江南制造局出版、田大里(J. Tyndall，今译丁铎尔，英人，1820—1893)所著的《光学》一书开始传入中国的。他在"论人目觉之异"的标题下写道：

"从明至暗，白纸红点，视之绿边，移红则绿。理：人目久视红色即减其觉红色之功用，即去小红圆之后，即有纸之白光入目内，因已减红色之功用，故只能觉红之相互色。"[7]

不难看出，仅从观察细致上比较，博明与丁铎尔不相上下，然丁铎尔在书中又进一步解释了现象产生的原因，这是博明所不及的。

三、色散[8]

不论在中国还是外国，对于色散的研究往往是从虹开始的。中国古代对虹的注意极早。殷代甲骨文把"虹"形象地写成"⌒⌒"。《庄子》云："阳炙阴为虹。"虹的生成条件是日光和水滴群，在阴阳学说中，日属阳，水属阴，所以"阳炙阴为虹"。

对虹的研究，唐代有了跃进。唐初孔颖达(574—648)注疏《礼记》云："云薄漏日，日照雨滴则虹生。"张志和(744—773)在《玄真子》中，除了明确地指出"雨色映日而为虹"以外，还说"背日喷乎水成虹霓之状，而不可直者，齐乎影也。"这不但是第一次用实验方法研究虹，而且第一次有意识进行的日光色散实验。"齐乎影"即指观察虹霓要有一定角度。

这时还发现了其他一些色散现象，人们观察到瀑布下泄，水珠四溅，日光照之即呈彩色光弧，很像虹霓。这种现象在唐初就见诸题咏。张九龄(678—740)《湖口望庐山瀑布》诗中有"日照虹霓似"之句。

到了宋代，人们竟能对单独一个水滴的色散现象进行研究。南宋程大昌《演繁露》说："《杨文公谈苑》曰：'嘉州峨嵋山有菩萨石，人多收之。色莹白如玉，如上饶水晶之类，日射之，有五色，如佛顶圆光。'文公之说信矣。然谓峨嵋山有佛，故此石能见此光，则恐未然也。凡雨初霁，或露之未晞，其余点缀于草木枝叶之末，欲坠不坠，则皆聚为圆点，光莹可喜。日光入之，五色俱足，闪烁不定，是乃日之光品著色于水，而非雨露有此五色也。峨嵋山佛能现此异，则不得而知。此之五色，无日则不能自见，则非因峨嵋有佛所致也。"此一段很精辟：(1)发现了日光通过一个液滴也能化为多种色光，实际上就是发生色散。(2)把日光通过液滴的色散现象同日光通过自然晶体的色散联系起来。(3)指出了"五色"的生成，"无日则不能自见"，"是乃日之光品著色于水"，就是明白了"五色"来源于日光，这就是接触到色散本质上来。

梁元帝萧绎(508—554)《金楼子》曾记载一种叫做君王盐或玉华盐的结晶体："有如水精，及其映日，光似琥珀。"这大概是关于天然晶体色散现象的最早的文字记载。

明末方以智的《物理小识》："凡宝石面凸则光成一条，有数棱者则必一面五色。如峨嵋放光石，六面也；水晶压纸，三面也；烧料三面水晶亦五色；峡日射飞泉成五色；人于回墙间向日喷水，亦成五色。故知虹霓之彩，星月之晕，五色之云，皆同此理。"这里罗列的色散现象很多，有自然晶体、人造透明体、液滴等的色散，有月晕、五彩云、峡日射飞泉、人造虹以及自然界的虹霓……他把这些现象联系起来，指出它们"皆同此理"。这是对我国古代色散知识的一个总结性的记录。

四、反衬、物色与阳光

中国古代对颜色的反衬，很有研究。《考工记》："凡画缋之事，后素功。"缋通绘，画缋即绘画；素，白色。整句的意思是：凡绘画最后在底上涂白色，这样使其他色彩更加明显，这当然是应用反衬原理。许多古典诗词上也有所反映，例如，"桃红柳绿""万绿丛中一点红""千里莺啼绿映红"等等。

最典型的反衬例子为"红光验尸"[⑨]。《玉匣记》(至迟在 978 成书)中说："太常博士李处厚知庐州梁县，尝有殴人死者，处厚往验伤，以糟或灰汤之类薄之，都无伤迹。有一老父求见，乃邑之老书吏也。曰：'知验伤不见迹，此易辨也，以新赤油伞日中覆之，以水沃尸，其迹必见。'处厚如其言，伤迹宛然，自此江淮间官司往往用此法。"老书吏巧妙地使用新的红油伞作强反衬滤光器，从日光中滤取红色波段光(可见光中波段最长的)，而皮下瘀血部分一般呈青紫色(青紫色波段光是可见光中波长最短的)，这样大大地提高了瘀血部分跟周围之间的反衬度。

我们曾做过一些"红光验伤"的模拟实验。在阳光下观察手背静脉(青筋)，取其深者不明显的作为观察对象。再让阳光透过滤光片（6500 埃）滤取红光，则迹象明显。我们也曾用过红色玻璃、红色透明纸、红绸、红布伞、红尼龙伞等等，其迹象也明显。再用滤光片（5900 埃）滤取橙黄色光，滤光片（5000 埃）滤取绿色光，滤光片（4600 埃）滤取兰色光，滤光片（4200 埃）滤取青紫色光来观察，则逐渐难辨识，以至完全不辩。

《梦溪笔谈》也有类似记载。

1274 年成书的《洗冤集录》更有发展，提出新（红）油绢作滤光器；并且提出"阴雨以热炭隔照"，利用人造红色光源使阴天可以验伤。

中国古人也注意日光与颜色的关系。清初刘献廷的《广阳杂记》说："日光照远帆上，皆作红杏色，青草映之，皆成绀绿。"青草是嫩绿色的，为什么会变成青中带红的绀绿色呢？这是因为斜阳的色光是富于橙红色的，跟中午的阳光不同，春草的反射与远帆的反射都变了颜色。清代梁绍壬的《两般秋雨庵》也说："余尝暮游湖上，水色山光深浅一碧，红霞如火，岸桃皆作白色。"为什么桃花变为白色呢？在暗室里干工作的人都有这种感觉，在红灯下看红纸与白纸是没有区别的。霞光映着桃花与远山，这时远山应显得深暗，桃花把霞光完全反映，所以白色。

五、小结

中国古代有许多古籍论及颜色，例如《礼记》、《碎金》（元）、《天工开物》、《木棉谱》（清）、《红楼梦》、《镜镜詅痴》等，其中以《镜镜詅痴》为最全面。《镜镜詅痴》是清代郑复光（1780—?）的光学巨著，把颜色列为全书之首，名为"原色"，共分七个命题来叙述。（1）物体与颜色。（2）形、色、光的关系。（3）反衬："色立乎异，则相得益彰，色傍乎同，则若存若亡。"总结了前人的知识，对后世配色、绘画、印染、织物、服装、装潢、园林、布景等都有指导意义，现在还有人奉之为准绳。（4）所有颜色，或浓或淡，都可以由五色组成，并附了色度图。

参考文献

①徐中舒，《汉语古字字形表》，四川人民出版社，1981 年，第 360 页。

②《十三经注疏》（附校勘记），中华书局，1980 年影印本，第 1477 页。

③同上。

④*Concise Dictionary of Scientific Biography*, Charles Scribner's Sons, New York, 1981, p. 325, 744。

⑤博明，《西斋偶得》卷中。

⑥董太和、尤晨华，"色觉理论中阶段学新发展"，《中华眼科杂志》，第 22 卷第 6 期，第 372 页，1986 年；荆其诚等，《色度学》，科学出版社，1979 年，第 62 页。

⑦田大里，《光学》，第二卷（下），同治九年（1870）刻本。

⑧王锦光、洪震寰，"我国古代对虹的色散本质的研究"，《自然科学史研究》，第 1 卷第 3 期，1982 年，第 215—219 页。

王锦光、洪震寰，《中国光学史》，湖南教育出版社，1986 年，第 117—122 页。

⑨王锦光，"关于红光验尸"，《杭州大学学报》（自然科学版），第 11 卷第 3 期，1984 年，第 328—330 页。

（原文载于《第五届国际中国科技史会议论文集》，1988 年）

《世界经典物理学简史》序

　　我爱读物理学史方面的书籍。前些时候谢邦同先生将他编写的《世界经典物理学简史》寄给我,以先睹为快,对此我是很感谢的。最近,又来信告诉我他们已对原讲义进行了修改,并准备正式出版。这真是正中下怀,十分令人高兴。

　　近年来国内物理学史的研究和教学蓬勃发展,不少高等院校特别是师范院校物理系已开设了物理学史课,编写的讲义也逐渐多了起来。但是,这本《世界经典物理学简史》有下述几个特点:第一,它是按照物理学的各分科(力、电、热、光、原)中的概念、定律和原理的形成过程来叙述的。第二,它对实验的历史给予了重视,并把理论形成和实验进展结合起来。第三,它把物理学发展历史和科学家的科学实践活动结合起来。第四,它能结合物理学史实,进行科学思想和科学方法的简单论述。尽管在内容上还应该充实和提高,但这种新的尝试是可贵的,也是应该受到鼓励和支持的。我个人认为,它可以作为高等院校物理学史的教材,也适宜作为物理专业的教师以及科学史和自然辩证法专业人员的参考书。书末附有历史年表,便于查阅,给读者许多方便。

　　我盼望他们能继续努力,尽快出版她的姊妹篇《世界近代物理学简史》,使我们的科学史研究与教学能更好地为我国的四个现代化服务。

　　(原文载于谢邦同主编《世界经典物理学简史》,辽宁教育出版社,1988 年)

张福僖[*]

在近代中国向西方学习的过程中,西方先进的数学、天文学、化学、物理学、地学、生物学以及采矿、冶金、造船、筑路等许多科学技术知识相继被传入中国,并翻译出版了大量西方科学技术著作。就物理学方面,《光论》是我国近代最早的一部光学译著,它较为系统地介绍了西方近代几何光学的知识。这部著作的译者即是张福僖。

张福僖,字南坪,或作南屏、南平,别字仲子。生年未见记载。从其一生活动情况分析,可能生于嘉庆后期。他出生于浙江归安县(今湖州市)一个贫苦家庭[①],自幼好学深思,偏爱天文历算。曾中取秀才,在乡里"拔冠一军,名誉鹊起"[②]。后来,因不喜作八股文,于科举仕途无其进步。

1839 年(道光十九年),著名天文算学家陈杰告病辞职,自北京回到浙江乌程县(今湖州市)老家,以授徒为生。张福僖拜陈杰为师。同时问业于陈杰的还有丁兆庆(字宝书,浙江归安人)、项锦标(浙江仁和人,项名达长了)等。

张福僖在陈杰的指导下,学业进步较快,不但尽得其术,而且有不少创见,成为陈杰最得意的门生之一。1843 年(道光二十三年),陈杰从著名数学家项名达处获取二边夹一角径求夹角对边之术,并把它传授给自己的弟子。张福僖很快掌握了这一有关三角形勾股相求问题的新方法,还与丁兆庆、项锦标一起对该术作了图解,合编成《两边夹角径求对角新法图说》(或称《两边夹一角图说》)一书。全书"洋洋数千言",陈杰见后,称该图说"讲解明晰,戛戛独造"[③],将它附于自己的《算法大成》上编第五卷中。

后来,张福僖又撰成《彗星考略》和《日月交食考》二书。这两部天文学方面的

---

* 本文与余善玲合作。

① 一说张福僖出生于浙江乌程县(今湖州市),见同治本《湖州府志》卷七十八"张福僖";施补华《泽雅堂文集》;卷七书张仲子"。此据张福僖"自叙"(原为《光论·自叙》);王韬《瀛壖杂志》卷五。

② 王韬《瀛壖杂志》卷五。

③ 诸可宝《畴人传三编》卷三"陈杰"附"丁兆庆""张福僖",见《畴人传》第四册,商务印书馆1935 年版,第 766 页。

455

著作,由于无刻本传世,原稿也"遇乱皆散佚"①,其具体内容已无从了解。陈杰曾撰有《彗星谱》,对彗星运行轨道进行过研究。张福僖的《彗星考略》可能是在陈杰《彗星谱》的基础上,对彗星作进一步研究的成果。诸可宝撰《畴人传三编》(1886年),称张福僖"精究小轮之理,著有《彗星考略》若干卷"②。据此可知,张福僖的《彗星考略》等天文学著作,是借助小轮系统的理论进行研究而取得的成果。所谓小轮系统理论,即是采用本轮、均轮等概念,力求解释日、月、五星等天体运动速度变化的一种主观臆想的学说,它起源于古希腊天文学家托勒密(Claudius Ptolemaeus,约90—168)。托勒密在其地心体系中认为,地球是不动的中心,太阳和行星环绕地球运行。为说明天体的视运动中何以有顺、逆、留、合、迟、疾等现象,他认为太阳和行星在一个小圆上作等速运动,这个小圆称作"本轮",同时又假设本轮的中心在一个大圆上作等速运动,这个大圆叫做"均轮"。我国明代末年由徐光启等编纂的《崇祯历书》采用了这一学说,在当时对于探索天体运动规律有一定的积极意义。但小轮系统毕竟是主观臆造的,随着哥白尼日心体系和开普勒行星运动定律的创立和发现,小轮系统便被彻底粉碎了。我国清代乾隆时期由明安图等修订的《历象考成后编》(1742年),虽没有引用哥白尼日心说,但已抛弃了小轮系统,改用开普勒的行星椭圆运动定律。张福僖的研究是否改进了过时的小轮系统,已不可得知,但在百年之后仍"精究小轮之理",可以说是一种食古不化的做法。

1853年(咸丰三年),张福僖因好友著名数学家李善兰介绍,到上海结识了在墨海书馆译书的英国人艾约瑟(Joseph Edkins,1823—1905),并受聘为译员,翻译天算格致诸书③。此后,张福僖在接触和介绍西方近代科学知识的同时,其学术思想也逐步发生变化。《光论》就是他在沪期间与艾约瑟共同翻译完成的一部优秀著作。

《光论》的西文原本及作者均不详,从该书的内容来看,其底本似乎不止一种。《光论》最后九节(约占全书内容的三分之一)的材料相当琐碎,每节之后都注明应插在前面某一章节之间,可能这些增补的内容不是原底本所有,而是从当时的其他书籍杂志中摘译下来以作补续的。而《光论》付印时,这九节内容没有插入所指定的段落,则可能是该书付印仓促,或者是张福僖本人未及修缮、后人又未加整理所致。因此,《光论》实际上也没有完全定稿。

张福僖在《光论》正文前撰有一篇"自叙",全文不足四百字。他在"自叙"中谈到了翻译《光论》的意图:"明天启年间西人汤若望著《远镜说》一卷,语焉不详。近歙(即安徽歙县——引者)郑浣香先生汶(复)光著《镜镜诊痴》五卷,析理精妙,启发

---

① 施补华《泽雅堂文集》卷七"书张仲子"。
② 《畴人传》第四册,第766页。
③ 张福僖《光论·自叙》。

后人,顾亦有未得为尽善者。"他对《远镜说》和《镜镜诠痴》的评价是恰当的。《远镜说》由德国传教士汤若望于 1626 年(明天启六年)所撰,是我国出版的最早介绍西方光学知识的专著,但该书有不少疏漏之处,一些内容到 19 世纪中叶也已显得陈旧。郑复光的《镜镜诠痴》出版于 1846 年(道光二十六年),该书根据我国已有的几何光学知识,论述了各种透镜的成像原理和制作方法,并附有图示。它是我国学者独立研究完成的一部光学著作,但与西方近代光学知识相比,还有"未得为尽善"之处。张福僖译《光论》的主要目的是弥补《镜镜诠痴》之不足。

《光论·自叙》还简要地介绍了一些西方光学知识。例如:光速及其测定方法,张福僖说:"光之行分,以木星上小月蚀时之时刻,比例布算。"这就是丹麦科学家罗麦(Olaus Roemer,1644—1710 年)于 1675 年(康熙十四年)提出的利用木星的卫星发生掩食现象来测定光速的方法,在我国出版的书籍中还是第一次进行介绍;又如:太阳光谱中的暗线和明线,张福僖指出:"太阳光中有无数定界黑线,惟电气、油火、烧酒诸光,但有明线而无黑线,故知光之为物而非虚也。"太阳光谱的暗线由渥拉斯顿(William Hyde Wollaston,1766—1828 年)于 1802 年(嘉庆七年)首先观察到,1814 年(嘉庆十九年)德国物理学家夫琅和费(Joseph Fraunhofer,1787—1826 年)又对此进行了精心的观察,发现了 576 条太阳光谱因被物质吸收而产生的暗线(吸收线),而太阳光谱暗线形成的原因,直到 1859 年(咸丰九年)德国物理学家基尔霍夫(Gustav Robert Kirchhoff,1824—1887 年)提出分光学的基本定律以后,才得以说明。可见,这一知识在当时的西方也颇为新鲜,而张福僖及时地将它介绍到了中国,并提到了渥拉斯顿、夫琅和费的名字(译作武腊斯顿、弗兰和林必)。这表明,当时张福僖已把自己的学术眼光,投向世界最新科技领域,并热情地探索和传播。

《光论》正文共约六千字,附图十七幅,较详细而系统地介绍了当时西方几何光学知识。诸如:光的直线传播,平行光的概念,光的照度,介质的疏密及其均匀与否对光传播的影响,反射定律等。从定量关系上论证折射定律、临界角("角限")和反射现象、海市蜃楼幻景形成的原因等,则是首次被介绍到中国来。张福僖在《光论》中还正确地画出了光路图。《光论》中还述及了色散、光谱等光在传播过程中与物质发生相互作用时的部分现象,这已经涉及物理光学的知识。

《光论》中也有个别论述是错误的,例如书中有一段这样写道:"七色形亦有吸引物之能,近有英国女格致家为苏木耳末拉,造一物作凭证用。钢针置在青莲之傍一大时之久,其针端相近在颜色处即向北面,与指南针作用相同。又测量在老蓝、正蓝、绿色三处皆即牵引力之能,不过其力渐小,至正黄、橙黄、红三色则不能牵引。"苏木耳末拉即英国女科学家索末维尔(Mary Somerville,1780—1872 年),她曾在 1826 年(道光六年)向英国皇家学会提交的题为《太阳光谱中紫色光的吸引性能》

457

的论文中论述了以上观点，但不久被莫塞（Moser）、里斯（Ries）的研究结果所否定。①

《光论》的翻译，是由艾约瑟口述，张福僖笔录，两人合作完成的。此书在墨海书馆未能印行，后被江标辑入《灵鹣阁丛书》（1890 年左右）②，1936 年又被收进商务印书馆编辑的《丛书集成初编》，得以流传至今。

张福僖在译著的同时，对天文算学的研究并未放弃。一次，他在李善兰处见到数学名家戴煦的著作，对其极为钦佩。后来他专程前往杭州拜访戴煦，并小住数日，将戴煦的著述全都抄录副本而才离去。

1860 年（咸丰十年）春，应江苏巡抚徐有壬的邀请，张福僖与李善兰同往苏州③。徐有壬当时正要刻印由项名达撰著、戴煦补述的数学名著《象数一原》，张福僖与李善兰便担负了该书的校核工作。在徐有壬幕府，他们几人常常聚于一起，互相辩难，砥砺学问，"仲子由是学大进"④。同年 6 月 2 日（四月十三日），太平军攻占苏州，徐有壬被杀。张福僖可能与李善兰一起避居上海。

1862 年（同治元年）春，太平军围逼湖州，项锦标以其母亲在围城中，即与张福僖共谋进城探望。但未进城中，张福僖即被太平军兵士俘获，被作为清军奸细，杀害于湖州城下⑤，时当中年。

（原文载于沈渭滨《中国近代科学家》，上海人民出版社，1988 年）

---

①　*Dictionary of National Biography*, Vol. XVIII, London, 1949-1950.
②　上海图书馆编，《中国丛书综目》第一册，中华书局 1959 年版，第 246 页。
③　诸可宝《畴人传三编》卷三"陈杰"附"张福僖"，见《畴人传》第四册，第 766 页。
④　施补华《泽雅堂文集》卷七"书张仲子"。
⑤　诸可宝《畴人传三编》卷三"陈杰"附"张福僖"，见《畴人传》第四册，第 766 页。

纪念宋应星诞辰 400 周年及
《天工开物》初刊 350 周年[*]

"天覆地载,物数号万。"①我国开发利用天地万物有悠久的历史和善于创造发明的传统。在诸多古代科学技术领域内,中国曾经长期领先于世界其他各地。如果说战国初期成书的《考工记》总结了上古至战国初期的手工艺技术,以引人瞩目的开端光耀千秋,那么明朝末年问世的《天工开物》,集明末以前农业、手工业技术之大成,给我国古代技术传统作了辉煌的总结。

《天工开物》是我国 17 世纪的农业、手工业技术百科全书。人以文传,它的作者宋应星(1587—?)作为有杰出贡献的科学家,造诣堪称颂,英名传千古。

1987 年恰逢宋应星诞辰 400 周年,又是《天工开物》初刊 350 周年。11 月 10—13 日,在南昌和宋应星的故乡奉新县,中国科学技术协会和江西省政府联合举行了纪念会和学术讨论会。当前对宋应星及其代表作《天工开物》的研究,比过去任何时候更为深入和广泛;中国古代优秀的科技传统,愈来愈显示其不可忽视的借鉴作用。值此继往开来之际,谨以此文对这位明代杰出的自然科学家表示景仰之情。

一、宋应星的生平

宋应星,字长庚,江西奉新县雅溪乡人。明万历十五年(1587),宋应星诞生于一个破落的官僚地主家庭。曾祖宋景官至尚书,父国霖,无所建树。应星系庶母魏氏所出,在弟兄中排行第三。在叔祖和庆的家塾里受启蒙教育,接着,又与胞兄应昇就学于族叔国祚。国祚博学有文才,对功名很淡泊,教导子侄却十分认真。对宋应星早年的学习生活,族侄士元在《长庚公传》中有一段生动的描写:"公少灵芒,眉宇逼人。数岁能韵语,及操制艺,矫拔惊长老。幼时与兄元孔公同学,馆师限每晨读生文七篇。一日公起迟,而元孔公限文已熟背,馆师责公,公脱口成诵,馆师惊问。公跪告曰:'兄背文时,星适梦觉耳,听一过便熟矣。'师由此益奇公夙慧。"宋应星过人的记忆力,给他后来在相当缺乏经费和难得与人探讨的情况下,搜集资料、写作《天工开物》,提供了有利的条件,士元又说:宋应星"稍长,即肆力十三经传,于

---

* 本文与闻人军合作。

① 宋应星《天工开物卷·序》,本文所用《天工开物》的引文均据杨维增编著《天工开物新注研究》,江西科学技术出版社,1987。

459

关闽濂洛书，无不抉其精液脉络之所存，故自周秦汉唐及龙门左国，下至诸子百家，靡不淹贯，又能排宕渊邃以出之"[1]。

随后，宋应星又先后师事新建学者邓良知和南昌府大学者舒曰敬。在南昌求学期间，江西巡抚夏良心于万历三十一年（1603）重刊李时珍的《本草纲目》，风靡一时。宋应星逢此良机，谅必读过李时珍的巨著，吸收知识，并接受他的思想影响。但是想不到他自己在科举上碰壁，也走上与李时珍有些相似的学术道路，撰写为社会所需要的实用书籍。

万历四十三年（1615），29 岁的宋应星在多年准备之后，与应昇同赴南昌府应乙卯年乡试。结果，弟兄二人以第三和第六名双双中举，人称奉新"二宋"。然而，与乡试一举成功适成鲜明对照的是，后来两兄弟不辞辛劳，五上公车，始终名落孙山。宋应星 45 岁以前的宝贵年华大半耗费于此。进士前程虽然被阻，但应试途中南北各地的社会现象和生产实际，却大大扩大了他的见闻，给他成长为古代百科知识型的科学家大开方便之门。崇祯四年（1631），宋应星与兄应昇第五次落第后，对腐败的科举制度完全绝望，终于下定决心，转向与国计民生有切实关系的科学技术，研究"与功名进取毫不相关"的实学。①

崇祯七年（1634），宋应星在母丧守制之后，出任江西分宜县教谕。在分宜的 4 年，职冷官闲，正好给他提供学习和调查访问的有利条件，他思如泉涌，其主要著作大多是在这一阶段完成和刊行的。

崇祯十一年（1638），52 岁的宋应星升任福建汀州府推官，"有贤声，汀人肖像祀之"[2]。明代末年，他曾当过亳州知州。甲申（1644）之后，可能还做过南明的滁和道和南瑞兵巡道。明亡后，他作为反清思想相当强烈的明朝遗民，进入隐居生活，拒不仕清。他约在康熙初年逝世，享年 80 左右，葬于奉新北乡故里之戴家园祖茔侧。

二、宋应星的著述

宋应星在分宜教谕任内，是著述的黄金时期。崇祯九年（1636），《野议》《原耗》《思怜诗》《画音归正》刊行。崇祯十年（1637）更是丰收的一年，《天工开物》横空出世，又有《论气》《谈天》和《卮言》刻成。宋应星的著作约有十来种，现有传本的是《天工开物》《野议》《思怜诗》《论气》和《谈天》。其他著作已经失传，其中有些仅知名目，如《杂色文》和《美利笺》。

《野议》是宋应星政治思想的代表作。1636 年暮春，他看到邸报上有人"所闻

① 宋应星《天工开物卷·序》。

未尊,游地不广",然靠进呈谬论而得"美官"①,联想到自己怀才不遇和明末社会的种种黑暗现象,与有同感的曹县令交换意见后,一夜之间挥笔书就长达万言的《野议》。《野议》共十二议,即:世运议、进身议、民财议、士气议、屯田议、催科议、军饷议、练兵议、学政议、盐政议、风俗议、乱萌议。《野议》是在不敢且无法"朝议"的情况下,对明末的时事、政治、经济诸问题,"上痛哭之书","陈忧天之说"。② 这些政治论评是研究宋应星政治思想和经济观点的重要资料。

《原耗》的篇幅与《野议》差不多,已佚,可能是杂考或随笔之类,内容涉及"铨选、赋役、兵讼"、"桑麻、绵葛、冠帻、履舄"等许多方面[3]。

《思怜诗》包括:《思美诗》十首,为七律;《怜愚诗》四十二首,为七绝。系宋氏成年至 50 岁左右所赋诗的自选集。

《画音归正》,崇祯九年(1636)由其友涂绍煃(伯聚)帮助刊行,因已失传,内容不明,大约是讨论音韵或乐律的作品。

明中叶以来,资本主义萌芽,引发了经世致用的实学思潮,《天工开物》是实学思潮的产物。明末爱国科学家徐光启(1562—1633)为了发扬光大以《考工记》为代表的古代科技传统,于 1619 年精心完成了《考工记解》。宋应星的志趣不在注经,他不失时机地留下了"圣明极盛之世"农业、手工业技术的宝贵记录③,"内载耕织造作炼采金宝""一切生财备用秘传要诀"[4],在近代科学来临前夕,奏出了古代科学技术的丰收曲。

《天工开物》又名《天工开物卷》,初刊于崇祯十年(1637)四月。内容分为十八卷,和书的命名一样,每一卷的卷名也相当古雅。计有:

1.乃粒(五谷)　　　　　2.乃服(纺织)

3.彰施(染色)　　　　　4.粹精(粮食加工)

5.作咸(制盐)　　　　　6.甘嗜(制糖)

7.陶埏(陶瓷)　　　　　8.冶铸(铸造)

9.舟车(船车)　　　　　10.锤锻(锻造)

11.燔石(烧石)　　　　　12.膏液(油脂)

13.杀青(造纸)　　　　　14.五金(冶金)

15.佳兵(兵器)　　　　　16.丹青(朱墨)

17.曲蘖(制曲)　　　　　18.珠玉(珠玉)

全书附有插图 123 幅。

《天工开物》对明末以前,特别是当时农业、手工业、交通运输、国防等部门的技

---

① 宋应星《天工开物·序》。

② 宋应星《野议·序》。

③ 宋应星《天工开物·序》。

461

术成就作了图文并茂的总结，其中含有不少科学创见。尽管由于清朝的禁毁，《天工开物》在清代际遇不佳，在国内险遭失传的厄运，从 1637 年起，至 1987 年 3 月止，国内外仍发行了中、日、英文的各种版本 13 种。

《天工开物》的初刻本（图 1），是由当时担任河南信阳兵备道的涂绍煃资助，在江西南昌或袁州府刻成的。初刻本海内孤本原藏于宁波李氏墨海楼，鲜为人知。1952 年李庆城先生将此珍本捐赠北京图书馆。1959 年，中华书局曾据此本出版了分成三册的线装影印本。日本东京静嘉堂文库及法国巴黎国民图书馆也收藏着《天工开物》初刻本各一部。

清初书林杨素卿，以初刻本为底本，翻印了坊刻本。17 世纪，《天工开物》东渡日本。1771 年，日本菅生堂出版和刻本。19 世纪，《天工开物》的部分内容译成法、德、意、俄文。1952 年，日本东京恒星社出版日译本。1966 年，美国出版宾夕法尼亚大学（孙）任以都、孙守全伉俪合译了英译本。在国内，自 1927 年陶湘重刊《天工开物》以来，翻印的版次甚多。目前最新的本子是江西科学技术出版社 1987 年 3 月出版的《天工开物新注研究》（杨维增编著）。

图 1　《天工开物·序》尾页
明刊初刻本

《天工开物》卷十八之后，原来还有《观象》、《乐律》二卷，宋应星认为"其道太精，自揣非吾事，故临梓删去"。[①] 但《观象》的内容尚可从《谈天》知道一些。《天工开物》刊行后，宋应星又刻行了《卮言》十种，其中八种已佚，仅存第八种《论气》，刊行于 1637 年 6 月；第九种《谈天》，刊行于同年 7 月。《论气》是问答对话体的自然哲学著作，分为：《形气》（五章）、《气声》（九章）、《水火》（四章）、《水尘》（三章）、《水风归藏》（一章）、《寒热》（一章），合计六篇二十三章。《谈天》包括《说日》（六章），用天象观测记录批判了"天人感应说"，并提出了太阳也在天天变化的观点，但对日心说持怀疑态度。

《野议》《思怜诗》《论气》《谈天》的传世明刊孤本，原藏江西南昌（蔡）蔚挺图书馆，蔡氏卒后，已转入江西图书馆收藏。1972 年由上海人民出版社出版，题为《明宋应星佚著四种》。最近中山大学出版社出版了杨维增编著的《宋应星思想及诗文注释》，乃是宋应星这四部著作的又一版本。

宋应星年近花甲之时，政局发生了重大变化。崇祯十七年（1644）三月，李自成

---

① 宋应星《天工开物·序》。

率农民起义军攻入北京,推翻明朝。四月,清兵入关围困北京。宋应星以注《春秋》,考证少数民族史为名,作《春秋戎狄解》,在南方制造抗清舆论。

此外,他在暮年还为陈弘绪的《南昌郡乘》撰写过《宋应昇传》。

三、宋应星的科学成就与贡献

《天工开物》的丰富内容,加上《论气》、《谈天》等著作,反映了明代在农业、手工业等方面达到的科技水平,同时表明了宋应星本人在不少方面有相当高的造诣和精辟的见解。

1. **农业技术** "民以食为天",《天工开物》把粮食生产放在头等重要的地位。卷一《乃粒》和卷四《粹精》专讲粮食的栽培,农产品的加工,各种农具、水利器具、农产品加工机具,以图辅说。文中记载了精耕细作、砒霜拌种预防病虫害、有效施放磷肥、人工选育早稻等先进技术,并提出"种性随水土而分"的见解,①为培育优良的新品种提供了根据。

2. **养蚕术** 蚕丝的开发利用是我国对人类文明的重大贡献。长期以来,我国在养蚕方面积累了许多成功的经验,《天工开物》作了新的总结,在蚕的杂交育种及某些蚕病防治方面,尤有特色。

如《乃服·种类》说:"凡茧色唯黄、白二种。……若将白雄配黄雌,则其嗣变成褐茧。""今寒家有将早雄配晚雌者,幻出嘉种。一异也。"这里记述了两种杂交法,前者是吐白丝的雄蛾与吐黄丝的雌蛾交配育成吐褐丝的新种;后者是一化性雄蛾与二化性雌蛾交配育成优良的新种。这是中外养蚕史上关于家蚕人工杂交的首次记载。100多年后,欧洲始有家蚕人工杂交,那已是18世纪的事了[5]。

软化病是蚕业生产的主要病害。《乃服·病症》对软化病症作了生动的描述,指出其症状是"脑上放光,通身黄色,头渐大而尾渐小……"并提出了处理办法:"急择而去之,勿使败群。"宋应星第一次指出了软化病的传染性,主张及时淘汰病蚕,防止传染蔓延,有利于发展蚕业生产。

3. **纺织技术** 《乃服》记载了丝、棉、麻、皮、毛等原料的来源、织造或缝纫,从龙袍到布衣,从花机到腰机,均有叙述。束综织造的提花技术是我国发明,自战国至近代,长期处于领先地位。《乃服·机式》比较详尽地介绍了明代的提花机形制。《乃服·结花本》指出:"凡工匠结花本者,心计最精巧。……天孙机杼,人巧备矣。"我国古代用挑花结本记忆花纹图案变化的规律,乃是现代提花机上穿孔纹板的前身。《乃服·褐毡》还阐述了"孤古绒"(山羊绒)的织造。我国用山羊绒织作的历史至迟在唐宋时就已开始,《天工开物》首次对这种技术作了文字记载[6]。

---

① 宋应星《天工开物·乃粒》。

4. 采煤技术　我国是世界上最早开发利用煤炭资源的国家。煤层中的毒气（瓦斯）是发展采煤业的拦路虎。《燔石·煤炭》记载了一种简易有效的排除瓦斯的方法："初见煤端时，毒气灼人。有将巨竹凿去中节，尖锐其末，插入炭中，其毒烟从竹中透上，人从其下施镢拾取者。"我国早有排除瓦斯的先进技术，而欧洲在 18 世纪时还未妥善解决瓦斯通风问题。

《燔石·煤炭》中，作者还根据煤的性状和用途，将煤分为明煤、碎煤和末煤，这在当时是比较先进的分类。

5. 炼钢技术　《天工开物》对我国发明的炒钢、焖钢工艺，作了首次详细记载，并且正确地反映了明代灌钢技术的进步。

炒钢法约发明于西汉时期，明以前大概是单室式作业，至明代发明串联式作业法。《五金·铁》说："若造熟铁，则生铁流出时，相连数尺内低下数寸，筑一方塘，短墙抵之。其铁流入塘内，数人执持柳木棍排立墙上，先以污潮泥晒干，舂筛细罗如面，一人疾手撒扬，众人柳棍疾搅，即时炒成熟铁。"文中的"熟铁"即"炒钢"。这里所述的正是串联式作业，与单室法作业比较，省去了生铁再加热工序，能提高劳动生产率；而且可避免再加热时硫分从燃料侵入，是先进的古代工艺，这种工艺也是《天工开物》的独家记载。

东周时期，我国已发明了固体渗碳钢法，但是具体工艺在《天工开物》中才第一次见到。《锤锻·针》说：先用冷拔锤锻等工艺，依尺寸要求制出铁针半成品，"然后入釜，慢火炒熬。炒后，以土末入松木火矢、豆豉三物罨盖，下用火蒸。留针二、三口插于其外，以试火候。其外针入手捻成粉碎，则其下针火候皆足，然后开封，入水健之。"在此，"土末"是填充剂，"松木火矢"即松木炭，系固体渗碳剂，加入豆豉可起碳氮共渗的作用，能降低热处理对温度的要求。这里还记载了一种掌握火候的试样法：外针暴露于空气中，易于氧化，当它能被捻成粉末时，表示下针碳氮共渗的火候已足，可以淬火了[7]。欧洲与我国相当的固体渗碳钢工艺大约要到 18 世纪才出现。

灌钢术大约发明于东汉，沿用为我国古代刃钢的主要生产工艺。北宋科学家沈括（1032—1096）的《梦溪笔谈》卷三中，已有灌钢具体操作的专门记载。而《五金·铁》记载的明代灌钢法，比宋代又有明显的进步，劳动生产率和质量均有提高。

《天工开物》等文献的记载表明，到明末为止，中国炼钢术在全世界仍处领先地位。

6. 炼锌工艺　我国是世界上最早制含锌合金并提炼出金属锌的国家。《天工开物》记载的炼锌工艺，在世界上是头一次发表。《五金·倭铅》说："凡倭铅（锌）……其质用炉甘石熬炼而成……每炉甘石十斤，装载入一泥罐内，封裹泥固，以渐砑干，勿使见火拆裂。然后逐层用煤炭饼垫盛，其底铺薪，发火煅红，罐中炉甘石熔化成团。冷定毁罐取出，每十耗其二，即倭铅也。此物无铜收伏，入火即成烟飞去。以其似铅而性猛，故名之曰'倭'云。"（图2）文中记述的炼锌工艺，似欠完备。据杨维增等人的模拟实验研究，这里记述的是"土罐准蒸馏法，它是土罐蒸馏法的雏型"[8]。土罐蒸馏法在明代已经出现，大概宋应星未及了解而失载。我国的炼锌技术对世界冶金业产生重大影响。18世纪30年代英国人来中国考察后带回了中国炼锌法，才正式开始了西方炼锌的历史。

7. **铸造工艺** 中国是最早采用熔模铸造的国家，大约开始于春秋末期。《天工开物》首次较为具体地记述了用熔模法铸造大型器物的工艺过程。《冶铸·钟》说："凡造万钧钟与铸鼎法同……埏泥作模骨……干燥之后，以牛油、黄蜡附其上数寸……油腊堲定，然后雕镂书文、物象，丝发成就。然后春筛绝细土与炭末为泥，涂墁以渐而加厚至数寸。使其内外透体干坚。外施火力炙化其中油蜡，从口上孔隙熔流净尽，则其空处即钟、鼎托体之区也……"上述有关文字，对于继承和发展古代熔模法具有相当重要的意义。本节还附有"铸鼎"图、"铸千斤钟与仙佛像"图以及"塑钟模"图。前二图中出现的双作活塞式风箱，以前的文献中还从来没有这样明白地描绘过。

8. **金属加工** "生铁淋口"是宋应星最先记载的一项化学热处理工艺。《锤锻·锄镈》说："锄镈之属，熟铁锻成，熔化生铁淋口，入水淬健，即成刚劲。每锹、锄重一斤者，淋生铁三钱为率。少则不坚，多则过刚而折。"这种生铁淋口工艺，由于表面生铁熔覆层与渗碳层的共同作用，工件既耐磨又刚劲。直至现代，我国有些地区还用此法制造小农具。

《锤锻·锚》记载重为300斤以内和1000斤内外两种铁锚的锤锻工艺，填补了我国古代大型器物锻制工艺史料的空白。

9. **物理知识** 《天工开物》中的科学知识散见于各卷，如按近现代的学科分类，其中含有不少物理知识，特别是力学知识。例如：

《舟车·漕舫》总结了我国古代横风及逆风航行的经验。它说："凡风从横来，名曰抢风。顺水行舟，则挂篷'之'、'玄'游走，或一抢向东，止寸平过，甚至却退数十丈；未及岸时，搬舵转篷，一抢而西，借贷水力，兼带风力轧下，则顷刻十余里。或湖水平而不流者，亦可缓轧。若上水舟，则一步不可行也。"逆风行舟时，可以走"之"字形，使顶头风转化为横风。适当调整帆与舵的方向，利用力的分解与合成原理，游走前进。文中对舵的作用也有所阐述，指出"凡

图2 《天工开物·燔石》"升炼倭铅（锌）"图
明刊初刻本

465

舵力所障水,相应及船头而止,其腹底之下,俨若一派急顺流,故船头不约而正,其机妙不可言。""其机"现在当然可以用舵压和转动力矩来解释了。

《五金·黄金》说:"凡金质至重。每铜方寸重一两者,银照依其则寸增重三钱;银方寸重一两者,金照依其则寸增重二钱。凡金,……其高下色,分七青、八黄、九紫、十赤,登试金石上,立见分明。"前者说明宋应星已有了比重的概念,尽管当时测得的数据不够准确。后者是用比色法来试金,这是比色分析法和研磨分析法的滥觞。

除《天工开物》外,《论气》中的理论探讨,尤其是关于声学的理论,也已为人们所关注。《论气·气声》说:"气本浑沦之物,分寸之间,亦具生声之理,然而不能自为生。……凡以形破气而为声也,急则成,缓则否;劲则成,懦则否。……故急冲急破,归措无方,而其声方起。""气得势而声生焉。"在此,宋应星探讨了发声的原理,他认为声是气的运动,只有激励源的频率和强度达到一定程度,才能发生听得见的声音。同篇中,宋应星还猜测声在空气中的传播机制与水波相似。他说:"物之冲气也,如其激水然。气与水,同一易动之物。以石投水,水面迎石之位,一拳而止,而其文浪以次而开,至纵横寻丈而犹未歇。其荡气也亦犹是焉,特微渺而不得闻耳。"宋应星用水波比喻声在空气中的传播,十分形象。当然,他还不能明白声波是纵波,而水波是表面横波。

10. 制曲工艺　《曲糵》卷对酒母、神曲和丹曲(红曲)的原料种类、数量配比和处理方法,作了详细的记述。在《曲糵·丹曲》中,叙述丹曲的制法及其独特的防腐功能,颇为生动。它说:"凡丹曲一种,法出近代。其义臭腐神奇,其法气精变化。世间鱼肉最朽腐物,而此物薄施涂抹,能固其质于炎暑之中,经历旬日,蛆蝇不敢近,色味不离初,盖奇药也。"宋应星在介绍丹曲制法时,还特别强调选用绝佳红酒糟作为曲信(菌种),并总结出微酸抑制杂菌和分段加水等先进方法。

11. 火器　"火药机械之窍,……变幻百出,日盛月新。中国至今日,则即戎者以为第一义。"[①]宋应星在《佳兵·火器》中,不但收载了不少中国发明或改进的火器,如"漆固皮囊裹炮沉于水底,岸上带索引机。囊中悬吊火石、火镰,索机一动,其中自发"的"混江龙","敌舟行过,遇之则败"。这是一种能半自动爆炸的水雷。还有一种边旋转边爆炸的活动炸药包,名为"万人敌",被誉为"守城第一器",从发明到宋应星的记载还不到 10 年。而且,他还尽力介绍了一些从外国传入的火器,如"西洋炮"、"红夷炮"、"佛郎机"等。可惜由于视野有限,写作条件欠佳,军事技术保密之故,宋应星只能利用二三手资料描写火器,不够详尽,个别地方可能还有出入[9]。全书对引进的外国科学技术也介绍不多。

---

①　宋应星《天工开物·佳兵》。

四、宋应星的自然哲学思想

宋应星的自然哲学思想有鲜明的特色，为他取得多方面科技成就提供了有利的条件。反之，宋应星的科技成就也有力地促进其朴素唯物主义自然观和技术观的形成。

1.“天工开物”的精神　宋应星将其技术百科全书命名为《天工开物》是有深刻含义的。“天工”一词，采自《尚书·皋陶谟》“天工人其代之”。“开物”一词，采自《周易·系辞上》“开物成务”。“天工开物”的选题，贯彻了他“贵五谷而贱金玉”，贵“家食之问”（研究家常生活的学问）贱“功名进取”之意；[①]同时反映了他继承传统文化中有生命力的东西，敬仰大自然的神功，提倡人工创造发明的态度。他在《野议·民财议》中也提到：“夫财者，天生地宜，而人功运旋而出者也。”“天工开物”是宋应星成熟以后的一贯思想，但后人的解释则见仁见智，各不相同。我们认为宋应星主张天工和人工、天道和人巧的结合，所以“天工开物”应释为：大自然创造万物，人类巧夺天工，加以开发利用。重点是强调人对自然界的开发利用。

2.物质守恒的思想　宋应星重视试验，重视数据分析，逐渐领悟到物质不灭。他在《论气·形气》中，讨论草木、土石、五金的“生化之理”时，认为“土为母，金为子，子身分量由亏母而生。”“凡铁之化土也，初入生熟炉时，铁华跌落已丟三分之一。自是锤锻有损焉，冶铸有损焉，磨砺有损焉，攻木与石有损焉，闲住不用而衣锈更损焉，所损者皆化为土。”“非其还返于虚无也。”从这种物质不灭的感觉出发，宋应星又朝着相信物质守恒的方向前进。《丹青·朱》中，宋应星在总结前人关于由汞和硫黄升炼成银朱（硫化汞）的实验数据后，明确指出：银朱比水银多出之“数借硫质而生”。他用定量分析的方法阐述物质守恒的思想，突破了中国古代科技往往仅有观察、论证和定性讨论，不注意数量比较的传统，向近代科学迈出了可贵的一步。

3.“形气化”的自然图景　宋应星继承了我国古代的元气说，用变化的观点加以改造，提出了一幅形气化的自然发展图景。

在他心目中，“天地间，非形即气，非气即形。”[②]同时又说还有介于形与气两者之间的东西，如水、火等。它们都在不断变化之中。“气化形”，从不可见到可见；“形化气”，从可见到不可见；“形化形”，表现为各种可见物之间的变化。万物生生不息，变化不息。宋应星在他的形气化自然发展图景中，初步揭示了天地万物之间的联系和变化，实际上为“天工开物”的精神提供了哲学依据。

---

① 宋应星《天工开物·序》。

② 宋应星《论气·形气》。

467

《天工开物》问世 350 年来，世界和中国经历了天翻地覆的变化，继近代科学勃兴和广为传播之后，人类又进入了现代科学技术的新时代。当年宋应星感慨要被封建正统"大业文人弃掷案头"的《天工开物》①，以及宋应星本人，早已得到国内外学术界的高度评价。英国科学史家李约瑟博士(Joseph Needham)称《天工开物》为"中国的狄德罗(D. Diderot)宋应星写作的 17 世纪早期的重要工业技术著作"[10]。日本科学史家薮内清教授称之为"中国技术书的代表作"[11]。1987 年 11 月 10 日，位于奉新县城旁的"宋应星纪念馆"正式开馆。真是：

"《天工开物》美名扬，巨著光辉万丈长；应星造诣堪称颂，长江后浪推前浪。"②

参考文献

[1]潘吉星，《明代科学家宋应星》，科学出版社，1981 年，34 页。

[2]《分宜县志·职官志·文职》

[3]潘吉星，《明代科学家宋应星》，科学出版社，1981 年，83 页。

[4]潘吉星，《明代科学家宋应星》，科学出版社，1981 年，153 页。

[5]汪子春，《〈天工开物〉所记载的养蚕技术探讨》，上海科技出版社，1980 年，22 页。

[6]赵承泽、何堂坤，《中国科技史料》，1987 年第 6 期。

[7]闻人军，"说'火候'"，香港《大公报》"中华文化"副刊，1985 年第 29 期。

[8]杨维增、刘文铭，《化学通报》，1986 年第 4 期。

[9]李崇州，《中国科技史料》，1985 年第 2 期。

[10]J. Needham, *Science and Civilization in China*, Cambridge University Press，Ⅱ，1954.

[11]薮内清等著，章熊等译，《〈天工开物〉研究论文集》，商务印书馆，1959 年。

（原文载于《自然科学年鉴 1988》，上海科学技术出版社，1989 年）

---

① 宋应星《天工开物·序》。

② 全国人大常委会副委员长、中国科学技术协会名誉主席严济慈给"宋应星纪念馆"的亲笔题诗。

无线电知识在我国的最早介绍[*]

在欧洲,随着1871年麦克斯韦电磁理论的建立和1887年赫兹电磁波的发现,1895年,意大利工程师马可尼(G. Marconi,1874—1937)和苏联物理学家波波夫(А. С. Попов,1859—1906)各自发明了无线电报。第二年,马可尼赴英国取得了无线电报专利,无线电报开始得到推广使用,从此无线电技术开始了飞速发展,无线电知识也比较及时地传入了我国。

关于无线电知识何时传入我国的问题,一些有关的文献对此未能作出介绍。也有人认为无线电知识是由1900年上海出版的译著《无线电报》介绍进我国的。但是笔者查得,早在马可尼取得无线电报专利的次年,即1897年,亦即《无线电报》一书出版的三年前,无线电的新奇知识,就通过中国当时报刊报道为国人所知晓。

1897年5月2日(光绪二十三年四月初一),上海《时务报》^①刊出一篇译文《无线电报》。这是"无线电报"一词在我国的最早出现,文中说:"意大利人马考尼(注:今译为马可尼),年少而好学,尤精于传电。新得其悟,其传也无事于线,不用电磁石,但用摩擦而生之电,凭空发递,激而成浪,颤动其速,每秒跳二万五千万次(注:即频率为250000000 Hz),所谓汉戏象浪(注:即赫兹电磁波)是也。其发也性直,返射之角度,与透物之斜度,与光无异致。(马可尼)近挟其术抵伦敦,白于其友溥利司。溥氏优于电报学,为之招集同志。"观看马可尼表演无线电报收发,马氏之"发报与接报处,并无尺寸之线,其电报器具,不过两木箱。演说时,(两箱)远置厅之两旁,一箱电发,则他箱内之小钟,铮然应之"。由于无线电报比有线电报大为便利,"无论水陆,随时随地,可以通信",故对"马氏新法,英国邮政大臣已定议试行"。

同年6月30日(光绪二十三年六月初一),《时务报》上又登出《电浪新法》一文,它说:马可尼近"得一新法,名曰电浪","英国邮政局电股长泼利士君,系电学专门名家,渠意此法一出,电报不用线杆之日,当不远矣,据马克尼(注:今译为马可尼)自称,用大小合度、力量相当之电机,数英里之遥,(可)凭空发信。现用哈子(注:今译为赫兹)法之电浪试验,竭此浪之力,究竟可及几远,为传递消息之用。于一英里之外,设一电机,并在隔一山处,亦设一机。激动电浪,则两机俱应,是则电

---

* 本文与徐华焜合作。

① 《时务报》(1896年8月—1898年8月),旬刊,在上海出版,总理为(钱塘)汪康年。

浪竟能穿山水矣。""惟历试之后，觉哈子电浪，穿力有限。渠可另出一种电浪，无论何物，皆能穿过。哈子电浪，遇金类（注：即金属）及水即止，……马克尼浪，无折回之病"，"其浪自十寸至三十码长不等，每一秒钟，有二百五十兆层"，即其波长为十英寸至三十码，约合 25.4cm 至 27.5m，频率为 250MHz。马可尼认为在英国设一架五、六百匹马力之电机，"再在纽约，亦设一机，……伦敦纽约，即可通电"。

同年 11 月 5 日澳门《知新报》①上刊登的《空中传电》一文和 12 月 13 日《时务报》上刊登的《无线电音法》等文，都介绍了电磁波的知识，无线电报装置的原理、构造和用途。此后，随着西方无线电理论及应用的不断发展，这类介绍文章继续在我国报纸杂志上频频出现，如《知新报》1899 年 5 月 20 日刊登的《演试无线电信》，6月 28 日刊登的《无线电信可用》等等。无线电知识引起了中国人的兴趣。

（原文载于《物理》，1989 年第 2 期）

---

① 《知新报》（1897 年 2 月—?）是维新派的重要宣传刊物，在澳门出版，总理为（顺德）何延光等。

丁铎尔及其物理学著作传入中国[*]

丁铎尔(旧译田大里,John Tyndall,1820—1893),英国著名物理学家,19世纪60年代至80年代英国物理学界的中心人物之一,他在热辐射和磁性材料等领域卓有建树;他的优秀的科学讲座闻名于世;他的众多著作风靡欧洲各国,并传至美国、日本、印度和中国。在中国清朝末年的洋务运动中,他的三部著作《声学》《光学》和《电学纲目》相继传入中国。这三部著作最早在中国较为系统地介绍了近代声学、光学和电磁学。下面对丁铎尔的生平及上述三部物理学译著一扼要介绍。

一、丁铎尔生平及主要的物理学贡献

丁铎尔1820年8月2日生于爱尔兰,幼年时在家乡学习数学。1848年来到马尔堡(Marburg)大学学习数理化,1850年初获博士学位。1850年6月,他在不列颠学术会议上宣读了他的《晶体的磁—光性质以及磁性和抗磁性与分子排列的关系》的论文,引起与会者很大的兴趣。

1851年,丁铎尔离开马尔堡来到柏林,在著名的马格努斯(H. G. Magnus, 1802—1870)教授的实验室工作,在这里他进行了关于反磁性和磁—晶体作用的研究。1852年6月3日,他当选为英国皇家学会会员。

1853年2月11日,丁铎尔应邀在英国皇家学院作了一次讲座,首次显示了他的卓越的演讲才能,这个演讲轰动了听众,同年5月他被选为皇家学院哲学教授。这个职位在当时已闻名于世,因为著名科学家托马斯·杨、戴维、法拉第都曾担任该职。这样丁铎尔有幸成了法拉第的同事。从此,丁铎尔将他旺盛的精力全部奉献给了皇家学院。他和法拉第成了好朋友,两人合作得非常好,"从来没有两个人能像法拉第和丁铎尔合作得那么好"。1867年法拉第逝世后,丁铎尔继承了法拉第的职位,成为皇家学院负责人。1887年他退休时被授予"皇家学院荣誉教授"称号。

1859年,丁铎尔开始了他的关于辐射热与气体和蒸汽的关系的重要研究。这一工作他断断续续地进行了12年,直到1881年他终于证明了水蒸气对热辐射的吸收作用。

---

* 本文与徐华焜合作。

丁铎尔"具有把困难问题通俗化的非凡才能"[2]，他那众多的科学著作和精彩的科学讲座使他久享盛誉。"在对传播科学的贡献上，他同时期也许没有一人能与他相比"。他的物理学著作主要有：《热的运动说》(1863年初版，1875年第五版)；《声学》(关于声音的八次讲座，1867年初版，1893年第五版)；《反磁性和磁—晶体作用的研究》(1870年初版，1888年第三版)；《光学》(1869年所作的九次讲座，1870年初版)；《电的现象和理论》(1870年所作的七次讲座，1870年初版)；《水在河、云、冰和冰川中的形式》(1872年初版，1897年第十二版)；《关于光学的六次演讲》(1872—1873年作于美国，1873年初版，1895年第五版)；《电学课》(为皇家学院而作，1876年初版，1895年第五版)等等。丁铎尔的这些著作在当时欧洲和美国风行一时，大受欢迎。"其中一些著作被翻译成印度文、中文和日文"[1]。他的三部著作《声学》《光学》《电的现象和理论》(中译本名为《电学纲目》)，在清朝末年经来华传教士与中国学者合作介绍进中国。

二、《光学》和《电学纲目》简介

《光学》原名 *Notes on Light：Nine Lectures Delivered in* 1869，由丁铎尔1869年所作的九次光学讲座的讲稿编辑而成，1870年初版。中译本《光学》由美国传教士金楷理(Carl T. Kreyer)和中国学者赵元益合译，上海江南制造局1876年出版。这是我国清季所译最重要的光学著作。

《光学》一书共有2卷502节，内容包括几何光学与波动光学两大部分。早在16世纪末和17世纪，来华的西方传教士就介绍过一些关于三棱镜、望远镜、折射、色散等光学知识[3]。鸦片战争后，1853年出版的《光论》是我国第一部较为系统的光学译著[4]，书中介绍了反射定律、折射定律、色散等几何光学知识。而丁铎尔的《光学》一书，不但叙述了几何光学的内容，更重要的是它在我国第一次系统地介绍了波动光学方面的知识，内容包括光的波动性、光的干涉、牛顿环、光的衍射、惠更斯—菲涅尔原理、光的偏振、双折射、偏振光的合成、偏振面的旋转、旋光物质等等。此后直至清末，传入我国的光学知识基本没有超出丁铎尔的《光学》一书的范围。

丁铎尔的另一部著作 *Notes on Electrical Phenomena and Theories：Seven Lectures Delivered in* 1870(1870)，是由著名传教士教育家傅兰雅(John Fryer，1839—1928，1861年来华)和浙江学者周郇(1850—1882)合译而成《电学纲目》一书，1879年江南制造局出版。这是我国第一部较为系统的经典电磁学译著[5]。书中不但讲解了静电、静磁、直流电、电流强度、电阻、欧姆定律、焦耳定律、电源做功、放电、惠斯登电桥、变压器、电磁铁、直流发电机等电磁学知识，更重要的是首次在我国介绍了法拉第电磁感应现象，书中详细讲解了切割磁力线产生感生电流的现象和回路中磁通量变化产生感生电流的现象，并叙述了利用电磁感应原理研制成的各种电器。电磁感应现象是科学史上最重要的发现之一,它对科学和技术的发展都具有划时代的意义,最早将它介绍进我国的《电学纲目》一书,在中国近代物理学史上的地位是不应低估的。

三、《声学》剖析

1874 年出版的《声学》一书,是介绍进我国的第一部丁铎尔的著作。它的出版,标志着西方声学作为一门科学较为系统地传入了中国。

《声学》原名 *On Sound : A Course of Eight Lectures*,由丁铎尔所作的八次声学讲座的讲稿编辑而成,初版于 1867 年。该书概括了西方当时所取得的声学成就,论述系统全面,透彻易懂,在欧洲大受欢迎,非常流行,1869 年、1875 年、1883年相继出了第二、第三、第四版,到 1893 年又出了第五版,此时距初版时的 1867 年已超过 26 年,在科学技术日新月异突飞猛进的 19 世纪欧洲,一部科学著作能持续四分之一世纪广为流行,实非容易。

这部著作能够传入清末中国,更是不易。翻译这部著作的是英国著名的传教士、教育家傅兰雅和清末著名科学家、江苏无锡的徐建寅(1845—1901)。傅兰雅一生中把一百多部近代科学技术书籍翻译介绍到清末中国,是清末来华传教士中对中国普及科学最尽力、贡献也最大的一位[6]。徐建寅是中国近代化学启蒙者徐寿(1818—1884)之子,曾作为我国第一个科技人员出国考察西方科学技术,他可说是19 世纪下半叶国内翻译工作者中最精于物理学的一位[7],当时国内翻译界普遍受洋务派"重西艺、轻西知"影响,傅兰雅和徐建寅却独具慧眼,看中了《声学》这部高深的理论性著作。1868 年 7 月,傅兰雅即向英国订购丁铎尔这部《声学》。《声学》译成出版后,1875 年,傅兰雅给丁铎尔去了信,并寄去了《声学》一书的中译本。丁铎尔很是高兴,在为《声学》一书第三版所写的序言中节录了一段傅兰雅的来信。傅兰雅在信中介绍了《声学》一书的翻译经过:徐建寅看了丁铎尔的《声学》后,很感兴趣,非常想把它翻译出来,但中国当时的高级官员认为工程应用方面的书籍更有实用价值,所以傅兰雅和徐建寅只能在晚上利用空闲时间进行翻译⑧。由此可见《声学》一书译成之不易,亦可见该书之有别于当时诸书。由于《声学》一书的著者和译者均有较高的科学素养,这部译作可说是中国清末翻译工作的代表作之一。

《声学》一书共八章,其标题为:总论发声传声,论成声之理,论弦音,论钟磬之音,论管音,论摩荡生音,论交音浪与较音,论音律相和。早在 17 世纪,伽利略(1564—1642)等人就研究了弦线的振动,伽桑逊(P. Gassendi,1592—1655)等人测定了空气声速,牛顿和拉普拉斯对空气声速作了理论推导。18 世纪,索维尔(J. Sauveur,1653—1716)在声学方面作了重要研究,他发现了弦线的泛音,观察了驻波、共振,并正确解释了拍。进入 19 世纪,声学研究发展迅猛,经过声学之父克拉尼(E. F. Chladni, 1756—1827)和开创了声学史上新纪元的亥姆霍兹(H. von Helmholtz, 1821—1894)等一批科学家的努力, 声学逐渐发展成为一门独立的科学。《声学》一书首次系统全面地将这些成果介绍进我国。该书内容, 大致可分为以下三个部分：

1. 声学基础知识

在《声学》一书出版以前, 英国传教士合信(B. Hobson, 1816—1873)在其所编的《博物新编》(1855)一书中, 介绍过一点声学知识, 提到了传声需要空气。此后, 1859 年出版的著名数学家李善兰翻译的《重学》一书中, 第一次介绍了声音在空气中传播的速度值。1866 年, 美国传教士丁韪良(W. A. P. Martin, 1827—1916)著《格物入门》, 介绍了声的高低、大小概念。

《声学》一书在我国首次定量地介绍了声音传播的速度, 声波的频率、周期、波长、强度等问题, 译者把"frequency"(频率)译为"动数", 把声浪"每秒震动之数"叫做"动数"；而周期则是"空气质点每一往复所历之时, 即是声浪传过浪长所历之时", 显然, 它是动数的倒数。声浪震动时, "二紧层之紧处之相距, 等于一声浪之长"。由此得动数、浪长(即波长)和浪速的关系：

浪速＝动数×浪长。(注：即 $v = f \cdot \lambda$)

书中还讲解了声音的性质、音频的范围、声波的多普勒效应等内容。

2. 克拉尼等科学家的声学成就

《声学》一书在我国首次介绍了克拉尼及其声学成就。进入 19 世纪, 声学正式成为物理学家研究的一个分支, 第一位杰出的声学家就是克拉尼。他发现了弦线和杆的纵向振动, 从而测定了固体的声速。《声学》一书首先介绍了弦线上驻波的形成, 并讲解了根据弦线的长度、半径、比重和弦线中张力的大小来计算弦线振动频率的方法, 然后详细介绍了克拉尼对弦线、杆和其他固体的传声规律的研究, 附图介绍了克拉尼求得的玻璃板、金属板的"本音"(注：即固有频率)和著名的"克拉尼图案", 还介绍了克拉尼对各种气体的传声规律的研究和其他科学家对各种液体的传声速度的研究。

3. 亥姆霍兹等科学家的声学贡献

继克拉尼之后, 亥姆霍兹进行了一系列声学研究。在他的名著《论音的感觉》(1863)中, 他把乐音的性质区分为音强、音调和音质, 三者分别由振幅、频率和上分音(即丁铎尔所说的"泛音")决定。《声学》一书对此作了详细介绍, 并用大量篇幅讨论了弦、钟、磬、管等乐器的发音特点和"其本音与诸附音(注：即上分音)动数之比"的问题。

两列声波合成,会产生拍和结合音这两种声学现象。结合音又分为和音、差音。和音频率为两单音频率之和,差音频率则为其差。《声学》一书对此作了阐述,定义了和音与"较音"(注:即差音),并说,当两音频率相差很小而"较"时,便形成拍,亥姆霍兹通过对拍的研究,得到了伟大的新和声理论,正如《声学》所说的:"黑马兹(注:今译为亥姆霍兹)详考成较音之理,……思本声浪相和,必有和音,后细考之而果然。""黑马兹考得,拍的频率在每秒33次的上或下时音尚和谐,等于每秒33次时则音极不和谐,至拍的频率在每秒132次以上时,则始不能分而音其和。"

书中还讲解了著名的李萨如图形。

《声学》一书激起了国人对西方声学知识的兴趣。丁铎尔在其《声学》一书第三版的序言中,节录了傅兰雅来信中的一段话:《声学》译成后,官员们对它很感兴趣,立即给予经费出版,并以成本价出售。傅兰雅还说,中国人对掌握书中的概念没有困难⑧。

继《声学》一书中译本出版后直到辛亥革命期间,我国陆续出版发行了一批西方声学译著,如《声学须知》(1887)、《声学揭要》(1894),等等。但其内容基本上没有超出丁铎尔《声学》一书的范围。

最后值得一提的是,丁铎尔这三部物理学著作的中译本中,对一些物理学名词的翻译使用也比较恰当和贴切。如《声学》一书中的声浪、浪长、浪速、动点、定点、音叉、附音、和音,《光学》一书中的光浪、横动、偶半浪、奇半浪、寻常折光、极光,《电学纲目》一书中的电气流行、电动力、测电阻器、力线、电路,等等,一些名词在19世纪末和20世纪初被广泛使用,有的一直被沿用至今。

参考文献

[1]L. Stephen and S. Lee,*The Dictionary of National Biography*,Vol. XIX,Oxford University Press,1917,1358-1363.

[2](美)弗·卡约里著,戴念祖译,《物理学史》,内蒙古人民出版社,1981年,第177页。

[3]王冰,"南怀仁《新制灵台仪象志》所述之折射",《自然科学史研究》,1985年第2期。

[4]王锦光、余善玲,"张福僖和《光论》",《自然科学史研究》,1984年第3期。

[5]徐华焜,"周郇和《电学纲目》",《杭州大学学报》(自然科学版),1988年第1期。

[6]A. A. Bennett and J. Fryer, *The Introduction of Western Science and Technology into Nineteenth-Century China*, Cambridge, Harvard University Press,1967,82.

[7]季鸿崑、王治浩，"我国清末爱国科学家徐建寅"，《自然科学史研究》，1985年第3期。

[8]王冰，"明清时期(1610-1910)物理学译著书目考"，《中国科技史料》，1986年第5期。

（原文载于《物理》，1989年第4期）

中国古代光学史简介

一、概况

中国有悠久的历史,遗留了无数的书籍,例如收入《四库全书》的,已有 3503 种,共计 79317 卷,其中许多书含有或多或少的中国光学史的信息,若干种书籍信息很集中,也有少数几种可算是中国古代光学专著,举例说明如下:

(A)光学专著——《镜镜诊痴》《格术补》等

(B)光学信息集中者——《墨经》《梦溪笔谈》《革象新书》《物理小识》等

(C)含有光学信息者——《唐诗三百首》《红楼梦》等

另一方面,文物(传世与出土)十分丰富。对铜镜(包括阳燧与透光镜)已有大量研究。

已完成著作:

王锦光等,《中国光学史》。

许多中国物理史的书籍中包括中国光学史,例如:

J. Needham, *Science and Civilization in China* Ⅳ:1, Physics.

王锦光等,《中国古代物理学史话》。

蔡宾牟等,《中国古代物理学史》(《物理学史》第一册)。

刘昭民,《中华物理学史》。

王锦光等,《中国古代物理学史略》(将出)。

研究人员:

从 1978 年起培养了不少物理学史研究生,有的已作出贡献。现在在这个领域中,已有少数教授,许多副教授,以及一大批青年工作者。同时,有不少国外学者也从事此项研究工作。

二、举例说明

(A)《墨经》与针孔成像

《墨经》是公元前 450 年到公元前 250 年的作品。关于光学的有 8 条:开首 5 条是论影,从 6 条至 8 条是论像,这 8 条形成系统的几何光学,而且既有实验结果又有理论叙述。

例如,第 3 条叙述光的直进与针孔成像,《经》:"景:光之人,煦若射。下者之人也高,高者之人也下。足蔽下光,故成景于上;首蔽上光,故成景于下。"

以后,沈括(1032—1096)、赵友钦(13 世纪)发展了针孔成像的实验与理论。

(B)颜色科学

Ⅰ.世界最早的三原色说。《孙子兵法》(约公元前 500 年前)等书提出五正色:青、赤、黄、白、黑。把白和黑作为正色,是完全科学的。因为反射率为 100 纯白,和反射率为零的纯黑,都是不可分割或再分解的颜色。我国古代以青、赤、黄为三正色,亦跟现代三色学说相符。我国古代选用青、赤、黄,可说是世界上最早的三原色(Young-Helmholtz 三原色说成于 1860 年)。

Ⅱ.世界最早的三色对说。(清)博明于 1773 年提出三色对说:"五色相宣之理,以相反而相成,如白之与黑,朱之与绿,黄之与蓝,乃天地间自然之对。待深则俱深,浅则俱浅,相杂则间色生矣。"这三色对说是世界最早的(Hering 于 1874 年提出三色对说)。博明还提出负后现象。

(C)透光镜

中国西汉时出现了一种"透光镜",它的镜面反射日光照在墙壁上,会显出镜背的图像。在西方和日本把"透光镜"叫做"魔镜"。

今日,中国已研究出几种能制成"魔镜"的方法。他们的研究是受宋代沈括的《梦溪笔谈》的启发,《梦溪笔谈》说:"文虽在背,而鉴面隐然有迹。"清代郑复光的《镜镜诊痴》已初步了解透光镜的机理。在 1982 年,上海交通大学的学者指出,镜面之所以存在微小曲率差异,主要是由于铸造残余应力。

总之,中国古代光学不仅与希腊光学一样早开始,同时无论在理论上与实践上都达到很高水平。

(原文载于《应用激光联刊》,1989 年第 2 期)

中国古代热学小史[*]

我国古代对于热学的若干方面,有一定的成就。但长期以来,此类材料发掘整理不够,研究成果发表不多,是中国物理学史研究中比较薄弱的环节。

一、热的获得与对热的认识

除了太阳之外,火是人间的主要热源,也是一种重要的热现象。人类在一二百万年之前就开始利用火,考古学家认为,我国古猿人在 50 万年前就学会了保存火种的本领,这里面显然必须维持足够的温度,有一些隔热保温的办法。因为年代太久远,很难知道它的实际的具体情况。真正能够自由地获得热源,必须有取火的手段。我国古代很早就有"燧人取火"的说法。综合历来的资料,取火方法可分为以下三种:

第一是通过摩擦、打击等手段发热取火。我国在旧石器时代的中晚期,已经知道用打击石头的方法产生火花,后来又发明了摩擦、锯木、压击等办法。古书上所谓"燧人氏钻木取火"(《韩非子》),"伏羲禅于伯牛,错木作火"(《河图》),"木与木相摩则然"(《庄子》)等等,都不是子虚乌有。铁器使用之后,人们也用铁质火镰敲打坚硬的燧石而发生火星,使易燃物着火。这一些都是利用机械能转换成为热能,当然是十分费力而且很不方便的。

第二是利用凹球面镜对日聚焦取火。《考工记》里有所谓"燧鉴之齐"之说,"燧"就是取火专用的凹面镜,在周代以来也叫"阳燧""金燧""火镜"等。《庄子》就说过:"阳燧见日则然为火。"1956—1957 年在河南陕县上村岭 1052 号虢国墓出土一面直径 7.5 厘米的凹面镜,背面有一个高鼻钮,可以穿绳佩挂。值得注意的是,和它一起出土的还有一个扁圆形的小铜罐,口沿与器盖两侧有穿孔,用以系绳。这大概是供装盛艾绒和凹面镜配对使用的。这可以说是人类早期利用太阳热能的专用仪器,距今已有 2500 多年的历史了。具体的使用方法,东汉许慎(约 58—约 147 年)的一段话说得比较详细:"日高三四丈,持以向日,燥艾承之寸余,有顷焦,吹之则得火。"(《艺文类聚》引)这里指出:(1)必须在太阳升到相当高度,照度足够时才

能使行；(2)引燃物是干燥的艾草；(3)所用的凹面镜的焦距只有"寸余"，聚光能力应当很好；(4)艾草温度升高到一定程度，起先只是发焦，要用人为方法供给足够氧气助燃("吹之")，才使艾草燃烧发明火。

自战国以来，还曾有过"以珠取火"之说，可能是利用圆形的透明体对日聚焦取火，它的效能等于凸透镜聚焦。不过使用一直不太普遍。

第三是利用化学药物引燃。在公元6世纪，我国发明了"发烛"。据元代陶宗仪的《辍耕录》(1366年成书)上说，这种"发烛"实际上是在松木小片的顶部涂上一分(3毫米)来长熔融状的硫黄。宋代陶谷的《清异录》上也说："夜有急，苦于作灯之缓，有智者批杉条，染硫黄，置之代用，一与火遇，得焰穗，既神之，呼'引光奴'，今遂有货者，易名'火寸'。"可见这种东西，就是利用燃点很低的硫黄，一遇红火即可燃成明火。从南北朝开始，就有专门制造作为商品供应，后来各地所用的材料略有不同，也有"发烛""粹儿""引光奴""火寸"及"取灯"等不同的名称。这种东西沿用时间很长，直至19世纪欧洲发明的依靠摩擦直接发火的火柴(当时民间叫做"洋火")传入我国，才逐步地取代了传统的引火柴。

对于热的本质，"五行学说"与"元气论"都有自己的说法。"元气论"把热看成是一种"气"，它的集中表现是燃为火。所以《淮南子·天文训》有"积阳之热气生火"的说法。王充《论衡·寒温篇》解释冷热时也说是"气之所加"。"五行说"认为构成自然的五种基本元素中就有"火"，而"火"有"燥热"之性，就是热的具体化。《墨经》作者根据"五行说"解释自然现象，有一条说："合水、土、火，火离，然。……合之，府水。[木离木]……"这里的"木离木"三个字大概是后人的注解，第一个"木"字是注解"合水、土、火"，意思是说木是由水、土、火三种元素组成的，可以写作：

$$水＋土＋火 \xrightarrow{生长} 木$$

这是根据树木的生长必须要有水分、土壤与阳光(火)这一农业生产的长期经验所得出的结论。注文中的"离木"是解释"火离，然"的，即表示火离木，就是说当木中所包含的"火"元素离木而出的时候，就表现为燃烧，所以说"火离，然(即燃)"。可以写作：

$$木 \xrightarrow{燃烧} [土＋水\uparrow]＋火$$

把燃烧看成是"火"元素脱木而出的表现，是很有意思的。17世纪末，德国化学家希达尔曾提出著名的"燃素说"，认为可燃性的物质中都包含有一种"燃素"；燃烧就是"燃素"脱离物质而出的表现。这个学说后来虽然被证明是错误的，但在科学发展中曾起过一定的作用。墨家对燃烧的解释很有点像燃素说，所以也应该得到相当的评价。这种说法，后来一直流传着。例如北齐刘昼(514—565)在《刘子·崇学》中也明确指出："木性藏火……钻木而生火。"属于相类似的思想认识。

二、测温与测湿

温度与湿度是热学中两个很重要的概念。它们同人们的生活与生产,特别是农业生产关系很大,因此受到极大的注意。比如人们早就知道,温度与湿度的变化使物体形状发生变化,但不同物质的变形程度又是不同的。所以在汉代人们就指出:"铜为物之至精,不为燥湿寒温变节,不为霜露风雨改形。"(《前汉书·律历志》)特别是度量衡器具的制作,须十分注意温度、湿度对材料的影响,人们就在此中也得到了不少有关的知识。

温度是指冷热的程度,我国古文献描述它的词汇很丰富,从低温到高温依次用冰、寒、凉、温、热、灼等表示。这里面显然有区别温度的含意。古代对于低温的获得,想了许多方法,主要是用冰。人们想了不少隔热保温的方法,把冬天的自然冰保存到次年夏天。从周代开始就有"夏造冰"的说法,但当时怎么造法,还有待研究。高温的获得复杂得多。远在先秦,在冶炼、制陶等工艺中,能得到摄氏 1000 度以上的高温。这里面有许多热学上的知识值得进一步研究。至于对温度的观察、测定,更有多种方法,例如在冶炼、制陶、炼丹、烹调等工作中,各自摸索出一套观测温度的方法。

古代医学的研究已经认识到人体的温度应当是恒定的,所以可作为测温的标准,也就是"以身试温"。这当然是最粗略的土方法。《考工记》中记载冶炼青铜合金的工艺中,以蒸气的颜色作为判断温度的标准,据近人研究是合乎科学原理的。又如在对水加热过程中,则根据水泡形成状况,甚至水中热循环发出的声响来判断温度。在对某些固体加热过程中,则视其颜色的变化来判断温度,这些都是有科学道理的。但又是主要凭借人们的经验,所谓的掌握"火候",缺乏易于掌握的客观标准。在西汉,有人曾试图制作一个测温装置。《淮南子·说山训》说:"睹瓶中之冰,而知天下之寒。"瓶中的水结了冰,这说明气温低。同书《兵略训》说:"见瓶中之水,而知天下之寒暑。"在瓶中盛了水,当它结冰,可以说明气温低,如其熔解为水,又可以说明气温之升高。这观测范围比前者大,功能比前者好,或许可以认为是一种关于测温器的设想的萌芽。

真正称得上温度计的发明,是 17 世纪的事。1673 年北京的观象台根据传教士南怀仁的介绍,首次制成了空气温度计(见图 1)。但我国民间自制测温器的不乏其人。据《虞初新志》记载,清初的黄履庄(1656 年—?)曾发明一种"验冷热器",可以测量气温与体温,大概是一种空气温度计。清代中叶,杭州人黄超、黄履父女俩也曾自制过"寒暑表",据说颇具特色,但原始记载过于简略,难知其详。

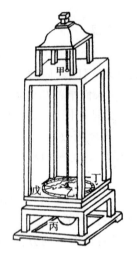 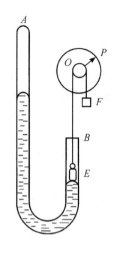

图 1 《灵台仪象志》介绍的温度计　　图 2 黄履庄式气压计

　　湿度是一个似乎很难捉摸的概念，它的变化与天气晴雨的关系十分密切，这在古人是有经验的。西汉《淮南子·说林训》就指出"湿易雨"。民间流传的大量天气谚语，都有类似的说法。王充《论衡·变动篇》指出"琴弦缓"是"天且雨"之验。这显然是指大气湿度的变化引起琴弦长度的变化。《淮南子·本经训》说得更加精彩："风雨之变，可以音律知之。"大气湿度变化引起琴弦长度的变化是很微小的，难以察觉的，但反映在该琴弦所发的音调高低的变化却是十分明显的。这里可以说已经孕育着悬弦式湿度计的基本原理了！在欧洲，迟至 16 世纪中叶才有用鸟兽的肠（或野雀麦的芒）制成弦线，观其长度的变化来测知大气湿度。这种湿度计大约于 1670 年左右传入我国。黄履庄在 1683 年就自制成功一种所谓"验燥湿器"："内有一针，能左右旋，燥则左旋，湿则右旋，毫发不爽，并可预证阴晴。"可见它的灵敏度很高。但它的结构与原理没有被记录下来，也可能是毛发式或天平式湿度计，但也有可能是气压计，因为空气的湿度与气压的关系是十分密切的。如果是气压计，它的构造可能如图 2 所示，弯曲玻璃管 AB 盛以水银，A 端封闭，水银面以上为真空，B 端开口通空气，在 B 端水银面上，放一重物 E（如钢块），丝线一端系于 E，另一端绕过转轴 O，挂一重物 F（F 的重量应略轻于 E 的重量）。当气压变化，B 端水银面发生升降，E 的高度随之变化，通过丝线转动转轴，使指针 P 发生"左旋"或"右旋"。1665 年英国胡克创制的轮状气压计，也利用了这类原理。1885 年英国人合信著的《博物新编》中介绍的气压计（书中称"风雨表"）也与之相差不多。

　　在西汉时代还有一种天平式的验湿器。《淮南子·泰族训》说："湿之至也，莫见其形而炭已重矣。"同书《天文训》也说："燥故炭轻，湿故炭重。"可见当时已经知道某些物质的重量能随大气干湿的变化而变化。同书《说山训》说："悬羽与炭而知燥湿之气。"说的就是天平式验湿器。对于它的结构与原理,《前汉书·李寻传》颜师古的注,引三国人孟康的话,说得尤其具体:"《天文志》云:'悬土炭也',以铁易土耳。先冬夏至,悬铁炭于衡,各一端,令适停。冬,阳气至,炭仰而铁低;夏,阴气至,炭低而铁仰。以此候二至也。"这就是说,把两个重量相等而吸湿能力不同的物体(如羽毛与炭,或土与炭,或铁与炭)分别挂在天平两端,并使天平平衡。当大气湿度变化,两个物体吸入(或蒸发掉)的水分多少互不相同,因而重量不等,天平失去平衡发生偏转。这种验湿器简单易制,灵敏度也还好,使用时间很长,甚至在 20 世纪的农村气象哨站也还沿用,可见它具有很强的生命力。在欧洲也有过这种验湿器,那是 15 世纪才发明的,比我国迟了 1600 多年!

我国古代除了这些仪器以外,民间还用某些经验方法来测知湿度的变化。明代徐光启的《农政全书》引有一首农谚说:"檐头插柳青,农人休望晴;檐头插柳焦,农人好作娇。""作娇"指酿酒,檐头的柳枝如保持常青,说明水分难以蒸发,必是大气湿度大,天气不能放晴;柳枝如易枯焦,说明水分蒸发很快,必是大气干燥,天气易晴,气温升高,利于发酵酿酒。这些验测大气湿度的经验,是有科学根据的。

三、热的传播、保温瓶

王充的《论衡》谈到不少热学知识。关于热的传播,《论衡·寒温篇》有这样一段话:"夫近水则寒,近火则温,远之渐微。何则? 气之所加远近有差也。"王充试图对热传播的本质加以解释。他认为热传播是依靠"气",在他看来,"气"是一种可施可禀,能散能凝的物质本体。从上一段引文中可以看出,他已认识到热是从高温向低温传播的,并且是通过某种物质的;受热物体所得到热的多少跟它距离热源的远近有关,近热源者得热多,远热源者得热少。这些认识都是值得重视的。

在我国古代很注意保温。1978 年,随县曾侯乙墓出土的两件保温的盛酒器,已有 2400 多年的历史。这种保温的盛酒器由内外两个独立的容器组成,里面的方形容器是盛酒的,外面的方形容器在冬季用来盛热水。由于外面容器的容积很大,所以热容量也十分大,能有大量的热传给里面容器中的酒,使酒温很快升高,并达到一定的温度,趋于热平衡。这样,壶中的酒得以保温。在夏季,外容器储冰,同样也可以保温。有了它,在寒天可以喝到暖人肠胃的汤浴温酒;在热天则可以喝到沁人心脾的冰镇美酒。

宋代洪迈(1123—1202 年)的《夷坚甲志》记载了一个很动人的故事:"张虞卿者,文定公齐贤裔孙,居西京伊阳县小水镇,得古瓦瓶于土中。色甚黑,颇爱之。置书室养花,方冬极寒,一夕忘去水,意为冻裂,明日视之,凡他物有水者皆冻(裂),独此瓶不然。异之,试之以汤,终日不冷。张或为客出郊,置瓶于箧,倾水瀹(yuè 音跃，以汤煮物）茗，皆如新沸者。自是始知秘，惜后为醉仆触碎，视其中，与常陶器等，但夹底厚二寸，有鬼热火以燎，刻画甚精，无人能识其为何物也。"（重点系本书作者所加）这个古瓶的奥秘在于利用二寸厚的空气层来保温，它实在是现代保温瓶的雏形。至于绘鬼烧火，是故弄玄虚，转移他人的注意力，以防仿造。这种利用空气层保温的器皿，以后也有流传（如明代张鼎思的《琅琊代醉篇》），不过在记载上有过于夸大之处。

四、热膨胀与热应力

我国古代制造精密器具时，为了避免器具受温度和湿度的影响而发生形状和体积的变化，很注意选料。《前汉书·律历志》说："铜为物之至精，不为燥、湿、寒、温变节，不为霜、露、风、雨改形。"量器最讲究精密，它的容积应力求不变化。唐代诗人李商隐（813—858 年）的《太仓箴》说得好："籥合斗斛，何以用铜？取其寒暑暴露不改其容。"可见他们已经意识到物体形状、大小能随温度、湿度而有所变化。

物体热胀冷缩引起的热应力是十分强大的，不能忽视。古代作战与打猎，弓箭为有效的远程武器，制造者与使用者很留心它的热膨胀和热应力，要求弓在严冬和炎夏热应力变化不大。《考工记·弓人》就全面考虑了弓的取料问题："弓人为弓，取六材，必以其时。"《梦溪笔谈·技艺》也讨论了这个问题："予伯兄善射，自能为弓，……寒暑力一。凡弓初射与天寒，则劲强而能挽；射久、天暑，则弱不能胜矢。此胶为病也。凡胶欲薄而筋力欲尽。强弱任筋不任胶，此所以射久力不屈，寒暑力一也。"

把热膨胀与热应力用之于工程也很常见。2 世纪初四川武都太守虞诩，曾主持西汉水（嘉陵江的上源）航运整治工程，为了清除泉水大石，用火烧石，再趁热浇冷水，使坚硬的岩石在热胀冷缩中炸裂，以便开凿。《后汉书·虞诩传》的注引《续汉书》说："下辩东三十里有峡，中当泉水，生大石，障塞水流，每至春夏，辄溢没秋稼，坏败营郭。诩乃使人烧石，以水灌之，石皆坼裂，因镌去石，遂无沍溺之患。"下辩为县名，在今甘肃成县西。如果追溯到更远，战国时蜀郡太守李冰，在今宜宾一带清除滩险也用此法："李冰为蜀守。冰知天文、地理。……大滩江中，其崖崭峻不可凿，乃积薪烧之，故其处悬崖有赤白五色。"（东晋常璩《华阳国志》卷三《蜀志》）。此事大约在公元前 256 年到公元前 251 年。

这种"火烧水淋法"（或纯火烧，即火烧空气冷却）后世也有应用。《物理小识》卷七"烧石易凿法"说："万安张振山开河，……以桐油石灰与黑豆末之，烧石，则凿之甚易……智按：以硫烧之，其石亦易碎。"明、清时也曾用"火烧法"（或叫烧爆法）来开矿。

在金属冶炼技术中,由于温度变化范围大,热应力问题最值得注意。殷商时代的青铜铸造工艺中,就设法尽量减少热应力,例如殷代中期的盛酒青铜器"四羊方尊"(1938年湖南宁乡出土)高0.583米,它的羊角头采用"填范法"铸成中空,泥胎不拿出。这种方法不仅节省了青铜,更重要的是可以避免在冷缩过程中由于厚薄关系而引起缩孔和裂纹。同时期一些青铜器的柱脚(或粗大部分),也采用这种方法,只有柱脚最末端一二十厘米是铸成实心的。这种填范法是为了减少热应力。

3000多年前减少热应力的填范法与2200多年前增大热应力的火烧法,从不同侧面显示了我国古代对于热膨胀与热应力的认识。

五、物态变化

物质有固态、液态、气态三种状态,温度的变化能使三态之间相互变换。这方面的知识,当推古代炼丹家最有研究,他们最初是为制取长生不老药,后来为了制取黄金,长年累月地把一些药物拿来加热、冷却、火煅、水煮,使物质的状态不断地变化。据记载,炼丹有"火法"和"水法"。"火法"包括:"煅",即长时间的高温加热;"炼",即干燥物质的加热;"炙",即局部烘烤;"熔",即加热熔解;"抽",即蒸馏;"飞",即升华;"伏",即加热使药物变性。"水法"更多,包括:"化",即溶解;"淋",即用水溶解固体物质的一部分;"封",即封闭反应物质长时间地静置;"煮",即物质在大量的水中加热;"熬",即有水的长时间高温加热;"养",即长时间的低温加热;"浇",即倾出溶液,让它冷却;"渍",即用冷水从容器外部降温。此外还有什么"酿""点"以及过滤、再结晶等方法。在这么多过程中,物质状态有各种各样的变化,必然要积累大量的知识,可惜炼丹家们往往不注意这一方面。

在日常生活中,水、冰、水汽三者之间的变化,是最常见的物态变化。雨、露、霜、雪是最大规模的物态变化。

对于汽、水之间的变换,远在先秦的《庄子》《礼记》等书已有"积水上腾"、"下水上腾"等说法,"上腾"指的是水的蒸发,即汽化。对于水汽凝结成水的过程也是十分注意的。自从春秋战国以来,和"阳燧取火于日"相配对的有所谓"方诸取水于月"。"方诸"是什么?有不同的说法,有说是"大蛤",有说是铜盘,有说是方解石……总之是一个对水不浸润的物体,夜晚把它放在露天,结上露水。为什么说要对月?除了与"对日取火"配对外,大概是因为既是有月,必是无云,地表没有隔热层,热量易于发散,气温容易下降,到了露点之下,可以得到露水,所谓"露水起晴天"。这样取得的露水,叫做"明水",据说有神奇的功效,汉武帝很喜欢饮用这种"甘露"。

这个"方诸取水"在古代是十分郑重的事，所以大家要进行研究，从中得到不少关于凝结方面的知识。

晋代张华(232—300年)的《博物志》记载过一个有关汽化的实验："煎麻油，水气尽，无烟，不复沸则还冷，可内手搅之，得水则焰起，散卒而灭。此亦试之有验。"油水混合物在受热过程中，由于沸点不同，水先沸腾，犹如冒"烟"，当水汽化完毕，则"无烟"。加热停止，油不再沸腾，此时如加水，由于油温尚高，水即急极汽化，又见"焰"起；汽化完毕，也就"散卒而灭"了。张华对这个过程观察得很仔细，记载得很具体，并说曾"试之有验"，肯花工夫动手实验，难能可贵。当然，记录中错误地把上升的水汽、烟、焰三者混淆，又说油温下降时"可内手搅之"，也未免有些夸张。

至于冰—水之间的熔解、凝固，更是人们常见的。《考工记》就指出"水有时以凝，有时以泽(释)，此天时也。"注文说得更加明确："至柔者莫如水，疑若不能凝矣。然隆冬冽寒，则坚凝而为冰；既坚矣，疑若不能释也，及暖气和融则复消释而为水。"(《古今图书集成》引)直接把温度高低与状态变化联系起来。从这些研究中无疑也获得许多物态变化的知识。

有了这方面的知识，无怪能对雨露霜雪等现象作出某种解释。例如，汉代董仲舒(前179—前104年)解释雨、霰、雪的成因时说："二气之初蒸也，若有若无，若实若虚，若方若圆。攒聚相合，其体稍重，故雨乘虚而坠。风多则合速，故雨大而疏；风少则合迟，故雨细而密。其寒月则雨凝于上，体尚轻微而因风相袭，故成雪焉。寒有高下，上暖下寒，则上合为大雨，下凝为冰、霰、雪是也。"这第一句是说阴气(水)受阳气(日光)之照射，蒸发上升，处于"若有若无、若实若虚"之状。接着就指出了雨、雪、霰就是水气遇冷在不同条件下凝结而成。这些解释虽然也有错误的地方，但总的说来，是根据温度的升降而引起物态变化的道理，大方向是正确的。在这一段叙述中，把蒸发、液化、凝固三种过程都说上了，确实是很有意义的。后来，唐代的丘光庭和宋代的朱熹，都用煮饭作比喻，说明雨的成因。朱熹说：雨的形成，就好像煮饭时，水汽凝结在盖子上，落下来便是。这个说明不但很具体生动，而且也很大胆，居然敢把某些人视为上帝旨意的现象，比作为煮饭。这也说明朱熹确实对于汽化、液化这些过程有较深刻的了解。

露与霜的成因，又有不同。地面上的空气中含有水气，当水气的含量达到饱和时就会凝结出水滴来，这就是露；如果地表气温低至0℃和0℃以下，则水汽直接凝结为固体，即为霜。所以露与霜，都是地面空气中直接形成，并不是从高空下降的。远在周代《诗经》里，就有"白露为霜"的诗句，说明当时人们已认识到霜就是白色的固态的露。东汉时代大文学家蔡邕曾明确地指出："露，阴液也。释为露，凝为霜。"《五经通义》更直接地说霜是"寒气凝"结出来的，是从地面上来，并非从天空下降的。关于这一点，朱熹说："古代的人说露凝结而为霜，现在观察下来，那是确实的。

但程颐说不是,不知什么道理。古人又说露是'星月之气',那是不对的。高山顶上天气虽然明朗也没有露,露是从地面蒸发上来的。"这段话讲得多么好啊!对古人今人的话,既不一概是之,也不一概非之,而是根据自己的观察,摆出事实,讲出道理,真有点科学的、实事求是的态度。

正因为人们懂得了霜的成因,所以也就有办法对付它。南北朝时期贾思勰的《齐民要术》一书(成书于533—544年)总结了许多科学知识,其中就有关于防止霜冻的办法:"天雨新晴,北风寒彻,是夜必有霜。此时放火作煜,少得烟气,则免于霜矣。"这几句话很切合物态变化的道理。天雨刚晴,地面空气湿度必大,入夜后地面热量发散,温度降低,又遇冷风,气温易低至0℃以下,空气中的水汽即凝为固态的霜。如在田野上烧些柴草,一则发热提高气温,二则使地面蒙上一层烟尘,可以隔热,地面热量发散变得比较缓慢,保持温度不致降至0℃以下,那就不会有霜了。这种行之有效的防霜办法,历来为广大农村所沿用。

六、热　功

热是一种能量形式,可以通过一定的装置用来做功,这种装置就是热机。我国古代在这方面有不少创造发明,有些是人类文明的精华部分。我们可以举出以下几个例子。

1."热气球"

西汉《淮南万毕术》一书中有一条记载说:"艾火令鸡子飞。"这条文义过简,好在东汉高诱的注释比较详细。他说:"取鸡子去其汁,燃艾火,内(纳)空卵中,疾风,因举之飞。"在鸡蛋壳下端开小孔,将燃烧着的艾置入卵壳中,壳内温度升高,气体膨胀向下排出,整个蛋壳比重减小,因而获得浮升力。就原理而言,这就是轻航空器——热气球,是热力的一种巧妙运用。但是,实验与计算表明,即使壳内空气全部排净形成真空,所获得的浮升力也不足以使蛋壳甚至壳衣浮升。所以这只能看成是一种设计思想,或者说是理想实验。假如把蛋壳的容积扩大若干倍,这个设想就可行了。后来我国发明的"飏灯",就是这种设想的实现。

2."蒸汽机"

《淮南万毕术》中还有一条记载,说:"铜瓮雷鸣。"注云:"取沸汤著铜瓮中,坚密塞,内之井中,则雷鸣闻数十里。"这大约是将沸汤注入铜瓮之中,并不注满,紧塞其口,迅速投入井中,瓮内水面之上的蒸汽遇冷降温而凝结,压强急极减低。这就发生两种可能的现象,第一种因压强减低,瓮内水的沸点随之降低,因而又沸腾起来,这就是所谓"遇冷反沸"的实验。瓮水沸腾作响，经水与大地的传声，可以使远处有所闻。第二种可能是，当铜瓮的壁极薄时，瓮内压强降低，受到外面大气压加以水的压力，使铜瓮向内破裂，造成爆炸声，犹如雷鸣。不管是哪一种，这都是通过空气冷凝的方法，达到做功的目的。宋代俞琰的《席上腐谈》记载：有人把烧得很旺的纸片放入空瓶中，再把空瓶倒盖在盆水里，就可以看见盆水涌进瓶里。这也是利用热造成低压，通过大气压力做功。我们知道欧洲蒸汽机的发明，也就是从这里开始的，时间则是在18世纪。

以上两个例子都是利用加热或冷凝的方法达到做功的目的。下面介绍两个利用热空气流直接推动某种装置的例子。

3."燃气轮机"

图3　走马灯

我国在唐代开始就盛行上元节玩灯的习俗。灯的名目很多。在宋代的著作中出现了"马骑灯"，灯上"马骑人物，旋转如飞"，所谓"转影骑纵横"。现在叫做"走马灯"。它的结构原理，经刘仙洲先生研究，认为是如图3所示：在半透明的纸糊的灯笼里面树立一条可旋转的立轴，立轴上部横装着一个叶轮，立轴中部横装几根细铁丝，每根铁丝的两端粘上厚纸剪成的人马形象，下面置一灯烛。灯烛即是热源，由于对流作用，下部热空气上升，冲动叶轮带动立轴，就使铁丝顶端的人马形象旋转如飞，在灯光照射之下，它们投在灯笼纸上的黑影不断地旋转。这在原理上可以说是燃气轮机的滥觞。欧洲发明结构大体相似的燃气轮机雏形是在公元1550年，比我国晚了四五百年。

4.火箭

中国古代所谓"火箭"有两种，一种是"带火的箭"，是指普通的弓箭把燃烧物发射出去；另一种是"喷气的箭"，指大量的高温燃气向后喷射，发生反冲使投掷物前进。我们要介绍的是后一种火箭。这是利用热直接转化为物体的动能的过程。它的发明当然是在火药的发明之后，确切年代尚有不同说法，大致是在宋代，或者可以上溯至唐代。开初大约是作为烟火玩物，什么"走线流星""地老鼠"之类的东西。后来火箭被利用到军事上来。据说蒙古军队进攻欧洲，曾使用这种火箭。现在全世界都承认，火箭是我国最早发明的。

火箭发明之后,也在不断地改进、发展。首先,这种火箭没有固定的发射架,方向不易掌握,因此命中率很差。在明代万历年间,赵士桢(约 1552—1611 年)发明了"火箭溜"。它实际上是一条滑槽,火箭循槽滑出,就不会歪斜了,大大提高了命中率。其次,明代发明的"火龙出水",可以在水中使用:离水面二三尺的高度点燃火箭,燃火喷气推进箭筒达二三里之远;当筒内火药烧完时,筒腹内另有"火箭"飞出,使得敌阵人船俱焚(见图 4)。这就是现在所说的二级火箭了。再次,明代又把四支火箭装在一个制成鸟形的细篾篓之下,篓内装满"明火炸药",及长约一尺的引线;施放时,点着引线与四支火箭,借着四支火箭的推力,把鸟形篾篓送往"百余丈处"的敌阵之中,此时引线正好引发了篓内的火药,落在敌阵,就放起火来。这叫做"神火飞鸦"(见图 5),实际上就是一种飞弹的雏型。

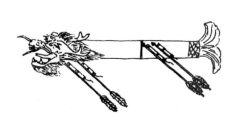

图 4 火龙出水　　　　　　　图 5 神火飞鸦

这里还有一桩科学史上的悬案是十分有趣的。外国一本书上记载着这样一件事:大约在 14 世纪之末,有一位叫 Wan Hoo 的中国官吏,他在一个座椅的背后,装上 47 只当时他可能买到的最大的火箭,如图 6 所示。他把自己捆在椅子的前边,两只手各拿着一个大风筝,然后叫他的仆人用火同时把 47 只火箭点着。他的目的是想借着火箭向前推进的力量,加以风筝上升的力量飞向前方。他的这次试验显然毫无成功的可能,但他的设计思想却跟现代的喷气飞机的原理毫无二致。过去往往认为俄国的齐奥可夫斯基是喷气飞行原理的发现者。现在有人认为,Wan Hoo 才是第一个企图使用火箭作运输工具的人,或者是"第一次企图利用火箭作飞行的人"。所以,美国阿波罗登月飞行的火箭上就刻着 Wan Hoo 的名字,用来纪念这位设计师。因为他的设想是通向太空航行的第一个关口。但是这位 Wan Hoo 在中国古书上尚未查到,连他的确切名字也还不知道,有人认为 Wan Hoo 可能是万户(元代的一种官名)的音译。

图6 "万户"试火箭

（本文选自王锦光、洪震寰《中国古代物理学史略》第三章"热学"，"古代科学史略丛书"，河北科学技术出版社，1990年）

中国古代对晕的认识[*]

中国古代对日晕、月晕现象的观察与记载十分早。殷商时的甲骨文中就有形象地描绘天空中晕圈围绕日、月的文字。周代已建立起"观象察法"的专门机构,各种天文现象和云气分别由专人观察。其中的"眡祲氏"负责观察被称为"十煇"的十种云气。这十种云气在《周礼·春官》中分别被称为:"一曰祲、二曰象、三曰鑴、四曰监、五曰暗、六曰瞢、七曰弥、八曰叙、九曰隮、十曰想"。但因这段记载语焉不详,及"后代名变,说者莫同"①,所以"十煇"到底指何种云气,后世众说纷纭,莫衷一是。王鹏飞先生认为其中有一半指的是晕:祲,指彩色晕环;鑴,指日柱;监,指位于太阳上方的晕弧;弥,指假日;叙,指各种晕弧依次排列在日旁的情况,即日珥②。薄忠信同志认为,鑴,指日领、日角、日戴、外晕侧珥;监,指日冠、帕利弧、22°及46°晕各弧或全晕;弥,指幻日环、日柱;叙,指复杂晕系的整齐排列。③ 虽然孰是孰非尚无定论,但"十煇"中的大部分指的是晕则是一致的。

和《周礼》同时或前后的书籍中还有不少关于晕的记载。如,战国时魏人石申对常见的22°或46°晕用"日旁有气,员而周帀(匝),内赤外青"④进行描述。生动、形象地描绘出晕圈环绕太阳内侧呈鲜红色、外侧呈紫色的图像,并明确地称这种大气光象为"晕"。《尔雅》:"弇日为蔽云。"晋人郭璞注释为"即晕气,五彩覆日也"。《吕氏春秋·明理》:"其日有斗蚀、有倍僑、有晕珥……有众日并出。"东汉高诱注释为:"斗蚀,两日相斗而相食。倍僑、晕珥,皆日旁之危气也。在两旁反出为倍,在上反出为僑,在上内向为冠,两旁内向为珥。晕,读为君国之民之君,气围日周匝,有似军营相围守,故曰晕也。倍僑亦作背镝,又作背潏,汉志作背穴。"认为这些都是太阳旁边预示吉凶征兆的云气。另外,《吕氏春秋·明理》对月晕现象也有较详记载:"有晕珥,有四月并出,有二月并见,有小月承大月,有大月承小月。"为世界留下关于月晕晕珥、幻月、远幻月、反月的最早记载。在两千多年前就确立了几种日、月

---

  * 本文与张子文合作。

  ① 《晋书·天文志》。

  ② 王鹏飞,"中国古代气象学上的主要成就",《南京气象学院学报》,1978年第1期(创刊号)。

  ③ 薄忠信,"十煇辨证",《锦州师范学院学报》,1984年第1,2期。

  ④ 《汉书·天文志》王先谦补注。

晕的专门名称,并给以较详描绘,实属难能可贵。

对于我国古代"十日并出""羿射九日"的传说,汉代王充(27—约97年)首先表示怀疑。他说:"十日似日非实日也","殆更自有他物,光质如日之状","诚实论之,且无十焉"①。明确地认识到幻日现象,且给长期笼罩于谶纬图说的汉代思想界投下一道霞光,醒人耳目。到唐代李淳风时,对幻日现象又有深入认识。他把"数日并出"称为"斗(鬥)"②,认为"日斗离而复合,有象日之气来相冲击",并且"月亦如之"。③

自汉代兴盛的谶纬图说,把对晕的认识也纳入"天垂象,见吉凶"的窠臼。相当一部分人认为:"昼遗灰而月晕阙"④;"以芦灰环,缺其一面,则月晕亦阙于上"⑤。并不厌其烦地讨论诸如"有军事相围守则月晕"⑥,"两军相当,日晕等力均;厚长大,有胜;薄短小,无胜;重抱,大破;无抱,为和……"⑦之类晕和地上军事胜负、政治人事的关系。这类认识其后千年不衰,对晕的深入认识甚有阻碍。

专门观测晕和其他大气光象的书,随着观测的深入,自汉代《汉日旁气行占验》《汉日食月晕杂行事占验》⑧等书之后不断出现。隋代的《日月晕珥云气图占》⑨、宋代的《月晕占》⑩、《日月晕图经》⑪等等,都是关于日月晕的专著,可惜没有流传下来。现代能见到的最早书籍是1973年从长沙马王堆三号墓出土的《天文气象杂占》西汉帛书⑫。在这部帛书中有十七幅关于晕的图谱,记叙了多种晕的形态和部位。其中有日月圆晕、幻日、珥、幻日环,并有四提、二月并出、白环等图像,为了解秦汉时对晕的认识提供了实物资料。

晋迄初唐,对晕的观察、描述、分类已达相当高度。《晋书·天文志》中对晕的描绘和分类是我国古代集大成的代表作,比世界其他地区早一千几百年。晕系各部分的名称已有斗、戴、冠、缨、纽、负、戟、珥、抱、背、璚、直、提、格、承、承福、履、破

---

① 王充《论衡·说日篇》、《论衡·对作篇》。

② 《晋书·天文志》。

③ 李淳风《观象玩占》。

④ 刘安《淮南子·览冥训》。

⑤ 《淮南子·览冥训》许慎注。

⑥ 《淮南子·览冥训》许慎注。

⑦ 《史记·天官书》。

⑧ 《汉书·艺文志》。

⑨ 《隋书·经籍志》卷三。

⑩ 《通志》卷六十八,艺文六。

⑪ 《宋史·艺文志》

⑫ "西汉帛书《天文气象杂占》释文",《中国文物》,1979年第1期。

走、员晕、白虹贯日等多种,并逐一详细地说明其形状、颜色、方位。许多描述都很形象、确切,其中一些名词一直沿用至今。例如,把"青赤气小而交于日下"的一段与22°晕外切的光弧(现称下切弧或外切弧)称为"缨",比喻为太阳的帽穗;把"形如直状,其上微起,在日上"的晕弧(环天顶弧或帕利弧)称为"戴",比喻为太阳"冠"上的装饰物;把"气形三角,在日四方"的晕弧称为"提",形象地描绘罗维兹侧斜弧的晕现象。另外,对许多复杂的晕现象也进行了描述。如:"日抱且两珥,一虹贯抱至日";"日抱两珥且璚,二虹贯抱至日";"日重抱,且背";"日重抱,抱内外有璚、两珥"……。为人们描绘出一幅幅五光十色、变幻无穷的空中奇景。

对日月晕在一个时期出现的种类和次数进行统计始于北宋。其后类似记载史不绝书。

《宋史·天文志》:"治平后迄元丰末(公元1066—1085年)凡日晕一千三百五十六、周晕二百七十七、重晕七十四、交晕四十九、连环晕一、珥八百八十二、冠气四十二、戴气二百七十一、承气五十、抱气二、背气二百四十六、直气二、戟气一、缨气五、璚气一、白虹贯日九、贯珥三。"类似记载,该书还有多处,开世界统计晕现象出现之先风,为后人研究大气光学和气象留下了珍贵的史料。

明迄清初,官方对晕的观察、观测、记录更为详尽完善。甚至明仁宗朱高炽出于对自己前途的关心,于1425年写了包含许多晕象图的《天元玉历禅异赋》,并亲手绘制两幅幻日图。另一方面,以明代开国功臣之一刘基(伯温)为代表的有识之士则对关于晕的谶纬图说持怀疑批判态度,认为是"围灰破晕漫传方"。其后,人们进一步认识到"或时贯白虹,或时夹两珥"一类的晕现象都是"明者之变",是"虽变也,亦常也"[1]。这些认识对解放思想,促进晕成因的探索有所助益。明末清初,方以智父子、揭暄等人在对晕成因的科学解释上作出了重大贡献。

中国对晕成因的探究、解释开始较早,在战国时即被纳入中国特有的描述物理世界图景和说明其运动变化规律的阴阳元气说体系。战国时认为晕是"日旁有气"。汉代时认为晕是"天之客气""日旁之危气""日月气",是"阴阳之精,其本在地,上发于天者也"[2]。刘熙《释名·释天》中有:"晕,卷也,气在外卷结之也,日月俱然";"珥,气在日两旁之名也"。已认识到日月晕的形成原理相同,晕是一种"其本在地,上发于天"的气或云气。而"气在外卷结之",则已暗含反射和折射的朦胧概念。唐、宋以来,在李淳风系统分类的基础上对晕及晕出现前后的天气情况多所注意,以探究晕的成因。宋代著名文学家杨万里在《月晕赋》中曾对一次月晕作过精彩描述和分析。当他和客人"坐于露草之径"时,先见"寒空莹其若澄,佳月澈其

---

[1] 《来瞿唐集》。

[2] 《汉书·天文志》。

如冰，一埃不腾，一氛不生"，随之"微风飒然……有薄云莫知其所来"，使月亮"骤眩"，出现"惊五色之晃荡，恍白虹之贯天，使人目乱而欲倒"的景象。对此，"客"解释说："明月之依轮囷，光怪相薄相荡而为此也。殆紫皇之为地，风伯之为媒欤？"在这篇文字中，已认识到晕是微风吹来薄云遮蔽月光并和月光"相薄相荡"而产生的道理，对晕和日月光、大气中的卷层云的伴随情况已有所认识。而"光怪相薄相荡"，则已有光在"薄云"（现称卷层云）中反射、折射形成晕的朦胧认识。对于虹霓的成因，此前已有"背日喷乎水成虹蜺之状"①，"云薄漏日，日照雨滴则虹生"②等认识。把晕和霓的形成联系起来则是一大进步。

对晕的成因作出中国古代较为透彻的光学本质揭示和总结性论述的是方以智父子、揭暄等人。在《物理小识》（1664 年）中他们认为："太阳能生本体之光……能生对照之光……能生互映之光"，"天地体圜，日光又圜。故凡晕光无不圜者……其光穿则成五色晕矣"。"凡宝石面凸则光成一条，有数棱则必有一面五色……故知虹霓之形、星月之晕、五色之云皆同此理"。用"对照""互映"和"宝石面凸则光成一条，有数棱则必有一面五色"来解释晕的成因是个重大进展。现代晕成因原理认为，当日月光穿过位于六公里左右高空悬浮的大量各种形状或正六棱冰晶体薄幕状卷层云时，由于光在不同形状的冰晶中反射、折射，而形成不同形状的晕。"宝石面凸则光成一条，有数棱则必有一面五色"，且"皆同此理"，则已沟通晕和晶体色散的联系，认识到日月光和云中冰晶的作用机制。因色散后有些色不明显，当时还没有认识到七色，故仍用中国传统的"五色"描写。虽然对晕成因的认识含有思辨成分，但在 17 世纪中叶已能作出较接近现代科学的解释，弥足珍贵。

日月晕跟风雨、季节的关系，古人注意较早。殷代甲骨文中已有"晕，风"；"酉晕，之（?）雨"；"各（落）云……雨（?），晕"③等卜辞。《诗经》曰"月晕而风"，千百年来脍炙人口。说明至晚在殷周时代，人们对晕和风雨的关系已有明确的经验认识。

殷周之后，日月晕与风雨的关系多见于题咏和农书。李白"月晕天风雾不开"，孟浩然"太虚生月晕，舟子知天风"等句，就是这种认识的忠实写照。农书中这方面的集大成之作当推元代娄元礼的《田家五行》，书中说："月晕主风，何方有阙，即此方风来"，已经验地说明月晕圈发生阙口是由于气旋中心渐渐接近，此时在有阙口的地方卷层云已经过去，其他种比较低而厚的云已经到来，所以必然预示在这个方向要有大风的情况。其他如："日生耳，主晴雨。谚云：'日生双耳，断风截雨。'若是长而下垂通地，则又名日幢，主久晴"；"日晕三更雨，月晕午时风"等等，经多年验证基本符合事实，具有一定科学道理，至今广泛流传于大江南北。明末清初时，方以

---

① 张志和《玄真子·涛之灵》，丛书集成本，第 3 页。

② 孔颖达《礼记·月令》注疏。

③ 温少峰、袁庭栋，《殷墟卜辞研究》，四川省社会科学院出版社，成都，1983 年。

智除有"日晕白主晴,赤主风,色如铅者雨征也"等进一步的论述外,特别提出"晕背风霾,晴雨之候,百里有不可同观者","故望气者止宜于当土辨祸福"的观点,使对晕和风雨关系的认识更趋深入。

通过查阅大量关于晕的历代记载,发现晕多于秋、冬、春三季出现在北方地区。这些古代人民对晕和季节、地区关系的记载为研究古代气象地理提供了宝贵资料。

欧洲对晕近乎科学的观察和解释始于17世纪。第一篇关于日晕、幻日现象的记述由赛西尔(Christopher Scheiner,1573—1650)写于1630年。第一次对内晕的解释在1681年由法国物理学家埃德蒙·马略特(Edmé Mariotte,?—1684)提出。18世纪时,亨利·卡文迪许(Henry Cavendish,1731—1810)解释了46°晕偏向的原因,他发现那是光以90°角通过六棱镜的一个面被折射时产生的。1794年,天文学者罗维兹(Lowitz,1757—1804)详细描述了当年7月18日上午10时出现在俄国圣彼得堡的复杂日晕。后来西方把这次日晕称为"罗维兹晕",一些相当于"提""珥"的晕弧被分别称为"罗维兹侧斜弧""罗维兹环"。1821年,英国探险家帕利(Parry)描述了后被人称为"帕利弧"的相当于"戴"或环天顶弧的上、下内晕珥情况。19世纪晕研究的另一重大进展是由托马斯·扬(Thomas Yaung,1773—1829)完成的。他发现幻日环是在空中存在冰晶时形成的,那些朝着伸长方向发展的冰晶通常是轴竖直地悬浮在高空;在这种情况下,从太阳发出的光被反射向地平方向,于是给出一个和地平线平行的光弧(幻日环或地平环)。

西方晕知识传入中国亦始于17世纪。1624至1640年间意大利来华耶稣会士高一志(Vagnoni Alphonse,1566—1640)在其所著《空际格致》中曾讲"坠条"(日柱)、"周光"(22°或46°晕)、"多日之象"(幻日),介绍牛顿等人发现色散前西方对晕的认识。该文谈到日月光在云层中的反射对晕形成的作用,有一定可取之处。惜因高一志为当时中国反教运动通缉逮捕对象,《空际格致》至民国才有铅印本行世,故对当时中国几乎毫无影响。

咸丰五年(1855年)墨海书馆出版由英人合信译著的《博物新编》,内有一条为"日晕月晕":"地上之气,腾聚空中,日光直射则为日晕,月光直射即为月晕,近地则见大,远地则见小,亦风雨之象也。日月重见者,乃空中湿气凝结如镜,一镜照一象,十镜照十象(西国有一时见七日者),理所必然,无足深怪,故重见之后,相继而下者,非雨则雪焉……"迄清亡前,在中国所介绍西方对晕的认识大抵为合信所介绍水平,和中国当时对晕的传统认识比较,还没有用光的折射色散来解释晕;且所介绍的也不是卡文迪许、托马斯·扬的最新成果。合信把"日再午""日落复上"之类日光在大气中的反射或闪烁现象也列为日晕,则是错误的。但是合信等人对幻日用镜面反射来比喻解释,则是中国古代所不曾明确的。《博物新编》等介绍西方科学知识的书籍能在我国"万马齐喑"的沉闷气氛中出版，吹进清新的科学空气，其功绩自不可磨灭。

（原文载于《自然科学史研究》，1990 年第 1 期）

米制及国际单位制计量是何时传入我国的*

（一）米制计量的最初传入

米制大致于18世纪90年代制定。1795年4月法国政府颁布采用公制（米制）的命令，1799年6月大地测量完成，才决定米的标准值。

1840年鸦片战争以后，外国计量制度（如英制、法制、德制等）纷纷传入。在咸丰八年（公元1858年）订立天津条约以后，各国所附通商章程都有专款规定，以各该国计量制度为标准折合中国计量的标准。

当时外国的计量制度就有三个系统：（1）英国系统，英国、美国、比利时属之；（2）法国系统（即米制），法国、意大利属之；（3）德国系统，德国、奥地利属之。不久，德国、奥地利及比利时都改用法制，随后荷兰、瑞士、日本、葡萄牙、希腊等国也均采用法制。咸丰八年《中法通商章程》说："中国一担即系一百斤，以法国六十吉罗葛稜么零四百五十三葛稜么为准；中国一丈即十尺者，以法国三迈当零五十五桑的迈当为准，中国一尺，即法国三千五百五十八密理迈当。""吉罗葛稜么"为kilogram（或kilogramme）的译音，即公斤或千克；"葛稜么"即gram（或gramme）的译音，即克。"迈当"为meter之译音，即米或公尺；"桑的迈当"为centimeter的译音，即厘米。公斤以后有译作"吞罗克兰姆"、"启罗格兰姆"等。米以后有译作"米突"、"米达"或"米"等。可见，当时的斤比现在的市斤大（100市斤＝50公斤）；当时的尺比现在的市尺大（10市尺＝10/3米）。厘米以后有译作"生的迈当"。

中西度量衡比较表一

中　　国	法国（奥、德、意、比、瑞、荷、日、葡、希诸国同）
一担即一百斤	60.453启罗（克兰姆）
一斤即十六两	604.53克兰姆
一两（每两10钱，每钱10分）	37.738克兰姆
一尺（海关尺，按中、英、法商约）	0.358迈当（注）
一丈	3.581335迈当

---

*　本文与王筱武合作。

497

续　表

中国	法国(奥、德、意、比、瑞、荷、日、葡、希诸国同)
一寸	0.03581335 迈当
一分	0.003581335 迈当
一方尺	0.1282596032225 迈当

注:原表作 0.355;为与以下一致改为 0.358。(中西度量衡比较表二、三略)

(二)清末与民国拟采用米制计量,一、二、三制

(Ⅰ)清末

1872 年,法国等 17 个国家签订米制公约,设立国际计量局(旧译万国权度公局)。清朝末年,政府决定统一计量制度,并商请国际计量局制定铂铱合金原器、镍钢合金副原器及精密校验仪器。宣统元年(1909),原器与副原器由国际计量局制成,并经校准后发给证书,送到我国。我国即以此作为国家的营造尺和库平两(砝码)的最高标准器。

营造尺、库平制是清代度量衡制度,光绪三十四年(1908)重订,清政府规定营造尺、漕斛、库平两作为统一度量衡的单位基准。当时拟定的基准器具是:

度——以营造尺为度的基准器具,其长度是以一百颗子秬纵向排列的总长度,同米制的长度单位比较,恰好等于 32 厘米。米制的一米,营造尺三尺一寸二分五厘。即:

1 营造尺=32 厘米

1 米=3.125 营造尺

衡——以库平两为重量的基准,即以纯水一寸正方的重量为基准,一库平两等于 37.301 克。即:

1 库平两=1 立方寸的纯水的重量

　　　　=37.301 克

这里的寸是指营造尺的寸,1 寸=1/10 营造尺。

一库平两比现在的市两小,一市两=50 克,一库平斤=596.816 克。

一库平斤比现在的市斤大(一市斤=500 克)。

(Ⅱ)北洋政府时代

民国二年(公元 1913 年),派人往欧洲(法国、德国、意大利、比利时、奥地利、荷兰等国)和日本考察,并参加国际计量大会会议。1912 年工商部拟定米制单位名称,采取意译,meter 译作"新尺",kilometer 译作"新里";liter 译作"新升",kiloliter 译作"新石",gramme 译作"新锱",kilogram 译作"新斤",等等。

1915年北洋政府大总统公布《权度法》。《权度法》对计量原器和制度规定如下：

1.权度以万国权度公会所制定铂铱公尺、公斤原器为标准。

2.权度分为下列两种

甲、营造尺库平制

长度以营造尺一尺为单位；重量以库平一两为单位。营造尺一尺等于公尺原器在百度寒暑表零度时首尾两标点间百分之三二；库平一两等于公斤原器百万分之三七三〇一。

乙、万国权度通制

长度以一公尺为单位，重量以一公斤为单位。一公尺等于公尺原器在百度寒暑表零度时首尾两标点间之长，一公斤等于公斤原器之重。

但这些规定没有很好实现。

（Ⅲ）国民政府时期，一、二、三制

由于北洋政府统一全国计量工作没有实现，各地度量衡制度和使用的度量衡器具非常混乱，常常引起纠纷。1926年中国工程学会、大学院等单位都提出划一度量衡的方案。国民政府工商部审查了各种方案，认为应采用米制并暂在过渡时期并用辅制（即一、二、三市用制）。1928年7月，国民政府公布《中华民国权度标准方案》，重要规定如下：

1.标准制，以万国公制（米制）为国家权度标准制。

长度以一公尺（即一米突）为标准尺；

容量以一公升（即一立特）为标准升；

重量以一公斤（即一千格兰姆）为标准斤。

2.市用制

以与标准制有最简单的比率而又与民间习惯相近的计量制为市用制。

长度以标准尺的三分之一为市尺（即1公尺＝3市尺）；

容量即以标准升为升；

重量以标准斤二分之一为市斤（即500格兰姆）。

这样就形成一、二、三制的市用制，这对我国以后的计量改革工作稳步推进起了一定作用。

（三）中华人民共和国的计量

中华人民共和国成立以后，政府十分重视计量工作的发展。

1959年6月，国务院发布了《关于统一我国计量制度的命令》，确定以"国际公制"（米制）为我国基本计量制度，在全国范围内推广米制制度、废除旧杂制，限制英制的使用范围，逐步改革市制，并规定 1 市斤＝10 市两（中医中药除外，仍为一斤＝16 两）。1977 年 3 月，国务院批准改革中医中药所用的计量单位，将"两、钱、分"改为"克、毫克；升、毫升"，1 市斤作 10 市两，从此我国完全废除了 1 斤＝16 两，而用 1 斤＝10 两。

　　1960 年，国际计量大会通过"国际单位制"（SI）。1977 年 5 月，我国也开始正式采用国际单位制。在国务院颁发的《中华人民共和国计量管理条例（试行）》规定中进一步明确：我国基本计量制度是米制，并逐步采用国际单位制。与此同时我国正式加入米制公约组织，成为第 44 个成员，并与国际计量局建立业务联系。1981 年 7 月，国务院批准、颁布《中华人民共和国计量单位名称和符号方案（试行）》。1984 年 2 月，国务院颁布《关于我国统一实行法定计量单位的命令》，正式确定了以国际单位制为基础制定出我国法定计量单位，要求国民经济各部门，特别是工业交通、文化教育、宣传出版、科学技术和政府部门都要全部过渡到法定计量单位；全国各行业要在 1990 年底以前全面完成这一过渡。1985 年 9 月，全国人大常委会通过了《中华人民共和国计量法》，国家主席于同日发布命令正式公布，规定从 1986 年 7 月 1 日起施行。经过这一系列的重要措施，以国际单位制为基础的我国法定计量单位有了牢固的基础。

（原文载于《物理教师》，1990 年第 5 期）

郑复光《费隐与知录》中的光学知识

　　《费隐与知录》(以下简称《费》)是清代科学家郑复光(1780—?)的一部自然科学著作。郑复光及其光学著作《镜镜诠痴》(以下简称《镜》)已引起科学史界的注意,并进行了初步研究,发表了一些文章。但《费》知道的人不多,研究的文章也尚罕见①。《费》共有225条,主要讨论物理、气象、天文、生物、医药、烹饪等等。此书的体例采用问答形式,内容着重解决一些自然界和日常生活中的疑难问题,带有科普性质。《费·包序》:"所说皆世人惊骇,以为灾祥奇怪之事,而郑君推本说之,或以物性而殊,或以地形而变,或以目力而别,明白平易如指诸掌。当郑君之未说也,循其迹几于圣人所不知,及其既说而目验之,则夫妇之所与知也。"正由于这个原因,这本书取名《费隐与知录》②。

　　这本书自1816年开始写作,到1842年刊行,历20余年③。在这段时间他又写了《镜》(大约19世纪20年代开始,1847年印毕),《镜》是一部光学专著,仿《几何原本》体例,系统性强。但《费》与《镜》有一定联系,特别是《费》中光学几条(以下简称《费·光》)与《镜》关系更加密切。《费·光》对光学某些疑难问题分析讨论,往往补充《镜》的不足,可视为《镜》的应用和发展,而《镜》的系统叙述又为《费》提供基础理论知识。《费·光》中多处注明详见《镜》。

　　研究《费》的光学知识,除本身意义外,对研究《镜》及郑复光本人很有价值。《费》中关于时间与地点有多处记载,有利于探索郑的生平。《费》和《镜》几乎同时书写,交错进行,相互补充。对某条而言,两书先后不同,详略有异,对研究郑的科学方法及实验进展等等很有益处。本文对《费》的光学知识作初步的探索,向科学史界请教。

　　《费·光》共有20多条,约占全书十分之一。兹择其有代表性的,归纳为三类,分述于下:

　　(1)小孔成像

　　关于小孔成像最主要的是第77条"隙无定形,漏日恒圆":"问:'日光穿隙无他

---

　　①　最近上海科学技术出版社已将《费》影印发行。

　　②　"费隐"是"用广体微"的意思,"与知"是"参与闻知"。《中庸》:"君子之道费而隐。夫妇之愚,可以与知焉"。《四书集注》的《中庸》注:"费,用之广也;隐,体之微。"

　　③　《费》第1条及"包序"。

物隔，于隙之内必见圆光。而隙不必圆，光何以圆？'曰：'此日体也，予尝见簟漏日光，悉是半月形，忽悟为日食，果然。凡光照平壁，皆见光体所发之光而不见光之体形，故中隔片版，则见版景。使版有方孔，则版景中现孔方光。若引版渐近于壁，则孔之光渐模（模）糊，再远则方孔变为圆光而极清。若再远则仍是圆形，其光渐大而淡矣。试以月上、下弦时，必半圆形而为倒像，是月体也。盖凡光穿孔则上边照下，下边照上，右照左，左照右。当版离壁近，则金光在孔中心，甚小，故日体外浮光俱入孔内，照孔之像甚清。推而远之，其于视法，则孔体觉渐小，日体觉渐大，至日体恰塞孔面，则日外浮光不见，故孔之方景模（模）糊，而日体倒入见焉。若方孔中离板下边多一物，则其景必在上边而成倒像。（离孔之远，视孔小大。若孔方分，则物离孔约三寸①以外，可远不可近。）此塔景倒垂之理也。《梦溪笔谈》所谓算家称为格术者也。（格术者，日之照物，从日上下两边各出光线，下射于地，中格一物，有孔漏光，日大孔小，则光线约行②。孔若近地，则日之上边仍射孔之上边，下边仍射下边，光现孔形无异也，若引孔远于地，则两线必交成角，而上下之相射必相反矣。左右亦然，所为交角也，能不倒像乎？）格一物而成倒像，故老花眼镜以凸处光线之交，如物格之，所以取火见倒日，取景见倒人，亦此理也。（详《镜镜诒痴》）'"。

又第 80 条"灯、日穿隙，交角同理"介绍了灯光穿小孔成倒像。

让我们先做实验以证明《费》中第 77 条记录是翔实的，并且证明光源不限于太阳，这段记录是具有普遍意义的：

［实验一］实验装置如图 1

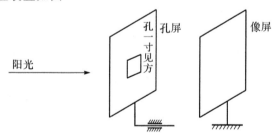

图 1　阳光穿小孔成倒像

实验步骤与结果：将孔屏对准阳光，在像屏上观察太阳的像（日景），先把孔屏靠拢像屏，次把孔屏离开像屏向左移动，像屏上得到方形光斑。孔屏移至 2.5 厘米左右，光斑模糊起来，再向左移动，像成圆形。

［实验二］在暗室内，以蜡烛为光源，其他仍如图 1。

---

① 当为清制度量衡，一尺近乎一市尺，下同。

② 约行线："两（光）线……若相距不等……若自阔向狭言之，名约行线……约行线愈行愈狭，必交合为一。"（《镜》卷一"原线"，第 6 页下）。

实验步骤与实验一同,所得结果与实验一相仿。

屏孔改为三角形(边长约1市分),实验结果相同。

《镜》把这个实验改为孔屏固定,移动像屏,来观察所得的像,这样改进使实验更易操作。《镜》并给出光路图(图2)。

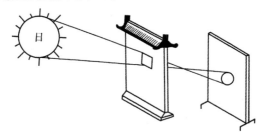

图2　根据《镜镜詅痴》图而绘的光路图

中国古代对小孔成像很有研究,《墨经》《梦溪笔谈》对这种实验及其跟光线直进的关系有精辟的描述。赵友钦更做了大规模的对比实验,研究小孔成像的各种性质,包括光线通过大孔的情况。但对小孔附近成正像的情况没有人研究过,郑复光注意到这个问题,做了一系列的实验,包括正像、模糊无像及倒像,揭示了全过程。

《费》的第211条"隔孔取景,凸镜异同"把小孔成像跟凸透镜成像两件事联系起来,加以比较。

(2)凸透镜与冰透镜向日取火

论凸透镜向日取火主要为第128条"凸镜取火,由于光浓":"问'凸镜取火由于光线交角(详《镜镜詅痴》),而日穿孔亦有交,何故无火?'曰:'日光生火,必由光盛,故镜有凸浅无火者,必径一寸以内,而交角长数尺(如中花镜之类是也)。有凸深无火者,必径六分以内,而日景止如粟(如远镜内凸之类是也)。盖凸深而径短,则光小不盛焉。凸浅斯限长,则光淡不盛焉(镜小限长,则浮明四映,故虚淡不真)。日之穿孔,虽有交角,若孔大径寸,则交角必数尺,此所谓光淡不盛也;若交角数寸,则孔体必分许,此所谓光小不盛也。日之穿孔,随在有之,若易得火,则人其危矣,此亦造物之微意也夫。'"

"凸镜"即凸透镜,"径"为凸透镜的直径(设为 D),"限"为焦距(设为 f)。这条实以相对孔径 D/f,亦即以集光本领 $(D/f)^2$ 来讨论凸透镜能否取火。提出:凸透镜焦距大的(大至数尺),口径在一寸以内不能取火;凸透镜焦距小的,口径在六分以内也不能取火。把焦距小(凸深)而口径小的视为"光小不盛",焦距大的(凸浅)视为"光浅不盛"。

郑复光还制造冰透镜,做向日取火的实验,获得成功。《费》第69条记录了这

503

个实验。"问：'《博物志》云，削冰令圆，向日，以艾承景则有火，何理？'曰：'余初亦有是疑，后乃试而得之。盖冰之明澈，不减水晶，而取火之理在于镜凸。嘉庆己卯，余寓东淘，时冰冻甚厚。削而试之，甚难得圆，或凸而不光平，俱不能收光，因思得一法：取锡壶底微凹者贮热水旋而熨之，遂光明如镜，火煤试之而验。但须日光盛，冰明莹形大而凸稍浅（径约三寸，外限须约二尺），又须靠稳不摇方得，且稍缓耳。盖火生于日之热，虽不系镜质，然冰有寒气能减日热，故须凸浅径大，使寒气远而力足焉。'"

嘉庆己卯即 1819 年，东淘即今江苏省东台县[①]。

这一条记录包括有实验时间、地点、实验目的、仪器制备、实验步骤、实验结果与实验注意点等，无异是一份完整的实验报告。

用冰制透镜向日取火，中国自《淮南万毕术》《博物志》等书提出后，许多人对此发生怀疑，冰透镜在阳光下是否会熔化变形，光线经过冰后是否失去热量，致使冰透镜不能向日取火？实在说直至今天，也还有人怀疑，特别是生活在温暖地方的人。本文笔者因此也亲做实验。在 1983 年 10 月至 11 月，当时杭州尚无天然的冰，于是利用冰箱来制造冰透镜。开始把水盛在金属半球壳里，放置在冰箱中，俟水凝固成冰后，用热水将金属半球壳加温，取下冰透镜。但这样制得的冰透镜含气体很多，"有纹似萝卜花"[②]，在阳光下不能取火，实验失败了。做了几次，失败几次，后改用瓷碗来盛水，水中预先放一块明澈的冰，再放置在冰箱里，凝固后取出，得到明莹的冰透镜。把它放在烈日下，对准日光，把火柴或疏松的小纸片放在焦点上，一会儿，火柴燃烧起来，实验成功。这样：(1)亲身证实了冰透镜能向日取火；(2)深切地体会到这实验难度较大，及冰之明莹的重要性；(3)D/f 要相当大，即口径宜大，焦距宜短。

郑复光很注意 D/f 的数值，在《费》中，取口径 $D=3$ 寸$=0.3$ 尺，焦距 $f=2$ 尺，则相对孔径 $D/f=0.15$；后来在《镜》中，把口径增大，D 取 0.5 尺；焦距缩短，f 取 17 寸即 1.7 尺（或 1.8 尺），则 $D/f=0.3$。这样后一次的实验便容易做得成功了。这个进展应是郑复光反复摸索，多次实验而得到的。

郑复光在后一次实验中，为减小焦距采用了双凸透镜，这说明郑氏是十分熟悉透镜性质的。还应指出，郑氏制造冰透镜用"旋熨法"，十分别致，有创造性。

在国外，也有人做过冰透镜向日取火的实验，英国科学家胡克(1635—1703)在英国皇家学会中曾表演过这个实验[③]。近来，还有人对冰透镜的制造方法与用途进行研究，有趣的是，他的方法与郑氏的方法大致类似，并把冰透镜用来取火与摄

①　东淘，"扬州府东台县也"（《费》第 83 条）。

②　《镜》卷四"取光"（第 60 页上）。

③　Joseph Needham, *Science and Civilization in China*. Vol. Ⅳ:1, p.114.

影,获得成功①。

(3)近视、老花与眼睛的调节

关于这方面,主要的有:第155条"短视不衰,亦当别论","问:'老花、短视,一由于睛长之申缩,一由于睛凸之甚微,故有视近、视远之分,《镜镜诠痴》言之详矣。或谓短视人视近至老不衰,良然。其理安在?'曰:'目之不同,除病伤外,止少目、老花、近视三种。少年睛之光力既足,远近咸宜,固无论已。其老花、短视皆目之不良者也。但老花由于精衰,短视由于目累。故老花必在齿长之年,短视或在垂髫之日矣。至于一切能力老则渐衰,老花、短视其情一也。顾老花以视近见绌,老则弥甚,人亦觉其衰。短视以视近见长,老仍能视,人不觉其衰。唯一己可默喻也。而或不甚留意,或不引人以自证,虚己以推求,则己亦终不觉矣。且人情无不好胜,讳言衰老,其蔽之也众矣。若夫老花视远时竟胜于少年,则非此老花之精足,乃适值彼少年稍稍短视而不自知者耳。至短视者,八、九十岁虽自言视近如常,而观其目睛如隐云雾,微作蓝色,非目衰之证欤?'"第157条"目视近远,收展其光":"问'《镜镜诠痴·原目》云,睛形二解,一外凸聚光,一内长伸缩。故妙龄可聚成三角,以察细近,可展杀三角,以瞩高远。又一系云,目前数寸隔纱视物,合眸微启,则经纬井然,而外物不清。若张其目,则物呈露,而纱茫然,以为伸缩眸子之证,理固应尔。而又云,短视多朦胧其目而视远,知其伸缩与常人反,何以验之?'曰:'远镜视远应缩,故知张目为缩也,短视以朦胧觑远而用远镜必更缩,以斯知其与常人反也。'"

短视则今谓近视,眼长(或内长)为眼球轴的长度,睛凸(或外凸)为眼球的晶体。所论各点,大部分大体上合乎现代光学原理,小部分是有问题的,郑复光解释眯眼视物为调节焦距是错误的,正常眼"合眸微启"可视明数寸前之经纬,实在是缩小瞳孔而增大景深所致,近乎小孔成像而非焦距的调节。近视眼"朦胧其目而视远"(此处"朦胧"作眼欲闭又欲张之状②),它也是跟上述缩小瞳孔而增景深的道理相同的。

郑复光的《费》中的光学知识是受西方传来的光学知识影响的,但他又继承了中国传统的光学知识,具有明显的中国特色。本文所讨论的"小孔成像""冰透镜向日取火"都是典型的例子。

(原文载于杜石然编《第三届国际中国科学史讨论会论文集》,1990年3月。此文前期研究成果为1984年北京"第三届国际中国科技史讨论会"论文)

---

① Jearl Walker,"用冰制造透镜的方法和在壶中煮咖啡时所发生的情况",美国《科学》杂志中译本,1983年8期。

② 中国台湾《中文大辞典》"朦眬"条。

Optics in Chinese Science[*]

中国古代光学

Before 1911AD ,optics in China went through four stages. The first stage was from remote antiquity to the Spring and Autumn Period (770 BC). the second ended in 220 AD(end of the Dong Han Dynasty) , the third ended in 1380 AD(end of the Yuan Dynasty) , and the fourth stage ended in 1911 (end of the Qing Dynasty).

In the first stage, the Chinese began to develop a philosophy of nature. The ideas of optics were in their infancy. In remote antiquity, the Chinese germinated basic knowledge of light sources, vision, shadow formation, and reflection. In addition, there were three inventions: artificial light sources, sundials called *Guibiao*, and reflectors. The artificial light sources or fire sources were obtained from striking stones, drilling wood, and focusing sunlight. The ancient sundial consisted of an elongated dial and one or two gnomons which were utilized to measure time and location. The reflectors included water mirrors(plane mirrors) and bronze mirrors(plane mirrors and convex mirrors). Even though all these achievements were superficial, they laid foundations for later studies on shadow formation and optical images.

The second stage took place within an important period for Chinese science and technology. During that time, optical technology developed very rapidly. As an example, techniques to make mirrors matured. Numerous studies led to deep understandings of light reflection and rectilinear propagation as recorded in the *Mo Jing* (Mohist Canon) , which was written between 450 BC and 250 BC. There were eight sections in the book:

1. Processes of shadow formation and vanishing.

2. Umbras and penumbras.

3. Rectilinear propagation of light.

---

[*] 本文为荷兰出版—英文百科全书的条目，与王才武合作。

4. Sunlight reflection and formation of an inverted shadow.

5. Changes of shadow sizes(length and width).

6. Image formation and symmetries due to plain mirrors.

7. Two image variations from concave mirrors (erect image and inverted image).

8. One type of image formed by convex mirrors.

These eight propositions systematically described theories in geometrical optics. Technically, *Mo Jing* had achieved a level very similar to that of Euclid's *Optics*.

During the third stage, various optical phenomena were discovered by Chinese scholars. For example, aspects of atmospheric optics were studied in detail, including halo maps and rainbow formation. Since image formation had been a hot subject in Chinese optics, it was further advanced during this third stage. Most of the records can be found in a book called *Meng-xi Bi-tan* (*Meng Xi Essays*) by the scientist Shen Guo(1032-1096), in the Song Dynasty(960-1279). Among hundreds of sections in the book, there were more than ten dealing with optics. Sections 44 and 330 are the most important. In section 44, Shen discussed image formation by pinhole and concave mirrors in terms of a terminology called *ai* or pinhole and focal point. He named such mathematical generalization *ge shu*. In Section 330, Shen discussed light penetrating mirrors, which were also called *tou-guang jian* or "magic mirrors". There were more than twenty characters inscribed on a magic mirror. When sunlight shone on the mirror, all the characters were clearly projected on to a wall. There were three magic mirrors in shen's family. He also saw other mirrors in his friends' homes. However, some other extremely thin mirrors did not allow sunlight to pass through. The magic was in the inscription of faint lines on the back side of the mirror. (Based on Shen's descriptions, modem Chinese shops are able to reproduce such magic mirrors by several techniques.) Besides those two sections, Shen presented quantitative relationships between image sizes and curvatures of convex mirrors. He introduced a postmortem examination method in which a red light was utilized. He also attributed rainbows to the shadows of the sun during rain.

After Shen's work, another scientist, Zhao Youqin, carried out a famous optical experiment. Zhao lived in the thirteenth century, and recorded this experiment in his book, *Ge-xiang Xin-shu* (*New Astronomy*). In a chapter entitled "Pinhole Images", Zhao detailed a systematic study carried out in a two story house. These were two rooms on the first floor, one on the left and one on the right. To make two light sources in these two rooms, two boards were "planted" with thousands of candles. On the top of each light board, an additional covering board was placed. There was a hole in the center of the additional board. If the candles were lit, light could pass through the hole and then was projected on to a screen. The screen was either the fixed ceiling or an adjustable screen suspended from the ceiling so that the distance between the light source and the screen could be adjusted. The following observations were made in the experiment.

1. Shapes of the pinhole images are independent of the shapes and sizes of the small hole in the covering board.

2. The brightness of the image depends on the size of the hole. The larger the hole, the brighter the image.

3. When the source strength (number of candles) increases, the brightness of the image increases.

4. When the distance between the light source and the image screen increases, the image brightness decreases.

Zhao's experiment provided a good deal of information on pinhole images. From the experiment, he proposed this idea. On the image screen, there was a light spot corresponding to a single candle. If a thousand candles were lit on a source board, there would be a thousand images of the candles. These images would overlap each other. The final appearance of the image would depend on the distribution of lit candles.

In addition to basic optics, Zhao utilized his pinhole image theory to study eclipses of the sun and the moon and other astronomical phenomena.

The fourth stage marked the end of traditional Chinese optics. The new trend both continued the Chinese system and adapted the western system imported from Europe. During this period, a book called *Wuli Xiaozhi* (Small Encyclopedia of Physical Principles), was written by Fang Yizhi (1611-1671). In the book, Fang pointed out that light travels in wave forms.

Several books and many articles on optics were translated from Western languages to Chinese languages, such as *Yuan Jing Shuo* (*Telescopium*) by the German Missionary Johann Adam Schall Von Bell (1591-1666), and *On Optics* by

Zhang Fuxi(d. 1862) and Englishman Joseph Edkins(1823-1905). Another book entitled *Six Lectures on Light*, written by English physicist John Tyndall(1820-1893)was *translated* by Card T. Kreyer and Zhao Yuanyi in 1876.

Several monographs on optics were written by Chinese authors. In a book entitled *Jingjing Lingchi* (Treatise on Optics by an Untalented Scholar)by Zheng Fuguang(b. 1780), geometric optics was systematically introduced. In another monograph entitled *Geshu Bu* (Supplement to Geometric Optics)written by Zou Boqi(1819—1869), optical theorems and principles were discussed.

Several different kinds of optical instruments or devices were improved. For instance. an optical expert, Sun Yunqiu(seventeenth century), made spectacles, telescopes, microscopes, and distorting mirrors.

The Chinese achieved high levels of understanding in optics, as illustrated by *Mo Jing*, *Meng-xi Bi-tan* and *Ge-xiang Xin-shu*. Their historical achievements were comparable to those of ancient Greece. The ancient Chinese paid attention to both theories and applications. A unique characteristic of Chinese optics is related to experimental approaches. All eight propositions in *Mo Jing* were based on experimental observations. Between the Qing and Han Dynasties. the Chinese mastered the concept of "focal distance"when they ignited fires from a spherical mirror. They created several novel devices such as the ice lens and open tube periscope. They observed similarities among rainbows, waterdrop dispersion, and crystal dispersion. Several Chinese scientists conducted high level experiments during their times, such as the "spherical mirror images" experiment by Shen Guo. and the "pinhole images" experiment by Zhao Youqin. The ancient Chinese optics system was based on empirical observations, which was short of theoretical abstraction and quantitative description. For example, no laws of reflection were proposed even after the phenomena of reflections had been observed for two thousand years. As Western optics was imported to China, the entire foundation of traditional Chinese optics was changed.

（原文载于 Helaine Selin, *Encyclopaedia of the History of Science, Technology, and Medicine in Non-Western Cultures*, Kluwer Academic Publishers, 1997, pp. 793-795）

中国古代物理学史纲 *

第一章 绪 言

第一节 物理知识的萌发

物理学是研究物质基本结构及物质运动的最普遍的形式、最基本的规律。所以物理现象是随时随处可见的，物理规律也随时随处在起着作用；并且，高级与复杂的运动之中，也莫不存在物理问题。这就决定了物理知识的萌发必然是很早的。例如，人类的始祖——猿人，在打制石器工具时，就知道做成各种不同角度的尖劈。这里就隐含着斜面利用的知识。他手中的一根棒，使将起来，也就是杠杆的应用。船的发明是液体浮力的利用，弹弓的发明更是弹力的巧妙应用……所有这些，不能不被认为是力学知识的胚芽。又如猿人学会了保存火种，后来又发明了取火的方法，不能不说其中有着热学知识的孕育。再如他们在水中捕鱼、洗涤或嬉戏，低头便照见了自己的像，各种物体在阳光之下的投影，此类现象也会播下萌发光学知识的种子。毫无疑问，在 17 世纪之前的漫长时期里，人类的物理知识，都是十分零星的、肤浅的感性经验。但任何事物的发展，总是有一个从现象到本质，从简单到复杂，从低级到高级的过程，物理学之所以有今天如此丰富的科学内容、坚实的实验基础、详密的逻辑系统、严格的理论推证、广阔的实际应用，推因溯源，不得不归因于长期的积累发展。所以，物理学史的阐述，不能斩去古代这一段。尽管它可能还称不上一门学问，但应当承认它是物理学的萌芽阶段，或者物理学史的"史前期"。否则将使物理学史成为无源之水，无本之木。

在我国，今天的物理学体系确实是在明、清之际由西方传输进来的，就是"物理学"这一名词也是翻译过来的。在我国古书上，"物理"一词的出现是相当早的，西汉刘安（前 179—前 122）主编的《淮南子·览冥训》云："耳目之察，不足以分物理。"这里的"物理"是泛指世间一切事物的道理。宋代的杨杰（11 世纪）写过一篇《五六天地之中合赋》，其中有这样几句："知地数杂而不纯，天数纯而不杂，物理深蕴，岁

---

* 本文与洪震寰合作。

动周匝,就五十有五之中,五六谓之中合……"这里的"物理"似乎主要是指自然现象的规律。北宋博物名僧赞宁(919—1002)称颂发明地动仪的张衡为"穷物理之极致焉";南宋学者叶适(1150—1223)著《习学记言》,其中说到曹冲称象的事,称赞"为世开智物理,盖天禀也"。这两个"物理"就涵义与行文而言,好像和我们今天所理解的"物理"意义比较接近。但这也只是个别学者随意行文所致,并没有专门的意义,更没有形成为普遍接受的专门名词。其至有几部古书就用"物理"题名,比如晋代唯物主义思想家杨泉(3世纪)的代表作就叫做《物理论》。但这是一部哲学著作,并非物理学专书。又如明、清之际的学者方以智(1611—1671)写过一部叫做《物理小识》的书,虽然其中有不少物理学知识,但也是一部百科全书式的著作。总之,在我国古代本来没有"物理"专名,它是从英文"Physics"翻译过来的。"Physics",又来源于希腊文 φυσικς,原义是指自然,引申为自然哲学的意思,后来天文、数学、地学这些学科逐渐丰富起来,从包罗万象的"自然哲学"中分化出去,独立成科,才把 Physics 专门用来指物理学。1623 年意大利传教士艾儒略(1582—1649)著作的《西学凡》中,把 Physics 音译为"费西加"。可见在这个时候,我国还没有"物理学"其名。它出现的确切年代,一时还不能查考出来,大约是在 19 世纪末。在正式使用"物理学"这个名词之前,还曾有过一段时间使用过"格致"或"格物"的名称,那是取《礼记·大学》中"致知在格物,物格而后知至"一句的意思。虽然,后世对这句话有不同的解释,但大致说来,是指穷究事物的原理以获取知识,在清代后期用以统称"声、光、化、电"等自然科学。后来干脆在狭义上就代表今天所谓的物理学,大学里的物理系,开初就叫做"格物门"。1889 年,日本人饭盛挺造编了一本物理教科书,藤田丰八把它译成中文,书名就叫做"物理学"。次年,王季烈把它改译一番,书名仍然不变。1901 年,严复翻译名著《原富》,书中也提到"物理学",但又怕太陌生,特别加注说:"物理之学名'斐辑格'。"可见那个时候"物理学"一词还不很普遍。

正如上面所述的,在我国,物理学的发展既有舶来品,又有土生土长的物理知识,后者也是十分可观的、辉煌的。我们勤劳智慧的祖先,对物理现象做过大量的观察、实验和各种形式的记录,并提出许多精辟的见解,取得了重大的成果。这本书主要就是论述这些成果。

第二节　中国物理学史料的来源

既然我国古代有许多物理学的知识,但又没有物理学专书,那么,我们从什么地方去找物理学史料呢? 大致说来有以下几种来源。

第一,古文献的记载。

第二，古代器物的分析。我们祖国幅员辽阔的大地上留有大量几千几万年前的遗物，包括器物与建筑，这些就是当年文化科学水平的综合反映，是最具体、最生动的记载，也是最过硬的史料。从这些器物中可以分析出当时人们在制造过程中运用了哪些物理知识。例如，诺贝尔物理学奖获得者杨振宁博士观察了大量西周时代的青铜器，发现当时人们已经具有物理学中一种极其重要的思想观念——"对称"。又如，西安半坡村出土的新石器时期的遗址里，有一种尖底瓶，引起人们的极大兴趣，它可以印证文献的记载，从中分析出距今 5000～7000 年以前的人们具有了哪些力学知识。那里还出土一种叫做"甑"的泥制器皿，世界著名科学史家李约瑟博士(1900—1995)认为，那可能是人类最原始的蒸气发生器，这在热学史上应当是很重要的。此外，一些古建筑也向我们提供了丰富的研究内容，譬如山西省的应县佛宫寺木塔，是明暗九层、高达 66.49 米的纯木结构的建筑珍品，迄今已经历九百多个寒暑，不仅风雨侵蚀，经受的烈度 5 度以上的强烈地震就有 12 次之多，此外还经受了强风、炮击等强烈震动，而仍然保持完好，这反映了它的力学结构十分科学合理，从中可以分析出一系列的理论知识。还有些古建筑其至有了类似今天的避雷设施，为古代电磁学的研究，提供了重要的线索。此外，还有不少古代水利工程设施如都江堰等，也能向我们提供某些流体力学的原始材料。至于现存的那些古天文仪器，更是光学史料的十分丰富的来源。编钟、鱼洗是声学史的珍贵材料的渊薮。另外，还有一些碑刻与出土文物之类的东西，有文字或图画。例如辽阳三道壕的汉墓中，有不少壁画，其中就有一幅画着风车，这使我们确知距今 1700 多年前，人们就知道如何巧妙地使用空气流动的能量了。总之，这方面蕴藏着丰富的潜在材料。

第三，现存的某些生产工艺。一项生产工艺，往往是科学技术知识的综合运用与反映，其中常常寓有一定的物理原理。所以对一项古工艺的分析，可以获得某些物理学史料。当然，在今天来说，古代的工艺往往是落后、原始的，绝大部分早已废弃不用了，或者是失传了。但是也还有一些留传下来，特别是在某些少数民族地区，甚至仍然在沿用。这些可以为我们提供一定的参考，因为有的工艺过程，古书上虽然有过记载，但往往是十分简略，或者不很确切。那么流传的古工艺就成了十分宝贵的史料来源，它或者可以和文献记载相互印证，或者补古文献记载之不足。例如上古所用的摩擦取火的方法，古书就没有写出具体的过程以及所用的材料，以致引起后人理解上的分歧，其至怀疑它的真实性。近年来，有人根据海南岛一些少数民族地区仍然使用类似的方法取火，才解决了这个问题。由此可见，古代工艺方法是一项活的物理学史料，我们要十分珍视它。

此外，我国民间还流传着大量的口头谚语。它们并不一定见之于文献记载，但却是一些长期经验的总结，它含有一定的科学内容，而且语言特别生动，内容也很丰富。专就天气谚语来说,有人就曾收集了一大本,从这些关于风霜雨露现象的生动说法中反映出大量物态变化方面的知识,而且对同一个现象,不同地区有不同的说法,分析起来也是很合于物理原理的。可以说,这里面潜存着不少物理学史料,但迄今为止还没有引起人们的足够注意。

显然,上列几项史料来源,当以文献记载为最大量。中国古书数量之多,历来都用"浩如烟海""汗牛充栋"等成语去形容,实在一点也不过分。这么多的书被分成经、史、子、集四部,"子"部收有关于天文、历算、农业、医学以及工艺技巧一类的书,这里面涉及一些物理知识。但是,古代没有物理专书,物理学知识是散见于几乎各种类型的书籍之中。这也是物理学科的性质所决定的。例如,上古物理学的最重要的著作《墨经》固然在"子"部,但另一部重要著作《考工记》就在"经"部。"史"部中许多"天文志""律历志"等篇章,又是物理学史料的宝库。"集"部收的虽然是诗文小说等文艺作品,由于这些作品题材也异常广阔,涉及自然现象、典章制度等等,其中也不乏宝贵的物理学史料。小说的情节大多出于虚构,但也有写实的部分,不可避免地会反映当时的一些情况,例如隋代的《古镜记》是一部神怪小说,其中写到一面反射镜,竟然就是我国古代著名的"透光镜"。即使是纯感情、尚夸张的诗词作品,也含有物理学史料。例如梁元帝(502—548)有一首题为《早发龙巢》的诗,其中有句云:"不疑行舫动,唯看远树来",就十分生动地描述了机械运动的相对性。这样的例子是不胜枚举的。

总之,中国古代物理学史的研究是必须从一切古书中发掘史料的。中国古书没有标点符号,不同的断句读法,可以解释出不同的意义来;古汉语又是一字多义,一个字的不同解释,又可以阐发出迥异的内容。再加以古书,特别是一些笔记小说之类的书,记事往往不尽翔实,或以无作有,或以少作多,或张冠李戴,或添油加醋……因此,每每需要我们作一番鉴别的工作,要去伪存真,去芜存精。这项工作做不好,就得不到真实的史料。所以它是物理学史研究的基础。

怎样做这项工作呢?

首先是把文字释义搞明确。有些古书有它自己的特殊体例和专门用语,读的时候要严格地遵守,否则就无法理解古书的原意,那就更谈不上其他了。

其次,解释出来的科学内容务必是那个时代可能发生的。譬如有人从汉晋时代的《西京杂记》里解释出类似于X光的装置来。这显然是"以无作有",充其量只能是当时的人们幻想有这一类的"法宝"。从战国开始就有不少古书说公输盘首先制造一种木鸟、能在空中飞三天,这个例子是"以小作大"的典型。

此外,中国古书还有个真伪的问题,在我们这里就转化成为某一器物或某一概念出现的年代问题,这些都得小心地对待。

第三节 物理学史中的重要古籍和人物

我国封建社会长达两千余年。在这漫长的历史时期,登仕(即当官)的途径,或是靠出身门第,或是靠吟诗作赋,或是靠八股文章。而关于物理学及一切科学技术方面的学问,正如明朝的宋应星(1587—?)所说,"于功名进取毫不相关",所以丝毫不受重视。这样一来,肯做这种学问、肯写这方面书的人就不很多了,而这种书能够保存下来的就更少。其实,下面所要介绍的几本书,能够流传至今,也都有着自己特定的理由。譬如,《墨经》是保存于《墨子》之中的,而墨子在先秦是被称为"显学"的一个主要学派;《考工记》则仅仅是由于被误收在《周礼》(儒家经典之一)之中,才侥幸保存下来;《论衡》与其说讲的是自然科学,不如说是一部哲学著作;而《梦溪笔谈》,在很大程度上是由于它优美的语言和出色的文学性而为后人所欣赏。包含有物理知识的书籍很多,这里,只能择其重要的,或是具有代表性的,简单介绍一下。至于它们的作者,当然也就是这些物理学知识的发现者或记录者,他们都以自己的劳动和智慧对物理学的发展作出了或多或少的贡献。其中有的贡献,就那个时代来说,还是十分重要的,甚至是划时代的。这些人,我们也许可以誉之为古代的"物理学家"。但是,正如前面已经提到的,在我国古代并不曾出现现代意义上的物理学科,而且这些人,本身往往又是哲学家或者能工巧匠,或者其他什么"家",也不能以"物理学家"概之。然而这并不重要,重要的是他们的生平事迹及其对物理学的贡献,得以传流在科学史上。还应当指出,在我国历史上,对物理学作过贡献的人很多,这里所介绍的只是其中很少的几个。

一、墨家和《墨经》

《墨经》,原是《墨子》中的一部分,包括"经上""经下""经说上""经说下"四篇,也有将"大取""小取"合在一起而称为《墨辩》的。《墨经》的作者与成书年代历来说法不一。一种说法认为,"经上""经下"两篇是墨家的创始人墨翟(约前468—前376年)所作,"经说上""经说下"则是墨翟的弟子们所作的经解。墨翟是战国初期的鲁国人,曾当过宋国大夫,主要活动年代大约在公元前5世纪末至4世纪初。那么,成书年代也应当在这期间内。另一种说法是,《墨经》四篇全是后期墨家,即墨子的再传弟子们所作,成书年代则在墨子之后一二百年。从后来墨家三派同诵《墨经》这一点看,认为"经上""经下"两篇出于墨子之手,是可以相信的。至于"经说上""经说下"则可能是他的弟子们对经的理解和解释,或是墨子在讲学时,弟子们作了记录,后来整理成书。总之,《墨经》是墨家学者的集体创作。

《墨经》的经文不长,全文不过5000多字,计约180条左右。所涉及的内容主要是逻辑学、自然科学、哲学和伦理学。其中自然科学的条目仅次于逻辑学，占第二位。这本书的文字相当简古而艰深，到汉代就已经很少有人能够读懂了。晋代鲁胜曾为之作注，现已失传。清朝以来，作注的人渐渐多起来，才使我们能够初步弄清它的主要含义。

墨家是先秦诸子之一，也是当时儒家的一个主要反对学派。这两家一起，被称为儒墨显学。墨家在仁、义、礼、乐等道德范畴内都同儒家相抗衡，他们提出了十大主张。这个学派的成员多来自生产第一线，有丰富的技术知识和刻苦的钻研精神，研究科学技术的风气特别盛，尤其是称为"从事"的一派更专注于科学技术，有不少创造发明，对后世的科学发展起着积极的作用。墨翟本人就是一个优秀的手工业工人，深通机械之学。正是这样一个躬身实践并且善于总结经验的人，把他们对自然界各方面的认识写入了《墨经》。

《墨经》中的物理学内容，主要是力学和光学。其特点是超出了对物理现象直观描述的阶段，带上了浓厚的理论色彩。他在我国物理史上，第一个给出了力的定义，并大体上叙述了牛顿第一定律的基本内容。他研究了杠杆、滑轮、浮力、随遇平衡、轮轴和斜面乃至时空观念等各种问题，其中有不少理论是正确和接近正确的。他第一个讨论了光的小孔成像原理，指出了光的直线传播规律；他讨论了光的反射、平面镜、凹面镜和凸面镜的成像情况，找出了一些规律性东西。他甚至提出了火色和温度的关系。对光学作如此细致的探讨，使《墨经》俨然成为一部中国最早的几何光学。在两千多年前，提出这样颇为成熟的几何光学理论，实在是难能可贵的。《墨经》的光学比欧几里得光学还早百余年，它不仅是中国光学的始祖，在世界光学史中，也居领先地位。

二、《考工记》

差不多在《墨经》出现的同时，在中国科学技术史上，又开放了另一朵奇葩——《考工记》，它和《墨经》像一对孪生的姊妹，交相辉映，同放异彩。在对物理学的贡献上，二者又有异曲同工、殊途同归之妙。如果说《墨经》是从生产实践中提取理论性的科学知识加以阐述，那么《考工记》则是在阐述手工业制作中的一些科学技术。

《考工记》的作者已不可考。现存《考工记》是《周礼》中的一篇——"冬官篇"。把《考工记》编入《周礼》，完全是一种偶然。这二者本是风马牛不相及的，是汉朝的河间献王在整理儒家典籍时，因当时的《周礼》缺了"冬官"一篇，就将《考工记》补入。这一补大大提高了这本书的身价。因为它一变而成为儒家的经典，便能世代相传直至今天。

对这部书的成书年代，看法也很不一致。郭沫若认为是春秋时期齐国的官书，但也有人认为是战国时期的齐国人所作。从内容看，这部书当产生于具有高度社会分工的封建社会初期，即春秋战国之交，书中所论及的工种达 30 种之多，包括"攻木之工七，攻金之工六，攻皮之工五、设色之工五，刮摩之工五，抟埴之工二"。它所涉及的内容很广，有车、耒等生产工具的设计规范和制造工艺；弓、矢、剑、戟、戈、削等兵器的制作和规范；钟、鼓、磬等乐器，还有王城、世室、明堂、宗庙等建筑物的设置和规范。

文中是按工种排定次序的，如"轮人"是做车轮的工人，"舆人"是做车子的工人等等。由于秦始皇焚书，原书也有部分佚失，其中段氏、韦氏、裘氏、筐人、椭人、雕人只存目，内容已经没有了。统观全书，语气不尽相同，又重复。因而可以推断这部书不是出自一个人的手笔，可能是当时一些知识分子记录各个工种的经验和制作工艺后，再经过统编而成。这部书大约是经历了一个很长的时期才成现在这个样子，连《考工记》这个名称都是后来的学者加上去的。

此书中的物理内容主要是力学和声学。它的力学知识是体现在工艺制造之中的，其中有车轮的滚动摩擦问题、斜面运动、惯性现象、抛射体轨道的准确性、水的浮力、材料强度等问题。在声学方面，主要是讲述了钟、鼓、磬的发音、频率、音色、响度同它们的形状的关系。

最早研究这本书的是汉代的经学家郑众和郑玄，他们为此书作了注。唐朝的贾公彦又为此书作疏。到清代，研究的人多起来，比较精到的当推戴震和他的学生程瑶田。戴震作《考工记图》，程瑶田作《考工创物小记》，这两本书对研究《考工记》很有参考价值。

三、刘安及其淮南王书

西汉的淮南王刘安，沛群丰（今江苏沛县东）人，是汉高祖刘邦的孙子。他喜欢读书弹琴，写得一手好文章，也十分喜爱"方技"，大力提倡"神仙道术"。刘安仍有战国诸公子的遗风，愿意"养士"。淮南地区是当时文化中心之一，人物荟萃，许多有学问的人都投到他的门下，以致有"宾客方术之士数千人"。这些人搞出了许多"奇方异术"，大约多是属于炼丹及其他方面的幻术，所谓"含雷吐火"之术，这其中大概有许多是运用科学技术的设计。刘安本人因而也积累了不少科学技术知识，所以日理万机的汉武帝也每每召他进宫，谈论这方面的问题，常常到了很晚才结束。

刘安曾组织他的门客从事撰述，写了许多书，据记载有"内书"21 篇，"外书"的篇幅很大，另有"中篇"8 卷，约 20 多万字。《汉书·艺文志》上著录的刘安作品有 6 种，计 201 篇，大多失散了。流传到今天的只有《淮南子》21 卷。又称《淮南鸿烈》，是"内书"。另外，还有一本《淮南万毕术》的辑本，大概是属于"外书"。《淮南子》是哲学书，以道家思想为主，糅合了儒、法、阴阳等家的思想，发展了先秦的"道""气"

学说。在论述哲学问题时,大量引用自然知识,是较多反映西汉一代自然科学成就的著作,特别是关于宇宙形成、乐律、地理、生物进化以及化学等方面有很多重要的记载,物理方面则有力学、光学、磁学、声学、热学等科的一些资料。《淮南万毕术》则偏于实践,那里面记载了六七个物理实验设计,是十分宝贵的资料。

淮南王书中的天文、乐律、生物与物理等方面的学问,在国内已有不同程度的研究。就在 20 世纪 30 年代,还曾把刘安作为古代化学家向国外作了介绍。

四、王充和《论衡》

王充,字仲任,上虞(今浙江上虞)人,生于公元 27 年,卒于公元 100 年左右,正值东汉初期。他一生颠沛流离,虽也做过几任小官,但都是没有实权的清闲差使,而且为时都很短。他一生的主要精力是用来著书的。到了晚年,王充更是贫困潦倒,甚至连生活都发生了问题。但也正因为他家庭的衰败,才能使他和下层民众及生产实际相接触。再加上他天资聪颖,刻苦钻研,就使得他在自然科学方面有较广博的知识和精湛的见解。

《论衡》一书,是王充晚年所作。除《自纪》一篇外,其他各篇的写作时间,大约开始于汉明帝永平三年(公元 60 年),终于汉章帝元和三年(公元 86 年)。成书时,王充 60 岁。他所处的年代,本是变乱之后,百废待兴,但皇帝和满朝文武却个个迷恋于低级浅薄、荒诞不经的谶纬之学。什么叫谶纬呢? 就是"诡为隐语,预决吉凶"。公元 65 元,汉光武帝"宣布图谶于天下"。从此,谶纬迷信之风遍及中华,僧侣主义笼罩着整个社会。大臣中有谁对谶纬稍有异辞,便立刻获罪。就在这样一种气氛中,王充决定写《论衡》,而且目的又是"疾虚妄",那勇敢精神实在令人赞叹。"论衡"二字,按王充自己的解释,就是表示言论的公平,像衡器一样,最符合客观真理。《论衡》写完后,最初只在会稽(今浙江绍兴)一带流传,学者蔡邕到江南以后,得到此书,以为"异书",把它带到北方,但只供少数人作为谈助。后来王朗当会稽太守时,将此书带回许昌。人们发现他大有长进,以为一定是读了什么好书,便去问他,王朗回答说,是读了《论衡》。从此,这部书便在中原传播开了。

《论衡》全书共 30 卷,85 篇。除《招致》篇佚失外,现存 84 篇。它的内容,包罗甚广,天地人事,无所不涉,真可以称得上我国中古时期的一部百科全书。书中,无论是讲自然现象或是讲哲学和伦理,都以"效""验"为根据,即把实践作为获得知识的源泉。因此,他的不少见解都能够较为正确地反映客观实际。

从物理学的角度而言,尽管这本书都是从侧面,即作为哲理的论据提出,却几乎涉及物理学的每一个领域。

力学:《论衡》反复地以生动的事例阐明了力的概念,认为力是能够改变物体运动状态的,并且认为力越大,所能改变的速度也越大。特别值得一提的是,书中还讲到了内力的特征，说内力在改变物体运动上不起作用。对于物体的相对运动，书中也作了十分形象的描述。

声学：王充研究了声音的发生和传播问题，在历史上第一次用水波的传播来比喻声音的传播，并指出声音在传播中的衰减，这是世界上对声波最早的认识。

热学：王充研究了热的平衡、热的传导和物质状态的变化。

光学：《论衡》阐述了光的强度、光的直线传播以及球面镜取火问题。

电磁学：《论衡》记录了摩擦起电，即"顿牟掇芥"现象；并记录了我国的磁指南器司南。

五、沈括和《梦溪笔谈》

宋朝是我国在科学技术方面十分活跃的时期。各门科学，人才辈出，而其中的佼佼者，当首推沈括。沈括字存中，钱塘（今浙江杭州）人。生于 1031 年，卒于 1095 年。父亲沈周曾经当过润州、泉州知州以及江东按察使等职。沈括自幼随父亲外任，走过许多地方，大大扩大了他的眼界。父亲死后，他因父亲的功劳而做过几任小官，先是当主簿，而后当县令。这期间，他大兴水利，使 70 万亩良田得到灌溉。他 32 岁那一年，中了进士，过了不久，便到京城开封任职。他做过太史令、提举司天监、史馆检讨、集贤院校理等。这时，正值王安石当宰相，在全国范围内实行新法。沈括坚定地站在新派一边，为新法的推行做了大量工作。他曾几次去外地巡视新法实施情况，赴辽国进行边界谈判，并获得外交上的胜利。在这之后，皇帝提升他为权三司使，掌管全国经济和财政。在他 46 岁那一年，由于御史蔡确的诬劾，被撤掉了权三司的职务，到外地当官。那时，宋朝和西夏正在打仗，沈括又被委任为鄜延路经略安抚使，在与西夏的战争中屡建功绩。两年以后，由于永乐城失守而获罪，再次被降职。沈括在 57 岁那一年到润州，即今江苏镇江定居，在那儿买了一座园子，说是和自己年轻时梦见的地方相似，因而起名叫"梦溪园"，住了 8 年，直到死去。

沈括是历史上一个著名的学识渊博的人，他才华横溢，博物穷思，于各门科学都造诣极深。他研究的学问包括天文、气象、物理、化学、数学、地质、地理、生物、药物、医学以及文字、考古、历史、文学、音乐、图画等各方面，在不少学科中都取得了巨大成就。可以无愧地说，沈括是我国乃至世界少有的科学通才，是我国科学史上最卓越的人物之一，是一颗闪烁着智慧之光的灿烂明星。

《梦溪笔谈》，就是他晚年定居梦溪园期间所著。这部书，科学内容丰富，见解精到，无论在我国或是在世界科学史上，都享有很高的声誉。英国著名的科学史家李约瑟博士为沈括思维的精湛和敏捷惊叹不已，把《梦溪笔谈》称为"中国科学史上的坐标"。

在物理学方面，沈括不但注意总结前人的经验，对一些物理现象还亲自观察和试验。不论是在风尘仆仆的旅行之中,还是在公务繁忙的时候,他都不懈地记录下自己在科学方面的心得。由于日积月累,他的研究成果是富有成效的。他在物理学上的主要贡献是声学、光学、磁学三个方面。沈括精通音律之学,《梦溪笔谈》中整整有两卷是专讲乐律的。用纸人做实验来显示声音的共振,是他的一个发明,同样性质的实验,在欧洲要比沈括晚 5 个世纪。此外,沈括还研究了共振在军事上的应用。他对光学的贡献,主要是研究了针孔、凹面镜、凸面镜成像的规律,形象地说明了焦点、焦距、正像、倒像等问题。他对西汉透光镜的原理,提出了颇有价值的看法。在磁学上,沈括的贡献有如下三点:一是给出了人工磁化方法,二是在历史上第一次指出了地磁场存在磁偏角,三是讨论了指南针的四种装置方法,为航海用指南针的制造奠定了基础。另外,沈括对大气中的光、电现象也进行了研究。

作为一个科学家,沈括的名字正在被越来越多的人所知晓。1979 年,国际上曾以沈括的名字命名了一颗新星。他对物理学的卓越贡献,已被载入了世界科学史册。

六、赵友钦和《革象新书》

赵友钦,鄱阳(今江西鄱阳)人,生于宋末元初,系宋朝宗室,为了避免元朝政权的迫害,他隐遁为"道家",遂不用赵友钦的名字,自号缘督,人称缘督先生或缘督子,有时改名为敬,字子恭。他不断变换住地,浪迹天涯。开初,他离开鄱阳,住到德兴(今江西德兴),后迁往龙游(今浙江衢县龙游)东南鸡鸣山麓定居。在龙游居住很长时间,可以说是他的第二故乡。据说有一天,赵友钦在龙游芝山遇着著名道家石杏林,拜石为师,在石的指导下,学业进步很快。他为了研究天文,观察天象,在鸡鸣山上筑有观象台(又名观星台)。他时常出外游学,一方面寻师访友,一方面与大自然多接触,探索自然规律。他的足迹踏遍衢州和金华,并去东海多年。赵友钦死于龙游,葬在鸡鸣山,后人为纪念他,为他立祠建庙。

《革象新书》是赵友钦现存的唯一著作,绝大部分是讨论天文历法问题,也讨论了数学、物理学问题,其中有不少精辟的论述。与物理学有关的知识主要有:

(1)通过大型实验,对光的直进、针孔成像与照度进行研究,取得辉煌成就。这个大型实验,在世界物理学史上可说是首创的。

(2)他通过一个模拟实验,研究了月亮的盈亏。他把一个黑漆球挂在屋檐下,比作月球,反射太阳光,黑漆球总是半个亮半个暗。从不同角度看到的黑漆球反光部分形状不一样,这样,形象地解释了月的盈亏。他对日、月蚀也作了研究。

他还对视角问题进行过研究。他说:"远视物则微,近视物则大","近视物则虽小犹大,远视则虽广犹窄"。

应该着重指出:赵友钦十分注重从客观实际出发探索自然规律。他既重视实验，又重视理论探讨。另外，他善于用比喻来解释自然规律，深入浅出，妙趣横生。

除《革象新书》外，赵友钦还著有《金丹正理》《盟天录》《仙佛同源》《金丹问难》《推步立成》《三教一源》等书，又注过《周易》，写过兵书。《推步立成》是关于天文历法的书，《金丹正理》和《金丹问难》是关于炼丹的书，可能涉及化学等自然科学知识，可惜都散失了。

七、朱载堉和《乐律全书》

朱载堉，字伯勤，号句曲山人。1536 年，生在河南怀庆明朝宗室郑王府的锦衣绣袍里，卒年已不可确考，大约是 1610 年前后逝世。他自幼家学渊源，才思聪敏，早年学习天文、算术，"笃学有至性"，打下了坚实的天算基础。在他少年时代，家庭生活忽遭重大变故。起因是他父亲朱厚烷由于直谏犯上，得罪了明世宗；随后又被其叔诬陷，以至被削去爵号，身陷囹圄。昔日殿上王，今作阶下囚。朱载堉不仅目睹，而且亲历了统治阶级内部这幕丑剧，愤而搬出王宫，"筑土室宫门外，席薰独处者十九年"。他身居斗室，埋头读书，"斗酒纵观廿一史，炉香静对十三经"。除了别的兴趣爱好之外，他特别潜心于音乐的研究，最后终于能精通乐律、历学、度量衡、舞蹈诸学，集乐律理论家、声学家、历学家、数学家于一身，为他攻下十二平均律的难关铺平了道路。

后来，新天子穆宗即位，大赦天下。朱厚烷不但恢复了名誉和王爵，还增添俸禄四百石。于是朱载堉搬回王宫，利用丰富的藏书和其他优越条件，深入钻研乐律和历学。

朱载堉受深通音乐理论的同朝前辈韩邦奇、王廷相及何瑭等人的启发，将前人的经验总结提高，加以发挥，于明万历十二年（1584 年）写成《律学新说》，开始涉及十二平均律的问题。尤其难能可贵的是，他父亲死了以后，按资格应由他来继承郑王爵位，但他接连上疏，恳辞再三，不仅自己"让国自称道人"，而且提出放弃他儿子的继承权利。朱载堉富贵不能淫，贫贱不能移，继续专心致志搞音乐理论研究，决心一辈子献身于科学。

到他 60 岁时，一部辉煌巨著《律吕精义》问世了。书中运用极精确严密的方法，在世界上首次阐明了十二平均律。朱载堉高兴地说："新法不用三分损益，不拘隔八相生，然而相生有序，循环无端，十二律吕，一以贯之，此盖二千年之所未有，自我圣朝始也。"《律吕精义》实为一部承前启后的科学论著。朱载堉的主要著作有《乐律全书》《律吕正论》《律吕质疑辨惑》《嘉量算经》等书。《乐律全书》共 47 卷，汇集了 17 种著作，除律学之外，还包括舞谱、乐谱、算学、历学等等，内容宏富，而其中的《律学新说》和《律吕精义》则是其律学的代表作。

朱载堉不仅是一位卓越的音乐理论家，而且还是一位有实际经验的舞蹈家和歌曲作家,在乐器制作上也有重大贡献;但他在音乐史上的地位,主要是由于其首创十二平均律所奠定的。

八、对物质理论有杰出贡献的张载、王夫之

张载(1020—1077),字子厚,宋代长安人,因家住陕西郿县(今陕西眉县)的横渠镇,故称为横渠先生。早年丧父,家道颇为困难。又遇上连年战祸,民不聊生,这使他受到很大刺激,立志研究军事,以备世用。后来,接受当时的政治家和文学家范仲淹的指点,走上研究哲学的道路,终于取得了巨大的成就。他坚持唯物主义思想,提出了"太虚即气"的学说,论证了世界的物质性及其变化的基本规律,在我国科学史上、哲学史上写下了光辉的一页。

张载做过几年地方官,对民间疾苦有所了解,所以颇能办点好事。在政治上他主张把土地收归国有,减轻贫富不均的现象。王安石主持新政时,由于在一些具体问题上存在分歧,他辞职回到陕西,住在横渠镇旧居,专门读书讲学。他读书非常勤奋,房间里摆着许多书,低头读书,仰头思考,有所得就记下来。有时夜里睡觉也在思考问题,有了心得就连忙起床点起蜡烛把它写下。由于他的学问很好,又能勤奋钻研,所以名气很大。来听他讲学的人很多,他的学问被称为"关学"(讲学于关中),和当时著名的学者程颐、程颢的"洛学"(讲学于洛阳)并称。

1077年,张载58岁了,还被中央政府召入首都任职,由于和上级意见不合,加上患病,就辞职回家,旅途中病更加重了,竟死在临潼。他一生的著作以《正蒙》一书为最重要,他的学说精粹都在这里面。这本书主要是关于哲学的研究,此外还包含有天文、生物方面的许多知识,以及对于《论语》《孟子》《周易》和《礼记》等书的文句解释。除《正蒙》外,还有《易说》《礼乐说》和《论语说》等著作,但大多散失了。

王夫之(1619—1692),湖南衡阳人,字而农,号姜斋。明崇祯举人。青年时代,积极参加抗清斗争。失败后,投奔南明桂王。鉴于南明小朝廷政治腐败,不堪共事,他愤而返归故里。明亡后,为避清政府的政治迫害,隐居湘西荒山僻野,埋头著述。晚年定居衡阳城外90华里的石船山麓,人称"船山先生"。

王夫之在极端艰难的生活条件和政治环境下,坚持学术研究达40多年,完成了100多部、400余卷著作,其中包括《周易外传》《思问录》《张子正蒙注》《读通鉴论》《宋论》等学术名著,在哲学和史学方面作出了卓越的贡献。他的物质理论在物理学史上也是十分可贵的。

王夫之说过:"生非创有,死非消灭,阴阳自然之理也。"他又说:"于太虚之中具有而未成乎形,气自足也。聚散变化,而其本体不为之损益。"在此,王夫之不仅肯定了世界的物质性,而且从数量关系上阐明了物质是永恒的,不生不灭的,即物质不灭原理。他比西方最早提出物质守恒定律的法国化学家拉瓦锡要早100年左

右。同时，王夫之又阐发了运动既不能创造又不能消灭的思想，明确提出："有往来而无死生，往者屈也，来者伸也，则有屈伸而无增减，屈者因有其屈以求伸，岂消灭而必无之谓哉!"古代的哲学著作比较费解，但是不难看出，王夫之这里讲的往、来、屈、伸，指的是物质运动的不同形态，字里行间已经说明，它们之间可以相互转化，但不会被消灭化为乌有。王夫之的这个运动不灭和相互转化的光辉思想与法国哲学家笛卡尔 1644 年在他的《哲学原理》里表述的"运动不灭原理"遥相辉映。

尽管王夫之的"物质和运动不灭原理"比较粗糙，带有明显的思辨性质，但在 300 年前，这种真知灼见毕竟是十分难能可贵的。他的科学思想在我国的科学技术史上闪烁着灿烂夺目的光辉。

明代后期，西方物理学知识开始传入我国，不少有识之士，有的从理论角度，也有的从技艺角度来学习与吸收这些新鲜的知识，作出了不少有价值的贡献，例如方以智、孙云球、黄履庄、郑复光、邹伯奇等人，我们将在以后的章节中介绍。

（本文为卢嘉锡、路甬祥主编《中国古代科学史纲》第二编"物理学史纲"绪言，河北科学技术出版社，1998 年）

二、纪　念

锦光鸿福　室堂卷香

——记王公与科大及我的友谊

李志超

　　1980 年,在北京王府井召开了中国科学技术史学会第一届全国代表大会,这也是中国科学技术史学会成立大会。我是中国科学技术大学的代表,会上我第一次认识王先生。

　　此前 6 年,1974 年 2 月 4 日我来到科大工作,年末开始参加《梦溪笔谈》的集体研究,次年我发现"红赤油伞"是宋代法医验尸的滤光器。到现在,这已是普及的知识,连电视剧里都用上了。这一发现当时令研究组非常兴奋,吴孝慎要写上"最早的滤光器"之语。我认为还是要谨慎些,要请专家说说。小组领导就提出:"给王锦光写信问问。"这是我最早听说王先生的名字。当时领导对是否发信有些犹豫,怕王先生是挨批的对象。我们的书《〈梦溪笔谈〉译注(自然科学部分)》是 1978 年出版的。

　　1980 年的会上,我没有与王先生多交谈,他当时身体不适,在小组讨论会上也没发言。此前我只与天文史界有些交往,所以天文组的人对我参加了物理组感到奇怪,他们不知我是个物理教员。物理小组会只有不到 20 人,一条长桌两边坐人,我的座位正与王先生相对面。在会上我讲了用小红书的塑料皮代替红赤油伞对手背静脉血管作观察。会后王先生回到杭州,不久就发表了很认真的模拟红伞的实验报告,而且指出宋代书《玉匣记》有同样记录,时间应早于《梦溪笔谈》。他的积极工作对这个命题的最后定案起了重要作用。此后,张秉伦教授考定《玉匣记》晚于《梦溪笔谈》(详细记述请参见李志超《天人古义》)。

　　当年科学院批准科大成立自然科学史研究室,次年秋招考硕士研究生,1982年春开始上课。诸事草创,师资和教材都需从头建设,我们的临时弥补办法之一就是请外边的学者来讲学。

　　我们请来了王先生,他给我们讲中国光学史,这是他终生攻研的长项,论水平,国内国际都是顶级。当时国内大学有科学史学研究单位的只有科大,王先生所在的杭州大学只有寥寥几位科学史学者,类似的还有内蒙古师大的李迪等,屈指可数的几个人。特别是中国物理学史,国内大学中几十年里坚持进行专门研究的,恐怕也只有王先生了。现在已经有很多大学有了或将建成科学史系，这一发展有王先生的一份不可忽视的功劳。

此后，我个人与王先生的学术交往就多了。历届全国物理学史会，我们都见面，直到他退休。他数次请我参加他的研究生答辩会。直到 2003 年，经他提议，由浙江大学文化与科学研究中心（负责人是黄华新）邀请我去讲学一个星期，而这是我最后一次与他见面。

2009 年春节，张子文电话告知王先生去世的噩耗。痛失学术前辈密友，人何以堪！此前恰值我在北京住了一个月（2008/12/14－2009/01/10，子文电话找不到我），接连送别了席泽宗、陈美东两位自然科学史研究所前所长。短短几天，连折三员大将，中国科学史学的损失实在太大，仿若四川地震。

对中国物理学史的重大争议问题，王先生总是置身前沿。例如司南问题，令我印象深刻。

1985 年在黄石开物理学史会，他讲了原东北师大的刘秉正教授因为争论司南不是磁石指南器，而是天上的北斗星，在"文革"中几乎被打死。王先生为刘教授受到的残酷的不公正待遇勇鸣不平，在当时是十分可贵的。在那个时期，外界压力还很可怕，有他那样的大无畏精神的人很少见。

他认为司南是磁石勺，王充《论衡》的"投之于地"要改成"投之于池"，那池里盛的是水银。他举《全唐文》里的"瓢赋"为证，其中有"校司南以为可"之语，而磁石做的瓢要漂浮就得漂在水银上。

我在回家的路上按王先生的启发反复思索，终于想通："瓢赋"的瓢不是指磁石瓢，全篇都指普通的葫芦瓢。那么，磁石就是未经雕琢的天然磁石，它是放在葫芦瓢里起指南作用的。到家后教硕士生傅建做实验，果然成功。相关的古文考据论文是过了 20 年才作成的，是针对潘吉星发表在 2003 年《黄河文化论坛》上的文章，次年以短文发表于《自然科学史研究》21 卷 4 期。

王先生很重视人际的学术交流，例如 1982 年他做冰透镜实验，碰到疑难，写信给我。

杭州很少有大块自然冰，工厂做的透明度不行。当时中国还没普及家用电冰箱，好在杭州大学有实验用的电冰箱，王先生就想到做冰透镜。他用马德堡半球的铜半球盛水放在冰箱里制造原材料。他写信说，那半球里都是"萝卜丝"，不能用，怎么办？我想："萝卜丝"大概就是从球面向中心延伸的由气泡群组成的辐条吧。于是我回信说：不要用那个铜半球，就用瓷大碗，装凉白开水，最好在水里加一小粒冰芽。因为铜的导热性过高，它先于内盛的水降温，结冰过程必先从球壳内表面多点同时开始，晶须向内生长，同时放出水溶气体，从而形成很细小的气泡附着在晶须表面，就成了"萝卜丝"。回信不久王先生就函告捷报了。后来他在国外演讲并演示,反响热烈。

王先生奖掖后生不遗余力。我比他小好多,对于他当然是后生。1982年我的科普小书《镜子的世界》出版,王先生主动抢先为我做宣传,在《科学画报》上发表书评,用语几于顶级水平,极尽赞誉。次年此书获中国物理学会科普奖,当然得王先生美言之力。后来我还拿这份书评作为提职申请材料。

不能不提到王先生的夫人林秀英,她是杭大物理系的实验课老师,与我是同行。我在1985年以前是物理系全职的实验老师,直到退休前我也没完全脱离实验教学。我的爱人陈慧余教授在物理系虽主持电磁学课和磁学专业的科研,但也兼科大物理系的高级实验课,王先生与我则都是搞光学的,所以我们都是业务很近的同行。我们两对老夫妻聚到一起,自然有很多共同语言。1996年在杭州开全国磁学会议,我跟随陈慧余去开会——我帮陈慧余做成了高精度的交流梯度磁强计,当时国内尚未见此种仪器。我夫妇二人到王家拜访,就实现了这样一次聚会。

林老师非常平易和蔼,待人亲切。我记得,有一次我去他那里参加答辩会,回程乘长途汽车,当时车要走9小时,我天不亮就要去汽车站。王先生老两口竟亲自早起送我到车站,真是叫我惶恐,担当不起。

他们老夫妻过着理想的家庭生活,又都是物理学教授专家,子女都聪明能干,孝悌有加。真是令人羡慕的学者之家。他们一直住在杭州大学宿舍区的老房子里,老旧的小二层楼的二楼,木地板走上去就响。他们安之若素,没有更高的奢求。那居所离西湖很近,环境不错。更重要的是,因为他们的精神生活已使他们超越了亿万富翁,无须更多的物质条件了。为此,2003年我最后造访王家,作了一首藏头藏尾诗。全诗28字可以表示我对王锦光和林秀英教授伉俪的尊仰和羡慕,头尾八字就用作本文主标题了。

王先生以高龄无疾而终,功成业就,竟长行矣。还祝林老师身体健康,福寿绵长。

附拙作:七绝　访学浙江为王老寿

锦绣杭州一陋室,光炫学府百华堂。鸿儒谈笑观破卷,福润后生大作香。

注:当年我只是临时逢场而作,是用蓝色粗油笔写在复印纸上,字形丑陋,事后就忘记了。而王先生却拿去裱了压在书桌的玻璃板下。直到他去世后,他女儿才照了相,电邮给我。这叫我很感动。

2009年2月7日

忆锦光先生

潘永祥

我和锦光先生开始交往是三十多年前的事。

十年"文革"结束，我在编写那部《中国古代科学技术大事记》之时，为了少出差错，曾将草稿近百份分寄国内各地有关学者以征询意见。我的书稿中引用了锦光先生的一些学术成果，他当然是我必须求教的学者之一。其后我收到了数十封回信，得到了许多有益的教诲和启示，其中令我最为感动的回信正是来自锦光先生。他不仅在信中给了我许多鼓励，更给我提供了他新近查阅到的、为我所未知的史料，这在所有回信中是独一无二的。从此我们就有了书信往来。

1980 年 10 月在北京召开的中国科学技术史学会第一届学术会议上，我们两人首次见面，并同在物理学史分组参加学术讨论，彼此相见恨晚。中国科学技术史学会成立之后，锦光先生和我同时被选为学会的理事，锦光先生又是物理学史专业委员会的负责人之一，我们交往的机会就多了起来。

学会的成立为我国科技史学界提供了一个开展学术交流的平台，锦光先生不失时机地倡议在杭州大学举行全国第一届物理学史学术讨论会，他的建议立即得到物理学史学者们的热烈赞同。这个学术讨论会于 1984 年中秋之日如期召开，这是我国物理学史学者的第一次盛会。我清楚记得，锦光先生在开幕式上热情洋溢地致辞说，中秋的明月意味着我国物理学史学者的团结和事业的更加辉煌。在锦光先生和他的学生们的努力下，这个学术会议的气氛十分融洽，大家畅所欲言，各抒己见，也不乏不同意见的交锋，为我国物理学史事业的发展作出了积极的贡献。会议的成功更为日后开了个好头，二十多年过去了，全国物理学史学术讨论会在各地延续举行，至今已召开了 14 次，队伍日渐壮大，成果也日多，当年锦光先生的良苦用心没有白费，他的美好愿望基本上实现了。

第二届全国物理学史会议期间在庐山

在后来的物理学史学术讨论会和参加研究生学位论文答辩活动中,我和锦光先生多次相聚,每次都相谈甚欢。他广博的学识和严谨的学风始终感染着我。

1987年秋,锦光先生的外孙沈长庆考入北大生物学系,从此我和锦光先生一家又多了一层关系。长庆深受他外公的影响,处处以外公为榜样。他胸怀抱负,为人正直,勤奋聪颖,成绩优异。他更乐于助人,经常主动为我做一些家务事,帮着照顾我年迈的老母,我母亲亦待他如亲人。我母亲不懂普通话,只会说粤语,长庆为了与她交流,特地买来粤语字典自学了一些日常用语,后来他们两人终于可以作简单的交谈,给了我母亲许多欢乐。1991年11月我母亲去世,长庆帮着我料理她的后事。对于他为我母亲所做的一切,我感激不尽。几年的交往,使长庆和我成了无话不谈的忘年之交,他出国之后我们依然不乏隔洋电话的长谈。

参加中国科技大学学位论文答辩　　　　　　　　　和沈长庆在一起

1989年6月,由于大家都知道的原因,我对时局忧心不已,心情极度苦闷与忧郁。锦光先生知我,即通过电话邀请我前往杭州大学参加他的硕士研究生学位论文答辩,数日后长庆陪我到了杭州。锦光先生把他的书房让给我歇息,全部藏书任由我随便翻阅。夫人秀英先生体贴入微地照料我的起居生活,每天早上变着花样给我买来早点,午饭和晚饭都让我品尝她亲手做的精致可口的杭式菜肴,使我大饱口福。我每天漫步于秀美的西子湖畔,阅读着先生丰富的藏书,与先生随意交谈,思考着各种各样的问题,身心均获益殊多。这十天平静悠闲的休养式的生活我终生难忘。

1990年12月,锦光先生和我以及复旦大学金尚年教授共同主编的《物理学简史》由湖北教育出版社出版,这部书的作者几乎包括了当时我国高校从事物理学史教学的所有教师,体现了其时我国物理学史学者的研究成果,深为同行所重视。

1992年夏,我为图书馆的公事出差杭州,顺道拜访了锦光先生。这次仅匆匆一面,在他家里饱餐一顿之后就分手了。本想以后找个机会专程前往杭州与先生好好相聚，无奈先是事务缠身，其后全退下来又是年纪大了，远方出行诸多不便，竟未能如愿。

遽闻锦光先生仙逝，令我倍感失落，难以自已。他虽然走了，但永存我心。

2009 年 4 月 1 日

回忆与祝贺

陈茂定

1956年，我在六和塔就读物理系二年级，初识王先生。当时掀起了向科学进军的热潮，物理系举办科学报告会，允许学生来听讲。王先生作了沈括的《梦溪笔谈》中的物理学知识的讲演，讲到古人如何用一根磁化了的铁针搁在碗沿上作指南针，非常生动有趣，也深深吸引了我。于是我也去图书馆借来商务印书馆新出版的《梦溪笔谈》来研读，初读时不甚懂，一读再读之后，越来越觉得有意思，甚至把书中不少有关自然科学知识的段落抄录下来，慢慢研读。

20世纪60年代初中期，原杭大理科几个系当中，做科学史研究的有好几位先生，如化学系的王珽先生、物理系的王锦光先生、数学系的沈康身先生。故被称为"欣欣向荣的杭大科学史研究"，并在中科院的刊物上予以报道。

60年代的初中期是王先生研究工作的爆发时期。他结识了科技史的泰斗李俨先生、刘仙洲先生、叶企孙先生等，有了诸多的交流。中科院自然科学史研究室聘任王先生为特约兼任研究员。

王先生工作太努力，除了做自己的研究，还要教外系的课，有时还要教中学物理教学法的课，积劳成疾，病了一段时间。

那时候做研究条件特别艰苦，古籍难觅、难求。我记得王先生要读一本《费隐与知录》的书，据说安徽省图书馆有善本，只能在馆阅览，不外借。于是乎不得不出高价聘请有文字修养的高手在馆内做了一个手抄本，才了却得读此书的心愿。

60年代初，李约瑟的《中国科学技术史》刚出版，中国科技史研究者莫不以先读为快。王先生也收到一本，他曾把该书借我阅读，并嘱抄其目录。可惜我对中国古典文献知之极少，再加上李约瑟将中文译英文一次，又要从英文再次理解成中文，简直是在读天书。我相信这件工作我肯定是完成得非常差的，哪里有现在这么好的条件？后来浙大档案馆公布了竺可桢校长赠送给李约瑟的全套文献目录，如果将文献和李约瑟的著作一一对照，想来就可以一目了然了。

进入1978年后，迎来来了科学的春天。王锦光先生晋升了职称，并被批准招收自然科学史—中国物理学史硕士研究生。第一届招生，报考人数很多，最后进入面试的有四人，分别是薄忠信、闻人军、吴立民和姜振寰。面试录取小组除王先生

531

外，聘请了历史系的李挚非先生，我也参与其中。这几位英才各有千秋，学识程度非常好，但限于名额，最终只录取了前面两位。

80年代中期，王先生已经弟子成群了。他们在杭州举办了全国性的中国物理学史讨论会，与会的专家学者有五六十人之多。当会议在湖光饭店开幕时，我曾代表物理系去致欢迎辞。

改革开放年代，出国深造是很多学子的选择，王先生的弟子也不例外。自然科学史的研究面临后继无人的窘境。90年代初王先生退休之后，物理系让我担任导师，招了三届学生。在此期间，中国物理学史文献选读仍用王先生选编的原稿，学生不懂还常去王先生家里求教。学生还在哲学系听自然辩证法、哲学史等课程。这三届学生中有一位是吴锋民，他对混沌理论有兴趣并兼及科学史，现在任浙江师范大学校长。

新世纪之后，自然科学史专业一度由哲学系招生，勉力维持了一段时间。

按照新老交替、有增有减的原则，2017年自然科学史专业正式从浙大的招生目录中删除，专业宣告结束。

现在，王锦光先生的研究成果终于汇编成册、重新出版，这是浙大物理系和中国科技史学界的一件大事，必将施泽于后人。

2017 年 12 月 26 日

怀念恩师王锦光先生

薄忠信

恩师王锦光先生离开我们整整九年了。夜静更深,回忆着 30 多年前的往事,先生的音容笑貌犹在眼前。那是 1977 年,停了 12 年之久的研究生招生,在邓小平同志的努力下开始启动了。本来,在大学毕业时就有报考研究生的志向,因一个"文革"就延宕了 11 年之久。如今总算是有机会如愿以偿了。可报考什么专业呢?我原本是学物理的,毕业于北京大学地球物理系,但毕业后,却被强行安排从事了新闻工作十载,物理已经 10 多年没有接触了。可这期间,我的意外收获是对中国古代的文学、历史、哲学产生了极大的兴趣。于是,我苦读了当时能够找到的相关书籍,包括二十四史和先秦诸子。这极大地扩展了我的思想视野,同时也为我选择专业找到了方向。恰好在报考前夕,我在一本"文革"前的物理杂志上看到了先生研究中国古代物理的文章。真是机缘巧合。当夜,我就写了一篇关于沈括在科学上的贡献的文章,寄给了先生,请先生指教,并表达了要报考先生的研究生之意。考试是在 1978 年 5 月,随后复试。在全国 42 名考生中,有 4 人取得复试资格,我名列其中。到杭州后,我拜见了先生,他给我的第一印象,是他清癯的脸庞中透着长者的慈祥和学者的认真。我没想到,先生不仅认真看了我寄给他的文章,还就资料的选取、引文的格式、观点的提炼给了我详细的指导,并几次到书房找书,查找原文。我被先生严格的治学精神和诲人不倦的师风震撼了。须知,那时我还没有成为他的正式学生。

我们是 1978 年秋季正式入学的"文革"后第一届研究生。开学后,由于只有我和师弟闻人军两个学生,除了外语等公共课程外,专业课就在先生的家里上课。如今想来,这十分近于古老的师傅带徒弟的方式,其教学效果远非现在那种刻板的课堂教学方式可比,给了我终生受用的做学问的本领。实际上,每次上课,都是师生之间的思想交流,是先生用自己的科研实践,引导我们迈进学术研究的大门。在一个寒冷的冬季,年近六旬的老师亲自带领我们两个学生去宁波天一阁查找资料。那个冬天特别冷,阅览室又没取暖设备,先生和我们一起体验着严寒。先生是想用这样的方式,教给我们严谨的治学态度,不管多艰难,都要找到原始的可信资料。

先生特别注重让我们参加相关学术活动。大约是 1980 年,中国科学院自然科学史研究所在北京香山召开"文革"后第一次全国性科学史研讨会。先生想尽办法

533

为我们争取到名额和校方同意，师生三人同时参加了会议。这是我第一次接触到我国科学史界的前辈。在北京，先生还特别带领我们去拜见了史学界的泰斗夏鼐先生、著名化学史专家潘吉星先生、北京大学时任图书馆长物理学史专家潘永祥先生以及自然科学史研究所的戴念祖先生，使我们眼界大开，并进一步密切了我们和学术界的联系。

1984年，我在辽宁锦州师范学院（今渤海大学）担任副院长。为了推进物理学史的研究，我准备牵头举办全国性学术讨论会。我去函征求先生的意见并请他前来讲学，先生大力支持，并慨然应允前来参会。先生的参会为会议大大增色，先生关于如何把握史学研究资料的报告，引起与会者热烈的反响。1988年，在美国圣迭戈召开第六届国际中国科学史会议，先生和我都参加了会议。记得那天先生从美国布法罗市赶到圣迭戈，见面第一件事就是要看我向大会提交的论文《元气考辨》。先生看得很仔细，并指出几点可商榷处。先生对已经毕业7年之久的学生依然如此关心和负责，真是感人至深。

古人有言："一日为师，终身为父"，事实上我和先生之间真是情同父子。在学术之外，在生活中，先生对我的关怀无微不至。我们每次去先生家上课，先生都热茶以待。有一次，钱塘江海水倒灌，自来水发咸，先生特意早起去玉泉提来泉水沏茶。说来惭愧，那时我的烟瘾很大，可当年买烟要凭票，而我们研究生是集体户口，不发烟票。先生就把每月的烟票通通给我，家里还特别为我准备了烟灰缸。现在我已戒烟数年，闻到烟味就难过，不知从不吸烟的先生那时是如何忍受的。有一年春节，我们全家来杭州过年，先生知道后，热情宴请我们全家。多年以后，我去杭州旅游，准备拜见先生，先生接到我电话后，竟直接前来酒店看我，可见感情之深。记得在美国开会时先生已是68岁高龄，我们都住在加利福尼亚大学圣迭戈分校学生宿舍里，条件不太好。看到先生的衣服有些脏了，我就想给先生洗一下，但先生执意不肯。我开玩笑说："孔老夫子有云，有酒食先生馔，有事弟子服其劳，还是让弟子来洗吧。"先生这才笑着答应了。

往事悠悠，几十年倏忽而过。如今我已过古稀之年了，但却常怀感佩之心忆起先生，愿先生在天之灵安好。

2017年12月25日

吾师锦光

李 磊

一

晓日初升荡开山色湖光试登绝顶
仙人何处剩有楼台丹井来结闲缘

上面的对联刻于杭州初阳台之上。1999 年春天的某日，我和妻子闲来登台，我将对联指给她看，她不明白此联有何特殊意义。我于是讲起 15 年前，亦即 1984 年秋天的某日。那时，我读研究生二年级。那一天，业师王锦光讲"中国科技史"之"炼丹"。开讲之前，他先在黑板上写下那副对联，并问我们是否见过。大家都想不起来。王师说，那是初阳台的对联。于是，由初阳台而抱朴道院，由抱朴道院而抱朴子，由抱朴子而葛洪，由葛洪而炼丹⋯⋯那一堂课，在当时也并未觉得怎样，但十几年来，却总是不时想起。后来终于明白，王先生是一位真正的老师，全身心沉浸于自己所做的事情——教学——的老师。他精华内敛，从不会用似是而非的"高深"唬学生。他用的是真正的"愉快教学法"，形散神不散，无形中散发出无边无际的知识面和境界。且不说那些或老生常谈或唾沫横飞的课，就算有些课在讲授中搞得学生一惊一乍，事后也常不能给人留下印象，这很说明问题。说明王先生讲课只有一个目的，就是多少给学生留下点什么。做过教师的人都知道，这一点有多么不容易。

又有一次，王先生带我们去登山，路过黄龙洞门前，他指着门上的对联"黄泽不竭，老子其犹"问大家应作何解，我们又都答不上来。他说，这副对联，首嵌"黄""老"，尾截"龙乎"，既指道教源远流长，又暗合黄龙洞内的山泉常年不涸，实在是寓大气于含蓄。事隔多年，回想这些往事，觉得那真是一种"如要真学剑，功夫在剑外"的教学法。我和师弟们在读书的几年中，登遍了宝石山、栖霞岭、葛岭、玉皇山和吴山的每一条小路和无路之处，如果说在讲史论学之余，改善了心脏功能，至今未患心脏病，那全是拜王先生教书又育人之赐。

王先生的"愉快教学法"信手拈来。有一次，他给全校本科生上选修课，讲到物理，他问"物理"二字从何而来？随后介绍了晋代杨泉《物理论》、明代方以智《物理小识》、唐诗"细推物理须行乐，何用浮名绊此生"……最后大家知道这些都不是"物理学"一词的源头，一阵大笑，并接着知道了"物理"乃日本人对 Physics 的翻译，又是一阵大笑。讲到科技史，王先生介绍了科技史的重要刊物 Isis，并问 Isis 是不是 Institute of Scrap Iron and Steel（废钢铁研究所）的缩写，学生们知道当然不是，并因此更想知道 Isis 究为何物。王先生这一问，问得的确莫名其妙，而学生则在莫名其妙中既学了科学史，又学了英语。要不是这一问，有几个学生会在杂志多如牛毛的时代记住一个 Isis，又有几个学生会在看电影《埃及艳后》看到佩特拉自称女神 Isis 时知道是什么意思。

把"教学法"一词用在王先生身上，其实不那么准确。先生不是那种刻意搞"教学法"的人。我听说，有的中学搞所谓愉快教学法，要求在教案中事先设计好一堂课让学生小笑几次、大笑几次，这种搞法把教案本身当成了教学活动的主旨，把教师的表演和噱头当内容，学生成了抽象之物，实在不足为法。王先生的课之所以愉快，是因为他为人自然，是一种虚怀空谷的博大。

<h2 style="text-align:center">二</h2>

先生待人也宽，治学也严。

他对每一个学生，都以鼓励为主，这中间包含着对每一个学生的哪怕是小小的特点和特长的把握和认可。我在一年级时写的一篇文章，自己都深觉不成熟，仅因文中谈及科技史与哲学的关系，稍有新意，先生就将文章推荐给《物理通报》而获录用。每逢学生毕业，凡有必要，先生都亲自到用人单位推荐，介绍学生的专业技能之长。有一年大年三十，我外出后回到宿舍，门上贴着先生写的字条，叫我到他家吃年夜饭，然后我又途经书店和食堂，书店和食堂的人都对我说，你的导师叫我们转告你到他家吃饭。想到先生知我经常出没于这三个地方，而他在大年三十也来出没了一回，离家几千里的我，心中禁不住涌起暖流。

读书三年中，先生派弟子们到西安和成都考察，到昆明开会，到北京、上海查资料。这种"少年游"对我的一生作用极大。且不说收于眼底、藏于心中的名山大川，一路上，手持先生的私人介绍信拜访学术前辈的经历，对我产生了许多决定性的影响。在北大拜访了当时的北大图书馆馆长、科技史学家潘永祥先生，那一天潘先生正在家中与北京图书馆馆长闲谈。这是我平生第一次近距离面对两个"大官"。潘先生介绍说，这位是研究生李磊，这位是北京图书馆馆长某某。馆长"啊"地打了一声招呼。潘先生笑道："别'啊'呀，人家是来看书的，你是管书的，快欢迎啊。"馆长于是说："欢迎欢迎。"潘先生似乎对馆藏的每一本书都像对一个孩子那样的精细和熟悉，巾箱版的《数理精蕴》在哪里，手抄本的《人身说概》在哪里，他一一带我去取阅，伸手一拿就是。有时书放在书架底层，潘先生蹲下去取，却因年纪大了，站不起来,就抬头对我说:"你得拉我一把。"

到上海拜访《梦溪笔谈》专家胡道静先生,胡先生问明我的来意后,推荐我去找徐家汇图书馆的负责人,在他给我写推荐信时,我注意到一个细节。胡先生的书斋里只有一副姜亮夫手书的对联、两张书桌和一把椅子。胡先生伏在一张书桌上,打开抽屉,取出信笺,正待要写,一看是上海人民出版社的专用笺(胡先生是上海人民出版社的编审),他就放回信笺,关上抽屉,转向另一张书桌,取出自己的私人信笺来写。

在华东师范大学拜访袁运开先生,正在做校长的袁先生从一堆繁冗事务中抬起头来,简要地询问了我的学术活动计划,并迅速一一作了安排,辐射出一种干练和热心交融的气息。十多年后,我和袁先生一同坐在研究生的答辩委员会席上,我向人介绍说,袁先生是我的老师,袁先生笑着说:不敢当。

这些记忆挥之不去,是因为在平时,我们常听人自称淡泊,看着却是游手好闲,也常听人自称敬业,看着却未免钻营。那种真正的淡泊与敬业融为一体,才令人景仰。

而这些可宝贵的经历,是王先生所造成。我在自己也当了教师之后才知道,区区一点研究生培养经费,由导师支配的,三年也就两千多,实在是难以精打细算。我不知道王先生是如何精打细算的,但王门弟子的"壮游"经历,即使不是绝无仅有,也是十分罕见的吧?钱财乃身外之物,但这点身外之物对我们的成长多么重要。

先生对弟子的爱,溢于言表,显于日常。比如,有时我们在先生家闲谈,先生会忽然取出几本书说:"我送你一本,要哪本你自己挑,只能挑一本哦!"那些书多半是外文原版的科学史著作或期刊,在 20 世纪 80 年代每一本都属于非常稀罕之物。先生预知我们必然患选择困难症,便在一旁笑呵呵地说:"到底要哪一本啊?"

在王先生对我的督促中,我深感他的治学严谨。有一次,我们研究赵友钦。赵是南宋末年的王室子弟,避乱于龙游的鸡鸣山中。他在鸡鸣山上筑一小屋,在里面大搞光学实验。实验中有此一节:

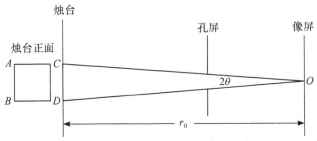

赵友钦在烛台上密插蜡烛,烛光透过小孔投影于像屏之上。赵友钦记道,当物

距较大时，进一步增大物距，像屏上的照度并不减弱。

王先生叫我想一想赵友钦此说有何道理。我当时想，反正中国古代没有斯涅尔和牛顿的那种几何光学，他的定性实验所得乃是大致的观察结论，我们何必考虑这种结论是否符合几何光学的推论。但王先生坚持让我搞清楚赵的结论是否正确。我于是作了如下推理：

O 点上的照度：

$$A = \oint_{ABCD} \frac{I}{r^2} \mathrm{d}S$$

物距大时，可视所有光线从烛台到像屏的路程皆为 r_0，由此得：

$$A = \frac{I}{r_0^2} (2r_0 \tan\theta)^2 = 4I\tan^2\theta$$

由此可知，在 θ 变化不大的范围内，照度 A 与 r 的关系不明显。

这种细致的研究是十分必要的，它能训练一个人将身心投入于细节的能力。

又有一次，王先生叫我验证传教士艾约瑟和清人张福僖合译的《光论》中的一段话："七色形亦有吸引物之能。近有英国女格致家苏木尔末拉，造一物作凭证。用刚针置在青莲之旁一大时之久，其针端相近在颜色处即向北面，与指南针作用相同……"此言一看便知无稽。但艾、张二人热心介绍科学，言之凿凿，当不会胡诌。接着我费了些力气，终于查明，英国科学家玛丽·萨默维尔夫人（Mary Somerville，1780—1872）曾于 1826 年向皇家学会提交了一篇论文，题为《太阳光谱中紫色光的磁效特性》（*The Magnetic Properties of the Violet Rays of the Solar Spectrum*），文中观点不久就被同行否定。由于不太接触历史，我们心目中的科学通常是从天才的脑子里产生出来的定律和方程，而这种查阅活动才使我真正开始在心中形成历史的图像。

三

在王先生督促下进行的这种学习，首先是造成了一种匪夷所思的阅读。要不是入了先生门下，我怎么会知道在宋末和明末有那么一大帮王子，或组织学术团队，或躲进深山钻研科技，从天文到光学，从数学到乐律，从医学到本草；我又怎么可能知道，中国古代有许许多多蔡邕、秦九韶那样的人，诗词歌赋、骑马射箭、天文数学……个个都是文艺复兴式的人物；又怎么会去读一本歌咏历代杭州女性的诗集（《西泠闺咏》），上面记录了一位清代少女把望远镜和取景镜装配在一起，完成了远程照相机的光学设计。这些精彩的历史画面，被片面的"以论带史"忽略了。而它们是中华文明历史的血与肉。那些书不论按中学还是西学都难以归类，而我却得以在先生影响下读之，既杂且博，而读后却造成了一种融汇的理解。即使仅仅从享乐主义的角度来说，我们可以花时间和精力去观赏空间的、物质的风景，我们又

538

为什么不可以去游览时间的、精神的领地呢?

其次,王先生的教育在最大限度上使弟子们免于陷入好大喜功、夸夸其谈的"学问"。赵友钦的光学实验是一件小事,但正是从一件件这样的小事,我看到了中国古代有人在搞科学,而他们所搞的又的确不是西方人所搞的科学。中国古人搞了些什么,为什么搞,怎么搞的,我们不知道,但那是我们自己无知。中国古代文化有它的目的、它的方向和方法。在不理解这些东西之前,我们不会轻率地问一些"中国古代的科技和西方古代的科技谁更发达""中国的科技后来为什么不发达了"诸如此类并不内含历史感和民族感的空洞问题。

王先生毕生研究中国科技史,而他几乎从未提起过"爱国主义""科学精神""人文关怀"等字眼。原因很简单。因为那些精神是胸襟、是品质、是情怀,而独独不能是"学问"。先生在严格督导之后,终于交给我任务:破解奇书《镜镜诊痴》,作为硕士学位论文。研究中,我知道了在明末清初有那么多的人以天纵奇才,不去获取科举功名,而倾力钻研无穷级数。其中一个卖眼镜的商人,一生发明了几十种光学仪器,腐败的清王朝居然也自己造出了格雷戈里反射式望远镜并在内府藏有设计说明……而《镜镜诊痴》的作者郑复光则在黄山脚下无中生有地创立了透镜、透镜叠合和望远光组的数学模型。在此之前,一些研究者在论及郑复光及其《镜镜诊痴》时,都难免夹有遮羞式的说明。因为对郑的自成其理的代数光学理论系统未能尽解,又知道西方光学的厉害,于是为爱国主义而爱国主义,含含糊糊了事。王先生因我完成了研究而由衷高兴。他高兴的容颜中透露出来的就是爱国主义、科学精神和人文关怀。在今天,人们从港台片中看到的是一个男人拖着辫子跪地称"嗻"、女人都扭来扭去的清朝,从书上读到的是一个为"体用""本末""道器"争论不休而大吃败仗的清朝,而先生的微笑说明,还有一个切实地研究着天文历法、科学仪器的清朝。这幅历史画面在亲身研究它的人看来是如此壮丽,而且险些被埋没,真是有点惊心动魄。爱国主义,不是用似是而非的比较去给郑复光和斯涅尔排座次,而是知道我们有赵友钦和郑复光那样的同胞和先辈、那样的精神和品质,而且感到这些精神和品质之光在照耀着自己。

四

王先生退休后每天和师母相伴去登山散步,碰见他们的人说王先生悟了道。我以为所谓悟道有两种。一种是饱经沧桑而终于世事洞明,一种是生来忘我而长留赤子之心。王先生更属于后一种。师母常给我们讲起王先生原来藏书之多,如何如何散失于"文革",或诸如此类的其他往事,当是时也,先生闭目微笑,神游他方,时代风云早已化为满腔涵养。

今年时逢先生八十寿辰,我带妻子去先生家,请先生同意我们为他祝寿。先生不同意。妻子看见阳台上垂着金铃子，金黄而泛红，不觉叫好。先生笑眯眯从沙发上起身说："我给你摘。"

手捧金铃子，我和妻子辞别先生和师母，脑海中印着阳光照耀的金铃子架下微笑的老人的形象，想到老师这一生，胸襟磊磊落落，行为潇潇洒洒，深有所感。写下此文，以恭贺先生的寿辰。

【后记】上文写于2000年，一晃眼已十九个年头，先生竟已离开我们十载。今年，当师姐王才武、师兄闻人军和师弟余健波等正倾力编订《王锦光先生学术文存》之际，闻人师兄说我这篇文章应该拿出来。我想，先生一生的学术成就，已由各位前辈和兄长为文存所写专文阐述清楚，我这篇，涉及先生的教学以及与弟子们的日常相处，也算对先生之为人聊补点滴之追思，亦寄托我本人对先师的悼念，遂奉师兄之命献拙于此。

2018 年 11 月 12 日

清泪两行忆先生

李胜兰

2008 年 12 月 13 日晚,家里电话急促地响个不停。感觉有些奇怪的我过去拾起受话器,没想到电话来自久未联络的师弟余健波。因为日本杭州两地遥远,他的声音显得有些飘忽,但我仍清楚地听到他的话:"王老师走了。"

"王锦光老师走了",真的吗?2007 年春天和女儿从日本回杭州,看望了近十年未曾见面的王老师夫妇,那时王老师还神采奕奕,思路清晰,和我们母女谈笑风生,完全不像一位年近九十的老人。"王老师走了",健波传来的消息令我几乎彻夜未眠,往事一直在脑中反复回放。

(一)相见不相识

1984 年 9 月初,我从北京乘车南下杭州,来到王锦光老师门下攻读硕士研究生。因为开学期间车票紧张,即使我去彻夜排队,也没能赶上学校报到的最后期限,最终迟到了一天才赶到学校。第二天一早,我忐忑不安地来到研究生处报到,负责的处长很热情、很和善,正在他的指导下填写着各类表格时,只见一位戴着眼镜的瘦瘦的老先生走了进来。老先生径直来到我身旁的处长面前,吐出了一大串我听不懂的外国语。既不认识,又听不懂他们在说什么,自己就又低下头去填写那些繁杂的表格。没想到这时身边的处长开口了,指着我对那位老先生说:"这就是李胜兰,她刚来报到。"又对我介绍说:"这位就是你的导师王锦光先生,他来找你了。""什么,这就是我的导师,大名鼎鼎的王锦光先生?"我有些蒙了。王老师热情地对我说着什么,可我却一点儿也没听懂。处长看着疑惑的我,用普通话告诉我,王老师会等我办好手续。随着王老师走出了研究生处,来到了绿树成荫的校园马路上,王老师依旧在兴奋地和我说着什么,也许是要告诉我准备带我去哪里、干什么。掏空心思地回想着小时候听外婆说过的绍兴话、黄岩话、上海话,可是无论如何回想,王老师的话我还是一句没有听懂。结果,王老师引着懵懵懂懂的我来到了男研究生宿舍,见到了同门的师兄师弟们。

和自己的导师对面相见不相识,并且还完全无法交流,就这样,我开始了向往已久的研究生生活。事后才知道,王老师那一口让我不知所云的"外国话"原来是地地道道的温州方言。

541

（二）求学生活

求学的日子是快乐的。那时研究生的招生人数还比较少，待遇也相当不错。除了在生活上我们享有比一起大学毕业的同窗们还要高的工资外，在校园里，我们也被允许佩戴和老师们一样红色的校徽，并和老师们共同分享教工阅览室，享受特权读到一些当时还不被公开的书籍资料。

第一年，除了公共课外，专业课开得很少。不过，没有课的时候，我总能在教工阅览室碰到王老师。记得第一次在阅览室里碰到他时，他还非常郑重其事地向几位阅览室的工作人员介绍过我。沾了王老师人缘极好的光，此后那里的各位老师都很关照我。作为常客的王老师，除了经常捧着大部头的古籍（因为我们的专业是中国科技史）之外，也常看到他在聚精会神地阅读一些港澳台的书报。碰到我，王老师时常会风趣地开些玩笑（当然要说得很慢很慢），或认真向我学些标准的北京普通话，但更多的时候还是耐心地教给我一些查找文献资料的方法或为我答疑解难。有时王老师还会向我展示一些他新近的发现和思路，此时的王老师哪里像个六十多岁的老人，那眼里的兴奋分明来自一个十龄顽童，而我也深深分享到了新发现带给他的幸福快乐。

上王老师的课，发现他乐于倾听我们年轻人的意见，善于启发大家的思考，课堂气氛总是轻松愉快的。记得那时自己在修大师兄闻人军老师的中国科技史课。为了完成作业，选了一部古籍作为自己的题目，古籍中有一条"鸟鼠同穴"问题的记载，我完全理解不了，觉得它纯粹是胡说八道。请教王老师，他对我说，这是一个生物学问题，自己不是专家，叫我去向懂生物学的人请教。于是我找到了一位有过几面之交的生物系研究生请教，一来二去，两人的关系一日千里，不可收拾。从个人来讲，我特别发自内心地感谢王老师，正是他老人家的这个建议无意中成就了我时至今日的美好姻缘。

谦虚自律、热情待人使得王老师在学术界朋友众多。和王老师一起去参加学术会议，感觉老老少少，人人都是他的朋友，还每每鼓励我们几个比较腼腆不爱动的弟子，多出去和大家交流。我们去外地调研、查资料时，他总能给我们提供一些好友老友的电话地址，请他们帮助，让我们能够借阅一些不易看到的珍本善本，并通过这些接触使我们有机会向那些老先生们广泛求教。

在生活上，独立生活开始的新鲜劲儿一过，孤独和对杭州寒冷天气的不适应，开始让我情绪低沉。王老师和师母林老师经常向我嘘寒问暖，让我感觉好温暖。1985年新年之际，他们夫妇还特意将我们一众弟子六七人招到家里，准备了丰盛的筵席，让我们这些远离家人的学子，既狂吃一场，又尽情享受两位老人为我们营造的大家庭温暖。此外，每到寒假暑假返乡之际，王老师总是不忘嘱咐我一定要代他向我父母问好,回来之后还记得询问我家人的近况,心细如发。如果没有博大的仁爱之心,不是发自真心地关心爱护我们这些学生,是很难做到如此面面俱到的。

(三)最后相见

最后一次见到王老师是在 2007 年 3 月 3 日,那是我辞职赴日本 9 年之后第一次回杭州。虽然在杭州的时间很紧,只有两天半,自己当时身体也特别不好,但王老师却是一定要去看的。启程之前,特意请好友帮我确认王老师当时的住址电话。结果完全出乎我的意料,王老师还是住在大学新村的那栋老楼里。回想我们读书时,那座老楼的楼梯踏上去已经在吱吱作响,岁月的斑斓也早就投满老楼的上上下下、里里外外。如今又是近十年过去了,在这座我已经南北不分,日益现代化的杭州城里,王老师林师母却依旧住在那样的老楼里,他们的生活究竟会是个什么样子呢? 我的心开始有些痛。

见王老师那天,是和刚刚高中毕业的女儿一起去的。从西溪路拐进了熟悉的大学新村,映入眼帘的是一片荒凉,随处可见因疏于打理而有半人高的杂草灌木,原本整齐有特色的一栋栋两层小楼都透出一种非同一般的寂静。女儿疑惑地问:"妈妈你没搞错吧? 这怎么会有人住?"我有些心虚:"应该没错啊。"虽然昨天好友已经告诉我新村早就被列入了搬迁计划,多少有一些思想准备,不过,怎么看这里也不太像还有人住着。当我们来到王老师家的楼下,正要上楼时,就听到楼上的开门声,二老早就在等着我们。

进了门,还是那容不得人转身的狭小厨房及过道,还是那被书堆得满满的不大的客厅,一切都没有变化。不过令人高兴的是,王老师林师母身体都还不错。88岁高龄的王老师依旧声音洪亮,腰板挺直,思维敏捷。虽然如今不能像过去那样每天去爬保俶山,但还是坚持出去走走。他也依旧保持看书的习惯,写些东西自得其乐。只是听力多少有些下降,说话声音小些,就听不见了。看到当年还是小毛头的上过他们隔壁幼儿园的女儿,如今已经长大成人,王老师林师母也特别高兴。话了一些家常,期间林师母还特意端出为我们母女准备好的莲子红枣汤,尽管刚刚在家里早饭吃得饱饱的,感动于林师母的一片心意,女儿和我还是将甜甜的莲子红枣汤喝得干干净净。自然,我也问到了房子的事情。原来是二老自己不愿意搬迁,一方面腾迁过程中有些让他们愤愤不平的事情,另一方面他们认为自己年龄大了,不愿意再折腾装修搬家这些让人费心费力的事情。我极力劝慰他们,房子的事情应该让年轻人多操心,他们现在应该做的就是好好享受今天的好日子……可是两位固执的老人表示更愿意在有生之年,继续生活在这个他们熟悉的环境里。后来也打电话问过师兄李磊及其他好友,看看是不是有什么办法帮到两位老人,但大家都告诉我，只要他们自己坚持，这个问题就难以解决。也许，他们的目光已经穿越了这个物欲的世界，住在陋室中和住在豪宅中了无区别。这是一种我至今无法理解却向往的无欲无求的境界。

一晃两个小时过去了，尽管王老师夫妇再三要留我们母女吃午饭，但由于已经约好了朋友，之后还有一连串其他的安排，所以和两位老人合过影后我们只能匆匆告别了。两位老人说他们也要出去走走，执意要送我们下楼。挽着他们，互相说着些"多保重"的话，来到了新村的入口处。多少次梦中萦绕的重逢，今天终于得以实现，却是相见时难别亦难，这边我已经不敢正视王老师了，那边女儿的眼圈也有些红。一直走出了好远，还望见两位老人静静地站在原地目送着我们。别了，王老师！

一直在自责，因为自己没能像王老师那样坚守，坚守在自己曾经热爱过的专业并使其传承光大。迷茫躁动中，自己选择了离开。对于我的放弃和离开，王老师从来没有表示过不满，只是一如既往地希望我能够健康幸福。先生的宽容理解，从心理上减轻了我很多压力。

一直在自责，因为自己没能对恩师有过些许报答，甚至在最后都没能送上一只小小的花圈去陪伴他。如今，面对曾经以一片丹心培育过我的王老师，无以为报，清泪两行记下旧日点滴，为祭。

初稿于 2009 年 11 月 6 日
修正于 2020 年 6 月 8 日

奖掖青年 提携后进 倾心栽培
——纪念王锦光教授

张子文

  王锦光老师道德文章、人格魅力,回忆者著文多矣。我在杭州大学进修的那些年里,王老师予我的传道、授业、解惑,耳提面命的情景、情节犹历历在眼前。以下就王老师以及自然科学史、物理学史领域其他老师对我的教导、栽培、提携,我的同学朋友予我的帮助、交游中的二三事,著文回忆,以资纪念。

  初识王锦光老师,是在 1983 年 3 月在昆明召开的"第一届全国古代技术史学术会议"上。这是我第一次参加如此规模的学术会议。

  我能赴此会并认识王老师,缘于李迪老师。李迪老师是将我引入科学史领域的第一位老师,我在内蒙古师范大学的本科毕业论文《中国风扇车的起源与发展》,就是在李迪老师指导下完成并答辩通过的,成绩为优秀。这篇论文后来发表在《中国农史》杂志上。这是我平生第一次在专业刊物上发表学术论文。1982 年 1 月毕业后,我留校任教,并继续受教于李老师,旁听了几门李老师给第二届数学史硕士研究生开设的科学技术史相关的几门课程。听课笔记至今仍保存,记得较详细。

  1983 年初,李迪老师给我一份昆明会议通知,建议我参加,出去见见世面。我很兴奋,于是向物理系领导提出申请,得到领导的大力支持,批准经费,调了课程。李迪老师教我如何参加科学技术史类学术会议,物理学史专业有哪些先生要重点请教,特别是钱临照先生、王锦光老师、李志超老师等。

  会上会下,王老师因新老朋友多,围绕者众,我很难得近身较长时间请教。直至游览石林时,才有较多时间陪侍王锦光老师。我在去石林的大巴车上有意挨着王老师就座,于来回途中一路上请教,获益良多。我和王老师在石林景点留下合影,永志纪念。

  1984 年初,物理系老师谷方致突然找到我说,他的好朋友闻人军老师从杭州大学传过话来,问我是否有意去杭大在王锦光老师门下进修? 得到这个消息,我赶快去与李迪老师商量。

  李迪老师给我分析,杭州大学王老师擅长文献资料研究,与内蒙古师大有许多相近之处,而内蒙古师大也有许多物理学史方面的文献资料,可在进修回来后研究利用。

在内蒙古师大物理系领导、李迪老师、王锦光老师的支持和帮助下，闻人军老师、谷方致老师和有关方面的操办下，我得以于1984年9月到杭州大学开始为期一年的进修。

到杭大后不久，10月，参加了由中国科学技术史学会物理学史专业委员会主办、杭州大学承办的"中国古代物理学史学术会议"。参加这次会议使我了解了物理学史动态，结识了潘永祥老师、洪震寰老师，以及姚晓波等不少师友、同道，开阔了眼界。进修期间，王老师安排我分别随他的物理学史专业研一、研二学生听课。闻人军老师安排我在历史系旁听有关课程，如古籍研究、训诂学、文献学、中国哲学思想史、占文字研究等。在美国科学史学会主席霍尔顿访问杭州大学期间，我也得以多次参加有关活动，聆听讲座。1985年5月，到浙江大学参加了纪念爱因斯坦的学术会议。课程虽多，日程虽满，但如入宝山，孜孜以求，乐而忘倦。西湖美景虽近，也没游几次，还得在几年后让李磊、余健波安排补课，陪游西湖周围许多没去过的景点。

在王老师的指导下，我完成学术论文两篇，其中一篇"中国古代对晕的认识"在专业期刊《自然科学史研究》发表。各门课程也顺利修业完毕。临结业时，王老师与我商讨了"在职人员申请硕士学位"的问题。因当时杭大还没有在职人员申请硕士学位这项权限，王老师为我联系了华东师大袁运开校长，商量能否在他名下申请物理学史专业硕士学位。对照华东师大标准，查漏补缺，即可办理。虽然后来此事因故没有成功，但王老师对我认真负责、奖掖青年、提携后进、倾心栽培的情谊，永志难忘。直至90年代初我到中国科技大学钱临照、李志超老师门下做访问学者、修完硕士生课程和部分博士生专业课程，最终作为在职人员被授予了硕士学位。中国科大之能够接受我的学位申请，在李迪老师和王锦光老师门下曾经分别学习硕士研究生课程的经历是重要的基础条件；成功申请到硕士学位，是我学术生涯中一个极为重要的标志，此也可以告慰王锦光老师和所有此前一直关心我、鼓励我的老师、同学、亲人了。后来我于1992年被评为副教授，1994年被评为硕士研究生指导教师，都应感谢老师们的帮助、提携、栽培。我在这里回忆十年中三次读硕士研究生课程才获得硕士学位的经历，除了感谢诸位先生的栽培、同学朋友的帮助，更是想请年轻学子珍惜读书机会，珍惜现在读书的优良物质环境，锲而不舍，学有所成。

王锦光老师曾经在中国科学技术大学自然科学史研究室作"假如我是一个物理学史研究生"的演讲，广受好评，编印成册。后来的研究生到校，中科大自然科学史研究室都要给一份，作为研究生自律求学的引路指南。当时已经不限物理学史专业的研究生，其他科学技术史专业的研究生也是争相阅读。我到科大作访问学者也领到一份，拜读起来自是分外亲切。后来多年、多次在各种学术会议见到王老师、林老师,也去过几次杭州拜谒,每次都有新的收获,深得做人、做事、做学问的指点和启发。

我陪同王老师游学,记忆较深的还有几件事。

1986年,在上海复旦大学参加学术会议暨王福山先生八十寿庆时,在王老师、闻人老师的介绍下,我认识了久闻大名的胡道静先生,并承邀随王老师、闻人老师去胡先生家做客、用餐。

胡先生黑衣布鞋,骑辆旧自行车来复旦大学迎接我们,循循老者,儒雅之气自然透出。家中书多,只是两室一厅,显得逼仄,但书香之气四溢。王老师和胡先生、闻人老师谈学探微,论道侃侃,我自是恭陪末座,洗耳恭听。王老师和胡先生是老朋友了,中午在胡先生家用餐,席桌上又谈论不少。筵宴饮酒,疑义相析,谈笑风生,自是不同凡响。

这次经历是我第一次近距离感受老先生们之间交游、切磋学问的丰采、风范与仪度,真是"座上有鸿儒,往来无白丁"。其间,闻人老师私下给我许多专业学问、交往规矩、注意事项的指导,使我沾了不少"文气"。

1987年我去杭州,正好得一机会与余健波陪侍王老师去宁波大学讲学十多天。王老师是受朱兆祥校长之邀去宁波大学讲学的。

时值宁波大学初建,朱兆祥校长亲自安排我们食宿,多次陪我们进餐,介绍宁波大学建设情况,参观校园,并专车陪我们去镇海、北仑港、柔石故居等处参观游览。朱校长是中国科技大学近代力学系继钱学森之后的第二任系主任,中国科学院院士,与王老师私交多年,受船王包玉刚先生之聘兼任宁波大学校长。听朱校长与王老师的谈话,获益匪浅。王老师课余为我们介绍了朱校长的成就和包玉刚先生办宁波大学的渊源,也介绍了四明山、雪窦山、钱塘江、普陀山等名胜古迹的一些掌故。健波是宁波本地人,他关于宁波风土人情的深入介绍,使我对宁波有了较全面的了解。

2004年7月暑假期间,在上海交大开完全国物理学史年会后,我率内蒙古师大研究生咏梅、冯志勇、段海龙、韩礼刚、陶亚萍去杭州大学拜谒王老师、林老师。王、林老师特意联系杭大物理系,使用一大会议室,让王老师给我们的研究生和我讲学,答疑一下午。虽暑热湿衣,但大家并不觉得热,反而如沐春风,全神贯注地听课。王老师轻摇纸扇,娓娓道来,条分缕析,神情怡然。我和同学们至今忆起,仍是感慨、感谢。在杭期间,尤其要感谢王淼和他的妻子王琎。王琎挺着怀孕的大肚子为我们安排杭大招待所的住宿,还不时过来关照。大家都说,王淼娶了一个好媳妇。现在他们的儿子已上高中,在王淼去剑桥大学访问学习时,一家三口还游了欧洲。王淼曾是内蒙古师大物理系的学生,在本科大二时即联系我,表达了要报考物理学史研究生的意愿并且不懈努力。本科毕业后，在李迪老师和我的名下读物理学史硕士，硕士毕业后即在中国科技大学读博士，博士毕业后在浙江大学任教。受我嘱托，他代我向王老师、林老师尽孝，同时也深得二位老师的帮助、指点。这次我带去杭州的研究生与王淼也是师兄弟关系，自然熟络。王老师见徒子徒孙围绕身边，薪火相传，高兴之情，自不待言。这些研究生毕业后，分别在内蒙、山西、河南工作。王老师的道德、文章，已成为他们成长的营养之一。

......

在杭州大学进修学习，与杭大的老师、同学结下深厚情谊，是我人生中最值得珍惜、珍藏、感念的经历之一。

王老师、林老师待我如父母，闻人军老师伉俪待我夫妇如兄嫂对弟妹，王才武大姐伉俪待我如小弟。李磊、余健波、李胜兰、张锦波、何卫国、余善玲、徐华焜等师弟师妹待我如亲兄弟一般，尤其是李磊、余健波多年来互通声气。

他们不仅关心我的学问，给以尽可能多的指导和帮助，使我顺利完成学业，有所进步。同时在生活起居上给我无微不至的关心和照顾，使我这个内蒙古人很快适应了南方的生活，很多情景历历在目，恍如昨日。这也是多年保持联系、心灵相通、历久弥新的因素之一。

在这里特别要回忆我进修中间那个寒假的愉快经历。那是1985年初，春节前后。

放假前王老师、林老师、闻人老师就建议我，把爱人、孩子接来杭州，让他们也游览游览杭州，看看江南，咱们一块过大年。后来我才明白老师们让我家人团聚、扩展亲情，让家人旅游、开阔眼界的背后，有一个通过增进亲情使我舒缓紧张的学习情绪、调节心情，以利于后续学习的良苦用心。至今感谢不已。

来杭州后，受到老师、同学们的热情迎接。我们宿舍正在闻人老师家的后排楼中，同宿舍另有三人放寒假回家，于是这间宿舍就成了我家三人的一统天下。闻人老师和夫人不时给我们送来江南特色的饭菜。闻人老师还专门弄来冬天里价格不菲的螃蟹招待我们一家，这份盛情至今不能忘怀。

春节时，王老师、林老师专门设家宴款待我们。记忆最深的是一盘白煮的大肉条，各人夹起在酱油碗中蘸着吃，很有特色，很有味道。我想这可能是两位老人考虑我是从内蒙古来，喜欢吃大块肉，而结合南方烹饪方法特意为我们准备的。林老师一再劝菜，照护我爱人、孩子吃好、喝好、玩好，其乐融融，如家人一般。王老师和我酌酒、品茗、畅谈。临告辞时，林老师又拿出两块衣料赠予我爱人，情深意切，却之不恭，受之有愧。只能是感激不已。这两块衣料至今保存，没舍得剪裁。睹物思人，深情难忘。

春节期间学校食堂改善伙食，健波给找来几份餐券，并送来宁波大汤圆。我们第一次见到包馅儿的大汤圆，不同于北方滚着馅儿、粘着糯米粉而成的汤圆。宁波汤圆是那样的软糯香甜，多年来记忆犹深。近年呼和浩特也有这种南方过来的宁波汤圆，我们经常买来吃吃，回忆当年的情景、健波的盛情。李磊则数次陪我们游西湖、做导游，安排细致，特别是领着我儿小宇尽情地玩耍。他们叔侄俩玩起来，李磊也像个孩子，真是童心未泯，爱孩子、护孩子，溢于言表。他们叔侄俩多年来互相惦念，结下不解之情。

春节后的一天，闻人老师组织了一次在杭州大学校园的聚会。王老师、林老师，闻人老师伉俪和女儿悦阅，李磊和他在杭大外语系的女朋友，我家三人，参加了这次聚会。春风和煦，阳光灿烂，绿草如茵，玉兰花开，松柏成荫。大人们欢声笑语，尤其是王老师，虽不多言，但一直是笑容满面，慈祥地看着我们大人笑言，孩子们嬉戏，心中的高兴是看得出来的。

这次聚会留下了一些照片，我们常常翻看，怀着愉悦与欢快。或许，以王老师为首的这次春游杭大，也可以比拟孔夫子当年的泗水之游呢。真是"江南忆，最忆是杭州"！这两年写回忆王老师的文章，许多情景浮上心头，把我过去许多年在王老师和与王老师有关联的多位老师门下求学物理学史、自然科学史的记忆重新勾起，浮想联翩，夜不能寐。能在王老师和这么多老师门下求学是我的荣幸。这么多年来，这些先生的道德文章、人格魅力，谆谆教诲，成为指导我的学业、教学、生活，努力向君子学习的人生道路上的多个圭臬。法于阴阳，和于数术，各具佳意，殊途同归。

2020 年 7 月 31 日

王锦光先生在龙泉分校两年学习生活述略

许高渝

1937 年 8 月，王锦光先生入读浙大代办高级工业职业学校，开始了他高中阶段的学习。没过多久，学校迁到钱塘江南岸的萧山湘湖。11 月 8 日，日军在金山卫、全公亭一线登陆，嘉兴沦陷，沪杭线被切断，杭城万分危急，浙江大学大学部师生于 11 月 11 日起分批暂迁建德梅城。12 月 24 日，杭州被日寇占领，浙大代办高工随之解散，王先生只得转学至省立高级宁波工业职业学校继续学业，并于 1940 年 6 月在该校毕业。随后他在丽水浙江省地方银行开办的浙光工场任绘图员。3 个月后，王先生得知浙江大学龙泉分校续招理科生的消息，毅然决定报考。考试结果很快揭晓，王先生和其他 17 位考生如愿以偿，被录取为分校学生。当时《东南日报》刊载了录取消息。

龙泉分校是 1939 年春国民政府教育部和浙江大学为东南各省青年便利就近入读大学而筹建的，同年 10 月初正式成立。成立时的校名为"国立浙江大学浙东分校"，1940 年 4 月 1 日起更名为"龙泉分校"。分校成立第一年仅设置文、理、工、农四个学院的一年级和大学先修班，学生们在一年学业结束时，即 1940 年夏，转入贵州浙大总校续读二年级。所以 1940 年 10 月王先生进校时在校就读的都是和他同样的一年级新生，所不同的只是所属学院和选读的课程有别。王先生就读的理学院学生人数仅 21 人，比农学院多 1 人，工学院学生最多，占全校学生总数的40％。除大学 1940 级学生外，在校的还有当年新招的先修班学生 25 人。

分校设在距离龙泉县城约七里远的一个名叫坊下的小村里（因村中有叶氏节孝牌坊而得名），全村只有几十户人家。文、理、工、农四个学院的同学居住在村中当地富绅曾水清建造的一座中西合璧式木结构楼房里，当地人称其为曾家大屋。整座楼坐北朝南，总建筑面积 3026 平方米，共两进房子，一进为二层楼，二进为三层楼，中间有一个大天井，天井两侧有厢房，大小房间合计为 72 间。这座"回字形"的大楼除了一小部分房间为房主自用外，大部分房子均租给分校使用，教室（部分兼自修室）、学生宿舍、办公室、会客室、图书室满满当当，都在其内，当时有人戏称浙大龙泉分校是"世界袖珍大学"，也有人认为它是 20 世纪的"高等私塾"。

分校周围环境幽美，"整个坊下村处在群峰环绕之中，村前有一片小谷地，春天到来的时候，垅头流水鸣咽，田边白鸳低飞，特别是油菜花香遍了田野，迷人欲醉。

这种静谧的田园景色,真是令人神往而永志不忘",与王先生同届的工学院同学朱兆祥曾在他后来的回忆文章里如此写道。时任分校主任郑晓沧先生的一首五律诗也对分校的环境赞美不绝:"村路屡萦纡,昏黄抵岭隅。尘间万籁寂,峰顶一星孤。鸟宿高枝隐,萤飞清夜徂。此乡如可住,吾亦爱吾庐。"

王先生在分校学习期间,恰逢全民倾力抗战之时,学校办学和生活条件十分艰难,财务亦十分紧张。男同学住的宿舍是一个大"统舱",排满了上下铺的木板床,没有任何桌椅家具。夜自修时,同学们都在桐油灯下看书、做作业,光线不足,烟味难闻,几个小时自修下来,全室为烟雾所笼罩,自然每位同学的鼻孔里也全是黑糊糊的。学生用膳的大饭厅是泥地,四面无窗,相当阴暗。至于膳食,则经常是黄豆、青菜佐餐,极少有肉,而主食曾一度实行两稀一干制。学生多来自沦陷区,常因接济中断,只能靠学校贷金或工读维持学业。

尽管生活条件清苦,同学们学习却十分努力。分校倡导的"求是"精神,特别是老师们高超的学术水平、多彩的教学风格和恪尽职守的负责精神,是鼓舞同学刻苦学习的强大动力。

按学校规定,王先生进校时就读的理学院一年级要修读 22 学分,其中全校公共必修课 5 门:国文 6 学分、英文 6 学分、政训 4 学分、体育和军训不计学分;理学院各系共同必修课 1 门:初等微积分及微分方程 8 学分;系必修课 3 门:初等代数方程式 4 学分、物理学 8 学分、无机化学 8 学分。

任教国文课的是徐声越先生,他于 1923 年毕业于南京高等师范学堂(后改名为东南大学)文史部,通英、法、德、意、俄、西班牙六国语言,他来龙泉分校工作前曾在江苏省立松江女中、上海法学院任教。英文课由林天兰教授执教,他生于 1888 年,福建闽侯人,1914 年获美国西南大学学士学位,1916 年获美国普林斯顿大学硕士学位,历任国立南京高师(后为东南大学)英文教授、厦门大学英文系系主任、大夏大学英文系系主任、福建协和大学教务长、中央大学英文教授、省立河南大学英文教授。1936 年 8 月至 1938 年,他曾任浙江大学外文系英文教授,著作等身,有《高等英文选》《英文会通》《实用英文法》《英文修辞学》《英文同音选字汇编》《怎样修辞》《怎样演说与辩论》《建国高中英语读本》(共四册)。初等微积分及微分方程和初等代数方程式两门课都由毛路真先生担任,他又名信桂,浙江奉化人,1927 年毕业于武昌中山师范大学(武汉大学),后曾任上虞春晖中学、上海立达学院教员三年,1930 年起一直在浙江大学数学系任教。他对中国数学教学的一大贡献是编著了《高中代数学》,由于该书在理论上以及在编写顺序和文字表述方面均优于此前通用的高中代数教材《范氏大代数》,故被国内各校广泛采用。郭贻诚教授和孙玄衔教授分别任教物理学和无机化学。郭先生于 1906 年 10 月出生在北京一个教师家庭,1922 年考入北京大学预科,后入本科物理系,1928 年以优异的成绩获得理学士学位,1936年9月获公费赴美留学,在美国加州理工学院师从当年获诺贝尔物理学奖的 C. D. 安德森(Anderson)教授进行宇宙线研究,1939年以优秀的学习成绩和出色的研究结果在该校获得了博士学位,同年9月从美国回到上海,经人介绍到浙江大学龙泉分校任物理教授。孙先生是江苏无锡人,也曾在美国留学,获康奈尔大学硕士学位,历任暨南大学化工系、震旦文理学院教授。任教体育课的陈陵先生于1931年毕业于国立中央大学体育系,在中大就学期间曾创造过多项田径项目的全国纪录,驰名我国体坛,后曾代表中华队两次获得上海万国田径运动会个人总分锦标,名扬中外,1936—1938年任国立武汉大学体育讲师兼体育课主任。

至于当时分校的领导,如分校主任郑晓沧教授、教务主任孟宪承教授,也都有留美经历,他俩都是国内享有盛名的教育家。

在名师的辛勤教导下,加上王先生自身的不懈努力,他在第一年取得了不错的成绩,全学年总平均76.7分。其中英文和两门数学课,即初等代数方程式和初等微积分及微分方程的学期成绩都超过了80分。根据他的成绩和各方面的表现,分校在1941年8月30日举行的行政谈话会上决定他和其他6位同学在1941学年获得免费生的资格(参见分校第18次行政谈话会记录)。

免费生是当时许多学校为补助清寒优秀青年求学起见而设置的一项政策,有额度的限定,即以全校学生数10%为度,合格者逾限时,以学业成绩定其录取次序。获免费学额者,可免除学费、体育费、实验费及杂费之缴纳,所以王先生获得此项资格实属不易。

1941年对分校来说,是其发展史上极为重要的一年。这一年的3月6日,教育部向浙江大学下达"高字第○八二七○号"指令。指令称:"该校龙泉分校本年暑假后分校准增设二年级,暂分中国文学(附史地)、外国文学、数理化、机电、化工、土木、农艺、农业经济八系。所需经费,并准增加八万元。除由本部拨助四万元外,其余半数,由部商请浙江省政府予以补助。倘该省政府不允拨助,仍应由该校在经常费内统筹支配。仰即遵照。"

增设二年级是浙大,特别是分校师生热切盼望多时的大事。自1940年2月末3月初起,分校就为此多次向总校和教育部呼吁,要求续办二年级。分校认为,只设一年级对学校未来发展极为不利,因不增办的话,一部分优秀师资会失其所望,或因老是任教新生的一年级普通科而兴趣大减,只得离校另行谋职;对不少学生而言,他们之所以踊跃报考分校,大多因川旅费数目巨大无法负担,或其家属畏西南风土与不愿其远离,加上因战事频繁交通常常梗阻等原因,远往贵州总校日益困难。浙江省议会也曾致电教育部,称"浙大龙泉分校仅设一年级学生修业期满,例需升学,值此交通困难,生活高涨,势难远往浙大本部肄业。为救济东南求学青年计,拟请贵部令饬浙大于该分校增设二年级以上班次,以利学子"。1941年2月1

日,分校郑主任又一次分别致电国民政府教育部陈部长、顾次长以及国民党中央党部朱骝先先生、竺校长,表达学校全体师生及东南社会急切盼望达成添设二年级的心情。在竺校长的支持和各方面的共同努力下,教育部下达的指令犹如春风化雨,全校师生得知后无一不欣喜万分。分校领导于 3 月 14 日、3 月 19 日、4 月 17 日连续三次行政谈话会上,将后续筹备增设二年级的工作作为最为紧急的校务问题加以研究,包括添建校舍、增购图仪设备、筹划设计二年级课程、添办二年级事送登新闻,等等。即将结束一年级学习的王先生及其同级同学也满怀信心迎接下一学年的到来。

1941 年秋,分校迎来了新一届同学和二年级老生,稍后,分校又奉教育部的指示增设了师范学院初级部。由于全校学生比上一学年增加了一倍有余,教职员数量也从前一年的 40 多人增加到 80 多人。学校校舍显著扩大,分为一、二两部,分别位于坊下和石坑垅两地。

教学系统也有变化,王先生所在的系名一度为数理化系,后来改称数理系。二年级开设了许多新课程。二年级数理系学生必修课程有 8 门,分别为英文(1 学分)、社会学(3 学分)、高等微积分(3 学分)、理论力学(3 学分)、近代物理引论(2 学分)、中国通史(3 学分)、体育和军训(学分不计)。王先生另外加修了德文课(3 学分),在二下学期又增选了电磁学(3 学分)。任教的教师也有一些变动,由于郭贻诚先生请长假一年离校,与物理相关的课程由新到校的周北屏先生担任。周先生是安徽无为人,30 年代留学美国,获理学硕士学位,后为加州理工学院研究员。之前曾在国立青岛大学理学院物理系任教,到龙泉分校后历任物理学副教授、教授,后来在 1943 年 8 月至 1944 年 7 月间任学校数理系主任。他和同学们亲密无间,发现同学经济有困难,他总会主动相助。

王先生二年级的学习成绩比一年级又上了一个新台阶。他在上、下两个学期共修习了 18 门课,其中 14 门课的成绩都超过了 80 分,二上学期的总平均成绩达 87.5 分,二下学期的总平均成绩也有 83.3 分,整个学年总平均分为 85.4 分。

由于他各课成绩突出,同时操行和军训成绩也均达 80 分,所以学校决定他第二学期获得公费生待遇(全校一、二年级学生中仅 12 名)。这意味着他不仅可免缴学费,而且还有 400 元的资助(其中膳费 300 元,书籍费 60 元,制服费 40 元)(参见国立浙江大学龙泉分校三十年度第二学期公费生名册)。

我们从王先生二年级学习成绩中,还可以看到一个明显的特点,即他所学习的与物理学相关的三门课程分数特别突出:"理论力学""近代物理引论"上学期为 91 分和 92 分,下学期为 86 分和 84 分,"电磁学"(仅在下学期修习)成绩为 88 分。

分校在 1942 年初曾有进一步添办三年级,以使分校逐步发展成一个完整的大学的想法,但总校会议讨论后不主张龙泉分校办三年级,只认为可办三年师范班。

当年入夏后，日寇在浙江发动攻势，分三路进窥金华、衢州，浙东战局日趋紧张，龙泉分校不得不提前在 6 月 14 日进行期末考试。6 月 26 日分校电教育部，报告分校员生拟避闽北松溪。在此情形下，不少二年级生决定下学年到贵州总校继续学习。王先生因多种原因，未入黔续读三年级。他于 8 月到永嘉县立中学任教一年，后在福建建阳暨南大学数理系完成了他的大学学业。

我们从上面对王先生在龙泉分校两年学习生活的简述中不难看到，分校的两年学习生活是他人生道路上的一个重要阶段，他后来确定将物理学作为其终身目标和职业，并在该学科的教学和科学研究方面取得非凡成就，都同他在龙泉分校打下的坚实基础密切相关。

谨以此文纪念王锦光教授诞辰一百周年，并表达对他作为中国物理学史研究先驱的深深敬意。

2019 年 10 月

相伴永远

——深情回忆我的丈夫王锦光

林秀英

2008 年 12 月 12 日上午 7 时 20 分,我亲爱的丈夫王锦光因病逝世,他去世这一天正巧是他农历八十九周岁的生日。锦光的离去,对我是个巨大的打击,我非常悲痛!锦光呀,我们共同相伴了六十五年,这六十五年的流金岁月,留下了你永远的音容笑貌,留下了你永远的爽朗声音,留下了你对教学和科研的永远追求,留下了你对我和子女们的永远的深爱!曾经过去的一切,一幕幕、一件件是那么清晰地浮现在我的眼前。

1944 年 9 月 9 日,温州第三次沦陷在日本鬼子的铁蹄下,手无寸铁的老百姓受尽了折磨和痛苦。那时,我们全家从城里逃难到茶山睦州垟村老家,恰巧锦光和他父亲也逃难到那里。那时他是高中数理教师,我是个高中生。就这样,我们在逃难中相遇了,我们在一起谈论最多的是当时的时局。我们深感国家贫穷、科学落后,处处受到外敌欺负。我从小喜欢数理化,他又是数理老师,所以我们也常常谈到数理化及科学救国的问题。为了避人耳目,我们常向隔壁划船的老公公借条小船,在船上谈论时局和数理化。从相识、相知到相爱,相同的遭遇和共同的理想把我们的心连在了一起。那时我们在乡下经常会听到日本鬼子强奸妇女的可怕消息,我的父母担心我是个女孩子不安全;另外,他们打心眼里喜欢锦光,所以也就希望我们早日结婚。于是,我们俩就在那个国难深重的年代结成了夫妻。婚后不久,1944 年冬天,叶云帆校长派工友宝昌到睦州垟找锦光,说永嘉中学已经搬到楠溪岩头,高三独缺数学和物理教师,想请锦光马上到岩头上课。那时要去岩头,必定要经过温州市沦陷区,我父母觉得太危险,不赞成我们去。可是,锦光想到,如果聚集在那里的学生没有数理教师上课,怎么行呢?为了学校能够顺利开课,为了使学生们能及时得到数理知识,为了使青年人能够呼吸到校园里浓厚的科学空气,我们还是应该不顾个人安危,抓紧时间穿越温州市沦陷区,赶赴岩头去上课。我们说服了我的父母,在他们的支持下,我们第二天就上路了。那时,我公公(锦光的父亲)、我父亲和我们俩共四个人雇了一条小船驶向温州市沦陷区。当船接近梧埏塘河东岸汉奸管辖的检查站时,船老大机敏地向西岸加速划了过去,避免了因盘查可能遭遇的麻烦。到了城里后，我们绕过敌人的哨所，住进安桥亭旁的一个小客栈里。晚上，我们看到街上有几个喝醉了酒的日本鬼子，摇摇晃晃，乱叫乱窜，吓得我们四人一夜没有合眼。次日天未亮，在客栈老板的协助下，我们与公公乘船过瓯江进楠溪江。到沙头时已近傍晚，小客栈的店主先把我们的大部分行李运去岩头，然后我们俩在次日拂晓告别公公启程。我们快速沿江而上，中午走到朱岸，见到一所小学屋顶上有国旗飘扬，当时我们心里有说不出的高兴，顿时忘记了疲劳，加快了步伐。下午就到达永嘉中学借住的岩头小学，见到了叶云帆校长。他急切地说，锦光明天上午就上课，高三数学、物理都由你上。当学生们看到了心中期盼的王锦光老师时，立刻雀跃起来，欢笑声连成一片。锦光说，明天上物理与解析几何，请同学们预习一下。晚上，锦光坐在灯下备课，毫无倦意。但是，物理课是要做实验的。岩头镇上什么仪器都没有，怎么办？锦光想了许多办法来给学生们上物理实验课，其中有一个"金印"的故事，我至今记忆犹新。当时学校里有个厨工的小孩受惊，厨工到邻近的芙蓉村借了枚"金印"来压惊。锦光知道后，喜出望外，想做"金印"的物理实验。于是，他向厨工借来"金印"和一杆秤，先称出"金印"在空气中的重量，再测出"金印"全部浸没在水中的情况，然后根据阿基米德定律计算出"金印"的比重。对照教科书中的"固体比重表"，结果说明这枚"金印"的比重与表中的黄铜相同，而且这枚"金印"的颜色也与黄铜相同，由此证明这枚"金印"不是金制的，而是黄铜制的。在简陋的教学条件下，通过这个"金印"实验以及其他一些结合生活小常识的实验，使学生们学习物理的积极性和自觉性得到了很大的提高。

在永嘉中学上课的日子里，经常会遇到国民党军队和警察的骚扰。这些兵听到日本鬼子要来，就先逃，但是见到老百姓的东西就抢，对中共瓯北部队就剿。学校因此不得安宁，而只能迁回地上课。即使在那样动荡的教学环境下，锦光和老师们仍然坚持认真教书，学生们也努力地刻苦地读书，下课后师生们在操场上一起跑步、打球，练唱抗日歌曲等。在师生们共同努力下，度过了艰苦的战乱年代，学生们高质量地如期完成了学业。这是多么不容易呀！后来，我们俩常常回忆在岩头教学的日子，我们共同为有如此不平凡的经历而感到自豪！永嘉中学在岩头教学的艰难岁月，成为"永中"（现"温二中"）校史上光辉的一页。

1945年日本投降后，温州各中学恢复招生，各校的数理化教员奇缺。锦光就身兼三职，奔波在三所中学之间来回授课。当年10月，我们第一个女儿诞生。后来，锦光在寒暑假开办"礼光补习班"，我就帮助刻蜡纸和校对教材等。此后，我成为温州高级商校初中理化教员。那时，物价飞涨，家里人口较多，生活相当拮据。1947年2月，锦光应金嵘轩校长聘请到温州中学教高中物理。他自编物理讲义，并且开创"高中物理实验"，还亲自带领学生到温州电厂实地讲课。锦光结合实际、深入浅出的生动讲解激发了学生们对物理的浓厚兴趣，学业大进。1949年温州各中学联合举办物理实验比赛,温州中学赢得高中第一名。

新中国成立前夕,锦光参加了温州大学生联谊会的进步活动。他们按照中共地下组织的布置,积极参加了护校工作。我们的第一个儿子和第二个女儿先后在1947年及1949年出生。

1950年金嵘轩校长到杭州学习,委托锦光主持校务。这年暑假招生,各校意见不一,有的学校要在学生录取后评分,取消学生的志愿。锦光坚持要尊重学生的志愿,并得到在杭金校长的赞同,从而保证了温州中学的学生质量。

抗美援朝期间,锦光在温州中小学教员联合会上演讲"和平利用原子能",谴责美帝国主义以原子弹进行战争恫吓的罪恶。1951年我们有了第二个儿子。

1952年10月,锦光调入杭州大学的前身——浙江师范学院任教。我也同时调入,担任物理实验工作。1953年我们添了第三个儿子。此后,锦光在担任物理教学的同时,开展了物理学史和科技史的研究工作。当时在国内,物理学史和科技史的研究刚刚起步,锦光成了这个领域的开拓者。锦光在工作岗位上,常常是废寝忘食和忘我地工作。有一次锦光带毕业班到中学实习,高度紧张的工作使他在教室里昏倒了,可是病情稍有好转,他又投入到繁忙的教学中去了。有一次,锦光高烧不退仍然坚持工作,医生诊断为"急性胆囊炎",脓肿严重,必须紧急住院。在住院期间他念念不忘的还是工作。锦光通过刻苦钻研和辛勤工作,取得了教学和科研双丰收。特别是他对中国物理学史和科技史的研究有了重大的突破,因而得到了中国科学院的重视,1962年被中国科学院自然科学史研究室聘为兼职研究员,直接指导两名研究生。"文革"初期,1966年6月,锦光因为研究物理学史和科技史受到了冲击和炮轰,什么"封资修""资产阶级反动学术权威"等批判的大字报铺天盖地而来。我们的五个孩子也被点名批判为"修正主义苗子"。当时锦光非常痛苦,又无处申诉。这时候,我们两人相依为命,相互鼓励,我们相信群众相信党,坚信"真金不怕烈火烧"。我们在家中,在散步途中,在登山的路上,经常一起背诵毛主席的诗词,"风物长宜放眼量""胜似闲庭信步"等诗句犹如一股强大的动力,坚强地支撑着我们。锦光终于经受住了大风大浪的考验,又继续埋头苦干,坚持研究物理学史和科技史。在"知识分子接受工农再教育"中,锦光虚心学习,踏踏实实工作。有一段时间他到半导体生产线搞去离子水工作,他常常要把60多斤重的桶装蒸馏水从一楼背到三楼,这对于已经五十多岁且身体瘦弱的他来讲是很难的事,为此我常为他担心,而他却咬紧牙关坚持了下来,总是乐呵呵地对我说:"经受锻炼是很快乐的!"

1978年,锦光开始招收我国首届科技史硕士研究生,以后又招收多届。先后培养了10名高质量的物理学史和科技史研究生。由于"文革"抄家,锦光收藏的科技史书籍资料损失了三千多册,后来他想方设法又购置和收集了大量的国内外科技史资料。我们家没有什么贵重的家具电器,房间里尽是挤满橱柜的书籍。他爱书,爱不释手!他逝世前几天还坚持看书写笔记。他总结自己的一生就是"读书、教书、著书"的一生。

他还被郑州大学、宁波大学等院校聘任为兼职教授,被推选为中国科技史学会第一、二届理事,物理学史专业委员会副主任,并任杭州市科技史研究会理事长,美国科技史学会外籍会员。他还多次被邀到美国、德国等讲学,以中国古代科学技术的辉煌成果宣传了中国古代文明、中国古代科学技术中的创造发明以及对世界科技史的卓越贡献。锦光先后发表的论文,共有一百余篇。锦光的研究成果得到了国内外科技史界的高度评价和赞赏。英国著名的李约瑟教授、美国著名的席文教授、国内著名学者和博物学家胡道静先生等都是他的挚友。在锦光为科技史事业开拓和深入研究的五十余年中,我总是陪伴在他的身旁,尽力帮助他做些资料摘录、整理和实验验证工作,以及一些接待工作。我为他分担忧愁,也与他分享快乐。

锦光很爱我。他处处关心我,他常常叮嘱我"要注意劳逸结合和保重身体"。他直接教授了我许多大学物理知识、物理学实验的技能技巧以及做人的道理。我们俩共有五个孩子(二女三男),他非常爱孩子,和蔼可亲。他乐意给孩子们讲故事,孩子们也喜欢围绕在他的身边。他经常了解他们的学习情况,时时关心他们的健康成长。他常常教导孩子们"知识就是力量",要努力学习,多掌握知识,长大更好地为社会服务。在三年困难时期,他宁可自己艰苦生活,也不肯苦着孩子;他宁愿自己多吃杂粮和瓜菜,尽量让孩子们能够吃得饱些。我记得 1969 年 3 月,我们三个儿子都去支边支农,锦光想到大儿子和二儿子是去黑龙江省富锦龙阳大队插队,为了不让孩子受冻,他坚持将自己保暖的衣裤和棉背心脱下给孩子们穿去,孩子们都感动得落泪。他语重心长地说,无论在什么情况下,学习科学文化知识,一刻也不能放松。三个支边支农的儿子牢记父亲的教诲,在劳动之余不忘学习,一个先进了哈船工,另两人在国家恢复高考后,分别考取了浙大、南大。锦光酷爱学习和认真工作的良好习惯直接影响了孩子们,现在五个孩子都出息了,都成家立业了,全部都是高级职称,其中两个在国外深造、获得了博士学位。后来我们又有了孙辈,孙辈们的表现同样出色,也有两个获得博士学位。子孙们不仅表现好,而且都很孝顺,锦光和我深感欣慰。

锦光的身体是比较瘦弱的,所以他一直比较注意锻炼身体和有规律地生活。在他青年时,常与学生一起跑步打球;中年时经常练习太极拳,他曾在校系运动会上作过太极拳表演;老年时,他与我一起坚持登山和走路;进入耄耋之年,我们俩常在阳台上做操。为了锻炼身体,我们在家里的门框上方横向安装了一个铁杆,锦光几乎天天在那个"单杠"上进行挂臂锻炼,直到逝世前。锦光总是强调"身体健康第一",锻炼身体持之以恒,并注意言传身教。

锦光对待父母长辈很有孝心,老人们都欢喜他,有什么好吃的锦光都先想着父母长辈。婆婆在1952年、公公在1963年先后去世,之后他把我的父母亲接来共同生活,三十多年来关系融洽,亲密无间,直至最后为他们送终。

锦光身为教授,知识渊博,但是从来不摆架子,对学生特别厚爱,他把学生当作自己的孩子,谆谆教诲,耐心细致。每当学生们取得了成绩,他都给予热情鼓励。学生们也非常尊重他,经常有学生来看望他或有书信往来,这个时候锦光总是很激动和快乐的。

锦光政治上要求进步,新中国成立后他加入了中国民主同盟,1985年加入了中国共产党。锦光退休后仍然关心政治时事,积极参加组织生活,继续关心和参与物理学史和科学史的研究,关心学生和子孙的学习和工作,关注健康和锻炼身体。他愉快地、几乎是"忘龄"地享受着"乐晚晴"生活,他走的时候是平静和安详的。

锦光呀,对你的回忆我无法停止!我时时刻刻地想念你!和你相伴六十五年是我最大的幸福!你留给我和子女孙辈们的是巨大的精神财富,你为我们树立了"认认真真教学,堂堂正正做人"的光辉形象!你没有离去,你永远活在我和子女孙辈们的心中!你永远相伴在我们身边!

2011 年 12 月 12 日

我的父亲

——一位勤奋、执着的中国物理学史研究的开拓者

王才武

　　我的父亲工锦光教授，1920 年 1 月出生，温州人，今年已经 88 岁了。他虽然身体比较瘦弱，但思路敏捷，记忆力颇好，至今仍保持着每天写日记和外出散步的好习惯。谈及他一生如何用最简短的语言概括时，他笑着说："读书、教书和写书。"概括得很精辟。他正是用一辈子的心血从事着这三项工作，他以书为友，以学生为友，以物理学史研究为终生奋斗目标，努力贡献着自己的智慧和力量。

　　他从小聪颖，喜爱读书，勤奋好学，成绩优秀。特别是"中、英、算"成绩一直是班级第一名。当时时局不稳，家境不好，但是他凭着顽强毅力和刻苦钻研精神，完成了大学学业。参加工作以后，他仍视"读书为第一需要"。20 世纪 50 年代初期，他从温州中学调到浙江师范学院（杭州大学前身）工作，还认真攻读了俄语。他的生活规律是早起，我们经常看到他一大清早就在看外文书籍，英、德、俄的书籍都有。他还有爬山的爱好，在登山时不忘背诵诗词，有千家诗、唐诗和毛主席的诗词等。他生病住院时，常以"既来之，则安之"鼓励自己与疾病作斗争。他在"文革"中受冲击、挨批斗时，常以"风物长宜放眼量"和"胜似闲庭信步"勉励自己。休息日他常去新华书店，一去就是大半天，回家时常常提了一大捆书籍，然后仔细阅读和做读书笔记。现在年岁大了，外出活动少了，但他还是经常看报和读书。他说："书籍是贮存人类世代相传智慧的宝库，必须天天读书。"

　　还在读大学时，他就开始教书了。那时他才 20 岁，利用课余时间担任代课教师。工作以后，为了挑起家庭的重担，他常常身兼数校的教学工作，奔走在温中、瓯中、温二中之间上课。他教书深入浅出、举例生动，学生们很喜欢听他讲课。现在还常有当年的学生给他写信，回忆王老师把枯燥的数理概念讲活了，令人经久不忘，记忆犹新。有这么一个例子：那是 1943—1944 年期间，日寇侵占了温州，永嘉中学（现温二中）被迫迁至岩头。我父亲冲过敌人层层封锁线后，立即投入了教学工作。当时教学条件差，更缺乏实验仪器。如何讲解"比重"这一课呢？他从附近的芙蓉村借来一枚相传为南宋时代留下的"金印"，要求学生用阿基米德定律来测定它是否真金。在他的指导下，学生用准备好的秤和水来做实验，实验的结果证明这枚"金印"不是黄金做的，而是黄铜铸成。在温州中学，他自编物理讲义，开创高

中物理实验,还带领学生去温州电厂实地讲课,激发了同学们学习物理的浓厚兴趣。1949年温州各中学联合举行实验比赛,温州中学获得高中第一名的好成绩。在浙江师范学院和杭州大学工作时,他先后担任了普通物理、物理教学法和中国物理学史、世界物理学史、中国科技史等课程的教学工作。从1940年第一次站上讲台到2001年12月离开讲台,他教书整整62个春秋,教过的学生成千上万名。学生们都十分尊重王老师,常常登门拜访,或写信,或致电。而他也非常喜爱他的学生,每当见到学生或听到学生的声音,他都很开心;每当收到学生的来信,他总是认真阅读和回信。他和学生,学生和他,师生间结下了亲密无间的深情厚谊。

从1952年起,他在教学的同时,开始研究中国物理学史,这在当时国内几乎是个空白的科研领域。面对科研条件不够好和理解支持的人比较少的现状,他像垦荒者一样,执着地进行着中国物理学史研究。那时家里人多,家具不多,最值钱的东西就是整齐排列在十来只橱架里的书籍资料。家里的写字桌上也堆满了书籍和我父亲的手稿。遇到炎热的夏天,他一边摇扇一边写作,汗水渗湿了衣衫,他还不停地用毛巾擦拭着额头上的汗珠。到了寒冷的冬天,他那写作的双手冻僵了,就用双手对搓,或喝杯热开水温暖一下。写作疲劳时,他就带着小孩子到黄龙洞或牛奶场(现世贸中心附近)去蹓跶一圈,路上讲故事给孩子们听,回家后又埋头继续工作。1962年1月他被中国科学院自然科学史研究室聘为兼职研究员,并承担中科院两名研究生的培养指导工作。1978年杭大物理系成为全国首批拥有物理学史硕士授予权的单位,他培养了十余名研究生。他多次参加国际学术活动,到美国、德国多所大学讲学和作学术交流。他出版了四种物理学史专著(与人合著)和一本高校物理学史教材(与人合作,主编)。这四种物理学史专著是《中国古代物理学史话》《中国光学史》《中国古代物理学史略》《中国古代科学史纲·物理学史纲》。他发表的论文有一百多篇,主要论文有《〈梦溪笔谈〉中关于磁学与光学的知识》《清初光学仪器制造家孙云球》《中国古代对虹的色散本质的研究》等。他在科学史上的成就得到了国内外科技界的重视和赞赏。著名的英国皇家学会会员、中国科学院外籍院士李约瑟博士生前常与我父亲通信交流,共同研讨物理学史有关问题。1985年李约瑟博士写信给他说:"欣闻一部中国光学史的权威性著作不久将出版,实为钦佩。请允许我祝愿她的成功。"国际科学史研究院通讯院士、上海人民出版社编审胡道静先生如此评价他:"我同锦光相交逾30年。他为祖国物理学史的探研投付的巨大精力和收获的丰功硕果,一直为我所无限敬佩,同时不断地从他孜孜不倦献身于学术探索的晶莹气质中得到精神上的鼓励与支持。"现在我父亲虽然已是耄耋之年,但他仍然关心着中国物理学史的研究和年轻研究学者的成长。他说:"科学给人们知识,科学史给人们智慧,研究和发掘中国物理学史史料,是发掘中华民族的智慧结晶,是伟大的科学研究工作。我为能在这个研究领域的开拓和发展上贡献自己的智慧与力量而感到无比高兴。"

　　一位著名学者赞扬我父亲为"鸿儒谈笑观破卷,福润后生大作香",我们对父亲不畏艰难和勤奋拼搏的精神感到钦佩,也为他"读书、教书和写书"取得的丰硕成果感到自豪。他是我们慈祥可敬的父亲,也是我们子女和孙辈的楷模,我们深爱着他,并努力地向他学习,要继承和发扬他的学识、学风和学德,做对祖国、对民族、对社会有贡献的人。

2007 年 3 月 26 日

"好兮"歌——献给亲爱的父亲

您最爱说的话是"好兮",
您最后留下的话还是"好兮"。
亲爱的父亲,在您离去的一年里,
我反复回味着它的深刻含义。

"好兮",您对生活充满着勇气,
"好兮",体现了您乐观人生的真谛。
无论是悲伤,还是欢喜,
无论是挫折,还是顺利,
您不屈不挠,睿智坚毅,
您勤奋耕耘,辉煌业绩。

您言传身教,引导我们扬长去弊,
您引经据典,给予我们热情鼓励。
"好兮,好兮,自强自立",
"好兮,好兮,继续努力"。
您的字字句句铭刻在我们的心底,
您的音容笑貌凝固成永恒的记忆。

亲爱的父亲,我无法再在您的身旁偎依,
但您亲切的话语常常在我的耳边响起。
仰望天空,我看到了您那颗星星明亮无比,
放耳苍穹,我听到了您洪亮声音传来的"好兮！好兮"！

2009 年 12 月 12 日

562

才武按:《我的父亲》完成于 2007 年 3 月 26 日,已经父亲生前审定。"好兮"是温州话中"好"的感叹句,有乐观、自信、自勉、互勉、赞成、顺利、满意等意思,素为父亲所乐用。2008 年 12 月 11 日父亲午睡时躺下,同往常一样,说了句"好兮!"后就入睡了。后来,他突然发生呼吸衰竭,被紧急送往医院,经医院抢救无效于 12 月 12 日上午 7 时 20 分与世长辞,享年 90 岁。我于父亲逝世一周年之际作了一首《"好兮"歌》。现将一文一诗组成心香一束,献给亲爱的父亲。

忆白塔岭铁道知青专列

王岳洛

　　杭州城的早春三月，寒风凛冽，浓雾低回。远处的六和塔巍然耸立，雄伟的钱江大桥横卧之江两岸，缓缓的钱塘江水波涛不惊。1969 年 3 月 9 日早晨，镇守千年钱塘江边的白塔岭旁的一股铁路叉道上静静地停着一列长长的绿皮列车，这是一列即将满载杭州知青开往黑龙江北大荒富锦县的专列。

　　霎时间列车车厢内外就沸腾了。千名杭州知青身着浅绿色的棉外套，手里拎着、肩上扛着简易的行李，从杭州的四面八方，浩浩荡荡地汇集到这条名不见经传的铁道旁，即将登上这趟北上的专列。当时，我是杭大附中（现在的学军中学）66 届高三甲班的毕业生，在席卷大江南北的"文化大革命"浪潮中，已经浑浑噩噩地度过了两年半时间。1968 年底，毛主席发出了"知识青年上山下乡，接受贫下中农再教育很有必要"的号召。几年来无所事事的我，竟劝动了我的弟弟（当时他才 17 岁），一起报名去北大荒插队落户。因为那时我身强力壮，不用多大工夫就一头挤进了已经人满为患的车厢。颇为自豪的是，杭大附中的知青竟然包了整整一个车厢，118 人。当时，报名去黑龙江富锦县插队落户的共有十对兄弟、姐妹或兄妹，甚至舅甥，其中有：王岳洛、王维洛、蒋遂、盛逊，余莉莉、余旅滨，张怡庭、张韵华，娄彦飞、娄健，李杭、李林，花拯民、花为民，王黛、王晋，叶正寅、叶芊桐、叶芊石，王心田、金曼铃（舅甥关系）。在这列专列中，杭大附中的知青比例最高，其他的是来自浙大附中、杭一中、杭州外国语学校、杭七中、杭十一中、西湖中学等学校的知青。

　　我回头一望，弟弟还未上车呢，赶紧挤到车窗前，再向后张望，只见弟弟和送行的老父亲，呼哧、呼哧地往车门前跑，我的父亲消瘦的脸颊和额头上都冒着热汗，真难为他了，岁月不饶人，毕竟快五十岁的人了。我赶忙挤出车门，帮弟弟提上行李，费了九牛二虎之力，一起挤进根本已经站不住人的车厢。

　　我尊敬的老父亲是杭州大学物理系的老师，投身教育事业，孜孜不倦，桃李满天下。从 1952 年起，他在教学的同时，开始研究中国物理学史，这在当时，在一个百废待兴的年代，几乎是个空白的科研领域，他像垦荒者一样，执着地进行中国物理学史的研究。1962 年他被中国科学院自然科学史研究室聘为兼职研究员，并承担中科院两名研究生的培养和指导工作。在《科学大众》和《科学画报》等刊物上发表了多篇文章，例如：《中国石油史话》《中国水压机史话》《中国古代物理学史话》

《〈梦溪笔谈〉中关于磁学与光学的知识》《清初光学仪器制造家孙云球》等。1966年，"文化大革命"开始了，他的文章属于既不红又不白的文字典型，上纲上线说不上去，但是少不了闭门思过，"自觉"地选了一批"不合时宜"的文章交到系办公室封存。

此时的车厢内外，摩肩接踵、人声鼎沸，几乎爆棚，最近十几年的春运潮与之相比，也是小巫见大巫了。父亲也被这个壮观的场面惊呆了，乘着人与人之间的一丝空隙，紧紧地拉起我的手，在掌心上反复写着几个字"走自己的路"。直到我不断点头，他才露出欣喜的微笑。

这时列车喇叭里反反复复地播送着："杭州发往黑龙江的知青专列马上就要开车了，请送别的家长和同学们立即下车、立即下车。"这样的广播声，重复了几十次，车厢里依然热情洋溢、拥挤不堪，叮咛声、道别声、啼哭声此起彼伏。

父亲终于先带头挤出了车厢，静静地站在里三层外三层的人群旁，不断地向我们挥手、招呼。半个小时又过去了，车厢内外还是热闹非凡，水泄不通，列车几乎没有开行的可能。乘着空隙，我赶紧拉上弟弟，挤出车门，奔向父亲站立的地方，"老爸，这列火车可能马上就要开了，你有什么话，就赶紧对我们讲吧。"我急呼呼地说。老父亲从穿着了十多年、颜色已经泛黄的中山装衣兜里小心翼翼地拿出一本折叠平整的《科学画报》，我一看封面就知道，那是一本刊有他写作的《中国石油史话》的《科学画报》。1959 年 9 月 26 日，我国在东北大庆打出第一口油井，老父亲翻遍有关资料，花了几十个日夜，用珍贵的史料写出了《中国石油史话》，在当时引起一片反响。他动情地说："儿子，你们今天就要走上新的道路，可能是一辈子种田耕耘，那也是可以开辟出一条新路。我在物理学领域也耕耘了二十几年，虽无建树，但是只要不断探索，总有新发现。过去讲东北有三宝，现在又多了石油一宝。你们在农村种地之余，也可以关心一下石油。现在家里就剩下这几本适宜的了，我也只能挑选一本送上，带上它，抽空看看吧！"父亲的脸上显出一丝无可奈何的神态。

呜！呜！呜！火车的汽笛声再次在白塔岭上空响起，我赶紧接过老父亲手中的杂志，深深地向他鞠躬，拉上弟弟，挤上了列车。十点钟，杭州知青专列终于缓缓离开了白塔岭轨道，踏上北去的历程……

一眨眼九年过去了，我和弟弟一起在一望无际的三江平原上种田垦荒，也曾在铁矿抢镐掘进，但是始终没有机会碰见石油……

也就是九年后的三月，我以优良的成绩考上了浙江大学光仪系，记得当时高考的作文试题就叫"路"，相信自己那时一定是考了高分。我的弟弟也以优异的成绩考上了南京大学地理系。

2015 年 12 月

565

朋友眼中的父亲

王筱武

因为我的工作单位(中国计量学院)与父母亲家距离近,所以经常上父母亲家,因此有幸结识了不少父亲的好朋友,如中国科技大学教授朱兆祥先生(后来任学部委员、宁波大学校长)、南京大学数学系主任叶彦谦教授、山东大学物理系主任余寿绵教授、上海人民出版社编审胡道静先生、北京大学图书馆馆长潘永祥教授。在他们眼中,父亲是个学问好、平易近人、对朋友像春天般温暖的人。下面我回忆一下朱先生到我家,与我们的一段对话,从中可以了解我父亲的为人。

记得 1985 年的一天,我刚来到父亲家楼下,就听到楼上传来一阵阵爽朗的笑声。上了楼,只见父亲旁边站着一位个子高高的、与父亲年纪相仿的儒雅先生,两人谈笑风生。父亲看到我,马上招呼我也过去,介绍说这是朱伯伯,与他是宁波高工、浙江大学的同学兼好友,现在朱伯伯要赴宁波大学任校长,是包玉刚先生亲自挑选的。

朱兆祥教授快人快语:"我接到任命后,一到浙江就打听我的好朋友锦光,我猜想他可能在杭州某大学任教,果然被我打听到了。我在想办宁波大学,请你来宁波一起奋斗,为办好宁波大学出一把力,所以没到宁波就先到你这里了。"说完,发出一阵爽朗的笑声。

我接着说:"父亲是个好老师,上课上得特别认真,我的学校也请他去上课。有老师对我说,上课上到王先生的水平不容易。我也经常去听父亲的课,也觉得他上得很好,很受学生欢迎。"

朱教授马上又说:"好哇,办校就是要有好的老师,上受学生欢迎的课程。"然后,转过头对我说:"你父亲读书的时候就是个好学生,学习认认真真,一丝不苟。家境虽然贫寒,但不动摇他追求学问的决心。"

朱教授和父亲两人开始回忆起他俩当年考浙江大学的经历:头天晚上复习功课通宵未眠,第二天早上天亮,两人把口袋里的钱全掏出来,加起来只能买一个烧饼,两人平分了吃,共赴考场。后来发榜,两人都考中了。现在两人回想起来,当时到底买的是一个大烧饼还是一个小烧饼,无论如何也记不清了。朱先生幽默地说:"要是换成现在,再不济也要弄个鸡蛋吃吃。"两人对视大笑。考完了,两人就近找零活打工赚钱,手头有一点钱后,朱教授就陪同父亲回了父亲的老家。见到父亲家中的境况,直到如今,朱教授仍唏嘘不已:"我是一人吃饱,全家不饿,而你父亲还要养活全家。不容易呀!不容易呀!"当时,我祖父祖母的身体有疾,均没有工作,偶尔打打零工,主要靠父亲边读书、边抽出时间打工,维持家庭生活。父亲是很艰辛的。朱教授听后,眼眶也红了。

朱教授又说:"我记得你父亲英语很好,比我们都好。"我在边上说:"现在就派上用途了,父亲马上就要去美国讲学、开会。先前,与英国剑桥中国科学史专家李约瑟先生交谈,父亲听得懂、讲得出,都不用翻译。"朱教授马上大声说:"好!当年我们两人同上宁波高工,就是因为家贫交不起学费,上不起普通高中。现在年轻人条件好了,就要像你父亲和我一样刻苦学习,取得更大的成绩。"

朱教授又向我评价说:"当年你父亲是怎样一个人呢,就是温良恭俭,诲人不倦,专注于做学问的有为青年。"父亲在旁边说:"我有千条理由不读书,但既然选定了读书的路,就要坚定地走下去。"

2016 年 3 月

父亲王锦光的背影

王维洛

王锦光的故居

中国古诗中怀念故乡的诗词颇多，而对故乡的怀念，往往包含着对故居的怀念。在一个不断拆旧房又不断建新房的中国，老房旧房是少之又少，故居在思念中的价值也就越来越高。王锦光的故居，系祖屋，在温州旧城中心四营堂巷。这是一座明清木结构的建筑，三进院落，呈七字形，大概是分两期盖成的缘故吧。中间分一堂、二堂、三堂，两边对称为正间，旁设厢房。大门东北边本有一座小巧玲珑的古塔，1966 年被毁。王锦光的故居得以保存，只是因为其中的两间厢房租给了当时在温州中学教书的朱自清先生。记得父亲写过一篇文章纪念朱自清先生，他那时刚上小学。现在该故居往东平移 200 米重新修缮后，成了温州朱自清旧居纪念馆，给我们下辈人多一个念想。

王锦光 1949 年的工资单

朋友偶然在网上发现一张王锦光 1949 年的工资单。这是温州永嘉私立瓯海中学发给王锦光的一张谷票。那时父亲在温州好几所中学担任物理教员,瓯海中学便是其中的一所。瓯海中学的前身是瓯海公学,成立于 1925 年,1956 年学校转为公立,改名为温州市第四中学。当时正值解放战争时期,通货膨胀,金元券不值钱。为了让教师安心教学,没有后顾之忧,瓯海中学支付的是稻谷,称为"学谷"。据说当时一位全职的教师每月的工资大约是五百斤稻谷,父亲的工资单上写的是学谷一百勔(勔同斤),应该是他在瓯海中学一个月的工资。正因为父亲在 1949 年之前在温州中学担任过教师,所以其档案中的成分一直是"伪职员"。

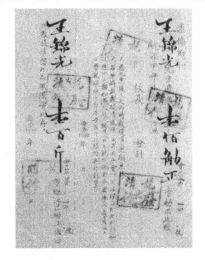

1949 年工资单

王锦光温州中学的同事

温州本是人杰地灵的地方,一个文人和学者辈出的地方。在原杭大家属宿舍里,可以碰到许多说温州话的教书匠,有的担任过温州中学的校长,他们是父亲的前辈。在网上发现一张王锦光和温州中学同事的照片,好像父亲生前并没有收藏。

1948 年王锦光在温州中学任教期间和同事的合影
前排左四金嵘轩(校长)、左六王锦光;后排左二张明曹(画家)、左四马骅(诗人)、左五南延宗(地质学家)

王锦光和水

指南针是中国四大发明之一,东汉时期思想家王充写的《论衡》一书中记载:

569

"司南之杓，投之于地，其柢指南。"但是实物复原均未成功。父亲第一个通过实验证明，磁勺子放到水银池上，便能指南；《论衡》中"投之于地"的"地"，应作"池"解。记得在德国看过一部纪录片，讲的是中国古代航海业，其中使用的指南针，就是把磁石片放在液体表面。可见这个注释已经获得认可。

"文化大革命"中，父亲被打成"反动学术权威"，学问不能做了，被挂牌批斗、扫马路。让他十分痛心的是，他失去了许多宝贵的书籍和宝贵的时间。后来父亲不用再去扫马路，转而每天为校办工厂做搬桶装去离子水及相关的工作。不知道他在端去离子水的过程中是不是还在想他的科研题目，会不会想到磁勺子在液体表面转动的摩擦力比较小，可以指南。

王锦光和钱

在给父亲的悼文中我写道："一介书生，两袖清风。"不管家务事，不知柴米贵。父亲对钱真是一窍不通。"文化大革命"中父亲的工资被扣发，只发家人的必需生活费。在扫马路、端去离子水之后，爸爸被分配到学校食堂去卖饭票。过去听相声，说是艺人改行卖西瓜、卖包子的，闹出不少笑话。王锦光卖饭票碰到的最大困难就是他永远也数不清钱。他总是一丝不苟，希望不出一点纰漏，但是每天结账，总有差错。他对此非常失望。

王锦光和地震历史资料的收集

"文化大革命"结束前，唐山发生了大地震，父亲被调去搞中国地震历史资料的收集工作，就是从浩瀚的历史书籍中，寻找历史上关于各地地震的记录。父亲每天到浙江图书馆去找资料。浙江图书馆在孤山，父亲每天都走着去，他说一路风景特别美。找历史资料能查看浙江图书馆里的善本，这让爸爸很高兴。地震部门根据历史资料，重新确定各次地震的震级和各地的地震烈度，作为房屋建筑防震设计的依据。地震部门认为历史书籍中关于地震灾害的描写很多是夸大的，所以会人为地去掉这些所谓夸大的部分，然后确定各地的地震烈度。父亲认为，史书记载的地震灾情是属实的，没有夸大的成分。父亲相信过去的史官都像司马迁一样，忠实地记录着历史，历史不是一个任人打扮的小姑娘。2008年四川汶川发生的大地震，证明了爸爸几十年前的观点是正确的。如果当时没有人为地去掉所谓夸大的部分，汶川震区的烈度就不会确定为六度或者七度，死亡的人数就会大大减少。

王锦光和书

父亲爱书如命。他喜欢的书不少是旧书，是孤本或者珍本，花多少钱也买不到的。那时没有复印机，他就把书借来抄，不但自己抄，也让我们抄。他退休以后，学校图书馆和学校新华书店是他每天必去的地方(假日除外)。有一天吃饭时,父亲还没有回家,母亲让人去找,无外乎图书馆和新华书店。回来告知,他正在新华书店帮人搬书。

父亲有个习惯,每本书上都有签名,有的还有置书的地点和时间。"文革"中父亲失去了许多书籍,"文革"后他常常去杭州的旧书店买书,有的就是他在"文革"中失去的书。每次遇到这样的事情,他总是一言不发,没有老朋友重逢的喜悦,也没有新交朋友的欢欣。

网上有一本书在卖,这是王锦光编的《中国科技史参考资料》。书名是爸爸亲手写的,书是赠送给西安的姜长英教授的,赠书时间是 1981 年 9 月。姜长英教授是父亲的好朋友,也是研究科学技术史的。

同时在卖的还有父亲 1981 年 10 月 7 日写给姜长英教授的一封信,信中写道:23 日下午听李的报告"中国科技史编写计划的起源、演变与现状,共讲 2 小时"。信中提到的就是英国人李约瑟博士 1981 年 9 月 23 日在上海做的学术报告。

王锦光、胡道静和李约瑟的会面

1981 年 9 月 21 日中午,父亲收到一封发自上海的加急电报,发报人胡道静,事由:已经先期到达上海的李约瑟博士将于第二天上午 10 时在下榻的静安宾馆约见他们两位。其实在收到电报的同时,父亲已经买好了 9 月 22 日下午赴上海的火车票,因为他已经知道李约瑟 9 月下旬在上海停留时想与他会晤的消息。看到电报后,父亲马上改签了去上海的火车车次,又给胡道静先生发了回电,告知抵达上海的时间。22 号清晨父亲乘坐 178 次南昌到上海的火车,上午 9 点 58 分抵达上海站后,急速坐上胡先生安排好的小车直奔静安宾馆。

此次上海之行数日,父亲就住在胡道静先生在上海四平路的新居里,起居餐食全由胡伯母一手操劳。那几天两位先生朝夕相处,形影不离。他们时而小声地讨论着什么,时而又开怀地笑着什么,也许这是他们两人几十年交往中最难忘的一次接触。当时有两件事是从胡先生那里知道的。其一,老博士(胡称李约瑟)此次是去日本讲学路过中国,想会会老朋友;并为建造东亚图书馆集资募捐,但是在中国的情况并不乐观,因为北京有人认为他生活作风有问题。其二,老博士和鲁桂珍在一起了。

在胡家有一张李约瑟和鲁桂珍的合影,是他们两人拜访胡家带去的礼物。照片上的鲁桂珍身着红毛衣,神情喜悦。对此胡先生的解释是:通过照片李鲁二人告之朋友,他们在一起了。

在静安宾馆主楼 317 房间,李约瑟、鲁桂珍和王锦光、胡道静热烈地交谈着,介绍着各自的工作和进展,李约瑟拿出东亚图书馆的照片给大家看,可见这是挂在他心头的一件大事。会见快结束时,鲁桂珍邀请大家有机会去英国,"中国古人说,一寸光阴一寸金,对我来说,就不止一寸金了。别忘了来剑桥找我们啊!"

很可惜,他们几人剑桥再相会的愿望并没有实现。1990年夏天,我们带着女儿——王锦光最小的孙女去英国剑桥参加国际科学史大会,代表我父亲登门拜访李约瑟和鲁桂珍,参观了还在扩建中的东亚图书馆。从我们带回国的照片和录像中父亲又见着了老朋友。

王锦光和红绿灯装置

如今,浙江大学西溪校区(原杭州大学校区)校门前有一座红绿灯装置,它保证行人可以安全地穿过交通繁忙的天目山路。这里应该也必须有一座红绿灯装置,所有横过天目山路的人都这么认为,他们认为这是理所当然的。然而,这座红绿灯装置是父亲多方奔走的结果。在中华人民共和国的历史上第一次直选人民代表的过程中,父亲被杭大选区的师生和居民选为区人民代表。这座红绿灯是父亲作为人民代表为众人做的至今还能看到的一件实事。父亲平时说话不多,在生人面前比较腼腆,但是在讲台上总是神采飞扬、滔滔不绝、妙语连珠、生动活泼,唯一的不足就是他的普通话中带有浓厚的温州乡音。父亲当选人民代表时,我已经到德国留学。我不知道他如何赢得了众人的投票。对我来说,过程已经不重要了,重要的是结果。父亲努力去实现他的诺言,从没有红绿灯装置到有红绿灯装置,这就是改变。虽然这是一个很小很小的改变,但当无数小小的改变汇成洪流时,中国将再造辉煌。

悼念父亲王锦光

最后,谨以一联纪念父亲:

一介书生两袖清风三洲足迹四世同堂五虎添翼

六成胜出七星闪烁八方桃李九旬高寿十卷书香

横批:流芳后世。

2016年3月

父亲对我教育生涯的影响

王兴无

我父亲王锦光一生从事物理教学六十多年。回顾他的教育生涯,深感他对我的影响。他做教育与科研工作有这样一些特点:

第一, 广阔的知识背景来源于勤奋阅读。在家里,他总是认真地看书籍读报刊,然后将它们有条理地归类放在书架上。出门在外,他喜欢上图书馆和书店。他的读书笔记很有头绪,不同的内容放在不同的夹子里。我上大学前,他曾多次带我去浙江图书馆和杭大图书馆,教我如何有效地查阅资料。

第二, 乐意回答学生问题,并主动提供指导。物理学强调概念性,他总是从不同角度去解释疑难问题,耐心而又和蔼地向学生提出一些建设性意见。父亲于1988年访美,当时我正好找到一个助理教授的职位。我曾向他求教,他诚恳地告诫我要意识到学生的难处,要设法助人,教学内容要和学生的水平相匹配,只有相互合作才能达到教学目的。

第三, 仔细写授课讲稿,不时更新内容。父亲经常需要隔一个学期上同一门课,但他从不使用过去的讲稿照本宣读。开学前,他会添加新的内容,同时删去过时的内容。在上大学物理课时,找出最新科学发展资料用于授课,可以帮助学生们更有兴趣地加固基础知识。当通信卫星发射上天时,父亲有意识地将卫星的位置、速度及加速度等内容添入有关章节。我俩曾同车在纽约高速公路上行驶,他特意用汽车反光镜解释"像"和"物"的区别。他任何时候都能就地取用教材。

第四, 父亲的著作写得非常清晰,为读者而写。1945年前后,他在温州教物理时曾编写过一本光学教材,叙述清晰、插图准确。其中一位学生后来成为眼科专家,毕业四十多年后,这位专家还特地到父亲家寻找它的复印本。

第五, 如何在大学里教书又带研究生?普通物理课班上学生人数有一百多,尽管助教们可以批改作业,但父亲总要抽几份由自己批改。他告诉我,一定要和助教同步,要时常了解学生进度。而带研究生时,常常需要连着讨论三四个小时。出考题时,他也总是花费两三天时间前后酝酿,自己写一遍,然后自己解答一次。反反复复,精益求精,尽心尽责。

第六, 父亲在国内外有许多科研合作者,他一直和气对待同事,保持友好关系。在审阅他人论文时,父亲总是提出建设性的意见,以帮助别人提高论文水平。

我刚入科学界时,有时比较冲动,和同学或老师辩论时,我的交流方法不到家。父亲常常会提醒我。如今,慈父离开我们已六年了,我才真正懂得他的苦心。做一位合格的教师,不是一件容易的事!

2014 年 12 月

永远缅怀敬爱的姐夫

黄福麟　林明新

2008年隆冬,惊悉姐夫去世的噩耗,我们全家为之悲恸!姐姐失去了相濡以沫的亲人,我们失去了敬爱的姐夫和恩师,国家失去了一位把毕生精力奉献给科学史研究的著名的科学史家和教育家!在浙江大学为他举办的追悼告别会上,浙大的领导对他在我国物理学史上的开拓性和奠基性的研究工作及其光辉的一生作了高度评价。他的创造性的论文专著深受国内外学术界的好评。他在国际学术论坛上介绍中国历代科学家在物理学领域的杰出贡献,受到了世界著名科学史研究权威李约瑟博士的赞誉。中国是世界四大文明古国之一,有着五千年的文明史,除了古代四大发明之外,在近代和现代科学技术上,继往开来,有许多发明创造仍居世界先进地位,为人类社会的发展作出了重大贡献。

早在20世纪50年代,姐夫就从事中国物理学史的研究。在他的影响和指导下,我们曾在南京帮他查阅中外物理学史文献,从而不仅对中国物理学史而且对中国化学史产生了浓厚的兴趣。作为化学科技工作者,我们由于工作关系而没有坚持下去,深感遗憾。80年代,姐夫送给我们1986年刚出版的《中国光学史》新著,我们如获至宝,拜读后深受启发。他以现代物理学和化学等知识,对我国光学发展史特别是冷光源荧光和磷光(化学发光和生物化学发光)作了精辟的分析研究,足见他的渊博知识。他提到,"特别令人有兴趣的是用磷光物质和荧光物质作画,使画在白昼和夜晚显示不同";"宋代僧文莹撰《湘山野录》卷下云'滴去磨色染物',就是'昼显夜晦'的颜料";"这幅画中融光学、艺术和化学知识于一炉,堪称巧思绝世!"所谓"昼显夜晦"的颜料,就是现在的蓄光颜料。"用荧光、磷光物质作画而能'昼显'和'夜晦'技术的发明至迟在六朝,或可上溯到汉武";"在欧洲也有类似发磷光的技术,这是由英国约翰•坎顿在1768年发明的,他采用煅牡蛎壳和硫磺粉的混合物,这比我国六朝时要迟1200~1500年"。这些研究结论有力地说明了我国制造和应用蓄光颜料的技术远早于欧洲。用牡蛎和硫磺粉混合物烧制出蓝白色发光材料,这应是硫化钙蓄光颜料。许多天然矿石本身就是蓄光型发光材料,人们早已开始用这类材料制作各种发光制品,唐朝诗人王翰写下的优美诗句"葡萄美酒夜光杯",就是最好的例子。因此,蓄光型发光材料是发现和应用最早的一类发光材料,受到姐夫研究发现的激励,我们对蓄光发光材料产生了浓厚的兴趣,经过反复的实验研究，终于在 20 世纪 90 年代研制成功了最新一代蓄光型发光材料——碱土稀土铝酸盐，并以此为原料研发成功包括发光艺术画在内的 6 大系列 70 余种发光制品，应用极为广泛。我们取得的这些成绩，与姐夫对我们的帮助和指导是分不开的！

姐夫离开我们已一年多了，但他的光辉形象，留下的宝贵知识财富，以及他一丝不苟、诲人不倦的治学精神，将继续指引我们前行。

2010 年 6 月

堂叔王锦光先生记忆

王长春

王锦光先生是我的堂叔。我六岁时,他就携家带口去杭州工作了。所以,我们之间没有太多的接触。但在长辈的言谈之中,以及在我后来筹办温州二中110周年校庆期间,还是了解到他的一些为人。

在我幼年的记忆里,我堂叔身材修长,面容和蔼。下面是我的一些片断回忆,作为对长辈先贤的百年诞辰的纪念。

勤奋好学,吃苦耐劳

据母亲回忆,我堂叔年轻时学习非常用功。当时我们家聚族而居,堂表兄弟时来时往,很热闹的。但我堂叔很少参与玩笑,总是一个人闷在房间里看书。那时大人们因为要打理生意,都很忙,十几岁的孩子都是"自由"成长。有时一日三餐也照顾不周,于是我堂叔就自己磨粉做饼子吃。那时没有现成的米粉卖,要吃米饼子得自己动手,好在那时的家庭都备有石磨。石磨是两扇青石圆盘,盘与盘相合的一面凿有高低不平的斜纹,上盘有个小洞,一只手把米不断地倒入小洞,另一只手转动磨盘,米粉就不断地被挤出来。然后再把米粉收集起来,和上水做成饼子,放在锅里蒸或煎。整个过程比较烦琐,但我堂叔都能独立完成。据说,他那时仅十四五岁。

坚持原则,教书育人

我堂叔脾气有点执拗,也就是原则性强。我奶奶给我说过一件事,堂叔在中学教书时,对学生要求很严格,考试分数是不能含糊的。那时以60分为及格,作为升留级的标准。如果学生成绩在58或59,有些先生会通融给个60分,但我堂叔是一分不给。有好几次几个不及格的学生求上门来,要堂叔通融一下,可堂叔就是不答应,非要学生补考不可。学生不免出言不逊,闹腾起来,大家劝他给几分算了,我堂叔就是不松口。几个学生也只好悻悻而去,乖乖地准备补考去了。所以大家都说他"固执"。

抗战期间,深山办学

抗日战争全面爆发之后,温州作为边缘城市,原不受日寇关注。后来,许多战

577

略物资经温州转运,逐渐引起日寇注意,于是有了三次沦陷的惨痛经历。这一时期,堂叔执教于温州二中的前身永嘉中学(当时温州称永嘉),当时的校长叶云帆先生是一位民族气节极强的知识分子,在日寇兵锋咄咄逼近之时,决定坚壁清野,移坛永嘉深山。当时决心舍家抛口追随叶校长的,也就七、八位教员(学生也仅数十人),我堂叔就是其中一员。移坛永嘉后,青山作伴,油灯照壁,夜备课,日教学,终于坚持到抗战胜利。温州二中举办校庆期间,叶云帆校长多次莅临学校回忆校史。据他回忆,堂叔为人正直,教学严谨,深受学生爱戴;同时吃得起苦,做事从不敷衍,虽然当时已经没有督学之类的要求,他仍然孜孜不倦,按章施教。

以上点滴,是听长辈讲述而留下的印象。可惜由于我一直生活工作在温州,少时无缘亲聆謦欬。但长大后的几次接触,印证了堂叔在我脑海中的形象:身材修长,面容和蔼。

值此堂叔诞辰百年之际,谨以此文纪念。

2020 年 5 月 20 日

三、附　录

王锦光生平

王锦光,浙江温州人。1920年1月5日出生于浙江省温州市四营堂巷55号。父亲王良仁(1898—1963),母亲吴品梅(1898—1952),姐姐王曼云(1917—1995)。家庭生活靠父亲打零工和母亲做手工活维持,生活比较艰辛。王锦光从小聪明,勤奋好学,学习成绩优秀,困难的家境锻炼了他吃苦耐劳、坚韧不拔的品格意志。1937年1月王锦光结束了在温州六县联中的学习,先到杭州由浙江大学代办的高级工业职业学校学习,续于宁波高级工业职业学校学习毕业。

1940年10月至1942年7月,王锦光在浙江大学龙泉分校数理系学习,1943年8月至1944年7月在暨南大学数理系学习。在读大学期间,他利用课余时间做代课教师。大学毕业后,他在温州中学担任物理教师,并在瓯中、温二中兼职上物理课。1952年起,在浙江师范学院、杭州大学物理系任教,先后任讲师、副教授、教授。曾任中国科学院自然科学史室兼任研究员,中国科技史学会第一、二届理事,物理学史专业委员会副主任,杭州市科学技术史研究会理事长,美国科学史学会外籍会员,为著名的中国物理学史家,中国物理学史研究与教学领域的开拓者和奠基人之一。

王锦光讲授过普通物理、物理教学法、中国物理学史、世界物理学史、中国科技史等课程。1978年开始招收物理学史硕士研究生,先后培养研究生10人。曾多次参加国际学术活动,1983年12月赴香港参加第二届国际中国科技史研讨会;1984年8月参加第三届国际中国科技史讨论会;1988年6月至9月访美,参加第五届国际中国科技史研讨会,担任该研讨会的组织委员,负责组织国内高校代表参加会议,会前曾在纽约州立大学布法罗分校与康奈尔大学讲学;1989年7月至10月访问德国,参加第18届国际科技史研讨会,并在多特蒙德大学讲学,还访问了汉堡大学、柏林工业大学,作学术交流。

王锦光出版过四种物理学史专著(含与人合著):《中国古代物理学史话》(1981)、《中国光学史》(1986)、《中国古代物理学史略》(1990)和《中国古代科学史纲·物理学史纲》(1998)。此外,1991年作为主编之一编写、出版了高校物理学史教材《物理学简史》。《中国古代物理学史话》为国内第一本中国物理学史专著;《中国光学史》为国内外第一本中国光学史专著,于1987年获得浙江省高校自然科学荣誉奖,1988年获得全国优秀教育图书奖二等奖。

王锦光曾在《文史》《科学史集刊》《自然科学史研究》《科技史文集》及《浙江师范学院学报》等刊物发表各类学术论文近百篇。代表性的论文有：《〈梦溪笔谈〉中关于磁学与光学的知识》(1956 年)，《清初光学仪器制造家孙云球》(1963 年)，《我国古代对虹的色散本质的研究》(1982 年)，《宋代军事家陈规事迹考》(1984 年)，《赵友钦及其光学研究》(1984 年)，《张福僖与〈光论〉》(1985 年)，《中国古代对海市蜃楼的认识》(1987 年)，*Optics in China Based on Three Ancient Books*(1987 年)，《〈论衡〉司南新考与复原方案》(1987 年)，《郑复光〈费隐与知录〉中的光学知识》(1990 年)等。

王锦光政治上要求进步，新中国成立后他加入了中国民主同盟，1985 年加入了中国共产党。

王锦光治学严谨，思维敏捷，勤奋执着，善于创新。他以书为友，以学生为友，以物理学史研究为终生奋斗目标，用一辈子的心血从事中国物理学史研究与教学，并贡献了他毕生的智慧和力量。

2008 年 12 月 12 日，王锦光安详逝世，享年八十九岁。与结发妻子林秀英育有三子二女，均为相关行业人才，都获得高级职称。

忆朱自清先生

记得我在五岁的时候，我家前进屋搬进一户新邻居——朱自清先生一家。他家一共五人，朱先生两夫妇，他的母亲，两个小孩，大的是男的，我们叫他"九海"，小的是女的，叫"莱梅"。

朱先生，矮胖的个子，圆圆的面孔，经常穿着蓝色长袍，戴着礼帽或草帽，为人十分和气。他看到我们小孩，亲切地摸一摸头皮，笑一笑，我们总是亲亲热热地叫一声"朱伯伯"。他在中学里教书（现在知道就在母校温州中学教国文，同时兼教师范部），他出外总是拎着一个黑色的皮包。

朱先生很勤奋，经常备课到深夜，荧荧的灯光，射出窗外。于是引起人们的议论。不少人说朱先生真用功，真努力，是一位好教师。却也有个别的人说："他肚皮里没有什么货色么，教中学有什么了不起，若叫我去教，不要什么备课，到教室就可以滔滔不绝。他是现买现卖。"说这话的是上海某大学毕业的一个游手好闲的公子哥儿。

朱先生家里来往客人很多，特别是青年，即使是假日，也是门庭若市，三三两两，一群一群地来。他们大多数都是夹着书包的。现在知道他们是登门请教的学生与爱好语文的青年。朱先生总是和蔼地与他们谈话。

朱师母（武仲谦女士）十分朴素、娴静，与朱先生感情很好。朱先生出外上课，她总是送到大门口，站在"桥棚"上，等到朱先生的背影看不见的时候，才回来关门（那时乞丐和小偷很多，许多人家的大门是随时关的）。她看见我们总是笑笑，她很勤劳，家务做个不停，做鞋底、补衣服。

大约在我七岁的时候，他家迁离温州，我们两家还通过信。我们记挂朱先生的一家，我尤其记挂朱先生和"九海"。我进中学以后，特别高兴读朱先生的文章。

我的父母经常以朱先生的勤劳朴实来教育我。我自从做了教师，也经常以朱先生的勤奋备课、热爱青年学生来鞭策自己。

温州中学，这所出了许多人才的学校，使我难忘的事情很多，值得我学习的师友不少，但我常常想到朱先生，好像这位圆圆的面孔、矮胖的身材、仁慈而勤奋的朱先生在摸我的头皮，又在灯光下仔细地备课。我一定好好向朱先生学习，把自己的有生之年献给祖国的教育事业，为"四化"服务。

（本文为王锦光先生纪念温州一中八十周年校庆文章，1982 年 10 月）

恩泽铭心

我在 1940 年下半年到浙江大学龙泉分校数理系求学。1941 年春节附近，学校放寒假，回到永嘉（今温州市区）。在当地报纸上看到一则信息，凡品学兼优家境贫寒的大学生可以申请奖学金。我以为自己合乎条件，就提出申请，不久获批准，领来奖学金。这时获知这奖学金是王文川先生提供的。后来永嘉市区曾一度遭日寇入侵，光复后中学生学业荒废很多，浙大龙泉分校同学们办了求是暑期补习社，给中学生补课，我也参加，教数学、物理。我将返家参加教课的信息写信告诉文川先生。他接信后，竟亲自来我家聘请我为他家的家庭教师，教他的儿子孙仑和女儿来棣。他为什么不写信叫我去教课，却亲自来我家聘请呢？当时我只以为他老人家尊师重教，后来认识到在尊师重教外，还有重视知识，同时也表明了他颁发奖学金是为国家培养人才，并不想借机为子女找家庭教师。

1942 年寒假，我仍在王家家教，文川先生叫我搬到他家，与阿仑同住一个小房间，两人差不多整日在一处。这样师生更加了解，感情日增，提高了教学质量。此时来提问的还有孙奂与凤阁。

1942 年暑假，我仍住在王家。暑假后期，因游泳喝了污染的水，得了痢疾，一夜泻了五、六次。次日文川先生得知我腹泻，立即请来名医金慎之医师为我看病。金医师诊断为痢疾，开方诊治。这次痢疾比较严重，好几个星期才痢止，身体十分虚弱，不能继续求学，只好暂时休学，在永嘉中学任教。这次痢疾幸亏文川先生及时请金医师诊治，病情才没有恶化。这之后，我仍住在王家家教，一边教阿仑等，一边到永嘉中学教课。1943 年下半年到暨南大学（当时在福建建阳）数理系借读。寒假因路远不能回家，1944 年春节前突然接到文川先生病逝噩耗，十分悲痛，去信索取先生照片，不久接到一张两寸半身玉照，我一直珍藏着，直到"文革"散失了，真可惜。

我在王家比较长期接触文川先生，在我心目中他为人正直，待人诚恳，生活俭朴，乐于助人；忧国忧民，对日本帝国主义敌忾同仇，对国民党反动派深恶痛绝。今年，文川先生诞辰 100 周年，我可高兴地告慰他：你的奋斗目标已实现了，贫穷落后的旧中国已变成富强昌盛的新中国。文川先生你可以含笑地安息了。

（本文为王锦光先生所撰，载于平阳县鳌江镇编《鳌江开埠先贤王理孚与王文川》，2002 年）

后 记

闻人军

唐代韩愈有一句传颂千古的名言:"师者,所以传道、授业、解惑也。"吾师锦光先生一生身体力行,名副其实,堪称师范。

2008年,亦师亦父的锦光师遽归道山。我悲痛莫名,献上悼文:

沉痛悼念恩师王锦光教授

1920年1月5日,恩师王锦光出生于人文荟萃的浙江温州,自幼在优秀的传统文化环境中成长。青少年时就读于温州六县联中和宁波高级工业职校。抗战时期,锦光师不畏艰苦,在浙江大学龙泉分校和暨南大学数理系完成了大学教育,为日后驰骋科学史领域打下了坚实的基础。20世纪40年代,锦光师先后两度在温州中学任物理教师。当时温中师资,多为一时之选。在此期间,锦光师与师母林秀英女士结为夫妻,伉俪情深。西湖山水,抱朴仙庐,黄龙灵洞,见证了锦光师、师母如何从激情燃烧的岁月步入颐养天年的境界。如今膝下三子两女,个个成材,足见家教有方。

50年代初大学院系调整,温州才俊纷纷出山执大学教鞭。1952年起,锦光师先后在浙江师范学院、杭州大学物理系任教,历任讲师、副教授、教授,讲授过普通物理、物理教学法、中国物理学史、世界物理学史等课程,桃李满天下。

1978年,借改革开放之东风,锦光师开始招收物理学史硕士研究生,以后又招收多届。锦光师授课,深入浅出,妙语连珠,弟子如沐春风。一晃多年,先生教书育人的音容笑貌犹历历在目。

在中国物理学史研究的开拓阶段,锦光师担任中国科学院自然科学史研究室兼任研究员。从20世纪50年代算起,共计发表学术论文100多篇,出版专著4部。锦光师以诚待人,学风正派,道德文章,高山仰止,深受学界敬重。我们师兄弟都有深切体会:"王锦光的学生"在科学史圈内就像一封可靠的介绍信。当年初出茅庐的我,也是凭这封"介绍信"拜见和认识了夏鼐、胡道静、李约瑟等国内外德高望重的前辈。我们也看到锦光师如何凭真才实学和高尚

585

品德当选了中国科技史学会第一、二届理事,物理学史专业委员会副主任,杭州市科学技术史研究会理事长。

锦光师不但为培养学生不遗余力,以带好学生见长,而且积极参与国际学术活动,与国际中国科技史界建立了良好的学术关系。锦光师是美国科学史学会外籍会员。1988年曾在纽约州立大学布法罗分校与康奈尔大学讲学,参加在美国圣迭戈举办的第五届国际中国科技史研讨会,并负责组织国内高校代表参加会议。1989年访问德国汉堡大学、柏林工业大学,参加第18届国际科技史研讨会,并在多特蒙德大学讲学,作学术交流。

当年锦光师的国内第一本中国物理学史著作《中国古代物理学史话》、国内外第一本中国光学史专著《中国光学史》杀青,我们有幸先睹为快。如今锦光师驾鹤归仙,从此天上人间,再也不能亲聆恩师谆切的教诲,不由悲痛万分!

恩师一生,光明磊落,无愧为人师表的称号。我们师兄弟妹深以恩师为荣!

十余年来,纪念文集,望穿秋水。如今《科学技术与文明传承:王锦光先生学术文存》(以下简称《文存》)即将出版,叶高翔、席文两教授专门为此书撰写了序言。中国科技大学科学史专家李志超教授特意撰写了《锦光鸿福 室堂卷香》一文纪念,惜志超先生于今年2月15日仙逝,未及亲闻新书的清香。《文存》中还有一些老师和师兄弟们深情回忆锦光先生的文章。这个后记,也是我作为一个门下弟子的心声。

除几部专著外,锦光师的主要著述悉汇于《文存》一书。从中国物理学史开拓时期的先驱工作到后期的一系列学术论文,不仅生动地体现了锦光师作为中国物理学史研究的开拓者之一在科技史领域内多方面、杰出的学术成就和卓越贡献,也为历史留下了研究中国物理学史发展史的重要资料,可供后来者借鉴。

《文存》中有一篇《如果我是一个物理学史研究生》,系1982年5月,锦光师受邀给中国科学技术大学科学史研究生讲课的记录稿。这篇精彩的演讲,是锦光师对青年学子的现身说法。

锦光师对科学史的兴趣,早在教中学物理课时,就已开始。1952年,锦光师从温州来到浙江师范学院物理系,实现了人生的重要转折。经科学史前辈钱宝琮先生指点,锦光师开始研读沈括《梦溪笔谈》。《物理通报》的"中国古代物理学成就"专栏,钱临照先生以名篇《论墨经中关于形学、力学和光学的知识》开局。1954年,锦光师以《〈梦溪笔谈〉读后记》紧随其后。不久,锦光师又在《浙江师范学院学报》1956年第2期上发表《〈梦溪笔谈〉中关于磁学与光学的知识》。1958年暑假,锦光师从钱江北岸举家乔迁西溪之南,遂在后来改称"杭大新村"的"河南宿舍"燕舞莺啼、风雨同舟五十载。杭州大学于当年11月26日组建,河南宿舍名宿新秀云集,一时称盛。锦光师或请教师友,或研疑析难,可谓如鱼得水。他经常拜访的有化学史前辈一级教授王琎、词学宗师夏承焘等;与文史皆长、文理兼通的刘操南先生年龄相近,过从甚密。锦光师向王琎先生学到了研究科学史的态度与方法,一直心存感念。1988 年,浙江集会纪念王琎先生诞辰 100 周年,锦光师在《中国科技史料》上撰文报道,深切缅怀王琎先生。

1961—1962 年间,中国科学院自然科学史研究室聘请王锦光等一批知名学者为兼任研究员,从此锦光师的科学史研究又上了一个重要的台阶,得以在广阔的舞台上施展才华。1963 年 4 月,《科学史集刊》第五期上刊出了锦光师的力作《清初光学仪器制造家孙云球》一文。在此前后,锦光师开始正式编写《中国物理学史》。他应叶企孙先生、钱宝琮先生之邀进京,与在京的专家一起讨论并通过了该书大纲,惜因"文革"中辍。"文革"期间,钱宝琮先生被当作"资产阶级反动学术权威",受到批判和迫害,于 1969 年底被"疏散"到苏州长子处。锦光师始终执弟子礼,常致信问安,并曾请学生洪震寰借出差之机代为探望。"文革"中,锦光师也受到了冲击。"文革"之后,终于迎来了"科学的春天"。

1978 年,锦光师招收"文革"后首批物理学史研究生。我 1968 年从上海交通大学无线电系毕业,此后一直专业不对口,那时是浙江省平湖县乍浦中学的一名数学和物理教师。锦光师招收的物理学史专业,恰似为我量身订造,我的人生道路为此一变。

杭大河南宿舍大多是建于 20 世纪 50 年代的两层砖结构教师宿舍,锦光师家在二楼,二室一厅,子女多,住得较挤。我从 1978 年考上研究生,到 1989 年赴美,在这十年有余的日子里,始终是他家的常客。

首届研究生只有薄忠信师兄和我两人,锦光师家的饭厅兼会客室也兼作我们的专业课教室。锦光师告诉我们,钱宝琮先生对他说过:"研究吾国技术史,应该上抓《考工记》,下抓《天工开物》。"我把这个教导牢记在心。

锦光师年轻时常跑新、旧书店,听了锦光师的介绍,我也常去杭州清泰街旧书店。在那里,我买到了许多万有文库本和丛书集成本的小册子,如《周礼郑氏注》《考工记解》《墨子间诂》《镜镜诗痴》,等等。其中丛书集成本《周礼郑氏注》使用方便,最派用场,后来随我来到海外,常睹物兴情。

至今仍清晰地记得,有一天阳光明媚,我早早来到王师家。锦光师就谈到了毕业论文题目,让我做《考工记》研究。当时我又惊又喜,这个选题寄托着恩师对我的期望和鞭策。《考工记》研究的路很长,从这一天开始,我与它结下了不解之缘。在锦光师的精心指导下,我的毕业论文如期完成,答辩非常顺利。1981 年毕业留校,到毛昭晰先生创办的历史系文博专业任教。

读研期间,恰逢锦光师的《中国古代物理学史话》(1981)的组稿与出版,我们有幸分享喜悦。这是国内第一本中国物理学史著作，为日后几种中国物理学史专著之先声。1984 年 8 月，第 3 届国际中国科学史讨论会在北京隆重举行。参会者须凭论文入选，要求十分严格。锦光师以论文《郑复光〈费隐与知录〉中的光学知识》入选，与李约瑟、钱临照等中外著名学者欢聚一堂。1986 年，国内外第一部《中国光学史》问世，这部拓荒性的著作是锦光师的代表作。《谭子化书》中的"四镜"，李约瑟博士和几位国内著名学者都以为是四种透镜，《中国光学史》则独具慧眼，发现它们是四种反射镜。2017 年，我在拙著《考工司南》中，根据新的版本资料，证明锦光师和洪震寰先生的观点是正确的。

1987 年，《中国大百科全书》开始出版，锦光师独自或合作撰写了多个中外科学家条目，这也从另一个侧面反映了锦光师研究的深度和广度。其中，锦光师与我合写了机械学卷的《考工记》条目，并力荐我独立撰写了物理学卷的《考工记》条目。锦光师全方位地指导扶持学生，让我们受益匪浅。一方面，锦光师与我或其他学生合写过一些论文，不同风格的师生合作，每每相得益彰。另一方面，锦光师一直放手让我们成长，走自己的路。我的处女作《〈考工记〉导读》(1988)出版时，锦光师特地写了一篇序言，声情并茂，情真意切。

锦光师具有宽阔的视野，与国内外研究中国科技史的著名学者有广泛的联系与交往。他曾先后撰文向国内学术界介绍了席文（N. Sivin）、何丙郁、程贞一等国外著名学者对中国科技史的研究。1981 年 9 月，李约瑟和鲁桂珍博士在参加第 16 届国际科学史会议（布加勒斯特）后，再度访华，下榻上海锦江饭店。锦光师带着我从杭州前往拜访，这是我第一次近距离仰望这位科学史泰斗。1990 年 8 月，借参加第六届国际中国科学史讨论会之机，在英国剑桥李约瑟寓所，我和洪震寰先生、维洛师弟一起拜访了李约瑟、鲁桂珍博士。这是我第二次也是最后一次见到这对贤伉俪。

犹忆 1984 年金秋时节，经锦光师倡议，受中国科技史学会委托，在杭州大学举行了第一届中国古代物理学史学术讨论会。会议由锦光师主持，开得非常成功，《文存》中潘永祥先生的纪念文章有详细的介绍。我忝为会议秘书长，见证了这个盛会。不久，杭州大学举办了一次教职工越野赛跑。快到终点时，锦光师站在边上给我大声鼓劲："加油！加油！"此情此景，记忆犹新。

我自 1989 年初赴美，后来进入硅谷电子行业，科技史从主业变成副业。锦光师一如既往地介绍学术动态，热情指导，鼓励我千万不可放弃科技史研究。特别是《考工记》研究方面，学界有什么重要的新作、新观点，锦光师都第一时间告诉我，或寄复印件来。这些年，对《考工记》的研究，我也一直没有放弃。1993 年，《〈考工记〉译注》在上海古籍出版社出版，丛书主编为胡道静先生。2008 年，《〈考工记〉译注》增订重版，遗憾的是拿到新书时，已来不及送呈锦光师斧正。数年后，锦光师和胡道静先生寄予厚望的《英译〈考工记〉》终于完成,2013 年在英美两地同时出版。2017 年,出版论文集《考工司南》。饮水思源,没齿不忘栽培之恩。

史学前辈张荫麟先生是科学史研究的先驱。王琎先生曾感叹,张先生"只因为是历史系的,属文科,很少被科学史界提及"。受此启发,锦光师向张先生学习,时有新作。1982 年,在张先生去世 40 周年之际,徐规师同锦光师合作撰写了一篇《张荫麟先生的科学史著作述略》,以纪念业师和前辈。后来,锦光师又与我合写了一篇《史学家张荫麟的科技史研究》,梳理张先生在科技史方面的学术成就。1987年,锦光师与我合写《〈论衡〉司南新考与复原方案》,先刊于《未定稿》,翌年登于《文史》。此文从强调张荫麟先生对司南研究的开创之功开始,确认《论衡》司南是浮式磁性指向器,揭橥了正确的研究方向。在此基础上,2015 年,拙文《原始水浮指南针的发明——"瓢针司南酌"之发现》刊于《自然科学史研究》第 4 期。2019 年,拙文《伟烈之谜三部曲——一行观测磁偏角》在《自然科学史研究》第 1 期发表,解开了张荫麟、李约瑟等前贤留下的伟烈亚力之谜,证实了僧一行观测磁偏角确有其事,说明指南浮针的发明和磁偏角的发现不晚于公元 8 世纪。此时此刻,锦光师的"加油"声犹在耳边回响。

去年,《自然科学史研究》第 3 期曾刊出对我的一篇访谈,推介和纪念锦光先生的学术成就和贡献,今年恰逢锦光师百年诞辰,《文存》面世,嘉惠学林,尤有意义。锦光吾师,师范长存!

2020 年 8 月

图书在版编目(CIP)数据

科学技术与文明传承:王锦光先生学术文存 / 王才武,林秀英编. —杭州:浙江大学出版社,2020.12
ISBN 978-7-308-20616-7

Ⅰ.①科… Ⅱ.①王… Ⅱ.②林… Ⅲ.①王锦光—文集
Ⅳ.①C52

中国版本图书馆 CIP 数据核字(2020)第 181224 号

科学技术与文明传承:王锦光先生学术文存
王才武　林秀英　编

责任编辑	余健波	
责任校对	何　瑜	李　磊
封面设计	周　灵	
出版发行	浙江大学出版社	
	(杭州市天目山路 148 号　邮政编码 310007)	
	(网址:http://www.zjupress.com)	
排　版	浙江时代出版服务有限公司	
印　刷	浙江新华数码印务有限公司	
开　本	710mm×1000mm　1/16	
印　张	38	
字　数	751 千	
版 印 次	2020 年 12 月第 1 版　2020 年 12 月第 1 次印刷	
书　号	ISBN 978-7-308-20616-7	
定　价	150.00 元	